W. Tischler

Einführung in die Ökologie

Einführung in die Ökologie

Wolfgang Tischler

4., stark veränderte und erweiterte Auflage

Mit 172 Abbildungen

SEMPER BONIS ARTIBUS

Gustav Fischer Verlag · Stuttgart · Jena · New York
1993

Adresse des Autors:

Prof. Dr. Wolfgang Tischler
Flensburger Str. 99
24106 Kiel

em. o. Professor am Zoologischen Institut der Universität Kiel,
Lehrstuhl für Ökologie

Die Deutsche Bibliothek – CIP-Einheitsaufnahme

Tischler, Wolfgang:
Einführung in die Ökologie / von Wolfgang Tischler. –
4., stark veränd. und erw. Aufl. – Stuttgart ; Jena ; New York :
G. Fischer, 1993
ISBN 3-437-20499-8

Satz: Hechts Textverarbeitung, Neuhaus/Inn
Druck und Verarbeitung: Wilhelm Röck, Weinsberg
Printed in Germany

Meinen Kindern und Enkeln gewidmet
und dem Andenken meiner Frau Ursula
geb. Wendig

Immer höhre Wissenstempel,
Immer richt'ger die Exempel,
Wie Natur es draußen treibt,
Immer klüger und gescheiter,
Und wir kommen doch nicht weiter,
Und das Lebensrätsel bleibt.

(Theodor Fontane)

Vorwort

Hauptziel dieser Darstellung war es, eine noch bessere Übersicht und Anschaulichkeit zu erreichen, als ich sie schon für die früheren Auflagen erstrebt habe. Es soll vor allem eine Synthese der klassischen Auffassung der Ökologie sein, in die jedoch deren moderne Fragestellungen und Ergebnisse überall eingearbeitet wurden. Beispiele durch Hervorhebung bestimmter Arten erfolgten so, daß sie allgemeine Prinzipien beleuchten und den Blick für die Mannigfaltigkeit in der Natur schärfen. Alle Kapitel sind stark umgearbeitet und einige wesentlich erweitert worden.
Dem Wunsch nach vermehrter Zahl an Abbildungen bin ich nachgekommen. Doch schon in der Wahl der Bilder wird die persönliche Note deutlich. Dasselbe gilt für manche Aussagen im Text, da man Selbstgeschautes am besten übermitteln kann. Andere Forscher mögen andere Synthesen geben. Bilder und Vorgänge auf der Erde sind reichhaltig genug, um unter verschiedensten Gesichtspunkten erfaßt, geordnet und gedeutet zu werden.
Viele theoretische Grundlagen der Ökologie unterliegen heute einer keineswegs unberechtigten Kritik. Dennoch wird in den Lehrbüchern vornehmlich gerade die allgemeine Seite behandelt. Ich habe bewußt die «Spezielle Ökologie» zum Schwerpunkt des Buches gemacht. Im Laufe meines Lebens hatte ich das Glück, gleichermaßen mit ihren marinen, limnischen, terrestrischen und ihren angewandten Fragen vertraut zu werden. Auch konnte ich aus eigener Anschauung zoologische, botanische und mikrobiologische Erkenntnisse integrieren, weil ich mich nicht so früh zu spezialisieren brauchte, wie es heute notwendig geworden ist. Eine solche Voraussetzung, das Gesamtgebiet von einem einzigen Autor darzustellen, wird daher immer seltener werden.
In den früheren Auflagen ist die Literatur mit Nummern im Text zitiert, um Aussagen zu belegen. Das ergab schließlich fast 1000 Titel. Wäre ich diesem Prinzip weiterhin treu geblieben, würde die für eine «Einführung» angemessene Zahl von Literaturangaben den Rahmen des Buches gesprengt haben. Ich folgte daher dem Rat meines Nachfolgers Prof. Dr. Hubert Pschorn-Walcher, mich auf eine Auswahl von neuerem, leicht zugänglichem und möglichst zusammenfassendem Schrifttum (als Hinweise für jedes Kapitel) zu beschränken. Allerdings habe ich noch mir wichtig erscheinende, bereits «historisch» gewordene, ältere Arbeiten hinzugefügt, weil sie als Grundlage auch für neue Einsichten ihren Wert behalten werden.
In einigen Fällen habe ich die gleichen Beispiele, die schon im Allgemeinen Teil herangezogen wurden, wieder im Speziellen Teil gebracht, um dort ihre Bedeutung für die Besonderheit der Landschaft aufzuzeigen.
Für die Zeichnungen und druckgerechte Anfertigung der Photographien danke ich Frau Dorothea Olimart. Mein besonderer Dank gilt den Herren Verlegern Bernd von Breitenbuch und Dr. Wulf von Lucius für ihr großes Interesse am Druck dieses Buches.

Kiel, November 1992 — Wolfgang Tischler

Inhalt

A. Allgemeine Ökologie

A. Allgemeine Ökologie

1 Einleitung

1.1 Begriffliche Voraussetzungen

Naturbetrachtung. Naturwissenschaftliche Erkenntnis gewinnt man durch das Bemühen, aus bestimmten Erscheinungen in der Natur allgemein gültige Prinzipien zu finden. Je komplexer ein Phänomen ist, je höher die Zahl der an ihm beteiligten Komponenten, desto schwieriger wird es, den zugrunde liegenden Gesetzmäßigkeiten nachzuspüren. Erste Voraussetzung ist Erkennen eines Problems. Danach können gezielte Beobachtung oder ein Experiment zur Lösung der gestellten Frage führen. Keineswegs wird durch die fortschreitende Forschung nur eine größere Menge an Einzelkenntnissen erstrebt, wohl aber gerade in der Ökologie deren Verknüpfung zu einem mit den jeweiligen Vorstellungen übereinstimmendem Gesamtbild. Dieses ist allerdings dem zeitbedingten Wandel des Blickpunktes unterworfen, also historisch bedingt. Alte Probleme, Hypothesen und Theorien werden von neuen abgelöst, nicht nur weil sie sich als falsch oder ungenügend erwiesen haben, sondern weil sich auch die geschichtliche Lage ändert, von der die Deutungen abhängen.

In den letzten Jahrzehnten ist die Ökologie als Wissenschaft von den Beziehungen zwischen Leben und Umwelt aus ihrer vorwiegend beschreibenden und vergleichenden Phase mehr herausgewachsen. Sie verfügt über vielseitige quantitative Methoden, baut auf eine Fülle experimenteller Ergebnisse auf und versucht durch Modelle komplexe Vorgänge besser zu verstehen. Indessen spiegeln die damit verbundenen Abstraktionen nicht unbedingt die Gegebenheiten in der Natur wider, weil durch eine solche Vereinfachung die Qualitäten verloren gehen, durch die sich Leben auszeichnet. Daher wird die ursprüngliche Seite der Ökologie, durch Beschreiben und Vergleichen neue Erkenntnisse zu gewinnen, trotz aller Experimente ihren besonderen Rang behalten.

Der Physiologe steht vor ganz anderen Problemen. Ihn interessiert, wie Leben möglich ist, unter welchen Bedingungen es sich erhält, wie das chemisch-physikalische Substrat des Lebensablaufs beschaffen ist. Die Manifestierung des Lebens in seiner Mannigfaltigkeit und Verflechtung ist kein Forschungsziel physiologischer Fragestellung. Höchstens versucht die «Vergleichende Physiologie» durch Untersuchungen an Vertretern möglichst unterschiedlicher taxonomischer Gruppen zu Aussagen von größerer biologischer Allgemeingültigkeit zu kommen.

Es soll nicht unerwähnt bleiben, daß in allen Zweigen der Biologie oft selbst bedeutende Forscher die Probleme durch geniale Intuition trotz fehlerhafter Beobachtung weitergeführt, aber auch durch falsche Schlüsse aus richtigen Experimenten gehemmt haben. Mancher nahm intuitiv einer ganzen Generation die gedankliche Arbeit vorweg, andere versperrten durch spekulative Gedanken oder aufgrund ihrer Autorität auf Jahrzehnte das Aufkommen neuer Ansichten.

Evolution. Die Erkenntnis, daß im «Bereich der Art» Erbänderungen durch zufällige Mutationen, Rekombinationen und Isolation entstehen, die später der Selektion durch die Umwelt unterworfen sind, hat auch die ökologische Forschung bereichert. Doch bleibt es ein nicht nachprüfbares, historisches Ereignis, wie sich im Laufe der Evolution neuartige Baupläne, Synorganisationen, Differenzierungen, komplizierte Entwicklungs- und Verhaltensmuster ausgebildet haben. Vielleicht sind hier bereits auf molekularer Ebene des Genoms vor sich gehende, kanalisierte Umänderungen der Internstruktur (z. B. wandernde Gen-Elemente) von entscheidender Bedeutung. Auch könnten sich schon im Genom Organisationsprinzipien abspielen, die Induktionsvorgängen der Ontogenese analog sind.

Die Richtung der Evolution weist auf zunehmende Komplexität. Dies dürfte durch Vermehrung der DNS möglich geworden sein, deren Gesamtlänge in der Bakterienzelle etwa ein Millimeter beträgt und bis zu den Säugetieren, auf verschiedene Chromosomen verteilt, im haploiden Satz im Durchschnitt ein Meter erreicht. Die Frage, ob und wie eine mögliche «Selbstorganisation des Lebendigen» entstanden sein kann und gesteuert wird, ist für die «Makroevolution» allerdings ebenso spekulativ wie Darwins «Selektionshypothese».

Als Kennzeichen der Anpassung, also Nutzung der Umweltbedingungen, gelten Fähigkeit zum Überleben, Fruchtbarkeit und Entwicklungsrate, die nur durch Vergleiche beurteilt werden. Keine Art ist optimal angepaßt, aber einige sind es in bestimmten Situationen besser als andere. Die Umwelt schreibt den Arten nicht unbedingt optimale Lösungen zur Bewältigung ihrer Existenz vor, sondern setzt Grenzen, deren Überschreitung zur Vernichtung führt. Innerhalb dieser Grenzen kann Verschwendung und Überfluß herrschen, wie es manche Verhaltensweisen (besonders im Bereich der Fortpflanzung) oder Luxusbildungen in Farbe und Form erkennen lassen.

Andererseits verhält sich die Natur oft sehr ökonomisch. So werden in Mäusen bei Überbevölkerung, in Schlupfwespen bei Mangel an Wirten die Embryonen wieder resorbiert, um die Stoffe für den eigenen Körper erneut zu nutzen.

Die Natur «schafft» sowohl wie ein Handwerker als auch wie ein Künstler. Ersteres gehört zur Welt des Funktionalen, das wir bei Lebewesen bis zu erstaunlicher Vollendung verwirklicht finden. In der Kunst herrscht dagegen Freiheit, keinen bestimmten Zweck ohne funktionale Notwendigkeit erfüllen zu müssen. Diese Seite wird oft als unwissenschaftlich ausgeklammert. Dennoch darf sie von den Ökologen nicht übersehen werden, denn ein Hauptproblem, das ihnen ständig begegnet, ist der Reichtum an Arten, Farben, Formen und Verhaltensweisen, die keineswegs für die betreffenden Organismen allein nach dem Kosten/Nutzen-Effekt erklärt werden müßten.

Die Frage nach der Zweckmäßigkeit oder dem Sinn einer Erscheinung ist zur Ergänzung der kausalen Ursachen eines Vorgangs berechtigt. Allerdings darf es sich dabei nur um eine *Zweckbeurteilung*, nicht dagegen um eine Zweckerklärung handeln.

Die scheinbaren Gegensätze kausaler und auf die Bedeutung für das Ganze, also final gerichteter Betrachtung heben sich unter kybernetischem Gesichtspunkt auf. Mechanismen, bei denen Informationen zurückwirken, könnten im Laufe der Evolution zum Überleben notwendige Anpassungen an eine sich verändernde Umwelt reguliert oder beschleunigt haben. Sie sehen gerichtet aus, wenn sie bei verschiedenen Gruppen unabhängig entstanden, aber ähnlich (konvergent) verlaufen sind. Ein gutes Beispiel dafür geben die Arthropoden beim Übergang vom Wasser- zum Landleben. Finalität darf also nicht so verstanden werden, daß im Lebensgeschehen von vornherein ein bestimmtes Ziel gegeben sein müßte.

Lebensform. Die Bau- und Leistungspläne, durch die eine Art in ihre spezielle Umgebung eingepaßt ist, drücken sich in ihrer «Lebensform» aus. Sie bezieht sich auf Erhaltung des Individuums (Nahrungserwerb, Bewegung, Angriff, Abwehr, Toleranz) und auf Erhaltung der Art (Sexualität, Fürsorge für Nachkommen, Soziabilität).
Jede dieser Grundfunktionen kann nach unterschiedlichen Prinzipien verwirklicht werden. So gibt es beim Substanzerwerb chemo-autotrophe, photo-autotrophe und heterotrophe Organismen und bei den letzteren nach Art der Nahrungsaufnahme Strudler, Filtrierer, Fallensteller, Weidegänger, Substratfresser, Pirschjäger, Sammler, Lecker, Stechsauger, Endoparasiten. – Unter den vagilen haben sich die Typen der Graber, Schwimmer, Schweber, Flieger, Läufer, Springer, Kriecher und Kletterer differenziert. Als Beispiel sei nur der Typ der Kletterer näher besprochen.

Tiere: *Haftkletterer* mit Haftscheiben, Blattkissen oder Hautlappen an den Füßen. Sie können an glatten Flächen nach oben gelangen; die Adhäsionswirkung wird meist noch durch ein Sekret verbessert (Laubfrösche *[Hyla]*, Geckos, Bilche, Stubenfliege).
Stemmkletterer mit scharfen Krallen, die in rauhe Unterlagen, etwa die Rinde von Bäumen gestemmt werden. Bei einigen wird das Einstemmen noch durch den Schwanz unterstützt. Beispiele: Spechte (Abb. 1), Baumläufer, Kleiber, Eichhörnchen, Marder, viele Insekten.
Klammerkletterer, die mit Hilfe von Greif-, Klammer- oder Hangelfüßen Äste, Halme oder Haare umgreifen (Papageien, Eulen, Baumkänguruhs *[Dendrolagus]*, Chamaeleons, Tierläuse).

Pflanzen: Klettern ist auch im Boden wurzelnden, sessilen Pflanzen möglich, wenngleich mit Wachstum verbunden. Bei ihnen entstanden Lebensformen vom Lianentyp in ganz unterschiedlichen Familien. Sie keimen im Boden, brauchen aber für ihren Aufwuchs Stützpflanzen.
Wurzelkletterer befestigen sich mit ihren Wurzeln fest an der Rinde ihres Wirtbaumes (Efeu *[Hedera]*, tropische Araceen).
Spreizklimmer haben spreizende, widerhakenartige Seitensprosse oder in Geißeln auslaufende Blätter, oft mit Stacheln oder Dornen versehen, die ein Abrutschen verhindern (Brombeere *[Rubus]*, Bocksdorn *[Lycium]*, Kletterfarne der Tropen).
Schling- oder Windepflanzen mit rasch wachsender Achsenspitze und sehr langen

Abb. 1.1: Buntspecht als Stemmkletterer (nach G. Hoffmann 1941).

Internodien, an denen Blätter zunächst unentwickelt bleiben, umschlingen ihre Stütze mit dem ganzen Stiel (Winde *[Convolvulus]*, Hopfen *[Humulus]*, Bohne *[Phaseolus]*).
Rankenkletterer besitzen gegen Berührung empfindliche Greiforgane aus umgewandelten Blättern, Seitensprossen oder Sproßachsen (Wilder Wein *[Parthenocissus]*, Waldrebe *[Clematis]*, Zaunrübe *[Bryonia]*).

Die Einteilung der Organismen nach Lebensformtypen geschieht aufgrund analoger, funktioneller Ähnlichkeiten. Das phylogenetische System beruht auf homologen, verwandtschaftlichen Übereinstimmungen. Man darf daher die Lebensformen nicht durch ein einziges stammbaumartiges System klassifizieren, denn Arten, die sich in ihrer Bewegungsweise gleichen, können hinsichtlich der Ernährung ganz verschieden sein. So kann das Plankton, die Bezeichnug der Schwebeorganismen im Wasser, eine Verminderung der Sinkgeschwindigkeit durch lange Fortsätze, scheibenförmige Abplattung, stabförmige Streckung oder blasenförmige Auftreibung erreichen. Außerdem gehören die Plankter zu verschiedenen Ernährungsgruppen, wie schon die Einteilung in Phyto- und Zooplankton erkennen läßt. Für die einzelnen Erscheinungen und Äußerungen des Lebens müssen also getrennte Klassifikationen geschaffen werden, die der jeweiligen Fragestellung angepaßt sind. Jede Art hat dann Plätze in mehreren Systemen.

Die Übereinstimmung in der Lebensform ist das Ergebnis einer großen Zahl evolutiver Vorgänge durch lange Zeiträume. Dadurch kam es zu so erstaunlichen Konvergenzen im morpho-ökologischen Typ, wie sie etwa die Euphorbien der afrikanischen und die Cacteen der amerikanischen Wüsten zeigen. – Ein weiteres Beispiel bietet die Schwimmform von Haien, Knochenfischen, Ichthyosauriern und Delphinen, die im Laufe der Stammesgeschichte unabhäging bei verschiedenen Fischklassen, bei Reptilien und Säugetieren entstanden ist. – Durch walzenförmige Gestalt, Rückbildung des Schwanzes, kurze Beine, von denen die vordersten zu Grabschaufeln verbreitert sind, und durch Reduktion der Augen stimmen Beutelmull *(Notoryctes typhlops)* in Australien, Maulwurf *(Talpa europaea)* in Europa, Goldmull *(Chrysochloris capensis)* in Afrika und Blindmäuse *(Spalax)* in SO-Europa und Asien überein. Unter diesem Typ der Schaufelgraber befinden sich Beuteltiere, Insectivore und Nager (Abb. 1.2). – Auffallende Konvergenz in Physiognomie, Bewegungs- und Ernährungsweise lassen die verschiedenen im und auf dem Boden lebenden Larven der Carabiden und Staphyliniden erkennen, zweier Käferfamilien, die nicht miteinander verwandt sind.

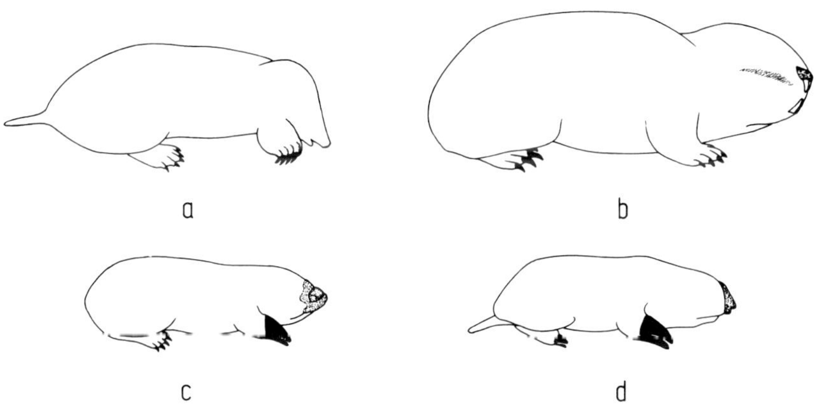

Abb. 1.2: Lebensformtyp der Schaufelgraber (nach Tischler 1963).
a: Maulwurf *(Talpa europaea)*, 15 cm; b: Blindmaus *(Spalax typhlus)*, 20 cm; c: Goldmull *(Chrysochloris capensis)*, 12 cm; d: Beutelmull *(Notoryctes typhlops)*, 12 cm lang.

Vielleicht sind konvergent entstandene, korrelierte Veränderungen durch innere Gestaltungskräfte bedingt. So ist unabhängig in verschiedenen Familien der Schmetterlinge beim Weibchen mit der Vergrößerung der Ovarien eine Rückbildung der Flügel, Hörorgane und des Rüssels verbunden, während die Männchen stärkere Fühler ausgebildet haben. Der Vorteil größerer Eiproduktion wurde beim Weibchen durch Flugunfähigkeit und Verzicht auf Blütenbesuch eingetauscht. Die Männchen mußten die Weibchen aus weiterer Entfernung aufspüren können als wenn diese flugfähig wären. Dies ist ihnen durch die höhere Zahl von Geruchssinneszellen auf den Fühlern möglich.

Lebensformtypen lassen sich durch Vergleiche erkennen. Dies mag noch die Gegenüberstellung von zwei Kulturpflanzen zeigen. Luzerne, die aus Steppen SW-Asiens stammt, hat eine lange, tiefreichende Wurzel, aber nur kleine Blätter. Die Kartoffel aus feuchtkühlen Tälern der Anden zeichnet sich dagegen durch eine flache Wurzel und große Blätter aus (Abb. 1.3).

Abb. 1.3: Wuchsform von Luzerne (Steppenpflanze) und Kartoffel (aus feuchtkühlen Hochgebirgstälern) (nach Schwarz u. Klinkowski 1931).

Wirkungsfeld (Nische). Die Lebensform bestimmt die durch Körpermerkmale bedingten, möglichen Verhaltensweisen. Vergleicht man Organismen einer größeren taxonomischen Gruppe, so ergibt sich eine Verengung des «Aktionsbereiches» etwa einer Familie über die Gattung zur Art. Dieses Prinzip hatte schon Goethe als Einschränkung des Typus erkannt.

So enthält die Familie der Reiher und Dommeln (Ardeidae) Tiere mit relativ langen Beinen, langen Hälsen und kräftigen Schnäbeln. Sie sind zum Schreiten in Lebensräumen ohne mechanische Hindernisse und zur Aufnahme der Nahrung aus dem Wasser oder vom feuchten Boden bestens geeignet. Die besondere Gelenkbildung der Halswirbel ermöglicht den Reihern ein kraftvolles Vorschnellen des Halses zum Beutefang, erschwert aber die Drehung des Kopfes nach der Seite.

Reiher müssen daher ihre Beute beschleichen und belauern. Die Arten gehen sich aus dem Wege, obwohl sie den gleichen Lebensraum bewohnen können (Abb. 1.4). Der Silberreiher *(Casmerodius albus)*, ein Vogel der offenen Lagune, ernährt sich vorwiegend von Fischen. Seine weiße Farbe bildet wie bei anderen Vögeln offener Gewässer (Möwen, Seeschwalben, Schwäne) einen gewissen Schutz vor Sonnenstrahlung. Das Röhricht dient ihm nur noch als Brutplatz. Der Graureiher *(Ardea cinerea)* watet im tiefen Wasser und fängt seine Beute an Fischen mehr von der Oberfläche. Er entfernt sich meist nicht weit vom Bereich des Röhrichts oder Auenwaldes. Der Purpurreiher *(A. purpurea)* hält sich im Röhricht auf und fischt nicht watend, sondern vom Ufer aus oder von Ästen, die im Wasser liegen. Sein Nahrungsspektrum reicht von Insekten über Fische, Frösche, Eidechsen bis zu Mäusen. Der verhältnismäßig kurzbeinige Nachtreiher *(Nycticorax nycticorax)*, der gerne auf Weidenbäumen brütet, holt seine Beute von Ufern und Sumpfwiesen. Seinem Speisezettel fehlen bereits die Fische. Da jede dieser vier Vogelarten nicht nur bestimmte Ansprüche an die Nahrung, sondern auch an die Strukturverhältnisse stellt, besitzt sie einen von ihrer Lebensform abhängigen Aktionsbereich im Ufergebiet eines Sees. Jede Art spielt dort eine andere ökologische Rolle, die an einen bestimmten Platz und eine besondere Funktion im größeren Lebensraum gebunden ist.

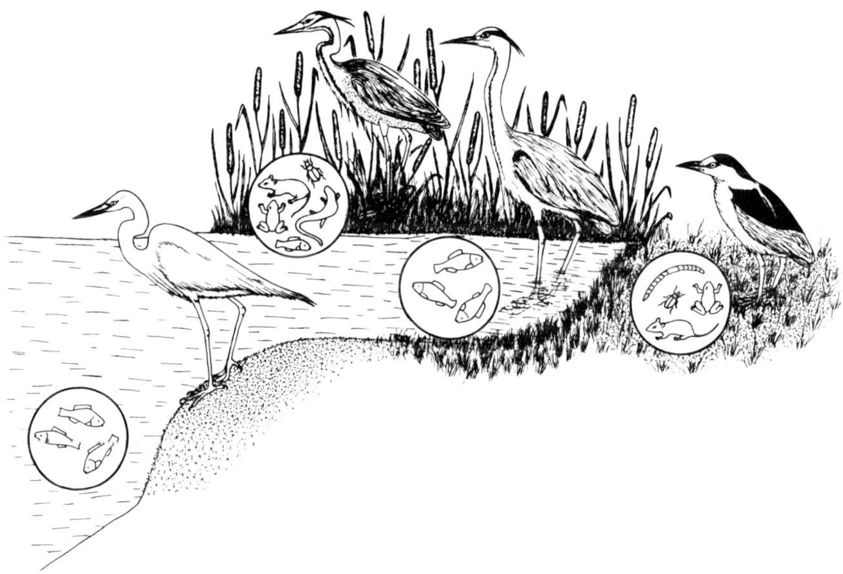

Abb. 1.4: Wirkungsfelder (Nischen) von Reihern (in Anlehnung an Stugren 1972). Von links: Silberreiher *(Casmerodius albus)*, Purpurreiher *(Ardea purpurea)*, Graureiher *(A. cinerea)*, Nachtreiher *(Nycticorax nycticorax)*.

Das Wirkungsfeld einer Art als Summe aller Lebensäußerungen wird meist «ökologische Nische» genannt, die im Vergleich zum «Habitat» oder Adresse gleichsam dem Beruf entspricht. Es sagt aber noch mehr aus, nämlich die Bedeutung dieses Berufs für das ganze System. Manche Autoren sprechen davon, daß eine «Nische» besetzt wird, weil sie mit dem Begriff nur eine räumliche Vorstellung verbinden. Das Wirkungsfeld wird aber in einem bestimmten Bezugssystem erst gebildet. Es ist nicht allein durch Organisation und Verhalten einer Art bestimmt, sondern der Modifizierung durch alle Gegebenheiten der Umwelt ausgeliefert.

Die ökologische Bedeutung der gleichen Art kann daher in einem anderen geographischen Bereich durchaus verschieden sein, weil sie durch die spezielle Situation mitgeformt wird (Auseinandersetzung mit vielen oder wenigen Feinden, Zwang zu Ruhepausen oder nicht usw.). Hierfür ein Beispiel: der an verschiedenen Compositen lebende Rüsselkäfer *Larinus sturnus* ist im Tiefland Teil eines komplexen Wirkgefüges, das verschiedene Nährpflanzen, phytotrophe Konkurrenten, Parasiten und Räuber umfaßt. Seine Populationen bleiben dort gering. Im alpinen Bereich findet er nur eine Distel als Nährpflanze, hat einen einzigen Nahrungskonkurrenten und nur einen Parasiten. Hier erreicht er eine hohe Bevölkerungsdichte, die für den Konnex und das Gesamtsystem erheblichen Einfluß hat.
Das Schlickgras *Spartina townsendii* ist im Gegensatz zu dem für die Landgewinnung wichtigen Vorkommen in England an andersartigen ökologischen Verhältnissen der deutschen Nordseeküste zu einem schwer wieder auszurottenden «Unkraut» geworden. – Aus den gleichen Gründen erklärt sich der oft unerwartete Unterschied in der Bedeutung verschleppter oder zur biologischen Bekämpfung von Schaderregern eingeführter Pflanzen und Tiere in einem anderen Beziehungsgefüge.

Individuum, Population, Art. Man kann schon von einzelnen Individuen Rückschlüsse auf die Bedeutung von Struktur, Leistung und Verhalten einer Art ziehen. Bei vielen Pflanzen, bei den Tierstöcken und Insektenstaaten ist der Begriff **«Individuum»** allerdings schwer zu fassen, weil es sich um komplexe Individuen handelt, die morphologisch-genetisch einen Überorganismus bilden.
In der Natur leben nicht nur Einzelindividuen, sondern **Populationen** aus diesen. Darunter versteht man Individuengruppen mit prinzipieller Möglichkeit der Paarung und Fortpflanzung, wobei jedoch die Individuen keineswegs genetisch gleich sein müssen. Die Gesamtheit der Erbanlagen aller Individuen einer Population bildet ihren Gen-Vorrat (Genpool). Eine örtliche Population, die Bevölkerung eines bestimmten Areals, umfaßt also Individuen, die Anteil an demselben Genpool haben.
Als **Art** wird eine unter natürlichen Bedingungen bestehende, fruchtbare Fortpflanzungsgemeinschaft bezeichnet. Ist der Genfluß bei Randpopulationen des Gesamtareals einer Art oder durch andere Isolationsmechanismen eingeengt oder aufgehoben, ergibt sich leicht eine geographische oder ökologische Bildung von Rassen bzw. Unterarten. Dies kann schließlich zur Entstehung neuer Arten führen, weil nicht mehr jede Teilpopulation am ganzen Gen-Vorrat der Art beteiligt ist (Abb. 1.5)

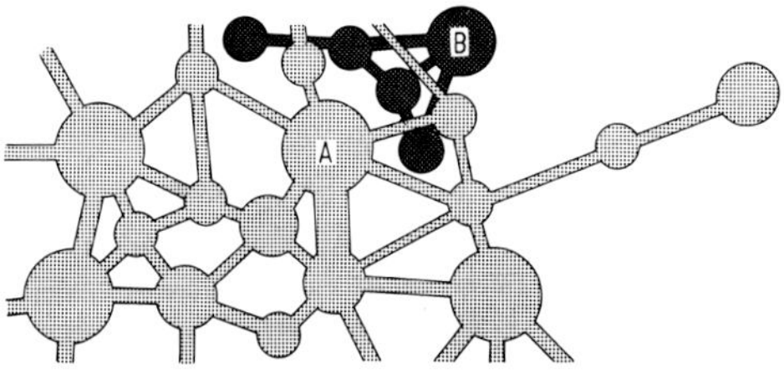

Abb. 1.5: Schema des Genpool-Systems (nach Sperlich 1973). Kreise stellen örtliche Populationen der Arten A und B dar, Verbindungsstege den Genfluß. Rechts bei A eine Population im Randgebiet. Zwischen A und B besteht keine genetische Verbindung.

Die Gruppe der Silbermöwen hat sich über lange Zeiträume in einem breiten Gürtel um die Erde ausgebreitet. Zwar unterscheiden sich die dabei entstandenen Formen voneinander, bastardieren aber zum Teil noch, wo sie zusammentreffen. Vor dem Ende der Eiszeit war der «Formenkreis» noch nicht ganz geschlossen. Später überquerte jedoch die hellflüglige nordamerikanische Möwe (mit rosa Füßen) den Atlantik und überlagerte in Nordeuropa eine dunkelflüglige Form mit gelben Füßen. Weil beide sich nicht mehr kreuzen und auch in ihrer Lebensweise unterscheiden, bezeichnet man sie als verschiedene Arten, Silbermöwe *(Larus argentatus)* und Heringsmöwe *(L. fuscus)*.

Schwieriger wird die Definition der Art bei ungeschlechtlicher Vermehrung, da dann nur (wie in der Paläontologie) Merkmalsunterschiede verwendet werden können.

Polymorphismus. Uneinheitlichkeit der Individuen besteht nicht nur zwischen entfernten Bevölkerungen, sondern schon innerhalb einer einzigen Population. Sie kann Größe, Gestalt, Färbung, Fruchtbarkeit, Resistenz, Geschwindigkeit der Entwicklung, Überleben, Dormanz, Verhalten und andere Lebenserscheinungen betreffen.

Eine Besonderheit vieler kurzlebiger Pflanzen, besonders aus den Familien der Chenopodiaceen, Cruciferen, Compositen und Gräsern ist ihr «somatischer Polymorphismus». Gerade Feldunkräuter erzeugen oft Samen unterschiedlichen Aussehens und Keimungsverhaltens an verschiedenen Teilen der gleichen Pflanze. So kann die Melde *Chenopodium album* braune und schwarze Samen mit glatter oder netzartiger Oberfläche bilden. Die braunen keimen bei Regen schnell aus und ertragen Temperaturen bis herunter zu 0° C. Die schwarzen dagegen machen eine Entwicklungsruhe durch, die nur bei den glatten, nicht den netzartigen Samenschalen durch Frost oder Zufuhr von Nitrat wieder aufgehoben wird.

Gelbe und braune Schnirkelschnecken *(Cepaea nemoralis)* ertragen höhere Temperaturen als rosa gefärbte oder gebänderte. Daher gehen die letzteren in Sanddünen, wo die Wärme auf der Oberfläche des Substrats leicht die obere Letalgrenze der Schnecken erreicht, schon zugrunde, wenn die gelben und braunen noch überleben.

Einen anderen Polymorphismus zeigt die Langwanze *Ischnodemus sabuleti*. Der Anteil langflügliger Individuen ist in Jahren hoher Populationsdichte besonders groß. Solche Weibchen sind flugfähig, haben aber vor ihrem Ausbreitungsflug noch keine Eier in den Ovarien entwickelt. Bei ihnen besteht die Tendenz zu späterer Eireifung als bei den kurzflügligen Individuen, die nicht fliegen können. Dies fördert die Ausbreitung der Art und entlastet zugleich eine zu große Bevölkerung.

Es müssen nicht unbedingt sichtbare Unterschiede sein. Der sog. «kryptische Polymorphismus» kann sich allein im Verhalten oder in physiologischen Leistungen bemerkbar machen. In einer Bevölkerung der Zikade *Mocydia crocea* kamen einerseits Individuen mit hoher Toleranz gegenüber Umweltbedingungen, starker Vermehrung, aber geringerer Lebenserwartung vor, andererseits solche mit spezielleren Umweltansprüchen, geringem Vermehrungspotential, doch längerer Lebenserwartung. Ein derartiger Polymorphismus kann durch verminderte Konkurrenz in

einem reich differenzierten Lebensraum die beste Ausnutzung der Ressourcen ermöglichen.
Bei Populationen von Ringelspinnern (*Malacosoma pluviale* in Amerika, *M. neustria* in Europa) gibt es «aktive» Individuen, die sich als Eiraupe in der Orientierung auf Lichtreize, als ältere Raupe im Netzbau und in Fraßgewohnheiten, als Falter in Flugbereitschaft und Ausbreitungsfähigkeit von «inaktiven» unterscheiden. Während einer Dichtezunahme überwiegt der aktive Typ, in der Phase des Rückgangs herrscht der träge vor.
Schon geringe genetische Unterschiede können durch Selektion zu Änderungen der Qualität führen. Welche Bedeutung dies für die Bekämpfung von Schaderregern an Kulturpflanzen durch chemische Mittel oder von Krankheitserregern des Menschen mit Sulfonamiden und Antibioticis hat, zeigt das allmähliche Nachlassen und anschließende Aufhören der anfänglichen Erfolgswirkung, wenn die gleichen Mittel längere Zeit angewendet werden. In den meisten Fällen ist eine Resistenz durch natürliche Auslese von Individuen mit erblich fixierter Gifttoleranz entstanden. Die anfälligen Individuen der Ausgangspopulation wurden vernichtet, die gifttoleranten konnten von Generation zu Generation zunehmen. Dieses Phänomen gilt ebenso für Bakterien (Streptomycin-Resistenz von *Escherichia coli*), wie für Protozoen (Chlorochin-Resistenz der Malaria-Erreger), Insekten und Milben (Biozid-Resistenz gegen viele Bekämpfungsmittel) oder Säugetiere (Myxomatose-Resistenz der Kaninchen). Jede Veränderung der ökologischen Struktur einer Bevölkerung führt durch Auslese und Eliminierung unausweichlich zur Änderung ihres genetischen Zustandes.
Ein nicht minder wichtiges Problem, besonders in den Tropen und Subtropen, ergibt sich durch zu häufig angebaute Einheitssorten vieler Kulturpflanzen. Hier zeigt sich, wie gefährdet eine in ihrem Erbmaterial gleichartige Population sein kann, wenn alle Individuen die gleiche Anfälligkeit gegen bestimmte Schaderreger besitzen. Auch die Einschränkung lokaler Rassen der Haustiere sollte nicht zu weit gehen. Ein Teil des Genpools, besonders von Schaf, Rind und Schwein ist dadurch bereits verloren gegangen. Die künstliche Besamung führt zur weiteren Einengung von Genreserven.
Genetische Unterschiede innerhalb natürlicher Bevölkerungen und Ungleichartigkeit der von ihnen besiedelten Lebensräume vermindern das Risiko der Auslöschung, von der sonst eine Population leichter bedroht wäre.
Was für Pflanzen und Tiere gilt, hat auch für den Menschen Gültigkeit, über dessen erbmäßige Ungleichheit es keine Zweifel gibt. Hierin liegt die beste Aussicht zu überleben. Daher kann ihn nicht eine zur Nivellierung führende Gleichheit aus Notsituationen heraushelfen, sondern nur die durch optimale Förderung aller sich erhaltende Vielfalt in Veranlagung und Lebensgewohnheiten.

Ordnungsformen biologischer Systeme. Die Welt ist aus Systemen aufgebaut. Unter System versteht man einen Komplex von Komponenten, die in gesetzmäßigen Beziehungen zueinander stehen. Jeder Systemteil übt seine besondere Funktion aus. Die Gesamtfunktion des Systems ergibt eine neue Qualität, die mehr ist als die Summe der Teile. Qualitäten bestimmen den Informationsgehalt, die Ordnung eines Systems, die räumlich und zeitlich gesehen werden muß.

Beim Vergleich biologischer Systeme ergeben sich zwei unterschiedliche Ordnungstypen, die organismische und die ökologische Ordnung. Auf der einen Seite stehen die als Arten eindeutig definierten **Organismen.** Sie treten als Individuen der Einzeller und Vielzeller (Zellstaaten), aber auch als Individualitäten höheren Ranges (Superorganismen) auf. Zu solchen gehören z. B. Aggregationen der Schleimbakterien (Myxobacteriales) und Schleimpilze (Myxomycetes), ferner höhere Pflanzen, die sich nach vegetativer Vermehrung nicht in Einzelindividuen trennen; Tierstöcke der Schwämme, Korallen, Staatsquallen, Bryozoen und mancher Tunikaten, die durch stoffliche Wirkungen zu einer funktionellen Einheit zusammengehalten werden; schließlich die Insektenstaaten (Termiten, Ameisen, Bienen).
Beziehungen zur Umwelt gibt es schon beim Zell- und Gewebestoffwechsel, da Stoffe zwischen Umgebung und Körperoberfläche bzw. Organen ausgetauscht werden und abiotische Bedingungen wie Temperatur und Licht den Metabolismus beeinflussen.
Im Gegensatz zu den Organismen (s.l.) stehen **Ökosysteme.** Bei diesen sind Konnexe verschiedener Arten als Lebensgemeinschaften (Biozönosen) mit ihrem Lebensraum (Biotop) integriert. In ihren größeren Einheiten entsprechen sie Landschaftstypen, deren wesentlichstes Merkmal, den Systemcharakter, man erst später erkannt hat.
Organismische Ordnung: (1) Die Differenzierung erfolgt aus inneren Anlagen. Die Komponenten sind durch gemeinsame Abstammung zunächst gleich, werden aber zu spezifischen Funktionsteilen, die als selbständige Einzelwesen nicht mehr lebensfähig sind (Differenzierung der Zellen im Vielzeller, der Einzelindividuen im Tierstock, der Kasten im Insektenstaat). (2) Die Teile sind an das Gesamtsystem gebunden. (3) Die Funktion des Ganzen entsteht durch Koordination der Teile. Alle Vorgänge dienen der Erhaltung des Gesamtsystems. (4) Qualitative Regulationsfähigkeit innerhalb des Systems ist möglich. Verlorengegangene Teile können daher ersetzt werden. (5) Sich entsprechende Teile verwandter Einheiten sind homolog, also abstammungsgleich. (6) Die Abgrenzung der Einheit geschieht durch innere Anlagen.
Daß Insektenstaaten einem Individuum höheren Ranges entsprechen, steht außer Frage. Das Einzelwesen wird wie eine Zelle oder ein Organ zu einem spezifischen Teil des Ganzen. Die Geschlechtstiere entsprechen den Gonaden, die übrigen Kasten den somatischen Geweben. Trophallaxis, der Nahrungsaustausch zwischen fütternden Tieren und den übrigen Nestinsassen, hat die Funktion eines «Sozialmagens» und zugleich zirkulatorische Bedeutung. Pheromone, chemische Botenstoffe zwischen den Individuen, welche Gonadenreifung, Ernährung, Kastenbildung, Nestbau und Aggregationen betreffen, üben Funktionen der Hormone eines vielzelligen Organismus aus. Die Ausscheidung von Alarmstoffen, Duftspuren, das Mitteilungsvermögen durch Töne, Gerüche, «Tänze» zeigen die Entwicklung von Signalsprachen, deren Bedeutung Sinnesorganen und Nervensystem eines Vielzellers gleichkommt.
Ökologische Ordnung: (1) Die Zusammensetzung des Systems geschieht aus fertigen Teilen, den Arten (bzw. zu einer funktionellen Einheit eng miteinander verbundenen Symbionten). Die Teile behalten ihre Eigencharaktere und können als Einzel-

wesen (bzw. Symbiosen) existieren. (2) Die lebenden Komponenten des Systems sind nur an ihre Existenzgrundlage, nicht unbedingt an das Ganze gebunden. Sie sind daher austauschbar und können in anderen Systemen vorkommen. (3) Die Funktion des Ganzen ist durch Kompensierung der Kräfte möglich. Häufig sind es Antagonismen. Dies darf jedoch nicht so verstanden werden, daß in der Natur ein Kampf aller gegen alle herrscht. Viele Arten gehen sich weitgehend aus dem Wege, indem sie sich verschiedene Wirkungsfelder schaffen. Manche kooperieren auch miteinander. (4) Es besteht nur eine quantitative Regulationsfähigkeit der Komponenten des Systems. Ein Ersatz verlorengegangener Teile, also der Arten, muß von außen her erfolgen. (5) Sich entsprechende Teile verwandter Systeme sind analog, sie haben konvergente Lebensformtypen (z. B. im tropischen Regenwald Südamerikas, Afrikas und Südostasiens). (6) Die Abgrenzung der Einheit erfolgt durch äußere Bedingungen.

Übergänge: Zeitweise können Tierschwärme (Wanderheuschrecken, Heringe, Stare) zu Individualitäten höheren Ranges werden, weil zwischen den Einzelindividuen dann eine so enge Kommunikation besteht, wie sie bei Aggregationsplasmodien der Schleimpilze vorkommt.

Soziale Verbände mancher Wirbeltiere leben in einer bestimmten Gruppenstruktur. Oft bilden mehrere Familien ein Sozialsystem. Die Ordnung setzt sich dann aus Elementen organismischer und ökologischer Ordnung zusammen. Die Koordination des Verbandes wird durch Ausstoßung des Nichtangepaßten erreicht. Die Rangniederen bleiben benachteiligt, ihr individuelles Eigensein wird nicht gewahrt. Es kommt zu Territorial- und Nahrungskämpfen. Allerdings erlaubt der feste Platz in der Gruppenstruktur auch einen kräfteschonenden Schutz der Ordnung. Zudem wird das antagonistische Verhalten durch Abwandlung echten Kampfes zu einem festgesetzten Ritus bis zum bloßen Imponiergebaren gemildert. Alle Verbände, in denen die soziale Nachahmung zur Unterordnung unter das Leittier entwickelt ist, streben damit wieder der organismischen Ordnung zu.

Autökologie und Synökologie. Grundsätzlich kann man die Einzelart in den Mittelpunkt eines Bezugssystems stellen, um ihre Biologie, ökologischen Ansprüche und Wirkungen in einem Lebensraum zu erforschen. Dieser Aspekt wird **Autökologie** genannt. Er betrifft Fragen wie: (1) Lebensablauf aufgrund der angeborenen Konstitution (Bionomie oder «Naturgeschichte»), (2) Einfluß der Außenbedingungen auf Leistungsfähigkeit, Verhalten und Lebensfunktionen (Physiologische Ökologie), (3) historisch entstandene Anpassungen in Struktur und Lebensweise (Lebensformkunde), (4) historische und rezente Verbreitung der Arten und deren Ursachen (Biogeographie), (5) Struktur und Dynamik von Populationen (Populationsökologie). Oft werden Studien über Populationen nur auf abgegrenzten Versuchsflächen vorgenommen und deren Ergebnisse durch Korrelationsmethoden ausgewertet. Solche Untersuchungen sind jedoch ohne vorhergehendes Beobachten, extensives Sammeln und Probeentnahmen außerhalb solcher Flächen meist schwer zu deuten.

Während Autökologie eine einzelne Art heraushebt und möglichst viele Beziehungen allein auf sie hin untersucht, befaßt sich die **Synökologie** mit ganzen Lebensgemeinschaften. Bei diesem Aspekt stellt man einen Naturausschnitt in den Mittelpunkt und berücksichtigt die verschiedenen Bewohner, die in mannigfacher Weise direkt oder indirekt miteinander verknüpft sind, voneinander abhängen, sich gegenseitig hemmen, fördern oder ignorieren, auf ihre Umgebung wirken und von ihr wiederum beeinflußt werden.

Die früher geübte Landschaftsbeschreibung wurde durch die Erforschung der funktionellen Zusammenhänge zu einer «Landschaftsökologie», bei der Organismen und Lebensraum integriert sind. Hierbei geht es um das Verständnis des Gesamtgefüges einer Landschaft, die in ihr ablaufenden Aktionen, Reaktionen und Interaktionen der Organismen, um Stoffkreisläufe, Energieumsatz und Produktivität.

Einige Autoren bevorzugen eine Dreiteilung in Aut-, Populations- und Synökologie. Sie mag in manchen Fällen nützlich sein, ist aber nicht zwingend, weil sowohl bei aut- wie synökologischer Forschung Individuen, Populationen und Arten die Grundeinheiten sind. Letzten Endes stehen natürlich auch aut- und synökologische Untersuchungen in Wechselbeziehung. Nur aus methodischen Gründen ist ihre Trennung gerechtfertigt. Erst das Wissen über die Autökologie der einzelnen Arten läßt deren Rolle in einer Landschaft richtig beurteilen. Andererseits kommt man durch synökologische Studien in der freien Natur zu sinnvollen Fragen für Laborversuche, um einfache Kausalitäts-Beziehungen besser zu erfassen.

Zufall. Das Zusammentreffen von Ereignissen, für das eine naturgesetzliche Erklärung ausgeschlossen ist, nennt man Zufall. Er könnte eine Richtungslosigkeit an sich sein. Jedoch selbst bei größeren genetischen Veränderungen, die uns in der «Makroevolution» sprungartig erscheinen, bleibt es nicht ausgeschlossen, ob nicht vielleicht bestimmte Ordnungsprinzipien vorgegeben sind. Der Zufall wäre dann nicht mehr uneingeschränkt, sondern gehörte zu einer Art Abtastverfahren, durch das neue Lösungen an sich verändernde Gegebenheiten schon im Genom erfolgen.

Andererseits können zwar einzelne Reihen von Ereignissen kausal bedingt sein, doch warum sie zu gleicher Zeit zusammentreffen, ist einer Berechnung unzugänglich. Für das umfassende Geschehen läßt sich eine kausale Verknüpfung herstellen, in einem bestimmten Einzelfall aber nicht. Daraus ergibt sich die Notwendigkeit statistischer Untersuchungen in der Ökologie. Sie soll den Spielraum der Möglichkeit und Wahrscheinlichkeit des Eintreffens eines Ereignisses aufzeigen. Wir erkennen daran, daß sich zufällige Ereignisse zu einer übergeordneten Ganzheit summieren lassen, aber nicht warum oder wie dies möglich ist.

Im ökologischen Geschehen spielt Zufall im Rahmen von Wahrscheinlichkeits-Grenzen eine große Rolle. Bei der Besiedlung eines neu entstandenen Lebensraumes kommen durch Wind, Wasserströmung, mit fliegenden Tieren oder durch Eigenflug die verschiedensten Organismen zusammen. Wichtig kann sein, wer «zufällig» zuerst erscheint. Außerdem können sich nicht alle Ankömmlinge wegen der Ungunst der ihnen nicht gemäßen Bedingungen längere Zeit halten. Schließlich finden nur solche Arten zueinander, die darauf abgestimmt sind. So kann sich allmählich ein Gefüge von pro- und antibiotischen Verknüpfungen, Ergänzungen und Kompensationen herausbilden.

Gerade für das zeitliche und räumliche Begegnen (Koinzidenz) von Parasiten mit ihrem Wirt oder von Pflanzenfressern mit ihrer Nähr- und Brutpflanze kann der Zufall eine wichtige Rolle spielen. Die miteinander reagierenden Arten werden in ihrem Lebenslauf meistens von den Bedingungen der Umwelt in verschiedenem Maße betroffen. Dies mag eine zeitgerechte Begegnung der Partner verringern oder verhindern und dadurch einmal dem einen, ein anderes Mal dem anderen zum Vorteil oder zum Schaden gereichen.
Bei der Dynamik einer Bevölkerung können mit abnehmender Dichte seltene Allele eines Gens eliminiert werden und damit aus dem Gen-Vorrat der Population verschwinden. Doch ebensogut können durch Zufall seltenere Allele begünstigt sein. Hierfür ein Beispiel von der Schaumzikade *Philaenus spumarius* aus Finnland. Auf Inseln in Nähe zum Festland entspricht die Verteilung ihrer verschiedenen Farbtypen noch derjenigen der Hauptpopulation, so daß hier die Selektion breiter wirken kann. Je weiter entfernt und isolierter jedoch die Inseln liegen, desto mehr ist der Zufall der Erstbesiedlung durch bestimmte «Gründer-Individuen» für das Vorherrschen spezieller Farbmuster verantwortlich (Gen-Drift). Es besteht dann nämlich nicht mehr der frühere «Gen-Fluß», so daß die Möglichkeit der Färbungsvarianten eingeschränkt wird.

Erkenntnis aus der Chaostheorie. Im Gegensatz zu linearen Beziehungen ist in vernetzten, dynamischen Systemen die Vorstellung, daß ähnliche Ursachen ungefähr gleiche Wirkungen haben müssen, nur begrenzt gültig. Schon geringe Unterschiede in den Anfangsbedingungen können nach einiger Zeit zu ganz verschiedenen Ergebnissen führen, die nicht voraussagbar sind. Dieses Phänomen wird «Chaos» genannt. Es bedeutet nicht ständige Unordnung, wie der Name schließen läßt, sondern Eintreten unregelmäßiger und unerwarteter Vorgänge, die durch kleine Änderung einer Variablen auf andere Variable entstehen. Chaotische Entwicklungen zeigen sich z. B. bei Turbulenzen in Gewässern, beim Verlauf des Wetters, bei der Dynamik von Bevölkerungen und Lebensgemeinschaften. Kleinste Anlässe können sich derart summieren, daß sich ganz neue, subtile Muster in Raum und Zeit ausbilden (sog. Fraktale). Die Welt ist nicht rein deterministisch zu erklären. Nur Einzelvorgänge laufen deterministisch ab.
Wegen der großen Komplexität und Wandelbarkeit in Ausschnitten aus der Natur ist die prognostizierende Möglichkeit gerade in der Synökologie recht begrenzt. Das gilt schon für die Erforschung von «Nahrungsnetzen». Die nicht zu erfassende Zahl ihrer Arten und deren Beziehungen, die auf sehr verschiedener Skala liegenden Größenverhältnisse, der mit der Altersstruktur und der Jahreszeit bei vielen Arten vorkommende Nahrungswechsel lassen sich nicht auf wenige absolute Gesetzmäßigkeiten bringen, die ohne weiteres übertragbar sind.
In Ökosystemen gibt es weder wichtige noch unwichtige Einzelheiten, Merkmale und Vorgänge. Zwar kennt man «Schlüsselarten», d. h., solche, deren Entfernung oder Hinzufügung große Bedeutung etwa für die Gestaltung der Bodenstruktur, Vegetation oder das Spektrum der Fauna haben kann. Dennoch fehlt der theoretische Hintergrund, der eine Vorhersage erlauben würde, welche Arten bei welcher Situation eine zentrale Rolle spielen können. Selbst Wettervorhersagen, die weltweit

auf täglicher Auswertung von durch Funk übermittelten Meßdaten aus 1000 Wetterballons beruhen, treffen für 4 Tage noch zu 80 %, für 6 Tage nur zu 75 % ein; jeder weitere Tag verringert die Prognose. Dabei ist zu bedenken, daß das Wetter nur einen einzigen Faktorenkomplex in einem Ökosystem bildet. *Man sollte sich daher in der Landschaftsökologie damit begnügen, Tendenzen und Prinzipien aufzuzeigen.*

1.2 Quantität und Qualität

Ökologische Grenzen der Quantität. Statistik ist für die Wahrscheinlichkeit einer Aussage unerläßlich, wenn man es mit Mengen zu tun hat und notwendig zur Festlegung von Grenzen, in denen bestimmte Vorgänge ablaufen. Mathematische Behandlung führt zur Erkenntnis der formalen Seite in der Natur. Qualitative Merkmale und Vorgänge lassen sich jedoch nur dadurch quantifizieren, daß man die Häufigkeit ihres Vorkommens ermittelt. Man erfaßt somit alles, was sich zählen, messen und wiegen läßt.
Aber schon bei der Eigengesetzlichkeit des Lebens, seiner Einheit in der Mannigfaltigkeit, den Anpassungen der Organismen, ihren Lebensstrategien und Wechselbeziehungen handelt es sich um Qualitäten. Werden diese als subjektiv oder unwissenschaftlich betrachtet, klammert man wichtige Einsichten in die Natur aus. Außerdem ist folgendes zu bedenken. Größenordnung und Generationsdauer der Arten in einem Ökosystem unterscheiden sich auf einer Skala von 10^7. Sie leben in verschiedenen Welten. Viele singuläre Ereignisse und undeterministische Prozesse überlagern alle Vorgänge. Daher müssen Versuche scheitern, die Struktur und Dynamik eines Ökosystems durch statistische Muster zu erklären. Hinzu kommt individuell verschiedenes Verhalten, etwa beim Täuschen der Feinde, bei der Fütterung des Nachwuchses, der Nahrungsbevorzugung oder den Nistgewohnheiten, die nur qualitativ durch Beobachtung und Vergleichen zu erfassen sind.

Umschlag von Quantität zur Qualität. Der Umkehrpunkt zu neuen Qualitäten läßt sich weder genau messen noch voraussagen. Von welcher Größe an wird eine Baumgruppe zu einem Wald? Eine Vielzahl von Bäumen schirmt das Licht stärker ab und schafft ein besonderes Eigenklima. Fallaub wirkt erst in seiner Anhäufung als eine Schicht, die durch günstige Wärmekapazität und geringes Wärmeleitvermögen die Frühjahrsvegetation eines Laubwaldes im gemäßigten Klima ermöglicht und Voraussetzung zur Bildung einer reichen Humusreserve ist. Für jede Art, Pflanze und Tier, ist der Schwellenwert, ob für sie schon Waldverhältnisse vorliegen, anders. Dies ergibt ein Vergleich von Baumgruppen, Feldhecken mit Bäumen, Feldgehölzen und größeren Wäldern, die man als Systeme verschiedener Quantitäten ansehen kann. Auch der umgekehrte Aspekt, der nicht von der Größe des Lebensraumes, sondern von der Besiedlungsdichte der Bewohner in einem solchen ausgeht, enthält die gleiche Frage des Übergangs von Quantität zur Qualität, also eines qualitativen Sprungs. Wie groß muß die Dichte der Regenwürmer an einem bestimmten Standort sein, um eine neue Bodenqualität hervorzurufen?

Umweltqualitäten. Zur qualitativen Seite ökologischer Fragen gehören die historisch bedingten, oft einmaligen geographischen und strukturellen Besonderheiten mancher Lebensräume; qualitative Einzel- und Komplexmerkmale des Milieus; die Verschiedenartigkeit des Verteilungsmusters der Organismen in ihrer jeweiligen Umgebung und seine ständige zeitliche Veränderung; Qualitätsänderungen in Bevölkerungen; die vielen Kombinationsmöglichkeiten von Synergismus und Antagonismus der miteinander direkt oder indirekt in Beziehung tretenden Arten, die immer für die einen zur Existenzbedingung, für die anderen zum Existenzhindernis werden können; schließlich der dynamische, irreversible Verlauf des Lebensgeschehens überhaupt.

Die Einpassung einer Art in ihre Umgebung wird oft durch biotische Eigenschaften derselben bestimmt, die nur als qualitative Komplexmerkmale wirken und nicht quantifizierbar sind. Es gibt viele derartige Fälle, die durch Sonderbezeichnungen wie nidicol, corticol, sphagnicol, silvicol ausgedrückt werden, wenn Nester, Rinde, Torfmoose oder geschlossene Baumbestände die wichtigste Voraussetzung für die Existenz einer Art sind. Das Vorkommen bestimmter Pflanzen für Nahrungsspezialisten, ihre Blattform oder Blütenfarbe, spezifische Wirte für Parasiten und Symbionten, das Vorfinden von Aas, Dung, wassergefüllten Baumhöhlungen für das Leben zahlreicher Organismen bietet genügend Beispiele.

Beim Vergleich der recht unterschiedlichen Bevölkerungsdynamik einiger an Kiefern lebender Blattwespen stellte sich heraus, daß qualitative Art-Eigentümlichkeiten der Eiablage und der Wahl des Einspinnungsraumes zur Verpuppung entscheidender sind als abiotische oder biotische Umweltfaktoren. Trotz gewisser Flexibilität ist die Bevorzugung der Tannenmeise *(Parus ater)* für Nadelwälder, der Blaumeise *(P. caeruleus)* für Laubwälder angeboren, wie experimentelle Untersuchungen ergaben. Auch das Heimfinden der Tiere wird erst durch Unterscheidung und Gedächtnis für Qualitäten im Lebensraum möglich.

Die Übertragung des rein quantitativen Denkens aus Physik und Chemie in die Ökologie hat dazu geführt, daß man die qualitativen Vorgänge in der lebenden Natur kaum noch sieht.

Zur Aufgabe des Ökologen gehört Mut zur Vereinfachung, ohne den Zwang zu einer mathematischen Formel kommen zu müssen, mit anderen Worten: Qualitäten anzuerkennen und sie nicht um jeden Preis auflösen zu wollen. Auch die Pflanzenzüchtung, welche die langsam verlaufenden Vorgänge der Selektion in eine vom Menschen gewünschte Richtung beschleunigen will, erstrebt keineswegs nur höhere Erträge, also Quantitäten, sondern in erster Linie Qualitäten wie Frostresistenz, Dürreresistenz, Resistenz gegen Schaderreger, bessere Standfestigkeit, Änderung der Halmlänge usw., welche die *Sicherheit des Ertrages* verbessern. Hier berühren sich Genetik und Ökologie wie in der Populationsbiologie sehr eng.

1.3 Methodik

Beobachtung und Beschreibung. Sie wurden zunächst zur Grundlage der Floristik und Faunistik, dann zur Biogeographie. Die dadurch aufgezeigte Vielfalt der organischen Natur führte zur Entwicklung der Naturgeschichte, aus der Ökologie und Verhaltensforschung entstanden. Reine Beschreibung von Tatsachen wird oft unterbewertet. Dies geschieht zu Unrecht, weil genaue Beobachtung und deren Aufzeichnung schon wesentliche Zusammenhänge des Lebensgeschehens erhellen können. Die Erforschung der Biologie verwandter Arten, der Strukurierung eines Lebensraums mit seinem Inventar an Pflanzen und Tieren; das Verfolgen des Abbaus von Aas oder von Baumstümpfen; die Beobachtung der Wiederbesiedlung eines ausgetrockneten Tümpels nach erneuter Wasserfüllung – das sind Beispiele für wichtige Erkenntnisse ökologischer Fragen nach exakter Beobachtung. Es ist ein Irrtum zu glauben, daß Biologie heute nur noch mit kostspieligen Apparaten zu betreiben wäre.
Ob man von bestimmten Artenbeständen oder Lebensräumen ausgeht, ist wissenschaftlich belanglos. Liegt der leichter erkennbare Bestandteil eines Ökosystems im Artenspektrum, der schwerer erfaßbare in den Gegebenheiten des Biotops, wird man von der Biozönose ausgehen. Ist die Besonderheit des Biotops leichter zu messen, so wird dieser der gegebene Ausgangspunkt sein. Beide Methoden sind gleichberechtigt, weil sie schließlich zum Ziel führen, ökologisches Geschehen einigermaßen voraussagen zu können.

Vergleich. Weitere Einsichten bringt die Methode des Vergleichens analoger Sachverhalte. So gibt die Besiedlung von Aas, das in verschiedenen Biotopen (Wald, Feld), verschiedenen Böden (Lehm, Sand) und verschiedener Bodentiefe ausgelegt wird, Auskunft über den Einfluß der Vegetationsdecke, der Bodenart und Raumstruktur für Abbauvorgänge. Ein Vergleich der Biologie der Feldmaus *(Microtus arvalis)* in einer Heckenlandschaft und in heckenfreien Gründlandgebieten kann Fragen des Massenwechsels einer Art in Abhangigkeit vom Landschaftstyp beantworten. Ein Vergleich der Tierwelt eines vom Häusermeer umgebenen Stadtparks mit entsprechenden Landschaftsteilen außerhalb der Stadt ermöglicht Aussagen über Ausbreitungsfähigkeit der Organismen, Artenmannigfaltigkeit, Anfälligkeit gegen wiederholte Störungen, Synanthropie (Bindung an den Menschen) und Verschleppung. Wichtig ist sowohl ein Vergleich von Proben, die gleichzeitig von Stellen entnommen sind, an denen in einem oder wenigen Punkten verschiedene Bedingungen herrschen, als auch von solchen der gleichen Stelle zu verschiedenen Zeiten.

Experiment. Darüber hinaus gibt es in der Ökologie viele experimentelle Möglichkeiten. Entsprechend der Methodik in der Entwicklungsphysiologie, wenn auch an viel komplexeren biologischen Systemen, lassen sich Eingriffe durch Isolierung von Teilen, Wegnahme (Defektsetzung), Hinzufügen (Implantation) und Austausch von Systemteilen (Transplantation) durchführen. Sowohl Variierbarkeit eines wesentlichen Faktors oder Vorgangs bei Konstanz des übrigen Geschehens als auch Wiederholung des Experiments sind dabei gewährleistet.

Isolierte Teile können am besten im Labor untersucht werden. Die Autökologie, welche Verhalten und physiologische Leistungen einzelner Arten gegenüber isolierten Umweltfaktoren durch Zuchten, Präferenda- und Toleranzversuche unter verschiedenen Bedingungen prüft, beruht auf dieser Methode. Hierbei ergibt sich die Bedeutung von Temperatur, Feuchtigkeit, Licht, Salzgehalt, Bodenfaktoren oder Nahrung für die Lebensfunktionen einer Art. Auch biotisch bedingte Erscheinungen der Bevölkerungsschwankungen, der Feind-Beute-Systeme oder der Konkurrenz haben sich im Labor bearbeiten lassen. Als Beispiel für autökologische Freilandexperimente seien Versuche über Wettbewerb zwischen Mäusearten in umzäunten Arealen angeführt, bei denen sich zeigte, daß die in einem bestimmten Biotop dominierende Art die andere, weniger angepaßte, aus diesem tatsächlich verdrängen kann.

Vor allem in der Pflanzenökologie sind Isolationsexperimente im natürlichen Lebensraum leicht durchzuführen. Nur *ein* Faktor wird gesteigert oder vermindert und die dadurch erzielte Gesamtwirkung auf den Organismus messend verfolgt. Beispiele: Wasserzufuhr zur Wurzel, zusätzliche Belichtung oder Beschattung, Nährstoffgaben zum Boden. Natürlich muß eine unbehandelte Kontrolle zum Vergleich unverändert bleiben. Im Gegensatz zur Physiologie kommt es nicht so sehr auf quantitative Erfassung jeder Veränderung an, sondern auf das Herausarbeiten der Gesamttendenz. Dies ist weniger in größtmöglicher Genauigkeit eines Einzelversuchs als vielmehr durch große Vielfalt von Versuchen zu erreichen.

Defektsetzung läßt sich gut als Freilandexperiment durchführen. Ein Systemteil wird manipuliert, der andere bleibt als Kontrolle unbeeinflußt. Auf mechanische oder chemische Weise werden Komponenten vom Ganzen entfernt. Das Augenmerk richtet sich auf das Schicksal des verbleibenden Restes. Entfernt man bestimmte Unkräuter durch Herbizide, so werden andere Arten dominant, die vorher in der Konkurrenz unterlegen waren. Ausschaltung von Feinden pflanzenschädlicher Arthropoden bewirkte verstärktes Auftreten von Spinnmilben (Tetranychidae) und Blattläusen, die schnelle Generationsfolge haben und sich ohne Feinddruck besonders erfolgreich vermehren können. Ausschaltung der Regenwürmer in einem Obstgarten hatte die Bildung von Moder statt von Mull zur Folge und veränderte die oberste Bodenlage. Ausschaltung von Arthropoden durch Begiftung bestimmter Flächen in einem Übergangsgebiet zwischen Salzwiese und Trockenrasen zeigte, daß keine Art des jeweils anderen Lebensraums auf die vorübergehend unbesiedelte Fläche drang und somit ihr Areal nun erweitern konnte. Ihr Vorkommen in den verschiedenen Lebensräumen erwies sich vielmehr als abhängig von Kleinklima, Strukturierung, Substrat und Nährpflanzen, nicht aber von Feindbeziehungen oder Konkurrenz. Auch die Auswirkung der Mahd, Bodenbearbeitung und anderer landwirtschaftlicher Eingriffe kann Einblick in die Leistungen der ausgeschalteten oder beeinträchtigten Organismen geben und Aussagen über Regulationsfähigkeit nach Störungen erbringen.

Beispiele für *Implantation* wären gesteigerter Rinderbesatz auf Viehweiden, durch den von einer bestimmten Tierdichte an Bodenerosion mit all ihren Folgen für die übrige Lebewelt entstehen kann, wie bei Versuchen in USA gezeigt werden konnte. Andere Möglichkeiten sind Einbringen von Dünger verschiedener Menge in den

Boden oder in Wasser, von Kalk in einen Wald oder See, Aussetzen räuberischer Arten (Ameisen, Vögel) bei der biologischen Schädlingsbekämpfung, Auswertung der Folgen unbeabsichtigter oder beabsichtigter Einschleppung von Pflanzen oder Tieren in ein anderes Gebiet (s. auch Kap. 9.7.1).
Schließlich sei ein Beispiel für *Transplantation* durch die Fruchtfolge in der Landwirtschaft gegeben. Man untersucht etwa Kartoffelfelder und Roggenfelder auf leichten und schweren Böden auf Tierbesatz und Unkräuter. Im nächsten Jahr werden die Feldfrüchte «ausgetauscht», so daß nun Kartoffeln wachsen, wo Roggen stand und umgekehrt. Auf diese Weise ist es möglich, den Einfluß der Vegetation, Bodenart und, bei Wiederholung der Versuche durch mehrere Jahre, den Einfluß der Witterung auf das Lebensgeschehen im Ökosystem Agrarland zu «isolieren» (Abb. 1.6).

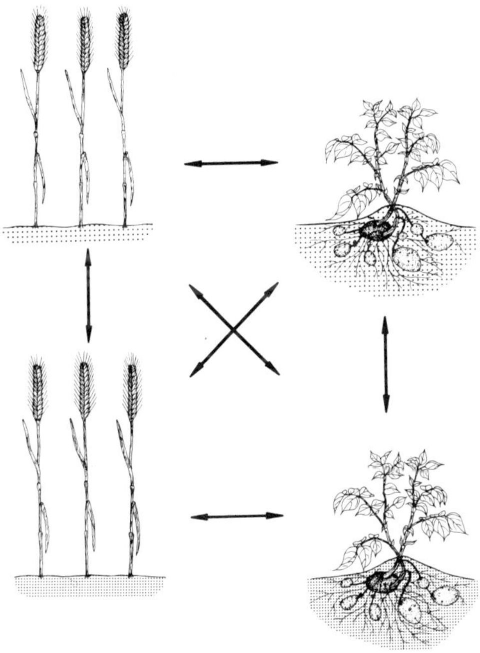

Abb. 1.6: Synökologisches Freilandexperiment durch verschiedene Kombination der Faktorenkomplexe Vegetation und Bodenart (nach Tischler 1954).
Oben Roggen und Kartoffel auf sandigem, unten auf lehmigem Boden.

Modell. Gerade bei den komplexen Verhältnissen in der Natur lassen sich viele Vorgänge weder beobachten noch durch großräumige Freilandexperimente klären. Für solche Fälle dienen vereinfachende, bildhafte oder mathematische Darstellungen, Funktionsweisen und Verlaufsformen. Sie ermöglichen Aussagen und lassen Gesetzmäßigkeiten erkennen, die aus rein empirischer Erfassung der wirklichen Gegebenheiten in der Natur kaum überblickbar wären; auch lassen sich viele Fragen gleichsam durch ein dynamisches Prüfverfahren leichter testen. Modelle sind also Analoga bestimmter Aspekte eines natürlichen Systems. So vermag schon

ein einfaches Pfeildiagramm das Nahrungsnetz in einem Ökosystem zu veranschaulichen. Das Modell einer Sanduhr kann den Mechanismus der vielleicht in manchen Fällen nach diesem Prinzip arbeitenden «unperiodischen Jahresuhr» bei der Einpassung der Organismen in den Jahreslauf verständlich machen. Das Modell eines Regelkreises erleichtert die Deutung von Regulationen der Bevölkerungsdichte durch innerartliche Konkurrenz.
Unter Annahme bestimmter Voraussetzungen hatte Volterra die Fluktuationen einer Feind-Beute-Beziehung mathematisch beschrieben und ihren Verlauf als periodischen Zyklus von verschobenen Doppelwellen aufgezeigt. Aber schon bei einem Modell mit drei Partnern, etwa wenn Räuber A und B dieselbe Beute C verfolgen, verlaufen Wirkung und Gegenwirkung nicht mehr so einfach, sondern stochastisch, d.h. als Vorgang von statistischer Wahrscheinlichkeit.
Die Systemanalyse in der Ökologie erarbeitet Funktionsmodelle über die Wirkungen zwischen Organismen und Parametern der Umwelt, die bis zu Modellen von großen Ökosystemen integriert werden können. Sie bedient sich dabei eines Computers, der verborgene Korrelationen aufdecken soll. Von einem solchen Modell wird erwartet, daß es komplizierte Zusammenhänge überschaubarer macht. Man versucht also durch gezielte Manipulation bestimmte Seiten der möglichen Realität abzubilden. Die Zielvorstellung hat für das Ergebnis entscheidende Bedeutung. Dadurch besteht die Gefahr der Selbstbestätigung. Da durch Abstraktion die Vielgestaltigkeit leicht verloren gehen kann, ist größte Vorsicht bei der Auswertung von derartigen Modellen aus einzelnen Kompartimenten geboten, und der Gültigkeit von Prognosen sind enge Grenzen gesetzt.

Operationalisierung. Übertragung theoretischer (abstrakter) Begriffe auf die direkt beobachtbaren Erscheinungen und Vorgänge durch Auswahl der Erhebungsmethoden, Meßinstrumente, Dimensionen oder Indikatoren. Die meisten ökologischen Begriffe sind nicht operational, weil sie sich nicht falsifizieren lassen oder je nach dem Autor verschiedene Bedeutung haben.

Gleichwertigkeit der Methoden. Die verschiedenen Methoden sind erkenntnistheoretisch gleichwertig. Keine hat prinzipiell Vorrang vor einer anderen. Es kann nicht deutlich genug der Abwertung der beschreibenden und vergleichenden Methode entgegengetreten werden. Diese vermag unter Umständen mehr Fragen zu beantworten und mehr Anregungen zu geben als manche experimentelle Routine-Untersuchungen, die den Zusammenhang mit der Natur verloren haben. Die Problemstellung, nicht die Methode entscheidet über den Wert einer Arbeit.

2 Umweltbedingungen und Lebensvorgänge

Umweltfaktoren lassen sich in ihrem Einfluß auf die verschiedenen Phänomene des Lebens nicht leicht voneinander trennen. Sie können gleichsinnig oder entgegengesetzt wirken, sich verstärken, abschwächen, aufheben, überdecken, vertreten oder für bestimmte Funktionen eine besondere Bedeutung haben. Im Gegensatz zu rein physiologischer Fragestellung sollte man in der Ökologie weniger eine einzelne Umweltbedingung als vielmehr einzelne Lebenserscheinungen wie Existenzgrenzen, Entwicklung, Fortpflanzung, Verhalten, Dormanz, biologische Rhythmik in den Mittelpunkt der Beeinflussung durch Umweltfaktoren stellen, ohne dabei die angeborenen Komponenten unberücksichtigt zu lassen.

2.1 Existenz und Lebensgrenzen

Temperatur. Leben läuft in bestimmten Temperaturgrenzen ab. Von einem optimalen Bereich aus verstärkt sich die schädliche Wirkung zu niedrigerer und zu höherer Temperatur bis zu der für die betreffende Art tödlichen Kälte- und Hitzegrenze. Die tolerierten Temperaturextreme werden nicht durch absolute Werte bestimmt, sondern von äußeren und inneren Bedingungen modifiziert. Sauerstoff, Licht, Salzgehalt, pH können dabei ebenso eine Rolle spielen wie der Gehalt des Körpers an freiem Wasser, Ernährungszustand, Lebensalter oder Streß.
Die Kurve der Abhängigkeit des Lebens von der Temperatur ist bei den meisten Organismen asymmetrisch; die Grenze der Toleranz liegt weiter nach unten hin als nach oben. Nur bei Warmblütern (Homoiothermen) verläuft sie ziemlich symmetrisch, weil jenseits des Minimums durch Verklammung bald der Kältetod, jenseits des Maximums bald der Hitzetod eintritt (Abb. 2.1).

Die **Hitzeresistenz** der Organismen ist recht unterschiedlich. Thermophile Archaebakterien heißer Schwefelquellen am Meeresboden, denen Murein in der Zellwand fehlt, ertragen über 100° C. Bis auf weiteres bildet 110° C die oberste Temperaturgrenze des Lebens. Von den echten Bakterien hat *Thermotoga maritima* in submarinen Solfataren des Mittelmeers sein Optimum bei 80° C. Solche Temperatur überleben auch die Eier des Blattfußkrebses *Triops granarius* in trockenem Schlamm. Für einige Cyanobakterien liegt die obere Grenze bei 75–85°, bei Pilzen um 65° C. Im allgemeinen erreichen Algen, Flechten, Moose, Farne, Samenpflanzen und Tiere bei 45–55° C den oberen Grenzwert. Die Wirkung zu hoher Temperatur ist irreversibel. Wärmestarre geht im Gegensatz zur Kältestarre in den Tod über, weil der Stoffwechsel über einem ertragbaren Wärmemaximum empfindlich verändert wird. Durch Zerstörung der Lipide treten Membranschäden auf. Thermolabile Enzyme verlieren ihre katalytischen Eigenschaften. Eiweiß und Nukleinsäuren werden denaturiert.

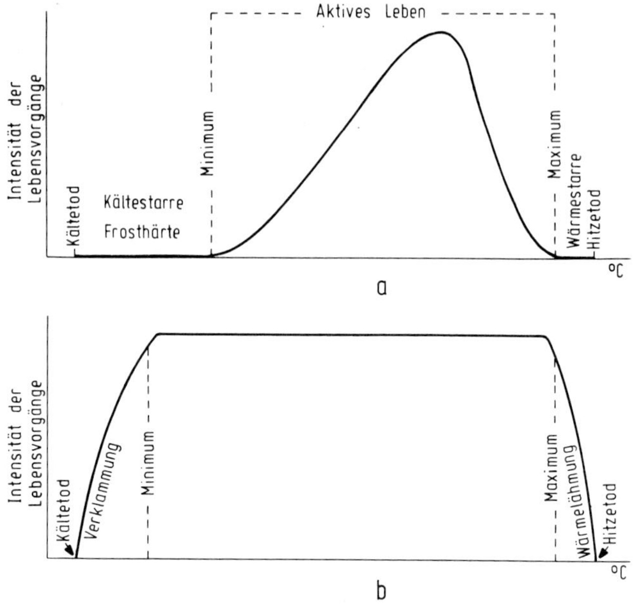

Abb. 2.1: Intensität der Lebensvorgänge und Körpertemperatur; a: bei poikilothermen, b: bei homoiothermen Organismen (etwas verändert nach Penzlin 1970).

Bis zu einem gewissen Grad können sich Pflanzen durch Reflexion der Strahlen, Änderung der Profilstellung der Blätter, Kühlung durch Transpiration und sogar durch Strukturänderungen im molekularen Bereich vor Hitzestreß schützen. Tiere haben vor allem durch Verdunstung und Fortbewegung Möglichkeiten, übergroße Hitze zu vermeiden.

Bezüglich der **Kälteresistenz** lassen sich 3 Gruppen unterscheiden:
1) Abkühlungs- oder erkältungsempfindliche Organismen,
2) Gefrierempfindliche (Eisbildung verzögernde oder vermeidende) Organismen,
3) Gefriertolerante Organismen (Frostresistenz durch Ertragen von Eisbildung im Körper).

1) **Abkühlungsempfindlichkeit:** Algen warmer Meere, die meisten Pflanzen und Kleintiere tropischer Regenwälder und Mangroven, Tabak und Tomate unter den Kulturpflanzen werden schon durch Temperaturen wenig über dem Nullpunkt geschädigt. Von Insekten sind viele Orthopteren abkühlungsempfindlich, deren Entstehungszentren in den warmen Zonen liegen. Die Honigbiene geht nach 6 Stunden Einwirkung von 2° C zugrunde; die adulte Stubenfliege *(Musca domestica)* stirbt unterhalb 0° C. Auch Ameisen und manche andere Bodentiere haben keine Kälteresistenz.

2) **Gefrierempfindlichkeit:** Viele Organismen können zwar tiefe Temperaturen ertragen, überstehen aber nicht Eisbildung im Körper. Körper- und Zellflüssigkeiten lassen sich wie freie Salzlösungen unterkühlen. Nach Erreichen eines artspezifischen Unterkühlungspunktes bilden sich Eiskristalle, nachdem vorher durch Freiwerden der Kristallisationswärme die Körpertemperatur noch einmal ganz kurzfristig angestiegen war (Abb. 2.2).

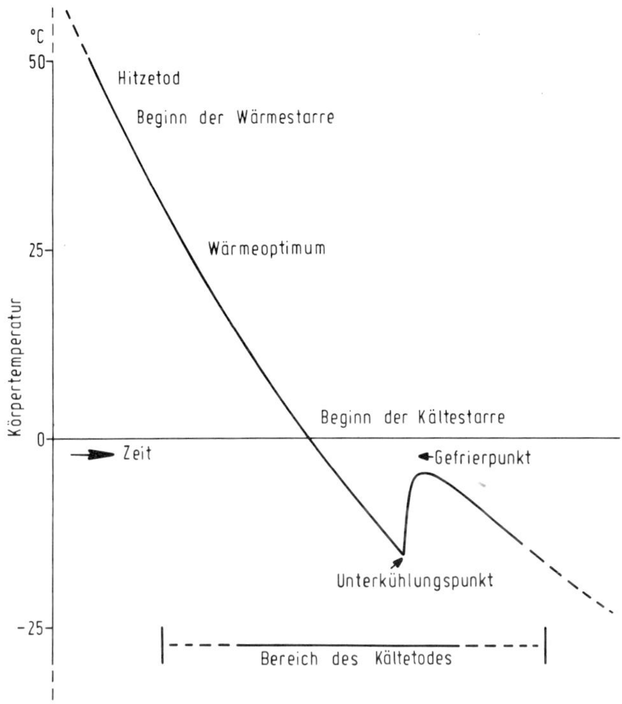

Abb. 2.2: Wirkung der Außentemperatur auf die Körperwärme bei Wechselblütern (Orig.).

Bei Pflanzen wird durch gelöste Stoffe und andere wasserbindende Kräfte der Gefrierpunkt erniedrigt. Das Wasser in den Gefäßen und in den Zwischenräumen der Zellen friert zwar bei wenigen Zehntelgraden unter 0° C, Zellsaft aber je nach der Konzentration gelöster Inhaltsstoffe erst zwischen −1 und −5° C. Darüber hinaus wird die Flüssigkeit in den Zellen durch Anreicherung von «Kälteschutzstoffen» (bestimmte Zucker, Aminosäuren u. a.) weiter unterkühlbar. In wasserreichen, großzelligen Parenchymen der Blätter ist dieser Zustand sehr labil und kann höchstens einige Stunden ertragen werden. In kleinen Zellen mit zerteilter Vakuole wie in Meristemen von Knospen oder im Holzparenchym ist indessen eine persistente Unterkühlung möglich. Sie schützt Knospen und Holz vieler Sträucher und Bäume der gemäßigten Zone vor Temperaturen um −30° C, äußerstenfalls sogar von −50° C.

Das gleiche Phänomen der **Unterkühlung** gibt es bei wechselwarmen Tieren. Manche Gruppen wie Spinnen, Milben, Collembolen, Psocopteren und Rhynchoten scheinen in ihrer Kälteresistenz ganz von diesem Mechanismus abzuhängen. Bei Mollusken, Fröschen und holometabolen Insekten kommen neben gefrierempfindlichen aber auch gefriertolerante Arten vor. Arthropoden brauchen im unterkühlten Zustand nicht unbedingt in Winterstarre zu liegen. Einige Spinnen fressen oder paaren sich bei Kälte auf oder unter der Schneedecke. Unter dem Schnee ist es allerdings wärmer; dort wurden im südlichen Kanada bei Außentemperaturen von −35° C unter ihm nur −3 bis −6° C gemessen. Bei solchen Bedingungen waren noch viele Arten von Käfern, Dipteren, Hymenopteren und Milben aktiv.

Landarthropoden können im unterkühlten Zustand unter folgenden Voraussetzungen kälteresistent sein: (1) Aufsuchen von Winterlagern, in denen kein Wasser durch die Körperdecke eindringt. Durch Wunden wird die Kälteresistenz aufgehoben. (2) Einstellen der Nahrungsaufnahme, die eine Entleerung des Darms zur Folge hat und seine sekretorische Tätigkeit beendet. Befinden sich kleine Partikel im Darm, so bilden sich leicht Impfkristalle von Eis; dieser Vorgang greift schnell auf die Haemolymphe über. (3) Bindung von freiem Wasser an Makromoleküle, so daß der Wassergehalt des Körpers sinkt. (4) Bildung von Alkoholen und Zuckern (z. B. Glycerin, Mannit, Sorbit, Trehalose) aus Glykogen und anderen Verbindungen (z. B. Lipiden), die, ins Blut abgegeben, als Kälteschutzstoffe (Antifrost-Substanzen) wirken. Wegen der durch sie erzielten höheren Konzentration der Körperflüssigkeit verschiebt sich der Unterkühlungspunkt weiter nach unten (Abb. 2.3). Unterkühlungs-Temperaturen reichen bei vielen adulten Insekten und Spinnen mindestens bis −10°, oft auch bis −20 oder −25° C; sie gehen bei Larven und Puppen häufig über −30° C hinaus und liegen bei Eiern von Spinnen, Milben und Insekten nicht selten zwischen −30 und −50° C.

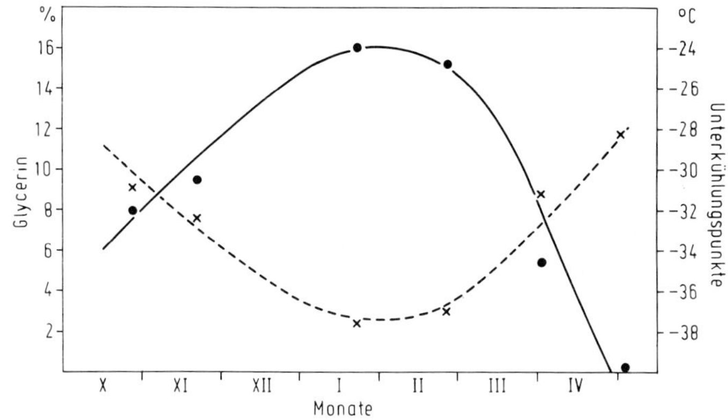

Abb. 2.3: Kälteresistenz und Glyceringehalt im Blut überwinternder Raupen von *Laspeyresia strobilella* (Tortricidae) (nach Sømme 1965). Gestrichelt: Kurve der Unterkühlungspunkte, ausgezogen: Glyceringehalt.

Die Unterkühlungspunkte ändern sich im Laufe des Lebens. Bei adulten Erlenblattkäfern *(Agelastica alni)* betragen sie Mitte Oktober während der Diapause $-13{,}7°$, Mitte Februar zur Zeit der Quieszenz $-12{,}6°$ und zu Beginn der Fraßzeit Anfang April $-3{,}9°$ C. Bei dem Collembolen *Entomobrya nivalis*, der über der Schneedecke überwintert, liegen die Werte im Winter für Adulte zwischen $-14°$ und $-17°$ C, für Inadulte zwischen $-15°$ und $-18°$ C. Die Unterkühlungspunkte im Sommer betragen bei den Adulten $-10°$ und bei den Inadulten $-11°$ C. Die höhere Kälteresistenz wird im Herbst durch Kurztag und niedrige Temperatur ausgelöst.

Fische polarer Meere haben Glykoproteine (vor allem in der Antarktis) oder kleinere Peptide im Blut (in der Arktis), die den Gefrierpunkt unter den des Meerwassers von $-1{,}9°$ C erniedrigen, ohne auf den Schmelzpunkt zu wirken. Solche «thermale Hyteresis Proteine» gibt es auch in der Körperflüssigkeit mancher Muscheln. Daher bleiben in langen Eiswintern der Nord- und Ostsee Bestände der kältegeschützten *Mytilus edulis* und *Macoma baltica* erhalten, während diejenigen der kälteempfindlichen *Spisula solida* und *Abra alba* stark zurückgehen. Außerdem wurden als Kälteschutz wirkende Proteine während der kalten Jahreszeit in der Hämolymphe vieler Insekten nachgewiesen. Besonders für Arten mit geringer Fähigkeit der Unterkühlung können sie sehr wichtig sein.

Allerdings gibt es ebenfalls Arten mit tiefem Unterkühlungspunkt ohne erkennbare Frostschutzmittel. Schließlich muß betont werden, daß Besonderheiten des Verhaltens ebenso bedeutend sein können wie die physiologischen Anpassungen. Auch die Bildung von Frostschutz-Substanzen hängt von der Temperatur ab, die in der Überwinterungsstätte herrscht.

Im allgemeinen ist bei Organismen, die ein Gefrieren vermeiden müssen, die Fähigkeit der Unterkühlung stark ausgeprägt. Dagegen wird bei solchen, die das Erstarren ihrer Körperflüssigkeit ertragen, Unterkühlung gerade verhindert. Entsprechend unterschiedlich ist die Funktion der Zucker und Proteine, die beide Gruppen bei Frostgefahr bilden.

3) **Gefriertoleranz:** Viele Organismen etragen mindestens extrazellulare Eisbildung im Körper und überstehen die damit verbundene Dehydration. Dies gilt ebenso für Pflanzen wie für Tiere. Dadurch bleiben etliche Süßwasseralgen, Luftalgen, Flechten, Moose, zahlreiche ausdauernde Gefäßpflanzen winterkalter Gebiete selbst bei strengsten Frösten schadenfrei. Die Frosthärte wird bei Pflanzen durch allmähliche Abhärtung erworben, in deren Verlauf sich Zucker oder fette Öle im Plasma anreichern, die Zentralvakuole in Kleinvakuolen zerklüftet wird, Enzyme gebildet und Feinstrukturen des Protoplasmas umgebaut werden. Zweige von Maulbeere *(Morus)*, Pappeln *(Populus)* und Weiden *(Salix)* konnten nach vorsichtigem Vorfrieren bei $-30°$ in flüssigem Stickstoff sogar $-196°$ C überstehen und sich nach langsamem Auftauen in feuchtem Sand wieder weiter entwickeln. Im Frühjahr wandeln sich in der Natur die Kälteschutzstoffe in Holz und Rinde der Bäume oder in den Blättern der wintergrünen Pflanzen (Coniferennadeln!) in Stärke zurück. Der gleiche Umwandlungsprozeß liegt übrigens dem Süßwerden der Kartoffelknollen durch Frost zugrunde.

Gefriertolerante Algen der Gezeitenzone, Flechten, Zwergsträucher und immergrüne Coniferen winterkalter Klimate ertragen bis −70°, zum Teil sogar bis −90° C. Selbst in Wäldern der gemäßigten Zone überstehen Blattknospen sommergrüner Sträucher und Bäume im Winter Temperaturen bis −40° C. Eine Besonderheit der Pflanzen besteht darin, daß ober- und unterirdische Teile ganz verschiedene Abhärtungsgrade haben können.

Gefriertolerante Tiere finden sich vor allem bei Nematoden, Rotatorien, Tardigraden, bei vielen Bewohnern der Gezeitenzone (z. B. *Balanus*, *Corophium*, *Littorina*) oder des marinen Sandlückensystems, bei jungen kanadischen Schildkröten, ferner bei verschiedenen Käfern, Larven von Dipteren (Chironomidae, Tipulidae, Tephritidae), einigen Hymenopteren, Raupen und Vorpuppen von Schmetterlingen, vornehmlich arktischer Gebiete. In Einzelfällen wurden Letaltemperaturen von −60 bis −70° C festgestellt. Die Gefrierpunkte liegen bei den verschiedenen Arten sehr unterschiedlich tief, doch zeichnen sich fast alle durch eine hohe Konzentration von Kälteschutzstoffen aus.

Eine intrazellulare Eisbildung wird im allgemeinen vermieden, aber z. B. in Fettzellen von Insekten toleriert. Ebenso kritisch wie das Gefrieren in der Zelle ist das Auftauen, da Bildung und Auflösung der Eiskristalle und die damit verbundenen Übergänge der Quellung und Entquellung das Plasma pressen und Feinstrukturen zerstören können. Im dehydrierten Zustand überleben Latenzstadien von Protozoen, Rotatorien, Nematoden, Tardigraden ebenso wie Sporen und Samen von Pflanzen Temperaturen von −190° C.

Manche Frösche, wie *Rana sylvatica*, reichern aus dem Vorrat an Glykogen der Leber im Blut Glukose auf das sechzigfache an. Dadurch werden die inneren Organe entwässert. Dies verstärkt sich, sobald die Bildung von Eis um sich greift. Schließlich erstarrt die gesamte Körperflüssigkeit, das Herz hört auf zu schlagen, die Atmung steht still, die inneren Organe werden nicht mehr mit Sauerstoff versorgt. Wenn die Temperatur wieder steigt, nehmen die teilweise dehydrierten, aber nicht gefrorenen Zellen Wasser auf und sind dann erneut funktionsfähig, so daß sich die Frösche erholen.

Kälteresistenz ist mit starkem Absinken des O_2-Verbrauchs verbunden. Sie hängt ab von der Jahreszeit, vom physiologischen Zustand des Individuums, vom Entwicklungsstadium, von Körpergröße und Geschlecht. Für das Gefrieren spielen Schnelligkeit des Vorgangs, Dauer der Kälteeinwirkung und die Adaptationstemperatur vor dem Einfluß der Kälte eine nicht unwichtige Rolle. Bei Pflanzen und Tieren kommen Ökotypen mit unterschiedlicher Frostresistenz vor.

Licht. Die Ein- und Ausstrahlung von der Sonne bestimmt neben der eigenen Ausstrahlung des Erdkörpers die Temperaturverhältnisse auf der Erde. Die Strahlen treffen die Organismen aus der Luft, durch Reflexion und durch Ausstrahlung von den umgebenden toten und lebenden Objekten. Infrarote Wellen bilden die wesentliche Wärmequelle; für die Photosynthese spielen sie jedoch nur bei Chlorophyll enthaltenden Bakterien eine Rolle. Die Absorptionsmaxima der Chlorophylle der höheren grünen Pflanzen liegen im Rot und Blau, also im Bereich des uns sichtbaren Lichts. Dabei darf ein Minimum an Lichtintensität nicht überschritten werden. Die

Ansprüche sind für die einzelnen Arten unterschiedlich. Es gibt Sonnenpflanzen, die vor allem in Wüsten und Hochgebirgslagen im vollen Tageslicht wachsen, solche, die außerdem Beschattung vertragen, und schließlich die typischen Schattenpflanzen am Boden dunkler Wälder. Für das Gedeihen der letzteren genügt ein minimaler Lichtgenuß, der in dichten Buchen- und Fichtenwäldern nur noch 2–5 % der auf die Kronen treffenden Strahlen beträgt. Im Schatten ist der Anteil des blauen Lichts höher, der des roten niedriger. Viele Laubbäume haben in der äußeren Krone der Südseite Sonnenblätter mit dickeren Parenchymschichten als die Schattenblätter im Inneren der Krone und auf der Nordseite. In der Reflexion der Strahlen unterscheiden sie sich nicht. Jedoch absorbieren Sonnenblätter außer im Frühjahr, wenn sie noch jung und hellgrün sind, mehr Licht und lassen daher weniger durch als Schattenblätter.

Durch die Verschiedenartigkeit des Lichtgenusses kommt es zu einer **Zonierung** der Pflanzen, wie man sie horizontal besonders gut an Eingängen zum Inneren einer Höhle oder vertikal beim Algenbewuchs im Litoral des Meeres beobachten kann. Ebenfalls benötigen Tiere Licht, die auf Algensymbiose angewiesen sind. So ist wahrscheinlich die Tiefengrenze der Riffkorallen bei etwa 50 m zu erklären.

Die Existenz vieler Organismen hängt von der **Tageslänge,** also der täglichen Dauer von Helligkeit und Dunkelheit ab. Obligatorische Kurztag- oder Langtagpflanzen können nur in Gebieten zur Blüte kommen, an deren Tageslängen im Jahreslauf sie angepaßt sind. Nur wenige vermögen sich noch durch ungeschlechtliche Vermehrung in Breiten mit für sie ungünstigen Lichtperioden zu halten. Eine gleiche limitierende Wirkung hat die Tageslänge für Tiere, die auf bestimmte Photoperioden reagieren.

Manche Organismen werden von bestimmten **Lichtqualitäten** geschädigt. Das gilt vor allem für ultraviolette Strahlen. Arten, die ihnen länger ausgesetzt sind, besitzen eine dicke Kutikula oder dunkle Pigmente, weil die zu stark vom UV-Licht getroffenen Zellen nach Änderung ihrer Plasmaviskosität und Permeabilität absterben. Die lebensbegrenzende Wirkung des Lichts wird deshalb gerade bei unterirdisch und bei nächtlich lebenden Tieren deutlich, die oft schwach pigmentiert und dünnhäutig sind. So könnte der in Küstendünen vorkommende, nachtaktive Blumenkäfer *Anthicus bimaculatus* am Tage nach oben kriechen, wenn er stärker pigmentiert wäre, da er Temperaturen bis zu 50° C erträgt.

Nach heftigen Regengüssen in der Nacht sieht man morgens öfters tote Regenwürmer in den Wasserpfützen. Sie sind nicht darin ertrunken, sondern waren wegen des in den Boden eingedrungenen Wassers durch Sauerstoffmangel herausgetrieben. Werden sie von den Lichtstrahlen des aufdämmernden Tages überrascht, ohne sich schnell genug eingraben zu können, so erleiden sie schließlich den **Lichttod.** Ihn kann selbst eine erdgetrübte Pfütze, welche die Würmer zum Schutz vor Strahlen aufsuchen, nicht mehr verhindern. Ähnlich empfindlich sind manche Planarien und Wasserschnecken.

Wasser. Zur Erhaltung des Lebens ist Wasser notwendig, das als Lösungsmittel für den Stoffwechsel besonders günstige Eigenschaften besitzt. Die Sicherung des Wasserhaushalts ist daher für Landorganismen, die den weitaus größten Anteil aller

Pflanzen und Tiere bilden, eine zentrale Existenzfrage. Zu geringe oder zu hohe Luftfeuchte kann sich lebensbegrenzend auswirken. Früchte von Tomaten und Gurken enthalten 93–95 % Wasser; Obst, Beeren und die Blätter vieler Blütenpflanzen 89–90 %; die Weinbergschnecke *(Helix pomatia)* 84 %, Wirbeltiere 50–75 %, frisches Holz 50 %, Insekten 45–85 %, Getreidekörner 10–13 %, Walnuß- und Haselnußkerne 7 %. Sinkt der Wassergehalt unter eine Minimumgrenze, so sterben bei Pflanzen zunächst einzelne Organe, schließlich der ganze Körper ab, bei Tieren tritt der Tod noch unmittelbarer ein. Entscheidend ist das feuchtebedürftigste Stadium. So können sich bestimmte Gallmückenlarven in den oberflächlich austrocknenden Böden nicht verpuppen. Die Kohldrehherzmücke *(Contarinia nasturtii)* ist deshalb nur auf schweren, nicht aber auf leichten Böden zum Schädling von Kohl- und Kohlrübenkulturen geworden. – Oligochaeten und viele Arthropoden zeigen frühjahrliche und herbstliche Bevölkerungsmaxima in Gegenden mit ausgeprägten Trockenperioden im Sommer und Winter.
Nicht nur Mangel, auch Übermaß an Nässe kann für weichhäutige Bodenbewohner ungünstig werden. Insektenlarven trockener bis mittelfeuchter Standorte quellen unter Umständen sehr auf und werden dann bei warmen Sommertemperaturen leicht zersetzt. Bei niedriger Temperatur im Frühjahr oder Herbst ist dieser Quellungsvorgang jedoch nach 2–3 Wochen reversibel: die Tiere entquellen wieder in 1–2 Tagen. Solche Arten dagegen, die ständig in nassen Biotopen leben und wegen des geringen osmotischen Druckes ihrer Umgebung nur verhältnismäßig niedrige Konzentration ihrer Körpersäfte zu besitzen brauchen, quellen langsam oder gar nicht und können selbst in überschwemmten Böden wochenlang beweglich bleiben. Nur dort, wo der Gasaustausch fast ganz unterbunden ist, fallen sie in eine Art Starre, aus der sie aber wieder bei trockenen Bedingungen zur alten Aktivität zurückkehren. Regenwürmer und Enchytraeiden vermögen lange untergetaucht zu leben; sie erhalten den notwendigen Sauerstoff durch Hautatmung aus dem Wasser. Oribatiden ertragen tagelang Wassersättigung des Bodens, wie sie zur Zeit der Schneeschmelze besonders im Gebirge vorkommt.
Bei den meisten Gruppen der Pflanzen und Tiere des Landes lassen sich Indikatorreihen aufstellen, die von xerophilen über mesophile bis zu hygrophilen Arten reichen. Gerade bei der Feuchtigkeit erkennt man indessen gut, in welchem Grade andere Faktoren wie Temperatur, Sauerstoff oder Salzgehalt die Wirkung entscheidend modifizieren. So kommt es für den Vitalitätsbereicht letztlich auf eine optimale Kombination verschiedener Bedingungen an. Eine solche Verknüpfung zeigen schon Mortalitätsdiagramme, in denen die relative Luftfeuchtigkeit und die Temperatur in ein Koordinatensystem eingetragen und die Werte gleicher Sterblichkeit verbunden werden. Im Zentrum erhält man das vitale Optimum für diese beiden Faktoren (Abb. 2.4).

Sauerstoff. Mit großer Wahrscheinlichkeit haben die ersten Organismen seit Entstehung des Lebens vor etwa 3,5 Milliarden Jahren in sauerstofflosem Milieu, also anaërob gelebt.
Leben benötigt zu seiner Aufrechterhaltung *Energie*. Die Quelle für diese können chemische Reaktionen (Chemotrophie) oder Licht (Phototrophie) sein. Als dafür

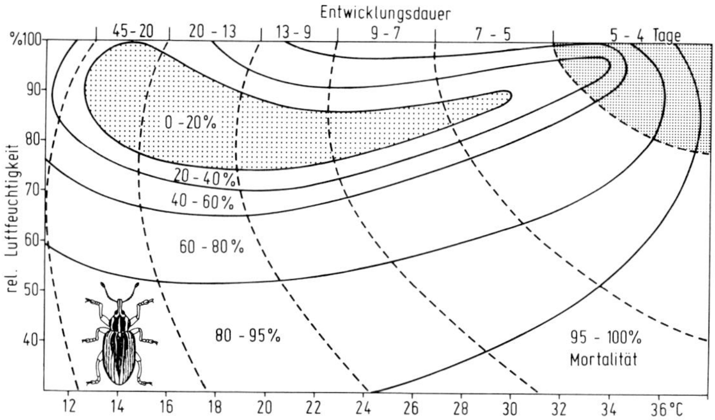

Abb. 2.4: Mortalität der Eier und Dauer der Embryonalentwicklung in Abhängigkeit von Temperatur und Luftfeuchte des Luzerne-Rüßlers *(Hypera postica)* (Curculionidae) (nach Kaufmann 1939).

notwendige *Spender von Wasserstoff* dienen anorganische Stoffe (z. B. H_2S, H_2, NH_3, H_2O) oder organische (z. B. Zucker). Im ersten Fall spricht man von Lithotrophie, im zweiten von Organotrophie. Nach der *Kohlenstoffquelle* für den Aufbau der Zellsubstanz sind die Organismen entweder autotroph (mittels chemischer oder Lichtenergie) oder heterotroph (durch Aufnahme organischer Verbindungen). Die Begriffe können kombiniert werden. So sind die grünen Pflanzen photolithoautotroph, Pilze und Tiere dagegen chemoorgano-heterotroph, während bei Bakterien auch noch andere Kombinationen vorkommen.

Bei der Photosynthese (Phototrophie) wird mit Hilfe eines photokatalytisch wirkenden Pigments Energie des Sonnenlichts aufgenommen. Dadurch kann z. B. H_2S gespalten und H_2 auf CO_2 übertragen werden, um Kohlenhydrate zu bilden. Eine solche anoxigene (ohne Sauerstoff) Photosynthese charakterisiert die Roten und Grünen Schwefelbakterien, die z. B. im Farbstreifen-Sandwatt leben.

Den Cyanobakterien (früher Blaualgen genannt) gelang erstmals die oxigene Photosynthese. Hierbei dient nicht H_2S, sondern H_2O als H-Spender, und es wird nicht Schwefel oder Sulfat, sondern Sauerstoff frei. Nun konnte das im Meer gelöste zweiwertige Eisen, das aus der Verwitterung der Kontinentalkruste stammte, in das schwerlösliche dreiwertige Oxid (Fe_2O_3) überführt und sedimentiert werden. Vor mehr als 2 Milliarden Jahren entstanden so die gebänderten Eisensteine im Ozean und nach einer weiteren Milliarde von Jahren beim Übergang der reduzierenden zur oxidierenden Atmosphäre die kontinentalen Rotsedimente. Der auf die frühen Lebewesen toxisch wirkende Sauerstoff wurde dadurch größtenteils wieder gebunden.

Gegen den sich allmählich immer mehr anreichernden Sauerstoff entwickelten die Organismen zunächst Abwehrsysteme. Mit der Bildung des Atmungenzyms Cytochrom c konnte er aber nutzbar gemacht werden. Es entstand die O_2-Atmung, deren Ausbeute an Energie vierzehnmal größer ist als diejenige durch Gärung.

Im anaëroben Milieu leben auch heute noch zahlreiche auto- und heterotrophe Bakterien. Zu ersteren gehören die Methanbildner im Pansen der Rinder, zu letzteren die Erreger von Tetanus, Gasbrand und Botulismus (Gattung *Clostridium*). Doch gibt es auch anaërob lebende Tiere, so im Darm ihres Wirtes schmarotzende Protozoen und Würmer, die meist auf Milchsäuregärung angewiesen sind. Der Schwund an Sauerstoff in der Tiefe von Binnenseen, am Grunde von Meeresbuchten, sogar ganzer Brackwasser-Meere (Schwarzes Meer) hat große ökologische Folgen. Er läßt nur wenige an solche Verhältnisse angepaßte Organismen zu.
Oberirdischen Bewohnern steht Sauerstoff meist reichlich zur Verfügung, obwohl seine Konzentration mit steigender Höhe im Gebirge abnimmt. In verdichteten, vernäßten und überfluteten Böden diffundiert jedoch der durch Wurzelatmung verbrauchte Sauerstoff nur langsam nach. Daher erleiden Pflanzen in Sümpfen und Mooren leicht Mangel an ihm. Dem begegnen sie durch weitlumiges Interzellularsystem und physiologische Anpassungen. Auch für obligat aërobe Bakterien und manche Bodentiere (z. B. Enchytraeiden) kann durch zu geringem Gehalt an Sauerstoff eine Streßsituation entstehen. Ebenso wie auf dem Land ist Sauerstoff für die meisten Bewohner des Wassers lebensnotwendig. Bei Wasserinsekten gibt es O_2-konforme Arten (z. B. die Köcherfliegen *Hydropsyche instabilis* und *H. saxonica*), deren Atemleistung mit sinkendem Angebot an O_2 immer schwächer wird. Bei den O_2-regulierenden Arten ist dagegen die Atmungsrate von der O_2-Spannung im Wasser unabhängig. Beispiele für diesen Typ sind *Hydropsyche ornatula* und *H. angustipennis*. Es können also Arten der gleichen Gattung ganz unterschiedlich reagieren.

Kohlendioxid. Bei der Photosynthese der Pflanzen wird Lichtenergie von den Chloroplasten absorbiert und in Energie chemischer Bindung umgewandelt. Sie dient der Reduktion des aufgenommenen CO_2 in energetisch höherwertiges Kohlenhydrat. Aufnahme und erste Bindung des CO_2 sind von der Lichtintensität und der Temperatur abhängig.
Die Wirksamkeit der photosynthetischen Ausnutzung ist bei Pflanzen nichtextremer Standorte der gemäßigten Zonen geringer als bei manchen aus Gebieten mit hoher Sonneneinstrahlung. Sie beträgt etwa 15–40 mg CO_2/dm^2 Blattfläche je Stunde. Bei Lichtsättigung liegen die Temperaturoptima der Photosynthese solcher **«C_3-Pflanzen»** (so genannt, weil das erste CO_2-Fixierungsprodukt eine Verbindung mit 3 C-Atomen ist) im Bereich von 10–25° C. Unsere vier Getreide, ferner Zuckerrübe, Kartoffel, Luzerne sind Beispiele von Kulturgewächsen dieses Typs. Während für Pflanzen solcher Feldkulturen die Hauptquelle des Kohlendioxid aus der Luft stammt, gibt es im Wald eine weitere CO_2-Quelle vom Detritus des Bodens her.
Verschiedene Pflanzen subtropischer und tropischer Gebiete oder arider und salzhaltiger Biotope erhöhen die CO_2-Aufnahme mit steigender Lichtintensität auf 40–100 mg CO_2/dm^2 Blattfläche pro Stunde bei Temperaturoptima um 25–45° C. Man nennt sie **«C_4-Pflanzen»**, weil das erste CO_2-Fixierungsprodukt 4 C-Atome enthält. Der spätere Verlauf der Photosynthese ist aber dem der C_3-Pflanzen gleich. Zu diesem Typ gehören viele tropische Gräser, auch Mais und Zuckerrohr, andererseits viele Amaranthaceen und Chenopodiaceen, vor allem auf Salzböden.

Während die Kurve der CO_2-Aufnahme der C_3-Pflanzen bei vermehrter Lichtintensität sehr bald flach ausläuft, steigt diejenige der durch ihr Blattgewebe auch morphologisch unterscheidbaren C_4-Hochleistungspflanzen kontinuierlich in steilem Bogen an. C_4-Pflanzen sind im Wasserverbrauch sparsamer; er liegt im Durchschnitt bei nur 300 g Wasser/g Trockengewicht im Vergleich zu dem über doppelt so hohen der C_3-Pflanzen.
Schließlich gibt es vornehmlich bei Sukkulenten noch einen dritten Typ der Photosynthese. Hier geschieht Öffnung der Stomata und CO_2-Fixierung vorwiegend oder ausschließlich nachts. Das im Dunkeln gebundene CO_2 wird am Tage wie bei den C_4-Pflanzen von seiner Bindung an Malat freigesetzt und im normalen Verlauf der Photosynthese zu Kohlenhydrat verarbeitet. Dabei brauchen die Stomata am größten Teil des Tages nicht geöffnet zu werden, so daß der Wasserhaushalt weniger gefährdet ist und der Verbrauch an Wasser noch unter dem der C_4-Pflanzen liegt. Die Arten dieses Typs werden als **CAM-Pflanzen** bezeichnet (**C**rassulacean **A**cid **M**etabolism).
Rund 10 % des in der Lufthülle der Erde vorhandenen Kohlendioxid wird jährlich durch biologische Vorgänge umgesetzt. Manche Bakterien und Pilze in der oberen Bodenschicht sowie oberirdisch lebende Tiere sind besonders empfindlich gegen zu hohen CO_2-Gehalt. Es werden z. B. auf der Bodenoberfläche lebende Collembolen der Familie Entomobryidae schon von 1–2 % CO_2-Gehalt der Luft geschädigt; die *im* Boden befindlichen Onychiuridae ertragen dagegen Konzentrationen bis zu 35 % ohne Schaden.
Maulwürfe *(Talpa)*, die ihr Leben im Boden verbringen, verstärken ihre Atemfrequenz bei steigendem CO_2-Gehalt weniger als oberirdisch lebende Säugetiere. Das CO_2 im Blut wird mit Bikarbonat so gepuffert, daß ein normaler Säuregrad aufrechterhalten werden kann. Auch enthält ihr Blut reichlich Hämoglobin und vermag daher große Mengen an Sauerstoff zu binden.

Mineralstoffe. Das Gedeihen der Pflanzen und Tiere hängt von verschiedenen Mineralstoffen ab, deren Fehlen, zu geringe oder zu große Konzentration ihr Vorkommen in bestimmten Lebensräumen ausschließt oder erst ermöglicht. Hier sei zunächst die unterschiedliche Besiedlung von Meer, Brack- und Süßwasser mit den dafür notwendigen Anpassungen der Organismen an den *NaCl-Gehalt* hervorgehoben. Zu hoher Salzgehalt an Meeresküsten oder Salzstellen im Binnenland kann für viele Arten eine Schranke bilden. Es gibt relativ wenige Salztolerante, die solche Stellen besiedeln.
Auf die Bedeutung der **Hauptnährstoffe** für die Pflanzen, besonders von N, P, S, K, Ca, Mg sei hier nur hingewiesen. Die erforderliche Höhe der Mineraldüngung mit Phosphor und Kalium hängt in erster Linie von deren Entzug durch die Ernte ab. Unkräuter auf Feldern sind nur wenige Wochen nach dem Auflaufen der Kulturpflanzen durch Verbrauch von Nährstoffen entscheidende Konkurrenten zu ihnen. Auf Dauergrünland fördert hohe Mineraldüngung wenige robuste und produktive Pflanzen, so daß sich die Artenzahl stark vermindert und zu dem eintönigen Bild unserer heutigen Wiesen und Weiden führt. Bedeutsam ist die Wirkung von Stickstoff auf das Wurzelsystem der höheren Pflanzen, für das etwa 30 % der Assimilat-

menge aufgewendet werden. In Zellvakuolen kann Nitrat gespeichert sein. Dies ist vielen einzelligen Algen, z. B. des Nanoplankton der Gewässer nicht möglich, denen normale Vakuolen fehlen. Bei ihnen wird die Aufnahme von Nitrat durch dessen anschließenden Verbrauch (Reduktion) reguliert.
Lebensnotwendig sind auch **Spurenelemente,** die nur in geringer Menge benötigt werden. Genannt seien Eisen, Kupfer, Mangan, Zink, Natrium, Chlor, Selen; in besonderen Fällen Kobalt, Silizium, Bor, Molybdän, Fluor, Jod.
Durch Bormangel entsteht die Herz- und Trockenfäule der Beta-Rübe, durch Manganmangel die Dörrflecken-Krankheit des Hafers, durch Mangel an Molybdän eine Erkrankung des Blumenkohls. Mangel an Silizium kann zeitweise die Vermehrung von Diatomeen in einem See oder im Meer begrenzen.
Jodmangel führt bei Säugetieren zur Störung der Funktionen der Schilddrüse. Die «Lecksucht» der Schafe und Rinder, für die struppiges Fell und starke Abmagerung charakteristisch sind, beruht auf Kobaltmangel. Sie ist in Holland, NW-Deutschland und Dänemark auf Grünland der Flachmoor- und Podsolböden möglich, nicht jedoch der Braunerden und Marschen. Kobalt ist ein wichtiger Bestandteil des antianämischen Vitamin B_{12} (Cobalamin). Landasseln brauchen Kupfer zur Bildung ihres Atmungspigments Haemocyanin. Sie müssen viel Fallaub fressen, um eine genügende Menge Cu zu erhalten. Der Überschuß wird in ihrer Mitteldarmdrüse gespeichert.
Schwermetalle (Cadmium, Blei, Quecksilber, Kupfer, Molybdän u. a.) können durch die Tätigkeit der Industrie in Sedimenten von Flüssen und Meeresbuchten übermäßig angereichert und dadurch zu **Schadstoffen** werden. Ohne elektrische Trennung gelangen sie aus dem Klärschlamm durch Kompost in landwirtschaftlich genutzte Böden. Außerdem kommen sie durch Verunreinigung der Luft in entferntere Bereiche. Ihre Wirkung auf die Lebewelt ist unterschiedlich. Toxische Elemente wie Blei, Cadmium und Arsen werden nicht wie notwendige Spurenelemente (Kupfer, Zink, Molybdän) selektiv von höheren Pflanzen aufgenommen. Da besonders Moose Schwermetalle und andere Schadstoffe in hohem Maß speichern, sind sie geeignete Biodindikatoren für eine spätere Analyse solcher Substanzen.

Organische Nahrung. Autotrophe Organismen brauchen keine organische Nahrung aufzunehmen. Eine Ausnahme machen tierfangende grüne Pflanzen, die in stickstoffarmen Böden oder Gewässern leben, um ihr N-Defizit durch tierisches Eiweiß auszugleichen (Abb. 4.3 u. 4.4). Heterotrophe benötigen organische Nahrung, um Kohlenhydrate aufzubauen. Zu ihnen gehören viele Bakterien, Schmarotzerpflanzen ohne Chlorophyll, die Pilze und Tiere.
Im Gegensatz zur üblichen Handhabung erscheint es mir sinnvoller, bei den Heterotrophen anstelle der Bezeichnungen Phyto-, Zoo- und Sapro*phagie* oder Herbi-, Carno- und Sapro*vorie* die Ausdrücke Phyto-, Zoo- und Sapro*trophie* zu verwenden, wenn es sich um Organismen handelt, die sich von Pflanzen oder von Tieren oder von totem organischen (meist Mikroflora enthaltendem) Material ernähren. «Phagein» heißt fressen, «vorein» verschlingen; beides kann sich nur auf Tiere beziehen. Dagegen paßt «trophein» (sich ernähren) für alle Organismen, wie es ja auch durch die Begriffe Auto- und Heterotrophie zum Ausdruck kommt. Rostpilze

und Blattkäfer sind gleicherweise phytotroph, Sonnentau *(Drosera)* und Raubtiere zootroph, viele Bodenbakterien, Pilze und die Regenwürmer saprotroph.
Obwohl im ganzen gesehen die Biomasse an grünen Pflanzen sehr viel größer ist als diejenige der sich von ihnen ernährenden Organismen, kann diese Nahrungsquelle dennoch lebensbegrenzend sein. Hierfür lassen sich folgende Gründe anführen: (1) zahlreiche Arten sind in ihrer Nahrung spezialisiert; (2) geeignete Nahrung ist oft nur kurze Zeit im Jahr in ausreichendem Maße verfügbar; (3) selbst wenn genügend Nahrung vorhanden ist, muß sie auch gefunden werden; (4) pflanzliche Nahrung hat relativ wenig Eiweiß (höchstens 10–30 % im Trockengewicht bei höheren Pflanzen im Vergleich zu 40–60 % bei Tieren) und geringeren Energiegehalt als tierische. Es muß viel von ihr aufgenommen werden, weil nur wenig verwertbar ist.
Quantitativ unzureichende oder qualitativ ungünstige Nahrung kann somit auf allen «Ernährungsstufen» im Ökosystem hohe Sterblichkeit bedingen. Ein einzelner im offenen Gelände wachsender Weißdornstrauch *(Crataegus)* kann bei Massenbefall durch Raupen von Gespinstmotten *(Yponomeuta)* zur Unterernährung ihrer Population führen. Zu früh im Jahr erscheinende Erlenblattkäfer *(Agelastica alni)* fressen mehr an Blattknospen als nachwachsen können, so daß etliche Käfer verhungern, wenn ihnen keine Ausweichnahrung zur Verfügung steht. Wiederholte Unterernährung schwächt die Widerstandskraft je mehr sich die übrigen Bedingungen vom Optimum entfernen und je länger die Hungerperioden dauern. Bei Raupen des Schwammspinners *(Lymantria dispar)* zeigte sich deutlich, wie sehr die Vitalität mit jedem neuen Nahrungsentzug abnahm. Diese wegen der leichten Experimentierbarkeit an Insekten gewonnenen Einsichten über die limitierende Wirkung der Nahrung gelten natürlich ebenso für andere Gruppen, etwa für Rotatorien der Gattung *Brachionus* gegenüber ihrer wichtigsten Nahrung, den *Chlorella*-Algen oder für pflanzenfressende Wirbeltiere in Wüsten und Savannen.
Oft ändert sich die bevorzugte Nahrung mit dem Lebensalter, der Jahreszeit oder der ökologischen Situation. Jungvögel mancher Körnerfresser werden zunächst weitgehend mit Insekten gefüttert. – Das Angebot an Nahrung in den verschiedenen Monaten kann die Auswahl stark beeinflussen, wie am Beispiel des Stars *(Sturnus vulgaris)* veranschaulicht sei (Abb. 2.5).

Sekundäre Pflanzenstoffe, die sich in ihrer Biosynthese von den Grundnährstoffen ableiten (z. B. Alkaloide, Glykoside, Amine, Terpenoide, Phenole, Polyacetylene) können Annahme oder Ablehnung einer speziellen Pflanzennahrung, Bekömmlichkeit oder Tod für den Pflanzenfresser bedingen. Sie sind vor allem bei Dikotylen häufig.
Ein paar Beispiele: Blätter des Ginkgobaums haben Laktone und Aldehyde, die vor Insektenfraß schützen. Viele für Insekten giftige sekundäre Pflanzenstoffe enthalten die Farne. – Im Buchweizen sind die Polyphenole Rutin und Fagopyrin für den Knöterich-Blattkäfer *(Gastroidea polygoni)* giftig. Seine in Preßsaft von Vogelknöterich *(Polygonum aviculare)* getauchten Blätter, werden zunächst gefressen, doch führt dies zum Tod des Käfers. – Ein anderer Blattkäfer, *Melasoma vigintipunctata*, frißt an verschiedenen Weiden. Auf die Dauer kann er aber nur an solchen Arten

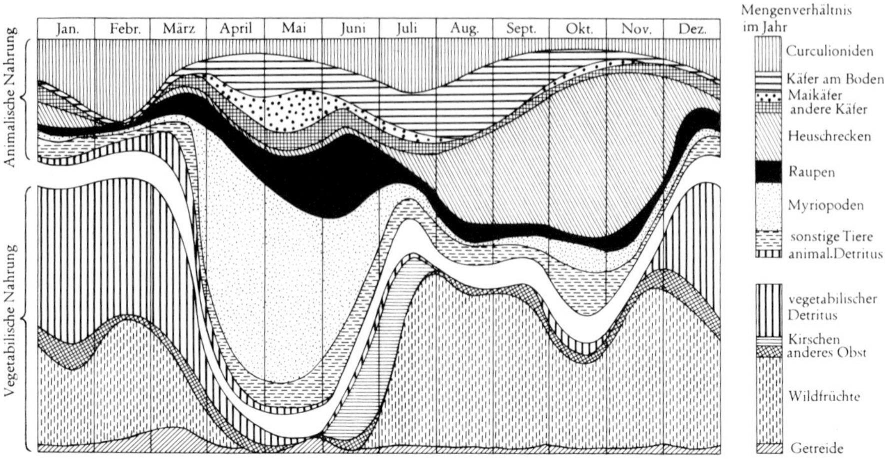

Abb. 2.5: Jahreszeitlich bedingter Nahrungswechsel beim Star *(Sturnus vulgaris)* nach Analyse von 2000 Mageninhalten (nach Kalmbach u. Gabrielson aus Bruns u. Haberkorn 1960).

existieren, deren Blätter reich an Phenolglykosiden sind, wie es bei *Salix fragilis* und *S. alba* der Fall ist. – Hauptwirtpflanzen des Frostspanners *Operophthera brumata* sind Eiche und Rotbuche. Im zeitigen Frühjahr können sich die Raupen auch an *Salix* entwickeln, die etwa einen Monat früher austreiben. Wenn sich die Blätter der Eichen entfalten, hat sich die Nahrungsqualität der Weiden so verschlechtert, daß sie kein geeignetes Futter mehr bilden. – Einige Pflanzen sind für Rinder giftig, so das Johanniskraut *Hypericum perforatum* und Kreuzkräuter *(Senecio)*. Indessen können Spezialisten wie die Blattkäfer *Chrysolina hyperici* und *Ch. quadrigemina* das Flavon Hypericin im Johanniskraut abbauen und sich gerade von dieser Pflanze ernähren. Entsprechendes gilt für die Raupen des Bärenspinners *Thyria jacobaeae* bei Alkaloiden von *Senecio*. Das von den Raupen aufgenommene und in ihnen angereicherte Senecionin gelangt in den Schmetterling, der dadurch für viele Feinde ungenießbar wird. Nicht anders verhält es sich mit tierischer Nahrung. Das Cantharidin der Meloiden (Ölkäfer) ist für die meisten Tiere giftig, nicht jedoch für einige daran angepaßte Insekten und für Igel *(Erinaceus)*, die unbeschadet die Ölkäfer fressen.

Sekundäre Pflanzenstoffe vermögen sogar den Beginn der Fortpflanzungsperiode auszulösen, wie für die amerikanische Wühlmaus *Microtus montanus* festgestellt wurde. Andere bilden ein Duft-Pheromon, das bei den Männchen bestimmter tropischer Bärenspinner die Balz einleitet.

Oft wird der Wert einer Nahrung von anderen Faktoren beeinflußt. Eine potentielle Nährpflanze kann durch Temperatur, Licht, Feuchtigkeit, Zufuhr von Nährsalzen, Befall mit Viren oder durch im eigenen Stoffwechsel gebildete Produkte in ihrer Bekömmlichkeit modifiziert werden. Auch mag die Pflanze auf Standorten wachsen, die dem Pflanzenfresser aus anderen Gründen nicht zusagen.

Mechanische Faktoren. Für Pflanzen kann die **Art des Substrats** zur Befestigung und für ihren Wasserhaushalt wesentlich sein. Aber auch viele Tiere hängen in Nistgelegenheiten, Unterschlupf und Bewegung vom Substrat ab. So besiedeln manche Grabwespen und Erdbienen, die in Steilwänden nisten, nur die bei Trokkenheit steinhart werdenden Partien, die hohen Anteil an Schluff und Feinsand, aber wenig Ton enthalten. In Wänden aus Lehm würden die Nistgänge nicht formbeständig bleiben. Günstig für Nistlöcher sind ferner reine Lößwände. – In Abhängigkeit von der Partikelgröße des Bodens ändert sich die Zusammensetzung der Pflanzen- und Tierwelt an Flußufern und auf Agrarfeldern. – An Meeresküsten und am Meeresboden haben Fels-, Sand- und Schlammuntergrund eine unterschiedliche Lebewelt. – Nur felsige Kliffs am Meer dienen als «Vogelberge».
Ein wichtiger Faktor, der die Ausbildung verschiedenartiger Assoziationen von Organismen an Meeresküsten, besonders des Gezeitenbereichs bedingt, ist die **Stärke der Wasserbewegung.** Sie beeinflußt Mortalität und Populationsdichte vieler Arten. Ein Beispiel dafür: die südafrikanische Napfschnecke *Patella cochlear* kann wegen zu starken Algenbewuchses in ruhigem Wasser, dagegen aus mechanischen Ursachen bei zu kräftigem Wellenschlag nicht mehr existieren –. Für manche Arten der Mikrofauna im Sandlückensystem der Meeresküste begrenzt die durch Wellenwirkung hervorgerufene Umlagerung der Sandkörner das Leben. Im Meer kann zunehmender **Wasserdruck** das Vorkommen von Tieren zur Tiefe hin verhindern (s. Tiefsee, Kap. 7.4.2).
Auf dem Land stellt die mechanische **Wirkung des Windes** vor allem für Pflanzen, besonders Bäume einen wesentlichen Begrenzungsfaktor dar. Im Hochgebirge hat der zur Höhe hin abnehmende **Luftdruck** für Wirbeltiere Bedeutung (s. Kap. 12.2).
Schließlich sei auf die Bedeutung des **Feuers** hingewiesen. Sie wird im Zusammenhang mit den Savannen, Steppen, Trockenwäldern, Taiga und Tundra ausführlich behandelt. Feuer setzt schnell Mineralien aus Pflanzen frei; es bringt die Samen mancher Pflanzen zum Keimen, die dafür große Hitze benötigen; es verjüngt die Vegetationsdecke nicht nur in Grasländern, sondern auch in Wäldern; es beeinflußt in mannigfacher Weise die ober- und unterirdische Fauna. Hierbei spielen die Größe des betroffenen Areals, die Intensität des Brandes und die Häufigkeit der Feuer im gleichen Gebiet eine große Rolle.

2.2 Entwicklung

Entwicklung besteht aus Wachstum und qualitativer Differenzierung von Form und Funktion. Ihr Ablauf ist genetisch festgelegt, kann jedoch durch Außenfaktoren modifiziert werden. Die intrazellulare Regulation der Entwicklung beruht auf Aktivierung und Inaktivierung von Genen, die interzellulare auf dem Wirken von Hormonen. Natürlich muß auch für interzelluläre Vorgänge, die das Gesamtindividuum betreffen, eine genetische Steuerung vorausgegangen sein und wirksam bleiben. Pflanzen behalten begrenzte Bereiche embryonalen Gewebes (Meristeme) und können daher stets neue Teile gestalten. Tiere besitzen je nach ihrer Organisationshöhe eine mehr oder weniger ausgeprägte Fähigkeit der Regeneration.

Entwicklungsvorgänge bei Pflanzen. Phytohormone stimulieren oder hemmen Keimung, Wachstum, Organbildung, Blatt- und Fruchtfall, Winterruhe der Knospen und Alterung (Seneszenz).

Cytokinine fördern die Zellteilung, Auxine (besonders β-Indolylessigsäure) und Gibberelline das Streckungswachstum. Letztere beeinflussen auch die Keimung der Samen. Auxine lösen die Bildung von Adventivwurzeln bei Stecklingen aus. Ruhezustände, Blatt- und Fruchtfall werden weitgehend durch Abscisinsäure hervorgerufen, doch ist am Blattfall Äthylen beteiligt. Auf die Blütenbildung wirken Vitamin B 5 mit verwandten Phenolsäuren (Benzoesäure, Salizilsäure) zusammen. Das Wachstum von Organen, z. B. der Primärwurzeln, Internodien, Blätter oder Früchte hat wie dasjenige des ganzen Organismus langsame Anfangs- und Endphasen, zwischen denen eine Phase rascher Zellteilungsraten liegt.

Außenfaktoren greifen entscheidend in die Entwicklung ein. Ein gutes Beispiel gibt die **Keimung von Samen**, die von Wasser, Temperatur, Licht, Tageslänge, Sauerstoff, CO_2-Gehalt der Luft, Nährstoffen im Boden, Bodentiefe (in der sie lagern) abhängen kann.

In Wüsten Südkaliforniens sind starke Regen Voraussetzung zur Keimung, doch bestimmen die danach herrschenden Temperaturen welche Samen auskeimen. Es gibt Winterannuelle (Keimung im Herbst, Blühen und Fruchten im nächsten Jahr), bei denen dies nur zwischen 8° und 18° C möglich ist, aber auch Sommerannuelle (gesamte Entwicklung im Sommer eines Jahres) und Sträucher, die dafür 26–27° C benötigen.

In manchen Fällen muß Regenwasser erst keimungshemmende Substanzen der Frucht- und Samenschale lösen. Bei Unkräutern Mitteleuropas wurden die Bedingungen von Bodenfeuchtigkeit und Temperatur für die Keimung geprüft. Es zeigten sich Naßkeimer, solche mit mittleren Feuchteansprüchen, Arten mit weiter Feuchtigkeitsamplitude sowie Samen, die auf trockeneren Böden besser keimen als auf nassen. Unkräuter mit niedriger Keimungstemperatur laufen im Herbst und Vorfrühling auf und finden sich daher vornehmlich im Wintergetreide, Pflanzen mit hoher Keimungstemperatur keimen im Frühsommer und fruchten im Herbst. Sie charakterisieren die Unkrautflora zwischen Hackfrüchten. Kulturen mit Sommergetreide nehmen eine gewisse Mittelstellung ein.

Manche Pflanzen müssen im Dunkel keimen *(Veronica persica, Cucurbita pepo, Phacelia tanacetifolia)*. Andere sind Lichtkeimer *(Nicotiana tabacum, Lactuca sativa, Oenothera biennis* und die meisten Unkräuter der Äcker), denen oft schon kurze Beleuchtung genügt. Das Licht beeinflußt die Keimung über einen an Eiweiß gebundenen Farbstoff im Zytoplasma. Dieses Phytochrom, ein Phycobilin, kann im aktiven oder inaktiven Zustand vorliegen, der durch Licht bestimmter Wellenlänge in den anderen überwechselt.

Nach Bestrahlung mit Hellrot (660 nm Wellenlänge, daher P 660 genannt) geht das inaktive Phytochrom in die aktive Modifikation über. Diese löst morphogenetische Wirkungen aus wie verstärktes Wachstum der Keimblätter und gehemmtes des Hypokotyl. Die aktive

Modifikation hat ihr Absorptionsmaximum im Dunkelrot (730 nm, daher P 730). Bestrahlung mit Dunkelrot wandelt sie wieder in das inaktive P 660 zurück.
Tageslicht hat zwar etwa gleiche Menge an hell- und dunkelroten Strahlen, bewirkt aber wegen größerer Ausbeute an Lichtquanten der Wellenlänge von 660 nm Aktivierung zum Phytochrom 730. Abends erreicht besonders Licht längerer Wellenlängen die Erde, so auch Dunkelrot. Dadurch erfolgt ebenso wie bei Dunkelheit Inaktivierung von P 730 zu P 660.

Das abweichende Aussehen eines Dunkelkeimlings von dem eines Lichtkeimlings nennt man **Etiolement** (Vergeilung). Es tritt auch beim Auskeimen von Knollen, Zwiebeln usw. auf. Allgemein bekannt ist es bei in feuchtwarmen Kellern lagernden Kartoffeln. Im Dunkeln wächst aus der Knolle durch übersteigertes Streckungswachstum ein farbloser, langer Sproß. Erst unter dem Einfluß des Lichts bildet sich die normale grüne Kartoffelpflanze aus.
Für die Entwicklung kann auch die Tageslänge eine Rolle spielen (**Photoperiodismus**). So geraten die Samen mancher Waldbäume der gemäßigten Zone *(Fagus, Betula, Larix, Pinus)* durch Kurztag in ein Ruhestadium (Dormanz) und keimen erst im Frühjahr bei Langtag aus. Bei der krautigen *Nemophila insignis* (Hydrophyllaceae) in Nordamerika keimen die Samen unterhalb 19° C bei Licht und im Dunkeln. Zwischen 21 und 22° C ist die Tageslänge entscheidend, indem Kurztag die Keimung fördert, Langtag sie verhindert. Über 26° C ist Keimung unter keiner Bedingung möglich.
Die Photoperiode ist bei zahlreichen Pflanzen für die Blütenbildung, also den Übergang von der vegetativen zur reproduktiven Phase wesentlich. Langtagpflanzen benötigen in den gemäßigten und nördlichen Breiten über 12 Stunden tägliche Lichtdauer, um im Sommer zur Blüte zu kommen. Zu ihnen gehören von unseren Kulturpflanzen die vier Getreidearten, Beta-Rübe, Möhre, Zwiebel, Flachs und Wiesenklee. Bei Kurztagpflanzen verhindert tägliche Belichtung über 14 Stunden die Blüte; ihre optimale Dunkelphase zur Blütenentwicklung liegt bei mehr als 10 Stunden. Dies betrifft Arten aus tropischen und subtropischen Gebieten wie Mais, Hirse, Reis, Soja, Paprika, Ananas, Baumwolle. In Mitteleuropa können Kurztagpflanzen, z. B. Dahlien und Chrysanthemen, nur im Spätsommer und Herbst blühen. Als Beispiele für tagneutrale Pflanzen seien Vogelmiere *(Stellaria media)* und Sonnenblume *(Helianthus annuus)* genannt.
Wachstum und Blütenbildung sind nur in einem bestimmten Temperaturbereich möglich. Sommergetreide kann nicht unter 5° C, Mais nicht unter 8° C wachsen. Gurken benötigen mindestens 13° C.
Manche Pflanzen haben optimales Streckungswachstum bei wechselnden Temperaturen, wie sie zwischen den kühlen Nacht- und warmen Tagesstunden vorkommen (**Thermoperiodismus**). Für Pflanzen aus kontinentalen Gebieten ist ein Temperaturunterschied von 10–15°, für solche aus ozeanischen von 5–10°C am günstigsten. Offenbar haben die während der Licht- und Dunkelphase ablaufenden Vorgänge verschiedene Temperaturoptima. – Auch die Samen vieler Pflanzen, besonders von Feuchtbiotopen, benötigen zur Keimung Wechseltemperaturen.
Winterannuelle (*Erophila verna*, *Veronica agrestis*, Wintergetreide), Zweijährige (*Beta*- und *Brassica*-Rüben mit ihren unterirdischen Speicherorganen), viele ausdauernde Arten und die Knospen mancher Bäume brauchen zur Blütenbildung eine

gewisse Zeit, in der niedrige Temperaturen einwirken, die der Winter mit sich bringt (**Vernalisation**).
Ein- und Zweijährige Pflanzen sterben nach einmaliger Blüte und Fruchtbildung. Bei mehrjährigen tritt der Tod nicht durch programmierte **Alterung** der Meristeme ein, sondern durch immer schwierigere Versorgung mit Wasser, Nähr- und Wirkstoffen. Verunreinigung der Luft kann vorzeitige Alterung bringen.

Entwicklung bei Tieren. Der artspezifische Entwicklungsnullpunkt wechselwarmer Tiere liegt meist wesentlich über der unteren Stoffwechselgrenze, weil durch niedrige **Temperatur** zuerst der Baustoffwechsel in Mitleidenschaft gezogen wird. Die obere Grenze der Entwicklung befindet sich dagegen nur wenig unter der oberen des Stoffwechsels oder fällt mit ihr zusammen. Als Entwicklungsoptimum muß man bei Berücksichtigung der Mortalität den Bereich ansehen, in dem sich die größte Menge an Nachkommen in der kürzesten Zeit entwickelt. Die Punkte größter Nachkommenschaft, geringster Sterblichkeit und schnellster Entwicklung brauchen keineswegs zusammenzufallen.
Die zur Entwicklung benötigte Temperatursumme ist gleich dem Produkt aus Entwicklungsdauer (T) und der über dem Entwicklungsnullpunkt (t_0) einer Art liegenden Temperatur (t). Dieses Produkt ist konstant (= Thermalkonstante K). Die Formel $T(t - t_0) = K$ entspricht einer Hyperbel. Als Beispiel sei die Embryonalentwicklung der Schildwanze *Eurygaster maura* angeführt (Abb. 2.6).
Bei 21° C (t_1) dauert sie 10 Tage (T_1), bei 33° C (t_2) 3,2 Tage (T_2). Als Thermalkonstante (Temperatursumme) ergibt sich in beiden Fällen etwa 56. Der Entwicklungsnullpunkt (15,4) wurde aus der Formel $t_0 = t_1 - \frac{T_2(t_2 - t_1)}{T_1 - T_2}$ errechnet.

Aus den Versuchsergebnissen, die bei zwei oder besser bei drei konstanten Temperaturen gewonnen werden, lassen sich alle anderen Kurvenpunkte ablesen. Die in der Hyperbel ausgedrückten Beziehungen zwischen Temperatur und Entwicklungsdauer haben allerdings nicht mehr bei überoptimalen Bedingungen Gültigkeit, weil die Entwicklung mit zunehmender Temperatur zwar beschleunigt, über einem bestimmten Punkt aber wieder gehemmt wird. Die Temperaturabhängigkeit in der vitalen Zone wird daher besser durch eine Kurve von der Form einer Kettenlinie wiedergegeben (Abb. 2.7). Sie stellt eigentlich die Summe zweier spiegelbildlicher Exponentialkurven dar, von denen die eine die Beschleunigung, die andere die Hemmung der Entwicklung durch die Temperatur ausdrückt. Ihre Reziproke, also die Kurve der Entwicklungsgeschwindigkeit, hat entgegengesetzte Biegungen an beiden Enden und stimmt mit den empirisch gefundenen Werten auch in extremen Temperaturbereichen gut überein.
Unter natürlichen Bedingungen sind die meisten Organismen nicht konstanten, sondern sich ändernden Temperaturen ausgesetzt. Je größer die Schwankungen der Temperatur um den errechneten Mittelwert gehen, desto mehr weicht die Kurve von einer solchen ab, der konstante Temperaturen zugrunde liegen. Dies kann sich mit der Entfernung vom biologischen Optimum immer stärker als Verlangsamung oder Beschleunigung ausprägen. – Eine auffällige Beschleunigung der Entwicklung

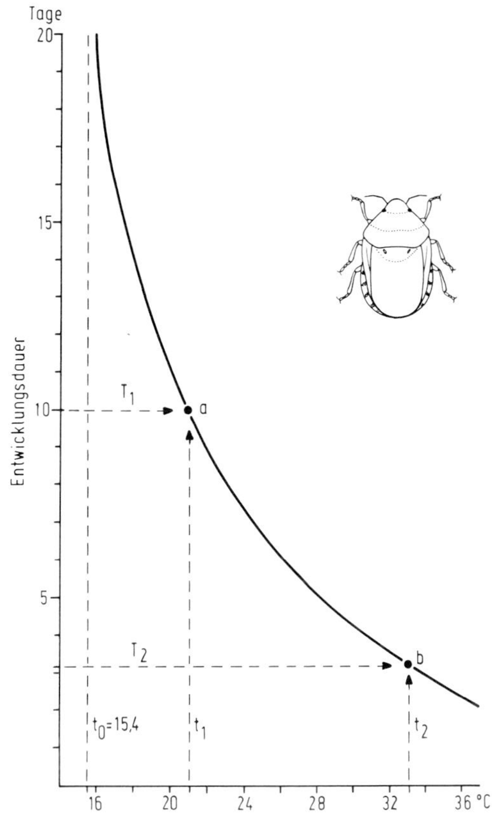

Abb. 2.6: Dauer der Embryonalentwicklung der Wanze *Eurygaster maura* (Pentatomidae) bei verschiedenen Temperaturen (nach Tischler 1949).

trat bei inadulten Grillen auf, die in bestimmten Intervallen zum «Sonnenbaden» nach oben kletterten. – Bei einigen Spinnen wurde festgestellt, daß langsamer sich entwickelnde Individuen im Freiland mehr durch Feinde oder Kannibalismus dezimiert werden, so daß diejenigen mit schnellerer Entwicklung begünstigt waren. Man muß also außer dem abiotischen auch das biotische Geschehen berücksichtigen.

Bei *Paramecium* (Ciliata) wirkt sich der Einfluß von Wechseltemperaturen erst in der nächsten Generation aus. Seine Vermehrungsrate erhöht sich im Vergleich zu konstanten Mittelwerten, wenn die Temperaturen von 28° auf 16° oder von 22° auf 10° C wechseln. Reicht die Amplitude aber von 28° bis zum subletalen Wert von 0,5° C, so findet keine Stimulation statt. Vielmehr entspricht die Teilungsrate von *Paramecium* dann den entsprechenden Temperaturen des Mittelwertes. Auf jeden Fall beeinflußt Thermoperiodismus die Entwicklung vieler Tiere.

Zur optimalen Entwicklung ist für Organismen im Meer eine bestimmte Kombination der Temperatur mit dem Salzgehalt, für solche des Landes mit der **Feuchtigkeit** erforderlich. Die Abhängigkeit der Embryonalentwicklung bei Insekten von verschiedener Temperatur und Luftfeuchtigkeit zeigt Abb. 2.4 am Luzerneblattnager *(Hypera postica)*, Abb. 2.7 für den Blattrandrüßler *Sitona lineatus*. Insekten, die saftige Nahrung aufsaugen, wie die Schnabelkerfe (Rhynchota) sind von den Bedingungen der umgebenden Luftfeuchte ziemlich unabhängig.

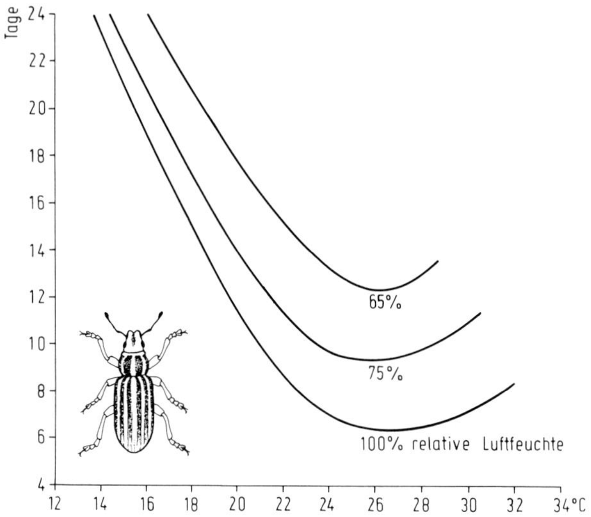

Abb. 2.7: Abhängigkeit der Embryonalentwicklung von *Sitona lineatus* (Col. Curculionidae) von Temperatur und Luftfeuchte (nach Andersen 1931).

Selbst durch feste Eischalen muß der Gasaustausch gewährleistet sein, damit der Embryo Sauerstoff aufnehmen, CO_2 abgeben und den Wasserhaushalt regulieren kann. Bei Eiern von Insekten, die in den Boden oder in feuchtes Pflanzengewebe abgelegt werden, ist die Embryonalentwicklung nur bei Kontakt der Eischale mit Wasser möglich. Eine relative Luftfeuchte von 100 % genügt nicht. Für weichschalige Eier von Reptilien ist wenigstens bei wasserdampfgesättigter Luft die Aufnahme von Wasser gegeben. Eier mit harten Schalen (Krokodile, manche Schildkröten, Vögel) müssen überflüssiges Wasser, das durch den Stoffwechsel entsteht, nach außen abgeben können.

Vom Vogelei seien die Diffusionsvorgänge näher geschildert. Die Durchlässigkeit für die Gase wird durch die Länge und Querschnitte der zahlreichen winzigen Poren in der Schale bestimmt. Beim Vergleich der verschiedensten Vogelarten ergab sich, daß Porenlänge (Schalendicke) und Porenquerschnitte desto größer sind, je schwerer das Ei ist. Dies bewirkt, daß der Embryo während seiner Entwicklung genügend Sauerstoff erhält und der Wasserhaushalt reguliert werden kann. Bei allen Vogelarten verlieren die Eier im Laufe der Bebrütung unabhängig von der Brutdauer etwa 15 % des Anfangsgewichtes durch Abgabe von Wasser. Dadurch wird die zur späteren Lungenatmung erforderliche Vergrößerung der Luftkammer im Ei möglich. Noch vor dem Schlüpfen durchstößt der Jungvogel die Haut zur Luftkammer am stumpfen Ende des Eies, um sich bereits innerhalb der Eischale auf Lungenatmung umzustellen. Die in der Luftkammer herrschenden Partialdrücke für O_2

und CO_2 sind dann (ebenfalls unabhängig von der Brutdauer) denen in der Lunge erwachsener Vögel fast gleich.

Licht. Viele Tiere wie Endoparasiten, Boden- und Holzbewohner entwickeln sich im Dunkeln. Aber selbst normalerweise im Hellen lebende Taufliegen *(Drosophila melanogaster)* konnten ohne Schädigung 220 Generationen hindurch bei Dunkelheit gezüchtet werden. Doch gibt es auch Nachttiere, die sich im Hellen, und Tagtiere, die sich im Dunkeln langsamer entwickeln.
Große Bedeutung für den Entwicklungsverlauf hat die **Photoperiode.** Ähnlich den Pflanzen kann man von Langtag- und Kurztag-Arten sprechen. Sie benötigen zu ihrer Entwicklung entweder eine lange tägliche Lichtperiode wie die meisten Insekten und Spinnmilben der gemäßigten Breiten (z. B. *Leptinotarsa decemlineata*, *Pieris brassicae*, *Euproctis similis*, *Panonychus ulmi*) oder gerade eine kurze, wie der Seidenspinner *(Bombyx mori)*, der aus den Subtropen stammt, aber auch die Blattkäfer *Galeruca tanaceti*, *Chrysomela haemoptera* und einige Carabiden, die bei Langtag Sommerdiapause haben. Außerdem gibt es unabhängig nebeneinander existierende Kurz- und Langtagrassen der gleichen Art, z. B. beim Kohlgallenrüßler *(Ceutorhynchus pleurostigma)*. Bei wirtswechselnden Blattläusen entstehen die Gynoparae und die Männchen erst im Herbst unter Kurztagbedingung.
Licht verhindert die Begattung der nachtaktiven Schabe *Blatta orientalis*. Das Gegenteil zeigt sich bei der tagaktiven Brackwespe *Meteorus versicolor*. Um diesen Parasiten des Schwammspinners *(Lymantria dispar)* zu dessen biologischer Bekämpfung nach Nordamerika einzuführen, züchtete man ihn zunächst im Labor. Alle Nachkommen waren Männchen. Es hatte nur parthenogenetische Vermehrung stattgefunden, weil sich Licht als Voraussetzung für die Paarung der Brackwespe erwies.
Vögel und Säugetiere können durch zusätzliche Belichtung zu vorzeitiger Entwicklung der Gonaden und damit zur Geschlechtsreife gelangen, weil die Hypophyse durch das Licht zu erhöhter Ausscheidung gonadotroper Hormone aktiviert wird. Deren Synthese geschieht jedoch bei Kurztag im Winter.

Nahrung. Große Bedeutung für die Entwicklung hat die Nahrung in ihrer Quantität und Qualität. Oft besteht schon eine unterschiedliche Eignung junger und alter Pflanzen oder verschieden alter Organe der gleichen Pflanze für ein von ihnen lebendes Tier oder einen pilzlichen Schmarotzer. Junge Blätter haben einen niedrigeren Gehalt an Zellulose und ein reicheres Angebot von Stickstoff als ältere, wenn auch letzteres mit der Alterung wieder ansteigt. Zucker kommt in voll entwickelten Blättern maximal vor. In Blättern der Eichen wird während des Sommers zunehmend Tannin gebildet und in Vakuolen der äußeren Lagen der Zellen abgesetzt. Wenn Raupen und andere Phytotrophe von den Blättern fressen, brechen sie die Vakuolen auf, und es entstehen dann Komplexe von Protein-Tannin. Dadurch kann das Eiweiß schlecht oder gar nicht mehr verdaut werden. Die Tiere verlangsamen ihr Wachstum oder können sich überhaupt nicht mehr weiterentwickeln. Blattminierer im Schwammparenchym, in deren Zellen nur wenig Tannin eingelagert wird, entgehen der Schadwirkung.

Den einjährigen Nadeln der Sitkafichte fehlen manche essentielle Aminosäuren für die Entwicklung der Sitkalaus *(Elatobium abietinum)*, die daher vorjährige Nadeln besiedelt. – Junge Blätter einiger Farne enthalten im Frühjahr für etliche Insekten toxische Stoffe, so daß der Hauptbefall solcher Farne erst im Spätsommer erfolgt, in dem dann die Entwicklung der Pflanzenfresser möglich wird. – Ein interessanter Zusammenhang zwischen Nahrungsqualität und Insekten wurde bei der Moorbirke *(Betula pubescens tortuosa)* in Finnland an der Waldgrenze zur Gebirgstundra aufgedeckt. Dort enthalten die neuen Blätter nach Massenbefall und Entlaubung durch Raupen des Spanners *Oporinia autumnata* geringeren Gehalt an Stickstoff und eine höhere Konzentration an Phenolen. Dies verringert die Fruchtbarkeit und Vitalität der neuen Falter-Generation beträchtlich und bleibt mindestens drei Jahre lang für deren Populationsdynamik wirksam.

In vielen Fällen müssen Symbionten die Ansprüche ihres Wirtes an Aminosäuren und Vitaminen decken. Selbst Nahrungsspezialisten lassen sich mit künstlicher Diät züchten. Dies gelang bei etlichen Insekten auf Medien, die aus Wasser, Zucker und Eiweiß (Kasein), Mineral- und Vitaminzusatz (Weizenkeime, Trockenhefe), Sterolen und fettigen Ölen sowie strukturgebenden, meist unverdaulichen Substanzen (Agar, Zellulosepulver) bestehen. Spielen fraßauslösende Stoffe (Phagostimulantien) für die Annahme der Nahrung eine Rolle, kann man Pflanzenextrakte oder Blattpulver als Grundlage verwenden. Der Große Kohlweißling *(Pieris brassicae)* und die Kohleule *(Mamestra brassicae)* wurden erfolgreich auf Kasein-Agar-Medium mit Zusatz von Kohlpulver gezüchtet. Die räuberischen *Anthocoris*-Wanzen konnten mit verdünnter Kondensmilch aufgezogen werden.

Sogar die Blattstellung kann wichtig sein. Beim Tee *(Camellia sinensis)* gibt es genetisch verschiedene Pflanzen mit schräg nach oben und mit waagrecht gestellten Blättern. An ersteren entwickeln sich Raupen von Kleinschmetterlingen und Larven von Minierfliegen (Agromyzidae), an den waagrechten dagegen Raupen verschiedener Großschmetterlinge und Käfer (Chrysomelidae, Lamellicornia). Die Schnabelkerfe (Wanzen, Zikaden, Schild- und Blattläuse) reagieren nicht auf derartige Unterschiede der Struktur.

Selbst verwandte Pflanzen wirken, wahrscheinlich durch Sekundärstoffe, unter Umständen recht unterschiedlich auf die Entwicklung einer Art. So entwickelt sich der Blattkäfer *Gastroidea polygoni* am Vogelknöterich *(Polygonum aviculare)* bis zur Gonadenreife und legt seine optimale Zahl an Eiern ab. Mit Blättern von *Fallopia (Polygonum) convolvulus*, *Rumex crispus* und *R. acetosa* findet gleichfalls Entwicklung statt, doch ist die Eizahl im Durchschnitt geringer. *Polygonum persicaria* und *Rumex obtusifolius* ermöglichen zwar noch Entwicklung bis zur Imago, aber nicht oder ganz selten Reifung der Gonaden. An Rhabarber *(Rheum)* entwickeln sich die Larven nur sehr schwer, an *Rumex acetosella* und an Buchweizen *(Fagopyrum esculentum)* gar nicht mehr.

Die Hauptnährpflanze des Blattkäfers *Dlochrysa fastuosa*, an die allein er seine Eier ablegt, ist der Hohlzahn *Galeopsis tetrahit*. Im Frühjahr frißt er jedoch nur an der Weißen Taubnessel *(Lamium album)*, weil *Galeopsis* erst später erscheint. *Lamium* dient also lediglich als «Überbrückungspflanze», obwohl die gesamte Larvalentwicklung auch an ihr möglich wäre.

In manchen Fällen legen die Weibchen unspezialisierter Pflanzenfresser ihre Eier mit Vorliebe an solche Nahrung, an der sie als Larve aufgewachsen waren. Gleiches gilt für vielwirtige Schlupfwespen für den Befall eines Wirtes. Bei Spezialisten ist dies nicht der Fall. So läßt sich der Erlenblattkäfer *(Agelastica alni)* in der gesamten Larvenperiode zwar gut mit Blättern von Moorbirke *(Betula pubescens)* und Salweide *(Salix caprea)* züchten. Der aus der Puppe schlüpfende Jungkäfer zieht aber bei freier Nahrungswahl stets die Blätter der Grauerle *(Alnus incana)* vor, die er nie kennengelernt hat. Unter Zooparasiten gibt es ebenfalls genügend Beispiele für solches Verhalten.
Oft ist die Eizahl von der Nahrungsmenge unabhängig. Bei manchen Vögeln (Eulen, Greifvögeln, Meisen) und Insekten erhöht sie sich jedoch mit reichlicher Nahrung.

2.3 Farb- und Formänderungen

Temperatur, Licht, Tageslänge, Luftfeuchte, Wasser, Salzgehalt, Bevölkerungsdichte, Nahrung, Pheromone, Phytohormone können Färbung und Form verändern. Dies ist meist nur in einer kritischen, sensiblen Periode der Entwicklung möglich. Oft ist es schwierig, solche Modifikationen von erblichen Ökotypen verschiedener Standorte zu unterscheiden. Um letztere handelt es sich z. B. bei dem im Tiefland und im Gebirge unterschiedlich gestalteten Löwenzahn *(Taraxacum officinale)*.

Färbung. *Primula sinensis* blüht oberhalb 30° C weiß, unterhalb dieser **Temperatur** rot. Die Blüten bestimmter Petunien werden bei hoher Temperatur und schwachem Licht blau, bei niedriger Temperatur und Sonnenlicht weiß. Die asiatisch-alpinen Edelweiß-Arten *(Leontopodium)* entwickeln im Hochgebirge als Schutz gegen die dort stärkere UV-Bestrahlung weiß-wollige Hochblätter, in der Ebene sind diese grüner.
Puppen von Schmetterlingen, die tiefen Temperaturen ausgesetzt sind, ändern oft das Zeichnungsmuster der aus ihnen schlüpfenden Falter, das im allgemeinen dunkler wird. Ebenso bildet die Brackwespe *Habrobracon juglandis* während der Puppenzeit desto mehr dunkle Pigmente, je tiefer die Temperatur ist. Die helle Winterfärbung vieler Polar- und Tundratiere hängt zwar ursächlich mit der photoperiodisch bedingten Änderung des Hormonstoffwechsels bei Eintritt von Kurztag zusammen, doch wird die Melaninbildung durch niedrige Temperatur gehemmt.
Bei manchen Insekten wird die Färbung im Winterlager durch die **Photoperiode** geändert; die grünen Schildwanzen der Gattung *Palomena* werden braun, die Florfliege *Chrysoperla carnea* wechselt von grün zu gelb. Rückfärbung erfolgt bei Langtag im Frühjahr nach der Diapause. Auch einige Raupen und Falter tropischer Schmetterlinge wechseln vor Eintritt einer Diapause Farbe und Farbmuster, wodurch sie mit ihrer Umgebung besser übereinstimmen.
Besonders auffallend durch unterschiedliche Färbung ist der «Saisondimorphis-

mus» mancher Insekten zwischen Generationen, die sich unter Langtag und solchen, die sich bei Kurztag entwickelt haben. So entsteht bei dem Tagfalter *Araschnia levana* eine Sommerform, deren schwarzbraune Flügel helle Flecken und Binden haben und eine kleinere Frühjahrsform mit rotgelben, schwarzgefleckten Flügeln (Abb. 2.8). Sie wurden früher als verschiedene Arten beschrieben. Entsprechendes zeigt sich bei Zikaden. Die Sommergeneration der nordamerikanischen *Stirella bicolor* ist grün und schwarz gefärbt, die Wintergeneration (ursprünglich als andere Art, *St. obtusus*, angesehen) sieht gelbbraun aus.

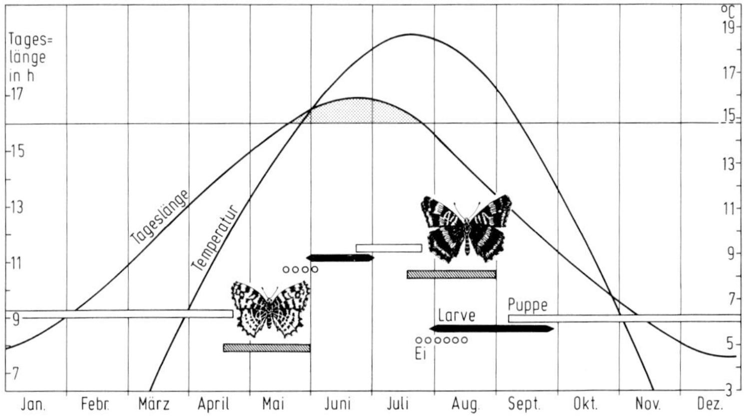

Abb. 2.8: Entstehung des Saisondimorphismus bei *Araschnia levana* (Nymphalidae) durch die Tageslänge (nach H. J. Müller 1957).

Gestalt. Der Wasser-Knöterich *(Polygonum amphibium)* bildet im **Wasser** und auf dem Land verschiedene Blattformen aus. Die untergetauchten Blätter des Wasser-Hahnenfuß *(Ranunculus aquatilis)* sind fadenförmig gespalten, die dem Wasser aufliegenden Schwimmblätter breit gelappt. Beim Wasserstern *(Callitriche heterophylla)* bestimmt der vom umgebenden Medium abhängige Turgordruck die unterschiedliche Form der Zellen sowie der Gestalt untergetauchter und über Wasser befindlicher Blätter. Daran sind Temperatur und Phytohormone (Gibberelinsäure, Abscisinsäure) beteiligt. Die breiten ungeschlitzten Überwasser-Blätter haben einen stark verringerten Zellturgor. Außerdem erleichtert die erhöhte Dichte der Stomata und Adern im Blatt die Photosynthese im Luftmilieu.
Durch höheren **Salzgehalt** vereinfacht sich die Schwanzgabel des Salzkrebs *Artemia salina*. Bei Mollusken ist die Größenabnahme mit Verringerung des Salzgehaltes auffällig, wie ein Vergleich zwischen Nord- und Ostsee zeigt. Die Zellen der Hydrozoe *Cordylophora caspia* werden mit zunehmendem Salzgehalt flacher, und der Kolonieverband wird immer verzweigter. Es ändern sich also Gewebe und Gesamtgestalt. Die Analschläuche von Larven der Zuckmücken (Chironomidae), mit denen Ionen aus dem Wasser aufgenommen werden, verkleinern sich mit steigendem Salzgehalt. Daher sind sie im ionenarmen Hochmoor besonders groß.

In Höhlen der Küsten des Mittelmeers lebt die Steinkoralle *Cladocora cespitosa* mit verschiedener Wuchsform in Abhängigkeit von Wasserbewegung und **Licht.** – Bei der Zikade *Euscelis incisus* sind außer der Pigmentierung auch Körper- und Flügelgröße und sogar die Gestalt des Aedeagus zwischen Frühjahrs- und Sommergeneration unterschiedlich. Dem Vorgang liegen wahrscheinlich zwei wachstumfördernde, bei bestimmter Lichtdauer und bestimmter Dauer der Dunkelheit konkurrierende Mechanismen zugrunde.

Flügelanlage: Etliche Insekten bilden normal lange, kurze oder keine Flügel aus. Bei den bisher untersuchten Käfern, Dipteren und einigen Zikaden erwies sich dieses Phänomen als rein genetisch bedingt. Bei Orthopteren, Psocopteren, Wanzen, anderen Zikaden und bei Hymenopteren beruht es teilweise oder völlig auf der Wirkung von Außenfaktoren. Hierbei spielen vor allem Tageslänge, Temperatur, Bevölkerungsdichte und Nahrung eine Rolle. Bei Blattläusen scheint die «Schaltung» der Flügelanlage am stärksten von der Umwelt abhängig zu sein.

Die **Kastenbildung** in den Insektenstaaten beruht auf Änderungen der Gestalt und des Verhaltens durch unterschiedliche Ernährung und Pheromone.

Generations- und Formwechsel. Im Laufe eines Jahres können die oft vielen einander folgenden Generationen mancher Arten des Süßwassers einen Gestaltwechsel durchmachen. Bei Peridineen, Daphnien und Rotatorien sind die Temperaturen dafür verantwortlich, die in der kühlen Jahreszeit nur die Entwicklung von Formen mit kurzen Körperanhängen zulassen.

Gallen. Stofflich bedingte Modifikationen pflanzlicher Gewebe und Organe zeigen vor allem die durch Nematoden, Milben und Insekten hervorgerufenen Gallen (Abb. 2.9). Gallerzeuger bewirken durch spezifische, räumlich und zeitlich gezielte, stoffliche Einwirkungen oft hochorganisierte Gebilde. Blattwespen der Gattung *Pontania* bringen eine die Bildung von Gallen auslösende Substanz schon mit der Eiablage in die Pflanze. Bei den meisten anderen Gallinsekten werden die Stoffe dagegen nach und nach aus den Speicheldrüsen der sich im Pflanzengewebe entwickelnden Larven abgegeben. Außer Enzymen, die pflanzliche Zellwände auf-

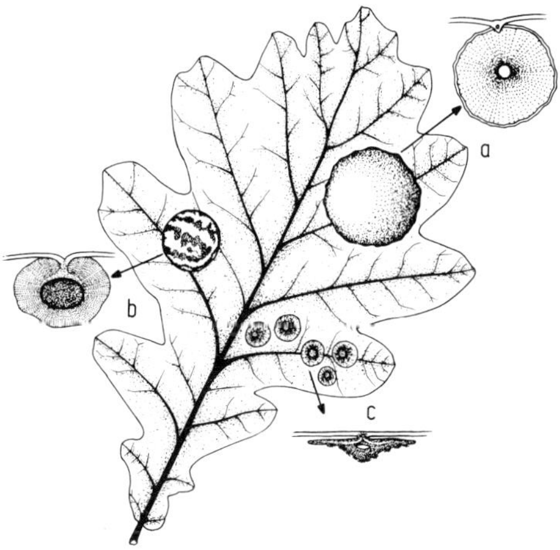

Abb. 2.9: Gallen von Gallwespen (Hym. Cynipidae) auf Eichenblatt (Orig.). a: *Cynips quercusfolii*, b: *C. longiventris*, c: *Neuroterus quercus-baccarum*.

lösen, hat man bei Gallwespen Verbindungen nachgewiesen, die mit Auxinen und Cytokininen der Pflanzen verwandt sind. Wahrscheinlich werden außerdem durch Stimulation der Gallerzeuger pflanzeneigene Hormone (Auxin, Gibberelin, Cytokinin) zur Invasionsstelle gebracht, deren Konzentration dort beträchtlich ist. Die Menge von RNS im Nährgewebe der Galle deutet auf ein hohes Maß der Gen-Transskription hin.
Gallinsekten legen ihre Eier in einer kurzen, bestimmten Jahreszeit in die entsprechenden Pflanzenteile (meist frische Blätter, Stengel, Knospen). Etwa 13 000 Insekten (d. h. 1,7 % ihrer bisher beschriebenen Arten) erzeugen Gallen.
Gallartige Tumoren an Pflanzen kommen durch Infektion mit verschiedenen Bakterien und Pilzen zustande oder sind Folge abiotischer Faktoren nach Überschwemmung des Wirtgewebes mit Auxinen und Cytokininen. Es handelt sich um eine unkontrollierte Aktivität der Zellteilung.

2.4 Reize und Bewegungen

Wie alle biologischen Ordnungen bilden Organismen offene Systeme, die mit ihrer Umgebung Stoffe und Energie austauschen. Stoffwechsel und der mit ihm verbundene Energieumsatz sind zur Erhaltung des Lebens notwendig. Obwohl die Lebewesen ständig Materie aufnehmen und abgeben, bleibt ihre Individualität gewahrt. Es bildet sich ein Fließgleichgewicht molekularer Ordnung, das durch Rückkopplungen reguliert wird. Das Gesamtsystem ist also stabiler als seine Teile. Durch Umwandlung chemischer Energie in Wärme bei der Atmung wird ständig Energie entwertet (= Entropie). Diesem Vorgang muß durch Aufnahme neuer Energie bei der Photo- und Chemosynthese der Pflanzen und der Nahrungsaufnahme aller Organismen entgegengewirkt werden. Physikalisch gesehen bedeutet Leben «Erhaltung negativer Entropie» oder Entstehung und Erhaltung eines neuen Ordnungszustandes. Doch ist damit das eigentliche Wesen des Lebens noch keineswegs erfaßt.

Eine Besonderheit der Organismen liegt in ihrer **Reizbarkeit und der Verwertung spezifischer Reize.** Pflanzen und Tiere reagieren auf Energieänderungen ihrer Umgebung und ihres inneren Zustandes, die auf sie als Reize wirken. Thermische, hygrische, chemische, Berührung-, Licht- und Schwerkraft-Reize aus der Umgebung, aber auch optische, akustische und chemische Signale von anderen Organismen werden mit Ortsveränderung, speziellem Verhalten, Wachstum, Entwicklung und sonstigen Lebensäußerungen beantwortet. Der Energiebedarf für die Reaktionen wird vom Organismus selbst gedeckt und nicht durch den Reiz eingebracht. Dieser hat lediglich die Bedeutung eines Auslösers, der ein in der Zelle bereits vorliegendes Energiepotential freisetzt und im Individuum ein besonderes Verhalten hervorruft. Auf solche Weise erfolgt eine ständige Aufnahme von Informationen aus der Umgebung. Mit dem Träger (Materie, Energie) werden Strukturen (Informationen) übertragen. *Außer dem Stoff- und Energiefluß gibt es somit einen Informa-*

tionsfluß, der die Lebewesen mit dem Milieu und untereinander verbindet. Manche Erfahrungen werden in einer empfindlichen (meist frühen) Lebensphase gelernt. Solche «ökologische Prägung» kann zur Bevorzugung eines bestimmten Lebensraums, Heimreviers, Wirtes oder spezieller Nahrung führen. Sie bleibt bei Insekten sogar trotz Metamorphose vom Larven- über das Puppen- zum Adultstadium erhalten.

Karl Ernst von Baer nannte die Zeitspanne, die benötigt wird, einen Reiz gesondert wahrzunehmen, den Moment. Für den Menschen beträgt der **Moment** $^1/_{18}$ sec, denn es werden in einer Sekunde noch gerade 18 Bilder, 18 Schallschwingungen, 18 Stöße auf der Haut als einzelne Reize wahrgenommen. Liegt die Zahl darüber, so fließen sie zu einem Bild zusammen, werden als Ton empfunden, als Dauerberührung gespürt. Die Größe des Moments, dieser für jede Art verschiedenen, subjektiven Zeiteinheit ist eine Eigenschaft des Sinneszentrums und hängt nicht von den Sinnesorganen ab. Der Moment der Weinbergschnecke *(Helix pomatia)* ist $^1/_3$–$^1/_4$ sec, des Kampffisches *(Betta splendens)* $^1/_{40}$–$^1/_{50}$ sec. Für die Schnecke läuft die Zeit fünfmal so schnell wie für den Menschen, also im Zeitraffertempo. Für den Kampffisch, der von schnell beweglicher Beute lebt, sind im Vergleich zum Menschen alle Bewegungsvorgänge gleichsam im Zeitlupentempo 2–3mal langsamer.

Indizien der Beschaffenheit von Dingen oder Vorgängen der leblosen Umwelt werden als **Informationen** ausgewertet. Informationen zwischen den Organismen nennt man Signale und spricht dementsprechend von Sender und Empfänger, die miteinander kommunizieren. Eine besondere Rolle spielen chemische Sendboten. Solche zwischen Individuen der gleichen Art heißen Pheromone, solche zwischen verschiedenen Arten Allomone (s. l.). Beide lassen sich als Ökomone zusammenfassen.

Zu Pheromonen gehören z. B. Gamone bei niederen Pflanzen, Hydrozoen und Fischen, die das Zusammenkommen der Gameten gewährleisten. Weitere Pheromone bei Tieren sind Sexualduftstoffe, Aggregations- und sonstige Sozialwirkstoffe, Hemmstoffe der Entwicklung (bei den Kasten der staatenbildenden Insekten), ferner Alarm- und zur Orientierung dienende Markierungsstoffe.

Die Männchen vieler Eulenfalter (Noctuidae) haben auf der Unterseite des Hinterleibs ein «bürstenförmiges Organ». Es enthält ein Pheromon, das die Weibchen zur Begattung bereit macht; es wird nur einmal gebildet und reicht für drei Kopulationen. Die Ausscheidung erfolgt erst, wenn ein Weibchen seinen Sexualduftstoff ausströmen läßt und dieser vom Männchen wahrgenommen wurde (Abb. 2.10). – Männchen der Hummeln *(Bombus)* fliegen in bestimmten Flugbahnen immer wieder einzelne Pflanzenteile an, die sie mit Pheromonen aus ihren Labialdrüsen markieren. Die in den artspezifischen Duftkreis gelangenden Weibchen verweilen an solchen Punkten, bis der Partner bei einer neuen Flugrunde vorbeikommt. Die flüchtigen Sekrete der Hummelarten gehören zu verschiedenen organischen Stoffen, die Terpene und aliphatische Verbindungen umfassen. – Das von den Hummeln bewirkte «Treffpunkt-Prinzip» der Geschlechter ist bei den Bohrfliegen (Tephritidae) durch Größe und Gestalt des unreifen Blütenkopfes der Wirtspflanze gegeben. Hier warten die Männchen auf die Weibchen, hier finden Begattung und Eiablage statt.

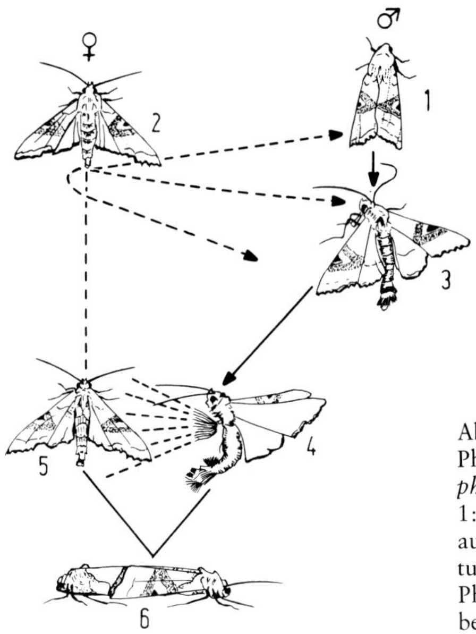

Abb. 2.10: Herbeiführung der Paarung durch Pheromone, am Beispiel der Noctuide *Phlogophora meticulosa* (nach Birch 1970).
1: ♂ in Ruhestellung; 2: ♀ sendet Duftstoff aus; 3: ♂ nimmt Duft wahr und fliegt in Richtung zum ♀; 4: ♂ lokalisiert ♀ und scheidet Pheromon aus, welches das ♀ (5) begattungsbereit macht; 6: Paarung.

Wanderheuschrecken *(Schistocerca, Locusta, Locustana)* bilden aus dem mit der Nahrung aufgenommenen Lignin ein Phenol, das mit dem Kot ausgeschieden wird. Bei genügender Populationsdichte konzentriert sich der flüchtige Stoff in der Luft. Er gelangt durch die Atemstigmen in den Körper der Larven und kann in ihnen als Sozialpheromon eine Phasenänderung der Entwicklung vom solitären zum gregären Typ hervorrufen. – Bei holzfressenden Schaben der Gattung *Cryptocercus* kommen Aggregationspheromone vor, durch die der Austausch von symbiotischen Flagellaten erleichtert wird. – Larven mancher Schlupfwespen erzeugen artspezifische Markierungs-Pheromone, die eine Mehrfachbelegung des Wirts mit Eiern der gleichen Art (Multiparasitismus) verhindern. – Das Brutpflege betreibende Weibchen des Sandohrwurms *(Labidura riparia)* markiert ihr Nest im Sandboden mit einem Duftstoff, so daß sie es zur Fütterung der Jungen leicht wiederfindet, zumal sie ihre Beute in der Nacht jagt. – Ameisen legen Duftspuren zu Futterquellen. Die Wahrnehmung von Pheromonen erfolgt bei Insekten allgemein durch mit Poren versehene Sinneshaare in ihren Fühlern.

Fische, die im Schwarm schwimmen, scheiden bei Verletzung einen Schreckstoff aus, der die Artgenossen zur Flucht alarmiert. Säugetiere markieren bestimmte Stellen durch Abgabe von Sekreten, durch Koten oder Harnen, optisch durch Scheuermarken an Bäumen. Vögel kennzeichnen ihre Territorien akustisch.

Auf allen solchen Signalen kann das Erkennen von Artgenossen oder von Beute beruhen. So sieht die sozial lebende Spinne *Stegodyphus sarasinorum* ein Objekt als Beute an, wenn ihr weder Tast- noch Geruchsinn spezifische Schlüsselreize der eigenen Art vermitteln. Fehlen diese Sinneseindrücke, so kommt es nach kurzer Berührung zum sofortigen Zubiß. Werden nur die Chemorezeptoren gereizt, folgt

noch eine Überprüfung durch den Tastsinn in den Palpen. Die Wahrnehmung des arteigenen Pheromons genügt, um die Aggressivität zu hemmen.
Information ist durch Freiheitsgrade gekennzeichnet, die es den Tieren unter Umständen gestattet, eine Auswahl zwischen den zu vermittelnden und erkannten Signalen, Symbolen, Nachrichten oder Mustern zu treffen. Die Art und Weise der Kommunikation kann sich durch Domestizierung in relativ kurzen Zeiträumen ändern. Dies zeigt ein Vergleich der Gebärden- und Laut«sprache» von Wolf und Haushund. Beim Hund ist das optische Ausdruckverhalten gemindert und abgewandelt. Dafür wird von ihm das akustische Signalsystem, das für den Wolf geringere Bedeutung hat, stärker eingesetzt und differenziert. Durch Kreuzungen wurde die polygene Steuerung des innerartlichen Mitteilungvermögens und der Lernvorgänge deutlich.

Intensität der Bewegung. Außenfaktoren stimulieren oder hemmen die Bewegung. Vom Erwachen eines Insekts aus der Kältestarre lassen sich mit zunehmender Erwärmung verschiedene Phasen der Aktivität unterscheiden: erste Bewegung der Beine, Aufrichten des Tiers, normale Aktivität, gesteigerte Aktivität (Ruhelosigkeit), Ermattung. Die Spanne dieser Skala ist unterschiedlich (Abb. 2.11). Selbst verwandte Arten können sich hierin unterscheiden. Noch mehr gilt dies für Bewohner desselben Lebensraums, in dem es tag- und nachtaktive, ober- und unterirdisch lebende Organismen gibt. Für die am Tage aktive Grabwespe *Microbembix monodonta* in Binnendünen von Minnesota (USA) liegt die untere Grenztemperatur der

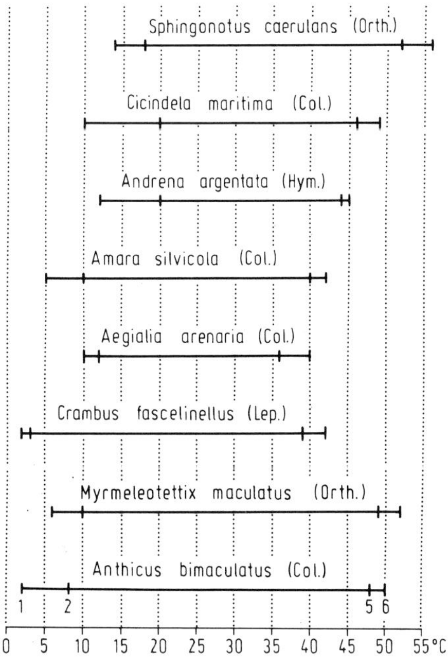

Abb. 2.11: Aktivitätsphasen verschiedener Düneninsekten (nach Krogerus 1932). 1: Erste Bewegung der Extremitäten, 2: Erste Fortbewegung, 5: Beginn der Wärmestarre, 6: Hitzetod.

Aktivität bei 23° C, für den nachts hervorkommenden Käfer *Geopinus incrassatus* im gleichen Biotop bei 4° C.
Eine bestimmte Höhe der Temperatur löst Putzbewegungen aus oder veranlaßt Stechfliegen *(Stomoxys)*, ihren Rüssel vorzustrecken. Heuschrecken beginnen oberhalb einer artspezifischen Temperatur zu zirpen. Auch für den Flug der Insekten, die Rufaktivität von Fröschen, für Paarungsspiele, Begattung und Eiablage verschiedenster Tiere ist eine Mindesttemperatur charakteristisch. Der Totstellreflex (Akinese) kann durch Temperaturerhöhung aufgehoben werden. Bei Wasserläufern *(Gerris)* ist dies zwischen 25–30° C, bei Stabheuschrecken *(Carausius)* zwischen 30–40° C der Fall.
In ihrer normalen Spannweite der Aktivität bewegen sich Protisten und wechselwarme Tiere entsprechend der van't Hoffschen oder RGT-Regel (Reaktion – Geschwindigkeit – Temperatur) bei einer Temperaturerhöhung von 10° C zwei- bis dreimal so schnell ($Q_{10} = 2–3$); Beispiele: die Menschenlaus *(Pediculus humanus)* von 10 cm/min bei 20° C auf 33 cm bei 30° C, der Rüsselkäfer *Sitona lineatus* von 18 cm/min bei 10° auf 54 cm bei 20° C. In einem bestimmten Bereich der Temperatur wirkt außerdem Licht stimulierend oder hemmend. Der Blatthornkäfer *Popillia japonica* braucht für eine Strecke von 12,5 cm bei 85 Lux 15,5 sec, bei 608 Lux 11,5 sec. Tagfalter werden im Dunkeln flugunfähig. Für nachtaktive Tiere kann schon schwaches Licht die Aktivität hemmen, wie viele Nachtfalter bei Vollmond zeigen. Außer der erwähnten Thermo- und Photokinese gibt es Hygrokinese, indem Trockenheit liebende Tiere (Mehlkäfer *Tenebrio*) mit zunehmender Feuchtigkeit, hygrophile (z. B. *Porcellio*) mit zunehmender Trockenheit mobiler werden (Abb. 2.12). Allgemein wird die Intensität der Bewegung in ungünstigen Situationen oft gesteigert.

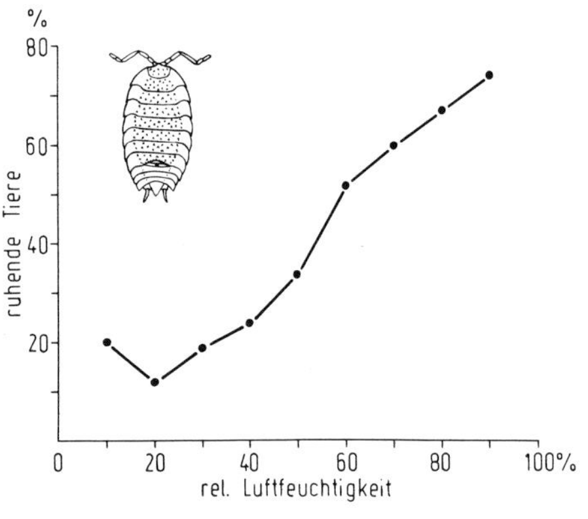

Abb. 2.12: Einfluß der Luftfeuchte auf die Aktivität der Kellerassel *(Porcellio scaber)* (nach Gunn 1937).

Nastische Bewegungen kommen nur bei Pflanzen vor und hängen ebenfalls nicht von der Richtung des auslösenden Reizes ab. Es handelt sich vor allem um (reversible) Bewegungen von Organen durch Änderung des Turgors, die durch bestimmte Phytohormone ausgelöst werden. Allerdings können Wachstumsbewegungen (Tropismen) hinzukommen. Beispiele für Nastien sind das Öffnen und Schließen von Blüten als Reaktion auf Licht oder Temperatur; die durch Licht und Wasserverhältnisse hervorgerufenen Bewegungen der Spaltöffnungen; die Schlafstellung der Blätter vieler Pflanzen im Tag-Nachtwechsel; Zusammenklappen der Fiederblätter und Niedersinken der Blattstiele bei *Mimosa pudica* durch Erschütterungsreize; die Krümmung der Mitteltentakeln beim Blatt des Sonnentaus *(Drosera)* auf chemische, der Randtentakeln auf Berührungsreize, wobei letztere gerichtet (also tropismisch) reagieren; Rankenbewegungen, bei denen ebenfalls Nastien und Tropismen zusammenwirken. Über die Bewegungen der Pflanzen gab es vor Darwin nur Einzelbeobachtungen. Erst die Ergebnisse seiner gründlichen Versuche brachten ein zusammenhängendes Bild darüber. Außer den Wirkungen durch Außenfaktoren stellte er auch endogen gesteuerte Bewegungen fest, zu denen z. B. kreisende Bewegungen junger Ranken und Windepflanzen gehören (Circumnutationen).

Wachstumsbewegungen. Bewegungen festsitzender Organismen oder Organe, die durch einen einseitigen Reiz induziert und in ihrer Richtung bestimmt werden, nennt man **Tropismen.** Sie kommen nicht nur bei Pflanzen, sondern auch bei sessilen Tieren vor (Schwämme, Cölenteraten, Bryozoen, Tunikaten, Polychaeten). Sporangienträger von Pilzen der Phycomyceten oder Keimlinge höherer Pflanzen verhalten sich je nach der Lichtmenge positiv oder negativ phototrop. Sproßachsen und Blattstiele von Pflanzen wenden sich meist dem Licht zu. Die Aufnahme des Lichtreizes geschieht bei Pflanzen wahrscheinlich durch für blaues Licht empfindliche Flavoproteine. Die Mechanik der Wachstumsbewegung kommt durch Transport und Verteilung von Auxin zustande. Bei Hydroiden und Röhrenwürmern, die sich dem Licht zuwenden und dann in Richtung der Strahlen weiterwachsen, werden gleichbelichtete Seiten zu gleichem Wachstum angeregt. Doch erfolgt die durch den Lichtreiz bedingte Krümmung nicht am Vorderende.
Geotropismus der Pflanzen läßt die Wurzeln lotrecht nach unten, die Sprosse nach oben wachsen. Die Perzeption der Schwerkraft liegt vor allem in Zellen der Wurzelhaube. Sie ist an Amyloplasten (Statolithenstärke) gebunden, die bei Lageveränderung sedimentieren, sowie an druckempfindliche Zellstrukturen (z. B. Endoplasmatisches Reticulum), mit dem die Statolithen Kontakt haben. Kalzium sensibilisiert die Zellen der Wurzelspitze zum geotrop gerichteten Wachstum der Wurzel. Wahrscheinlich beeinflußt die Konzentration von Kalzium den Transport von Auxin.

Unterschiedsreaktionen. Frei bewegliche Organismen können nach dem Prinzip von «Versuch und Irrtum» eine für sie optimale Zone, das Präferendum, finden. Gelangen sie im Gefälle eines Umweltfaktors über die Grenze des von ihnen tolerierten Bereiches hinaus, so kehren sie um. Im Optimalbereich kommen sie zur Ruhe und sparen dadurch Energie. Ortsveränderungen in Gefällen von Temperatur (Abb. 2.13), Licht, Feuchtigkeit, Salzgehalt, Substrat gehören zu den wichtigsten artverteilenden Reaktionen vieler Lebewesen. In einem Temperaturgefälle werden häufig mittlere Verhältnisse aufgesucht und Extreme gemieden. Im Lichtgefälle findet dagegen oft eine Bevorzugung der dunklen oder hellen, im Feuchtegefälle der

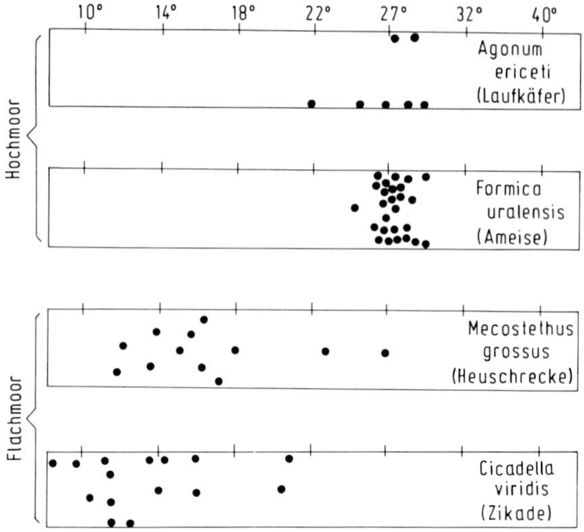

Abb. 2.13: Vorzugstemperaturen von Insekten des Hochmoors und Flachmoors nach fünfstündiger Versuchsdauer (nach Krogerus 1937).

trockenen oder feuchten Zone statt. Der Vorzugsbereich für bestimmte Faktoren ist in seinem Rahmen für jede Art erblich festgelegt, innerhalb desselben aber keineswegs starr. Vielmehr kann er sich je nach physiologischem Zustand, Tages- und Jahreszeit verschieben.

Das Thermopräferendum des Weichkäfers *Rhagonycha fulva* verlagert sich bei hungernden Tieren von 26–28° auf 14–16° C (Abb. 2.14). – Für die Kleiderlaus *(Pediculus h. humanus)* liegt die Vorzugswärme bei 30–32° C, der Hauttemperatur des Menschen. Daher wandert sie von einem an Flecktyphus Erkrankten wegen der durch das Fieber erhöhten Hauttemperatur ab und kann dann die gefährlichen Rickettsien auf gesunde Personen übertragen. – Bei dem Sandlaufkäfer *Cicindela campestris* ist die Vorzugstemperatur tags höher als nachts. – Sogar die soziale Lebensweise kann eine Rolle spielen. Isolierte Einzeltiere des Ciliaten *Colpidium campylum*, das gewöhnlich in Aggregationen lebt, finden ihr Thermopräferendum schon in wenigen Minuten. Größere Gruppen der Art gelangen erst nach vielen Stunden dorthin. Die schnelle Reaktion von Einzeltieren wird also im Verband verlangsamt.

Beim Tausendfüßer *Ommatoiulus sabulosus*, dem Ohrwurm *Forficula auricularia*, der Schnabelfliege *Panorpa communis* ändern sich die Feuchte-Präferenzen in Abhängigkeit von der Biologie der Art (Überwinterung, Eiablage). Auch können Verhältnisse der Feuchtigkeit (aber auch von Temperatur oder Licht), die vorher geherrscht haben, den späteren Vorzugsbereich beeinflussen.

In der Natur sind die verschiedenen Umweltfaktoren gekoppelt. In einem Wärmegefälle steigt die Luftfeuchtigkeit zum kühlen Bereich an, so daß hygrophile Arten wie Asseln oder Diplopoden oft nur aus diesem Grund eine kühlere Zone aufsuchen. Wenn ihr Wasserdefizit ausgeglichen ist, begeben sich trockenheitsliebende Tiere zum trockenen, feuchtigkeitsliebende zum feuchten Ende des Gefälles. Weit verbreitet ist das Aufsuchen einer bestimmten Lichtintensität, indem Helligkeit

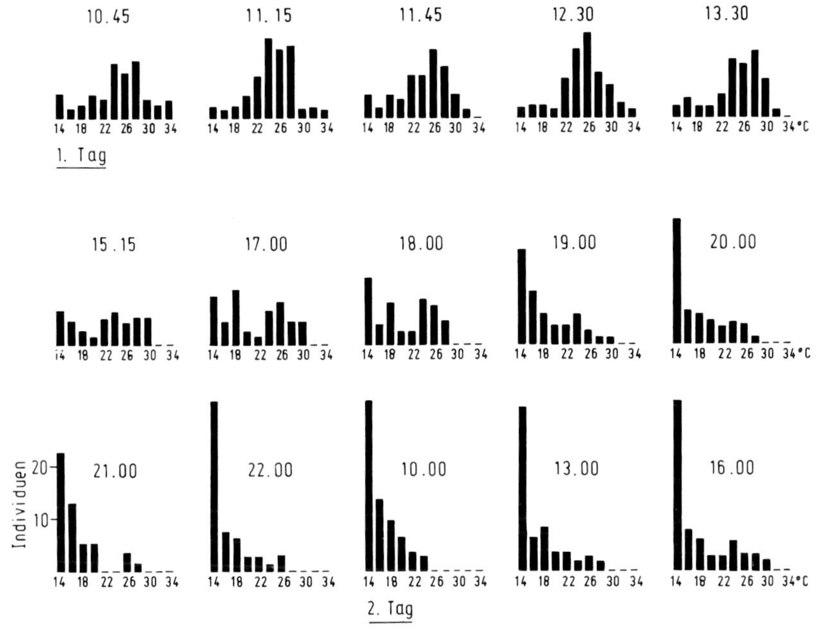

Abb. 2.14: Verlagerung des Temperaturpräferendums des Weichkäfers *Rhagonycha fulva* (Cantharidae) durch Hunger (nach Janßen 1963). Zahlen über den Säulen = Uhrzeit.

unterhalb ihres Lichtpräferendums zum Licht hin, oberhalb desselben vom Licht weg führt. Der Umschlag von Lichtstrebigkeit zu Lichtflucht erfolgt bei Honigbienen bei 15° C, beim Speckkäfer *(Dermestes lardarius)* bei 22° C, beim Ringelspinner *(Malacosoma neustria)* bei ca. 35° C. Eine bestimmte Kombination von Licht und Luftfeuchtigkeit regelt die Orientierung vieler Vorratsinsekten *(Sitophilus, Rhizopertha, Acanthoscelides)*.

Kompaßorientierung. Sonne, Mond, Sternbilder und das Magnetfeld der Erde können als Kompaß dienen. Hierbei strebt ein Lebewesen nicht zur Reizquelle, sondern hält eine konstante Richtung zu ihr ein. Trotz positiver Lichtstimmung steuern Tagtiere nicht die Sonne an, weil das Tageslicht innerhalb des hellen Vorzugsbereiches liegt, in dem eben nur Lichtkompaßreaktion ausgelöst wird. Ist außerdem ein Zeitsinn ausgebildet, so können sich Tiere nach dem Stand von Sonne oder Mond orientieren und wieder zum Ausgangspunkt zurückkehren. Dies wurde bei Bienen und Ameisen, aber auch bei Krebsen (Isopoda, Amphipoda), Spinnen, Insekten an Ufern und Küsten nachgewiesen, die in ihren Heimbereich zurückfinden müssen. Wenn die Sonne bedeckt, jedoch noch etwas blauer Himmel zu sehen ist, erfolgt Orientierung nach polarisiertem Licht. – Sonnenkompaßorientierung gibt es bei vielen Fischen, die ihnen die Rückkehr zu bestimmten Schlupfwinkeln oder Laichplätzen möglicht macht, bei Amphibien, die sich nach der Eiablage im

Wasser weit hinaus auf das Land begeben haben und zur nächsten Laichzeit wieder ihr gewohntes Gewässer aufsuchen, ferner bei Reptilien, Vögeln und manchen Säugetieren. Für die Zugvögel ist tags die Sonne, nachts das Sternbild ein entscheidender Himmelskompaß, der die Orientierung unter Einrechnung der Tageszeit erleichtert. Heimfindevermögen setzt ein Gedächtnis für besondere Qualitäten des alten Lebensraums voraus.

Nach Magnetfeldern können sich Bakterien, Protisten, Schnecken, Krebse, Insekten, Fische, Salamander, Seeschildkröten, Vögel, Fledermäuse und Wale richten. Allerdings dient solche Orientierung nie als einziges Prinzip. – Bei nordamerikanischen Lachsen *(Oncorhynchus)* fand man winzige Magnetitkörnchen im Fettgewebe der vorderen Schädelpartie gruppenartig angereichert. Auch bei anderen Tieren wurden Magnetitkörner im Körper gefunden. Bei Brieftauben liegen auf magnetische und optische Reize selektiv reagierende Zellen im Tectum opticum des Mittelhirns; die Signale müssen zu den magnetit-enthaltenden Zellen auf das Nervensystem weitergeleitet werden.

Taxien. Zielgerichtete Fortbewegung kommt schon bei Bakterien vor, die sich **chemotaktisch** orientieren. – Die einzelligen Grünalgen *Chlamydomonas*, Spermatozoide der Moose und Farne, Spermatozoen von Seeigeln und Fischen finden durch Gamone ihre Partner. Manche Nematoden und Insektenlarven im Boden werden vom Gefälle des Kohlendioxid angelockt. Chemorezeptoren reagieren oft mehr auf qualitative Veränderungen der chemischen Umwelt als auf absolute Konzentrationen der Stoffe. Diese können anziehend (Attraktantien) oder abstoßend (Repellentien) wirken.

Hydrotaxis zeichnet Tiere aus, die Wasser aus der Ferne wahrnehmen, wie es von Insekten und Amphibien bekannt ist.

Thermotaxis ist für Parasiten von Warmblütern wichtig (Wanzen, Läuse, Stechmücken, Stechfliegen, Zecken). – Riesenschlangen (Pytonidae) und Klapperschlangen (Crotalidae) werden durch Wärmestrahlen, die von einem Beutetier ausgehen, zu diesem hingeführt. Sie haben zwischen Auge und Nasenöffnung ein paariges Grubenorgan, dessen Membran besonders stark Wärmestrahlen absorbiert.

Phototaxis dient den Männchen der Leuchtkäfer (Lampyridae), um die flügellosen Weibchen am Boden zu finden und auf deren Blinklichter zu fliegen. In Freßstimmung befindliche Weibchen bestimmter Arten in Galeriewäldern Südamerikas senden Partnersignale einer anderen Art aus, deren darauf reagierende Männchen sie dann verspeisen. – Jungraupen mancher Schmetterlinge, die aus Eiern in Bodennähe geschlüpft sind, streben nach oben zum Licht und gelangen so auf kürzestem Weg zu den zarten Blättern ihrer Nährpflanze.

Oft spielen bei Arthropoden schon optische Reize einfacher Art eine Rolle. Tausendfüßer, Ohrwürmer, Käfer streben auf dunkle Stellen hin, die sich am Boden aus hellerer Umgebung abheben. Diese Verhaltensweise, durch die sie Schlupfwinkel finden, ist eine Vorstufe zum **Formensehen.** Insekten der Vegetationsschicht werden durch die richtungsgebende Form der Halme und Zweige veranlaßt, auf ihnen entlang oder hinauf zu laufen und so ihrer Nahrung zugeführt. Von weithin sichtbaren Silhouetten am Horizont werden Maikäfer, Geschlechtstiere der Amei-

sen, Rachenbremsen (Oestridae), Männchen der Kriebelmücken (Simuliidae) angezogen. Dagegen wirken Waldkulissen auf manche Feldtiere, wie den Goldlaufkäfer *(Carabus auratus)* oder Feldlerche *(Alauda)* und Schafstelze *(Motacilla)* eher abweisend.
Schließlich seien noch die gegen den Wind gerichtete **Anemotaxis** zur Duftorientierung oder die **Rheotaxis** von Flußbewohnern als Reaktion auf Wasserströmung genannt.
Meist lösen verschiedene Reize einander ab. So kehren Lachse aus dem Pazifik nach 2–7 Jahren zum Laichen in den Flußlauf zurück, in dem sie aufgewachsen waren und auf dessen Geruchsqualität sie geprägt sind. Dieses Impulsmuster wird also jahrelang im Gehirn gespeichert. Zunächst hilft ihnen der Sonnenstand und ultraoptische Orientierung zur Rückkehr. Später erfolgt Einstellung auf die Strömungsrichtung, und erst dann wird durch Vergleich der Duftunterschiede ein Wiedererkennen des Heimatflusses möglich. Auch bei Insekten und bei Schnecken dürfte es entsprechende Reaktionsfolgen der Rückkehr durch eine Reizkette geben.

Finden der Nahrung. Unter dem Zwang sich einstellenden Hungers kann eine allgemeine Triebunruhe (Appetenzverhalten) zu einer verstärkten Suchaktivität führen. So bewegen sich Laufkäfer zeitweise in Zufallsrichtung über geringe Entfernung, dann wieder in eine bestimmte Richtung, die sie unter Umständen tagelang beibehalten.
Es brauchen also nicht unbedingt spezifische Reize von der Nahrung sofort wahrgenommen zu werden. Wölfe und andere Raubtiere durchstreifen oft weite Geländeflächen, bis sie Witterung von einer Beute bekommen. – Viele Tiere verbringen den größten Teil ihres Lebens mit Futtersuche. Solche, die auf zufällig vorbeikommende Beute lauern, zeichnen sich durch langes Hungervermögen aus (Netzspinnen, Zecken, Schlangen). – Räuberische Arthropoden haben im Jugendstadium häufig eine geringere Suchfähigkeit. Junglarven von Springwanzen (Saldidae) stechen ihren Rüssel wahllos in den Untergrund, um auf geeignete Nahrung zu stoßen. Erst die Altlarven betreiben Beutefang auf der Bodenoberfläche, um diese gezielt zu ergreifen. Ausführlicher wird darüber bei Besprechung der Seeufer berichtet (Kap. 9.6.2). – Bei Larven der blattlausfressenden Schwebfliegen (Syrphinae) und der Marienkäfer (Coccinellidae) ist der Aktionsradius im Vergleich zu den adulten Tieren noch recht klein. Gleiches gilt für Pflanzenfresser, wie junge Weinbergschnecken *(Helix pomatia)* zeigen. Mit jedem Lebensjahr erweitern die Schnecken ihren Aktionsbereich.
Weibchen von Parasiten sind oft bewegungsaktiver als ihre Wirte. Das betrifft vor allem Arten, die ihre Eier nicht auf einmal ablegen. In den Suchvorgang, der anfangs aus Zufallsläufen besteht, greifen dann Temperatur, Licht, Feuchtigkeit, optische und chemische Reize ein. Bei Ichneumoniden werden im Ovar bereits ausgebildete Eier wieder resorbiert, wenn die Suchaktion erfolglos bleibt.

Häufig behält ein Reiz die Oberhand. Danach hat man Sehsuche, Hörsuche und Riechsuche unterschieden. Altwelt-Geier (Aegypiidae) sehen die **Form** eines Kadavers am Boden, riechen das Aas aber im Gegensatz zu den Truthahngeiern *(Cathar-*

tes) Südamerikas nicht. – Auch für manche Schnecken dürfte zunächst der Formensinn Bedeutung haben. – Spargelfliege *(Platyparaea)* und Kirschfliege *(Rhagoletis)* werden mehr von der Form der Eiablagestellen an ihren Wirtspflanzen als von deren Farbe oder Duft angelockt.

Auf **Farben** reagieren vornehmlich Insekten und Wirbeltiere. Dabei wird von den meisten Insekten Gelb, Grün und Gelbgrün, von manchen Hummeln und Dipteren Blau bevorzugt, von einigen Tagfaltern auch Rot angeflogen. Ebenfalls gehört UV-Reflexion zu den Blütensignalen für Insekten. Ultraviolette Strahlen werden besonders von gelben und violett bis purpurnen Blüten reflektiert, so vom Ackersenf *(Sinapis)* oder vom Mohn *(Papaver)*, viel weniger von weißen und grünen Blüten. Die Grundlage der UV-Absorption und Reflexion ist chemischer und physikalischer Natur. Flavonglykoside absorbieren z. B. UV-Licht in den Blüten von *Rudbeckia hirta*. – Rot wirkt auf verschiedene Vögel attraktiv. Das gilt besonders für Blütenbesucher wie Kolibris und Honigsauger (Nectariidae), von denen letztere den Nektar im Sitzen, die Kolibris im Schwirrflug aufnehmen. Gerade in den Tropen gibt es eine Anzahl rotblühender Pflanzen *(Hibiscus, Amaryllis, Aloe, Canna)*, die durch Vögel bestäubt werden. Solche Vogelblumen geben kaum Duft ab. In Wirklichkeit werden diese Vögel in erster Linie vom UV-Licht angelockt, das gerade von vielen roten Blütenfarben und Beeren ebenso wie von dem wachsartigen Belag blauer Früchte reflektiert wird. Vom rotwelligen Bereich des uns sichtbaren Lichtes können sie nur einen geringen Teil sehen.

Greifvögel erkennen die **Bewegung** von Kleinsäugern aus großer Höhe. Raubfische, räuberische Amphibien und Reptilien reagieren ebenfalls vornehmlich auf sich bewegende Beutetiere. Auch für den Menschen gehört der Gesichtssinn zu den leitenden Sinnesorganen, von dem die stärksten Wirkungen auf das Verhalten ausgehen.

Die Katze beschleicht einen singenden oder rufenden Vogel, der Fuchs das verlassene, nach der Mutter fiepende Rehkitz. Fledermäuse machen sogar Jagd auf flugunfähige Insekten, die auf dem Boden **Geräusche** verursachen. Der zu den Schleichkatzen zählende Erdwolf *(Proteles cristatus)* ist in seiner Nahrung ganz auf Termiten spezialisiert. Er gräbt sie nicht aus, sondern entdeckt sie durch sein Gehör, wenn sie auf der Bodenoberfläche laufen.

Raubtiere unter den Säugern haben oft ein besonders feines Witterungsvermögen, das sie zu ihrem Opfer führt. Auch eine Planarie folgt gradlinig der stärksten Konzentration des Duftes zur Beute. Der **Duft** von Senfölen der Cruciferen ist ein wichtiges Fernstimulans für viele an Kreuzblütlern lebende Insekten, die durch ihren gegen den Wind gerichteten Flug die geeigneten Nährpflanzen erreichen. Oftmals reagieren nur die eilegebereiten Weibchen, nicht dagegen Männchen oder die Weibchen vor der Eireifung auf Dufststoffe ihrer Brutpflanzen. Chemische Stimuli von benachbarten Pflanzen können das Auffinden einer speziellen Nähr- oder Brutpflanze erschweren. Daher findet der Erdfloh *Phyllotreta cruciferae* Kohlblätter in einer Monokultur leichter als in Mischkulturen. Meist genügen erstaunlich geringe Duftkonzentrationen. Selbst der von nur 10^{-4} mg Cantharidin ausgehende Duft wird auf 100 m Entfernung von bestimmten Insekten wahrgenommen (Käfer *Notoxus monoceros*, Fliege *Anthomya pluvialis*, Gnitze *Atrichopogon* *oedemerarum* und der in *Notoxus* parasitierenden Brackwespe *Perilitus plumicornis*). Cantharidin kommt in Meloiden vor.

In der Regel bewirken verschiedene, einander folgende Reize das Auffinden der Nahrung. Mistkäfer *(Geotrupes)* orientieren sich auf weite Strecken nach optischen Marken, landen aber, sobald sie in windgerichteten Duftfeldern aus starker Duftkonzentration von Dung in duftfreie Luft kommen. Nicht immer sind Fern- und Nahorientierung leicht zu trennen. Beim Kartoffelkäfer überwiegen nach dem Verlassen des Winterlagers zuerst negative Geotaxis und positive Phototaxis, die dann von einer allgemeinen Wanderunruhe abgelöst werden. Später wirken Pflanzen mit ihrem Konturenreichtum als visuelle Reize. Erst aus einer Entfernung von wenigen Dezimeter werden Geruchsqualitäten wahrgenommen. Die letzte Entscheidung der Nahrungsaufnahme hat der Geschmacksinn, wobei z. B. Saccharose stimulierend, Tomatin hemmend wirkt. Die Ablehnung einer Fraßpflanze kann darauf beruhen, daß fraßstimulierende Rezeptoren durch Hemmungsstoffe blokkiert oder fraßabweisende Rezeptoren durch Pflanzenstoffe stimuliert werden.
Auch Blutsauger finden ihre Nahrung aufgrund einer Kette von Reizen und den durch sie ausgelösten Reflexen und komplexeren Verhaltensweisen, wie am Beispiel der Stechmücken (Culicidae) veranschaulicht sei. Erste Voraussetzung ist die innere Bereitschaft zum Nahrungserwerb. Dann erfolgt die Suche des Wirtsbiotops. Für die dafür nötige Fernorientierung sind optische, thermische und chemische Reize verantwortlich. Solche Stimuli bedingen ebenfalls Finden und Niederlassen auf dem Wirt. Organische Säuren in dessen Schweiß bewirken den Einstich. Der Saugvorgang setzt ein, wenn Glukose im Blut wahrgenommen wird.

Das Finden der Nahrung hängt oft von der ökologischen Situation ab. In einer auf Rotklee lebenden Sackträgermotte *(Coleophora deauratella)* schmarotzen zwei Brackwespen; eine *(Chelonus)* in deren Eiern, die andere *(Agathis)* in deren Jungraupen. Beide Brackwespen fliegen aus ihren Überwinterungsstellen, der Rinde von Obstbäumen, auf Wiesen mit Rotklee *(Trifolium pratense)*. Dort suchen sie systematisch die Blütenköpfe des Klees ab, wobei *Chelonus* von den Knospen, *Agathis* von den gerade mit Fruchten beginnenden Blüten angelockt wird. Als Schlüsselreize wirken nicht die Eier oder Raupen des Schmetterlings, in denen sich die Braconiden entwickeln müssen, sondern eine zeitlich eng begrenzte Entwicklungsphase der Kleeblüte. Außerdem gibt es Fälle, in denen die Parasiten ihre Wirte nur finden, wenn deren Nährpflanzen in offener Lage wachsen, nicht aber dort, wo sie durch andere Pflanzen beschattet werden.
Manche Vögel und Säugetiere verstecken Nahrung für Zeiten, in denen diese knapp ist. Samenfresser sind unter Umständen mehrere Monate darauf angewiesen. Solche Arten haben ein gutes Raumgedächtnis entwickelt.

Säuberungsverhalten. Verschmutzung kann ebenso zur Gefährdung führen wie Feinde. Daher werden Schmutz und Ektoparasiten nicht nur durch Sekrete entfernt, sondern auch durch bestimmte Verhaltensweisen zu beseitigen versucht. Vor allem richten sich solche aktiven Reinigungsmethoden auf Erhaltung der Leistungsfähig-

keit von Sinnes-, Nahrungs- und Bewegungsorganen. Zu den Putzhandlungen gehören Kratzen, Kämmen, Wischen, Lecken, Knabbern, Schütteln, Scheuern, Wälzen, Wasser-, Sand- und Schneebaden. Als Putzwerkzeuge dienen Mund, Beine, Stacheln, Siebe. Körperpflege kommt nicht nur bei Einzelindividuen vor. Sie ist auch zwischen sozial lebenden Tieren verbreitet und tritt als «Putzsymbiose» sogar zwischen verschiedenen Arten auf (Fische untereinander, Fische und Garnelen, Vögel und Säugetiere).
Beunruhigung verschiedenster Art, zu der Temperaturerhöhung und andere Stressoren gehören, kann sogar ohne Verschmutzung ein Putzverhalten auslösen. – Unterirdisch wohnende Säugetiere und staatenbildende Insekten deponieren ihre Abfälle an besonderen Stellen.

2.5 Vorkommen

Die spezifische Weise auf die Umwelt zu reagieren, ist erblich festgelegt. Man nennt dies die Disposition oder **Reaktionsnorm** einer Art und versteht darunter die Weise, wie ein Lebewesen auf die abiotischen und biotischen Gegebenheiten seiner Umgebung anspricht. Die Reaktionsnorm bestimmt letzten Endes das Vorkommen oder Fehlen einer Art.

Reaktionsbreite. Der tolerierte Bereich etwa gegenüber Nahrung Temperatur, Feuchtigkeit, Salzgehalt kann eng oder weit sein. Im ersten Fall spricht man von stenöken Arten (Spezialisten), im zweiten von euryöken (Generalisten). Dabei ist allerdings zu bedenken, daß ein Generalist hinsichtlich abiotischer Faktoren zugleich ein Spezialist der Nahrungsansprüche sein kann.
Euryök ist das Knäuelgras *(Dactylis glomerata)*, stenök der Strandhafer *(Ammophila arenaria)*. Euryök sind Flußbarsch *(Perca fluviatilis)* und Plötze *(Leuciscus rutilus)*, stenök Bachforelle *(Salmo trutta fario)* und Blaufelchen *(Coregonus lavaretus wartmanni)*. Die Vorsilben eury- und steno- lassen sich auch für einzelne Faktoren anwenden, wie am Beispiel einiger Moorinsekten veranschaulicht sei (Abb. 2.15). Stenotherm ist in Mitteleuropa der Laufkäfer *Carabus auratus* für offene Biotope und *C. hortensis* für bewaldete. Eurytherm ist *C. nemoralis*, der Wälder, Gärten und Felder besiedelt. – Als stenotroph (stenophag) erweist sich der Koala Australiens, der sich nur von Blättern bestimmter *Eucalyptus*-Arten ernähren kann, als eurytroph (euryphag) die Wanderratte *(Rattus norvegicus)* mit sehr mannigfaltiger Nahrung. – Stenohalin sind viele Meeresbewohner, die nur zwischen 3 bis 3,5 % Salzgehalt existieren können. Euryhalin sind die Grünalge *Enteromorpha intestinalis*, der Oligochaet *Enchytraeus albidus* oder die zwischen Meer und Süßwasser wandernden (ana- und katadromen) Fische.
Reaktionslage. Der Wirkungsbereich eines Umweltfaktors kann für den Spezialisten an einer unterschiedlichen Stelle der Skala liegen. So spricht man von kaltstenothermen Tieren der Tiefsee und arktischer Meere oder von warmstenothermen Riffkorallen und Organismen der Thermalquellen, wenn man die jeweils zwar

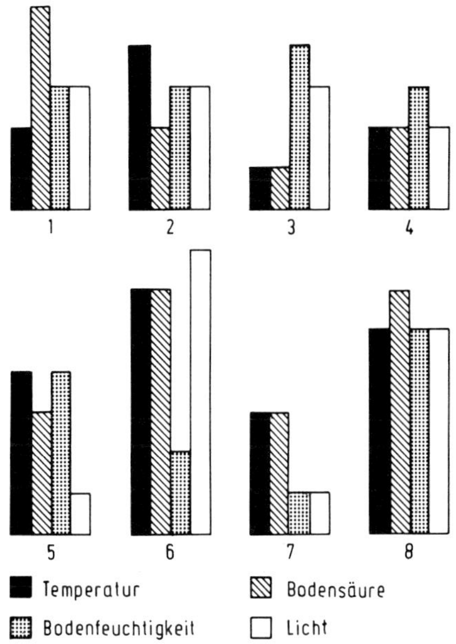

Abb. 2.15: Reaktionsbreite gegen Umweltfaktoren bei Moorinsekten Finnlands (nach Krogerus 1939).
1: *Limnophora triangula* (Dipt. Muscidae) – stenotherm; 2: *Dolichopus annulipes* (Dipt. Dolichopodidae) – stenoïon; 3: *Agonum ericeti* (Col. Carabidae) – stenotherm-stenoïon; 4: *Boletina borealis* (Dipt. Mycetophilidae) – stenök; 5: *Sapromyza laeta* (Dipt. Lauxaniidae) stenophot; 6: *Dictya umbrarum* (Dipt. Sciomyzidae) – stenohygr; 7: *Bolithophila disjuncta* (Dipt. Mycetophilidae) – stenophot-stenohygr; 8: *Limnophora contractifrons* (Dipt. Muscidae) – euryök.

engen, aber ganz verschiedenen Ansprüche der genannten Arten an die Temperatur hervorheben will. Entsprechendes gilt für die übrigen Umweltfaktoren.

Reaktionstyp. Außer dem Spielraum (Weite und Lage) ihrer Reaktionen können die Organismen sich im Reaktionstyp unterscheiden. Es gibt umweltlabile Arten, die leicht von Außenfaktoren beeinflußt werden oder sogar weitgehend von ihnen abhängen. Ihnen steht ein umweltstabilerer Typ gegenüber, bei dem bestimmte Lebensvorgänge ganz oder vorwiegend endogen festgelegt sind. Beide stellen allerdings Endglieder einer kontinuierlichen Reihe mit allen Übergängen dar.

Viele Arthropoden, besonders Insekten, machen in Klimaten mit periodisch ungünstigen Bedingungen eine Entwicklungsruhe durch. Sie beruht in manchen Fällen auf einfachen temperaturabhängigen Reaktionen des Stoffwechsels. Bei anderen kommt es dagegen zu einer tiefer greifenden, physiologischen Umstellung, die von den herrschenden Außenbedingungen unabhängig ist. – Entsprechende Unterschiede kann es für das Wanderverhalten geben. Oft ist es angeboren oder hat jedenfalls eine genetische Steuerung. In anderen Fällen wird die Wanderung durch die Bevölkerungsdichte oder das Wetter ausgelöst. – Bei den meisten Pflanzen und Tieren ist die Tagesrhythmik endogen festgelegt, auch wenn sie durch äußere Zeitgeber mit der Umwelt in Übereinstimmung gebracht wird. Doch gehören einige Arten zum nichtfixierten Reaktionstyp. Das tagesrhythmische Verhalten des Egels *Erpobdella octoculata* und junger Weinbergschnecken *(Helix pomatia)* hängt nur vom Licht ab. Bei der in Bächen lebenden Köcherfliege *Potamophylax luctuosus* haben die ersten Larvenstadien noch keine tagesrhythmische Aktivität. Die späteren sind negativ phototaktisch und nachtaktiv. Aus dieser exogenen Rhythmik entwickelt sich im letzten Stadium vor der Verpuppung eine endogene, die mit dem Hell-

Dunkelwechsel synchronisiert wird. Sie erhält Bedeutung für das Schlüpfen aus der Puppe und die nächtliche Lebenweise der Imagines.

Ökologische Existenz. Häufig ist in der freien Natur die Wahl eines bestimmten Kleinklimas, einer Beute, einer Nährpflanze, eines Lebensbezirks eingeschränkter als nach der physiologischen Toleranz notwendig wäre.
So ist das Vorkommen der Glockenheide *(Erica tetralix)* nach der feuchten, das der Grauen Heide *(E. cinerea)* nach der trockenen Seite ihrer möglichen Reaktionsbreite verschoben. – Seitdem das aus Europa stammende Johanniskraut *Hypericum perforatum* in Kalifornien durch den Blattkäfer *Chrysolina quadrigemina* von den offenen Flächen nahezu eliminiert wird, beschränkt sich dort diese an sich sonnenliebende Pflanze auf schattige Stellen, wohin ihr der Käfer nicht folgt. Wüßte man nicht die Vorgeschichte und urteilte man nur nach dem heutigen Verbreitungsbild in Kalifornien, würde man sie als Schatten bevorzugende Pflanze ansehen.
Obwohl die Larve der Zuckmücke *Chironomus halophilus* im Experiment einen Toleranzbereich von 0,01–2,0 % Salzgehalt hat, kommt sie in der Natur nicht im Süßwasser vor, sondern in Salztümpeln an Meeresküsten mit einem Salzgehalt um 0,8–1,5 %. Die Hydrozoe *Cordylophora caspia* gedeiht bei 1,67 % Salzgehalt am besten. In der Natur findet sie sich im Bereich bis 1,5 %. Manche der scheinbar an die extremen Bedingungen der oberen Grenze des Felswatts gebundenen Algen, Seepocken (Balanidae) oder Napfschnecken (Patellidae) könnten auch ständig untergetaucht leben. In der Tiefe aber sind Feindwirkung und Konkurrenz durch andere Arten stärker. So finden sie in der weiten Amplitude der für sie lebensmöglichen Bedingungen dennoch gewisse Vorteile im höheren Lebensbereich.
Zwischen der möglichen Wirtswahl eines unspezialisierten Parasiten und den Verhältnissen im Freiland beim Aufsuchen eines Wirtes bestehen oft beträchtliche Unterschiede. So engen viele Schlupfwespen ihr Beutespektrum schon dadurch ein, daß sie nur bestimmte Pflanzen anfliegen, auf denen sich geeignete Wirte aufzuhalten pflegen. Gleiches gilt für «Generalisten» unter den Pflanzenfressern (Raupen, Heuschrecken), die ihre physiologischen Möglichkeiten bei der Wirtswahl nicht immer ausnutzen. Dadurch können sie zu «funktionellen Spezialisten» werden. Das spezielle Verhalten einer Art kann also unvoraussehbar sein. Schließlich ist zu beachten, daß zur ökologischen Existenz nicht nur der Bereich gehört, in dem die Art sich fortzupflanzen vermag, sondern auch vorübergehend zu leben imstande ist.
Eine Erweiterung der ökologischen Existenz im Vergleich zum Laborversuch ergibt sich bei Arten von weiter Verbreitung, deren Populationen, Ökotypen oder Rassen jede an einen etwas anderen Bereich des gleichen Faktors angepaßt sind.
Die an Leguminosen lebende Erbsenlaus *(Acyrtosiphon pisum)* ist als Gesamtart oligotroph, doch hat sie verschiedene Rassen, von denen manche monotroph sind. – Sehr unterschiedlich sind die Ökotypen des Schilfs *(Phragmites australis)* von der gemäßigten Zone bis zum Roten Meer. – Ferner gibt es Anpassungen einiger weit verbreiteter Organismen an die verschiedene Tageslänge der geographischen Breiten, die zu Ökotypen geführt haben. Unter einem festgelegten Schwellenwert der Tageslänge hört für viele Arten die Weiterentwicklung auf, sie fallen in «Diapause».

Während des Sommers sind die Tage im Norden länger als im Süden. Populationen der Ampfereule *(Acronycta rumicis)* aus Nordrußland kämen daher in der Ukraine zu früh in Diapause, weil dort die Tageslänge schon im Sommer so kurz wird wie im Norden erst im Herbst. Im Stadium der kälteangepaßten, diapausierenden Puppe würden sie durch zu hohe Temperaturen sterben. Umgekehrt könnte sich eine Population aus dem Süden nicht im Norden halten. Für sie ist der Schwellenwert, der zur Diapause führt, so niedrig, daß er im Norden zu spät auftritt und die Tiere daher vorher durch Kälte umkämen. – Entsprechendes wurde bei Sämlingen mancher Bäume *(Larix, Betula)* in unterschiedlichen Breiten festgestellt, für die sich ebenfalls der Photoperiode gemäße Ökotypen herausgebildet haben.
Wir erkennen also, daß die im Versuch ermittelte Reaktionsbreite nur für eine bestimmte Population gültig zu sein braucht, nicht aber mit dem Vorkommen der Art in ihrem gesamten Areal übereinstimmen muß. Kombination von Freiland- und Laboruntersuchungen ist in der Ökologie immer notwendig.

Biotopzugehörigkeit. Bei jeder Artenliste aus einem bestimmten Biotop muß zunächst eine Sichtung nach vier qualitativen Kategorien erfolgen.
1) *Biotopeigene Arten* (Indigene): Sie sind in dem betreffenden Biotop bodenständig; ernähren, entwickeln und vermehren sich dort. Manche, wie die wirtwechselnden Blattläuse und Rostpilze, gehören verschiedenen Lebensstätten an.
2) *Besucher:* Arten, die nur zeitweise, aber zielstrebig von anderen Lebensräumen her (in denen sie sich fortpflanzen) wegen Nahrung, Rastplatz, Versteck oder Winterquartier eindringen. Ihre Brut-, Nahrungs- und Überwinterungsbiotope sind also verschieden. Beispiele: Der im Wald nistende Mäusebussard *(Buteo buteo)* auf Beutefang im offenen Gelände. – Der gleichfalls auf Bäumen im Wald brütende Graureiher *(Ardea cinerea)*, der seine Nahrung aus Gewässern holt. – Manche Insekten der Agrarlandschaft, z. B. Feldmaikäfer *(Melolontha melolontha)*, die als Käfer Laub von Waldbäumen fressen und zur Eiablage Felder aufsuchen, in denen sich ihre Larven (Engerlinge) entwickeln; oder Rapsglanzkäfer *(Meligethes aeneus)*, die im Waldinneren überwintern.
3) *Nachbarn:* Arten, die wegen ihrer Ausbreitungstendenz zufällig und vorübergehend, doch mehr oder weniger regelmäßig aus benachbarten Lebensräumen kommen. Das läßt sich gut in der Agrarlandschaft an Säumen von Feldgehölzen oder Hecken mit den an sie angrenzenden Feldern und Wiesen beobachten.
4) *Durchzügler und Irrgäste:* Arten, die aus weit entfernten und oft ganz andersartigen Lebensstätten in einen ihnen fremden Biotop geraten. Invasionsvögel; Zugvögel auf der Rast; vom Wind verwehte Kleinorganismen (Samen, Insekten, Spinnen), die nicht lange Fuß fassen können.

Grad der Bindung. Bei indigenen Arten muß der Grad der Bindung an einen speziellen Lebensraumtyp festgestellt werden. Dies ist erst möglich, wenn man das Vorkommen in den verschiedensten Biotopen eines größeren Gebietes kennt. Ohne zunächst nach den Ursachen der Bindung zu fragen, lassen sich vier Kategorien unterscheiden.
1) *Spezifische Arten* (-bionte) sind solche, die fast oder ausschließlich in einem

einzigen Biotoptyp vertreten sind. Ihre Reaktionsbreite gegenüber den meisten Umweltfaktoren oder wenigstens hinsichtlich eines für diesen Biotop besonders charakteristischen ist eng: Strandgerste *(Leymus arenarius)* an sandigen Meeresküsten, die Wolfsspinne *Pardosa purbeckensis* in Salzwiesen und Vordünengelände, der troglobionte Grottenolm *(Proteus sanguineus)* in Höhlen und in Grundwasser führenden Spalten, Sonnentau *(Drosera)* in Hochmooren.

2) *Präferenten* (-phile): Arten, die einen Biotoptyp bevorzugen und dort optimal gedeihen, doch auch in anderen, ähnlichen Lebensräumen vorkommen. So lebt in Mitteleuropa der Tausendfuß *Proteroiulus fuscus* optimal in Hochmooren, aber als schattenliebendes Tier ebenfalls in Bruchwäldern und sogar im feuchten Kulturgelände. Halophil sind viele Salzkäfer, die vornehmlich an Meeresküsten leben, ohne an sie gebunden zu sein.

Da spezifische Arten und Präferenten einen Biotoptyp am besten charakterisieren, nennt man sie auch Charakterarten (Stenotope).

3) *Indifferente Arten* haben eine größere Anpassungsbreite an viele Umweltfaktoren. Die Brennessel *Urtica dioica* wächst im Wald und in offenen Biotopen, in Sonnen- und Schattenlage. Die Feldlerche *(Alauda arvensis)* kommt in Mooren, Feldern, Sümpfen und Sanddünen vor. Die Dungfliege *Scatophaga stercoraria* hält sich in den verschiedenartigsten Landschaftstypen auf. Solche Organismen sind eurytop.

4) *Unterlegene Arten* (Inferiores) (-xene): Der Spielraum der Umweltbedingungen reicht nicht mehr aus, um sich auf die Dauer behaupten zu können. Die Arten benötigen immer wieder Zuzug von außerhalb.

Obwohl die Außenfaktoren ungleichwertig sind und die biotischen sich oft ihrem Wesen nach kaum quantitativ fassen lassen, kann man also das Grundverhalten einer Art zum Vorkommen an bestimmten Lebensstätten in Beziehung setzen. Dadurch ergibt sich, in Abhängigkeit von den Gegebenheiten des Untersuchungsgebietes und der Problemstellung, das Begriffspaar stenotop-eurytop als Endpunkte einer fließenden Reihe. Allerdings finden kleine Organismen, die sich auf enge Strukturteile eines Lebensraums beschränken, in ganz unterschiedlichen größeren Biotoptypen ihre unter Umständen recht speziellen Ansprüche erfüllt. Trotz geringer Reaktionsbreite (Stenökie) können sie eurytop sein, wenn man nur die Großlebensräume betrachtet, in denen sie (allerdings jeweils an ganz bestimmten Stellen) leben. Stenöke Arten sind also im Freien je nach der Bezugsbasis stenotop oder eurytop. Hierin liegt z. B. der Grund für die verschiedene Bewertung der Biotopbindung mancher Collembolen, Milben und Staphyliniden.

Ursachen der Bindung. Nachdem man im Freiland den Grad der Bindung einer Pflanzen- oder Tierart festgestellt hat, kennt man deren «ökologische Existenz». Nun erst heißt es, nach den eigentlichen Gründen zu forschen. Bei Heuschrecken zeigte sich, daß für einige Arten die Größe des Biotops, für andere das Vorkommen einer speziellen Vegetationsschicht, für wieder andere bestimmte Nährpflanzen oder besondere Bodenbedingungen ausschlaggebend sind. Die Ansprüche können also klimatische, strukturelle, biotische und edaphische Gegebenheiten betreffen.

Ein Beispiel mag die Erlenzikade *(Aphrophora alni)* in Südfinnland geben. Dort kann sie an Ohrenweide *(Salix aurita)* und Moorbirke *(Betula pubescens)* häufig sein, fehlt aber auf Salweide *(Salix caprea)* und Erlen *(Alnus)*. Der Grund liegt nicht an der Bevorzugung der Pflanzen, sondern darin, daß die Zikade eine Kombination von viel Licht und hoher Feuchtigkeit benötigt. Diese findet sie in den Beständen von Ohrenweiden und Birken, nicht aber dort, wo Salweiden und Erlen wachsen (**Standortklima**).

Für die Totengräber *Necrophorus vespilloides* und *N. vespillo* ergaben sich experimentell gleiche Ansprüche an Temperatur und Feuchtigkeit. Dennoch lebt der erste in weiten Teilen Europas im Wald, der zweite in der offenen Kulturlandschaft an Aas. Hier besteht offenbar eine Bindung an die **Physiognomie** des Lebensraums.

Manche Organismen werden aus Gründen der **Konkurrenz** von bestimmten Stätten ausgeschlossen, an denen sie sonst existieren könnten. Sie haben dann keine echte physiologische, sondern nur eine ökologische Bindung an den von ihnen bewohnten Biotop. So liegt das Optimum des Ackerspörgels *(Spergularia arvensis)* bei pH 6–6,5; er wächst in der Regel aber auf Feldern stark saurer Böden von pH 4. Auf sie wird er von Unkräutern abgedrängt, die ihm in der Konkurrenz überlegen sind. – Das Vorkommen von Spinnen und Insekten auf Salzböden dürfte ebenfalls nicht immer eine physiologische Bindung an solche Biotope widerspiegeln. Mindestens in einigen Fällen könnte es durch geringere Konkurrenz an derart extremen Lebensstätten verursacht sein, wie durch experimentelle Untersuchungen für die Spinne *Erigone longipalpis* wahrscheinlich gemacht wurde.

Bei Vögeln wie überhaupt bei höheren Tieren können angeborene **Eigenschaften des Verhaltens** wesentlich sein. Der Baumpiper *(Anthus trivialis)* nistet am Boden, fehlt aber der offenen Landschaft. Das Männchen benötigt für seinen Balzflug einen Baum, von dem es gegen Ende seines Gesangs herunterfliegen kann. Schon ein Telegraphenmast ermöglicht es ihm, in der baumlosen Heide zu brüten.

Relativität der Bindung. Bindung eines Lebewesens an einen bestimmten Lebensraum hat nur begrenzte Geltung und darf nicht absolut gesehen werden. Diese Tatsache wurde als «Prinzip des Stationswechsels transzonaler Arten», «Regionale Stenökie» und «Gesetz der relativen Standortkonstanz» beschrieben. Sie besagt, daß Organismen mit weitem Verbreitungsareal im optimalen Bereich oft in verschiedenen Biotopen leben, sich also eurytop verhalten. In den suboptimalen Gebieten ihrer Verbreitung finden sie ihre Lebensansprüche nur noch in bestimmten Biotopen erfüllt, sind dort also stenotop. Daher kann es zu einem Wechsel in der Wahl oder Bevorzugung eines Biotoptyps in geographisch verschiedenen Zonen kommen, ohne daß sich die Reaktionsnorm der Art verändert haben muß (Abb. 2.16).

1) **Transzonaler Biotopwechsel:** Weit verbreitete Arten erscheinen in ihrem nördlichen Areal oft mehr xerophil, im südlichen mehr hygrophil. Das Wintergrün *(Pyrola minor)* kann in Schleswig-Holstein in Dünentälern gedeihen, weiter südlich findet es nur in Wäldern genügend Feuchtigkeit. Waldmeister *(Galium odoratum)* bevorzugt im atlantischen Gebiet warme, bodentrockene Laubwälder, im kontinentalen gedeiht er gerade in bodenfeuchten bis nassen Laub- und Nadelwäldern. Das Leberblümchen *(Hepatica nobilis)* kommt in Dänemark in bodenwar-

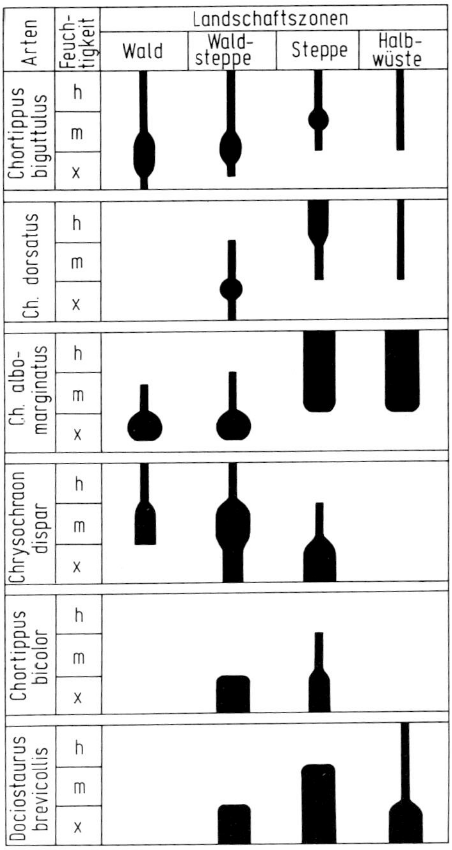

Abb. 2.16: Transzonaler Wechsel der Bevorzugung bestimmter Landschaften, am Beispiel von Heuschrecken Westsibiriens und Kasachstans (nach Stebajev 1974). h = hygrophil; m = mesophil; x = xerophil.

men Buchenwäldern auf Kalkboden vor, in Polen in grundwassernahen Wäldern. – Manche Pflanzen sind allein im boreal-kontinentalen Bereich für Hochmoore typisch, andere lediglich im maritim beeinflußten Klima, wieder andere gedeihen auf Hochmooren im Gesamtareal ihrer Verbreitung. Die entscheidende überregionale Bedeutung hat das Großklima. Innerhalb desselben bestimmt das Nährstoffangebot, ob eine Art noch im mineralwasserfreien Milieu der Hochmoorgewässer gedeihen kann. Für dieses Nährstoffangebot scheint die Konzentration der Enten, zur Zugzeit auch der Gänse und Säger ein wichtiger Mineralisierungsfaktor zu sein.

Engerlinge des Waldmaikäfers *(Melolontha hippocastani)* finden sich im nördlichen Rußland außerhalb des Waldes, im mittleren Bereich außer- und innerhalb von Wäldern, in der Ukraine nur noch im Schutz von Schluchtwäldern und Windschutzanlagen. Der Humusschnellkäfer *(Agriotes obscurus)* lebt in der Tundra in stark besonnten, relativ trockenen Sandböden; in der Taigalandschaft fehlt er im eigentlichen Waldbestand, kommt aber in Feld- und Grünlandböden vor; in der

Zone des sommergrünen Laubwaldes besiedelt er Wald- und Wiesenböden; in der Steppenzone beschränkt er sich auf Flußufer und Auenwälder.
Einige marine Felsbodenbewohner unter Oribatiden, Pseudoskorpionen und Saldiden der nordamerikanischen Westküste halten sich in der arktischen und borealen Zone auch noch an Ufern von Binnengewässern und anderen Inlandbiotopen auf, in der gemäßigten Zone engt sich ihr Areal bereits ein, in den Subtropen beschränken sie sich auf das marine Felslitoral. Je kühler das Gebiet ist, desto unabhängiger können sich die genannten Arten vom Salzgehalt des Milieus machen. So wirkt sich allein die Kopplung dieser beiden Faktoren in verschiedenen Klimaten unterschiedlich auf die Biologie der Organismen aus.
Im Hochgebirge kann ein Biotopwechsel von einer Höhenzone zur anderen stattfinden. Die Laubheuschrecke *Decticus verrucivorus* lebt im Waldgürtel des Kaukasus an feuchteren Stellen, im alpinen Bereich aber an den trockeneren. Der Mistkäfer *Geotrupes stercorosus* ist in Mitteleuropa zwar im Flachland ein Waldbewohner, im Gebirge hält er sich in der waldlosen Landschaft auf. Manche Collembolen *(Schaefferia)*, die in tiefen Lagen nur aus Höhlen bekannt sind, leben im Hochgebirge oberirdisch im Moos oder nahe am Gletscherrand.
2) **Stratumwechsel:** Einige Meeresorganismen, die in der Nordsee das Eulitoral (Gezeitenzone) besiedeln, finden im salzärmeren Wasser der Ostsee nur in der Tiefe die ihnen entsprechenden Existenzbedingungen (Brackwassersubmergenz). Kälteliebende Tiere der arktischen und antarktischen Küstengewässer beschränken sich in tropischen Meeren auf die Tiefsee (Äquatorialsubmergenz).
Der Engerling von *Serica brunnea* kommt in der Tundra in der Moosschicht, in der Waldzone im Boden vor. Die Oribatiden *Oppia minus* und *O. nova* bewohnen in der Taiga Streu und oberste Bodenlage, weiter südlich den tieferen Bodenhorizont. Der Engerling des Hirschkäfers *(Lucanus cervus)* frißt in der Laubwaldzone Europas oberirdisch in morschen Stämmen und Stümpfen der Bäume. In der Steppenzone bieten ihm im Boden bis zu 1 m Tiefe absterbende Pflanzenwurzeln geeignete Nahrung. Auch viele Ameisen und Termiten verlagern beim Übergang von der Wald- zur Steppenzone ihre Nester in größere Tiefe.
3) **Jahreszeitlicher Biotopwechsel:** Verschiedene Heuschrecken in ariden Gebieten wandern zur Eiablage in Biotope, die feuchter sind als diejenigen, in denen sie sonst leben. Überhaupt wechseln etliche Tiere ihren Lebensraum im Laufe der Jahreszeiten. Am bekanntesten ist das Aufsuchen geschützter Wälder und Waldränder von solchen Arten, die in der warmen Jahreszeit die offene Landschaft besiedeln.

Gründe für das Fehlen einer Art. Die Lebewelt ist unterschiedlich auf die Kontinente, Gewässer, geographischen Bereiche, Klimazonen, speziellen Biotope und Merotope verteilt. Zunächst muß man bedenken, daß im Laufe der Erdgeschichte besondere Anpassungstypen entstanden sind. Solche Lebensformen können nur in ganz bestimmten Umwelten existieren. Von dieser Tatsache abgesehen, gibt es 4 Ursachenkomplexe für das Fehlen einer Art an einem bestimmten Standort (Abb. 2.17).
1) **Historischer Grund:** Die Zeit der Ausbreitung von einem Rückzugsgebiet mag in manchen Fällen noch nicht ausgereicht haben. Das gilt vielleicht für einige durch die

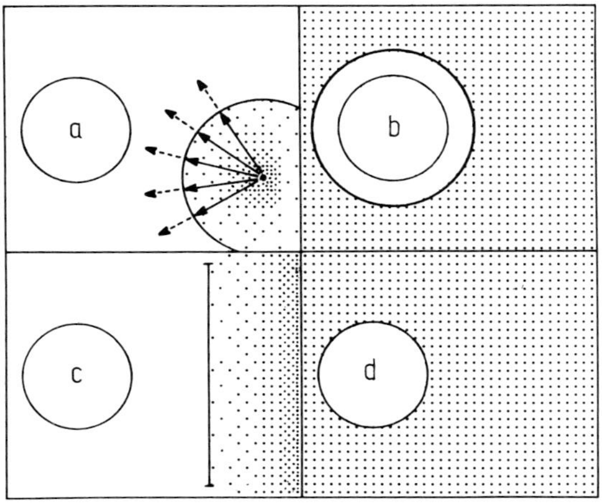

Abb. 2.17: Graphische Darstellung der Gründe für das Fehlen einer Art in einem bestimmten Biotop (nach Herold 1925). Kreise = Biotope, in denen eine Art aus historischen (a), topographischen(b), klimatischen (c) und ökologischen (d) Gründen fehlt. Punkte zeigen an, wieweit die Individuen der betreffenden Art vordringen konnten.

Eiszeiten verdrängten Organismen, die wegen geringer Ausbreitungstendenz ihr Areal nur sehr langsam erweitern. Beispiele aus jüngerer Zeit in Europa könnten die Ausdehnung des Girlitz *(Serinus serinus)* nach Norden, des Goldlaufkäfers *(Carabus auratus)* nach Westen sein. Die Erweiterung ihrer Areale wurde wahrscheinlich durch die vom Menschen geschaffene Kulturlandschaft beschleunigt, die für diese Arten günstig ist. Natürlich werden im Laufe der Zeit durch Änderungen der Umweltfaktoren auch Areale eingeengt, so daß eine Art jetzt fehlt, wo sie früher existierte. So waren die Käfer *Carabus maeander*, *Tachinus jacuticus*, *Agabus clavicornis*, *Helophorus aspericollis*, die alle in Ostsibirien vorkommen, in der letzten Eiszeit noch auf den Britischen Inseln vorhanden. – Der einzige europäische Landblutegel *(Xerobdella lecomtei)* im hochalpinen Dolinengebiet der südlichen Kalkalpen Österreichs ist ein Beispiel für angeborene Beharrungstendenz. Dort lebt er heute neben ähnlich standorttreuen Käfern *(Cephenium majus*, *Lathrobium carinthiacum*, *Othius brevipennis)* und Buchenwaldpflanzen *(Majanthemum bifolium*, *Paris quadrifolia*, *Platanthera bifolia)* auf fast waldlosen Böden, die höchstens noch Reste von Buchenkrummholz tragen.

2) **Topographischer Grund:** Erdgeschichtliche Ereignisse haben Kontinente durch Meere voneinander getrennt, Gebirge sind entstanden, breite Flußläufe schnitten sich in die Landschaft ein. Dies alles schuf für viele Organismen unüberschreitbare Schranken. So ist die heutige Verbreitung zahlreicher Pflanzen und Tiere Australiens, das unterschiedliche Artenbild nördlich und südlich der Sahara oder östlich und westlich der Behringstraße zu erklären. Um im engeren Rahmen zu bleiben: schon der Rhein stellt eine Barriere für bestimmte Tausendfüßer (Diplopoden) dar, für die in ökologischer Hinsicht westlich und östlich des Stroms gleiche Lebensbedingungen gegeben wären. In Irland wurden Berge und Flüsse Verbreitungsschranken für die Rötelmaus *(Clethrionomys glareolus)*, wie überhaupt mindestens Subpopulationen gerade bei Nagetieren oft durch derartige Barrieren getrennt sind.

3) **Klimatischer Grund:** Unüberwindliche Klimaschranken können eine weitere Verbreitung verhindern. So kommen Tsetsefliegen *(Glossina)* nur in einem breiten Gürtel im mittleren Afrika vor. Im Norden liegt für sie eine Wärmegrenze dort, wo 3 Wochen oder mehr Durchschnittstemperaturen über 32° C herrschen. Nach Süden ist eine Kältegrenze durch die Winterperiode gegeben, die 90 Tage oder länger Temperaturen unter 16° C aufweist. Beide Extreme schwächen die aus der Puppe schlüpfenden Fliegen so, daß diese nicht mehr genügend Energiereserven zur Wirtsfindung und zum Blutsaugen haben. Weitere Beispiele seien durch die Verbreitungsgebiete der Glockenheide *(Erica tetralix)* und des Gelben Lein *(Linum flavum)* gegeben (Abb. 6.3). Die erste ist eine europäisch-atlantische, die zweite eine pontisch-pannonische Pflanze.

4) **Ökologischer Grund.** Innerhalb einer durch Geschichte, Lage und Klimaverhältnisse gekennzeichneten Landschaft sind die besonderen ökologischen Bedingungen von Temperatur, Feuchtigkeit, Salzgehalt, Substrat, Nahrung, Feinde, Konkurrenten, Struktur und Größe des Biotops für das Fehlen einer Art maßgebend. Obwohl es hierüber eine große Fülle von Beispielen gibt und es sich um ein Kerngebiet der Ökologie handelt, seien nur drei angeführt. (1) Einige Vögel der Uferregion von Seen sind in ihrem Vorkommen oder Fehlen von der Tiefe des Wasserbeckens und der Steilheit der Uferböschung, also von Biotopstrukturen abhängig (Abb. 2.18). (2) In England wurden zwei Populationen der Schaumzikade *Neophilaenus lineatus* verglichen. Die eine lebte unter extremen Bedingungen auf einem Trockenrasen im

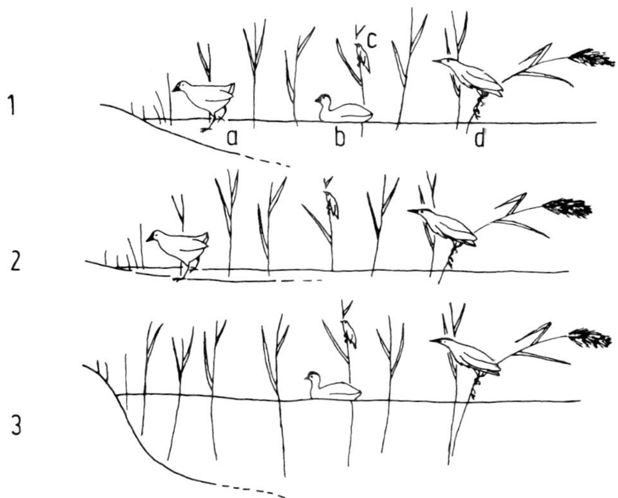

Abb. 2.18: Ökologische Gründe für unterschiedliche Vogelbesiedlung der Uferregion von Seen (nach Horvath 1956).
a: Teichralle *(Gallinula chloropus)* braucht flaches Ufer, fehlt daher in 3; b: Zwergtaucher *(Podiceps ruficollis)* braucht tiefes Wasserbecken, fehlt daher in 2; c: Drosselrohrsänger *(Acrocephalus arundinaceus)* und d: Zwergrohrdommel *(Ixobrychus minutus)* können in 1–3 leben.

Hochland, wo ihr Bestand öfters einging und bis zu einer Wiederbesiedlung also fehlte. Die andere hielt sich ununterbrochen im weiter südlich gelegenen Flachland, das optimale Verhältnisse bot. Zeitweises Fehlen einer Art kann somit seinen Grund darin haben, daß die ökologischen Bedingungen für sie nicht mehr im Optimalbereich, sondern schon im Pejus liegen. (3) Zu ökologischen Gründen gehören auch vom Menschen verursachte. Viele der heute in Mitteleuropa in ihrer Existenz gefährdeten Pflanzen werden keineswegs ganz aussterben. Sie eroberten sich dort lediglich einige Jahrhunderte hindurch eine neue Heimat, als das ursprüngliche Waldland in Agrar- und Stadtlandschaften umgewandelt wurde. Nun konnten auch Arten aus mediterranen und kontinentalen Gebieten ihre Areale erweitern. Erst die heutige intensive Bewirtschaftung macht ihren Vorstoß wieder rückgängig.

Es ist eine Besonderheit ökologischer Forschung, zunächst durch Vergleiche in der Natur die entscheidenden existenzbestimmenden Faktoren zu ergründen versuchen. Hier sind Ansatz und Schwerpunkt von Problemen, die dem Ökologen kein anderer abzunehmen vermag. Laboruntersuchungen können auch von Physiologen durchgeführt werden, die sich nicht in der Natur auskennen.

Wirkungsgesetz der Umweltfaktoren. Das Vorkommen einer Art in einem Lebensraum setzt einen Komplex von Umweltfaktoren voraus; ihr Fehlen kann jedoch an einer einzigen, ungenügend vorhandenen Grundbedingung liegen. Derjenige Faktor, der vom Optimum am weitesten entfernt ist, vermag somit bedeutende biologische Wirkungen hervorzurufen. Die O_2-Verhältnisse haben z. B. für die Existenz von Wasser- und Bodenorganismen und für manche Innenparasiten eine viel größere Bedeutung als für oberirdische Lebewesen des Luftraums, obgleich Sauerstoff für alle gleich wichtig ist. In Trockengebieten wird Wasser bzw. Feuchtigkeit zum Minimumfaktor, in Kältegebieten Wärme, in Höhlen Nahrung, in Flugsandgebieten Windschutz. Selbst ein Übermaß an Nährstoffen im Boden kann ungenügende Feuchtigkeit nicht ausgleichen. Reichtum an Nährstoffen und genügende Feuchtigkeit verlieren für die Bewohner des Lückensystems im Boden ihre Bedeutung, wenn das ganze Gefüge zu dicht geworden ist, so daß das Porenvolumen eine bestimmte minimale Größe unterschreitet. Das Gesetz vom Minimum wurde ursprünglich von Liebig für die Pflanzenernährung aufgestellt. Es besagt, daß der im Mindestmaß vertretene Ernährungsfaktor das Wachstum der Pflanze bestimmt. Später erweiterte Shelford es zum Toleranzgesetz, indem er alle Umweltfaktoren einbezog und nicht nur ein Zuwenig, sondern auch ein Zuviel als lebensbegrenzend erkannte. Thienemann hob die Wichtigkeit der Toleranz des empfindlichsten Entwicklungsstadiums einer Art hervor. Alle diese Gesichtspunkte sind letzten Endes im Wirkungsgesetz der Umweltfaktoren enthalten.

Prinzip der Gleichwertigkeit verschiedener Umweltwirkungen. Für ein bestimmtes Lebewesen ist es gleichgültig, wodurch seine Ansprüche erfüllt werden. Ob ein Baum oder der Schatten eines Hauses das Sonnenlicht mildert und die Verdunstung herabsetzt, ist für zarthäutige Kleintiere in einem Moospolster ohne Bedeutung. Ob für einen Laufkäfer die lebensnotwendige Wärme durch die besonderen Eigenschaften des Bodens oder durch hohe Lufttemperatur gespendet wird, macht keinen Unterschied aus. Wind, Kälte oder Südlage können gleichermaßen Trockenheit bedingen. Hohe Luftfeuchtigkeit, Nebel oder Nordexposition erzielen unter Umständen die gleichen Wirkungen wie Niederschläge. Rübels Prinzip der Gleichwertigkeit verschiedener Umweltbedingungen ist eine Voraussetzung zum Verständnis der Verhältnisse in einem Ökosystem, zugleich erklärt es die Relativität der Biotopbindung. Das Prinzip zeigt außerdem Kompensationen verschiedenartiger Faktoren auf und bedeutet mehrfache Sicherung wichtiger Lebensphänomene. So wird die Winterruhe vieler Bäume durch kürzer werdende Tage ausgelöst, kann aber auch durch sinkende Temperaturen hervorgerufen werden. Überwindung der Diapause ist bei der gleichen Carabidenart in bestimmten Fällen durch Wechsel der Tageslänge, Steigerung der Lichtintensität und durch Temperaturänderung möglich. Im feuchtkühlen, atlantischen Klima gedeihen Leberblümchen *(Hepatica nobilis)*, Zahnwurz *(Dentaria bulbifera)* und Seidelbast *(Daphne mezereum)* auf trockenwarmen Waldböden. Im trockeneren Kontinentalklima Europas kommen die gleichen Pflanzen in Wäldern mit feuchten bis nassen Böden vor.

3 Überlebensstrategien

Der aus der Spieltheorie entlehnte Begriff Strategie bedeutet in der Biologie ein erbmäßig bestimmtes Verhaltensmuster. Er impliziert also kein bewußtes Handeln, sondern soll nur darauf hinweisen, wie die Organismen ihren wirksamsten Einsatz zum Überleben verwirklichen. Artenreichtum ist vielleicht eine wichtige «Taktik» dafür, wie sich ein solcher Einsatz durchführen läßt. Er erhöht die Möglichkeiten, Leben unter ständig wechselnden Bedingungen zu erhalten. Dies läßt schon der heute oft verwendete Begriff «Gilde» erkennen, der nichts anderes bedeutet als der frühere einer «funktionellen Artengruppe». Er besagt, daß nach Vernichtung einiger Arten andere von gleicher Funktion in einem bestimmten System an deren Stelle treten. Es ist ein wirkungsvolles Prinzip der Kompensation, das auch experimentell begründet ist. Außer dem Systematiker muß also der Ökologe das Problem des Arten- und Formenreichtums bewältigen.

Besondere Strategien gegenüber ungünstigen Außenfaktoren sind (1) **Konformität:** eine ständige Einstellung des Innenmilieus auf neue Situationen der Außenwelt, um mit dieser im Gleichklang zu sein; (2) **Emanzipation:** sich durch besondere Regulationsmechanismen vom Wechsel der Außenwelt möglichst unabhängig zu machen; (3) **Vermeidung:** durch vorübergehende Änderung im Verhalten oder physiologischem Zustand im gegebenen Lebensraum bleiben zu können, um ungünstige Situationen zu vermeiden oder zu überbrücken. (4) **Dormanz:** jahreszeitlicher Ruhezustand, der zum Aufhören der Entwicklung führt; (5) **Migration:** vor oder bei Beginn längerer ungünstiger, jahreszeitlicher Perioden fortzuwandern, um später wieder zurückzukehren; (6) **Opportunismus:** nach teilweise oder völliger Eliminierung sich durch hohe Fruchtbarkeit, rasche Entwicklung und gutes Ausbreitungsvermögen wieder neu etablieren zu können. Ferner: günstige Situationen, die durch andere Lebewesen geschaffen werden, auszunutzen, ohne diesen zu schaden.

Selbst nahe verwandte Arten können sich in ihren Strategien ganz verschieden verhalten. Unabhängig voneinander ergibt sich ein vielfältiges Spektrum von Möglichkeiten zum Überleben oder einem Streß zu entgehen. Bei Erforschung der Strategien können wir also ebenso wie bei Fragen der Anpassung nur das historisch Gewordene nachvollziehen, klassifizieren und zu deuten versuchen, nicht aber eine kausale Begründung dafür geben, warum der Typ der einen Strategie sich in diesem, ein anderer in jenem Fall ausgebildet hat.

Alle von der «Norm» abweichenden Situationen, die ein Lebewesen belasten, jedoch nicht unmittelbar lebensbedrohlich zu sein brauchen, werden als **Streß** bezeichnet. Wichtige Stressoren können sein: übermäßige Hitze und Kälte, Trockenheit und Überflutung, Strahlungs- und Lichtbedingungen, zu geringer und zu hoher Salzgehalt des Mediums, Mangel an Sauerstoff, giftige Chemikalien, überbeanspruchende mechanische Verhältnisse, Angst vor Feinden, Konkurrenz, Nahrungsmangel, Infektionen.

Streß ruft zunächst einen Alarmzustand des Körpers hervor, dann dessen Wider-

stand, schließlich Erschöpfung, die im Extremfall zum Tod führt. Das gilt gleichermaßen für Pflanzen und Tiere. Der Widerstand zeigt sich an verschiedenen Vorgängen, die kompensatorisch ablaufen. Am Beispiel des Tupaja *(Tupaia glis)*, bei dem die Stärke des Streß durch die Häufigkeit des Aufrichtens der Schwanzhaare registriert werden kann, ließen sich alle Übergänge von reversiblen bis zu irreversiblen Erscheinungen erkennen. Das gilt für abiotische Reize ebenso wie für solche, die von Artgenossen ausgehen (sozialer Streß) und andere biotische Belastungen. In zunehmender Verschärfung führte Streß zur Vermehrung der Killerzellen des Immunsystems, Verzögerung des Wachstums, Gewichtsabnahme, verringertem Begattungserfolg bis zur Unfruchtbarkeit, Kannibalismus durch Auffressen der Jungtiere, Niereninsuffizienz, Tod.
Starke Beanspruchung muß nicht unbedingt negativ sein, sondern kann sogar die Funktionstüchtigkeit steigern und wirkt sich dann positiv aus. Ungenügende Stimulierung und zu geringe Anforderung an die Auseinandersetzung mit der Umwelt können nämlich bei Pflanzen und Tieren zu Abwehrschwäche führen.

3.1 Konformität mit der Umwelt

Ein Lebewesen kann so an seine Umwelt angepaßt sein, daß es die Schwankungen der Außenbedingungen mitmacht und mit den wechselnden Gegebenheiten des Milieus einigermaßen in Einklang steht. Bezüglich der Temperatur gilt dies, wenn wir von gewissen Regulationsmechanismen zunächst absehen, für Pflanzen und wechselwarme Tiere, die man daher als poikilotherm bezeichnet hat (Abb. 3.1).

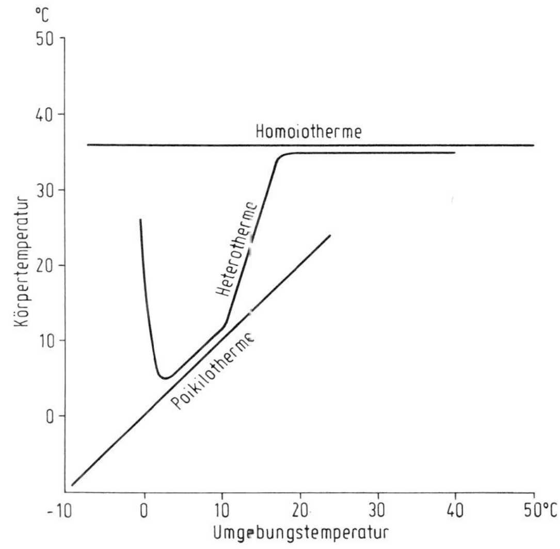

Abb. 3.1: Thermokonformität und Thermoregulation (nach Eisentraut 1950).

Für Landorganismen ist die Anpassung des Wasserhaushaltes zu einem entscheidenden Problem geworden. Die niederen Luftpflanzen sind noch wechselfeucht (poikilohydr) geblieben. Sie verhalten sich in ihrem Wasserhaushalt wie tote Quellkörper, die keinen Regulatiosmechanismus besitzen. Nach völliger Austrocknung können sie bei erneuter Wasserzufuhr selbst nach sehr langer Zeit wieder «aufleben». Zu ihnen gehören Bakterien, Luftalgen, Pilze und Flechten. Ihre Zellen haben keine oder sehr kleine Vakuolen, so daß die Plasmastruktur durch Volumenänderung beim Austrocknen nicht geschädigt wird. Xerophytische Moose, Hautfarne wie die epiphytischen Hymenophyllaceen im Schatten tropischer Regenwälder und einige wenige Blütenpflanzen arider Gebiete (z. B. *Myrothamnus flabellifera*) sind sekundär wieder poikilohydr geworden. Eine zu starke mechanische Beanspruchung ihres Plasmas während der Austrocknung wird durch besondere anatomische und zytologische Strukturen vermieden. Fältelung der Blätter erleichtert eine Schrumpfung des Gewebes. Einlagerung von Kolloiden (Tanninen) in die Vakuolen bewirkt, daß deren Inhalt sich bei Wasserentzug verfestigt. – Entquellung hemmt die Photosynthese. Sie führt zum Verschluß der Spaltöffnungen, so daß CO_2 nicht eindringen kann. Bei poikilohydren Pflanzen steigt mit der Aufnahme von Wasser die Intensität der Photosynthese rasch wieder an. Dies ist für Flechten in Wüsten lebenswichtig. Sie müssen die kurze Zeit zwischen nächtlicher Aufquellung und der Austrocknung im Laufe des Tages zum Gasaustausch nutzen, ein Vorgang, der nur wenige Stunden nach Sonnenaufgang möglich ist.
Mit dem Wasserhaushalt ist die Osmotie eng verknüpft, d. h. die Bewegung von Wasser durch eine semipermeable Membran in Richtung auf die konzentriertere Lösung. Bei den poikilosmotischen Pflanzen und Tieren des Meeres gleicht sich dadurch die Salzkonzentration ihres Innenmediums (Vakuolen bei Pflanzen, Blut und Leibeshöhlenflüssigkeit bei Tieren) derjenigen des umgebenden Wassers an (Abb. 3.3).

3.2 Unabhängigkeit durch Regulationen (Emanzipation)

Manche Organismen haben im Laufe der Evolution Regulationsmechanismen entwickelt, durch die sie sich von der Wirkung ungünstiger Außenbedingungen unabhängiger machen, gleichsam emanzipieren können. Sie sind dadurch in der Lage, in ihrem Lebensraum zu bleiben, ohne ihre Aktivität einschränken zu müssen.

Thermoregulation. Zum aktiven Leben ist ein ausgeglichener Wärmehaushalt erforderlich. Aufnahme und Abgabe von Wärme müssen sich kompensieren. Die Organismen absorbieren Wärme aus der Luftstrahlung und von Strahlen, die der Boden mit seiner Vegetation und sonstigen Objekten reflektiert. Für Tiere kommt die durch Nahrung beim Stoffwechsel erzeugte Wärme hinzu, während die metabolische Wärme der grünen Pflanzen direkt von der Sonnenstrahlung stammt. Wärmeabgabe, die Überhitzung verhindert, erfolgt durch Rückstrahlung, Konvektion und Transpiration.

Manche Organismen haben sich durch morphologische Besonderheiten an die verschiedenen Wärmeklimate angepaßt. So mindert die Nadelform der Blätter ein zu starkes Abstrahlen bei Nacht. Dies ist für Pflanzen kalter Zonen lebenswichtig. Für Tiere kann die Isolation der Körperdecke sowie die Körpergröße von Bedeutung sein. Über derartige anatomisch-morphologische Anpassungen hinaus gibt es schon bei den poikilothermen Organismen Ansätze zu einer Temperaturregelung, die aber erst bei den Warmblütern ihre wirkungsvollste Ausbildung gefunden hat.

Bei Pflanzen hat das endo- und exogen bedingte Öffnen und Schließen der Spaltöffnungen für die Transpiration zugleich eine bemerkenswerte Regulierung des Wärmehaushaltes zur Folge. Erwähnt sei ferner die Profilstellung der senkrecht herabhängenden Blattspreiten der Eucalyptusbäume Australiens («schattenlose Wälder»). Auch gibt es sog. «Kompaßpflanzen», wie den Lattich *Lactuca scariola* oder *Iris pseudacorus*, die ihre Blätter in Nord-Südrichtung stellen, so daß die Sonne bei ihrem höchsten Stand lediglich die schmalen Blattkanten trifft, wogegen die Blattflächen den schwächeren Strahlen am Morgen und Abend zugewandt sind (**Thermotropismus**).

Spinnen, Insekten und Reptilien stellen ihren Körper oft in Richtung zur Sonne. Eine solche **Helioregulation** des Wärmehaushalts zeichnet Arten aus, die im Hochgebirge, in Steppen, Savannen und Wüsten leben, wo beträchtliche Unterschiede der Wärmestrahlung im Wechsel von Tag und Nacht herrschen. Diese Tiere bieten je nach dem Stand der Sonne den Strahlen die größte oder kleinste Körperfront. Wird die zur Aktivität erforderliche Körpertemperatur dadurch noch nicht erreicht, so kann mehr Wärme durch Muskelbewegung erzeugt werden (**Chemische Thermoregulation**). Sie spielt für den Flug der Insekten eine wichtige Rolle. Durch Bewegung der Flugmuskeln wird der Thorax so aufgeheizt, daß auch bei kühler Umgebungstemperatur ein Flug möglich ist. Steigt dabei die Temperatur im Thorax zu stark an, wird überschüssige Wärme durch den Rücklauf des Blutes ins Abdomen abgeleitet.

Durch **soziale Thermoregulation** gleichen staatenbildende Insekten ungünstige Temperaturen in ihren Bauten aus. Ameisen ziehen sich in kühlen Klimaten in besondere Überwinterungskammern zurück, in denen sie sich zusammendrängen. – Bienen halten im Winter eine Stockwärme von 13–18° C. Sinkt die Temperatur tiefer, so werden die Arbeiterinnen unruhig und bewegen sich. Es erfolgt ein Austausch zwischen den mehr am Rand und im Kern befindlichen Bienen, bis wieder der optimale Temperaturwert erreicht ist. Honigbienen können sich nicht nur von der Winterkälte, sondern auch von zu großer Wärme im Sommer emanzipieren. Bei Überhitzungsgefahr rücken sie auf den Waben auseinander, fächeln mit den Flügeln und tragen Wasser ein, dessen Verdunstung Abkühlung bringt. Während der Sommermonate wird dadurch eine Temperatur von 34–36° C eingehalten. – Kompaßtermiten Australiens (*Amitermes meridionalis*) legen ihre mehrere Meter hohen Nesthügel so an, daß die Schmalseiten in Nord-Südrichtung, die Breitseiten in Ost-Westrichtung weisen. So trifft die Mittagshitze nur den schmalen Grat des Baues.

Von den Reptilien aus hat sich mit der Entstehung der Vögel und Säugetiere, also der Warmblüter, echte **Homoiothermie** entwickelt. Bei ihr wird nicht nur wie bei der Leistungsadaptation der Gesamtstoffwechsel auf einer bestimmten Norm gehalten, sondern außerdem die Körpertemperatur. Diese ist bei Monotremen und Beuteltieren noch nicht in so hohem Maße von der Außentemperatur unabhängig wie bei höheren Säugetieren und Vögeln, hat sich also erst im Laufe der Phylogenie vervollkommnet. Bei Vögeln liegt die Körperwärme je nach der Art zwischen 37° und 43° C, bei Säugetieren zwischen 36° und 42° C. Die «echten Winterschläfer» können zeitweise wechselwarm werden, wenn es sich auch im Grunde mehr um eine Sollwertverstellung handelt. Dieser als **Heterothermie** bezeichnete Regulationsmechanismus gilt bei Fledermäusen der gemäßigten Zonen (Vespertilionidae, Rhinolophidae) nicht nur für den Winter. Sie können nämlich in den Ruhepausen ihre Körpertemperatur weitgehend derjenigen der Umgebung angleichen. Wird es kühl, so fallen sie in Kältelethargie, die ebenso wie echter Winterschlaf geregelt wird, da die Tiere auch ohne künstliche Wärmezufuhr erwachen (Abb. 3.1). Im Herbst wird im Körper der Winterschläfer eine große Fettreserve vor allem von «braunem Fett» angelegt. Es ist aktiver als das weiße und spielt auch für die schnelle Mobilisierung des Stoffwechsels beim Erwachen eine wichtige Rolle. Verbrennung von braunem Fett erzeugt nämlich nur Wärme, keine Energie zur Speicherung in ATP.

Hydroregulation. Homoiohydre **Landpflanzen** können durch Regulation der Spaltöffnungen ihrer assimilierenden Organe die Transpiration einschränken. Große Öffnungsweiten sind nur bei hohem Wasserpotential möglich. Schon geringe Luftfeuchte führt bei manchen Arten zur Spaltverengung. Außerdem bestimmen Phytohormone das stomatäre Regelsystem. Das ganze Geschehen beruht also auf einem Zusammenspiel äußerer und innerer Faktoren. Unter Umständen tritt Blattfall ein, wie es von manchen Xerophyten der Wüsten bekannt ist, als partielles Abwerfen von Nadeln bei Trockenheit aber auch bei Lärchen *(Larix)* und Kiefern *(Pinus)* der gemäßigten Klimazone vorkommt. Wasserverluste können zudem in gewissem Ausmaß durch Aufnahme von Wasser aus dem Boden oder aus der Luft (z. B. die epiphytische Bromeliacee *Tillandsia usneoides*) ausgeglichen werden. Die Zellen der homoiohydren Landpflanzen, die durchweg Kormophyten sind, haben eine große zentrale Vakuole, an die das Plasma grenzt. Solange es gelingt, die Konzentration des Zellsaftes in den Vakuolen niedrig zu halten, bleibt das Plasma stark gequollen und ist von der die Pflanze umgebenden Feuchtigkeit unabhängig. Natürlich ist die Unabhängigkeit solcher Pflanzen in der Wasserversorgung nicht absolut, jedoch gibt es Regulationen der osmotischen Werte in der Pflanze, die nicht nur passiv sind, sondern auch aktiv vom Plasma ausgehen. Daneben bestehen wie bei den Anpassungen an die Wärmebilanz enge Beziehungen zu bestimmten Struktureigenschaften. Beides zeigt sich besonders gut bei Wüstenpflanzen, die lange Trockenperioden durch Wasserspeicherung (Sukkulententyp) oder durch Entwicklung eines tief reichenden Wurzelsystems überstehen, das ständige Wasseraufnahme ermöglicht (Typ der dürreharten Pflanzen). Viele Sukkulenten sind außerdem in der Lage, in großem Umfang während der Nacht CO_2 zu fixieren. Es wird zunächst in Apfelsäure (Malat) festgelegt und so in den Vakuolen der assimilierenden Zellen gespeichert. Der Abbau von Malat im Licht macht CO_2 direkt der Photosynthese zugänglich, ohne daß die Spaltöffnungen geöffnet zu werden brauchen. Ihr Verschluß am Tage drosselt den Wasserverlust durch Transpiration.

Morphologische Anpassungen und Fähigkeit zu Regulationen sichern auch den Wasserhaushalt der **Landtiere.** Wasser kann auf verschiedene Weise in deren Körper gelangen: durch Trinken, durch die Nahrung und durch die Körperoberfläche. Durchaus nicht alle Tiere müssen trinken. Gerade in den Wüsten, Savannen und Steppen leben viele Arten (Antilopen, Hasen, Nager, Pekaris), denen die Flüssigkeitsmenge genügt, die in Knollen und Zwiebeln der Geophyten, in saftigen Akazienblättern und anderen oberirdischen Pflanzenteilen oder in den Wurzeln der Cacteen vorhanden ist. Auch die Gefräßigkeit der Feldheuschrecken arider Gebiete erklärt sich durch deren Wasserbedarf. Manche Tiere trinken nur gelegentlich. Kamele und Esel haben eine so hohe Trinkkapazität, daß sie dann in wenigen Minuten über 25 % ihres Körpergewichts an Wasser aufnehmen können.

Einige Nagetiere und Insekten (Tenebrioniden, Anobiiden, Ernteameisen) leben von lufttrockener Nahrung. Sie erzielen ihren Wassergewinn durch Oxidationen im Stoffwechsel. Wasserabsorption durch die Haut kommt bei Schnecken, Amphibien, Asseln, Milben und weichhäutigen Insekten sowie deren Larven vor. Bei Insekten geschieht dies im wesentlichen durch die Tracheenöffnungen, den wichtigsten Stellen ihrer Hydroregulation in trockenen Lebensräumen. Den Collembolen dient besonders der Ventraltubus zur Wasseraufnahme. Die Taschenspringmaus *(Dipodomys spectabilis)* der Arizonawüste, die sich von Pflanzensamen ernährt, zieht sich in der trockenen Zeit in ihre bis zu 1 m Tiefe reichenden, unterirdischen Baue zurück, in denen höhere Luftfeuchtigkeit herrscht. Dort führt Einatmen von feuchter Luft zu einem Wassergewinn. Wasseraufnahme aus der Luft ist nicht nur ein reiner Diffusionsvorgang, vielmehr sind Zellen daran aktiv beteiligt. Daher können tote oder betäubte Tiere Wasserdampf aus der Luft nicht hygroskopisch aufnehmen und lebende dies nicht unterhalb einer bestimmten Luftfeuchtigkeit leisten.

Wasserverlust tritt bei der Transpiration an Körperoberfläche und Atmungsorganen, bei Defäkation und Exkretion auf. Je nach ihrem Aufenthalt in trockenerem oder feuchterem Milieu oder nach der Möglichkeit der Wassergewinnung haben sich Typen mit verschiedenem Verdunstungsschutz herausgebildet. Reptilien zeichnen sich durch Hornpanzer und Fehlen von Schweißdrüsen aus. Xerophile Schnekken besitzen eine feste Schale, die mit feinsten Luftkammern durchsetzt ist. Ihre dicke Haut, deren Runzeln und Rillen an der Oberfläche leicht Feuchtigkeit halten und Wassertropfen auffangen können, verfügt über gute Fähigkeit der Wasserspeicherung. Insekten und viele Spinnentiere haben eine Wachsschicht über der Kutikula, welche die Evaporation bis zu einer kritischen Temperatur unterdrückt. Landasseln, Chilopoden und Diplopoden, denen die Wachsschicht fehlt, verhalten sich wie tote Körper, deren Verdunstungsgröße mit zunehmender Temperatur gleichmäßig ansteigt (Abb. 3.2).

Bei der Atmung der Insekten lassen sich Wasserverlust durch Verschluß von Tracheenöffnungen vermeiden, wie es bei Arten in Wüsten, Bewohnern in trockenem Holz und bei Vorratsschädlingen der Fall ist. Sie resorbieren zudem viel Wasser aus dem Enddarm zurück. Trockener Kot und konzentrierter Harn sind auch für Säugetiere typisch, die unter trockenen Bedingungen leben.

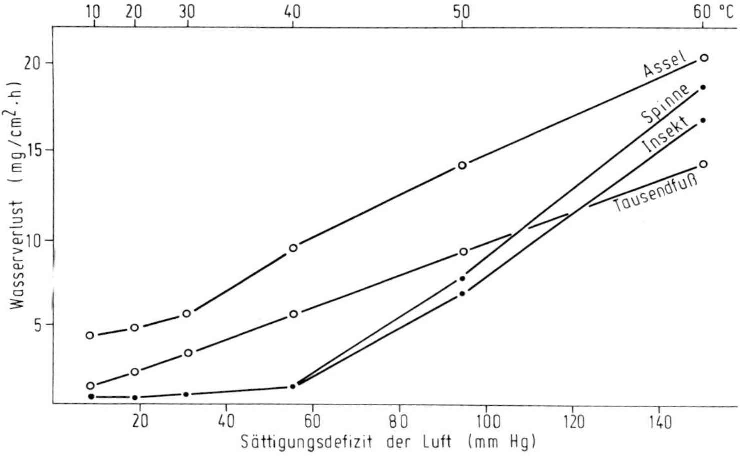

Abb. 3.2: Hydrokonformität und Hydroregulation (nach Cloudsley-Thomsen 1961).

Osmoregulation. Algen, salztolerante Blütenpflanzen und viele Tiere können die Konzentration in ihrem Innenmedium durch Regulation in einem mehr oder weniger weiten Bereich konstant halten, sie sind dann homoiosmotisch.

Organismen im Süßwasser müssen überschüssiges Wasser ausscheiden, da sie sonst aufquellen würden. Dies geschieht durch bestimmte Vakuolen oder Exkretionsorgane. Andererseits müssen sie Salze gegen das Konzentrationsgefälle aus dem Wasser aufnehmen. Hierzu dienen den Fischen ihre Kiemen. Bei Insektenlarven sind es ebenfalls dünne Hautstellen wie die Analpapillen der Chironomidenlarven oder Chloridzellen enthaltende Epithelien der Larven von Ephemeriden. Auch ist Rückresorption von Salzen aus den Exkretionsorganen bei Süßwassertieren ausgeprägt.

Osmoregulation charakterisiert viele Bewohner des Meeres und seiner Küsten. Die marinen Knochenfische (Teleostier), die aus dem Süßwasser stammen, und manche höheren Krebse scheiden Salz aus chloridsekretorischen Zellen ihrer Kiemen aus. Marine Selachier, wie die Teleostier phylogenetisch im Süßwasser entstanden, sind sogar mit Meerwasser isotonisch. Dies erreichen sie durch Abgabe von Harnstoff ins Blut, überschüssiges Salz geben sie durch Rectaldrüsen ab. Bei Meeresreptilien und Seevögeln dienen Salzdrüsen in Nähe der Augen oder Nase, bei Insekten der Meeresküste der Enddarm, bei Chilopoden die Speicheldrüsen zur Salzausscheidung. Besonders im Gezeitengebiet und auf den vom Meer überspülten Salzwiesen leben Pflanzen und Tiere in einer Zone von oft wechselndem Salzgehalt. – Salzpflanzen (Halophyten) können die Salzaufnahme regulieren und haben Mechanismen der Verdünnung oder Ausscheidung von Salz entwickelt.

Viele Asseln, Amphipoden und Krabben sind durch Hypertonie-Regulation bei Aussüßung des Außenmilieus, durch Hypotonie-Regulation bei zu hohem Salzgehalt in einem weiten Küstenbereich vom Meer unabhängig geworden und konnten daher das Land erobern. Manche Schnecken, Krebse und Würmer sind nur zur Hypertonieregulierung fähig, verhalten sich also bei höherem Salzgehalt ihrer Umgebung poikilosmotisch (Abb. 3.3).

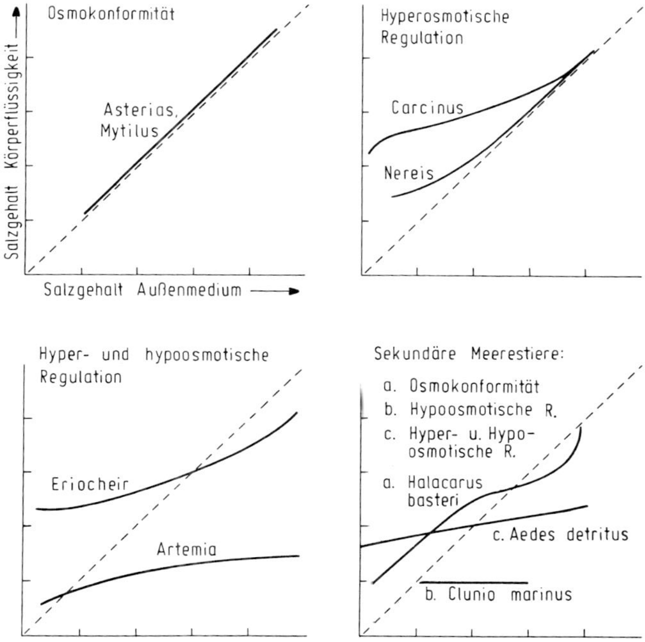

Abb. 3.3: Osmokonformität und Osmoregulation (nach verschied. Autoren).

3.3 Vermeidung (Avoidanz)

Ortswechsel oder zeitliche Änderung der Aktivität. Erlenblattkäfer *(Agelastica alni)* unterbrechen ihren Reifungsfraß im Frühjahr bei plötzlichem Kälteeinbruch und bilden Aggregationen an geschützten Stellen des Baumes (Abb. 3.4). Manche Arthropoden gehen bei zu großer Trockenheit und Wärme zum Nachtleben über und bleiben am Tage inaktiv im Boden. Verschiedene Echsen der Wüsten, der afrikanische Dornschwanz *(Uromastix)*, die amerikanische Wüstenschildkröte *(Gopherus agassizi)* sind Beispiele für Reptilien (Abb. 3.5). Raupen von Gelblingen *(Colias)* regulieren einen zur Entwicklung optimalen Temperaturbereich ein, indem sie sich bei zu starker Erwärmung an schattigen Stellen verbergen, bei kühlem Wetter besonnte Stellen aufsuchen. Die subtropische Ernteameise *Messor semirufus* ist im Sommer während der ganzen Nacht, im Herbst in der ersten Nachthälfte, im Winter und Frühjahr mittags aktiv. Ernteameisen und Honigtopfameisen in Gebieten mit langen Trockenzeiten verbringen solche Perioden in geeigneter Bodentiefe, ohne ihren Stoffwechsel drosseln zu müssen, da sie sich bei Bedarf von eingebrach-

Abb. 3.4: Aggregation des Erlenblattkäfers *(Agelastica alni)* am Stammfuß von Erlen als Reaktion auf Spätfrost zur Zeit des Reifungsfraßes (nach Tischler 1977).

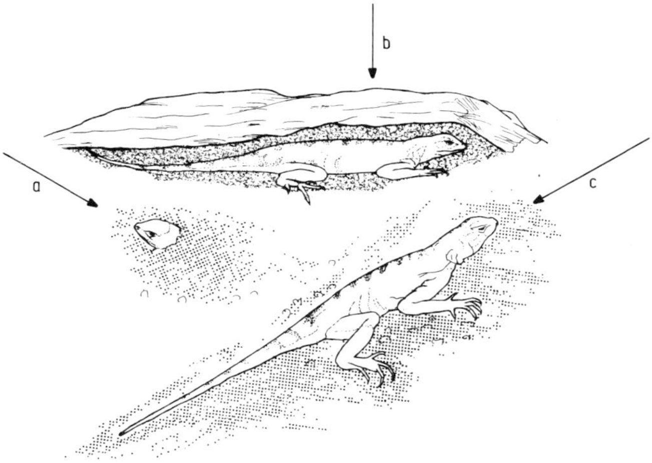

Abb. 3.5: Verhalten der Eidechse *Holbrookia texana* gegenüber der Sonne im Tageslauf (nach Bogert 1959).
a **morgens:** Sonne erwärmt zunächst Blut im Kopf, der übrige Körper bleibt im Sand, bis er genügend erwärmt ist; b **mittags:** Tier sucht Schutz vor Sonnenstrahlen; c **nachmittags:** Körper liegt parallel zu Sonnenstrahlen.

ten Vorräten ernähren. Nagetiere, die in der Taiga im Winter in selbstgegrabenen Gängen unter dem Schnee aktiv bleiben können, vermeiden die starke Kälte, die über der Schneedecke herrscht.

Pseudoresistenz. Zeitliches oder räumliches Zusammentreffen von Pflanzen und Pflanzenfressern wird durch unterschiedliche Blühzeiten und Lebensansprüche vermieden. Dies nützt die Züchtung durch Selektion von Sorten aus, so daß potentielle Schaderreger entweder zu früh oder zu spät kommen.

Latenzzustände. Protozoen, Rotatorien, Nematoden, Tardigraden, Eier mancher Arthropoden, die Larve von *Polypedilum vanderplanki* (Chironomidae) im tropischen Afrika, Bakterien und Pilzsporen können durch Dehydration unter Umständen sehr lange Zeiten lebensbedrohender Temperaturen und Trockenheit überstehen. Freies Wasser wird dann an molekulare Strukturen gebunden. Vermutlich stabilisiert der Zucker Trehalose im Zusammenwirken mit Phospholipiden die durch Austrocknung bedingten Phasenübergänge, welche die Zellmembrane zerstören könnten. Dieser Zucker findet sich bei pflanzlichen und tierischen Organismen während einer solchen «Anabiose» besonders reichlich. Dauerzustände anderer Art sind die inneren Brutknospen der Schwämme und Bryozoen des Süßwassers, also die Gemmulae und Statoblasten. An ihrer Bildung sind induzierte Stoffe der Tierkolonie beteiligt, die zugleich die Brutknospen zu hoher Resistenz gegen Außenfaktoren befähigen. Auf diese Weise wird bei der Austrocknung eines Gewässers das Aussterben der darin lebenden Schwämme und Moostierchen vermieden.

3.4 Jahreszeitliche Ruhezustände (Dormanz)

Viele Pflanzen und Tiere haben im Verlauf ihrer Entwicklung, einige auch noch später im Leben, jahreszeitlich bedingte Ruheperioden, in denen der Stoffwechsel bei sparsamsten Verbrauch an Energie weiterläuft. Dadurch können Jahreszeiten überbrückt werden, in denen die Weiterentwicklung schwer oder gar nicht möglich wäre. Die verschiedenen Formen solcher «Dormanz» seien für Pflanzen, wechselwarme Tiere und Warmblüter (Vögel, Säugetiere) gesondert besprochen, obwohl es viele Gemeinsamkeiten gibt.

3.4.1 Pflanzen

Quieszenz. Kryptogamen, die Wurzeln der Samenpflanzen, aber auch oberirdische Vegetationsteile und Samen vieler Arten hören nur bei niedrigen Temperaturen oder Trockenheit auf, sich zu entwickeln. Wachstum bzw. Keimung gehen weiter, wenn es wärmer wird oder wieder genügend Feuchtigkeit vorhanden ist. Als Beispiel seien Rhododendren genannt, die durch geringe Wärme am Tage aus ihrer Winterruhe geweckt werden und sich im Hochgebirge auf schneesichere Lagen beschränken. Auch der Waldmeister *(Galium odoratum)* zeigt eine solche Quieszenz.

Diapause. Samen und Bildungsgewebe zahlreicher Samenpflanzen haben eine jahreszeitliche Dormanz, die zu einer Umstellung des Stoffwechsels führt und sich durch strukturelle Besonderheiten (Winterknospen, Zwiebel, Knolle) auszeichnen kann. Hier läßt sich der für Tiere geprägte Begriff «Diapause» verwenden. Sie ist in ihrer Auslösung und Beendung endogener Natur oder auf äußere Zeitgeber eingestimmt. Als Auslöser wirken vor allem der Wechsel von hohen Tagtemperaturen und niedrigen Nachttemperaturen sowie abnehmende Tageslänge. In der Regel sind Thermo- und Photoperiodismus eng miteinander verknüpft.

Knospendiapause: Zur Zeit der «Vorruhe» nimmt die Konzentration des Phytohormons Abscisinsäure in den Blättern zu. Dies bewirkt Blattfall, Bildung von Blüten- und Blattknospen, Knospenschuppen, verändertes Muster der Enzymsynthesen und Frostresistenz. Zur Zeit der «Vollruhe» im Winter können höhere Temperatur oder Langtag die Knospen nicht zum Austreiben bringen. Es müssen erst eine zeitlang niedrige Temperaturen (0–5° C) eingewirkt haben, damit die Diapause aufgehoben wird. Dabei spielen wieder Phytohormone eine Rolle. Die Konzentration der Abscisinsäure sinkt. Cytokinine und Gibberelline, später auch Indolylessigsäure nehmen zu; erstere fördern die Zellteilung, die anderen beeinflussen das Streckungswachstum. Es ändert sich also der Stoffwechsel, die Frostabhärtung geht verloren. Diese Zeit der «Nachruhe» der Knospen hört in den mittleren Breiten gewöhnlich schon im Februar auf. Von da an ist die Diapause in Quieszenz übergangen, die durch günstige Außenbedingungen schnell beendet werden kann.

Samendiapause: Samen erhalten schon verminderten Wassergehalt, während sie noch an der Mutterpflanze sind. Darüber hinaus benötigen sie später eine gewisse Zeit der Trockenheit zur Diapause. Diese wird wie bei den Knospen durch erhöhten Gehalt von Abscisinsäure, verringerten von Gibberellinen und Cytokininen hervorgerufen. In Diapause befindliche Samen zeichnen sich durch mehr oder weniger große Undurchlässigkeit der Frucht- bzw. Samenschale, des Nucellus oder des Endosperms für Wasser und Gase aus. Zur Keimung der Samen müssen außer Wasser auch niedrige Temperaturen eingewirkt haben. Für viele Kräuter und Holzgewächse sind solche um 5–0° C, für Frostkeimer (meist Hochgebirgspflanzen) unter 0° C erforderlich. Für verschiedene Arten ist Licht eine Voraussetzung zur Keimung; es wirkt über das Phytochromsystem. Die Samen einiger Arten (z. B. *Crataegus)* keimen erst nach dem zweiten Winter, wenn ihre Schale durch Mikroorganismen für Wasser durchlässig geworden ist. Samen von Wüstenpflanzen brauchen hohe Regenmengen, damit die Hemmstoffe ausgewaschen werden. Dringt Wasser hinein, wird im Embryo Gibberellin freigesetzt. Dies ermöglicht die Bildung von Enzymen in der Samenschale, die das Endosperm abbauen, so daß dessen Nährstoffe zum Embryo gelangen. Auch Cytokinine werden nun ausgeschüttet.

Nach *Lage und Schutz der Erneuerungsknospen* während der ungünstigen Jahreszeit unterscheidet man bei Blütenpflanzen: *Phanerophyten* (Bäume und Sträucher mit Knospen über 50 cm Höhe), *Chamaephyten* (Zwergsträucher und Stauden mit Knospen etwa 10–50 cm über dem Boden), *Hemikryptophyten* (Knospen dicht über oder unter der Erdoberfläche), *Geophyten* (tiefer im Boden befindliche Rhizome, Sproßknollen, Zwiebeln). Arten, die als Samen in der Erde überdauern, nennt man *Therophyten*. In den verschiedenen Pflanzenformationen und geographischen Breiten können sich die jeweiligen Anteile dieser Überlebensformen sehr unterscheiden.

3.4.2 Wechselwarme Tiere

Die Entwicklung vieler Tiere wird in ungünstigen Jahreszeiten durch **Quieszenz** unterbrochen, die bei Eintritt günstiger Bedingungen sogleich wieder aufhört. Wichtigste Auslöser für eine solche einfache Drosselung des Stoffwechsels sind Temperatur, Feuchtigkeit und Nahrungsmangel. Sie ist umweltbedingt und tritt in allen Phasen der Entwicklung auf. Niedrige Temperatur bewirkt den Stillstand der Spermatogenese bei Molchen *(Triturus)* im Winter, aber auch die Kältestarre zahlreicher Wirbelloser bei den verschiedensten Tierstämmen.
Dagegen hat die **Diapause** ebenso wie bei den Pflanzen eine endogene Komponente, durch die der Stoffwechsel auf ein niedrigeres Niveau eingestellt und der Bedarf an Sauerstoff vermindert wird. Bei den Eiern der Graswanze *Leptopterna dolobrata* bildet sich in der Embryonaldiapause sogar eine Barriere für Sauerstoff und Wasser, durch die eine partielle Anaërobiose bewirkt wird. Eine entsprechende Undurchlässigkeit für Wasser und Gase wurde schon für diapausierende Samen von Pflanzen hervorgehoben. Bei manchen Arten von Insekten und Milben ließen sich einzelne Individuen oder ganze Populationen selektieren, in denen ein Diapauseverhalten verloren gegangen ist. Wahrscheinlich sind nur wenige Gen-Loci dafür verantwortlich, daß eine Art mit Diapause reagiert.
Diapausen sind vor allem bei Insekten und Spinnentieren verbreitet, aber auch von Daphnien, Copepoden, Schnecken, Muscheln, Nematoden, Regenwürmern und Amphibien bekannt. Indessen können sich selbst verwandte Tiere im Typ der Dormanz unterscheiden. So überwintern im südlichen England beide Geschlechter der Stechmücke *Culiseta annulata* in kälte-induzierter Quieszenz, während die befruchteten Weibchen von *Anopheles atroparvus* den Winter in Gonaden-Diapause überdauern.
In Auslösung, Verlauf und Aufhebung der Diapause gibt es Unterschiede quantitativer und qualitativer Natur. Meistens diapausiert nur ein bestimmtes Entwicklungsstadium. Seltener sind es zwei, wie bei der Langwanze *Ischnodemus sabuleti*. Diese macht im ersten Winter ihres in Nordwestdeutschland zweijährigen Lebenszyklus eine fakultative Larvaldiapause, im folgenden Winter eine obligatorische Imaginal-(Gonaden)diapause durch. Fakultativ bedeutet, daß sich die Diapause in einem für sie sensiblen Stadium bei bestimmten Außenbedingungen manifestiert, bei anderen nicht, so daß potentiell mehr als eine Generation im Jahr durchlaufen werden kann. Bei obligatorischer Diapause sind innere Faktoren entscheidend. Mehr als eine Generation im Jahr ist dann nicht möglich.
Winter- und Sommerdiapause sind prinzipiell nicht verschieden. Die eine ist das Spiegelbild der anderen. Sie wird lediglich durch entgegengesetzte Faktorenbereiche

ausgelöst und beendet. Bei einigen Arten geht Sommer- in Winterdiapause über, bei anderen sind beide Dormanzperioden in getrennte Lebensabschnitte eingeschaltet, bei den meisten kommt nur eine der beiden Diapausen vor. Schließlich sei noch das Phänomen des «Überliegens» erwähnt. Durch eine solche unter Umständen mehrjährige «Superpause» kann wenigstens ein Teil der Population ungünstige Situationen überstehen, die länger als ein Jahr dauern, wie es von Blattwespen besonders bekannt ist.

In der Regel dienen bestimmte Umweltfaktoren als Zeitgeber. Bei manchen Arten ist jedoch Auslösung oder Beendigung, bei wieder anderen das ganze Geschehen der Diapause rein endogen bedingt. Als Zeitgeber sind in den gemäßigten Breiten Tageslänge (Abb. 3.6) und Temperatur am wichtigsten. Außerdem können Feuchtigkeit, Nahrungsqualität oder Überbevölkerung von Einfluß sein. Da die kritische Tageslänge in den verschiedenen Breiten unterschiedlich ist, sind die Populationen einer weit verbreiteten Art auf jeweils andere Werte der Photoperiode eingepaßt. Entsprechendes gilt für verschiedene Höhenzonen im Gebirge. In einigen Fällen, wie bei den Wasserläufern (Gerridae), löst nicht eine kritische Schwelle, sondern die täglich abnehmende Lichtperiode Diapause aus.

Diapause von Parasitoiden ist oft mit derjenigen ihrer Wirte synchronisiert. Sie kann über den Wirt induziert werden, wobei allerdings auch Wirkungen des Schmarotzers auf den Wirt übergehen. Seltener bestimmten Außenfaktoren direkt die Diapause der Parasitoiden im Wirt.

Die Zeitmessung der Diapause ließe sich in manchen Fällen schon nach dem Prinzip der Sanduhr verstehen. Mehr spricht für einen Mechanismus, der in Zellen des Zen-

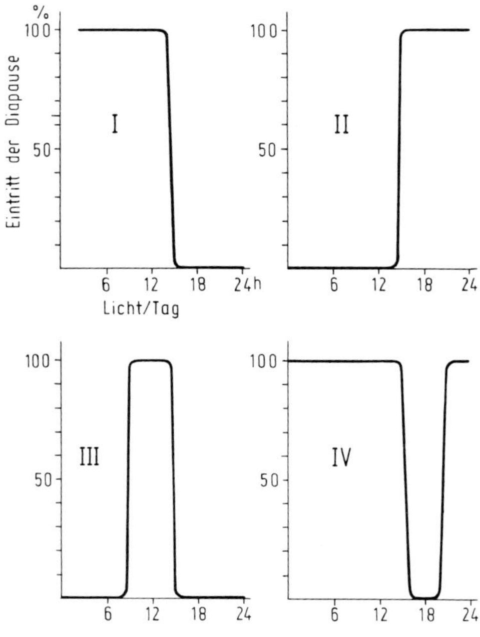

Abb. 3.6: Verschiedene Typen der Induktion von Diapause durch die Photoperiode bei Insekten (nach Beck 1980).
I durch Kurztag, II durch Langtag, III und IV durch unterschiedliche Verhältnisse der Tageslängen.

tralnervensystems nach dem Prinzip von Wechselbeziehungen der Phasen zweier Oszillatoren arbeitet. Der eine würde durch die Lichtperiode, der andere durch die Dunkelperiode aktiviert. – Oft geht Diapause mit der Wintersonnenwende, spätestens (ebenso wie die der Pflanzen) ein bis zwei Monate danach in Quieszenz über, die einen schnelleren Beginn der Aktivität erlaubt. Der Druck zur Weiterentwicklung kann sich dann verstärken, je länger die Tiere noch in Ruhe verweilen müssen. So benötigen die in NW-Deutschland Anfang Januar aus 5° in 20° C gebrachten Raupen der Eule *Mythimna pallens* sechs Wochen bis zur Verpuppung, bei denen dies Anfang Februar geschah, 5 Wochen, und die Anfang April in 20° C überführten Raupen nur drei bis vier Wochen.

3.4.3 Warmblüter

Winterruhe. Einige Raubtiere (Dachs, Bären) und Eichhörnchen *(Sciurus)* verbringen die kalte Jahreszeit in einem Schlafzustand von größerer Tiefe und Länge, bei dem die Körpertemperatur herabgesetzt ist. Beim Schwarzbär *(Ursus americanus)* sinkt sie von 37,5 auf 31,5° C, und die Pulsfrequenz geht von 50 auf 10 Schläge in der Minute zurück. Während der Schlafperiode genügen die im Körper gespeicherten Stoffe. Weder Kot noch Harn werden ausgeschieden. Stickstoff beim Abbau von Eiweiß, Glyzerin beim Abbau von Fetten werden wieder verwertet. Es entsteht Pyruvat, das zusammen mit Aminosäuren zum Aufbau von Eiweiß dient. Dadurch wird verhindert, daß sich der für den Körper schädliche Harnstoff anreichert oder daß bei dessen Ausscheidung mit dem Harn lebenswichtige Flüssigkeit verloren geht.

Torpor. Einige Vögel wie Kolibris, Nachtschwalben (Caprimulgidae), Mauersegler *(Apus)*, aber auch kleine Säugetiere, vor allem Fledermäuse, Spitzmäuse und Känguruhratten (Heteromyidae) können ihre Körpertemperatur schon im Tagesrhythmus sehr verändern, wenn die Umgebungstemperatur stark absinkt oder die Nahrung knapp wird. Bei der amerikanischen Nachtschwalbe *Phalaenoptilus nuttalli* und bei Fledermäusen kann ein solcher Torpor zu jahreszeitlicher Lethargie führen. Zwischen Torpor und echtem Winterschlaf gibt es keine scharfen physiologischen Grenzen. Sie unterliegen dem gleichen Mechanismus. Bei Torpor geht der Verbrauch an Sauerstoff beträchtlich zurück, weil die Körpertemperatur unter Umständen 15–20° C tiefer liegt als in der aktiven Periode. Bei Torpor und Winterschlaf hört unterhalb einer kritischen Temperatur der Umgebung die Thermoregulation auf. Sinkt die Außentemperatur weiter, so setzt der Regulationsvorgang wieder ein. Die aktive Steuerung der Körpertemperatur führt zu einer höchst wirksamen Ersparnis des Verbrauchs an Energie, die bei Kolibris bis zu 98 % erreicht.

Echter Winterschlaf. Er kommt bei Igeln, Zieseln, Murmeltieren, Hamstern, Bilchen, Springmäusen und einigen anderen Säugern vor. Im Unterschied zum Torpor handelt es sich jedoch nicht um eine nachträgliche (konsekutive), sondern um eine

«vorausschauende» (prospektive) Dormanz. Seine endogene Grundlage wird durch Außenfaktoren mit der Jahresperiodik synchronisiert. Schon vor Eintritt des Winterschlafes bedingen Zeitgeber, vor allem die Tageslänge, eine hormonelle Umstellung. Sie führt zu geänderten Verhaltensweisen, innerer Bereitschaft und Reservespeicherung. Auslösend wirkt später eine kritische Umgebungstemperatur, deren Höhe bei den einzelnen Winterschläfern verschieden liegt. Bei Zieseln der Gattung *Cynomys* beginnt der «Winterschlaf» schon im August und dauert bis zum folgenden Frühjahr.
Dem Sinken der Körpertemperatur auf 5° bis fast 0° C ist eine Grenze gesetzt (Minimaltemperatur). Fällt die Außentemperatur weiter ab, so setzt die Thermoregulation ein. Während des Winterschlafs wird der Stoffwechsel auf etwa 10 % des Ausgangswerts reduziert. Das Atemzentrum ist gehemmt, der Blutdruck herabgesetzt, der Kreislauf verlangsamt. Winterschlafende Tiere liegen meist eingerollt, so daß sich die Atemöffnung in der Mitte des Körpers befindet. Ihr Schlafpelz ist zudem schlecht durchlüftet. So versetzen sich die Tiere gleichsam in eine «CO_2-Narkose». Der erhöhte CO_2-Gehalt des Blutes hemmt das im Mittelhirn gelegene Zentrum der Temperaturregulation. Im Körper gespeichertes Fett dient als Hauptenergiequelle. Trotz geminderter Nierenfunktion sind Mineral- und Wasserstoffwechsel stabilisiert. Gehör und Hautrezeptoren funktionieren auch während des Winterschlafs.
Beim Erwachen, das ebenfalls auf einem Zusammenspiel endo- und exogener Faktoren beruht, wird das zwischen den Schulterblättern und in Nacken- und Halsregion liegende braune Fettgewebe («Winterschlafdrüse») mobilisiert. Es hat durch hohen Gehalt an Cytochrom einen schnellen O_2-Verbrauch und ist ein Ort intensiver chemischer Wärmeerzeugung. Später erhöht sich die Körpertemperatur (KT) durch Muskelzittern, das viel Energie verbraucht. Aktivität setzt bei 15–20° C KT ein.

Embryonaldiapause. Sie ist eine Besonderheit einiger Säugetiere. Man kennt sie von Raubsäugern (Ursidae, Mustelidae, Phocidae) und vom Reh *(Capreolus)*, außerdem von bestimmten Beuteltieren *(Macropus)*, Fledermäusen, Spitzmäusen und Nagetieren. Die Blastocyste bleibt lange frei im Lumen des Uterus, bevor sie in deren Wandung eingebettet wird. Ihr Wachstum während dieser Zeit ist sehr verlangsamt. Das Reh paart sich im Sommer. Erst nach 5 Monaten (Ende Dezember/Anfang Februar) wird die Blastocyste implantiert. Dann entwickelt sie sich schnell weiter, so daß die Geburt in den Mai fällt. Zeitgeber für Embryonaldiapause ist meistens die Photoperiode. Beim Dachs spielt außerdem die Temperatur, bei Fledermäusen die Nahrungssituation eine Rolle. Die Außenfaktoren wirken über den mütterlichen Organismus indirekt auf die Blastocyste. Hierzu gibt es eine Parallele in der Embryonaldiapause mancher Schmetterlinge.

3.5 Wanderungen (Migrationen)

Tiere haben die Möglichkeit gerichteten, periodischen Ausweichens, bevor ungünstige Situationen längere Zeit ihre Aktivität beeinträchtigen würden. Anlage und Art der Migration sind meist erblich festgelegt, doch wirken wie bei der Dormanz oft bestimmte Zeitgeber (Tageslänge, Temperatur, Nahrungsmangel, Windverhältnisse) als Auslöser. Echte Migrationen müssen von bloßer Auswanderung (Emigration) unterschieden werden, bei der infolge zu großer Dichte der Population ein Teil der Individuen wegen Mangel an Nahrung fortzieht, ohne zurückzukehren.

Meerestiere. Wale ziehen vor der zunehmenden Vereisung polarer Gebiete im Winter aus den arktischen Bereichen nach Süden, aus den antarktischen nach Norden. Dadurch gelangen sie bis in die tropischen Meere, die ihnen noch genügend Nahrung bieten. Wanderungen kommen bei Robben, beim Eisbär, bei Meeresschildkröten, bei den ana- und katadromen Fischen vor.
Der katadrome Europäische Aal *(Anguilla anguilla)* laicht im Sargassomeer nördlich der Westindischen Inseln. Von dort breiten sich die Larven in alle Richtungen aus. Doch nur diejenigen, die in den Golfstrom gelangen, erreichen in etwa 3 Jahren als «Glasaale» die europäischen Küsten. Hier wandern sie durch ihren Geruchsinn geleitet, von den Flußmündungen aufwärts in Seen, in denen sie zunächst als «Grasaal» leben und vom 10. Lebensjahr an geschlechtsreif werden («Blankaal»). Die Rückwanderung aus Mitteleuropa erfolgt durch Orientierung nach dem Magnetfeld der Erde, das sie in NNW-Kurs aus der Nordsee herausführt. Sobald sie im Salzwasser sind, wird ihr Geruchssinn sensibilisiert. Erst über dem steil abfallenden Kontinentalhang wenden sich die Aale nach Westen zu ihrem endgültigen Kurs, in dem sie mit der kalten Gegenströmung unter dem Golfstrom zum Sargassomeer treiben.

Amphibien. Ein Teil der Frösche, Kröten und Molche aus Gebieten mit kalten Wintern begibt sich schon im Herbst aus den Sommerquartieren in die Nähe der Brutplätze zurück. Die meisten suchen diese aber erst im Frühjahr auf. Je nach der Art kann die Wanderung bis zu mehreren Wochen dauern, wenn längere Pausen eingelegt werden. Nahrung wird in dieser Zeit nicht aufgenommen. Die Bereitschaft zum Wandern wird durch die Tageslänge bedingt, jedoch von den Verhältnissen der Witterung dann ausgelöst. Bei einigen Arten scheint allerdings das ganze Wandergeschehen endogen bestimmt zu sein. Im Anschluß an die Laichzeit im Frühjahr machen manche eine Dormanzperiode durch. Nach Untersuchungen in Mitteleuropa wanderten Erdkröten *(Bufo bufo)* etwa 2200 m, Grasfrösche *(Rana temporaria)* 800 m, Laubfrösche *(Hyla arborea)* 600 m, Molche *(Triturus)* 400 m weit.

Vogelzug. Ihm geht eine «Zugunruhe» (Zugstimmung) voraus, die in den meisten Fällen angeboren ist und durch Zusammenwirken mit Außenbedingungen (Photoperiode, Temperatur) gesteuert wird. Richtung und Entfernung des Zuges sind genetisch programmiert. Als Auslöser dienen verschiedene Kompaßsysteme, die

zum Teil erst während der Ontogenese in einer sensiblen Phase erlernt werden. Wichtig sind das geomagnetische Feld, Sonne, polarisiertes Licht, Sternenbilder bzw. die scheinbare Drehung des Himmel mit dem Polarstern als stillstehender Mittelpunkt der Rotation, ferner Geländemarken. Aus der Fülle von Orientierungsfaktoren können Vögel sich die am besten geeigneten herausfiltern. Beim magnetischen Feld wird der Verlauf der Feldlinien und deren Inklination im Raum, aber nicht die Polarität des Gesamtfeldes genutzt. Der Vogel nimmt also die Neigung der Feldlinien wahr und kann dadurch zwischen pol- und äquatorwärts unterscheiden. Jenseits des Äquators wird der Kompaß auf «umgekehrte Richtung» gestellt.
Vor weiten Flügen wird ein beträchtliches Fettdepot angelegt. In Wüstengebieten werden die Fettvorräte in Oasen ergänzt oder mindestens schattige Stellen aufgesucht. Nachtzieher ruhen dort am Tage. Manche Arten überfliegen Hochgebirge in direkter Richtung, andere umgehen ungünstige Strecken (Abb. 3.7). Auch dies ist angeboren. Einige Limikolen können 7500 km ohne Unterbrechung über den Ozean fliegen.
Neuerdings hat die Mönchsgrasmücke *(Sylvia atricapilla)*, die normalerweise im Mittelmeergebiet überwintert, zum Teil in Südengland und Irland geeignete Winterquartiere entdeckt. Hier wird also eine mikroevolutionäre Änderung der Zugrichtung ersichtlich.

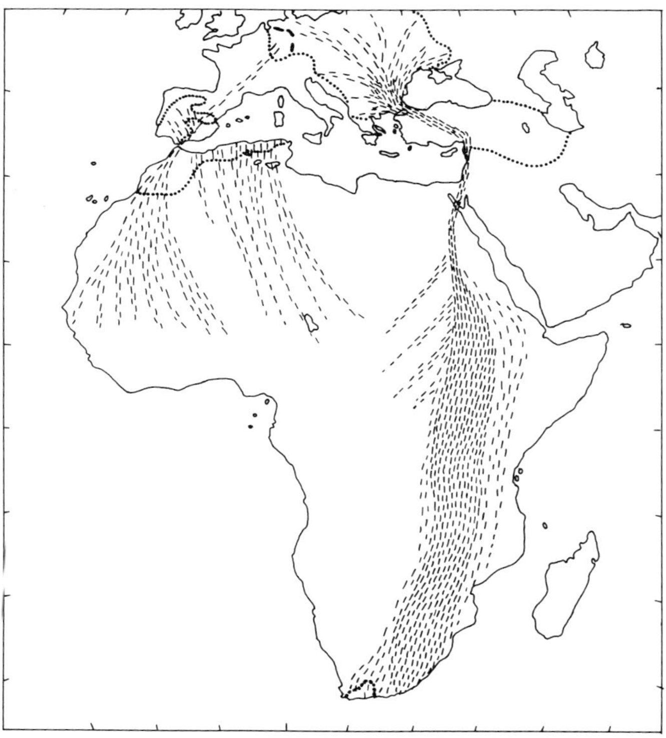

Abb. 3.7: Zug des Weißstorches *(Ciconia ciconia)* (nach Schüz 1971).

Über Unterbrechung, Umwege und Heimfindung gibt es die Vektor-Navigations-Hypothese. Man hält es für möglich, daß das Gehirn jeden Winkel, um den der Vogel bei seinem Hinflug abweicht, in zwei zueinander senkrechte Komponenten (Sinus und Cosinus) zerlegt, und daß diese beiden Werte fortwährend über den gesamten Weg summiert werden. Aus den Summenwerten könnte das Tier seinen Heimweg «errechnen». Es braucht nur in Richtung der Diagonale zurückfliegen, bis beide «Summenspeicher» entleert sind. Das Prinzip würde also auf einer Summierung von Winkelkomponenten über die Wegstrecke beruhen.

Bei den sog. *Wettervögeln*, zu denen manche Limikolen, Enten und Greifvögel gehören, wird die Zugbereitschaft ebenfalls durch Änderung der Tageslänge ausgelöst. Jedoch wirken bei ihnen die Witterungsbedingungen für den Zugbeginn in stärkerem Maße. Daher kann die Wanderung in den einzelnen Jahren zeitlich verschieden liegen.
Die als *Teilzieher* bezeichneten Vögel wandern nur aus bestimmten Bereichen ihres gesamten Areals fort, in die sie wieder heimkommen. Auslöser sind in erster Linie zu große Populatiosdichte und Nahrungsmangel. Als Beispiele seien Amsel *(Turdus merula)* und Mäusebussard *(Buteo buteo)* genannt.
Invasionsvögel emigrieren infolge Nahrungsmangel oder langfristig ungünstigen Witterungsbedingungen weit über ihre Arealgrenzen, ohne zurückzukehren. Es ist der Überschuß von Bevölkerungen, die dadurch entlastet werden. Dies kann z. B. beim Fichtenkreuzschnabel *(Loxia curvirostra)* und beim Tannenhäher *(Nucifraga caryocatactes)* nach einer schlechten Zapfenernte in der sibirischen Taiga der Fall sein.

Fledermäuse haben in ihren Wanderungen Ähnlichkeit mit dem Vogelzug. Sie fliegen oft gleichzeitig, zum Teil sogar in gemischtem Verband aus dem Norden mit Vögeln und gelangen so zu ihren Winterplätzen nach Mitteleuropa. Bei den dort heimischen Arten gibt es kleinere Migrationen verschiedenen Ausmaßes zwischen Brutplatz und Winterquartier. Man unterscheidet Fernwanderer, die über 250 km zurücklegen (z. B. *Nyctalus noctula)*, Mittelstrecken-Wanderer bei Entfernungen zwischen 20–250 km *(Eptesicus serotinus)* und Kurzstrecken-Wanderer unter 20 km *(Plecotus auritus)*.

Huftiere. Manche Arten wandern entsprechend dem Wechsel der Jahreszeit. Rentiere der arktischen Tundra begeben sich im Winter in die südlicher liegende Taiga und sammeln sich im Frühjahr zur Rückkehr. Migrationen sind vom amerikanischen Wapiti *(Cervus elaphus canadensis)* und von asiatischen Rehen und Hirschen bekannt. Typisch sind sie vor allem für die gemischten Huftierherden der afrikanischen Savanne zwischen Trocken- und Regenperioden.

Nagetiere. Als Beispiel sei nur der Berglemming *(Lemmus lemmus)* in der Tundra Fennoskandiens erwähnt. Er ernährt sich im Sommer in moorigem Gelände von Moosen und Seggen, wandert im Herbst auf trockenere Areale, in denen er im Winter unter der schützenden Schneedecke Moose abweiden kann, und kehrt nach der Schneeschmelze zu seinen Sommerplätzen zurück.

Wanderinsekten. Wie bei Vögeln scheint ihnen die Flugrichtung angeboren zu sein, und zur Orientierung dienen gleichfalls die Sonne, polarisiertes Licht und das Magnetfeld der Erde. Fernflüge zu Winterlagern im Gebirge sind von Marienkäfern bekannt, so von *Semiadalia undecimpunctata* in Eurasien und von *Hippodamia convergens* in Kalifornien. Die Fernflüge beginnen, sobald sich genügend Fettreserven im Körper gebildet haben, bei einer bestimmten, vorherrschenden Windrichtung. Das kann schon im Sommer der Fall sein. Nach einer gewissen Flugdauer erlischt die Flugstimmung. Dann lösen auffallende Geländemarken das Aufsuchen eines Winterquartieres aus. Chemotaktische Reize der zuerst eingetroffenen Individuen veranlassen später ankommende sich beizugesellen bis durch Wirkung von Pheromonen immer dichtere Ansammlungen entstehen. Bei umgekehrter Windrichtung bzw. Wetterlage im Frühjahr fliegen die Käfer aus ihrem Winterlager die gleiche Entfernung zurück. – Fernflüge zur Überwinterung im Gebirge führt auch die Asiatische Getreidewanze *(Eurygaster integriceps)* durch. Sie kann dabei Strecken von mehreren hundert Kilometern durchmessen.
Bei einigen Wanderinsekten geschieht der Rückflug größtenteils von Angehörigen der nächsten oder noch späterer Generationen. Der nordamerikanische Tagfalter *Danaus plexippus* fliegt im Herbst zur Überwinterung nach Südkalifornien und Mexiko, von wo nach der Begattung im Februar/März die neue Generation sich in nördlicher und nordwestlicher Richtung ausbreitet. Nur wenige Falter der überwinterten Generation legen, unterstützt durch Windverfrachtung, den größten Teil der Strecke ihres Herbstfluges wieder zurück. Im allgemeinen erreicht aber erst die 4. oder 5. Generation ihre nördliche Arealgrenze. Der Rückflug entspricht also mehr einer Art Staffellauf. – Außer *Danaus* gibt es etliche Wanderfalter in der Alten und Neuen Welt, bei denen sich Migration und Emigration nicht immer eindeutig trennen lassen. Beispiele dafür sind zwei Weißlinge: *Ascia monuste* in Florida und der Große Kohlweißling *(Pieris brassicae)* in Mitteleuropa. Der Wandertrieb von *Ascia* beginnt an der Mangroveküste Floridas 18 Stunden nach dem Schlüpfen aus der Puppe und erlischt im Imaginalalter von 30 Stunden, währt also nur 12 Stunden lang.
Von der großen Zahl der Heuschrecken haben nur wenige Arten einen angeborenen Wandertrieb, der unter bestimmten Bedingungen ausgelöst wird. Sie können schon als Jugendstadien am Boden und als erwachsene Flugtiere in der Luft wandern. Spezielle Verhältnisse liegen bei der Wüsten-Wanderheuschrecke *(Schistocerca gregaria)* vor. Ihre wichtigsten Brutplätze im Spätsommer und Herbst befinden sich in Halbwüsten südlich der Sahara und im indischen Subkontinent. Thermische Aufwinde führen dort im Spätherbst zu konvergenten Luftströmungen, die große Schwärme der Heuschrecke erfassen und z. B. in Westafrika bis in die Küstengebiete der Maghreb-Länder verfrachten. Hier finden die Tiere dann ideale Brutplätze, in denen sich eine neue Generation entwickelt. Diese kehrt im Mai/Juni mit der nun aus umgekehrter Richtung kommenden Großwetterfront in die südlichen Brutbereiche der Art zurück.

Gesetzmäßigkeiten. In der Analyse der Wanderungen von Tieren lassen sich einige allgemeine Prinzipien erkennen.

1) Nur bestimmte Arten einer Gruppe, in der echte Wanderungen vorkommen, haben einen angeborenen Wanderbetrieb. Nicht alle Wale, Fledermäuse, Vögel, Amphibien, Fische, Spinnen oder Insekten wandern regelmäßig, obwohl sie den gleichen Lebensraum wie die wandernden Arten bewohnen.
2) Der Wandertrieb tritt meist in einer bestimmten, kurzen Lebensperiode auf, oft vor oder nach der Fortpflanzung.
3) Vor der Wanderung wird häufig ein Fettdepot angelegt. Zugvögel mit sehr langen Routen verbrauchen dies weitgehend und können bis 50 % ihres Körpergewichts verlieren.
4) Wanderungen stehen bei Insekten und Wirbeltieren eng mit dem Hormonsystem in Beziehung.
5) Während der Wanderung werden wichtige Lebensfunktionen wie Fortpflanzung, oft auch Nahrungsaufnahme unterdrückt.
6) Wandertiere haben häufig ein weites Wohnareal mit recht unterschiedlichen Bedingungen, an die sie im Gegensatz zu den nur emigrierenden Tieren gut angepaßt sind.
7) Wanderungen betreffen in erster Linie Nahrungsvorkommen, Brutplätze, Sommer- und Winterquartiere. Dies gilt übrigens auch für Nahwanderungen, die eine große Rolle im Leben vieler Arten spielen.

3.6 Gelegenheitsnutzung (Opportunismus)

3.6.1 Ausbreitung und Etablierung

Der Ungunst der Umwelt können viele Organismen durch schnelle Reaktion auf veränderte Bedingungen und durch die Fähigkeit rascher Besiedlung eines verloren gegangenen oder neu entstandenen Lebensraumes begegnen. Im Gegensatz zu periodischen Wanderungen ist eine solche Ausbreitung im allgemeinen ungerichtet. Doch gibt es wie bei allen Erscheinungen des Lebens Übergänge. Man kann sogar eine interessante Analogie im passiven Teil des Hin- und Rückflugs der Wanderheuschrecke *Schistocerca gregaria* zum Sporenflug von Schwarzrost *(Puccinia graminis tritici)* und Braunrost *(P. triticina)* des Weizens in Nordamerika sehen. Wurden genügend Sporen erzeugt, so werden sie im Frühjahr mehrere tausend Kilometer von Texas bis nach Wisconsin verfrachtet. Im Süden würden sie den Sommer nicht überstehen. Umgekehrt bringt die herrschende Windrichtung im Herbst Sporen dieser Rostpilze über den ganzen Kontinent bis nach Texas; im Norden könnten sie den Winter nicht überdauern.

Ausbreitung durch Wind und Wasser. Bakterien, Diasporen (Sporen, Samen, Früchte) (Abb. 3.8), Diatomeen, vegetative Teile von Pflanzen, kleine Tiere (Luftplankton) werden passiv von Wind, viele auch von Wasser verbreitet und sind an diesen Modus angepaßt. Etliche gehen dabei zugrunde, doch fassen hinreichende Mengen Fuß, wo geeignete Bedingungen vorhanden sind. Bei Untersuchungen des

Sporengehaltes der Luft über Agrarland wurden Sporen saprophytischer Pilze *(Cladosporium, Botrytis)* während der ganzen Vegetationsperiode festgestellt. Solche von spezialisierten Phytoparasiten (Echte Mehltaupilze, Brandpilze) befanden sich im wesentlichen nur während der wenigen Wochen in der Luft, in denen eine geeignete Befallsphase des Wirts und eine für das Gedeihen der Pilze günstige Witterung zusammentreffen. Für die Nahausbreitung von phytopathogenen Bakterien und Pilzen haben oft schon Regenspritzer Bedeutung. Die Ausbreitung der meisten Samen verringert sich schnell und kontinuierlich mit wachsender Entfernung.

Bei kräftigem Wind ist die Luftströmung vorwiegend laminar, so daß Sporen, Samen, Früchte, zarte Insekten in kurzem Abstand wieder zum Haften kommen können. Konvektionsströmungen dagegen bewegen die Luftteilchen turbulent und wirbeln das «Luftplankton» durch Aufwinde in höhere Schichten. Dadurch kann eine Verfrachtung über weite Entfernungen stattfinden. In über 4000 m Höhe wurden keimfähige Uredosporen von Rostpilzen, kleine Dipteren, parasitische Hymenopteren und Blattläuse nachgewiesen. In über 3000 m Höhe befanden sich noch Käfer und Spinnen in der Luft. In einigen Familien der letzteren hat sich durch Ausscheiden von Spinnfäden gleichsam ein passiver Transportmechanismus ausgebildet (Altweibersommer).

Diasporen von Wasserpflanzen haben oft besondere Anhänge, die ein Flottieren ermöglichen. Die Kokosnuß besitzt Schwimmgewebe. Viele Insekten, vor allem Käfer, können lange Zeit Salzwasser ertragen. Durch Wind-Wassertransport kamen etliche Arten aus den baltischen Ländern über den Finnischen Meerbusen nach Südfinnland. Auch neu im Meer entstandene Inseln können auf solche Weise besiedelt werden.

Ausbreitung durch Tiere. Fische, Reptilien, Vögel, Säugetiere und Ameisen verbreiten Samen und Früchte. Sporen von Pilzen werden durch Regenwürmer, Nematoden, Schnecken und Insekten, Viren durch Insekten, Milben und Nematoden verschleppt (Abb. 3.8).

Ein gutes Beispiel für Transport durch Vögel ist die Ausbreitung der Arve *(Pinus cembra)* im Gebirge durch den Tannenhäher *(Nucifraga caryocatactes)*. Er sammelt im Herbst die Samen aus den Zapfen, um sie nach oftmals weiten Flügen, die über die Waldgrenze bis in die Krummholzzone führen können, zu verstecken. Selbst bei geschlossener Schneedecke findet er zwar den größten Teil der Samen wieder. Der unentdeckte Rest kann aber in beträchtlicher Entfernung von seiner Ursprungsquelle auskeimen. Die Wirksamkeit einer solchen Ausbreitung von Pflanzen durch Tiere zeigt sich allgemein in der Verschiebung der Areale von Nadelhölzern mit großen, kalorienreichen Samen.

Häher haben harte Mägen, welche die Samen zerstören. Bei Vögeln mit weichen Mägen, zu denen die Drosseln *(Turdus)* gehören, werden nur die fleischigen Teile der Früchte verdaut. Die Samen verlassen den Darm unversehrt und bleiben keimfähig. Ebenfalls gehen die Sporen der Stinkmorchel *(Phallus impudicus)* unbeschädigt durch den Darm der sie verbreitenden Fliegen. Außer einer derartigen inneren Verbreitungsweise gibt es die äußere, bei der Sporen, Samen, Früchte, kleine Tiere

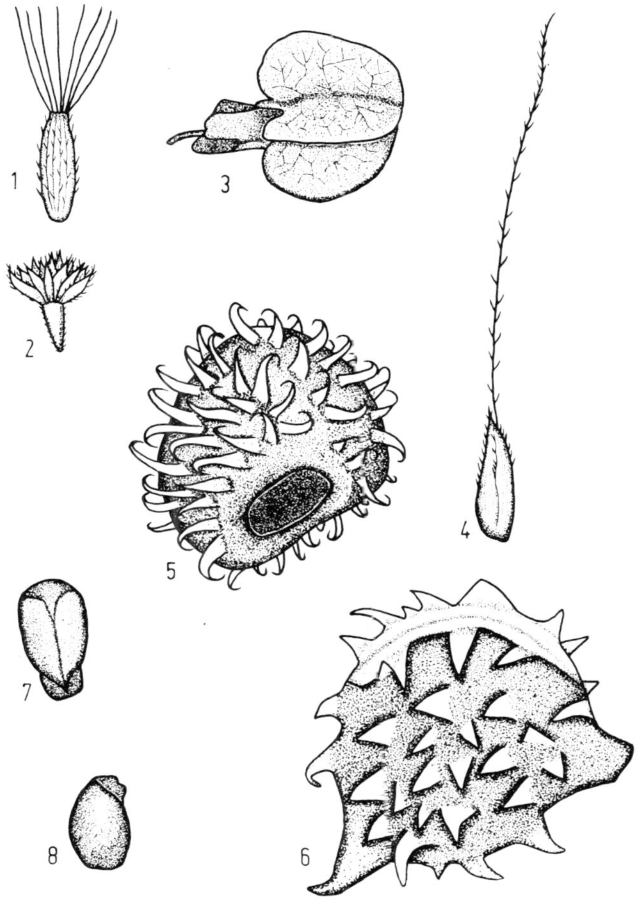

Abb. 3.8: Früchte bzw. Samen von Unkräutern und ihre Verbreitung durch Wind (1–4), größere Tiere (5–6) und Ameisen (7–8) (nach Grümmer u. Natho 1958).
1: *Senecio vulgaris*, 2: *Galinsoga parviflora*, 3: *Rumex acetosa*, 4: *Apera spica-venti*, 5: *Galium aparine*, 6: *Ranunculus arvensis*, 7: *Lamium purpureum*, 8: *Viola arvensis*.

(oder bestimmte Stadien derselben) am Körper eines Transportwirtes haften bleiben und dadurch verschleppt werden. Hierzu gehört auch der Transport «blinder Passagiere», etwa vom Nematoden und Milben durch dung- und aasbesuchende Fliegen und Käfer.

Etablierung. Rasche Besiedlung ist dort wichtig, wo die Lebensbedingungen sich schnell ändern: Meeresküsten, Ufer von Binnengewässern, Landschaften mit Pioniervegetation oder häufigen Feuern, Äcker, Ruderalstellen. Durch hohe Zahl an

Nachkommen und manche Weise beschleunigter Fortpflanzung wird zufällige Ausbreitung erfolgreich. Bei Tieren kann die zunächst unfreiwillige, passive Verbreitung in eine aktive übergehen, ohne unbedingtes Ziel oder gar Rückkehr zum Ausgangsplatz.
Dispersion als eine Gelegenheitsnutzung ist nicht nur für Organismen unstabiler Biotope wichtig, sondern auch für solche, die in selten vorkommenden, weit voneinander entfernten leben, wie sich unter anderem am Beispiel der Jugendstadien von Wolfspinnen (Lycosidae) ergab.

3.6.2 Para- und Metabiosen

Es gibt Gesellungen, die dem einen Partner für Wohnen, Schutz, Transport oder Nahrung Vorteile bieten, dem anderen aber keine Nachteile bringen. Dabei kann es sich um nachbarliches Wohnen (Parökie), Einmietung (Synökie), Siedeln auf dem Körper eines Wirtes (Epökie), vorübergehenden Transport (Phoresie), Aufenthalt im Wirt (Entökie) oder um eine zeitlich später liegende Sekundärnutzung (Metabiose) handeln. Auch hier haben sich also Methoden entwickelt, günstige Gelegenheiten zu nutzen.

Parökie. Manche gewöhnlich einzeln brütenden Vögel der Meeresküsten halten sich mit Vorliebe in Brutkolonien von Seeschwalben und Möwen auf, wo sie vor Raubmöwen *(Stercorarius)* geschützt sind. – Der Kuhvogel *(Molothrus ater)* in Nordamerika, der früher den Büffelherden folgte, begleitet heute die Rinderherden. – Bestimmte Fische sind stets mit Nahrung erbeutenden Arten vergesellschaftet, also Restnutzer. – Verschiedene Fische und Krebse suchen regelmäßig den Schutz von Medusen, andere den von Seeigeln. – Einige Ameisen benutzen Duftstraßen von fremden Arten, um zu deren Nahrungsquellen zu gelangen.

Synökie. Viele Tiere leben in Wohnungen anderer, ohne diese zu belästigen oder vom Wohnungsinhaber gestört zu werden. Steinschmätzer *(Oenanthe)* brüten öfters in Kaninchenbauen. – *Polyonyx*-Krabben (Porcellanidae) halten sich häufig in Röhren des Borstenwurms *Chaetopterus* auf. Desgleichen befinden sich mehrere Mitbewohner in Gängen des Wattwurms *(Arenicola)*. – In Nestern und Bauen der Warmblüter und staatenbildenden Insekten gibt es eine große Zahl von Gästen (Nidicole) unter den Arthropoden, die sich dort von Abfällen oder Nistmaterial ihrer Wirte ernähren und ein geeignetes Mikroklima gefunden haben.

Epökie. Viele Pflanzen und Tiere siedeln auf anderen Organismen, ohne von ihnen zu schmarotzen. Grünalgen *(Pleurococcus)*, Flechten und Moose an Baumstämmen in Wäldern der gemäßigten Zonen, die Austrocknung vertragen, aber auch die zahlreichen Epiphyten der tropischen Regenwälder sind hier zu nennen. Die Kryptogamen nehmen Feuchtigkeit aus der Luft durch ihren ganzen Vegetationskörper auf, die Phanerogamen durch besondere Organe, wofür die Luftwurzeln der Orchideen oder die Blätter der Bromeliaceen Beispiele sind. Eine solche Aufsiedlung ist

keineswegs immer zufälliger Natur. So begünstigen in manchen Fällen chemische Stoffe die Keimung von Epiphyten auf bestimmten Bäumen, wie für Orchideen im montanen Regenwald Javas nachgewiesen wurde. Wo die Zweige von *Cestrum aurantiacum* sich mit denen von *Saurania penduliflora* im Gewirr der Äste verflechten, bleibt dennoch die Orchidee *Oberonia oxystophyllum* auf die eine, *Liparis bilobulata* auf die andere Baumart beschränkt.
Beispiele für Epökie bei Tieren sind *Hydractinia*-Polypen auf dem Gehäuse von Wellhornschnecken *(Buccinum)*, Seepocken auf Meeresschildkröten, Haien und Walen. Der Borstenwurm *Polydora ciliata* bohrt sich in die Schale der Strandschnecke *(Littorina littorea)*, wenn diese eine gewisse Größe erreicht hat. Der Wurm wird wahrscheinlich durch Sexualduftstoffe der Schnecke angelockt, deren Bildung mit der Geschlechtsreife zugleich Veränderungen der Schalenoberfläche hervorrufen. – Häufig befinden sich peritriche Ciliaten und Suctorien an Kleintieren im Meer und Süßwasser. Diese Protozoen besiedeln sogar die von den hinteren Beinpaaren gebildeten und stets feucht gehaltenen Kiemenräume von Landasseln.
Wenn eine Art die andere als ständigen Transporteur benutzt, spricht man auch von Symphorismus, während ein nur vorübergehender Transport als Phoresie bezeichnet wird.

Phoresie spielt für die Verbreitung mancher Organismen eine wichtige Rolle. Triungulinuslarven der Ölkäfer *(Meloë)* lassen sich von Erdbienen in deren Nester tragen, wo sie sich weiterentwickeln, indem sie zunächst das Bienenei, dann den Honigvorrat fressen. – Mallophagen können von Stechmücken, *Bryobia*-Milben und *Antherophagus*-Käfer von Hummeln verbreitet werden. – An blutsaugende Dipteren heftet die amerikanische Dasselfliege *Dermatobia hominis* ihre Eier, um ihre Brut auf einen geeigneten Wirbeltierwirt zu bringen. – Phoresie kommt bei Milben und Nematoden vor, die Aas und Dung bewohnen, sobald die alten Substrate ihnen keine Lebensmöglichkeit mehr bieten. – Auch bei Süßwassermilben gibt es interessante Fälle von Phoresie. Dafür ein Beispiel: *Unionicola crassipes* legt ihre Eier in den Subdermalraum von Schwämmen. Die Larven verlassen den Schwamm und suchen Wohnröhren von Chironomidenpuppen auf. Sie heften sich an die Puppe und gelangen dadurch später mit ihnen an die Wasseroberfläche (Phoresie). Erst auf den Mücken selbst leben sie einige Tage parasitisch, um sich dann wieder vom Wirt zu lösen, ins Wasser zu kommen und sich in einem Schwamm zur Nymphe zu verwandeln. Diese und die adulte Milbe leben räuberisch (Abb. 9.8). – Die Larven und Puppen bestimmter Kriebelmücken (Simuliidae) in Afrika werden phoretisch von Süßwassergarnelen getragen. – Bei den Schiffshalterfischen *(Echineis)* ist ein Teil der Rückenflosse zu einer Saugscheibe geworden, mit der sie sich an Meeresschildkröten und Haie anheften können. – Schließlich sei die passive Phoresie bei der Verbreitung von Früchten und Samen durch Tiere, von Wasserorganismen durch Vögel, von Pilzsporen durch Insekten erwähnt.

Entökie. In einigen Fällen dienen Hohlräume des Wirtskörpers als Wohnung. Bekannt ist dies vor allem von den Jungtieren des Nadelfisches *Carapus (Fierasfer)* in den Wasserlungen von Seegurken (Holothurien), in die sie über deren After und

Enddarm hineingelangen. Die erwachsenen Fische durchstoßen allerdings die Wasserlungen und ernähren sich dann von den Gonaden ihres Wirtes, sind also bereits Parasiten geworden. – Das Weibchen des Bitterlings *(Rhodeus amarus)* legt seine Eier mit Hilfe einer langen Legeröhre in die Zwischenräume der Kiemenlappen von Teichmuscheln *(Anodonta)*. – Die Nemertine *Malacobdella grossa* befindet sich sehr häufig im Mantelraum der Muschel *Arctica (Cyprina) islandica*. Auch unter Copepoden und Garnelen gibt es eine Anzahl von Muschelbewohnern. – Einige Krebse und Polychaeten halten sich im Kanalsystem von Schwämmen auf. – Etwa 50 Arten von Ciliaten leben im Darm von Seeigeln. – *Entamoeba gingivalis* im Zahnbelag oder *E. coli* im Darm des Menschen finden dort Wohnung und Nahrung, ohne den Wirt zu schädigen.

Metabiose. Viele Organismen sind durch ihre Lebenstätigkeit Wegbereiter für andere. Dabei kann es zu recht engen Abhängigkeiten kommen, wie bei den Nitritbakterien, die durch Oxidation von NH_4^+ zu NO_3^- die Existenzgrundlage für Nitratbakterien schaffen. – Ohne die vom Wattwurm *(Arenicola marina)* und anderen Wattbewohnern gebildeten Wohnröhren könnte der Queller *(Salicornia)*, die erste landbildende Pflanze mancher geschützt liegender Meeresbuchten, in dem weichen Schlick nicht wurzeln.

Die meisten Metabiosen sind fakultativ. Durch höhlenbauende Spechte entstehen Brutmöglichkeiten für Hohltaube *(Columba oenas)*, Eulen, Meisen und sogar Hummeln. – Der nordamerikanische Kolibri *Archilocus colubris* holt sich in seinem nördlichsten Verbreitungsgebiet gerne Rindensaft der Birken durch die vielen kleinen Löcher, die der Saftsauger-Specht *(Sphyrapicus varius)* gepickt hatte. Die Nistplätze des Kolibris liegen in der Regel nur etwa 300 m weit (20 Sekunden Flugzeit) von solchen Bäumen entfernt.

Die Eier des Opilioniden *Mitopus morio* werden im Spätsommer und Herbst mit Vorliebe in geschlossene Hohlräume von Pflanzen gelegt, wo die Embryonalentwicklung auch im Winter weitergehen kann. Das Weibchen benutzt hierfür gerne Bohrlöcher, die von Insekten stammen, denn sein eigener Legeapparat vermag nicht festes Pflanzengewebe zu durchbohren. In NW-Deutschland findet es am häufigsten solche Löcher in den hohlen Stengeln der Großen Brennessel *(Urtica dioica)*, aus denen sich Larven des Rüsselkäfers *Ceutorhynchus pollinarius* zur Verpuppung herausgebohrt haben (Abb. 3.9). In markhaltigen Stengeln des Beifuß *(Artemisia vulgaris)* werden von *Mitopus* die Eier in kleine Hohlräume gelegt, die die Larven der Bohrfliege *Oxyna parietina* (Tephritidae) ausgefressen haben. Ebenfalls deponiert der Weberknecht seine Eier in die vom Pappelbock *Saperda populnea* verlassenen Gallen an dünnen Zweigen der Zitterpappel *(Populus tremula)*. – Ähnliche Metabiosen sind beim Raps zwischen dem Rapsschotenrüßler *(Ceutorhynchus assimilis)* und der Rapsschotenmücke *(Dasineura brassicae)* die Regel. Hier haben sie sogar wirtschaftliche Bedeutung, da der eine Schädling Wegbereiter für einen zweiten, noch gefährlicheren wird. Die Mücke kann nur in seltenen Fällen ihre Eier ohne die vom Rüßler erzeugten Löcher in die Rapsschoten legen. – Durch Fraßstellen der Larven der Fritfliege *(Oscinella frit)* vermag der Maisbeulenbrand *(Ustilago zeae)* leicht in Maispflanzen einzudringen.

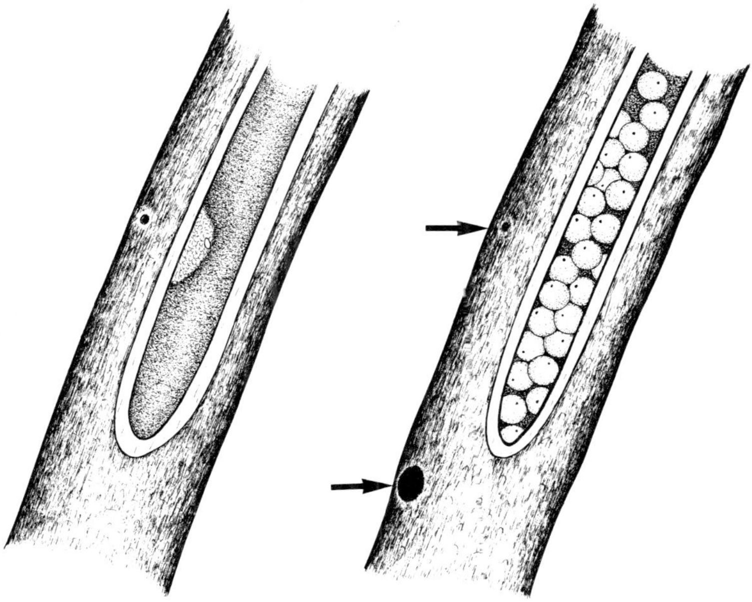

Abb. 3.9: Beispiel für Metabiose (nach Tischler 1967).
Links: *Urtica*-Stengel, in den im Frühjahr der Rüsselkäfer *Ceutorhynchus pollinarius* ein Ei gelegt hat. Durch die Eiablage entsteht Wucherung, von der die ausgeschlüpfte Larve frißt. Sie bohrt sich im Sommer zur Verpuppung heraus und hinterläßt dadurch ein größeres Loch. Durch dieses Bohrloch (rechts, unten) schiebt im Herbst der Weberknecht *Mitopus morio* seine Eier in den nun abgestorbenen Stengel der Brennessel.

Sekundärnutzer sind in der Natur überhaupt häufig. So finden sich oft Thripse und Milben, Blattkäfer und Ohrwürmer wegen Nahrung, Brutplatz oder Wohnraum sogar in Pflanzengallen ein, die von den Larven der Weiden-Blattwespen *(Pontania)* wegen ihrer Verpuppung im Boden verlassen worden sind.

4 Antibiosen und Symbiosen

4.1 Allgemeines

Zwischen verschiedenartigen Organismen haben sich Abhängigkeiten entwickelt, die der Botaniker De Bary 1879 «Symbiosen» nannte. Dieser Begriff wurde später auf Fälle gegenseitigen Nutzens eingeengt.

Man nimmt an, daß Leben auf der Erde vor etwa 3,6 Milliarden Jahren begonnen habe. Es kam in den ersten drei Milliarden Jahren der biologischen Evolution nicht über kernlose Zellen hinaus, wie sie in den Archaebakterien und den «Echten» Bakterien (einschließlich der Cyanobakterien) noch existieren. Ein weiterer Schritt von diesen beiden Gruppen der «Prokaryoten» dürfte derjenige zu einer kompartimentierten Zelle mit abgegrenztem Kern und (außer bei den Microsporida) Mitochondrien der «Eukaryoten» gewesen sein, zu denen alle übrigen Organismen zählen. Wahrscheinlich stammen die Mitochondrien von bestimmten Purpurbakterien, die in Prokaryote eindrangen und dort als *Symbionten* zu Zellorganellen wurden. Als spätere, ähnliche entstandene Sym- aus Antibiosen sieht man die Plastiden der Pflanzen an. Es gibt Übereinstimmungen von Cyanobakterien mit den Chloroplasten der Grünalgen und höheren Pflanzen. Schon früher muß eine Symbiose von Rhodoplasten in Rotalgen erfolgt sein und von diesen her zu Plastiden in Braunalgen.

Manche Interaktionen können andererseits schon früh ihren *antibiotischen* Charakter behalten haben, wie er heute noch in sauerstoffreien, seichten Tümpeln besteht, in denen räuberische *Vampirococcus* und *Daptobacter* Purpurbakterien aussaugen. Auch vermutet man, daß in früher Zeit der Evolution Protozoen die ausgedehnten Rasen von Cyanobakterien abweideten.

Als vor etwa 600 Millionen Jahren aus Einzellern Zellverbände mit Arbeitsteilung entstanden, die zu grünen Pflanzen, Pilzen und Tieren (Metazoa) führten, konnten sich immer wieder vielfältige anti- und symbiotische Beziehungen herausbilden.

Als Beispiel für das Funktionieren einer solchen Interaktion mögen räuberische Nematoden und beschalte Amöben im Boden dienen. Beide nehmen die Struktur ihres Lebensraums als Sinneseindrücke wahr und verhalten sich danach. So entsteht ein Funktionskreis, welcher Orientierung und Fortbewegung im wassergefüllten Lückensystem des Bodens steuert. Außerdem muß die Amöbe einen möglichen Feind rechtzeitig erkennen, um bei Gefahr zu fliehen. Der Nematode ist bestrebt, die Amöbe aufzuspüren, um sie als Beute anzugreifen. So kommt zum Erkennen von Strukturen mit der biotischen Information noch ein zweiter Funktionskreis für jeden der beiden hinzu.

Derartige Beziehungen bestehen ebenso zwischen Pflanzen und Tieren. Zum Beispiel kehrt die Information der von einer Pflanze ausgehenden Anlockungsmerkmale (Duftstoffe, Farbe, Form) auf ein Insekt durch dessen Bestäubung zur Pflanze zurück. Letzten Endes wird die Zahl der Nachkommen der Pflanze wie des Insekts dadurch geregelt.

Manche Signale haben sich ausgebildet, selbst wenn sie nur für den einen Partner positiv sind und der Empfänger vom Sender getäuscht wird. Das ist zwischen Orchideen der Gattung *Ophrys* und den Männchen bestimmter Hymenopteren der Fall (z. B. Bienen der Gattungen *Andrena*, *Eucera*, *Melecta*, *Colletes* oder Grabwespen der Gattung *Argogorytes*). Die Blüten sind zu Weibchen-Attrappen geworden. Das ultraviolette Reflexionsmuster der Blütenfarben entspricht dem der gefalteten Flügel eines Insekts. Die Blüten strömen einen Duft aus, der dem spezifischen Sexuallockstoff der Weibchen der genannten Bienen und Grabwespen gleicht. Die chemische Stimulation durch Sesquiterpene ist eine Voraussetzung, taktile Reize auszulösen, wenn sich ein Männchen auf der Blüte niederläßt. Da die Haare an der Blütenlippe so angeordnet sind wie diejenigen auf dem Rücken des Weibchens, kommt es zu Begattungsversuchen gleichsam am falschen Objekt. Dadurch reißen die Pollenpakete (Pollinien) der Orchidee ab und haften je nach der *Ophrys*-Art am Kopf oder Hinterleibsende des Insekts. So wird die Bestäubung der Pflanze sichergestellt, ohne daß die Insekten eine Gegengabe erhalten, weil die Blüten keine Nektarien besitzen.

Für Wechselwirkungen zwischen Pflanze und Pflanzenfresser mögen Erle *(Alnus)* und Erlenblattkäfer *(Agelastica alni)* als Beispiel dienen. Auf seiten des Insekts gehört hierzu die langsame Ausbreitung auf der Pflanze von den unteren Partien nach oben, Flexibilität der Nahrungswahl, die der eigentlich monotrophen Art in Notzeiten auch Entwicklung an *Betula*, *Corylus* und *Salix* ermöglicht, schließlich der frühe Eintritt einer endogenen Winterdiapause zwei Wochen nach dem Schlupf des Jungkäfers aus der Puppe. Für die Pflanze ergeben sich Erholungszeiten während der Eiperiode des Käfers, seiner Vorpuppen- und Puppenruhe im Boden und nach Eintritt der Diapause (Abb. 4.1). Ferner reagiert die Erle mit der Bildung neuer Triebe, sobald der Verlust an Blattsubstanz eine bestimmte Grenze überschreitet. Geringer Befall führt dagegen nicht zur **Kompensation** des Schadens. So bleibt die Kontinuität des Systems erhalten.

Übrigens kommen analoge Kompensationen bei Räuber-Beute-Systemen vor. Wenn Fische die aus dem Schlamm ragenden Hinterenden der Tubificiden abfressen, wird

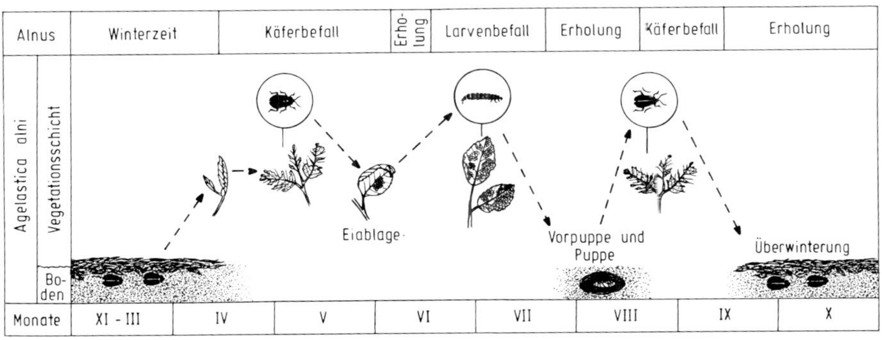

Abb. 4.1: Synchronisierung von Lebensphasen der Erle *(Alnus)* und des Erlenblattkäfers *(Agelastica alni)* im Jahreslauf (nach Tischler 1977).

die Regeneration der Würmer so stimuliert, daß deren Biomasse je Flächeneinheit schneller zunimmt als bei normalem Wachstum.
Die Einstellung der Arten zueinander ändert sich im Laufe langer Zeiträume. So hat sich bei alten antibiotischen Verhältnissen meist eine gewisse Toleranz oder Immunität des Angegriffenen ausgebildet. Dies zeigen z. B. Antilopen in Afrika gegenüber dem Erreger der Nagana *(Trypanosoma brucei brucei)*, während die aus Europa dorthin eingeschleppten Rinder und Pferde dem Trypanosom schnell erliegen. Im afrikanischen Regenwald erkranken Meerkatzen *(Cercopithecus)* nicht an Gelbfieber. Als die Virose nach Südamerika verschleppt wurde, war die Mortalität unter den Neuweltaffen sehr groß. – Die Blattlaus *Sacchiphantes viridis*, deren Generationen regelmäßigen Wirtswechsel zwischen Fichte *(Picea abies)* und Lärche *(Larix decidua)* haben, konnte in Refugien Europas die Eiszeiten überdauern, in denen beide Wirtspflanzen zusammen vorkamen. In Gebieten, in denen die ursprüngliche Lebewelt verarmte, wo also die Lärche oder die Fichte ausstarb, entstanden aus *S. viridis* neue Blattlausarten. Die eine von ihnen *(S. abietis)* beschränkte sich auf die Fichte, die andere *(S. segregis)* auf die Lärche.
Es kann lange dauern, bevor Wechselbeziehungen entstehen. Goldruten *(Solidago)* aus Nordamerika werden in Mitteleuropa noch nicht von Insekten befallen, wie in ihrem Heimatland. Oft vermehrt sich der in ein anderes Gebiet verschleppte Neuankömmling in diesem zunächst besonders stark, weil sich Feinde erst allmählich an die veränderte Situation anpassen. Dafür ist der aus USA nach Südosteuropa gelangte Weiße Bärenspinner *(Hyphantria cunea)* ein Beispiel, der inzwischen auch hier durch Gegenspieler in Schach gehalten wird. Allerdings kann er sich wegen der Abhängigkeit des Eintritts seiner Diapause von einer bestimmten Tageslänge weder nach Süden noch Norden weiter ausbreiten.
Gegenwärtige Interaktionen können in der Evolution ohne Bezug zu einander entstanden sein. So ließe sich die Spezialisierung der Nahrungswahl bei Blattläusen durch Einpassung in vorgefundene Gegebenheiten erklären. Gleiches dürfte mindestens für viele Fälle der Blütenbestäubung durch Tiere zutreffen, die nicht unbedingt durch Koevolution erfolgt sein muß. Historische Abläufe sind nicht nachprüfbar. Daß es ein evolutives «Wechselspiel» geben kann, läßt sich bei den ständigen Anpassungen neuer Biotypen der Rostpilze an neue Rassen ihrer Getreidewirte verfolgen. Doch hat dieses Beispiel nur Modellcharakter, da die Artgrenze nicht überschritten wird. Wahrscheinlich sind Fälle transspezifischer Koevolution seltener als man früher angenommen hat.

4.2 Antibiosen

4.2.1 Prädation

Angriff. Ein «Räuber» (Prädator) ernährt sich meistens von einer kleineren Beute, deren unmittelbaren Tod er (im Gegensatz zum Parasiten) herbeiführt. Doch gibt es Ausnahmen von der Größenregel. Man denke nur daran, daß manche Spinnen verschiedene Wirbeltiere fangen, töten und aussaugen, obwohl sie wesentlich kleiner sind als ihr Opfer. Räuber leben vom «Kapital» ihrer Beute. Parasiten (und Weidegänger, d. h. Tiere, die nur Teile von Pflanzen abfressen, so daß Kompensation durch Nachwachsen möglich ist) nützen das «laufende Einkommen» ihrer Wirte.

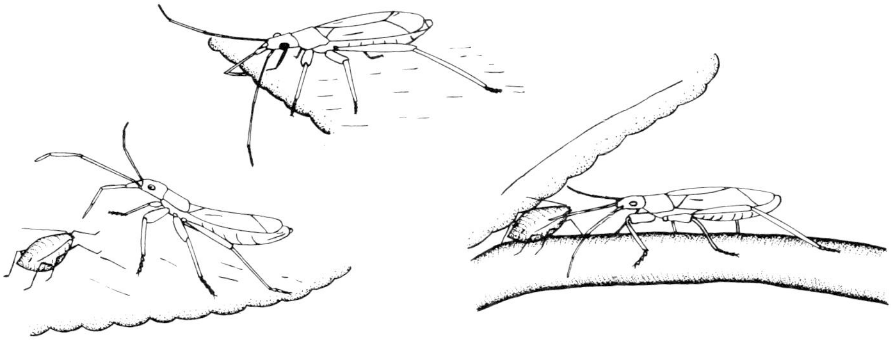

Abb. 4.2: Sichelwanze *(Nabis)*, ein Freßfeind von Blattläusen (nach Kullenberg 1941). Oben: Beute muß von der Unterseite eines Blattes hervorgezogen werden; links: Beute an offener Stelle kann von allen Seiten angegriffen werden; rechts: Beute hat Schutz von oben und ist nur von einer Seite erreichbar.

Räuberische Lebensweise hat sich nicht allein zwischen Tieren ausgebildet (Abb. 4.2), sondern auch von Tieren gegen Pflanzen (Zooplankter, Samenfresser) und von Pflanzen gegen Tiere. Zu letzteren gehören etwa 400 höhere Pflanzen, darunter die Sarraceniales mit Sonnentau *(Drosera)* (Abb. 4.3), Venusfliegenfalle *(Dionaea)* und Kannenpflanzen *(Nepenthes, Sarracenia)*, die Lentibulariaceae mit Wasserschlauch *(Utricularia)* (Abb. 4.4) und Fettkraut *(Pinguicola)*. Außerdem gibt es räuberische Bodenpilze unter Phycomyceten, Hyphomyceten und Basidiomyceten, welche Protozoen und Nematoden fangen und verdauen. Sie scheiden Stoffe aus, die ihre Beute lähmt, oder sie haben Klebzellen, an denen Fadenwürmer haften bleiben. Vor allem Hyphomyceten werden durch ein von den Bodennematoden stammendes Sekret, Nemin, im Laufe einiger Stunden zur Bildung von Schlingen stimuliert, deren Zellen anschwellen, sobald ein Wurm in die Schlinge geraten ist.

Viele Räuber haben Gifte, um ihre Opfer zu lähmen oder zu töten. Erwähnt seien vom Meer nur Nesseltiere, einige Schnecken, Tintenfische, Polychaeten, Echinodermen und Fische; vom Land Spinnentiere (einschließlich Skorpione), Chilopoden, Stachelimmen, manche Käfer, viele Schlangen.

Biochemische Verteidigung. Der passiven «Verteidigung» von Pflanzen gegen Tiere durch sekundäre Inhaltstoffe läßt sich die aktive von Tieren gegenüber ihren Feinden zur Seite stellen. Der nordamerikanische Skunk spritzt aus einer Drüse Butylmercaptan aus, dessen Duft Feinde abschreckt. – Eindrucksvoll ist die Abwehr

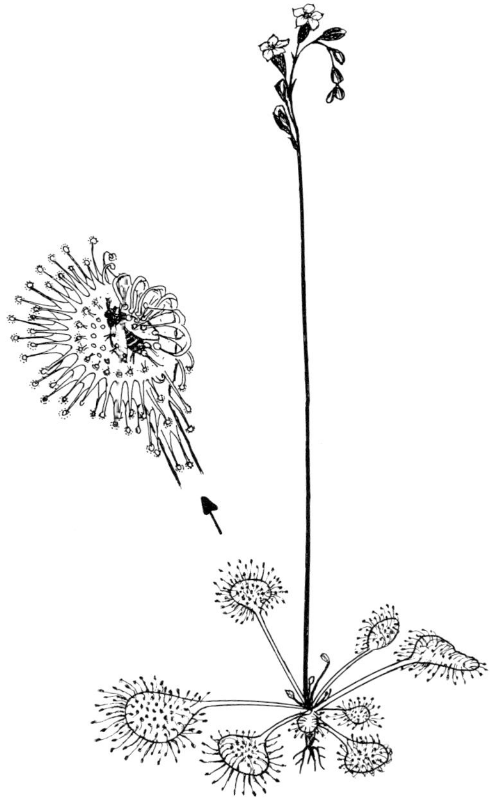

Abb. 4.3: Sonnentau *(Drosera rotundifolia)*, ein Klebfallensteller im Hochmoor; links: Fang einer Fliege stärker vergrößert (Orig.).

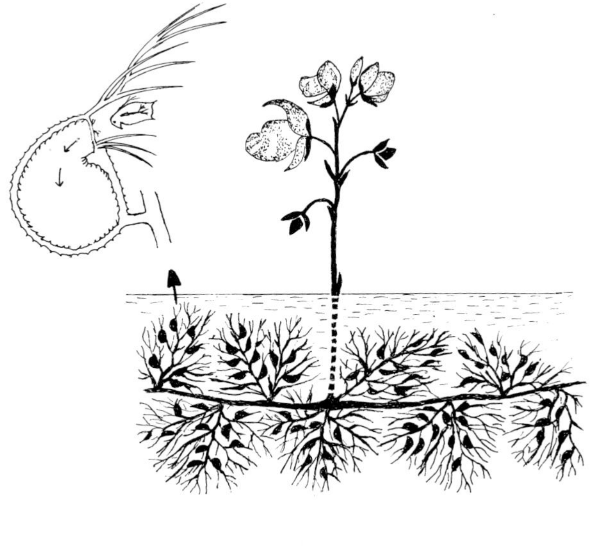

Abb. 4.4: Wasserschlauch *(Utricularia vulgaris)*, ein Saugfallensteller im Röhrichtgürtel (Orig.). Links stärker vergrößert: Saugfalle, in die ein Wasserfloh *(Daphnia)* eingestrudelt wird.

der Bombardierkäfer *(Brachinus)* gegen kleine, insektenfressende Wirbeltiere. Die Käfer stoßen aus Drüsen an ihrem Hinterende sichtbar und mit wahrnehmbarem Zischen eine Dunstwolke aus Chinonen aus. Diese Stoffe werden durch eine Reaktion von Hydrochinon mit H_2O_2 gebildet, die in je einer Drüsenkammer entstehen. Nach Mischung des Inhalts der Drüsen setzt das Enzym Katalase Sauerstoff aus H_2O_2 frei und bewirkt dadurch die Oxidation zu Chinon. – Wehrdrüsen kommen bei vielen Insekten vor und sind auch bei Diplopoden vorhanden. – Verschiedene Abwehrstoffe werden aus Drüsen der Stinkwanzen (Pentatomidae) auf ihre Angreifer gespritzt. – Bei der Termite *Nasutitermes exitiosus* verteidigen sich Arbeiter und Soldaten unterschiedlich. Erstere können sich nur durch Beißen wehren, die Soldaten sondern dagegen aus einer Frontaldrüse einen chemischen Stoff gegen Angreifer ab. – Die wichtigsten Stoffe aus Abwehrdrüsen bei Arthropoden sind Chinone, Aldehyde und Alkaloide.
Die meisten Ameisen besitzen Drüsen im Metathorax, deren Sekret eine bakterientötende und daher antiseptische Wirkung hat. Dies dürfte das Leben der Kolonien im Boden erleichtern. Bei *Crematogaster difformis* wird das Sekret auch beim Kampf mit Feinden abgegeben, hat also noch eine neue Funktion bekommen. Bei *C. inflata* dient es gar nicht mehr als Antisepticum, sondern nur als Wehrsubstanz. Abwehrsekrete einiger in Nähe räuberischer Ameisen lebender Arthropoden, wie Schaben oder Weberknechte, entsprechen chemisch deren Alarm-Pheromonen. Da sich Ameisen auf das Signal eigener Alarmstoffe verstecken und nicht angreifen, können die potentiellen Beutetiere leichter entkommen. Bei dem Mechanismus einer solchen Verteidigung gegen Ameisen werden also gleichsam «kryptische Pheromone» abgegeben.
In der Haut von Amphibien gibt es ebenfalls antibiotische Stoffe (Amine, Peptide, Steroide, Alkaloide), die das Wachstum von Mikroben hemmen und zugleich für manche Feinde giftig sind. Bakterien und Pilze hätten ohne diese Substanzen besten Nährboden auf der ständig feucht gehaltenen Haut.

Schutztrachten. Schutz, Verteidigung und Angriff prägen sich im Verhalten und in der Struktur aus. Sich schützen, Täuschen, Anlocken, Warnen haben oft zu ähnlichen Lebensformen geführt. Für Aioazeen (Mesembryanthemaceae) in den Trokkengebieten SW-Afrikas kann ihr in der Ruheperiode den Steinen der Umgebung ähnliches Erscheinungsbild von Vorteil sein, weil viele Wüstentiere ihren Bedarf an Wasser aus dem saftigen Pflanzengewebe von Sukkulenten decken müssen. Man hat Pflanzen wie *Conophytum*, *Lithops* und andere als «blühende Steine» bezeichnet. – Eine hohe Perfektion des Schutzes vor dem Gefressenwerden hat sich in tropischen Regenwäldern entwickelt.
Im folgenden sei auf Warn- und Tarntrachten im Tierreich eingegangen, die übrigens beide zusammen vorkommen können, wie beim Roten Ordensband *(Catocala nupta)* oder Tagpfauenauge *(Inachis io)*, und mit besonderem Verhalten verbunden sind. Treffender spricht man von Warn- und Tarnsignalen, weil es sich nicht nur um optische, sondern auch um taktile, chemische und akustische Erscheinungen handeln kann. Zu den Tarnsignalen gehören Farbanpassung (Homochromie), Gestaltauflösung (Somatolyse) einschließlich Gegenschattierung, ferner Verbergetracht

und Ähnlichkeit mit Objekten der Umgebung *(Mimese)*. Zu den Warnsignalen zählen auffällige Farben, Rufe oder allgemein Warngeräusche, Warnsekrete und Mimikry. Warnrufe von Singvögeln (sog. «Hassen») bewirken, daß sich deren Verfolgung nicht mehr lohnt, weil die (energiesparende) Überraschung dann fortfällt.

Die interessanteste Erscheinung ist zweifellos die **Mimikry,** eine äußerliche Nachahmung anderer, durch Wehrhaftigkeit, schlechten Geschmack, Duft, ausgeprägtes Fluchtverhalten oder sonstwie hinsichtlich einiger potentieller Feinde *relativ* geschützter Arten. Bloße Ähnlichkeit des Aussehens ist noch keine Mimikry. Nötig ist der Nachweis, daß das Modell und damit auch sein Nachahmer von bestimmten Feinden gemieden werden. Bekannte Beispiele sind gewisse Schmetterlinge der Papilionidae und Nymphalidae, welche Heliconiden und Danaiden nachahmen. Über dieses Problem gibt es experimentelle Modellversuche. Einige Schwalbenschwanzgewächse (Asclepiadaceae) erzeugen in ihrem Stoffwechsel Substanzen, die für Wirbeltiere giftig sind, nicht aber für die an sie angepaßten Raupen von *Danaus*. Es handelt sich um Herz-Glykoside (Calotoxin, Calotropin). Blauhäher *(Cyanocitta)*, die *Danaus*-Falter fressen, in deren Körper diese Substanzen aus der Pflanze in der Zeit ihres Raupendaseins übergegangen sind, erkranken oder speien die Nahrung aus. Füttert man *Danaus*-Raupen mit Kohlblättern oder mit einer ungiftigen Asclepiadacee wie *Gonolobus rostratus*, so bilden die daraus entstehenden Falter für die Blauhäher eine bekömmliche Nahrung. Häher, die noch keine Erfahrung sammeln konnten, fressen solche Schmetterlinge ohne weiteres. Nachdem sie aber den Geschmack von giftigen Faltern kennengelernt haben, probieren sie beim nächsten Mal nur mit Vorsicht derartige Beute; schließlich wird diese von vornherein verschmäht.

Abb. 4.5: Mimikry bei Schmetterlingen (Orig.).
Limenitis archippus (oben rechts) ist im Gegensatz zu *L. arthemis* (oben links) ebenso für Vögel ungenießbar wie der ihr ähnlich aussehende *Danaus plexippus* (unten).

Bei *Danaus plexippus* und *Limenitis archippus* liegt «Müllersche Mimikry» vor, die beiden (oder mehreren) giftigen bzw. unschmackhaften Arten ähnlichen Aussehens den gleichen Vorteil bietet, nach schlechten Erfahrungen eines Feindes verschmäht zu werden (Abb. 4.5). Dagegen ist bei «Batesscher Mimikry» eine schmackhafte Art durch täuschende Ähnlichkeit mit einer unschmackhaften relativ geschützt. Zur letzteren gehört auch die «Ameisen-Mimikry». Von den vielen Fällen derselben sei hier nur das Verhalten der Clubionide *Castianeira rica* erwähnt. Diese Sackspinne zeigt im Vergleich zu *C. alba* eine Mimikry zu Ameisen der Myrmicinae und Ponerinae. Sie hält das 1. Beinpaar wie Insektenfühler nach vorne, das zweite wird als Laufbein stark vorgerückt. Dadurch entsteht aus einem Achtfüßer ein Sechsfüßer, der vor den gleichen potentiellen Feinden geschützt ist wie die Ameisen. – Man muß überhaupt das Problem der Mimikry stets mit dem Verhalten der betreffenden Tiere im Zusammenhang sehen. Arten von *Lebia* und verwandten Laufkäfern, deren Larven Parasiten bei Erdflöhen (Halticinae) sind, ähneln ihren Wirten in der auffallenden Färbung. Durch rasche Sprungfähigkeit können sich die Erdflöhe auf der Vegetationsschicht gut vor Vögeln retten, die ihre Nahrung am Boden suchen. Da Vögel nicht nur durch Ekelgeschmack, sondern auch durch Mißerfolg lernen, bestimmte Arten zu vermeiden, könnte für Lebiinen mit ihrem geringen Fluchtvermögen ein Selektionsvorteil für die Entwicklung zur Mimikry vorgelegen haben. *Lebia*-Arten, die mit nichtspringenden Chrysomeliden ein Wirt-Parasitensystem bilden, zeigen keine Farbübereinstimmung mit diesen.
In manchen Fällen handelt es sich um ein angeborenes Erkennen bestimmter Warnsignale, so daß giftige (potentielle) Beute von vornherein gemieden wird. In anderen Fällen sind erst schlechte Erfahrungen notwendig, damit eine genetisch fixierte Abneigung anhält.
Auch bei Arten mit Mimikry gibt es Polymorphismus, indem offenbar einzelne Gene leicht von einem Muster auf ein anderes umgeschaltet werden können. Beispiele bieten außer Schmetterlingen der europäische Kuckuck *(Cuculus canorus)*. Seine Unterrassen haben Eier verschiedener Farbtypen, die jeweils zu denen einer anderen Brutvogelart passen. Das Weibchen sucht dann das Nest mit Eiern der passenden Farbe aus.

Flucht ist eine besondere Möglichkeit, Feinden zu entgehen. Auf ihre mannigfaltigen Methoden sei hier nur hingewiesen. Dabei müssen die Sinneszellen auf Angreifer gut reagieren, wie die Hörorgane vieler Nachtfalter zeigen, die sich vor Fledermäusen zu Boden fallen lassen, wenn sie von diesen durch deren Prinzip des Ultraschall-Echolots gejagt werden. Auf optische und chemische Reize näher einzugehen, würde zu weit führen.

4.2.2 Parasitismus

Von «Gelegenheitsdieben» wie Fregattvögeln, die Seeschwalben ihre Beute abjagen, den vielen Ameisen- und Termitengästen, die sich auf Kosten ihrer Wirte bereichern, Nahrungsdieben aus Spinnennetzen, die noch alle nur opportunistisches Verhalten zeigen, gibt es durch die sog. Parasitoide in Arthropoden (auch Raubparasiten genannt) Übergänge zu Parasiten im engsten Sinne. Allgemein spricht man von Parasitismus bei Antibiosen, in denen ein Partner (der Parasit) aufgrund physiologischer, oft auch struktureller Besonderheiten eine Zeitlang oder ständig an oder in einem anderen, in der Regel größerem Lebewesen (dem Wirt) leben muß, um die für seinen Stoffwechsel, seine Entwicklung oder Fortpflanzung notwendigen Erfordernisse zu finden. Die Abhängigkeit des Parasiten vom Wirt kann sich auf dessen Körpersubstanz, Enzyme, Nahrungsangebot, Sauerstoffbedarf oder Wärme beziehen. Der Wirt braucht, besonders bei geringem Parasitenbefall, nicht einmal unbedingt geschädigt zu werden. Häufig wird er aber durch toxisch wirkende Stoffwechselprodukte (Sekrete, Exkrete) oder durch Verletzungen in Mitleidenschaft gezogen, so daß er später zugrunde geht. Durch Parasitoide ist letzteres sogar immer der Fall. Im Gegensatz zum Räubertum (Prädation) erfolgt jedoch nicht der unmittelbare Tod des Wirtes.

Parasitoide sind durchaus Parasiten und werden daher in diesem Buch nicht immer begrifflich von ihnen unterschieden. Sie entsprechen sich in den Reaktionen ihres Stoffwechsels. Auch benötigen beide Typen meist nur ein einziges Wirtindividuum oder leben zu mehreren in einem solchen. Dennoch seien einige Besonderheiten hervorgehoben. Parasitoide haben große Artenvielfalt erreicht. Schon unter den Schlupfwespen im weitesten Sinn übertrifft allein die Familie der Ichneumonidae mit etwa 60 500 Arten bei weitem sämtliche Wirbeltiere. Die Lebensform der Lauerer ist bei ihnen selten. Oft suchen sie zuerst einen größeren Lebensraum auf, dann die Pflanzen, auf denen sich ein geeignetes Wirtstier befinden könnte, schließlich dieses selbst. Wenn die Wirte sich durch Pheromone verständigen, können manche Parasitoide deren Kommunikation nutzen und treiben dadurch eine Art Spionage über das Leben ihrer späteren Opfer. Einige markieren die bereits von ihnen mit Eiern belegten Wirte durch Pheromone und vermeiden so eine Überbelegung (Superparasitismus). Ihren größten Artenreichtum haben sie in blattminierenden Wirten, weil diese wenig beweglich sind, die Minen gut durch optische und chemische Reize gefunden werden und außerdem geringen mechanischen Schutz für ihre phytotrophen Bewohner bieten. Letzterer spielt für Gallbewohner schon eine größere Rolle, deren Behausung von Parasitoiden jedoch ebenso wie Blattminen leicht entdeckt werden kann. Noch weniger Parasitoide haben solche Wirte, die in Stengeln, Holz, Blütenköpfen und Samen leben, in denen sie relativ verborgen oder geschützt sind. Am wenigsten schmarotzen in Wurzelfressern, vielleicht wegen deren Beweglichkeit und zusätzlichem Schutz durch Erde. Je komplexer die Architektur einer Pflanze ist und je weniger zerstreut diese wächst, desto mehr Arten an Parasitoiden kommen in deren Bewohnern vor. Etliche Parasitoide schmarotzen in anderen. Man nennt sie Hyperparasitoide. Ihre Wirkung kann so groß sein, daß sie diejenige der Primärparasitoide auf ihre Wirte fast aufhebt, wie bei Getreideblattläusen und ihren Schmarotzern gefunden wurde.

Entwicklung zu parasitischer Lebensweise. Unter den Vorfahren von Parasiten befinden sich Bewohner faulender pflanzlicher Stoffe. Das gilt für Bakterien, Pilze, Amöben und Nematoden. Ein weiterer Weg ging von Nestbewohnern aus. Beispiele dafür sind Tierläuse und Flöhe. Von Aasfressern leiten sich Fliegenmaden ab, die in tierischem Gewebe minieren. Räuberische Blumenwanzen (Anthocoridae) sind Vorfahren der parasitischen Bettwanzen (Cimicidae). Ebenfalls entstanden aus räuberischen Plattwürmern (Turbellaria) die parasitisch lebenden Saugwürmer (Trematodes) und Bandwürmer (Cestodes). Schweißlecker und Saftsauger wurden zu Ektoparasiten mit Blutnahrung wie Stechfliegen *(Stomoxys, Glossina)*, Stechmücken (Culicidae) und Bremsen (Tabanidae). Endlich können diejenigen Pflanzenfresser als «Phytoparasiten» angesehen werden, die ihren Wirtspflanzen Säfte entnehmen, in deren Gewebe minieren oder die Bildung von Gallen verursachen. Wie aus Phytoparasiten sogar Räuber bzw. Parasitoide bei Tieren werden, zeigen solche Gallwespen (Cynipidae), die zwar noch Gallenbewohner geblieben sind, selbst aber keine solche mehr hervorbringen können. Die Weibchen derartiger «Inquilinen» legen ihre Eier in die von anderen Cynipiden erzeugten Gallen. Wenn die Larve der Inquiline geschlüpft ist, tötet sie zunächst die Wirtslarve und weidet dann die innere Wandung der Galle aus.

Parasitische Lebensweise hat sich in den meisten Stämmen des Organismenreiches entwickelt. Häufig bei Bakterien und Pilzen, seltener bei höheren Pflanzen, fehlt sie im Tierreich nur den Tentaculata und den Stämmen der Deuterostomia, wenn man von blutsaugenden Neunaugen und Fledermäusen absieht. Unter den Pflanzen gibt es Halbschmarotzer wie Mistel *(Viscum)* (Abb. 13.13) und manche Scrophulariaceen, die den Gefäßbahnen ihrer Wirte vornehmlich Wasser mit Nährsalzen entnehmen. Ihnen stehen Vollparasiten gegenüber, wie *Orobanche* oder *Cuscuta*, die außerdem direkte Verbindung zu den Siebröhren ihrer Wirtspflanzen herstellen und ihren Chlorophyllapparat rückgebildet haben. Man unterscheidet bei pflanzlichen und tierischen Schmarotzern zwischen Ektoparasiten, die außen am Wirt leben (Abb. 4.6) und Endoparasiten im Inneren desselben (Abb. 4.7).

Der dem Wirt zugefügte Schaden muß nicht als wichtigstes Kennzeichen für Schmarotzertum angesehen werden. Haar- und Federlinge (Mallophaga), die nach ihrer Lebensform Parasiten sind, schädigen ihren Wirt im allgemeinen nicht, da sie sich in der Regel auf Federn, Haare und Hautschuppen beschränken. Gleiches gilt für die Ernährung des Pelzflohkäfers *(Leptinus testaceus)* im Fell der Mäuse, für den Käfer *Platypsyllus castoris* im Fell des Bibers (daher Biberlaus genannt) und für *Hemimerus talpoides*, einen Verwandten der Ohrwürmer, der Hautschuppen auf der afrikanischen Hamsterratte *(Cricetomys gambianus)* frißt. Der Mallophage *Menopus bisericatum* am Haushuhn bildet bereits einen Übergang vom Fraß an Federsubstanz zu gewohnheitsmäßiger Blutaufnahme, also von apathogenem zu pathogenem Verhalten. Die endoparasitischen Haarbalgmilben des Menschen, zwei *Demodex*-Arten in den Talgdrüsen der Haut, sind ebenfalls nicht eigentlich schädlich. Der Erreger der Amöbenruhr *(Entamoeba histolytica)* im Enddarm des Menschen kann in einer harmlosen Minuta-Form im Darmlumen vorkommen, andererseits sich unter bestimmten Bedingungen in eine pathogene Magna-Form umwandeln, die in die Darmschleimhaut dringt und dort rote Blutkörperchen frißt.

Viele Zooparasiten haben physiologische Besonderheiten hinsichtlich Ernährung, Atmung und Fortpflanzung entwickelt. Erwähnt seien: (1) Abgabe blutgerinnender Stoffe bei Blutsaugern, (2) Aufnahme der Nahrung durch Mikrovilli der Körper-

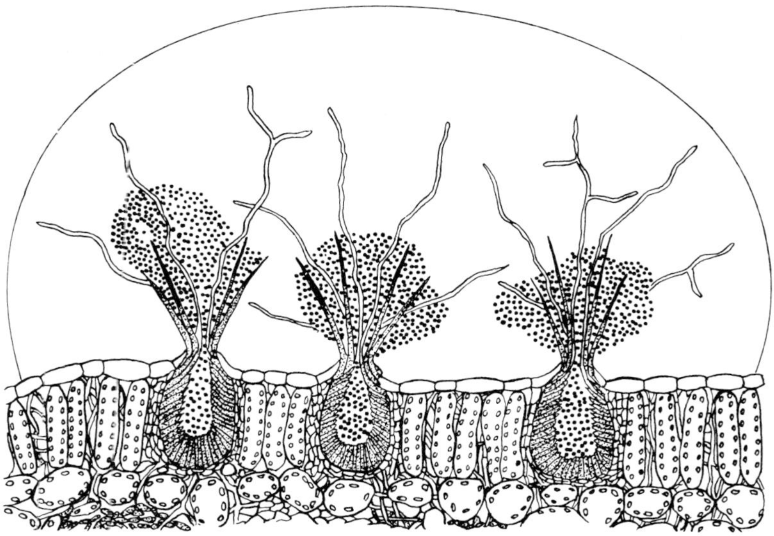

Abb. 4.6: Pyknidien eines Rostpilzes mit Pyknosporen und Suchhyphen innerhalb eines ausgeschiedenen Flüssigkeittropfens, der sporenverbreitende Insekten anlockt. Rostpilze sind Ektoparasiten (nach Leach 1940).

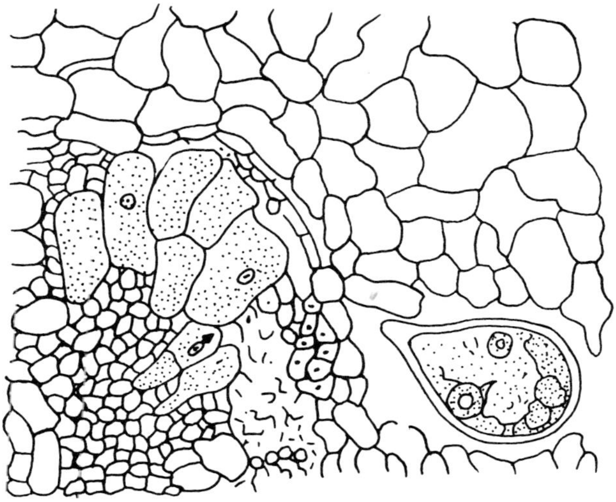

Abb. 4.7: Riesenzellen im Leitgewebe der Wurzel, erzeugt durch den Kartoffelnematoden *(Globodera rostochiensis)* (unten rechts) (nach O'Brien u. Prentice aus Nolte 1952).

decke bei Cestoden, zusätzlich auch bei Trematoden, (3) Ausscheidung komplexer organischer Verbindungen des Kohlenhydrat-Stoffwechsels bei der Exkretion der Eingeweidewürmer, (4) Inhibitoren in der Haut von Darmparasiten, welche die Verdauungsenzyme des Wirts als dünnen Schutzmantel auf ihrer Körperdecke binden, (5) anaërobe Zellatmung zur Energiegewinnung im O_2-armen Milieu, (6) Fähigkeit mancher Protozoen und Würmer CO_2 des Wirts an Pyruvat zu binden und dieses durch partielle Umkehrreaktion des Zitratzyklus über Malat, Fumarat und Succinat zu reduzieren; dabei erfolgt Oxidierung des Pyridin-Enzyms NADH zu NAD, wobei Energie frei wird, (7) Wirts- und Generationswechsel bei der Entwicklung und Fortpflanzung vieler Schmarotzer.

Resistenz. Der Wirt verhält sich dem Parasiten gegenüber nicht passiv, sondern kann durch besondere Abwehrmechanismen und Verhaltensweisen dessen Schadwirkungen und Zahl in Grenzen halten. Die Differenz zwischen der Angriffskraft (Aggressivität) eines Parasiten und der Abwehr des befallenen Wirtes, d.h. seiner Fähigkeit, Widerstand zu leisten (Resistenz) ergibt das Schadensmaß, das der Wirt erleidet. Die Reaktion eines Wirtes auf Angriffe des Parasiten ist genetisch bestimmt, kann aber durch Umwelteinflüsse modifiziert werden. So mögen schlechter Ernährungszustand, ungünstige Klimabedingungen, ein schon vorhandener Befall durch andere Parasiten oder ganz allgemein außergewöhnliche Belastung (Streß) den Wirt (Pflanze oder Tier) so schwächen, daß dessen Abwehr zusammenbricht und die Schädigung zum Tode führt.

Wie schon an anderer Stelle hervorgehoben, ist weder eine Art noch eine Population genetisch einheitlich. Wirt und Parasit können daher durch ihr Erbgefüge verschiedene ökologische und physiologische Rassen (Biotypen) bilden, die einen unterschiedlichen Grad der Resistenz bzw. Aggressivität besitzen. So gibt es viele verschiedene Rassen des Weizens, andererseits über 200 Biotypen des Schwarzrostes *(Puccinia graminis)* an ihm. Den etwa 40 verschiedenen Resistenzgenen des Weizens steht eine entsprechende Zahl von Avirulenzgenen des Schwarzrostes gegenüber. Bei Schaderregern sind besonders durch die Pflanzenschutzforschung und durch die medizinische Biologie genügend Beispiele für Biotypen von Viren, Bakterien, Pilzen, Würmern und Arthropoden bekannt geworden. Die Resistenz gegenüber einem Feind kann sich ganz verschieden auswirken. Sie mag diesen von einem Befall abhalten, seine Vitalität schwächen, die Lebensdauer verkürzen oder sein Fortpflanzungspotential verringern. Im letzteren Fall macht sich die Resistenz erst allmählich bemerkbar.

Es gibt passive und aktive Erscheinungen der Resistenz. Zu **passiven** gehören strukturelle und chemische Eigenschaften der Gewebe des Wirts, welche Befall, Eindringen und Ausbreitung der Parasiten verhindern (Abb. 4.8). Die Berberitze *Berberis thunbergi* wird vom Schwarzrost nicht befallen, weil Kutikula und Außenwand der Epidermis ihrer Blätter zusammen 1,57 µm dick sind. Die entsprechenden Maße der rostanfälligen *B. vulgaris* und *B. canadensis* betragen 1,1 µm und 0,88 µm. – Die Larven des Rüsselkäfers *Pissodes strobi* fressen in der Rinde der Hauptzweige der Weymoutskiefer *(Pinus strobus)*, vermeiden aber dabei die Harzgänge. *Pinus monticola* ist dagegen wegen der großen Zahl der an ihrer Außenrinde liegenden Harzgänge resistent. – Der Tannentriebwickler *Choristoneura fumiferana* bevorzugt die Weißfichte *(Picea glauca)* vor allem deshalb, weil deren Knospen sich früher öffnen als die der Schwarzfichte *(P. mariana)* oder Rotfichte *(P. rubens)*. Von den beiden letzteren ist aber nur die Rotfichte dem Schädlingsbefall ausgesetzt. Ihr fehlt

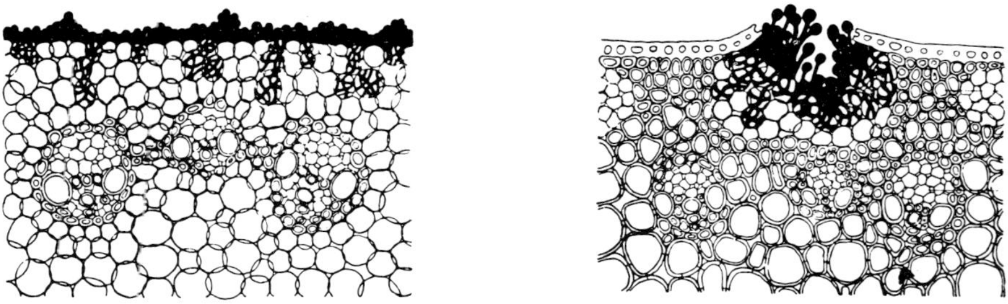

Abb. 4.8: Passive Resistenz des Weizens gegen Schwarzrost *(Puccinia graminis)* (nach Hursch aus Tischler 1962).

nämlich das Glykosid Pungenin, das die Schwarzfichte vor dem Eindringen der Raupen schützt.

Ebenso wie Befalls- und Eindringungsresistenz ist Ausbreitungsresistenz durch mechanische und chemische Barrieren gegeben. Gegen Verticilliumwelke *(V. alboatrum)* resistente Baumwollpflanzen haben verdickte Zellwände der Sklerenchymfasern des Stengels und der Wurzel. Resistenz hervorrufende Stoffe, die in Pflanzen von vornherein vorhanden sind, nennt man Prohibitine. – Braunschalige Zwiebeln enthalten im Zellsaft zusammen mit dem braunen Farbstoff Phenole, die für einige Pilze *(Colletotrichum circinans, Fusarium cepae)* giftig sind; weißschalige Zwiebeln erwiesen sich als anfällig.

Dem eigentlichen Resistenzproblem begegnen wir allerdings erst, wenn der Eindringling durch **aktive Abwehr** des Wirts gehemmt oder vernichtet wird. Pflanzen erzeugen unmittelbar nach einer Infektion mittels Enzyme Postinhibitine. Nach einigen Stunden können ferner durch Aktivierung von Genen Enzyme entstehen, die gegen eingedrungene Bakterien, Pilze und Nematoden besondere Phytoalexine synthetisieren. Diese sind funktionell den Antikörpern der Wirbeltiere vergleichbar, aber lokal begrenzt. Die zur chemischen Abwehr eingesetzten sekundären Pflanzenstoffe stammen aus dem normalen Eiweißstoffwechsel der Pflanze (Phenole, Glykoside, Alkaloide) oder aus ihrem Zuckerstoffwechsel (Terpene, Steroide, Wachse).

Manche Bakterien, Pilze, Nematoden, Milben, Insekten werden durch Tumorbzw. Gallbildung lokalisiert. Solche Abkapselung, bei der der Eindringling am Leben bleiben kann, gibt es nicht nur bei Pflanzen, sondern auch bei tierischen Wirten, z. B. von Säugetieren gegenüber der Trichine.

Insekten wehren eingedrungene Parasiten zunächst durch zelluläre Reaktionen ab, indem Zellen ihrer Hämolymphe kleine Fremdkörper phagozytieren und größere Bakterien durch Zusammenballung umhüllen. Vielzellige Parasiten werden von den Hämozyten unter Beteiligung von Zellen des Bindegewebes eingekapselt. Plasmozyten beteiligen sich als Freßzellen, die vor allem Viren und Bakterien verschlingen. Außer der sofort einsetzenden, zellulären Abwehr gibt es eine humorale, bei der Lysozyme nebst anderen Zellgiften (Cecropine, Attacine, Sarcotoxine, Defensine) in Blutzellen und im Fettkörper synthetisiert und mobilisiert werden.

Dieser Vorgang wirkt sich jedoch erst nach mehreren Stunden aus. Lysozyme in den Blutzellen helfen die Bakterien zu verdauen und veranlassen die Fettzellen, mehr antibakterielle Proteine herzustellen. Der zur Schädlingsbekämpfung verwendete *Bacillus thuringensis* bildet ein Enzym, das Cecropine zerstört.
Die von Insekten geschilderte unspezifische Abwehr zellulärer und humoraler Natur gilt auch für andere Wirbellose und für Wirbeltiere. Bei letzteren erfolgt lokale und rasche Beseitigung der Erreger durch neutrophile Granulozyten, welche dieselben chemotaktisch anlocken und durch Enzyme (z. B. Lysozym) verdauen. Bei Wirbeltieren hat sich jedoch außerdem eine spezifische Abwehr ausgebildet.

Spezifische Abwehr der Wirbeltiere. Die höchste Steigerung der Abwehr von Parasiten und artfremden Stoffen beruht auf der Antigen-Antikörperbildung. Es ist eine spezifische chemische Reaktion, die zeitweise oder lebenslang zu völliger Immunität führen kann. Als Antigen (Abkürzung für Antisomatogen = Antikörperbildner) bezeichnet man die eingedrungenen Parasiten oder deren Toxine wie überhaupt alle Stoffe, die im Körper des Wirts die Bildung von Antikörpern hervorrufen, zu denen sie komplementär sind. Antikörper sind Enzyme, die aus besonderen Eiweißen, den Immunglobulinen, bestehen.
Von pluripotenten Stammzellen im Knochenmark entwickeln sich die verschiedenen Blutzellen, darunter auch Monozyten mit großem nierenförmigen Kern und die kleineren Lymphozyten mit relativ großem runden Kern. Monozyten wandern über das Blut als freie Zellen in Gewebe, wo sie sich zu «Makrophagen» mit verschiedenen Funktionen, vor allem als Freßzellen umwandeln.
Von den Lymphozyten differenziert sich ein Teil beim Foetus im Knochenmark und in der Leber, nach der Geburt in der Milz zu «B-Zellen». Ein anderer Teil reift zunächst im Thymus, später besonders in Lymphknoten zu «T-Zellen». Die Lymphozyten zirkulieren zwischen lymphatischen Organen, sonstigen Körpergeweben und dem Blut. Sobald die Makrophagen im Abwehrkampf gegen Eindringlinge oder deren Toxine stehen, reagieren B- und T-Zellen in Kooperation als neuer Mechanismus der Verteidigung.
Durch Unterstützung von T-Helferzellen, welche die spezifischen Antigene erkennen, wird die Produktion weiterer B-Zellen ausgelöst. Diese wandeln sich in Plasmazellen um. In ihnen werden Immunglobuline gebildet, die in erster Linie gegen lösliche Antigene reagieren. Nach deren Ausschaltung bleiben einige B-Zellen als Gedächtniszellen des Immunsystems im Körper. Dadurch wird bei erneutem Befall des gleichen Parasiten eine schnellere Abwehr möglich. Andere T-Zellen drosseln nach gelungener Abwehr die Aktivität der Lymphozyten. Außerdem gibt es effektorische T-Zellen, die Zellen auflösen sowie solche, die Lymphokine ausscheiden. Schließlich kommt als weiterer Typ von Lymphozyten derjenige der «Killerzellen» vor, die zellulär antitoxisch sind. Der Abbau der Antigen-Antikörper-Verbindungen erfolgt durch eosinophile Granulozyten.
Ein Vorteil der spezifischen Abwehr liegt darin, daß die meist langlebigen Wirbeltiere nach einem Erstbefall besser geschützt sind. Bei den kurzlebigen Insekten und anderen Wirbellosen hat sich nichts Vergleichbares ausgebildet.
Unter den Wirbeltier-Parasit-Beziehungen gibt es erstaunliche Anpassungen auf der

Seite des Parasiten. So schützen sich die adulten Bilharzien *(Schistosoma)* im Menschen durch Einlagerung von wirtspezifischem Protein in ihre Haut vor der immunologischen Abwehrreaktion des Wirtes. Daher können sie selbst 20–30 Jahre lang in den Blutgefäßen des Menschen leben. – Eine gewisse funktionelle Parallele bieten die Eier und Larven des Nematoden *Meloidogyne incognita*. Sie besitzen (allerdings von vornherein) ähnliche Proteine wie ihre Wirtspflanzen Baumwolle und Soja und werden daher nicht durch Phytoalexine beseitigt.
Eine andere Methode des Parasiten besteht in der «Immun-Neutralisation» der Antikörper des Wirtes durch Antigenüberschuß. Dies ist von den Mikrofilarien der Fadenwürmer *Wuchereria* und *Brugia* bekannt geworden. Nicht alle diese kleinen Wurmlarven führen ihre tagesperiodischen Wanderungen in das periphere Blut durch. Vielmehr bleibt immer ein gewisser Anteil von ihnen im Lungenreservoir zurück. So wird gleichsam durch eine Reserve das Überleben der Parasitenpopulation gegen die Immunabwehr des Wirtes gesichert. – Bei Bakterien und Viren ist schließlich auch ein Wechsel des Antigenmusters möglich. Durch alle derartigen Mechanismen wird die Dauer von Wirt-Parasiten-Systemen gewährleistet.

4.3 Symbiosen

Das Zusammenleben verschiedener Organismen kann zu gegenseitiger Ergänzung oder Förderung der Partner führen. Hierbei werden oft kurzfristige Wechselbeziehungen als Mutualismus dem engen körperlichen Kontakt der Eusymbiose gegenübergestellt.

4.3.1 Mutualismus

Blütenbestäubung durch Tiere spielt im Haushalt der Natur eine wichtige Rolle, die vor allem durch Insekten, in Tropen und Subtropen außerdem durch Vögel und Fledermäuse, in Australien auch noch durch Kletterbeuteltiere vollzogen wird. Wahrscheinlich hat sich die Insektenbestäubung sehr bald nach oder gleichzeitig mit der Windbestäubung entwickelt. Die Bennetittales, die in der Erdepoche des Jura ihre Hauptentfaltung hatten, besaßen Zwitterblüten. Ihre Pollenkörner waren mit ölartigem Überzug versehen, der Insekten zur Nahrung angelockt haben dürfte und zugleich leichtes Ankleben an deren Körper ermöglichte. Zu den ältesten Blütenbestäubern der Bennetittales dürften Käfer gehören, die noch heute bei ursprünglichen Magnoliidae (Polycarpicae) eine gewisse Rolle spielen. Später wurden Hymenopteren und Schmetterlinge die maßgeblichen Blütenbesucher. Außerdem gibt es spezielle Dipterenblumen, von denen sich einige durch Fäulnisgeruch auszeichnen, der Aas- und Schmeißfliegen und bestimmte Mücken herbeilockt. In norddeutschen Buchenwäldern findet man die kleine Schmetterlingsmücke *Psychoda phalaenoides* oft zu Tausenden in den Gleitfallenblüten des Aronstabs *(Arum maculatum)*. Andere Dipterenblumen mit meist weißen oder blauen, offenen Blüten, in denen Nektar leicht zugänglich ist, werden besonders von Schwebfliegen (Syrphidae) und Blumenfliegen (Anthomiidae) besucht. – Von rund 100 Arten Fledermäusen (10 % der Weltfauna dieser Gruppe) werden etwa 590 Pflanzenarten bestäubt.

Die Blütenbesucher in bestimmten Pflanzengesellschaften gehen sich durch Unterschiede ihres Erscheinens (Phänologie), Bau und Stellung der Mundwerkzeuge, Weite des Nahrungspektrums und Vorzugsnahrung zum Teil aus dem Wege. Auch können in den verschiedenen Jahreszeiten andere geographische Elemente vorherrschen. So kommen in Halbtrockenrasen auf Kalkboden Südwestdeutschlands im Vorfrühlung eurosibirische Blütenbesucher vor, im Frühjahr und Vorsommer submediterrane, im Sommer wieder eurosibirische, im Hochsommer und Herbst sowohl eurosibirische als auch submediterrane und subkontinentale Arten.

In manchen Fällen ist die Bindung durch Blütenbestäubung sehr eng geworden. Bei den Kapseleulen *(Hadena)*, deren Raupen sich in den Fruchtknoten von Lichtnelken *(Dianthus)* entwickeln, ist sie mit der Eiablage gekoppelt. Ähnlich feste Bindungen mit ihrer Wirtspflanze haben sich bei der *Yucca*-Motte *(Tegeticula alba)* und bei der gallbildenden Feigenerzwespe *(Blastophaga psenes)* herausgebildet. Manche Schmetterlinge (Heliconiidae) nehmen Pollen auf, um Aminosäuren daraus zu gewinnen, die sie zur Eibildung brauchen. – Spezielle Einrichtungen und Mechanismen erzwingen die Bestäubungen von Blüten mit Pollinarien (Orchideen, Apocynaceen, Asclepidiaceen). – Ein Farbpolymorphismus der Blüte kann verschiedenen Selektionswert für die Bestäubung haben. In England kommen an extremen Standorten (Meereskliff, Gebirge) weißblütige Sumpfdisteln *(Cirsium palustre)* häufiger vor als violette. Wahrscheinlich ist dies auf die Blütenbesucher zurückzuführen, welche dort die weißen bevorzugen. Im Inland und Flachland gibt es fast nur violette Blüten.

Verbreitung von Samen und Früchten. Viele locken durch Farbe oder Duftstoffe Tiere an, stellen für diese eine wichtige Nahrung dar und haben zugleich Schutzeinrichtungen gegen Zerstörung der Samen durch die Mundwerkzeuge oder den Darm der sie fressenden Fische, Reptilien, Vögel und Säugetiere. Unverletzt verlassen die Samen einer Menge von Pflanzenarten den Darm der Tiere und werden auf solche Weise verbreitet, so z. B. auch die Samen der Krähenbeere *(Empetrum nigrum)* durch Silbermöwen *(Larus argentatus)* auf den Friesischen Inseln. Für manche Samen ist eine Steigerung der Keimfähigkeit nach Darmpassage experimentell festgestellt worden. In einigen Fällen ist die Keimung überhaupt erst nach Einwirkung von Verdauungsenzymen des Tieres möglich. Ferner sei auf die Sammeltätigkeit der Ameisen hingewiesen. Diese bringen Samen von Pflanzen mit fett- und eiweißreichen Gewebeanhängseln (Elaiosomen) ins Nest und tragen dadurch zu deren Verbreitung bei. – Bei der Verbreitung von Pflanzensamen sind Tiere im allgemeinen weniger spezialisiert als bei der Blütenbestäubung.

Trophobiose. Zwischen Ameisen und Pflanzensaugern entstanden Ernährungs- und Schutzbeziehungen. Dafür ein Beispiel: In der Savanne der Elfenbeinküste blüht einige Wochen nach den im Dezember und Januar üblichen Buschfeuern die

Composite *Vernonia guineensis*. Bestimmte Ameisen fressen außer dem an den Hüllblättern der jungen Blütenköpfe befindlichen Nektar auch den «Honigtau», der von den an der Pflanze saugenden Zikaden, Blattläusen und Schildläusen ausgeschieden wird. Die Ameise *Camponotus acvapimensis* errichtet sogar einen besonderen Schutzbau um die an der Mittelrippe des Blattes saugenden *Selenocephalus*-Zikaden. Eine *Crematogaster*-Ameise konstruiert auf der Pflanze stabile Bauten an den Blütenköpfen, um die Blatt- und Schildläuse zu schützen; alles nur, um deren Honigtau zu fressen.
Ameisen mit mutualistischem Verhalten zu Homopteren finden sich unter den Myrmicinae, Dolichoderinae und Formicinae. In den meisten Fällen der Trophobiose ist die Wirtspezifität gering und ein gegenseitiger Nutzen keineswegs immer gegeben oder nur schwach ausgeprägt. Trophobiose kann mit «Ameisenpflanzen» verknüpft sein und sich durch «Symphilie» mit bestimmten Bläulingsraupen zu einem Komplex ausweiten, der auch ein antibiotisches Element enthält.

Ameisenpflanzen. Bestimmte Pflanzen bieten Ameisen Wohnraum, Nektar und nährstoffreiche Körperchen. Der Nutzen für die Pflanze liegt vor allem darin, daß die Ameisen blattfressende Insekten abwehren. Diese Schutzwirkung wurde lange angezweifelt, bis man von Ameisen bewohnte Akazienarten mit unbewohnten verglich. Dabei ergab sich, daß *Acacia cornigera* in Mexiko, die von *Pseudomyrmex ferruginea* besiedelt wird, keine Cyanide oder andere für die meisten Insekten schädliche Toxine besitzt. Durch solche Stoffe zeichnet sich aber *Acacia farnesiana* aus, in deren hohlen Dornen keine Ameisen leben. Nach Entfernung der Ameisen wurde *A. cornigera* so stark von Pflanzenfressern heimgesucht, daß sie in einigen Monaten einging. Hier hat sich also für einige Arten der Gattung *Acacia* ein biologischer, für andere ein chemischer Schutz ausgebildet. – Die Ameise *Azteca alfari* lebt in Stengelgliedern von *Cecropia*-Bäumen. Sie zerstört die Lianen, welche an ihren Wirtspflanzen emporwachsen, so daß diese besser gedeihen. – In der javanischen Rubiacee *Myrmecodia tuberosa* hält sich *Iridiomyrmex myrmecodiae* auf. Über diese Einzelfälle hinaus wurde eine große Zahl von Pflanzen in tropischen Regenwäldern als «Myrmecophyten» erkannt, bei denen es zu vielseitigen Anpassungen beider Partner gekommen ist (s. Kap. 10.1.1).

Aktinien-Fisch-Mutualismus. Bestimmte Fische der Gattungen *Amphiprion*, *Dascyllus* und *Premnas* halten sich in den Tentakelkronen großer Aktinien (Actiniidae, Stoichactidae) auf. Sie müssen jedoch erst Nesselschutz durch Imprägnierung ihrer Haut mit einem spezifischen Wirkstoff erwerben. Je nach der Art der Riffanemone klingt der Schutz nach Trennung der Fische von ihr in 2–10 Tagen ab. Da die Fische manchen Feind der Seerosen abwehren, haben beide Seiten einen Vorteil.

4.3.2 Eusymbiose

Das Zusammenleben verschiedener Arten, bei dem Stoffwechsel- und Nahrungsprodukte des einen Partners für den anderen lebensnotwendig oder doch so vorteilhaft geworden sind, daß sich beide physiologisch ergänzen, kann obligatorisch werden. Oft hat sich eine Übertragung der Symbionten auf die Nachkommen des sie enthaltenden Partners herausgebildet.

Eusymbiose zwischen Pflanzen. Ein Beispiel bilden **Flechten,** die durch Zusammenleben von Pilzen (in erster Linie Ascomyceten, seltener Basidiomyceten) mit Cyanobakterien und Grünalgen entstanden sind. Der Pilz bestimmt die Wuchsform des Flechtenkörpers. Ob die Beziehungen eine rein ernährungsphysiologische Bedeutung haben, ist nicht sicher. Zwar nehmen die Pilze von den Algen erzeugte Photosynthate (Zucker) auf. Doch werden sie dadurch besser befähigt, häufigen Wechsel starker Trockenheit und Feuchtigkeit zu ertragen, um auch extreme Standorte zu besiedeln. Der Vorteil für die Alge liegt vor allem im Schutz durch den Pilzkörper. Eigentümlich für derartige Symbiosen ist ihre das Substrat zersetzende Wirkung, der selbst das härteste Gestein nicht widerstehen kann.
Als weiteres Beispiel pflanzlicher Eusymbiose sei die **Mykorrhiza** von Pilzen an Wurzeln zahlreicher höherer Pflanzen, namentlich vieler Waldbäume genannt. Die Produkte der Photosynthese werden direkt in die Pilzlagen der Wurzeln und darüber hinaus in die Hyphen transportiert. Die Pilze versorgen die Wirtspflanze mit Wasser und mineralischen Nährstoffen, erhöhen deren Resistenz gegenüber Trokkenheit und Krankheitserreger der Wurzel.
Die **Wurzelknöllchen-Symbiose** von Bakterien mit Leguminosen ist eigentlich fakultativ. Kommt reichlich Stickstoff im Boden vor, wird die Partnerschaft weitgehend unterdrückt, so daß die Leguminosen dann vom Stickstoff im Boden leben und nicht von dem, den die Symbionten einbringen.
Wenn Bakterien der Gattungen *Rhizobium* und *Bradyrhizobium*, die auch saprotroph im Boden leben, von Wurzelexsudaten (vor allem Tryptophan) der Leguminosen chemotaktisch angelockt werden, krümmen sich die Wurzelhaare. Dies ist eine Voraussetzung zur erfolgreichen Infektion durch die Rhizobien. Sie dringen in Form eines Fadens durch die Wurzelhaarzelle bis in das Rindenparenchym vor. Ein Teil von ihnen wird verdaut, andere werden von einer Membran umgeben, doch die frei gewordenen Rhizobien decken ihren Bedarf an Energie, Kohlenstoff und Mineralsalzen. Die Infektion der Parenchymzellen führt zur Bildung von polyploidem Gewebe (Knöllchen) an der Wurzel. Nun hört die anfangs starke Vermehrung der Rhizobien auf. Sie wandeln sich in «Bakteroide» von anderer Gestalt um, die zur Fixierung von Stickstoff aus der Luft befähigt sind. Die Wurzel erzeugt ein Leg(uminosen)-Haemoglobin, das es der Nitrogenase ermöglicht, N_2 zu NH_4^+ zu reduzieren. Der Stickstoff tritt dann in der Amidgruppe der Glutaminsäure auf, die der Pflanze zum Aufbau von Eiweiß dient.
Bei der Degeneration der Knöllchen wird das Leghaemoglobin abgebaut, der N_2-Gehalt sinkt, die Bakteroide wandeln sich wieder in infektionsfähige Rhizobien zurück. In den zerfallenden Knöllchen verbliebene Rhizobien werden verdaut. Dennoch gelangen mehr in den Boden als einst in die Wurzel eingedrungen waren.

Wurzelknöllchen-Symbiose gibt es auch bei verschiedenen Bäumen (Erle, Sanddorn, Ölweide u. a.) mit Actinomyceten.

Eusymbiose von Tieren mit Pflanzen (s.l.). Sie hat sich bei vielen holzfressenden, Pflanzensäfte saugenden oder ausschließlich von Blut lebenden Arthropoden mit Bakterien und Pilzen ausgebildet. Ektosymbiotisch, doch physiologisch entsprechend, ist die Pilzzucht der Ameisen, Termiten und einiger im Holz minierenden Insektenlarven (Abb. 4.9).

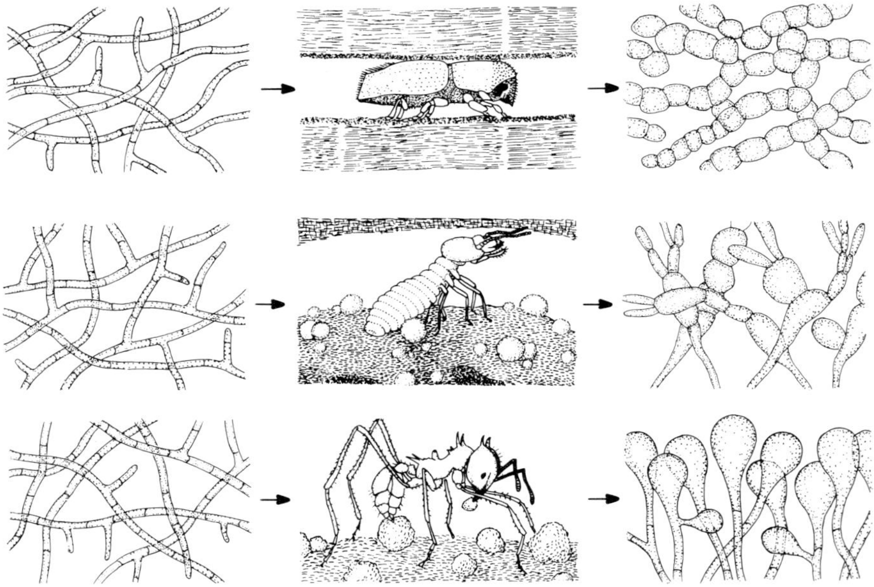

Abb. 4.9: Pilzzüchter als Beispiele für Ektosymbiosen (nach S. u. L. Batra 1967). Oben: holzbrütender Borkenkäfer (Scolytidae); Mitte: pilzfressende Termite (Termitidae); unten: Blattschneider-Ameise (Attini).

Im Pansen der Rinder leben Methan bildende Bakterien, die ein anaërobes Milieu benötigen. Bei der Synthese von Kohlenhydraten durch Reduktion von CO_2 wird CH_4 frei, das beim Wiederkäuen ins Freie gelangt. Den Rindern dienen Methanbildner zugleich als Eiweißnahrung. – In Thermalquellen der Tiefsee ist Eusymbiose von Schwefelbakterien mit bestimmten Tieren typisch. – Viele Meerestiere der Tiefe zeichnen sich durch «Leuchtsymbiose» mit Bakterien aus.
Verschiedene Wassertiere leben mit **Algen** in Symbiose. So kommen Zoochlorellen in *Hydra viridissima*, aber auch bei einigen Ciliaten und Rotatorien des Süßwassers vor. Zooxanthellen treten z. B. bei Foraminiferen, Radiolarien, Korallen und acölen Turbellarien *(Convoluta)* auf. Die Foraminifere *Heterostegina depressa* kann wegen ihrer symbiotischen Algen ohne Nahrungsaufnahme wachsen. Ihr Optimum

liegt im Flachwasserbereich des Meeres, wo an schattigen Stellen etwa 300 Lux herrschen. Ist das Licht für die Photosynthese der Algen zu stark oder zu schwach, so stellt die Foraminifere ihr Wachstum ein. Zooxanthellen gehören meistens zu den Dinoflagellaten. In *Convoluta roscoffensis* handelt es sich jedoch um eine Volvocale, in *C. convoluta* und in *Heterostegina* um Diatomeen.

Eusymbiose zwischen Tieren zeigen die Zooflagellaten im Darm holzfressender Schaben *(Cryptococcus)* und Termiten. – Ein Beispiel im Meer ist die Symbiose zwischen dem Einsiedlerkrebs *Pagurus prideauxi* und der Seerose *Adamsia palliata*. Die Aktinie dient dem Krebs als Schutz«gehäuse». Sie wird von ihm gefüttert; zu eigener Nahrungsaufnahme ist sie nicht mehr fähig. Nach einer gewissen Zeit entnimmt der Krebs ihr wie aus einer Vorrattasche wieder einen Teil der von ihm hineingestopften Nahrung. Die Seerose hat Vorteile durch Fütterung und Transport. Bei vielen anderen Symbiosen zwischen Krebsen und Aktinien handelt es sich nur um einen lockeren Mutualismus, weil die Partner trotz enger Beziehungen nicht unbedingt auf einander angewiesen sind.

4.4 Zuordnung

In der Natur gibt es zwischen den verschiedenen Erscheinungen der Manifestierung des Lebens und der Abhängigkeit der Organismen voneinander keine scharfen Grenzen. Die Vielfalt muß man jedoch durch klassifizierende Begriffe zu ordnen versuchen, um einen Überblick zu gewinnen. Des subjektiven und oft willkürlichen Maßstabs aller solcher Einteilungen sollte man sich dabei stets bewußt bleiben.

Es kann von der Größe der Beute abhängen, ob sich das gleiche Tier wie ein Räuber oder wie ein Ektoparasit verhält. Wenn eine Bremse (Tabanidae) ein Insekt aussaugt und tötet, ist sie ein «Räuber»; entnimmt sie einem Säugetier Blut, so verhält sie sich als Parasit, von dessen Wirt gegen ihren toxisch wirkenden Speichel Abwehrkräfte mobilisiert werden.

Selbst eine Unterscheidung von Parasitismus und Symbiose ist nicht immer leicht, weil das labile Gleichgewicht eines avirulenten Parasitismus oder das stabile einer Symbiose vorliegen kann.

Die Pilz-Wirt-Symbiose der Endomykorrhiza mit ihrem umfangreichen Hyphengeflecht auf den Wurzeln vieler Gräser und Kräuter, darunter auch Kulturpflanzen wie Getreide und Kartoffeln, kommt auf schlechten Böden vor allem den höheren Pflanzen zugute. Auf guten Böden, bei günstiger Temperatur und Feuchtigkeit entwickelt sich ein echtes symbiotisches Verhältnis, von dem beide Partner Nutzen haben.

Die Knöllchensymbiose der Leguminosen mit Rhizobien tritt in der Anfangs- und Schlußphase als ein in Schranken gehaltener Parasitismus auf, zumal die Vermehrungsrate des Eindringlings vom Wirt kontrolliert wird.

Unterschiede von Symbiosen und Antibiosen können auf der genetischen Ebene durchaus fließend sein. Wahrscheinlich sind überhaupt manche symbiotische Beziehungen aus antibiotischen entstanden, so die Blütenbestäubung durch Tiere aus Pflanzenfressern oder die Verbreitung mancher Samen über die Darmpassage von Vögeln.

Bei der «Symphilie» zwischen Ameisen und bestimmten Staphyliniden bestehen für die Einzelindividuen symbiotische, für die Arten jedoch räuberische Beziehungen. Die in Nestern von *Formica* und *Lasius* lebenden Larven von *Atemeles* und *Lomechusa* erzeugen ähnliche Attraktivstoffe wie die um Futter bettelnden Ameisenlarven. Da sie außerdem ein ähnliches Bettelverhalten wie jene haben, werden sie von den Ameisen gefüttert, obwohl sie deren Brut fressen. Die adulten Käfer scheiden aus von Drüsen umgebenen Haarbüscheln (Trichomen) Sekrete aus, die von den Ameisen unter Vernachlässigung ihrer eigenen Brut gierig aufgeleckt werden.

Der Transport der Glochidien, den Hakenlarven von Süßwasser-Muscheln durch Fische, ist zunächst Phoresie, also eine Art Opportunismus. Daraus entsteht aber Parasitismus, indem die Glochidien von einer Epithelwucherung der Flossen bzw. Kiemen des Fisches eingeschlossen werden, in welcher sie sich von Zellen ihres Wirtes ernähren.

Schwierig wird die Unterscheidung von Phytoparasiten und «Weidegängern», weil es sehr von den Pflanzen abhängt, neues Gewebe zu bilden und Schäden auszugleichen.

5 Populationen

5.1 Allgemeines

Zu einer Population oder Bevölkerung gehören alle Individuen einer Art, die einen bestimmten Lebensraum bewohnen. Die Bedeutung der in Erbanlage und Erscheinungsbild zum Ausdruck kommenden Uneinheitlichkeit der Strukturen, Leistungen und Verhaltensweisen innerhalb einer Population, die deren Risiko-Minderung bedingt, wurde schon hervorgehoben. Darüber hinaus gibt es noch weitere Besonderheiten, die eine Population kennzeichnen.

Dichte. Die Zahl der Individuen einer Bevölkerung in einer Raumeinheit bezeichnet man als Individuendichte. Ihre obere Begrenzung hängt ab: (1) vom Angebot an Requisiten (Nahrung, Wohn- und Schutzmöglichkeiten), (2) der Fähigkeit der Organismen, sie zu nutzen, (3) vom Minimum der durch die Lebenstätigkeit der Population verursachten und zu ihren eigenen Ungunsten führenden Veränderungen des Milieus, (4) von den jeweiligen klimatischen Bedingungen, die in einzelnen Jahren oder Jahrzehnten stark schwanken können.
Je nach der Menge an Individuen einer Art kann man zunächst grobe Schätzungen vornehmen, für die sich die Ausdrücke: spärlich – reichlich – zahlreich – sehr zahlreich empfehlen. Bei pflanzensoziologischen Aufnahmen werden die Mengenwerte noch mit dem Deckungsgrad kombiniert und als 1. Wert vor dem der Geselligkeit in den Tabellen angeführt, da der Begriff des Individuums hier oft versagt.

+ spärlich, Deckungsgrad gering
1 reichlich, trotz geringem Deckungsgrad
2 zahlreich oder wenigstens 25 % der Fläche bedeckend
3 sehr zahlreich, 25–50 % der Fläche bedeckend
4 50–75 % der Fläche bedeckend
5 75–100 % der Fläche bedeckend
Geselligkeit (Soziabilität)
1 einzeln wachsend
2 gruppen- und horstweise
3 truppweise wachsend (kleine Flecken oder Polster)
4 in kleinen Kolonien wachsend oder ausgedehnte Flecken und Teppiche bildend
5 in großen Herden
Ein Beispiel: Waldmeister *(Galium odoratum)* 2.4 würde also bedeuten, daß dies Pflanze zahlreich war, bis 25 % der Aufnahmefläche bedeckte und in Form ausgedehnter Flecken wuchs.

Am besten sind natürlich absolute Bezugszahlen. In vielen Fällen wird man sich jedoch wegen der unvollkommenen Zähl- und Sammelmethoden mit relativen Vergleichswerten begnügen müssen. Die Methoden zur Erfassung der Dichte hängen von der Organismengruppe, dem Typ des Milieus und der Fragestellung ab. Direkte Methoden bestehen z. B. in Zählen, Beobachtung oder Absammeln in einer bestimmten Zeit, Auslesen durch Abdeckung einer Fläche unter Verwendung eines Selektors, Aufstellen von Schlüpffallen (Emergenzkäfigen, Licht-Eklektoren) über dem Untergrund eine Gewässers, über dem Boden auf dem Land oder aufgehängt um einen Baumstamm (um aus den nach oben zum Licht strebenden Insekten Rückschlüsse auf deren Dichte ziehen zu können), in anderen Fallenfängen verschiedenster Art, Abklopfen von Zweigen, Abstreifen der Vegetation mit Netzen, Anlockung durch Köder oder UV-Licht, Sieb- und Bodengreiferfängen in Gewässern, Rückfang nach Markierung (Lincoln-Index: $x = \frac{a \times b}{c}$, wobei a die Zahl der markierten Tiere, b die der erneut gefangenen und c die Anzahl der von b markiert gewesenen Individuen ist). Indirekte Methoden gibt es z. B. durch Auswerten von Spuren im weichen Boden und Schnee, von Lautäußerungen, von Abfällen (Gewölle, Rupfungen, Regenwurmkrümel, von auf weiße Laken aufgefangenem Raupenkot, Fraßresten, Puppenhülsen). Bei Pflanzen ist das Wiegen der Biomasse oft einfacher als das Zählen von Individuen und führt zu sichereren Ergebnissen.

Verteilung. Die Individuen einer Population sind in der Natur selten ziemlich **gleichmäßig** verteilt wie etwa manche Sträucher in Halbwüsten oder die Reviere von Brutvögeln. Viel häufiger befinden sich die Individuen **in zufälligem Abstand** voneinander. Doch gibt es noch einen dritten Verteilungstyp, bei dem die Individuen **fleckenweise** (gehäuft) vorkommen; die Abstände solcher Aggregationsverteilung können zufällig oder regelmäßig sein.
Fleckenweise Verteilung kann beruhen: (1) auf örtlichen, mosaikartigen Unterschieden von Kleinklima, Boden oder Angebot an Ressourcen. So sind für die Spinne *Floronia bucculenta* die zum Netzbau geeigneten Stellen im Biotop entscheidend. (2) Fortpflanzung. Die Nachkommen können eine Zeitlang in Nähe ihres Geburtplatzes oder ihrer Mutter bleiben. Schon die Art der Eiablage kann wichtig sein. In Blütenköpfen der Distel *Carduus nutans* entwickeln sich die Bohrfliege *Urophora solstitialis* und der Rüsselkäfer *Rhinocyllus conicus*. Die Fliege verteilt ihre Eier gehäuft in wenige Blüten. Der Käfer legt seine Eier gleichmäßig im gesamten Bestand ab. So erreicht er durch das «Prinzip der Risiko-Streuung», daß seine Brut wenigstens in den von der Fliege nicht belegten Disteln hochkommt. (3) Soziale Anziehung gewinnt bei manchen Tieren besondere Bedeutung. Im Nahfeld wird sie häufig durch Pheromone hervorgerufen. Beispiele: Collembolen, Schaben, Heuschrecken, Feuerwanze *(Pyrrhocoris apterus)* (Abb. 5.1). Oft ist sie auch akustisch bedingt; einige Insekten, wie die Larven der Erlenblattwespe *Hemichroa crocea* bleiben gesellig durch Stridulieren auf ihr Substrat. In wieder anderen Fällen ist die Optik maßgebend, wie man an der Verteilung und Häufung von Saatkrähen *(Corvus frugilegus)* beobachten kann. (4) Die Häufungsweise der Pflanzen wurde schon im vorigen Abschnitt als «Geselligkeit» behandelt.

Ausbreitungsweise. Die *passive Ausbreitung* von Pflanzen und Tieren kam bereits beim Opportunismus zur Sprache. Sie hat großen Einfluß auf Ausgangszahl, Größe und Ergänzung mancher Population. Folgende Faktoren sind bei Pflanzen wirksam: Höhe der Mutterpflanze, Mechanismus der Blütenbestäubung, Anzahl der

Abb. 5.1: Bildung von Aggregationen bei der Feuerwanze *(Pyrrhocoris apterus)* auf der Borke einer Linde (Orig.).

Samen und deren Konzentration, Ausbreitungsgrad in Abhängigkeit von Gewicht sowie Anhängen an Früchten und Samen, Stärke und Richtung des Windes, Grad der Verschleppung durch Tiere und Mensch.
Ähnlich komplex ist die *aktive Ausbreitung* der Tiere, die in ihrem Verhalten auf die Reize ihrer Umwelt ansprechen. Dabei können Temperatur, Luftfeuchte, Regen, Licht, Tageszeit, Sonnenstand, Luftdruck, Wind und Struktur der Landschaft eine Rolle spielen. Selbst bei geflügelten Insekten mit zunächst passiver Windausbreitung setzt schließlich ein aktiver Befallsflug gegen den Wind ein. – Bei im Wald lebenden Laufkäfern und Staphyliniden erhöhte sich der Anteil der Individuen, die Flugmuskeln entwickeln, wenn sie als Larve Nahrungsmangel erlitten oder extremen Lichtbedingungen ausgesetzt waren, wie es nach Kahlschlag der Fall sein kann. – Wirbeltiere können ihr Areal beträchtlich erweitern, um einer überbevölkerten Situation zu entgehen und günstige Nahrungsquellen zu finden. Meist sind es die Jungtiere, die bei steigender Dichte der Population ihren alten Lebensraum zuerst verlassen. – Außerdem breiten sich Arten ohne erkennbare Ursachen sehr weit aus. Ein Beispiel dafür ist die Türkentaube *(Streptotelia decaocto)*, die 1928 den südlichen Balkan erreicht hatte, 1949 Dänemark, 1961 Südskandinavien besiedelte.

Altersaufbau. Das Verhältnis der Individuen verschiedener Altersstufen einer Population hängt von der Lebensdauer und der Zahl der Generationen in der Zeiteinheit ab. Die mittlere Lebensdauer ist bei Arten mit sich überlappenden Generationen eine recht abstrakte Größe. Aus Geburtenziffer und Todesrate der Altersstufen ergibt sich eine zunehmende, gleichbleibende oder abnehmende Bevölkerung. Im letzteren Fall ist der Nachwuchs so gering, daß die Population sich ohne Zuzug von außen nicht mehr auf die Dauer halten kann. Man kann 3 Altersklassen unterscheiden: die Periode der Entwicklung, der Fortpflanzung und der Alterung. Eine «Alterspyramide» mit breiter Basis muß nicht für alle Arten bzw. Jahre charakteristisch sein. Vielmehr können auch in aufeinanderfolgenden Jahren verschiedene Altersstufen einer Art vorherrschen.

Vermehrungspotential. Die Zahl der Nachkommen eines Individuums ist dessen *Fekundität*, diejenige einer Population die *Natalität*. Beide lassen sich unter dem Begriff **Fertilität** (Fruchtbarkeit) zusammenfassen. Bei einer Bevölkerung kommt es auf die Menge ihrer zu einer bestimmten Zeit fortpflanzungsfähigen Individuen an. Die Geburts- oder Natalitätsrate (N_r) muß daher auf die Geburten einer bestimmten Populationsgröße in einer Zeiteinheit bezogen werden.

$N_r = G/n$ (G = Geburtenzahl · Zeit [z. B. Woche, Monat, Jahr]; n = Bevölkerung von x Individuen [z. B. 10 oder 100 oder 1000]).

Entsprechend wird die Sterbe- oder Mortalitätsrate (M_r) durch den infolge Tod verursachten Abgang von Individuen in einer Zeiteinheit, bezogen auf eine bestimmte Populationsgröße, ausgedrückt.

$M_r = T/n$ (T = Todesfälle · Zeit).

Der Mortalitätsverlauf, wie er sich in den Kurven der Lebenserwartung mit fortschreitendem Alter zeigt, ist bei den verschiedenen Organismen unterschiedlich. Die meisten zeichnen sich durch hohe Jugendsterblichkeit aus, haben also gleich einen steilen Abfall der Überlebenskurve. Dies gilt z. B. für viele Pflanzen, Meerestiere und Parasiten, die sich durch Erzeugung hoher Nachkommenzahl erhalten müssen. Manche Arten haben eine ziemlich gleichmäßige Absterbeordnung im Laufe ihres Lebens. Schließlich gibt es solche mit geringer Jugendsterblichkeit und starkem Abfall der Überlebenskurve erst im Alter (Abb. 5.2).

Bei Pflanzen spielt die vegetative Vermehrung oft eine große Rolle. Bei Tieren kann das Verhältnis der Geschlechter (Sexualindex) wichtig sein. Es liegt durchaus nicht immer bei 1:1. So können Männchen vorherrschen wie beim Kiefernspanner *(Bupalus piniarius)* oder beim Rotfuchs *(Vulpes vulpes)*. Andererseits gibt es Fälle, bei denen die Weibchen überwiegen, wofür Fasan *(Phasianus colchicus)* und Reh *(Capreolus capreolus)* Beispiele sind. Zuweilen treten Männchen nur noch ganz selten auf. Das betrifft etwa die Stabheuschrecke *Carausius morosus* oder den Staphyliniden *Atheta fungi*. – Schließlich fehlen bei reiner Parthenogenese Männchen völlig. Durch Einschaltung parthenogenetischer oder ungeschlechtlich sich vermehrender Generationen ist ein schnelleres Wachstum der Bevölkerung möglich. Ein gutes Beispiel für erstere ist die rasche Vermehrung der Blattläuse im Sommer.

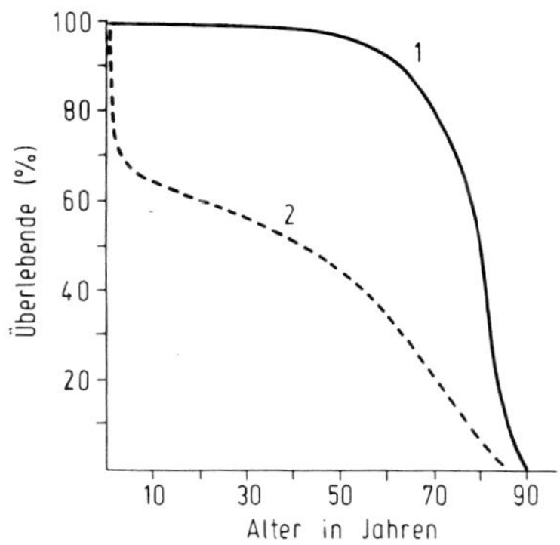

Abb. 5.2: Überlebenskurven von Populationen des Menschen. 1: In einem Industrieland, 2: in einem wenig industriell entwickelten Land (nach Bradley 1977).

Beispiel für eingeschaltete ungeschlechtliche Vermehrung im Zwischenwirt geben Hunde- und Fuchsbandwurm *(Echinococcus)*.

Wachstum. Ob es sich um Bakterien, Hefezellen, *Chlorella*-Algen, flottierende Wasserpflanzen *(Azolla, Salvinia, Lemna)*, ein- und zweijährige Samenpflanzen oder um Protozoen, Insekten, Feldmäuse, Rentiere, Schafherden, schließlich um die Menschheit handelt, verläuft das Wachstum einer Bevölkerung theoretisch folgendermaßen: Nach anfangs sehr langsamer Zunahme der Individuenzahl kommt eine Zeit schnellen Anstiegs bis die jeweiligen Verhältnisse des Lebensraums (fluktuierende) Grenzen setzen, die eine weitere Erhöhung der Populationsgröße nicht zulassen (Abb. 5.3).
Bei perennierenden Pflanzen, Tierstöcken und Tierstaaten gibt es außerdem ein analoges Wachstum in Teilbereichen des «Komplexindividuums», das demjenigen der «selbständigen Individuen» entspricht. Es vermehren sich nämlich auch Wurzeln, Zweige oder Blätter eines Baumes exponentiell und durchlaufen Geburt, Altern und Tod. Gleiches gilt für «Individuen» in einem Korallenstock oder Ameisenstaat. In der Populationsanalyse solcher Komplexgestalten darf man nur die

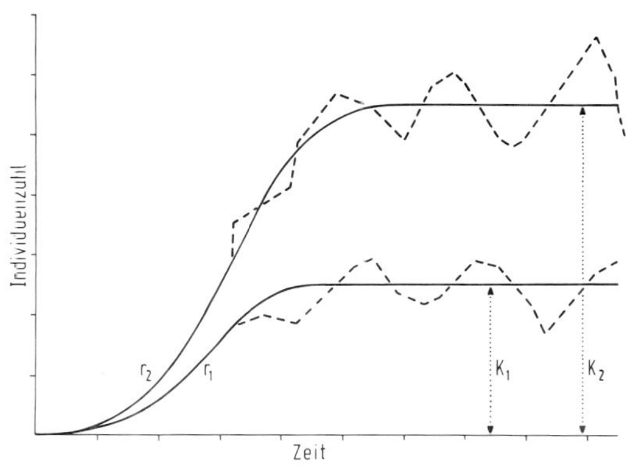

Abb. 5.3: Verlauf des Wachstums von Bevölkerungen bei geringerer (unten) und größerer (oben) Nahrungsmenge (Orig.).

generativen Einheiten, also Pflanzensamen, Nachkommen aus Gonophoren am Polypenstock, befruchtete Königinnen im Insektenstaat als selbständige Individuen ansehen. Allein dort findet man ein getrenntes Nacheinander sich ablösender Generationen. Damit sind zugleich grundlegende Unterschiede im Bevölkerungswachstum der meisten Pflanzen und der meisten Tiere aufgezeigt. – Mit dem Schicksal der Individuen in der Kette der Generationen, etwa einer Populationsentwicklung von *Drosophila* oder von Feldmäusen, ist bei perennierenden Pflanzen dasjenige der jährlich erzeugten Samen bzw. der sich daraus entwickelnden Keimlinge vergleichbar.

Nicht unwichtig ist auch die Ausgangszahl einer Population. In manchen Fällen genügen schon wenige Individuen, in anderen erwies sich eine größere Menge als notwendig zur Etablierung. Dies hat Bedeutung bei Verschleppung und «Sich behaupten» von Arten in einem neuen Gebiet.

Die Wachstumskurve einer Population läßt sich durch die Gleichung vn Lotka/Volterra ausdrücken:

$$\frac{dN}{dt} = rN\left(\frac{K-N}{K}\right)$$

(N = Individuenzahl bzw. Dichte; t = Zeit; r = potentielle Wachstumsrate, d. h. Geburtsrate minus Sterberate; K = Kapazität, Fassungsvermögen, Aufnahmefähigkeit der Umwelt, auch mittlere Gleichgewichtsdichte).

Die Wachstumsrate einer Population kann außer von Fertilität, Altersaufbau und Verteilung im Raum von der Dichte abhängig sein. Zwar gibt es bei vielen Arten ein von ihrer Dichte unbeeinflußtes Populationswachstum, das nur von Außenfaktoren begrenzt wird. In solchen Fällen unterscheidet sich die Vermehrungsrate bei geringer Dichte nicht von derjenigen bei hoher. Indessen kommt bei anderen ein dichteabhängiges Wachstum der Bevölkerung vor. Bei diesem Typ werden Mechanismen der Selbstbegrenzung wirksam, die sich mit zunehmender Dichte verstärken, bei abnehmender Dichte vermindern oder aufhören. Außerdem existiert bei sozialen Wirbeltieren ein Zwischentyp, bei dem das Populationswachstum am günstigsten bei einer bestimmten mittleren Dichte vor sich geht (Allee's Prinzip).

5.2 Bevölkerungsdynamik

In der Natur sind die Umweltverhältnisse selten stabil. Schon aus diesem Grunde schwanken die Individuenmengen der einzelnen Arten von Jahr zu Jahr. Die obere Grenze einer Populationsgröße ist durch die vorhandenen Ressourcen gegeben. Jede Art erzeugt eine viel größere Menge an Nachkommen, als zur Erhaltung ihrer Existenz nötig wäre. Dem wirken die verschiedenen Kräfte entgegen. Fluktuationen einer Bevölkerung werden durch eine je nach der Art, nach Ort und Zeit verschiedene Zahl von inneren und äußeren Bedingungen hervorgerufen, die in einem Beziehungsgefüge stehen und daher in ihrer Gesamtheit wirken. Um dieses Gefüge besser verstehen zu können, muß man zunächst seine einzelnen Faktorenkomplexe kennenlernen.

Für die Tatsache, daß trotz der Schwankungen der Bevölkerungsdichte auf längere Sicht oft ein bestimmtes Niveau eingehalten werden kann, muß man zwei Erscheinungen auseinanderhalten: die Schwankungen als solche und gewisse mit der Dichte zusammenhängende Regulationseffekte. Die relative Stabilität der meisten Populationen beruht vor allem auf einer statistischen Eigenschaft, indem durch genetische Verschiedenheit der Individuen die Verschiedenartigkeit der Umweltbedingungen kompensiert wird. Außerdem gibt es vornehmlich durch Nahrungsmangel und intraspezifische Konkurrenz bedingte dichteabhängige Vorgänge, die in ihrer Wirkung bei steigender Individuenzahl sich verstärken, bei abnehmender vermindern (Abb. 5.4).

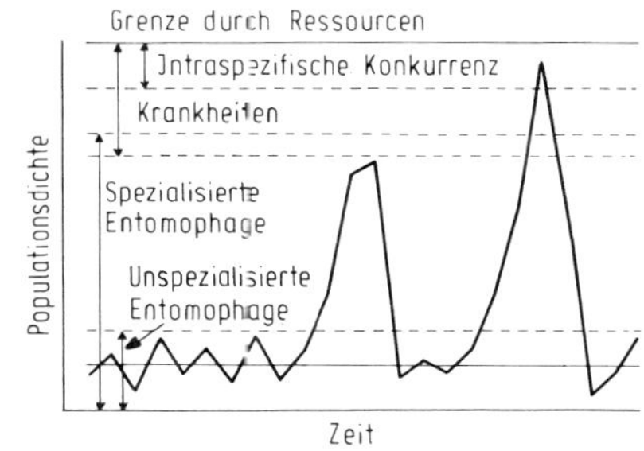

Abb. 5.4: Regulatoren der Bevölkerungsdichte bei Insekten, die von einer bestimmten Schwelle an wirksam werden (Entomophage = Insektenfresser) (nach Viktorov 1967).

5.2.1 Genetische Grundlagen

Bei jeder Bevölkerung spielen angeborene Komponenten mit. Zu ihnen gehören die theoretische Lebensdauer einer Art, Absterbeordnung, potentielle Nachkommenzahl, Geschwindigkeit der Generationsfolge, Reaktion auf Änderung des Selektionsdrucks, Widerstandsfähigkeit gegen schädliche Umwelteinflüsse, Mutabilität, Dormanz, Fluktuationstyp (Größe der Perioden und Amplituden der Bevölkerungsschwankungen). So ist z. B. die Dauer der adulten Phase bei vielen tropischen Insekten länger, die Mortalitätsrate adulter Vögel in den Tropen geringer als bei entsprechenden Arten gemäßigter Zonen. Mehr als bisher in der Ökologie sollten genetische Faktoren, die sich in qualitativen Verhaltensweisen äußern, beachtet werden. Raupen des amerikanischen Wicklers *Choristoneura fumiferana* können in Nadeln und geschlossene Knospen von Fichten dringen, diejenigen der europäischen Art *Ch. murinana* sind nicht fähig, zu minieren; sie hängen daher viel mehr von der Koinzidenz ihres Schlüpfens nach der Überwinterung und dem Erscheinen der Knospen ab. Für das Massenauftreten der Kiefernblattwespe *(Diprion pini)* in Europa spielt die Art der Eiablage eine Rolle. Durch die ununterbrochene Eireihe, die vom Weibchen in die Kiefernnadeln gelegt wird, ändern sich Wasserhaushalt und Harzproduktion der Nadeln. Bei der selten zu stärkerer Vermehrung gelangenden *Gilpinia frutetorum*, die nur jeweils ein Ei in eine Nadel legt, kann sich der Abwehrmechanismus der Pflanze besser auswirken.

Wahrscheinlich ist ein ausbalanzierter Polymorphismus in den genetisch variablen

Bevölkerungen viel häufiger als die Fälle sichtbarer Unterschiede durch Farbe oder Form vermuten lassen. Dies kann natürlich die Populationsdynamik beeinflussen. Ferner mag nach dem Zusammenbruch einer Bevölkerung der übrig gebliebene Restbestand qualitativ verschieden geworden sein. Schließlich sei nochmals betont, daß nicht alle Vögel, Heuschrecken und Schmetterlinge wandern, nicht alle Pflanzen auf Samenverbreitung durch Tiere oder auf Diapause angewiesen sind. Für sämtliche Lebenserscheinungen muß eine entsprechende Erbanlage vorhanden sein. Bei Pflanzen ist sie vor allem für die Fortpflanzung bedeutsam. Diese kann vegetativ sein, durch Selbst- oder Fremdbefruchtung erfolgen. Auch sind meist Blühzeit und Art der Samenverbreitung genetisch festgelegt. Ferner spielt bei ihnen «Polyploidie» (vermehrter Chromosomensatz im Zellkern) eine wichtige Rolle, deren Ergebnis gleichfalls dem Vorgang einer Einpassung in die Umwelt unterliegt.
Für den Verlauf von Lebenszyklen und Bevölkerungsdynamik werden oft zwei Selektionstypen einander gegenübergestellt. Danach soll die Selektion bei unbegrenzten Requisiten diejenigen Arten begünstigt haben, die viele Nachkommen erzeugen und elastisch reagieren (r-Typ). Bei begrenzten Requisiten seien dagegen solche ausgelesen, welche die Existenzbedingungen am besten ausschöpfen und längere Zeit im gleichen Raum leben können (K-Typ). Diese Auffassung bedarf einer Kritik. Schon die meisten Pflanzen stehen in der Mitte eines Kontinuums zwischen den beiden Typen. Entsprechendes gilt für Tiere. Sogar innerhalb einer Population kann es r- und K-Individuen sowie solche einer Mittelstellung geben. Beide Bezeichnungen drücken nur eine jedem Naturbeobachter selbstverständliche Erscheinung aus, die nicht auf Selektionsvorteilen beruhen muß. Außerdem können r und K in Raum und Zeit variieren. Die alten Begriffe der Pionier-Arten (und Individuen) einerseits und der Persistenten andererseits sind weniger theoretisch und deswegen besser geeignet, weil sie lediglich bestimmte Tendenzen bezeichnen.

5.2.2 Klimatische Bedingtheiten

Eigenschaften des Klimas wirken bei allen Organismen **direkt** auf Betriebsstoffwechsel, Entwicklung, Fortpflanzung und Ausbreitung; bei Tieren außerdem auf die Aktivität ein.
Indirekt kann die Dichte einer Bevölkerung über die Nahrung beeinflußt werden. In der klimatisch extremen Taiga, wo die Ernte der Beeren, Nüsse, Samen und anderer pflanzlicher Produkte je nach der Witterung des Jahres sehr verschieden ausfällt, wirkt sich dies deutlich auf die Fluktuationen von Fichtenkreuzschnabel *(Loxia curvirostra)*, Tannenhäher *(Nucifraga caryocatactes)* und Eichhörnchen *(Sciurus)* aus. Ebenso führt die Witterung über das wechselnde Angebot an Nahrung zum Auf und Ab der Bevölkerungen bei Lemmingen *(Lemmus, Dicrostonyx)*, Wühlmäusen *(Microtus)* und Schneehühnern *(Lagopus)*. Von dem klimatisch bedingten Gedeihen der Planzen und dem dadurch hervorgerufenen Mengenwechsel der Pflanzenfresser hängt derjenige von Räubern ab. Das gilt für Luchs *(Lynx)* und Rotfuchs *(Vulpes)* in der Taiga, für Eisfuchs *(Alopex lagopus)* oder Schnee-Eule *(Nyctea scandiaca)* in der Tundra.

Die Witterung kann Pflanzen und Pflanzenfresser in unterschiedlicher Weise fördern oder hemmen. Werden die Entwicklungsabläufe der Tiere und ihrer Nährpflanzen gleichsinnig von der Witterung beeinflußt, so erleben die ersteren leicht eine Massenvermehrung. Bei mangelnder **Synchronisierung** (Koinzidenz) des Zusammentreffens sind dagegen die Pflanzen begünstigt, während die Fortpflanzungsmöglichkeit der von ihnen lebenden Tiere sinkt. Gute Beispiele dafür in NW-Deutschland bieten Kirschfliege *(Rhagoletis cerasi)*, Weizengallmücken *(Contarinia tritici, Sitodiplosis mosellana)*, Möhrenfliege *(Psila rosae)*, Eichenwickler *(Tortrix viridana)*, Rapsglanzkäfer *(Meligethes aeneus)* sowie die von diesen abhängigen Parasiten.

Die Fortpflanzungsperiode ist oft in bestimmte Jahreszeiten eingepaßt. So liegt sie für Nagetiere in den afrikanischen Savannen meist in der Regenzeit, in den gemäßigten Klimagebieten dagegen in den warmen Monaten des Jahres. – Winteraktive Spinnen können im Klima Mitteleuropas durch Kälte hohe Mortalität erleiden und stehen damit in Gegensatz zu solchen, die den Winter in irgendeinem Stadium in Diapause verbringen. Dafür ist die Sterblichkeit der letztern *nach* der Überwinterung durch dichteabhängige Regulation viel höher. Hier zeigt sich ein interessantes **Kompensationsprinzip.**

Außer der physiologisch wirkenden Witterung kann das Wetter rein **mechanisch** in die Bevölkerungslage einer Art eingreifen. Maikäferschwärme *(Melolontha)* wurden vom Sturm erfaßt und unter Umständen ins Meer getrieben, bevor die Weibchen ihre Eier in den Boden gelegt hatten. Starke Gewitterschauer spülen Blattläuse, Raupen und Insekteneier von den Blättern. Hagelgewitter und Wirbelstürme vernichten nicht nur Pflanzen und große Mengen aus der Kleintierwelt, sondern können Vögeln und Jungtieren von Kleinsäugern ebenfalls schwerste Einbuße bringen. Andererseits gelingt es nach starken Niederschlägen den Larven mancher phytophager Insekten, die sich im Boden verpuppen müssen, schnell in die Erde einzudringen. Dadurch verkürzt sich wesentlich die kritische Phase, in der sie von Räubern der Bodenoberfläche (Carabiden, Staphyliniden, Spinnen) erbeutet werden können. Ihre geringe Verlustquote nach Regenfällen wirkt sich also auf ihren Massenwechsel aus.

Besonderen Einfluß hat die Schneedecke im kontinentalen Klima. Brusthöhe und Druck des Körpergewichts sind für Elch *(Alces alces)* oder Virginiahirsch *(Odocoileus virginianus)* entscheidend dafür, welche Schneetiefe sie in ihren Winterarealen noch ertragen können. – In milden Wintern mit geringerer Anzahl von Schneetagen kann die Haubenlerche *(Galerida cristata)* weiter nach Norden vordringen. Ihre normale Ausbreitung wird durch die Linie der Schneeperiode von 140 Tagen begrenzt.

Es ergibt sich also eine Fülle von Möglichkeiten für die Änderung der Populationsdichte einer Art schon allein aus dem Anteil des klimatischen Faktorenkomplexes.

5.2.3 Feindbeziehungen

In vielfältiger Weise beeinflussen Feinde die Dynamik von Bevölkerungen. Allerdings ging man früher in der Deutung vereinfachter Modelle, Laborexperimente und Beobachtungen im Freiland zu weit. Nur unter bestimmten Bedingungen ergeben sich periodische Zyklen von «Feind-Beute-Systemen» mit zeitlichem Verzug der Partner in der Natur oder auch im Gewächshaus (Abb. 5.5).

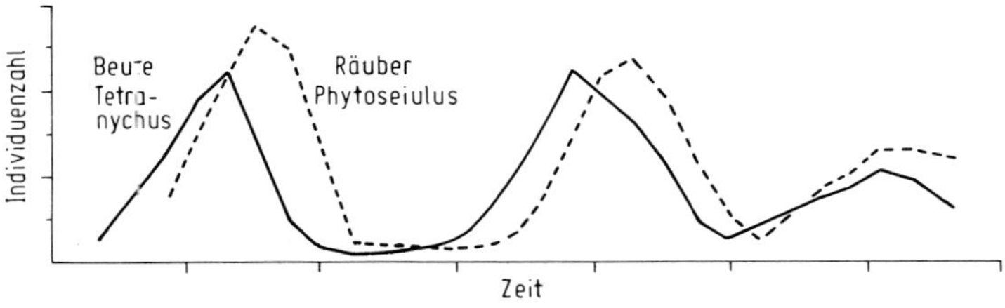

Abb. 5.5: Bevölkerungsverlauf von zwei Milben im Feind-Beute-Verhältnis (nach Markkula u. Tiitanen 1976).

Pathogen – Pflanze. Die Wirtpopulationen der meisten höheren Pflanzen sind nicht so einheitlich, daß sie sich nicht auch in ihren Reaktionen gegen bakterielle und pilzliche Parasiten oder Viren unterscheiden würden. Bei schweren Befallsepidemien werden die empfindlichen Individuen der Wirtpflanze vernichtet oder unfähig, sich fortzupflanzen. Dies erhöht die Resistenz der ganzen Population dem speziellen Krankheitserreger gegenüber. Der Wirt paßt sich dadurch an jede Änderung der Virulenz des Parasiten an. So kann ein gewisses Wirt-Parasit-Gleichgewicht in der Pathogenese entstehen.

Die Herausbildung einer solchen, relativ kurzfristigen «Koexistenz» zeigt der Schwarzrost des Weizens *(Puccinia graminis tritici)*, bei dem der Züchter immer wieder rostanfällig gewordene Weizensorten durch resistente ersetzen mußte. Stets entwickelte nämlich der Pilz neue physiologische Rassen (Biotypen), gegen welche die Resistenz nicht mehr wirksam war. In diesem Fall ist der Wettlauf zwischen dem Züchter, der mehrere Jahre zur Züchtung einer neuen Weizensorte braucht, und den neuen Biotypen des Pilzes, die sich unter Umständen schon nach wenigen Monaten herausbilden können, recht ungleich.

Konnten Parasiten und mögliche Wirte sich nicht im gleichen geographischen Gebiet aufeinander einstellen, kann ein potentieller Wirt bei späterem Zusammentreffen mit dem Pathogen mindestens zunächst stärker geschädigt werden. So ist in seiner alpinen Heimat Europas der Blasenrost *(Cronartium ribicola)* an seinem Hauptwirt, der Zirbelkiefer oder Arve *(Pinus cembra)* und seinem Zwischenwirt, der Alpen-Johannisbeere *(Ribes alpinum)* kaum schädlich. Als man jedoch die ebenfalls fünfnadlige Weymuthskiefer oder Strobe *(Pinus strobus)* aus Nordamerika in Parkanlagen und Friedhöfen Europas pflanzte, ging der Rostpilz auch auf diese über. Als Zwischenwirt dienten ihm dann die aus Erlen- und Auenwäldern übernommene Schwarze Johannisbeere *(Ribes nigrum)*. Beide wurden stark vom

Pilz befallen. Mit Pflanzen aus Baumschulen nach Nordamerika gelangt, schädigte *Cronartium* nun auch die dort heimischen Stroben ebenso wie in Europa. – Der aus China stammende Pilz *Endothecia parasitica* konnte in Nordamerika ganze Wälder der Eßkastanie *(Castanea dentata)* vernichten. – Der Falsche Rebenmehltau *(Plasmopara viticola)* aus den USA nach Europa verschleppt, stellte zunächst den Weinbau im Mediterran-Gebiet in Frage.
Im 17. Jahrhundert wurden an der Atlantikküste der USA die ersten aus Frankreich eingeführten Birnensorten vom Feuerbrand *(Erwinia amylovora)* völlig vernichtet. Dieses Bakterium rief in Nordamerika an Wildapfel und Weißdorn *(Crataegus)* nur milde Infektionen hervor. Als der Feuerbrand nach Europa verschleppt wurde, schädigte er dort Birne und Weißdorn recht stark. Im Laufe der Zeit kam es aber zu einer Koexistenz mit dem Weißdorn und den meisten der zum Verzehr gezüchteten Apfel- und Birnensorten.

Tier – Pflanze. Die biologische Unkrautbekämpfung etwa von *Opuntia* in Australien und Nordamerika, von Johanniskraut *(Hypericum perforatum)* in Kalifornien, von Jakobskreuzkraut *(Senecio jacobaea)* in vielen außereuropäischen Ländern durch spezifische Insekten zeigt die Wirksamkeit mancher Pflanzenfresser gegen Massenvermehrungen von Pflanzen. Allerdings hat man in diesen Fällen phytotrophe Tiere ohne deren Feinde eingeführt. So konnten sich unvollständige Nahrungsketten bilden, die es so in der Natur nicht gab. Das normale Wirken tierischer Pflanzenschädiger wird erst verständlich, wenn man auch deren Feinde betrachtet, also mindestens drei Glieder einer Nahrungskette berücksichtigt.

Mit Ausnahme vieler Samenfresser verzehren Tiere nur Teile von Pflanzen, so daß meist eine Regeneration möglich ist. Das gilt gleichermaßen für Säftesauger, Laub- oder Wurzelfresser und für Weidegänger. Schäden, die zum Tod der ganzen Pflanze führen, entstehen, wenn Hirschwild, Ziegen oder Kaninchen die Rinde eines Baumes ringsum abnagen oder wenn Engerlinge, Larven der Tipuliden oder Wühlmäuse die Wurzeln einer Pflanze völlig zerstören.
Das Angriffsvermögen einer Art etwa einem Baum gegenüber kann bei Populationen in verschiedenen Gebieten, bei der gleichen Population in aufeinander folgenden Generationen, bei demselben Individuum während verschiedener Angriffe unterschiedlich sein. Mit zunehmender Bevölkerungsdichte wächst das Angriffsvermögen vieler Schaderreger. Andererseits steigt die Widerstandskraft des Baumes, je lebenskräftiger er ist. Dies führt oft zum Mißlingen des Angriffs von Schädlingen.
Durch starken Fraß können Pflanzen sogar stimuliert werden, wieder auszutreiben. Erlen *(Alnus)* reagieren mit Bildung neuer Blätter und Triebe, wenn der Verlust an Blattsubstanz durch den Erlenblattkäfer *(Agelastica alni)* oder durch Hirschwild eine bestimmte Schwelle überschreitet. Gleiches trifft beim Raps gegenüber dem Rapsglanzkäfer *(Meligethes aeneus)* zu. Bäume können sich erholen, wenn ihre Freßfeinde Ruheperioden der Entwicklung als Ei oder Puppe durchmachen (Abb. 4.1) oder wenn wirtswechselnde Organismen (Blattläuse, Rostpilze) einen anderen Wirt aufsuchen müssen.

Pflanzen aus extremen Lebensräumen (ariden und alpinen Gebieten) vermögen Fraßschäden meist nur langsam auszugleichen. Gerade sie aber sind durch ihre mechanische Beschaffenheit besser geschützt. Welche Bedeutung mechanischer Schutz für eine Pflanze haben kann, zeigt die Stechpalme *(Ilex aquifolium)*. Schneidet man den stachligen Rand ihrer Blätter ab, so werden diese sogar von Raupen des Eichenspinners *(Lasiocampa quercus)* gefressen.

Samen- und Fruchtfresser bestimmen oft die Verteilung der auskeimenden Samen. Ihr Verhalten ist aber im Einzelfall schwer abzuschätzen. So wurde in Südengland beobachtet, daß derGimpel *(Pyrrhula pyrrhula)* an einigen Eschen *(Fraxinus)* kaum noch Samen übrig ließ, andere Bäume jedoch unberührt blieben, ohne daß ein Grund ersichtlich war. – Nach Ausschluß von Samenfressern der Douglasfichte *(Pseudotsuga douglasii)* trat eine höhere Mortalität der Samen durch andere Ursachen ein. Man muß also stets die Möglichkeit kompensierender Ereignisse beachten.

Tier – Tier. Im marinen Bereich gibt es in der Gezeitenzone der Schlickwatten, aber auch an Felsküsten genügend Beispiele dafür, daß bestimmte Arten andere mindestens eine zeitlang unterdrücken können oder sogar ganz ausschließen.

Auf dem Land nehmen Räuber in den meisten Fällen nur den Überschuß einer Beute-Population, der sonst fortwandern, verhungern oder an Krankheiten sterben würde. Solche Verhältnisse kommen in der Tundra zwischen Wolf und Rentier oder zwischen Luchs und Schneehase vor, in der nordamerikanischen Taiga auch zwischen Puma und Wapiti (Rothirsch). Hier regulieren also nicht die Feinde die Dichte bestimmter Fraßtiere, sondern hängen von deren Bevölkerungsdichte ab.

Die in der Natur vorkommenden Fluktuationen in Feind-Beute-Systemen dürften auf der für Pflanzenfresser sich oft mehr oder weniger periodisch ändernder Nahrungssituation beruhen. Daraus ergibt sich die Abhängigkeit des Mäusebussards *(Buteo buteo)* von der Feldmaus *(Microtus arvalis)*, des Mauswiesels *(Mustela nivalis)* von der Erdmaus *(M. agrestis)*, des Waldkauz *(Strix aluco)* von der Gelbhalsmaus *(Apodemus flavicollis)*. In manchen Gebieten wird die örtliche Bevölkerungsdichte des Habicht *(Accipiter gentilis)* recht stark von seiner Hauptbeute, der Ringeltaube *(Columba palumbus)* beeinflußt, obwohl er durchaus auch andere Vögel jagt. Die Weite der Auswahl bevorzugter Beutetiere ist angeboren.

In diesem Zusammenhang sei ein Beispiel für **potentielle Feindbeziehungen** gegeben, die durch eine Vermeidungsstrategie nicht zur Geltung kommen. So erscheint die Silberameise *(Cataglyphis bombycina)* in der Zentralsahara aus ihren unterirdischen Nestern auf der Oberfläche nur während der schmalen Temperaturspanne zwischen 46° und 54° C, um an Hitze gestorbene Arthropoden einzutragen. Die Wüsteneidechse *Acanthodactylus dumerili* gräbt sich ihre Behausung dicht neben Nestern der Ameisen, die sie an sich gerne erbeutet. Indessen kommen die Eidechsen lediglich vor- und nachmittags nach oben, weil sie nur bis 45° C ertragen können, während die Ameisen in der Mittagszeit bei 46° C ausschwärmen und erst bei 55° C den Hitzetod erleiden würden.

Feindbeziehungen besonderer Art zeigen die Parasitenkomplexe, deren Arten sich hemmen oder ergänzen und nicht nur von ihren Wirten, sondern den verschiedensten Umweltbedingungen abhängen. Forstinsekten kommen oft nur in langen

Zeitabständen zur Massenvermehrung. Im Laufe der Jahre ändert sich das Bild ihrer Parasitierung in qualitativer und quantitativer Hinsicht unter Umständen beträchtlich. Parasiten, die in einigen Jahren vorherrschen, können jahrelang ausbleiben. Die Bedeutung der Struktur des Lebensraumes zeigt folgendes Beispiel: Im Auenwald erniedrigen die vielen Parasiten die mittlere Dichte der Sackträgermotte *Coleophora serratella*, rufen aber keine Fluktuationen derselben hervor. Dies ist jedoch in einförmigen Windschutzreihen aus Pappeln und Erlen der Fall.

5.2.4 Interspezifische Konkurrenz

Wenn verschiedene Arten gleiche oder ähnliche Lebensansprüche haben, ohne daß sich diese in ausreichendem Maße erfüllen lassen, andererseits wenn Fortpflanzung und Überleben durch gegenseitige Störungen beeinflußt werden, kann sich ein Wettbewerb zwischen den beteiligten Partnern entwickeln. Er wirkt sich auf die Ausnutzung von Nahrung, Wohn- und Brutplätzen aus. Die unterlegene Art kann verdrängt und unter Umständen sogar vernichtet werden. Interspezifische Konkurrenz durch Unterdrückung und Kämpfe bis zum Tod eines Konkurrenten sind durchaus fließend und lassen sich nicht scharf trennen.
Allerdings erwiesen sich viele Fälle, die voreilig als Konkurrenz gedeutet worden waren, als ein Nebeneinander von Arten mit verschiedenen Existenzansprüchen im gleichen Biotop. Durch die im Laufe der Jahre wechselnden Bedingungen wird einmal die eine, ein andermal die andere Art mehr begünstigt, ohne daß beide gegeneinander zu wirken brauchen. Es ist also nicht immer leicht, Konkurrenz von ökologischer Isolation zu unterscheiden.

Pflanzen. Besonderheiten der Speicherorgane, Wuchshöhe, Art der vegetativen Ausbreitung, Wachstumsrate, jahreszeitliches Erscheinen, Ertragen von Streß und Schaderregern können die Konkurrenz beeinflussen. Die Flockenblume *Centaurea maculosa* kann das Hochkommen des Wiesenschwingels *(Festuca pratensis)* und anderer Gräser stark unterdrücken. Dort, wo ihre Wurzeln von den Raupen eines Kleinschmetterlings *(Agapeta zoegane)* befallen werden, geht ihre Überlegenheit in der Konkurrenz verloren.
Bei der Ausbreitung lassen sich Überwachsung, Unterwachsung, Durchwachsung und seitliche Verdrängung unterscheiden. Der Wettbewerb geht um Raum, Licht, Wasser, Kohlendioxid und im Boden um Nährstoffe und Sauerstoff.
Außerdem spielen in manchen Fällen stoffliche Ausscheidungen eine Rolle. *Erica scoparia* in Heiden Spaniens sondert Phenole ab, die weder Gräser noch Klee aufkommen lassen. – Die Wirkung kann auch indirekt sein. So wächst in Feldern mit Lein zuweilen der Leindotter *(Camelina sativa)* als Unkraut. Er scheidet organische Säuren aus, die sich auf den Blättern ablagern. Nun siedeln sich dort einige Bakterien *(Enterobacter cloacae, Pseudomonas fluorescens)* in größeren Mengen an. Sie bilden Stoffe, die vom Regen abgespült, das Wachstum des Lein *(Linum usitatissimum)* hemmen. – In der Formation der Chaparrals von Kalifornien wächst der Strauch *Adenostoma fasciculatum*, der die Keimung von Kräutern in seiner

Nahumgebung verhindert. Hier sind es mit der Pflanze assoziierte Bodenmikroben, die auf die Kräuter toxisch wirken, wie Experimente ergaben.
Wichtig ist, welche der in Wettbewerb stehenden Pflanzen zuerst keimt und sich entwickelt. Daher ist die Überlegenheit der beteiligten Arten oft nicht absolut, sondern von der Situation abhängig. Umfangreiche Versuche zeigten es in Feldern mit Gerste und verschiedenen Unkräutern. – Durch Konkurrenz mit anderen Arten werden einige Pflanzen auf suboptimale Standorte abgedrängt. Die Fähigkeit, unter extremen Bedingungen zu überleben, ist dann entscheidender als Konkurrenz.

Tiere. Interspezifischer Wettbewerb wurde bei Meerestieren und auf dem Land bei Säugetieren, Vögeln, Arthropoden besonders untersucht. Bei Nagetieren waren es meist nahe verwandte Arten von Buschratten *(Neotoma)*, Chipmunks *(Eutamias)* und Wühlmäusen (Microtidae). Immer wieder ergab sich, daß je nach den Bedingungen entweder die eine oder die andere Art unter- oder überlegen war. – In der ostafrikanischen Savanne kann während der Trockenzeit wegen ähnlicher Nahrungsansprüche das Streifengnu *(Connochaetes taurinus)* mit Populationen des Kafferbüffels *(Syncercus caffer)* konkurrieren und diese um etwa 18 % des Bestandes vermindern. – In einem Wald in Norwegen stieg durch zusätzliches Angebot künstlicher Nisthöhlen die Zahl der höhlenbrütenden Vögel (Meisen [Paridae], Trauerschnäpper *[Fidecula]*) erheblich an. Zugleich nahm die Siedlungsdichte der Freibrüter (Buchfink *[Fringilla]*, Fitis und Zilp-Zalp *[Phylloscopus]*) entsprechend ab. Hier wurde Konkurrenz zwischen ganzen Gruppen unterschiedlicher Lebensform deutlich.
Experimente und Beobachtungen über die Wirksamkeit interspezifischer Konkurrenz bei Insekten betreffen vor allem Vorratsschädlinge, Holzbewohner und Parasiten. – Als Beispiel für staatenbildende Arten sei der Wettbewerb zwischen den Ameisen *Lasius flavus* und *L. niger* genannt.
Wenn verschiedene Parasiten-Arten im gleichen Wirtsindividuum schmarotzen, spricht man von Multiparasitismus. In vielen Fällen zeigt sich die unbedingte Überlegenheit einer Art über eine andere. Andererseits kann aber auch die spezielle Situation den Durchsetzungserfolg einer bestimmten Art entscheiden. Außerdem können das Zusammentreffen mehrerer Arten und die Überlegenheit einiger derselben entweder durch Ausweichen oder durch kompensierende Eigenschaften gemildert werden. Ausweichen geschieht durch unterschiedliche Bevorzugung der Biotope, unterschiedliches Wirtfindevermögen, Bevorzugung verschiedener Entwicklungsstadien des Wirtes, Markierung und Erkennen bereits parasitierter Wirtsindividuen durch Pheromone, jahreszeitlich gebundenes Auftreten und weitere, oft nur subtile Anpassungen. Dagegen sind gerade die hochspezifischen, gut mit dem Leben des Wirts synchronisierten Arten oft zwar ihren weniger angepaßten Konkurrenten unterlegen. Sie können jedoch die Mängel durch bessere Wirtsfindung, hohe Fortpflanzungsrate und schnelle Reaktion auf steigende Wirtsdichte kompensieren.
Zwischenartliche Konkurrenz kann also trotz Überlegenheit einiger Arten infolge ihrer aggressiven Durchsetzungskraft durch Ausweichen oder Kompensationen der Unterlegenen zu einer weitgehenden *Koexistenz* aller führen. Dies zeigte sich auch bei verschiedenen Insekten, die sich in Distelköpfen entwickeln. Die betreffenden

Arten bevorzugen in unterschiedlicher Weise die örtlichen Bestände der Wirtpflanze und innerhalb desselben Blütenkopfes die verschiedenen Strukturteile. Außerdem gehen sie sich nicht nur räumlich, sondern auch zeitlich aus dem Wege. Eine Kompensation wird in folgendem Fall deutlich. Die Larven der Bohrfliege *Urophora solstitialis* sind bei direktem Zusammentreffen denen des Rüsselkäfers *Rhinocyllus conicus* überlegen. Der Käfer aber legt seine Eier viel breiter gestreut an eine größere Zahl von Blütenköpfen der Distel *Carduus nutans* als die Fliege und kann so seine Unterlegenheit wettmachen.
Man muß zwischen realisierter und potentieller Konkurrenz unterscheiden. Letztere zeigt nur die Möglichkeit zum Wettbewerb auf, die zudem zwischen zwei Arten je nach den Umweltbedingungen verschieden sein kann. So ist bei kühlen, trockenen Verhältnissen der Reismehlkäfer *Tribolium confusum* dem *T. castaneum* überlegen. Bei hohen Temperaturen und größerer Feuchtigkeit verhält es sich gerade umgekehrt. – Wenn Nahrung, Eiablageplätze und andere Lebenserfordernisse im Überfluß vorhanden sind oder wenn Arten mit ähnlichen Lebensansprüchen durch einen gemeinsamen Feind und sonstige Hemmfaktoren sich nicht genügend entfalten können, besteht durchaus die Möglichkeit ihrer Koexistenz. Die normalerweise ausgeprägte Raumkonkurrenz zwischen den Seepocken *Chthamalus stellatus* und *Balanus balanoides* fehlt, wo die räuberische Purpurschnecke *Nucella (Thais) lapillus* beide unterdrückt.

Faßt man die Fälle echten Wettbewerbs zusammen, sind zwei Tatsachen nicht zu übersehen:
1) Interspezifische Konkurrenz ist stärker in **artenreichen Lebensräumen** (Tropischer Regenwald, Savanne, Korallenriff, Felslitoral) als in artenärmeren und unter extremen Bedingungen stehenden (Tundra, offenes Meer, Schlickwatt, Agrarlandschaft).
2) Interspezifische Konkurrenz hat größte Bedeutung bei Pflanzen, sessilen, hemisessilen und wenig vagilen Wassertieren, bei Netzspinnen, Holzbewohnern, Parasiten, Insektenstaaten, Wirbeltieren mit Territorialverhalten. Es sind also überwiegend Fälle von **Raumbegrenztheit,** die kein Ausweichen gestatten.

5.2.5 Intraspezifische Konkurrenz

Wirksame Möglichkeiten der Selbstbegrenzung von Populationen durch Wettbewerb zwischen Individuen der gleichen Art sind für alle Gruppen der Pflanzen und Tiere nachgewiesen. Je mehr eine Bevölkerung bei günstigen Bedingungen wächst, desto stärker wirkt die innerartliche Konkurrenz, die wieder zu ihrem Rückgang beiträgt.

Gedrängefaktor. Als Nachbarschafteffekt beeinflußt er Pflanzen, als Kollisionseffekt Tiere. Bei Pflanzen hängt er von deren Abstand, Größe und Alter ab; er wirkt sich auf ihr Wachstum, Zahl der Nachkommen und Mortalität aus. Jeder kennt die Gestalt eines einzeln stehenden Baumes im Vergleich zu jener, die im Baumbestand der gleichen Art aufwächst. – Bei zu großer Dichte kommt es zur Selbstverdünnung. Sie beginnt schon bei den Keimlingen, wie gezielte Versuche mit *Plantago lanceolata* und mit *Rumex acetosella* gezeigt haben.

Bei den ersten Experimenten mit Tieren setzte man in gleichgroße Gefäße mit gleicher Nahrungsmenge eine verschiedene Ausgangszahl von Taufliegen-Pärchen *(Drosophila)* und zählte deren Nachkommen. Von einer bestimmten Dichte der Bevölkerung an nahm die Zahl der Nachkommen ab. Selbst wenn noch genügend Futter vorhanden ist, führen häufige Zusammenstöße schon zu gegenseitiger Beunruhigung, die eine unvollkommene Ausnutzung der Nahrung zur Folge hat. Da die Ernährung dadurch ungenügend ist, werden auch weniger Eier abgelegt. Der Reiskäfer *(Sitophilus oryzae)* legt seine Höchstzahl an Eiern nur ab, wenn mehr als das Zehnfache an Körnern zur Verfügung steht als benötigt werden.

Verringerte Nachkommenschaft und ungenügende Nahrungsaufnahme durch gegenseitige Störung sind nicht nur für viele Insekten Faktoren der Begrenzung bei Überbevölkerung, sondern auch für Tiere ganz anderer Gruppen, so bei Posthornschnecken *(Planorbarius)* im Wasser oder bei Feldmäusen *(Microtus arvalis)* in der Agrarlandschaft des Dauergrünlandes. Bei letzteren führt die physisch-psychische Belastung einer zu großen Populationsdichte zu Erregungszuständen, die das Hormonsystem über Hypophyse und Nebenniere übernormal beanspruchen. Es kommt durch Störung des Kohlenhydrat-Stoffwechsels zum hypoglykämischen Schock, der den Zusammenbruch einer Population auslöst. Hormonale Vorgänge regulieren über Verhaltensänderungen ebenfalls die Bestandesdichte von Hasen und Rehwild.

Nahrungsverknappung. Sie wirkt als weiteres Regulationsprinzip bei steigender Bevölkerungsdichte. Bei Pflanzen läßt es sich nicht deutlich vom Nachbarschaftseffekt trennen, der durch den Raum bedingt ist. Oft stehen schon *Teile* der gleichen Pflanze bei Mangel an Nährstoffen in Konkurrenz um Nahrung, etwa Wurzelpartien eines Baumes, die sich dadurch gegenseitig beeinflussen. Der Landwirt kennt die optimale Saatdichte seiner Kulturpflanzen auf dem Feld.

Zahlreiche Beispiele ließen sich aus der Kleintierwelt anführen. So gingen Engerlinge des Maikäfers *(Melolontha)* bei zu hoher Besatzdichte ($70/m^2$) größtenteils noch vor ihrer Verpuppung zugrunde. Als man sie durch Bekämpfung dezimierte, stieg die Zahl der schlüpfenden Käfer wieder an. Es war das Gegenteil von dem erreicht worden, das man beabsichtigt hatte. Das Gleiche zeigte sich beim Kartoffelnematoden *(Globodera rostochiensis)*. – Nach Kahlfraß durch den Wickler *Zeiraphera diniana* treiben die Lärchen in den Alpen härtere, kürzere Nadeln aus. Die für die Raupen qualitativ verschlechterte Nahrung entlastet den Baum jeweils für etwa drei Jahre. In dieser Zeit wird er nur von einem sich langsamer entwickelnden helleren Ökotyp des Wicklers befallen, bis wieder die dunklere Form geeignete Nahrungsqualitäten findet. Hier hat sich ein auf lange Sicht selbstregulatorisches System Pflanze-Pflanzenfresser ausgebildet.

Bei vielen Vögeln unserer Klimagebiete wird das Bevölkerungsniveau zum Teil durch Wettbewerb der Individuen der gleichen Art um Nahrung in der futterarmen Winterzeit bestimmt. Der Überschuß der Bevölkerung im Sommer kann ohne

Schaden für den Bestand durch Unwetter oder durch Feinde vernichtet werden. Ein höherer Erfolg der Fortpflanzung zur Brutzeit führt meist nur zu größerer Sterblichkeit der Alttiere, die nicht mehr konkurrieren können. Wird der Bestand durch neue Jungtiere nicht genügend ergänzt, so leben Altvögel länger, so daß sich die «Alterspyramide» ändert. – Entsprechendes gibt es bei Insekten, etwa den Weibchen von Laufkäfern. – Mangel an genügend qualitativ geeigneter Nahrung reguliert in der ostafrikanischen Savanne die Größe der Populationen des Kafferbüffels *(Syncercus caffer)*.
Aufschlußreich ist der Vergleich von zwei Rentierherden auf den Pribilov-Inseln in der Behringsee bei Alaska (Abb. 5.6). Im Herbst 1911 wurden auf zwei dieser Inseln einige Paare des Ren *(Rangifer tarandus)* ausgesetzt. Räuberische Feinde fehlten. Auf der einen Insel stieg die Bevölkerung bis 1938 an, um dann usammenzubrechen. Der Grund war Nahrungsmangel durch Übervölkerung. Die Tiere hatten ihre wichtigste Winternahrung, die Rentierflechten *(Cladonia rangifera)*, mit der Zeit fast ausgerottet. Da diese sehr langsam wachsen, braucht ein Bestand 15–20 Jahre zur Erholung. Außerdem folgten nach 1938 einige übernormal kalte Winter, so daß wochenlang Eiskrusten das Äsen erschwerten. So konnte der völlige Zusammenbruch der Rentierpopulation nicht mehr aufgehalten werden. Ganz anders stand es um die Rentierherde auf der anderen Insel. Hier stieg die Bevölkerung nur langsam an, ohne eine übermäßige Höhe zu erreichen. Diese Insel hat Steilküsten, die 300 m zur See abfallen. Dadurch stürzten viele Tiere, die ihrer Gewohnheit gemäß gegen den Wind hin äsen, bei den Schneestürmen im Winter ins Meer hinab, so daß ein natürlicher Abgang eintrat, wie er sonst durch Raubtiere erfolgt wäre. Auf diese Weise gab es stets genug Nahrung, weil von der kleinen Population nicht mehr Flechten gefressen wurden als nachwuchsen.

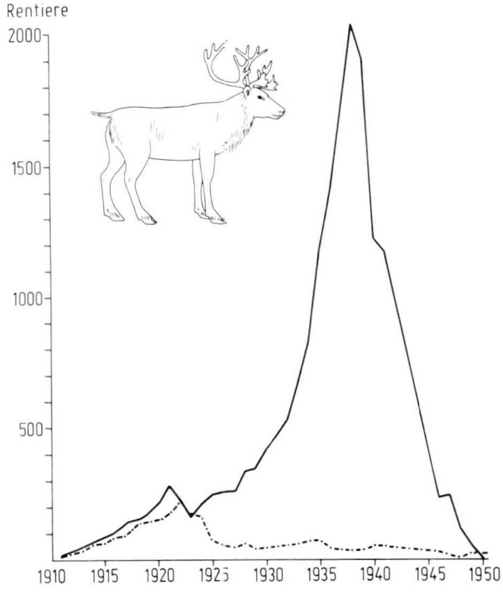

Abb. 5.6: Unterschiedlicher Verlauf von Rentier-Populationen auf zwei Pribilof-Inseln mit verschiedenen Lebensbedingungen (nach Scheffer 1951). Ausgezogene Kurve: Zusammenbruch nach Übervermehrung; gestrichelt: Fortdauer des Bestandes bei ständig hoher Mortalität.

Kannibalismus. Zuerst wurde an verschiedenen Arten von Mehlkäfern *(Tribolium, Tenebrio)* in Zuchtgefäßen nachgewiesen, daß mit steigender Dichte Larven und Käfer mit ihrer Mehlnahrung mehr Eier und Puppen der eigenen Art fressen, je häufiger sie auf solche stoßen. Dadurch verringert sich mit dem Nachwuchs die Gesamtpopulation. Allerdings kommt ein solcher unbeabsichtigter Kannibalismus nur bei begrenztem Raum vor, nicht dagegen, wenn genügend Möglichkeit zur Ausbreitung gegeben ist.
Das gleiche Phänomen ist aber auch im Freien von verschiedenen Tieren bekannt geworden. Mauereidechsen *(Podarcis [Lacerta] muralis)* auf Inseln im Mittelmeer, wo ihre natürlichen Feinde fehlten, vermehrten sich so stark, daß sie sich schließlich gegenseitig anfielen, und ihr Bestand sich durch Kannibalismus wieder verminderte. – Bei Löwen wirkt das «Demutsverhalten» des Unterlegenen, das normalerweise zum unblutigen Ende eines Kampfes führt, nicht mehr, wenn eine bestimmte Populationsdichte überschritten ist. In Hungerzeiten frißt die Löwin etwa die Hälfte ihres eigenen Wurfes auf. – Der Schreiadler *(Aquila pomarina)* legt zwei Eier; man findet aber nur ein Junges im Nest. Das andere wird von dem zuerst geschlüpften getötet, das den Trieb hat, auf sein kleineres Geschwister heraufzuklettern und dessen Nahrungsaufnahme zu verhindern. – Ein großer Teil der Jungfische wird das Opfer ihrer größeren Artgenossen. Gleiches erleiden Weinbergschnecken *(Helix pomatia)* in den ersten Lebenstagen.
Kannibalismus tritt bei phyto- und zootrophen Arten auf. Von Raupen des Erbsenwicklers *(Laspeyresia nigricana)* oder des Apfelwicklers *(L. pomonella)*, die gleichzeitig auf einer Hülse bzw. einem Apfel schlüpfen, bleibt nur eine übrig, um sich einzubohren, nachdem sie die übrigen Artgenossen getötet hat. – Dringen viele Mirazidien einer Bilharzie *(Schistosoma)* in eine einzige Schnecke ein, so können sich die meisten von ihnen nicht weiterentwickeln und sterben. – Von mehreren artgleichen parasitischen Hymenopteren im gleichen Wirt kommt meistens nur das stärkste Individuum durch. Die Mitkonkurrenten werden getötet oder physiologisch ausgemerzt (**contest-Typ**). Bei mehreren Schlupffliegen (Tachinidae) in einem Wirtstier können zwar mehr als eine überleben, erreichen dann aber nicht die Normalgröße und erzeugen weniger Nachkommen (**scramble-Typ**).

Selbstverschlechterung der Lebensbedingungen. Dieses Regulationsprinzip beruht darauf, daß sich das Milieu durch selbstverschuldete Anreicherung ausgeschiedener Stoffe ungünstig verändern kann. Es konnte bei Zuchten der Taufliege *(Drosophila)* oder des Reismehlkäfers *(Tribolium)* nachgewiesen werden. In der Natur spielt das Phänomen z.B. beim Massenvorkommen von Mückenlarven *(Aedes cantans)* in Waldtümpeln oder bei der Massenvermehrung mancher Waldinsekten eine Rolle. Raupen, die an Virosen erkranken, wie die Nonne *(Lymantria monacha)* durch die Wipfelkrankheit oder der Kiefernspinner *(Dendrolimus pini)* durch die Polyederkrankheit, scheiden die Viren in ihrem Kot aus. Um so dichter der Raupenbesatz ist, desto leichter werden gesunde Individuen durch den herabrieselnden Kot infiziert, so daß sich die Krankheiten seuchenartig ausbreiten. Schon manche Insektenkalamität im Walde hat dadurch ein vorzeitiges Ende gefunden. Selbstverursachte Veränderung des Milieus durch stoffliche Ausscheidungen ist vor allem für viele

Pflanzen ein Begrenzungsprinzip Das gilt ebenso für Pilze wie für Samenpflanzen. Der Landwirt kennt die Unverträglichkeit mancher Kulturgewächse nach wiederholtem Anbau auf gleicher Fläche. Als Beispiel seien nur Klee, Luzerne, Bohne, Erbse, Tabak, Senf und Lein genannt.

Emigrationen geben eine fünfte Möglichkeit der Selbstbegrenzung einer Population, wobei durch Auswanderung des Überschusses der zurückbleibende Rest entlastet wird. Solche Emigrationen dürfen nicht mit Migrationen, also Hin- und Rückwanderungen, verwechselt werden, denn bei Emigrationen gibt es keine Rückkehr. Unregelmäßige Auswanderungen finden von sog. Invasionsvögeln aus Lebensräumen extremer Klimate statt (Tundra, Taiga, Steppe), sobald Besiedlungsdichte und Nahrungsangebot in ein Mißverhältnis geraten sind. Hier lassen sich auch Emigrationen von Säugetieren anschließen, z. B. von Eisfuchs *(Alopex lagopus)* in der Tundra, Eichhörnchen *(Sciurus)* und Reh *(Capreolus)* in der Taiga.
Untersuchungen bei verschiedenen Mäusearten und beim Feldsperling *(Passer montanus)* zeigten, daß zuerst die Jungtiere ihren Heimbereich verlassen, da sie in der sozialen Rangordnung unten stehen.
Emigrationen als Folge zu hoher Bevölkerungsdichte sind ebenfalls von Arthropoden bekannt. Sie wurden bei Tausendfüßern (Julidae), Libellen, Heuschrecken, Schaben, Larven von Mücken (Sciaridae, Bibionidae), Raupen und Imagines von Schmetterlingen beobachtet. Bei Schaben schlägt das attraktiv wirkende Aggregations-Pheromon in Abschreckung um, wenn die Individuendichte zu groß wird.
Napfschnecken (Patellidae) in der Gezeitenzone der Felsküsten haben ein ausgeprägtes Heimfindevermögen. Steigt ihre Dichte zu sehr an, so wandern viele der älteren Individuen fort, ohne heimzukehren, und entlasten dadurch die Nahrungssituation für die übrigen.

Territorialität. Mit der Fortpflanzung in Zusammenhang steht Beschränkung auf einen bestimmten Mindestbereich, der durch Lautäußerungen, optische Signale oder chemische Markierung angezeigt und von Artgenossen gemieden wird. Dies wurde zuerst bei Vögeln entdeckt (Abb. 5.7). Durch das Verhalten eines Individuums, das ein solches Territorium mit unsichtbaren Grenzen behauptet oder sogar verteidigt, werden Artgenossen veranlaßt auszuweichen, unter Umständen weniger günstige Stellen zu besiedeln und damit die optimalen zu entlasten. Die Reviergröße einer Art ist bei reichem Nahrungsangebot kleiner als dort, wo weniger Nahrung zur Verfügung steht, hängt also mit der mindestens zur Brutzeit benötigten Futtermenge zusammen. Territorialverhalten kann aufgegeben werden, wenn zu wenig oder wenn überreichlich Nahrung vorhanden ist, wie bei Honigsaugern (Nectariidae) in Ostafrika beobachtet wurde. Es ist wieder ein gutes Beispiel für die Bedeutung der ökologischen Situation.
In einem Nadelwald, der stark vom Amerikanischen Tannentriebwickler *(Choristoneura fumiferana)* befallen war, schoß man alle Vögel mit Territorialverhalten ab, sobald sie sich zeigten. Doch schon am nächsten Tag waren die Territorien wieder neu besetzt. Es lebte also noch ein bedeutender, nicht territorial gebundener Teil der Population im Wald. Individuen, die im räumlichen Verteilungsmuster

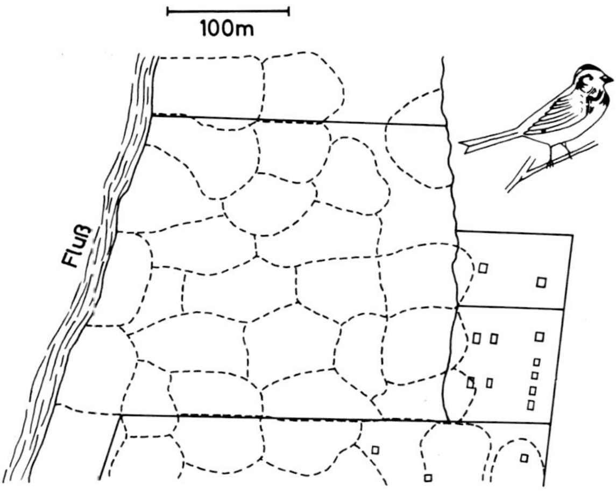

Abb. 5.7: Territorien der nordamerikanischen Singammer *(Melospiza melodia)* (nach Nice 1941).

keinen Platz gefunden hatten, konnten nun die frei gewordenen Stellen einnehmen. Ähnliche Versuche bei Enten, Tauben, aber auch bei Mäusen und Rehen führten zum gleichen Ergebnis. Bei allen war eine Bevölkerungsreserve vorhanden, die sonst von der Fortpflanzung ausgeschlossen, die leer gewordenen Plätze auffüllen konnte.

Bei Feldmäusen *(Microtus)* kommt es nach Überbevölkerung sogar zu einer Sozialterritorialität, indem sich Nestgemeinschaften zusammenschließen und dadurch vorübergehend eine dichtere Besiedlung ermöglichen. Freilich liegt darin zugleich der Keim zum späteren jähen Zusammenbruch der Bevölkerung. Überhaupt ist gerade bei Nagetieren das soziale Verhalten im Zusammenhang mit ihrem Mengenwechsel von Bedeutung. So leben Wanderratten *(Rattus norvegicus)* in einem stabilen hierarchischen Sozialgefüge, bei dem sich Teilpopulationen gegenüber anderen abschließen und die Gesamtbevölkerung dadurch auf einer geringeren Höhe belassen, als es sonst der Fall wäre, weil zwischen den einzelnen Sozialterritorien unbesiedelte Pufferzonen liegen. Dies Verhalten ist wenigstens bis zu einer bestimmten Dichte wirksam; wird sie überschritten, dann lockert sich das Rangordnungsgefüge, die Grenzen zwischen den Sozialverbänden verwischen sich; es kommt zum Mißverhältnis zwischen Wohnraum und Nahrung; Zusammenbruch der Bevölkerung ist die Folge.

Equiden haben nur Paarungsterritorien ohne Beziehung zum Nahrungsangebot. – Territoriales Verhalten unter den Wirbellosen wurde bei Landkrabben, Spinnen, Libellen, Heuschrecken, Grillen, Zikaden, Tagfaltern, Ameisen und anderen Hymenopteren, etlichen Dipteren und manchen Käfern nachgewiesen.

5.2.6 Übergreifende Vorgänge

Die Wirkungsweise der Bevölkerungsdynamik läßt sich durch das Begriffsystem der Kybernetik veranschaulichen. Ändert sich ein bestimmter Durchschnittswert der Bevölkerungsgröße, der das (dynamische) Fassungsvermögen des Lebensraums für die Art überschreitet, so treten oft Regulationen auf. Sie stellen über dichteabhängige Sterblichkeit (Mortalität) und Geburtenrate (Natalität), durch Emigrationen und Immigrationen die alte Situation wieder her, sofern sich die früheren Bedingungen nicht grundsätzlich geändert haben.
Als komplexes Ineinandergreifen genetischer, klimatischer, landschaftsabhängiger und biotischer Faktoren haben sich die Populationsdynamik der Hausmaus *(Mus musculus)*, der Feldmaus *(Microtus arvalis)* und der Wüstenwanderheuschrecke *(Schistocerca gregaria)* erwiesen, um drei gut untersuchte Beispiele zu nennen.
Von der Hausmaus sei das Zusammenspiel verschiedener Faktoren und deren Wirkungen etwas ausführlicher gebracht. Die Voraussetzung zur Massenvermehrung liegt in ihrem hohen Vermehrungspotential. Unter den Bedingungen ihrer ursprünglichen Lebensräume im Freien bestimmen die durch die Männchen gesetzten Territorialgrenzen die Wohndichte. Dies zwingt den Überschuß der heranwachsenden Jungtiere zur Abwanderung (Emigration). Wo eine solche wegen der engen Grenzen des Lebensraums, etwa bei Scheunen und Getreideschobern, nicht möglich ist, führen die durch ständige Revierverletzung ausgelösten Kämpfe zu einer sozialen Rangordnung. Bei größter Wohndichte, die Nahrungsknappheit verursacht, wird das unbegrenzte Anwachsen der Individuenzahl durch Auffressen von Jungtieren (Kannibalismus), Zerstörung von Nestern, Abortus, Resorption der Embryos, Hemmung der Gonadentätigkeit und mangelnde Laktation auch physiologisch verhindert. Schließlich bricht die Bevölkerung zusammen.
Wären nur klimatische Gründe für den Massenwechsel wirksam, würden die Individuendichten der Arten sehr bald extrem ansteigen oder fallen. Dichteabhängige Vorgänge haben daher schon Bedeutung für die Dämpfung möglicher Fluktuationen der Bevölkerungen.
Unterschiede innerhalb natürlicher Populationen und Heterogenität der von ihnen besiedelten Lebensräume führen zu einer besseren Verteilung und damit zur Minderung des Risikos der Auslöschung, von der sonst eine Bevölkerung durch starke Umweltänderungen bedroht sein könnte. Das **Prinzip der Risikominderung** beruht auf folgenden Tatsachen: (1) Phäno- und genotypische Variation in Toleranz, Präferenz und sonstigem Verhalten. (2) Zeitliche Variation zwischen Individuen hinsichtlich Fortpflanzung und Geschwindigkeit der Entwicklung. (3) Heterogenität der Raumstruktur, wodurch extreme Bedingungen an bestimmten Stellen durch günstigere an anderen ausgeglichen werden; hier liegt auch die Bedeutung kleinerer Wanderungen. (4) Möglichst viele Verknüpfungen mit anderen Arten, z. B. vielseitiges Nahrungsspektrum, Vertilgerkomplexe, Hyperparasitismus, Variationen in der Entwicklung bei Feinden und Beute, dynamische Nahrungsnetze.
Die vielfältigen Lebenstätigkeiten einer großen Artenzahl am gleichen Platz erhöhen die Heterogenität des Raumes und ermöglichen dort das Leben weiterer Arten. Das Prinzip der Risikoverteilung durch Differenzierung wirkt bei hoher und niedriger Dichte einer Population, bei seltenen und bei häufigen Arten.

5.3 Bevölkerungsprobleme der Menschheit

Humanökologie befaßt sich mit den Wirkungen der Natur auf den Menschen und mit dessen Eingriffen in die Natur. Der Mensch hat sich bei der Differenzierung seiner Rassen in die verschiedenen Klimate eingepaßt. Die nordmongolischen Typen, welche Tundra und Taiga sowie die nördlichen Halbwüsten Asiens besiedeln, haben eine dicke und dichte, engporige Haut. Dies ist in Kältelandschaften von Vorteil. Durch gleichfalls dicke, aber lockere, durchblutete Haut mit großen Poren sind die negriden Rassen in den Tropen gegen Überhitzung geschützt. Zudem hindert ihre dunkle Hautfarbe ein zu tiefes Eindringen ultravioletter Strahlen. Dagegen war die weitgehende Depigmentation in den feuchtkühlen Gebieten, etwa um die Ost- und Nordsee, von Nutzen. Nur so kann eine genügende Menge an UV-Strahlen die Oberhaut durchdringen; diese haben in ihrer dort herrschenden Stärke auch bakterizide Wirkung.
Die kleinsten Menschenrassen leben in Kältezonen und in tropischen Regenwäldern, die größten in Savannen und Steppen.
Würde der Mensch noch wie vor 14 000 Jahren nur als Jäger und Sammler leben, so wäre eine Fläche von 15–20 km^2/Kopf zur Ernährung notwendig. Es könnten dann höchsten 20–30 Millionen statt wie 1992 schon 5,4 Milliarden Menschen die Erde besiedeln. Der starke Anstieg der Bevölkerung war allein durch zunehmende Emanzipation von der Umwelt möglich. Ohne Kleidung und Behausung kann der Mensch langfristig nur Temperaturen zwischen 17 und 35° C ertragen. Durch Kleidung, Wohnung und Heizung wurde er von der Wärme unabhängig, durch Bewässerung von der Trockenheit, durch Ackerbau und Viehzucht von der Nahrung, durch künstliches Licht von der Dunkelheit, durch Gewinnung von Metallen und Erfindung von Geräten bis zu Maschinen von Arbeitskraft. Dieser Vorgang wird durch die moderne Technik auch auf anderen Gebieten immer weiter vorangetrieben.
Es ist zwar nicht immer angebracht, an Tieren beobachtete Fakten auf den Menschen zu übertragen, doch steht der Mensch gerade in seiner Populationsentwicklung keineswegs unter anderen Naturgesetzen. Man muß daher fragen, welche Regulationsprinzipien der Bevölkerung eigentlich den Menschen in seiner Geschichte betrafen oder noch heute wirksam sind.

Klimatische Ursachen haben oft genug die Bevölkerungen des Menschen dezimiert. Über die Sintflut als Ausdruck von Überschwemmungen und anderen witterungsbedingten Katastrophen wird nicht nur in der Bibel, sondern in den Sagen vieler Völker berichtet. Noch heute erleiden die Menschen gerade in dichtbesiedelten Gebieten Chinas und des indischen Subkontinents hohe Verluste durch Unwetterkatastrophen, die zugleich wertvollste Ackerflächen verwüsten. Ebenso einschneidend können jahrelange Trockenperioden sein, wie sie von Zeit zu Zeit in der Sahelzone Nordafrikas vorkommen. Indirekt wirkt das Klima über Ernteerträge und Krankheits-Epidemien.

Feindeinwirkungen durch andere Lebewesen haben lange Zeit eine entscheidende Rolle für den langsamen Bevölkerungsanstieg der Menschheit gespielt. Dies betrifft nicht etwa große Raubtiere, sondern Parasiten als Krankheitserreger oder deren Überträger. Die Pestbakterien, die durch Rattenflöhe übertragen werden, rafften im 6. Jahrhundert unter Justinian etwa die Hälfte der Bevölkerung des Oströmischen Reiches dahin. Mit 25 Millionen Menschen fiel 1347 bis 1350 ein Viertel der damaligen Bevölkerung Europas der Pest zum Opfer. Ähnlich der Pest gehörte der von der Kleiderlaus *(Pediculus humanus)* übertragene Erreger des Flecktyphus *(Rickettsia prowazekii)* zu den schwersten Geißeln der Menschheit in Kriegs- und Hungerzeiten. Große Bedeutung hatten in vielen Gebieten der Erde die durch Stechmücken übertragenen Erreger der Malaria *(Plasmodium)* und des Gelbfiebers. Alle diese Seuchen hemmten die Bevölkerungszunahme bis sie durch die Ergebnisse biologischer und medizinischer Forschung weitgehend eingeschränkt werden konnten. Erst dadurch wuchs die Bevölkerung in vielen Ländern über die durch die Nahrungserzeugung gesetzten Grenzen. Abb. 5.8 zeigt wichtige Arthropoden als Überträger von Krankheiten, Abb. 5.9 Pilze, die den Menschen befallen.

Interspezifische Konkurrenz. Außer Feinden hatte und hat der Mensch auch Konkurrenz durch andere Arten zu ertragen. Diese verringern einen guten Teil seiner Ernten und Nahrungsvorräte. Die großen Weidetiere konnten zwar leicht als unerwünschte Arten dezimiert werden, damit die eigenen Haustiere genügend Nahrung fanden. Doch der Kampf gegen die landwirtschaftlichen Schaderreger aus der Welt der Insekten, Milben und Nematoden, Schnecken und Mäuse, Pilze, Bakterien und Unkräuter, den der Pflanzenschutz in allen Teilen der Erde führt, zeigt, daß die Konkurrenz um Nahrung durch andere Organismen immer noch stark wirksam ist und gerade in dichtbesiedelten Ländern Hungerkatastrophen begünstigt.

Intraspezifische Konkurrenz. Wie steht es mit den Regulationsmechanismen innerhalb der Populationen des Menschen? Der **Gedrängefaktor** hat für den Menschen bereits in vielen Teilen der Erde Bedeutung erlangt. Je größer die Besiedlungsdichte, die Zusammenballung in Städten und Industriezentren ist, desto wirksamer wird er. Er führt zu Überbeanspruchung, zum Streß. Kriminalität und Neurosen greifen gerade in hochtechnisierten Ländern immer mehr um sich. Schon allein durch den Lärm ergeben sich je nach der Lautstärke psychische Belastungen bei 50–55 dB, Störungen des vegetativen Nervensystems bei 65–85 dB und irreversible Gehörschäden von etwa 90 dB an. «Eines Tages wird der Mensch den Lärm ebenso unerbittlich bekämpfen müssen wie die Cholera und Pest» (Robert Koch). Der Mensch braucht indessen nicht nur Ruhe, sondern auch die Möglichkeit des Zurückziehens in sich. Der Gedrängefaktor läßt letzten Endes die schöpferischen Eigenleistungen, die allein in der Stille reifen können, verkümmern.

Nahrungsverknappung. Die Ökonomen haben errechnet, daß eine vielfache Zahl der heutigen Menschheit die Erde bevölkern könnte. Sie denken dabei in erster Linie an die theoretische Produktivität der Landwirtschaft, aber nicht an die tatsächlichen

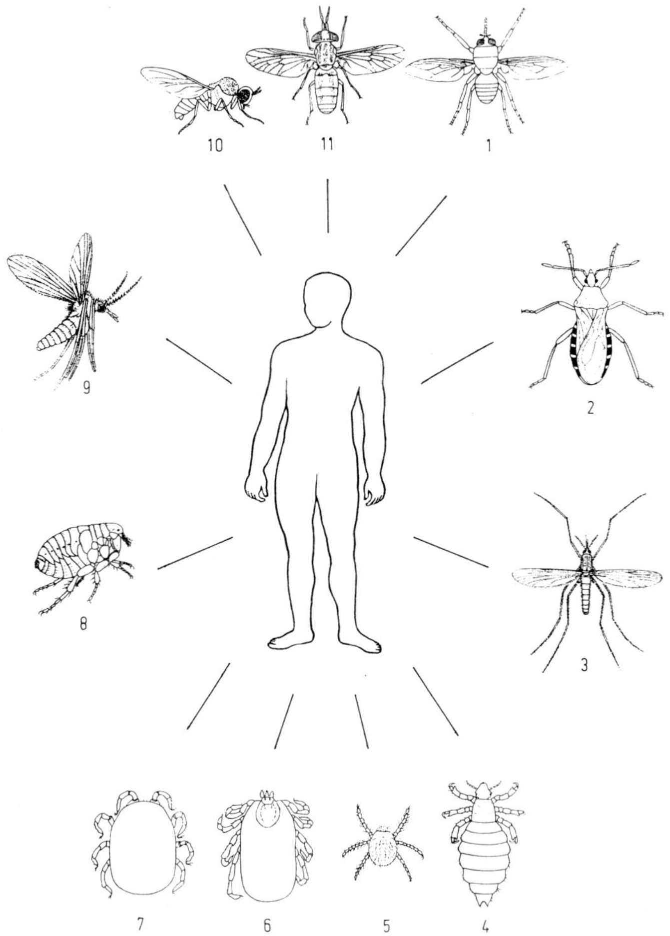

Abb. 5.8: Arthropoden als Humanparasiten und Krankheitsüberträger (Orig.).
1: Tsetsefliegen (*Glossina*-Arten, etwa 10 mm, Überträger der Schlafkrankheit oder Afrikanischen Trypanosomiasis); **2:** Raubwanze (*Panstrongylus megistus*, 22 mm, Überträger der Chagas-Krankheit oder Amerikanischen Trypanosomiasis); **3:** Fiebermücken (*Anopheles*-Arten, 7 mm, Überträger von Malaria-Erregern); **4:** Menschenlaus (*Pediculus humanus*, 3 mm, Überträger von Fleckfieber [einer Rickettsiose] und Rückfallfieber [einer Spirochaetose]); **5:** Larve der Laufmilbe *Leptothrombidium deliensis* (0,6 mm, Überträger einer Rickettsiose); **6:** Schildzecken (*Ixodes*-Arten, 7 mm, Überträger von Rickettsiosen, Lyme-Krankheit [einer Spirochaetose] und von Encephalitis-Viren); **7:** Lederzecke *Ornithodorus moubata* (10 mm, Überträger des Afrik. Rückfallfiebers durch *Borrelia duttoni*); **8:** Pestfloh (*Xenopsylla cheopis*, 2 mm, Überträger der Pest durch Bakterium *Yersinia pestis*); **9:** Sandmücken (*Phlebotomus*-Arten, 3 mm, Überträger von Leishmaniasen); **10:** Kriebelmücken (*Simulium*-Arten, 3,5 mm, Überträger der Flußblindheit durch Filarie *Onchocerca volvulus*); **11:** Bremsen (*Chrysops*-Arten, 10 mm, Überträger der Wanderfilarie *Loa loa*).

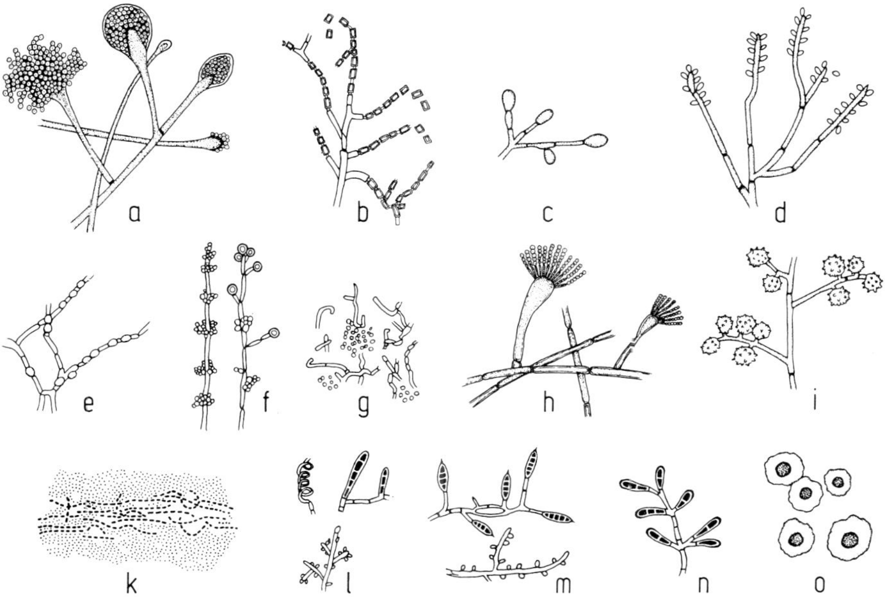

Abb. 5.9: Pilze als Humanparasiten (Orig.).
Mucorales a: *Absidia corymbifera*, Myzel mit Sporangien voll Endosporen (Mucor-Mykose); **Endomycetales b:** *Coccidioides immitis*, Myzel mit rechteckigen Arthrosporen (Coccidioido-Mykose); **c:** *Blastomyces dermatitidis*, Hyphen mit birnförmigen Konidien (Nordamerikanische Blastomykose); **d:** *Sporotrichum schenkii*, Myzel mit Mikrokonidien (Sporotrichose); **e:** *Madurella mycetomi*, Myzel mit Chlamydosporen (Madura-Mykose); **f:** *Candida albicans*, Sproßmyzel mit Konidien und Chlamydosporen (Soor); **g:** *Mallassezia furfur*, Hyphenstücke und Sporenhaufen (Kleienflechte); **Plectascales h:** *Aspergillus fumigatus*, Myzel mit Sporenträgern und Konidien (Lungen-Aspergillose); **i:** *Histoplasma capsulatum*, Hyphe mit Makrokonidien (Histoplasmose); **k:** *Trichophyton megninii*, Hyphen und Konidien (Trichophytie, Bartflechte); **l:** *Trichophyton interdigitale*, Spiralhyphe, Hyphen mit Makro- und Mikrokonidien (Trichophytie, Fußflechte); **m:** *Microsporum audouinii*, Hyphe mit zugespitzten Makrokonidien, darunter mit Mikrokonidien (Microsporie, Ringflechte der Kopfhaut); **n:** *Epidermophyton floccosum*, Hyphe mit Makrokonidien in etwas büschelförmiger Anordnung (Epidermophytie, Fußflechte partim); **Ustilaginales o:** *Cryptococcus neoformans*, Sproßzellen von Schleimkapsel umhüllt (Cryptococcus-Meningitis).

ökologischen Gegebenheiten. Man kann in ariden Gebieten nicht überall Land bewässern, um es fruchtbar zu machen. Nach einer gewissen Zeit versalzt der Boden, und wo früher wenigstens für die Kamele noch einige Kräuter als Futter wuchsen, kann das bewässerte Gebiet zu einer Salzwüste werden. Man bestaunt leicht die hohe Produktivität des tropischen Regenwaldes und vergißt, daß sich hier die Nährstoffe in einem kurzgeschlossenen Stoffkreislauf befinden, ohne daß sich im Boden eine Reserve in Form größerer Mineral- und Humusmengen bildet, wie es in den gemäßigten Zonen der Fall ist. Der Umwandlung solcher Wälder in landwirtschaftliche Nutzflächen, selbst für Zwecke der Beweidung, sind biologische Grenzen gesetzt. Weitere, noch schwerer zu überschreitende Grenzen betreffen die

Nahrungsverteilung und die Überwindung mancher Vorstellungen und Sitten der verschiedenen Völker, also soziologische Verhältnisse. Trotz Überproduktion in einigen Gebieten sterben jährlich viele Millionen Menschen direkt an Hunger oder indirekt an der durch ihn bedingten, geringen Widerstandsfähigkeit gegen Krankheiten.

Kriege. Biologisch gesehen lassen sich Kriege mit dem «Kannibalismus» der Tiere vergleichen. Früher konnten sie ein zu schnelles Wachstum von Teilbevölkerungen verlangsamen. So sank die Bevölkerung in Deutschland im Dreißigjährigen Krieg (1618–1648) durch direkte und indirekte Kriegsfolgen auf 5–6 Millionen Einwohner. Selbst der hohe Blutzoll von 50 Millionen Toten als Folge des 2. Weltkriegs ist heute jedoch in einem halben Jahr ersetzt.

Selbstverschlechterung der Lebensbedingungen. Als eine Folge wachsender Weltbevölkerung gehört sie zu den wichtigsten Problemen der Menschheit. Die Gefahr durch Verunreinigung von Luft, Wasser und Boden hat inzwischen bedrohliche Ausmaße angenommen. Schon die Beseitigung von Abfällen bereitet Sorgen, da man nicht alles wiederverwerten kann, wie es dem Kreislauf der Stoffe in der Natur entspricht. Zwar kann durch Verbrennungsanlagen und Sonderdeponien das Volumen verkleinert werden, doch erstere bedingen erhöhte Luftverschmutzung und letzteren sind Grenzen gesetzt. Auch ist darauf zu achten, daß nicht mit Müllkompost nach der Wiederverwertung Gifte wie Cadmium, Blei, Quecksilber in zu hoher Konzentration in den Boden gelangen. In Japan starben schon viele Menschen an durch Cadmium und Quecksilber hervorgerufenen Krankheiten.

Emigrationen haben in früheren Jahrhunderten die zurückbleibende Bevölkerung eines Landes entlasten können. Man denke an Irland, das seine Bevölkerung im 19. Jahrhundert nicht mehr ernähren konnte. Einer der Gründe für die Hungersnot war die neu aufgetretene Kartoffelfäule, die durch den Pilz *Phytophthora infestans* verursacht wird. Sie brachte eine Mißernte der Grundnahrung mit sich. Viele Menschen mußten damals nach Amerika auswandern. Heute sind die meisten Länder überfüllt, und Auswanderung bedeutet keine ins Gewicht fallende Verringerung der Bewohnerzahl eines Landes. Dagegen wirft die Einwanderung der vielen Asylanten in die industriell hoch entwickelten Staaten ganz unerwartete Probleme auf.

Sozialterritorialität. Das gleiche Phänomen, welches bei den Nagetieren ausführlich besprochen wurde, gab es beim Menschen. Bei den Ureinwohnern Australiens, den Buschmännern Südafrikas, den Weddas in Ceylon, bei Eskimos und Indianern war das Gelände in wohldefinierte Jagdgründe aufgeteilt, die jeweils einer oder auch mehreren Familien gehörten. Familiengruppen mit fest begrenztem Territorium bildeten einen Klan, mehrere solcher Klans einen Stamm. Manche noch heute vorhandene Stammesfehden in den afrikanischen Staaten gehen letztlich auf solches Territorialverhalten zurück. Die Größe der Territorien stand in enger Beziehung zur Produktivität und dem Fassungsvermögen des Lebensraums. Sie verhütete Überbevölkerung und Hungersnot. Wurde die Familie zu groß, so wurden Säuglinge gleich nach der Geburt getötet oder später Jugendliche kastriert. Heute bilden zwar die Nationen Territorialgrenzen, die kontrolliert und im Ernstfall verteidigt werden. Der internationale Handel hat jedoch ihre ursprünglich wichtigste Aufgabe, nämlich die Ernährung der innerhalb der Grenzen lebenden Bevölkerung aus eigener Produktion zu sichern, unnötig gemacht.

Abschließende Betrachtung. Häufig wird eine wichtige Tatsache vergessen. Jeder Mensch braucht Platz, um seine seelischen und geistigen Anlagen entfalten zu können. Er ist nicht nur ein Lebewesen, das essen, schlafen und sich fortpflanzen will. Bloßes Vegetieren ist keine menschenwürdige Existenz. Berechnungen, die beweisen, daß von der Ernährung her das Vielfache an Menschen die Erde bevölkern könnte, gehen an diesem entscheidenden Punkt vorbei. In der Natur gibt es letzten Endes nur zwei Möglichkeiten der **Bevölkerungsregulation,** nachdem eine Überbevölkerung eingesetzt hat: Erhöhung der Todesrate oder Senkung der Geburtenrate. Da sich letztere für die meisten Arten im Laufe der Evolution auf ihre Umwelt eingespielt hat und in ihrer Größenordnung weitgehend festgelegt ist, kommt die Regulation im wesentlichen durch erhöhte oder verminderte Sterblichkeit zustande. Senkung der Natalität bei ungünstigen Ernährungsbedingungen ist im Tierreich seltener. Allein der Mensch vermag durch gezielte Geburtenkontrolle einen Regulationsmechanismus früh genug einzusetzen, so daß es nicht erst zu psychisch-physischen Gedrängeeffekten, Auswandern, Kämpfen, selbstverschuldeter Verschlechterung der Umwelt und Nahrungsverknappung zu kommen brauchte. Gegner einer Geburtenregelung sind nicht nur Ignoranten wissenschaftlicher Erkenntnisse von den Gegebenheiten und Gesetzen in der Natur, sondern verantwortungslos gegenüber der Zukunft.

6 Ökosystem

6.1 Allgemeines

Die Populationsökologie zeigt uns, wie die Bevölkerungsgröße der verschiedenen Arten in Raum und Zeit schwankt und welche Vorgänge und Gründe dabei eine Rolle spielen. Es fehlt nun noch deren Integration in das ganze Lebensmuster einer Landschaft. Erst dann gewinnt man Einblick in das Gesamtgeschehen, das in der Natur vor sich geht.
Organismen eines Lebensraumes sind durch mannigfache Beziehungen direkt oder indirekt miteinander verbunden. Dazu gehören solche der Ernährung, des Raums (Unterschlupf, Schutz) oder der Verwendung von Baumaterial (Köcher mancher Larven von Trichopteren und Kleinschmetterlingen, Pflanzenteile für Vogelnester, Biberdämme u. a.). Es entstehen biozönotische Konnexe oder Lebensgemeinschaften. Andererseits gibt es Abhängigkeiten von den abiotischen Bedingungen. So bilden Biozönose und Biotop ein funktionelles Raum-Zeitgefüge, ein Ökosystem, in dem oft Rückkopplungskreise wirken. Der Biotop ist für die Pflanzen nur der abiotische Teil des Systems, für Tiere rechnen zu ihm auch Pflanzen, wenn diese als Substrat oder Raumstruktur eine Rolle spielen. Man sollte den Biotopbegriff je nach der Fragestellung flexibel handhaben und nicht zu pedantisch verfahren.
Jedes Ökosystem hat eine ihm eigene Struktur und Funktion. Diese beiden Aspekte bilden überhaupt das Zentralproblem aller Ebenen biologischer Forschung von der Zelle über den Organismus und die Population bis zum Ökosystem und darüber hinaus zur Biosphäre.

Die **strukturelle Gliederung** eines Ökosystems ist bedingt:
Orographisch durch Inklination, Exposition und Gliederung des Geländes.
Physikalisch durch das damit zusammenhängende Mikroklima, die Art des Mediums und des Substrats.
Trophisch durch die Ernährungsweisen der Produzenten, Konsumenten und Destruenten.
Physiognomisch durch das Spektrum der Lebensformen als Ausdruck der Anpassungstypen der Organismen.
Qualitativ durch das Arteninventar.
Quantitativ durch die Individuenmenge der einzelnen Arten.

Das **funktionelle Geschehen** im Ökosystem wird durch Chemo- oder Photosynthese und Weitergabe von Stoffen ermöglicht. Jedes Element, das in Lebensläufe einbezogen wird, ist mit Stufen des Auf- und Abbaus von Stoffen verbunden. Dieser Kreislauf und der damit verknüpfte Energietransfer geben indessen nur den großen Rahmen. Um zu detaillierteren Aussagen zu kommen, stellen sich folgende Fragen für die Beziehungen in einem Ökosystem:
Wirkung der Umweltfaktoren auf die Organismen (Aktion).

Wie reagieren die Organismen darauf (Reaktion).
Wie sind die Organismen miteinander verknüpft (Interaktion).
Wie vertreten sich aequivalente Arten der gleichen funktionellen Organismengruppe (Kompensation).
In welchem Ausmaß verändern die Organismen ihre Umgebung durch eigene Lebenstätigkeit (Influenz).
Wichtige Tatsachen zu den ersten Fragen wurden in den vorangegangenen Kapiteln gebracht. Nun sollen die darauf aufbauenden synökologischen Aspekte (Stoffkreisläufe, Klima, Boden, Nahrungsnetze, Influenz) zum besseren Verständnis der gesamten «Biosphäre», dem von Leben erfüllten Bereich unseres Planeten, führen.

6.2 Stoff- und Energieumsatz

6.2.1 Funktion des Ökosystems

Die grünen Pflanzen und autotrophe Bakterien erzeugen als *Produzenten* aus anorganischen Stoffen organische. Dadurch bilden sie «lebende» Materie (Primärproduktion). Heterotrophe Organismen nehmen als *Konsumenten* organische Stoffe auf und wandeln sie in arteigene um (Sekundärproduktion). Pilze und viele Bakterien bauen als *Destruenten* (Reduzenten, Dekomponenten, Transformanten) die ausgeschiedenen und toten organischen Stoffe ab. Nach einer dem Tod folgenden Autolyse wirken bei den Vorgängen der Fäulnis und Verwesung vor allem Bakterien. Durch sie werden Kohlendioxid, Ammoniak, Schwefelwasserstoff, Methan, Wasserstoff sowie Ionen von Phosphat, Chlor, Natrium, Kalium, Kalzium und Metallen frei.
Autotrophe Bakterien bauen einige dieser Stoffe um. Hierbei sind Nitrifikanten besonders wichtig, die NH_3 über Nitrit zu Nitrat oxidieren und damit erst für viele Pflanzen den Stickstoff aufnehmbar machen. H_2S wird durch Sulfurikanten bei aëroben Bedingungen und durch rote und grüne Schwefelbakterien bei anaëroben Bedingungen zu Schwefel oder Sulfat oxidiert, Methan durch Methanoxidierer zu CO_2. Die im Boden verbreiteten Knallgasbakterien verarbeiten molekularen Wasserstoff mit Luftsauerstoff zu Wasser. Auf diese Weise werden letzten Endes alle lebensnotwendigen Stoffe für die grünen Pflanzen erneut verfügbar.
Durch die Sonnenstrahlung erhält die obere Grenzschicht der Erdatmosphäre 2 gcal pro cm^2 je Minute bei senkrechtem Einfall (= Solarkonstante). Etwa ein Drittel wird von den Wolken in den Weltraum zurückgestrahlt, weitere Anteile werden in der Luft diffus zerstreut oder von Gasmolekülen absorbiert. Daher erreicht im Gesamtdurchschnitt direkt und diffus weniger als die Hälfte der eingestrahlten Energie die Erdoberfläche. Dieser Betrag ist allerdings je nach Breitengrad, Höhe über dem Meer, Exposition und Inklination des Geländes, Bewölkung und Jahreszeit im speziellen Fall recht unterschiedlich. Maximalwerte auf einer zur Strahlung senkrechten Fläche zur Mittagszeit in mittleren Breiten lagen bei etwa 1,3 cal/

cm^2 · min. Bei mittlerer Bewölkung empfängt die Bodenoberfläche dann jedoch höchstens 0,3–0,5 cal/cm^2 · min.

Von Erdboden, Wasser und Vegetation wird ein Teil der auftreffenden Strahlen reflektiert, der Rest absorbiert oder durch die Blätter von Pflanzen durchgelassen. Nach ihrer Zusammensetzung bestehen die Strahlen in der bodennahen Luftschicht aus 10 % Ultraviolett, 45 % sichtbarem Licht (dem photosynthetischen Strahlungsbereich) und 45 % Infrarot. Die Reflexion des UV-Lichtes von Blättern ist mit 3 % gering, bei Blüten allerdings stärker. Diese Wellenlängen werden von vielen blütenbesuchenden Insekten und Vögeln wahrgenommen. Die Epidermis des Blattes hält den größten Anteil der absorbierten UV-Strahlen zurück und läßt nur 2–5 % davon in die tieferen Blattschichten. Das Chlorophyll der höheren Pflanzen absorbiert für die Photosynthese im wesentlichen die Wellenlängen im Blau und Orange bis Rot, nur wenig im Bereich von Grün und Gelb. Die kürzerwelligen Strahlen des Infrarot (bis 2000 nm) werden von den Pflanzen weitgehend reflektiert oder durchgelassen. Ihre Absorption würde für Landpflanzen tödliche Überhitzung hervorrufen. Die langwelligen Infrarotstrahlen werden dagegen von der Vegetation größtenteils absorbiert.

40 bis 50 % der die grünen Pflanzen treffenden Strahlen wird vom Chlorophyll zur Photosynthese absorbiert und höchstens 1–5 % davon in chemische Energie umgewandelt. Bei diesem Vorgang geht also viel Energie als Wärme verloren. Sie wird direkt ausgestrahlt oder bei der Verdunstung abgegeben. Durch die Atmung der Pflanzen wird in Abhängigkeit vom Klimagebiet und der ökologischen Situation 10–50 % der durch die Photosynthese gewonnenen Brutto-Primärproduktion verbraucht. Für die von den Pflanzen lebenden Konsumenten bleibt daher noch eine Netto-Primärproduktion von 0,01–3,5 % (Durchschnitt 2 %) der vom Chlorophyll absorbierten Energie übrig. Von ihr werden von Stufe zu Stufe der Nahrungskette jeweils 70–90 % der Energie durch die Lebenstätigkeit als Wärme (besonders bei der Atmung) und in Abfallstoffen geringeren Energiegehaltes (Kot, Exkrete, Sekrete) ausgeschieden. Der ökologische Wirkungsgrad für die primären Pflanzen- und Abfallfresser wird mit 10–25 % (höchstens 30 %), für die nachfolgenden Glieder der Nahrungskette mit jeweils 5–6 % (höchstens 10 %) angegeben.

Der Vorgang des Energietransfers sei am Beispiel eines Sees veranschaulicht, bei dem ein photosynthetischer Nutzeffekt für die Netto-Primärproduktion von 2 %, ein Energietransfer von 20 % für Pflanzenfresser und von je 6 % für die folgenden Glieder der Konsumentenkette angenommen wird. Von 100 000 Kalorien der durch das Chlorophyll des Phytoplankton absorbierten Lichtenergie würden 2000 Kalorien chemische Energie für das Zooplankton, 400 für einen kleinen Raubfisch, 24 für einen großen Raubfisch und 1,44 für ein sich von diesem ernährenden Vogel, Säugetier oder Menschen zur Verfügung stehen.

Während sich die Stoffe in einem Lebensraum (bei Wasser allerdings nur unter sehr großräumiger Betrachtung) im Kreislauf befinden, wird von der eingestrahlten Energie in jeder Lebensstufe ständig mehr verbraucht und die genutzte Energie als Wärme endgültig aus dem System entfernt. *Dem kontinuierlichen Stoffkreislauf im Ökosystem entspricht also ein einmaliger Energiedurchgang* (Abb. 6.1). Organismen sind gleichsam örtliche Energieansammlungen. Eine Festlegung beträchtlicher

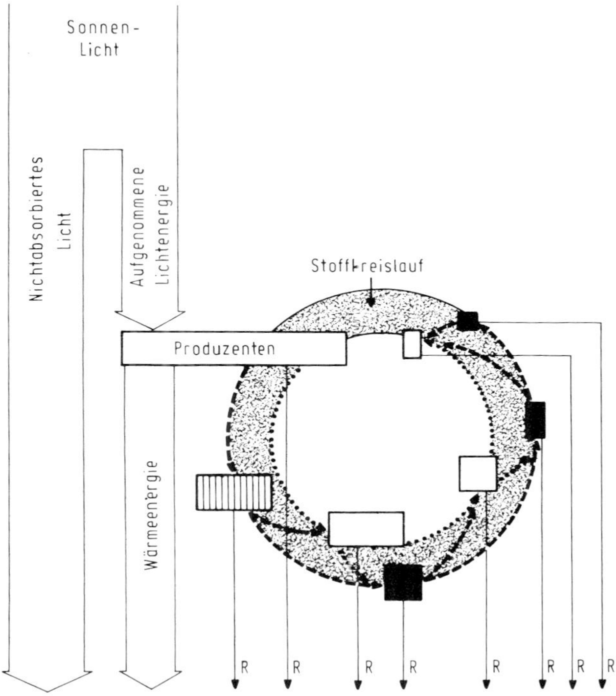

Abb. 6.1: Energietransfer und Stoffkreislauf in einem Ökosystem (Orig.). Schraffiert: Phytotrophe oder Pflanzenfresser; schwarz: Zootrophe oder Tierfresser; weiß: Saprotrophe oder Verzehrer von toter organischer Substanz; R = Energieverlust durch Respiration (als Wärme).

Mengen auf lange Zeiträume geschah in Form von Kohle und Erdöl. Die gegenwärtig im Torf der Moore gebundene Energie ist demgegenüber ganz unbedeutend.

6.2.2 Nahrungsketten

Mit den Stoffen wird die darin enthaltene chemische Energie weitergegeben. Prinzipiell lassen sich (wenn wir hier von der Chemotrophie z.B. in der Tiefsee absehen) zwei Typen von Nahrungsketten unterscheiden. Eine beginnt mit Arten, die sich von grünen Pflanzen ernähren (Phytotrophe), die andere mit Abfallfressern (Saprotrophe). Beide Ketten sind jedoch miteinander verknüpft (Abb. 6.1). Auch darf man nicht vergessen, daß «Abfall» (totes organisches Material) von Bakterien und Pilzen durchsetzt ist, so daß ebenfalls die Saprotrophen viele lebende Organismen mitverzehren. Selbst für Zooplankter kann Detritus (mit Bakterien) eine wichtige Zusatznahrung sein.
Pflanzenfresser und Abfallverzehrer fallen den Zootrophen zum Opfer, die lebende tierische Nahrung brauchen. Meistens handelt es sich im ganzen nur um fünf Stufen: Pflanze (Produzent) – Raupe (Primärkonsument) – Raubinsekt (Sekundärkonsument) – Singvogel (Tertiärkonsument) – Greifvogel (Spitzenraubtier). Durch dessen Parasiten wird die Kette noch länger. Unter Umständen beschränkt sie sich

aber auf drei Glieder: Phytoplankton – Zooplankton – Bartenwale; oder Gras – Rind – Mensch.
In manchen Landschaften, vor allem in Wäldern, hat die Saprotrophen-Kette große Bedeutung, da es dort reichlich pflanzlichen Bestandesabfall, Kadaver und Exkremente von Tieren gibt.
Bei einer «Momentaufnahme» ist die Pflanzenmasse im Wald um ein vielfaches größer als die der Tiere. Im Meer dagegen ist es umgekehrt, weil Pico-, Nano- und Phytoplankton sehr kurzlebig ist, sich aber dafür schneller vermehrt. Pflanzenfresser erfüllen im Wasser wie auf dem Land dieselbe Aufgabe, indem sie die Nahrung für die weiteren Konsumenten durch Einbau in ihren Körper gleichsam dosieren. Durch pflanzliches Plankton ist die potentielle Energie der Lebensgemeinschaft im Meer oder in einem großen See fein verteilt. Für die weiteren Glieder der Nahrungskette wird daher eine Konzentrierung der Primärnahrung in größeren Tieren erforderlich. Dies ist eine Funktion der Planktonfresser. In den großen Pflanzen auf dem Land ist die Energie dagegen zu sehr konzentriert, so daß hier zunächst lebendes Pflanzenmaterial durch Phytotrophe, Bodenstreu durch saprotrophe Tiere zerkleinert werden muß.

6.2.3 Stoffkreisläufe

Man kann sich den mit der Energieweitergabe verbundenen Vorgang des Kreislaufs der Stoffe modellartig durch ein Wasserrad veranschaulichen, dessen Drehung durch die Wasserkraft eines Flusses bewirkt wird. Das Wasser fließt nur einmal durch das System wie die Energie durch die Nahrungskette. Die einzelnen Teile des Rades gelangen durch dessen Drehung immer wieder an die gleiche Stelle, entsprechend dem Zirkulieren der Stoffe in einem Ökosystem.
Zum *gasförmigen Typ* der in Kreisläufen befindlichen Stoffe gehören Wasser, Kohlenstoff, Sauerstoff und Stickstoff. Zum *Ablagerungstyp* zählen Phosphor und Schwefel, aber auch Kalium, Natrium, Kalzium, Magnesium, Silizium, Eisen und weitere Spurenelemente.

Beim **Wasser** kommt ein großer Kreislauf in der Natur durch Niederschläge und Verdunstung vor. Daneben verläuft ein kleiner Kreislauf durch die Organismen mit Wasseraufnahme (durch Wurzeln, Haut, Trinken, Nahrung) und Wasserabgabe (Transpiration, Sekretion, Exkretion).

Kreislauf des Kohlenstoff. Der Anteil von CO_2 in der Luft beträgt 0,03 %. Außerdem ist es im Wasser gelöst enthalten, und zwar in den Ozeanen siebzigmal mehr als in der Atmosphäre. Diese sind daher auch Regulatoren des CO_2-Gehaltes der Luft, weil sie je nach dem Partialdruck CO_2 absorbieren oder an die Luft zurückgeben. Bei der Photosynthese der Pflanzen werden Kohlenhydrate aus dem H des Wassers und aus CO_2 gebildet. Hierbei ist außer der Assimilationsleistung auch die Ökonomie bei der Verteilung der Assimilate auf Sproß und Wurzel wichtig. Dies zeigte der Vergleich von drei verschiedenen Lebensformen in der Krautschicht eines

Buchenwaldes. Beim Grastyp Simse *(Luzula)* wurden 65 % des aufgenommenen Kohlenstoffs zum bleibenden Zuwachs an Trockensubstanz, bei dem Geophyten Sauerklee *(Oxalis)* trotz größerer assimilatorischer Leistung nur 44 % und bei Jungpflanzen der Buche *(Fagus)* 40 %. Der Stoffgewinn wird bei *Oxalis* vornehmlich in den unterirdischen, bei den beiden anderen in den oberirdischen Organen angelegt. Geringe Assimilationsleistung kann durch günstigere Nutzung der Stoffbilanz im Vegetationskörper reichlich kompensiert werden.

Der CO_2-Vorrat der Luft würde durch die Photosynthese im Verlauf eines Menschenalters verbraucht sein, wenn er nicht ständig durch die Atmung der Organismen und den Mineralisierungsvorgang ergänzt würde. Infolge der Bodenatmung des Edaphon und der Pflanzenwurzeln ist die CO_2-Konzentration im Boden größer als in der Luft. Der Anteil der Wurzeln an der Bodenatmung ist schwer zu bestimmen. Angaben schwanken zwischen 4 und 35 %. – Manche Bodenorganismen, z. B. Schneeschimmel *(Fusarium nivale)*, Regenwürmer, Insektenlarven, Collembolen, Milben, haben stärkere CO_2-Resistenz entwickelt als oberirdische Arten. Doch gibt es selbst viele Mikroben im Boden, die durch zu hohe CO_2-Konzentration gehemmt werden. – Eine gewisse Menge CO_2 wird durch Verbrennen von Holz, Kohle, Erdöl sowie durch vulkanische Ausbrüche geliefert und bildet wenigstens einen geringen Ersatz für die in Form biogener Mineralien (Kohle, Erdöl, Karbonatgestein) aus dem ständigen Kreislauf ausgeschiedenen Stoffe.

Je kühler und nasser die klimatischen und edaphischen Bedingungen sind, desto mehr tote organische Substanz (Detritus) wird abgelagert. Hierüber gibt ein Vergleich der darin enthaltenen Menge an **Kohlenstoff im Bodenprofil der Großlandschaften** der Erde (kg C/m^2) Aufschluß.

Sümpfe, Moore	86,6
Nordische und alpine Tundren	21,6
Steppe	19,2
Taiga	14,9
Kulturland	12,7
Silvaea	11,8
Hylaea	10,4
Skleraea	6,9
Halbwüsten	5,6
Savanne	3,7

Die höhere Detritusmenge in der Steppe im Vergleich zum sommergrünen Laubwald (Silvaea) liegt daran, daß das abzubauende Material als Streu im Wald exponierter ist, in der Steppe dagegen vor allem tief im Boden von den abgestorbenen Wurzeln stammt und dort langsamer zersetzt wird. Die geringe Menge an Detritus in der Savanne läßt sich nicht nur durch schnelleren Abbau unter subtropischen und tropischen Bedingungen erklären, sondern ist außerdem auf die häufigen Brände zurückzuführen. Vor allem in Sumpflandschaften, in der Tundra und Taiga übertrifft die tote organische Masse weit die lebende (Biomasse). In Regenwäldern und im sommergrünen Laubwald verhält es sich umgekehrt.

Der CO_2-Gehalt der Luft wird heute stark vom Menschen beeinflußt, so daß die Gefahr globaler Klimaveränderungen nicht auszuschließen ist. Durch großflächige Abholzung der Wälder, besonders in den Tropen, werden in hohem Maße Pflanzen vernichtet, die sonst CO_2 aufnehmen. Statt dessen setzt Brandrodung noch mehr CO_2 frei. Dies kann den sog. **Treibhauseffekt** verstärken, indem Kohlendioxid zusammen mit Methan und N_2O die Wärmerückstrahlung der Erde wie Glasscheiben in einem Gewächshaus aufhalten. Allerdings weiß man noch zu wenig über die Bedeutung der Ozeane als Puffer und Austausch der Gase.

Der **Kreislauf des Sauerstoff** ist durch die Photosynthese der Pflanzen und durch die Atmung der Organismen eng mit dem des CO_2 verknüpft. Bei der Photosynthese wird mehr O_2 abgegeben als die Organismen bei der Atmung verbrauchen. Der O_2-Überschuß kommt zu einem Teil Gesteinsoxidationen zugute, so daß chemische Veränderungen der Erdoberfläche durch die Lebewelt bedingt sind. Hohe biologische Bedeutung erhält der Sauerstoff durch Bildung einer in 20–50 km Höhe der Atmosphäre befindlichen Ozonhülle (O_3). Diese schirmt einen großen Anteil der UV-Strahlung ab und ermöglicht dadurch überhaupt erst Leben außerhalb des Wassers. Der Uratmosphäre fehlte reiner Sauerstoff.
Durch das Wirken des Menschen, vor allem bei Verwendung von Fluorkohlenwasserstoffen, kann Ozon in der Stratosphäre zerlegt werden, so daß dann seine Schutzfunktion verloren geht. Andererseits wird O_3 in der Troposphäre durch vermehrten Eintrag von Stickoxiden als Folge technischer Verbrennungsprozesse gerade gebildet. Dort aber wirkt es ätzend auf Pflanzen sowie auf die Atmungsorgane von Mensch und Tier.

Auch der **Kreislauf des Stickstoff** ist ein weitgehend biologischer Vorgang des gasförmigen Typs. N_2 wird aus der Luft durch freilebende Bodenbakterien (aërob: *Azotobacter*, anaërob: *Clostridium*-Arten) und durch in Symbiose mit höheren Pflanzen stehende Mikroorganismen gebunden. Zu letzteren gehören Knöllchenbakterien *(Rhizobium)* in den Wurzeln der Leguminosen, Actinomyceten in Wurzeln von Erlen *(Alnus)* und Ölweidengewächsen *(Hippophae, Elaeagnus)*. Der Stickstoff wird nicht nur in die Bakterienzelle eingebaut, sondern findet sich schon sehr bald in den Amidgruppen der Aminosäuren der höheren Pflanzen, denen er zum Aufbau ihres Eiweißes dient. Auch anaërobe Purpurbakterien *(Rhodospirillum, Chromatium)* der Sümpfe und Reisfelder binden N_2 aus der Luft.
Die heterotrophen Organismen beziehen ihr Eiweiß von den Pflanzen. Bei Ausscheidungen der Tiere (Harn) und beim bakteriellen Abbau toter Organismen wird Ammoniak frei. In sauren und schlecht durchlüfteten Böden (Heiden, Hochmooren) bleibt die Mineralisation beim Ammoniak stehen. Für viele Pflanzen genügt schon diese Stickstoffquelle. Das gilt auch für Kulturpflanzen leichter Böden wie Hafer, Buchweizen *(Fagopyrum)* und Kartoffel. In sauerstoffreichen Böden erfolgt Nitrifikation zu Nitrat, der wichtigsten Stickstoffquelle der Pflanzen. Den umgekehrten Vorgang bewirken unter Sauerstoffabschluß denitrifizierende Bakterien, die Nitrat zu Nitrit und dieses (über Zwischenstufen NO und N_2O) zu elementarem Stickstoff reduzieren. Sie spielen besonders auch in den warmen Meeren eine große Rolle, indem sie den Überfluß an Stickstoff-Verbindungen zerstören, die durch die Flüsse ins Meer kommen. Daher ihre Bedeutung im Haushalt der Natur, denn so wird der Kreislauf von Stickstoff geschlossen.

Durch Niederschläge und elektrische Entladungen gelangt Stickstoff auf nichtbiologische Weise zum Boden. Freilebende Stickstoff-Fixierer wie *Azotobacter* binden maximal 10 kg N_2/ha/Jahr aus der Luft, Knöllchenbakterien der Leguminosen im Vergleich dazu 100–150.
Für die Mineralisation spielt das Verhältnis von Kohlenstoff zu Stickstoff (C/N-Verhältnis) eine große Rolle. Im Fallaub vieler Bäume und Zwergsträucher (Coniferen, *Fagus*, *Quercus*, *Betula*, Ericaceen) liegt ein ungünstiges C/N-Verhältnis von 100:1 vor. Bei leichter zersetzlichem Laub von *Alnus*, *Fraxinus*, *Ulmus*, *Carpinus* ist es mit 30 bis 15:1 viel enger und entspricht dem der Stalldungrotte. Ähnlich günstig verhält es sich bei den Humusstoffen des Ackerbodens mit 20 bis 10:1. Durch den Vorgang der Humifizierung wird nicht alle organische Substanz, die in den Boden gelangt, sofort vollständig mineralisiert. Vielmehr wandelt sich ein Teil zunächst in komplexe Humusverbindungen, die erst allmählich abgebaut werden. Ein völlig stockender Abbau findet nur bei der Vertorfung in Mooren statt.

Von den Stoffkreisläufen des Ablagerungstypus hat der **Phosphorzyklus** höchste Bedeutung. Phosphor befindet sich im Protoplasma und vor allem auch im ATP-System der Mitochondrien. Die bei der biologischen Oxidation frei werdende Energie wird durch Phosphorylierung von ADP zu ATP in Form einer energiereichen Bindung gespeichert. Diese Energie steht für alle Leistungen des Organismus zur Verfügung.
Durch Verwitterung von Gestein, verwehten Staub, Vulkanausbrüche gelangt Phosphor aus Sedimenten in den Stoffkreislauf der Organismen. Der Mensch gewinnt ihn durch Abbau von Phosphatgestein (Apatit, Phosphorit) für die Mineraldüngung. Zwar zirkuliert Phosphor zwischen Pflanzen und Tieren. Indessen gelangt mit der Zeit viel Phosphat durch die Flüsse ins Meer, wo ein Teil sich schließlich im Sediment der Tiefe ablagert. Durch Meeresströmungen wird davon ein gewisser Anteil wieder in den oberen Wasserbereich zurückgebracht. Er gelangt über die Nahrungskette Plankton–Fische in fischfressende Vögel, die ihn in ihren ausgedehnten Niststätten im Guano wieder ausscheiden. Doch darf nicht vergessen werden, daß Phosphor im Phosphorit von fast ausschließlich organischer Herkunft während der Jahrmillionen, die dieser vom Meer oder Gestein bedeckt ist, für die Pflanzen und damit für den biogenen Kreislauf nicht mehr verfügbar ist.

Der **Schwefelzyklus** ist durch die Mitwirkung sehr verschiedener Bakterien komplizierter. Schwefel wird als Sulfat von der Pflanze aufgenommen und in Eiweiß eingebaut, da er Bestandteil einiger Aminosäuren ist. Bei der Zersetzung organischer Substanz durch Fäulnisbakterien wird H_2S frei. Ein Teil davon wird durch Bakterien (*Beggiatoa*, *Thiotrix*, Thiobazillen, Purpurbakterien) beim Vorgang der Sulfurikation zu Schwefel, dieser durch grüne Chlorobakterien zu SO_4^{--} oxidiert. Im schwarzen Schlamm der Gewässer leben anaërob auch fakultativ chemosynthetische Desulfurikanten wie *Desulfovibrio*, die Sulfat wieder zu H_2S reduzieren. Es wird zum größten Teil als Eisensulfid festgelegt und abgelagert. Wenn Eisensulfide gebildet werden, wird Phosphor im Sediment von einer unlöslichen in eine lösliche Form umgewandelt und steht damit wieder Organismen im Wasser zur Verfügung. Hier berühren sich also Phosphor- und Schwefelzyklus.

Die Geschwindigkeit der Stoffkreisläufe in den verschiedensten Landschaften der Erde von der Aufnahme der Nährstoffe durch die Pflanze bis zur Rückkehr in Fallaub, Streu, Ausscheidungen der Tiere geht in den feuchten Tropen am schnellsten, in den Tundren am langsamsten vor sich; die Werte für die gemäßigten Zonen liegen dazwischen. Ausnahmen von dieser Regel bilden nur Böden, in denen die Aufnahmefähigkeit der Nährstoffe für die Pflanze ungewöhnlich hoch oder niedrig ist.

Eine zunächst nicht voraussehbare Folge der Zirkulation der Stoffe ist der Durchlauf mancher chemischer Bekämpfungsmittel durch die gesamte Nahrungskette. Dabei kann von Stufe zu Stufe eine Anreicherung steigender Konzentration stattfinden (Abb. 6.2), so daß die Endkonsumenten, zu denen auch der Mensch gehört, besonders gefährdet sind. Das gleiche gilt übrigens für die Konzentration von Blei, das aus dem Treibstoff der Kraftwagen stammt. Daher kam die Forderung nach bleifreiem Benzin.

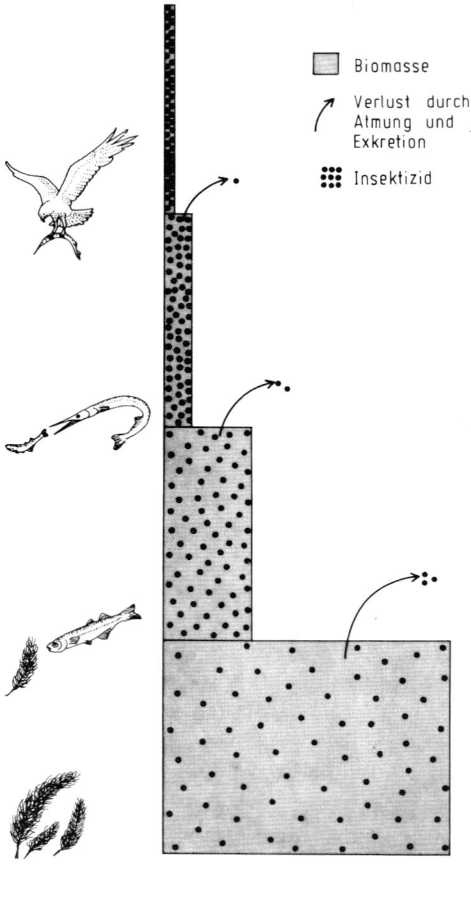

Abb. 6.2: Zunahme der Konzentration eines Insektizids beim Durchlaufen der Nahrungskette (nach Woodwell 1967).

6.2.4 Produktivität der Großlebensräume

Die Produktionsökologie berechnet die Produktion organischer Substanz in Ökosystemen. Sie untersucht dazu das autotrophe Potential, die Wirksamkeit des Energietransfers durch die Nahrungsketten, den Abbau der toten organischen Materie. Unter Produktivität versteht man den durchschnittlichen Ertrag an Biomasse (g, kg, t) je Flächeneinheit (m^2, ha) in der Zeit (Tag, Jahr). Durch die Zeitangabe wird die Leistung, die Geschwindigkeit des Prozesses aufgezeigt.
Eigentlich dürfte man die biologische Produktion nicht in verschiedene Stufen trennen. Sie ist ein dynamischer Vorgang, der stets von dem gegenteiligen Geschehen des Absterbens begleitet wird. Dies gilt besonders für die feinen Wurzeln. Doch läßt sich methodisch die Netto-Primärproduktivität (NPP) ohne Aufteilung der Assimilate auf die verschiedenen Kompartimente (auf dem Land z. B. in ober- und unterirdische) gar nicht messen. In terrestrischen Ökosystemen haben die Wurzeln (mit ihrer Mykorrhiza) einen Anteil von 40–85 % an der Primärproduktion.
Unter gleichartigen Bedingungen (Klima, Boden) des Standorts erwies sich in Mitteleuropa die NPP bei verschiedenen Typen von Ökosystemen, wie Wald und Wiese, als etwa gleich. Die Produktion an Wurzeln ist im Wald ebenso wichtig wie in Wiesen. Nur hat man sie früher bei Wäldern unterschätzt.
Vergleicht man die NPP der großen Lebensräume der Erde, so ergeben sich etwa folgende Größenordnungen (trockene Biomasse/kg/m^2 im Jahr) ($\times$ 10 = t/ha; 1 g trockene Phytomasse = etwa 4 kcal, 1 g trockene Zoomasse = etwa 5 kcal; 2 g trockene Biomasse = 1 g C; 1 kcal = 4187 J [Joule]).

Geringe Produktivität
Wüsten, Halbwüsten: 0,003–0,2
Hochsee: 0,13
Tundra: 0,16
Flachmeer: 0,36

Mittlere Produktivität
Seen und Flüsse: 0,5
Taiga: 0,65
Skleraea: 0,8
Steppe: 0,8
Savanne: 0,8

Hohe Produktivität
Silvaea: 1,0
Kultiviertes Land: 1,0
Pseudohylaea: 1,1
Salzwiesen: 1,8
Mangroven: 1,8

Sehr hohe Produktivität
Korallenriffe: 2,0
Sumpfgebiete: 2,0
Hylaea: 2,8

Wie aus der Übersicht hervorgeht, engen auf dem Land Kälte und Trockenheit die Lebenstätigkeit der Vegetation stark ein. Im Meer sind die relativ geringe Tiefe des eindringenden Lichts und der langsame oder unvollständige Kreislauf der Stoffe, der auf Wasserströmungen angewiesen ist, für die geringe Produktivität entscheidend. Die Primärproduktion hängt ab von Licht, Temperatur, Wasser, Gas- und Nährstoffgehalt, Spurenelementen (z. B. Fe, Mg) und von ausgeschiedenen organischen Stoffen. Auch die Sekundärproduktion ist schon aus vielen Lebensräumen untersucht worden. Wirbellose haben mit Ausnahme der Insektenstaaten größere Effizienz der Produktivität als Wirbeltiere. Zu den frühesten Arbeiten gehören Vogelzählungen, durch die der finnische Ornithologe Palmgren die produktionsbiologische Forschung eingeleitet hat. Er zeigte, daß die Zahl der Brutpaare den pflanzlichen Ertragsklassen der Waldtypen parallel geht, die ihrerseits von klimatischen und edaphischen Bedingungen abhängen. Die Abhängigkeit der Biomasse an Vögeln von der verfügbaren Nahrung innerhalb eines Waldes ergab der Vergleich zwischen Boden-, Strauch-, Stamm- und Kronenschicht. Einfluß hat auch die Baumart. Auf Birkenzweigen war die Masse an Arthropoden fast dreifach so groß wie auf solchen von Fichten und Kiefern. Ein reicheres Insektenleben ermöglicht wiederum den Vögeln leichtere Beschaffung der Nahrung und kann sich auf die Eizahl auswirken. Im einzelnen weichen die bisher gewonnenen Ergebnisse oft voneinander ab, so daß es für Verallgemeinerungen noch zu früh ist. Sie sind durch die geographische Lage, Jahreszeit, Vegetation, Bodentyp, aber auch durch lokale Gegebenheiten und durch die jeweilige Methode selbst für gleichartige Ökosysteme sehr unterschiedlich.

6.2.5 Kompensationen

Innerhalb einer funktionellen Organismengruppe (Gilde) gibt es Kompensationen, die den alten Zustand wieder herstellen können, wenn auch mit anderen Dominanzverhältnissen ihres Arteninventars. Hierbei handelt es sich nicht um präexistierende Regulationsmechanismen, sondern lediglich um Reaktionsmuster, die ähnlich dem Massenwirkungsgesetz funktionieren.

So ist bei den **Produzenten** die Photosyntheseleistung eines ganzen Waldes oder einer Wiese weniger veränderlich als die einer einzelnen Pflanze innerhalb des Verbandes. Wenn einige Pflanzen weniger leisten, gedeihen andere entsprechend besser und gleichen das Defizit aus. Bei der Unkrautbekämpfung wurde festgestellt, daß die verbliebenen Arten sich günstiger entwickelten und mehr Samen erzeugten als vorher. Wo *Castanea dentata* aus den Wäldern im Osten der USA verschwand, traten Eichen und andere Baumarten an deren Stelle, Biomasse und Primärproduktion im Wald erreichten ihre alten Werte. Nach 40 Jahren war kein Unterschied mehr zu erkennen.
Für **Phytotrophe** liegen entsprechende Beobachtungen vor. Im 19. Jahrhundert wurden die Obstbäume von einer sehr großen Artenzahl an Schädlingen heimgesucht. Nach Anwendungen der modernen Insektizide seit Mitte des 20. Jahrhun-

derts verringerte sich ihre Zahl auf wenige Hauptschädlinge, die zusammen jedoch etwa den gleichen Schaden verursachen. – In Gärten Japans wurden alle dominanten Blütenbesucher systematisch abgefangen. Nun traten andere an deren Stelle. Dabei zeigte sich ein Ausweichverhalten der «rangniederen» Blütenbesucher. Diese wurden vorher auf ältere Blütenbestände abgedrängt, hielten sich länger auf Blättern auf und wechselten immer sehr die Blütenarten, indem sie auf Nektarquellen auswichen, die sonst nicht besucht wurden. Der Gesamteffekt der Blütenbestäubung blieb trotz des Eingriffs gleich, weil das Fehlen der ökologischen Dominanten durch die anderen kompensiert wurde. – Kompensationsbeziehungen werden sogar zwischen den Mengen der Huftiere, Nagetiere und herbivoren Insekten in den Savannen Afrikas vermutet, indem bei schwachem Auftreten der einen die anderen stärker zunehmen und umgekehrt.
Eine «funktionelle Organismengruppe» unter den **Zootrophen** bilden auf Feldern der Agrarlandschaft Laufkäfer (Carabidae) und Kurzflügler (Staphylinidae). In Parzellen, in denen erstere ferngehalten wurden, übernahmen Staphyliniden deren Rolle in der Vertilgung von Eiern der Kohlfliege *(Delia radicum)*, so daß sich der Gesamteffekt nicht änderte. – In zwei Eichenbeständen mit starkem Befall durch den Eichenwickler *(Tortrix viridana)* beließ man den einen mit normalem Besatz an Singvögeln, im anderen wurde die Vogeldichte durch Schutzmaßnahmen erhöht. Im vogelreicheren Areal war die Mortalität der Wickler fast dreimal so hoch wie im vogelärmeren. Dafür starben im letzteren viel mehr Raupen durch Parasitierung und durch Verhungern. Im Endresultat blieben etwa gleich viele fortpflanzungsunfähige Eichenwickler in beiden Waldbeständen übrig. – In einige Teiche in Connecticut (USA) wurden Fische hineingebracht, in andere nicht. In den ersteren nahm die Zahl der großen Zooplankter ab, die der kleinen dagegen stieg an, so daß sich zwar im Vergleich zu den fischfreien Teichen das Artenspektrum änderte, nicht aber die gesamte Biomasse des Zooplanktons.
Dieselben Gesetzmäßigkeiten ergaben sich für **Destruenten.** Als durch Bodenfungizide bestimmte Bakterien und Pilze vernichtet wurden, traten an deren Stelle leistungsgleiche Arten in den Vordergrund. So blieben die funktionellen Gruppen der Zersetzer von Zellulose, Chitin, Stärke, Lignin und Eiweiß etwa gleich.

6.3 Klima

Makroklima. Das Großklima bestimmt in erster Linie Auswahl und Entfaltung der Organismen, die an irgendeiner Stelle der Erde existieren können. Dadurch entstehen recht verschiedenartige Lebensbereiche. Von den einzelnen Klimafaktoren sind Temperatur und Licht für die gesamte Biosphäre, also für alle Lebensräume des Wassers und des Landes, entscheidend. Indirekt hängen nämlich über die durch die Photosynthese erzeugte organische Nahrung auch diejenigen Organismen vom Licht ab, die ständig im Dunkeln leben, wie Bewohner in Höhlen oder im Inneren des Bodens. Auf dem Land kommt außerdem der Luftfeuchtigkeit, Menge und Verteilung der Niederschläge hohe Bedeutung zu.

In Äquatornähe herrscht tropisches Klima mit günstigen Bedingungen der Sonneneinstrahlung, Wärme und genügend Niederschlägen. Zwischen den Tropen und den gemäßigten Breiten liegen Übergangsregionen subtropischen Klimas, die sich durch Wechsel von Trocken- und Regenzeiten auszeichnen. In den ariden Teilen der Tropen und Subtropen mindert Mangel an Wasser zeitweise die Lebensentfaltung. Den Zonen gemäßigten Klimas folgen nach den Polen hin subarktische und arktische Verhältnisse mit langen Wintern, in denen die Temperatur für die Photosynthese zu niedrig und die Lebenstätigkeit aus diesem Grunde beeinträchtigt ist.
Nach der Nähe zu den Ozeanen unterscheidet man auf dem Land das jahreszeitlich ausgeglichenere ozeanische (maritime) Klima von dem extremeren Kontinental- oder Binnenlandklima, das kalte Winter und warme Sommer besitzt. Auch dies wirkt sich auf die Besiedlung aus (Abb. 6.3 u. 6.4). Außerdem gibt es ein Hochgebirgsklima mit ausgeprägten Extremen der Temperatur zwischen Tag und Nacht, starker Sonneneinstrahlung bei erhöhtem UV-Anteil und verringertem Luftdruck.
Man darf allerdings nicht vergessen, daß das Klima eine Abstraktion ist, die sich aus den Durchschnittswerten der jahreszeitlichen Witterungsfolgen ergibt. In einzelnen Jahren können beträchtliche Abweichungen von solchen Mittelwerten auftreten, die das Leben von Pflanzen und Tieren beeinflussen.

Ökoklima. Das Großklima gibt die Grundlage für die klimatischen Möglichkeiten einer Region, die vom Standort noch weiter differenziert werden. Die Erfahrung lehrt, daß selbst Arten von weiter geographischer Verbreitung nicht an jeder Stelle

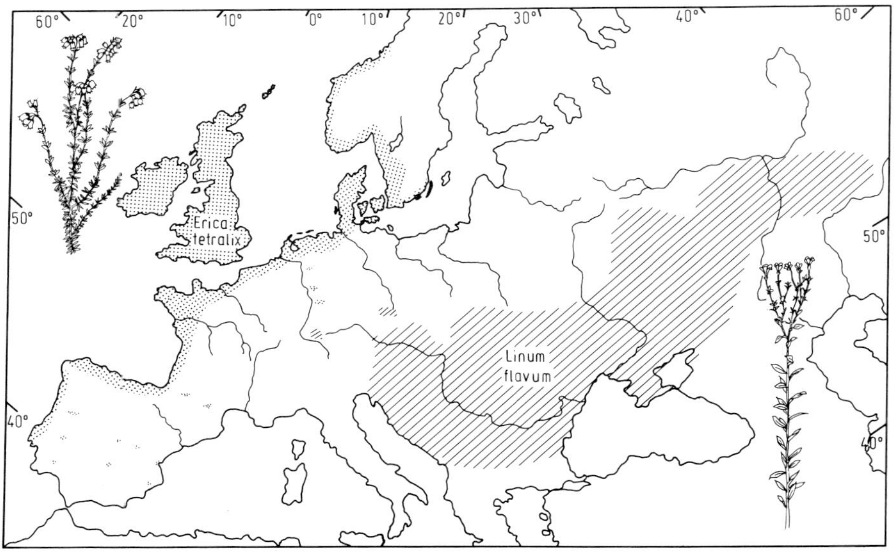

Abb. 6.3: Verbreitungsgebiete von Glocken-Heide *(Erica)*, einer europäisch-atlantischen Pflanze, und Gelbem Lein *(Linum)*, einer pontisch-pannonischen Steppenpflanze (nach Ehrendorfer 1991).

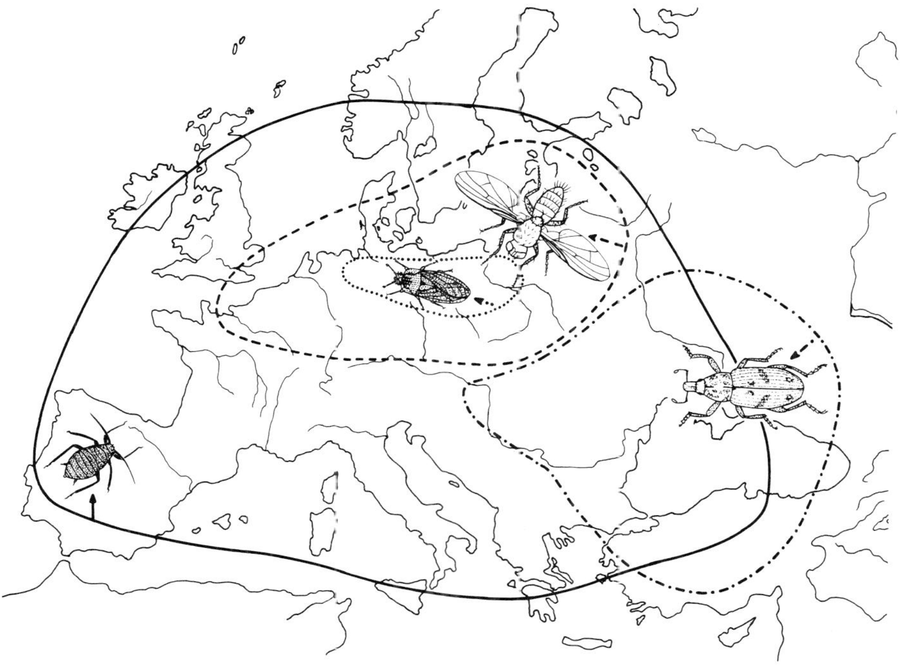

Abb. 6.4: Hauptschadgebiete von Schädlingen der Zuckerrübe in Abhängigkeit ihrer Klima-Ansprüche (nach Skuhravý 1974).
Von links nach rechts: Rübenblattlaus *(Aphis fabae)*, Rübenwanze *(Piesma quadrata)*, Rübenfliege *(Pegomya betae)*, Rübenderbrüßler *(Bothynoderes punctiventris)*.

ihres gesamten Areals vorkommen, sondern auf bestimmte Biotope innerhalb desselben beschränkt sind. Dadurch können Organismen mit ganz unterschiedlichen Klimaansprüchen zwar unter dem gleichen Großklima leben, sich in Wirklichkeit aber aus klimatischen Gründen sogar ausschließen. Neben den topographischen und edaphischen Verhältnissen entstehen auf dem Land vor allem durch die jeweilige Pflanzendecke Eigenklimate örtlicher Natur (Ökoklima), die verschiedenartigen Lebewesen zusagen. So muß man auch die Besonderheiten berücksichtigen, die z. B. das Ökoklima von Wäldern, Flachmooren, Hochmooren, Feuchtwiesen, Trockenrasen, Küstendünen oder Berghängen auszeichnet.
In Wäldern entsteht meist ein gemäßigtes Klima. Die tägliche Schwankung der Luft- und Bodentemperaturen und der Luftfeuchtigkeit ist geringer, Licht- und Windeinflüsse sind schwächer als außerhalb des Waldes. Sümpfe und Moore können infolge Wasserspeicherung und dichtem Pflanzenwuchs viel verdunsten. Da dieser Vorgang mit reichlicher Wärmeabgabe verbunden ist, bleiben die Temperaturen vor allem im Frühjahr noch länger unter denen der weiteren Umgebung. Flachmoore haben ein mehr maritimes, Hochmoore ein kontinentaler geprägtes Ökoklima. Die Charakterarten des letzteren zeichnen sich durch höhere Temperaturpräferenda aus als die der Flachmoore (Abb. 2.13).

Offene Landschaften mit niedrigem oder schütterem Pflanzenwuchs sind starker Insolation ausgesetzt. Doch werden auch dort je nach der Üppigkeit der Vegetation die tages- und jahreszeitlichen Wärme- und Feuchteschwankungen für die Tiere gemindert. An den Südhängen der Hochgebirge steigt der Wald ein bis mehrere hundert Meter höher hinauf als an den Nordhängen.
Ein flacher See, der sich leicht erwärmt, wirkt sich durch Erhöhung der Nachttemperatur im Frühjahr, höhere Gesamttemperaturen im Sommer und spätere Abkühlung im Herbst aus. Davon wird die Lebewelt des umgebenden Landes beeinflußt. So findet sich am Ösbysee in Südschweden ein Reliktvorkommen des wärmeliebenden Laufkäfers *Oodes gracilis* und anderer südlicher Faunenelemente. In nur 100 m Entfernung vom Seeufer, wo *Oodes* fehlt, leben dagegen nördliche Arten. Im Juli erreicht nämlich dort das Maximum der Temperatur noch nicht einmal das Minimum, das am Seeufer herrscht.
Nachdem *Lantana camara* aus Mexiko als Zierpflanze nach Ostafrika (Kenya) eingeführt worden war, um die Stelle der *Euphorbia*-Hecken einzunehmen, entwickelten sich im NO des Viktoriasees dichte Bestände davon zwischen den Feldern. Dadurch entstanden dort feuchte Ökoklimate, die das Eindringen der Tsetsefliege *Glossina fuscipes* aus Feuchtsavannen und Galeriewäldern begünstigten. Sie brachten die gefährliche rhodesische Schlafkrankheit *(Trypanosoma brucei rhodesiense)* in die Nähe der Siedlungen des Menschen, die sonst von *Glossina morsitans* in den Trockensavannen übertragen wird.

Mikroklima. Selbst die klimatischen Verhältnisse innerhalb eines bestimmten Biotops sind nicht gleichförmig. Das Ökoklima des Waldes gibt noch keine Vorstellung von der Temperatur oder Luftfeuchte, denen eine im Stamm bohrende Käferlarve unterworfen ist, je nachdem der Baum am Rand oder im Inneren des Bestandes, in der Sonne oder im Schatten steht, und je nach der Wetterseite des Baumes, in der sich die Larve befindet. Ein Insekt, das vom Boden zur Baumspitze klettert, durchläuft eine Spanne verschiedenster Bedingungen von Temperatur, Licht und Verdunstung. Sogar in gleicher Höhe mögen in Abhängigkeit von der Dichte der Belaubung die Intensität der Bestrahlung und die Durchlüftung unterschiedlich sein. Dieses Klima auf kleinstem Raum bezeichnet man als Mikroklima. Es kennzeichnet die vertikalen und horizontalen Strukturen eines Biotops.
Besonders charakteristisch ist das Kleinklima der bodennahen Luftschicht. Es weicht beträchtlich von dem der höheren Luftschicht ab. Der unbewachsene Boden zeigt die Verhältnisse am deutlichsten. Am Tage, besonders um die Mittagszeit, herrscht Einstrahlung vor mit höchsten Temperaturen auf der Bodenoberfläche und schneller Temperaturabnahme im Boden. Nachts ist die Oberfläche der Hauptsitz der Wärmeausstrahlung und damit die Zone der tiefsten Temperatur (Abb. 6.5). Die Vegetation mildert die aufgezeigten Verhältnisse und verlagert die Höchstwerte von der Oberfläche des Bodens etwas nach oben in den Pflanzenbestand. Dies kann bereits zu räumlicher Trennung verwandter Arten führen, wie am Beispiel zweier Sichelwanzen *(Nabis ferus* und *N. flavomarginatus)* veranschaulicht sei (Abb. 6.6).
Exposition und Hangneigung (Inklination) modifizieren das Mikroklima ebenfalls.

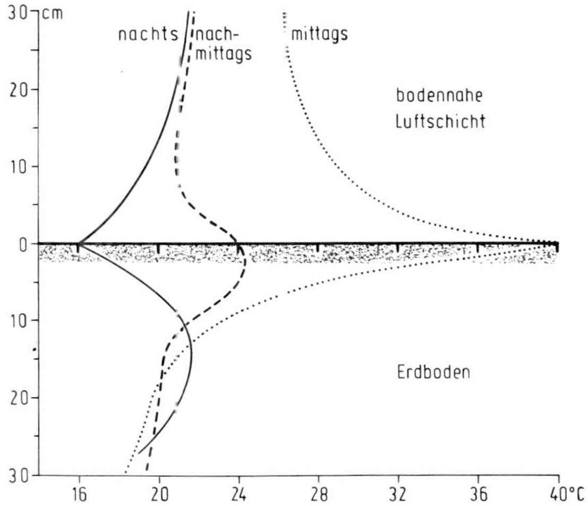

Abb. 6.5: Mikroklima über und im Boden eines ebenen Biotops ohne Vegetation (Orig.).

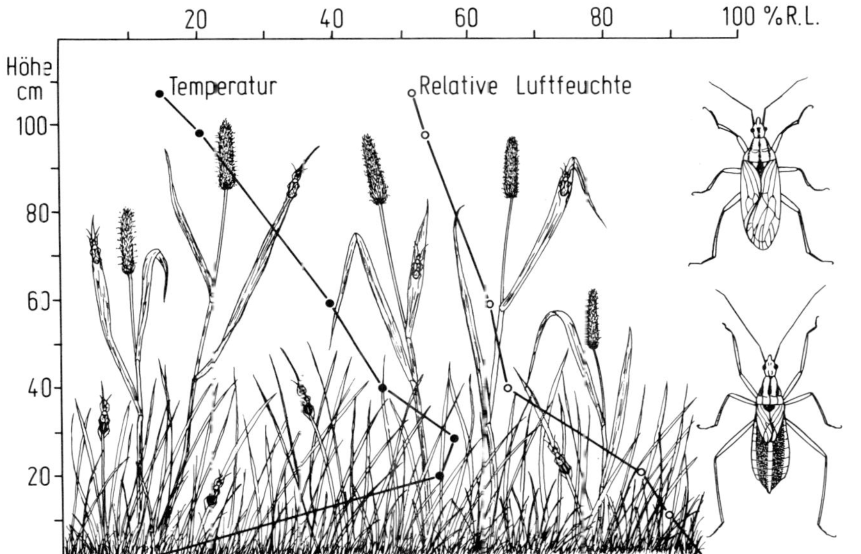

Abb. 6.6: Bevorzugter Aufenthalt der Sichelwanze *Nabis ferus* im oberen Teil der Krautschicht, von *N. flavomarginatus* im unteren Teil, in Abhängigkeit vom Mikroklima (nach Coulianos 1962).

Am Tage werden südexponierte Hänge, Böschungen und Ufer stärker bestrahlt und erwärmt als nordexponierte. Nachts fließt kalte Luft in tiefere Hanglagen ab, so daß es im Talboden zu «Kälteseen» kommt. Am Südhang eines Berges bei Lunz (Österreich) wurden die wärmeliebenden Wanzen *Lygaeus equestris* und *Corizus*

hyoscyami gefunden, am nordexponierten Hang des gleichen Berges dagegen der alpine Laufkäfer *Pterostichus selmanni*. – An Wallhecken in Schleswig-Holstein befanden sich im Winterlager der Südseite doppelt so viele Arten und dreifach so viele Individuen an Arthropoden und Schnecken wie an der Nordseite.
Die Anpassung vieler Organismen an bestimmte Sonderklimate ermöglicht die Aufstellung biologischer Indikatorreihen, die ein zuverlässigeres Bild von den wirksamen Umweltfaktoren geben als Meßinstrumente. Besonders geeignete «bioklimatische Leitformen» gibt es unter Blütenpflanzen, Schnecken, Heuschrecken, Wanzen, Zikaden, Carabiden, Spinnen.

6.4 Boden

Ohne Leben bestünde der Untergrund nur aus dem Gesteinsmaterial und dessen mineralischen Teilchen der Verwitterung. Erst durch das Wirken der Mikroorganismen, Pflanzen und Tiere werden anorganische und organische Komponenten eng verknüpft und zu Erde umgewandelt. Die Lücken und Poren dieses Systems, in das die Wurzeln eindringen, sind mit Luft und Wasser erfüllt. Sie enthalten in der obersten Schicht meist eine reiche Mikroflora und eine Mikro- und Mesofauna (Abb. 6.7). Die gesamte Lebewelt des Bodens wird als Edaphon bezeichnet.

Bodentypen. Neben der Vegetation hat das Klima größten Einfluß auf die Bildung der verschiedenen Böden, die sich durch charakteristische Profile unterscheiden. Den Rohböden fehlt ein solches noch fast völlig. Im Stadium der Bodenbildung aber findet im obersten Horizont ein Vorgang der Humifizierung organischer Stoffe statt, der bei günstigen Bedingungen von Wärme und Feuchte (Tropen) sehr schnell verlaufen kann. Die abgestorbenen Pflanzenteile, ganze Organismen sowie deren Ausscheidungen werden abgebaut, durch Darmpassagen verändert und mit mineralischen Substanzen verkittet.
Zwischen dem oberen Bereich des Mineralbodens (Auswaschungs- oder A-Horizont, Oberboden), in dem die organischen Stoffe nach unten hin abnehmen, und dem «C-Horizont» des unveränderten Ausgangmaterials der Tiefe entsteht in Böden regenreicher Klimate noch ein Einwaschungs- oder B-Horizont (Unterboden) aus eingesickertem, eingewühltem oder ausgefälltem und angereichertem Material. Abb. 6.8 zeigt den ABC-Boden eines sommergrünen Laubwaldes. In Böden ariden Klimas lassen die geringen Mengen der Niederschläge und die starke Verdunstung keinen B-Horizont entstehen. Hier bilden sich die fruchtbaren AC-Böden (Abb. 6.9).
Außer den vornehmlich durch Ausganggestein bestimmten «lithomorphen» Rohböden sowie den durch Klima und Vegetation bedingten «klimaphytomorphen» ABC- und AC-Böden gibt es «hydromorphe». Diese entstehen durch wechselndes Stauwasser oder variierenden Grundwasserstand. Schließlich kommen in ariden, warmen Gebieten solche mit salzhaltigem oder stark alkalischem Grundwasser vor, die von den klimaphytomorphen zu den hydromorphen Böden überleiten.

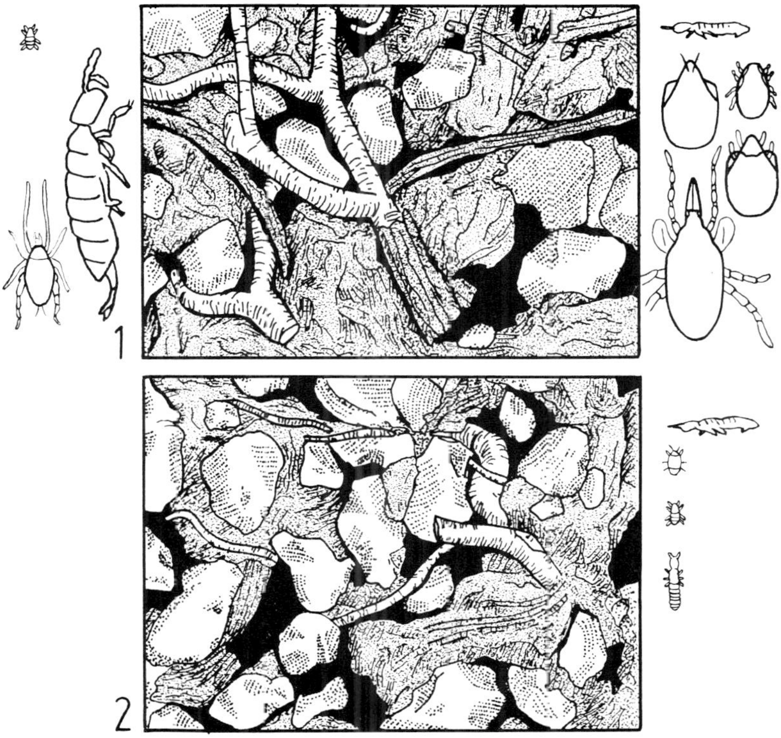

Abb. 6.7: Collembolen und Milben im Lückensystem eines Grünlandbodens (nach Weis-Fogh 1948).
Horizontschnitte in Aufsicht: oben 1 cm tief; unten 2,5 cm tief, dort nur kleine Arten.

Die Benennung der Böden hat sich gegen früher geändert. In folgender Übersicht seien die wichtigsten aufgeführt.

Rohböden mit kaum entwickelten Profil
Arenosol: Sandwüsten, Sanddünen
Lithosol: Wüsten auf festem Gestein
Regosol: Wüsten auf Lockergestein
Gelic Regosol: Råmarkböden der Tundren

ABC-Böden
Podsol: Bleichböden in Tundra, Taiga, Silvaea
Acrisol: Podsolartige Böden in Savanne und Pseudohylaea
Cambisol: Braunerde in Silvaea und Skleraea
Luvisol: Parabraunerde (Lessivé) in Silvaea und Kulturland (Abb. 6.8)
Lixisol: Luvisolartige Böden in Savanne und Semihylaea
Chromic Luvisol: Terra rossa und Terra fusca-Böden in Skleraea
Ferralsol: Rot- und Gelberden (Latosole) in Hylaea

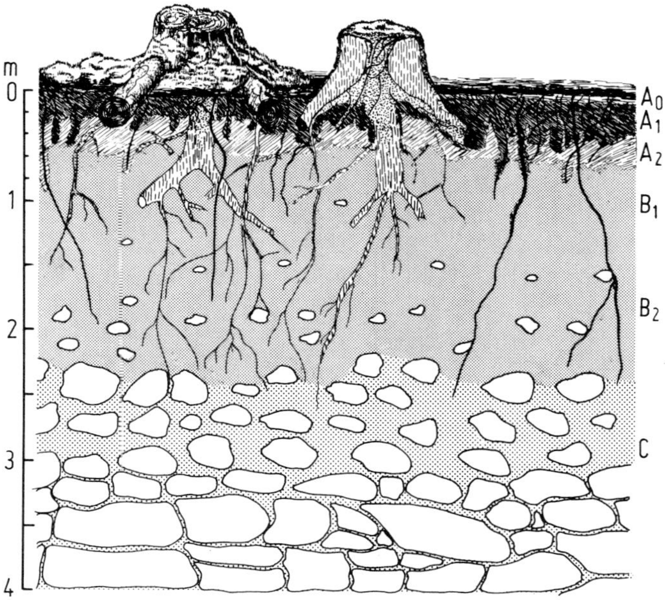

Abb. 6.8: Profil eines Luvisol-Bodens im sommergrünen Laubwald (nach Wilcke 1953). A_0 besteht aus drei Lagen: L = unzersetzte Streu oder Litter, F = teilzersetzte Streu oder Fermentationslage, H = völlig zersetzter Humus; A_1 – C = Bodenhorizonte; schwarz = Gänge von Regenwürmern.

Abb. 6.9: Kalkhumusboden (Mull-Rendzina mit A-C-Profil) (Orig.).

Plinthosol: Rot-, Braun- und Graulehme (Laterite) in Hylaea
Nitosol: Roterden und Rotlehme in Savanne und Semihylaea

AC-Böden
Chernozem: Schwarzerde in Langgrassteppen
Kastanozem: kastanienfarbene Erde in Kurzgrassteppen
Phaeozem: dunkelbraune Erde in Waldsteppen
Ranker: Boden auf Silikatgestein
Pararendsina: Boden auf Karbonatgestein (mit hohem Anteil von Quarzsand)
Rendsina: Boden auf Karbonatgestein (Kalkhumusboden), (ohne wesentlichen Anteil von Quarzsand) (Abb. 6.9)

Hydromorphe Böden in Sumpflandschaften
Planosol: temporär periodischer Stauwasserboden (Pseudogley)
Fluvisol: Mineralböden der Marschen und Auen mit wechselnden Grundwasserstand und Überflutungen
Gleysol: Mineralboden mit wechselndem Grundwasserstand ohne Überflutung
Gelic Gley: Gleyboden in Tundren
Histosol: organische Böden der Flach- und Hochmoore

Halomorphe Böden (besonders in ariden Tropen und Subtropen)
Solontschak: Böden mit salzhaltigem Grundwasser
Solonetz: alkalischer Salzboden (Natriumboden)

Edaphon. Nach Lebensweise, Größe, Ökologie und systematischer Stellung lassen sich im Boden folgende Gruppen unterscheiden:
Hydrophile Mikro- und Mesobiota. Sie besiedeln vorwiegend Wasserporen und Wasserfilme der Erdkrümel. Zu ihnen gehören Bakterien, Pilze, Algen, Protozoen, Rotatorien, Tardigraden, Nematoden. Die Ciliaten der Protozoa, Rädertiere, Bärtierchen und einige Fadenwürmer können bei Austrocknung des Milieus in einen Latenzzustand übergehen, aus dem sie noch nach jahrelanger Trockenheit innerhalb weniger Stunden wieder aktiv werden, sobald sich die erforderliche «kritische Feuchtigkeit» eingestellt hat. Dagegen hängt die Geschwindigkeit des «Wiederauflebens» der Thecamöben unter den Protozoen von der Dauer der «Anhydrobiose» ab. – Tardigrada (Bärtierchen), die im Latenzzustand nur 1% ihres früheren Wassergehaltes behalten, brauchen eine relative Luftfeuchtigkeit über 70%, um so langsam auszutrocknen, daß sie regelmäßig geformte Tönnchen bilden. Unterhalb dieses Grenzwertes entstehen unregelmäßige Formen, die schwer oder gar nicht mehr aus ihrer Latenz zu wecken sind.
Aërobionte Mesobiota. In lufterfüllten Bodenporen und Lücken leben Milben, Collembolen und andere Klein-Arthropoden, vornehmlich Junglarven holometaboler Insekten. Auch Pflanzenwurzeln dringen dorthin ein.
Geobionte Makrobiota. Durch die Erde sich wühlende Enchytraeiden, Regenwürmer, Schnecken und größere Arthropoden; ferner Pflanzenwurzeln (außer denen von Bäumen).

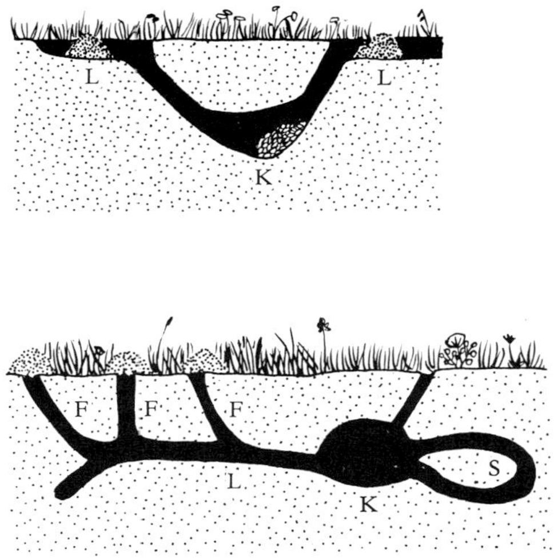

Abb.6.10: Gangsysteme von Feldmaus *(Microtus arvalis)* (oben) und Maulwurf *(Talpa europaea)* (unten) (aus Stengel 1958).
K = Kessel, L = Laufgang, F = Fangröhren, S = Sicherheitsröhre.

Geobionte Megabiota. Wirbeltiere im Boden (Abb. 6.10) und Baumwurzeln.

Humusformen. Der Stoffabbau durch das Edaphon führt je nach den Bedingungen des Klimas, der Feuchteverhältnisse, Temperatur, Bodenart und Streu auf Landböden zu drei verschiedenen Humusformen: Mull, Moder, Rohhumus.
Wird der Bestandesabfall vor allem durch das Wirken von Bakterien rasch zersetzt und später besonders durch Regenwürmer eng mit den Mineralteilchen vermengt, entstehen Humuspartikel mit Ton und Kalzium in feinster Verteilung, wie es für **Mull** typisch ist. Bleibt das Rotteprodukt durch allmählichen Abbau auf der Bodenoberfläche liegen und ist die koprogene Auflage gegen den darunter befindlichen Mineralboden deutlich abgesetzt, hat sich **Moder** gebildet. **Rohhumus** nennt man das unvollkommen abgebaute Rotteprodukt auf stark ausgewaschenen (podsolierten) Böden der Tundren, Heiden und mancher Kiefernwälder, das durch Pilzhyphen eine verfilzte Schicht schwer zersetzbaren Streumaterials bildet. Die Entwicklung der Bakterien ist dort gehemmt, dafür ein reiches Wachstum und Gedeihen von Pilzen möglich.
Das Verhältnis von Kohlenstoff zu Stickstoff liegt im Mull bei 15–20 zu 1, im Rohhumus bei 20–30 zu 1.

Zusammenwirken und Abhängigkeiten. Zwar sind Bakterien und Pilze für den Abbau und Umbau organischer Stoffe die entscheidenden Gruppen. Doch verändern Bodentiere durch Fraß an Aas, Kot, abgestorbenem Pflanzenmaterial, durch Beweiden der Pilz- und Bakterienrasen, Mischung organischer und anorganischer Substanzen das Substrat. So erleichtern sie das Wirken der mineralisierenden Mikroben und beschleunigen den Kreislauf der Stoffe. Der ständige Wechsel abiotischer und biotischer Bedingungen im Boden ermöglicht den Reichtum an Arten und funktionellen Organismengruppen.

Auch im Boden wird Energie nicht nur zwischen «Nahrungsstufen» weitergegeben, sondern durch Interaktionen in einem dynamischen Netzwerk ausgetauscht. Im einzelnen zeigen sich dabei deutliche Unterschiede der Ernährungsstrategien. So können Schnecken bis zu 50 % vom verzehrten Fallaub zur Bildung ihrer Körpersubstanz verwenden. Asseln assimilieren dagegen nur 10–20 % der aufgenommenen Nahrung. Daher müssen sie viel mehr fressen. Sie zerkleinern somit auch mehr primäres organisches Material, scheiden mehr Kot aus und werden sogar selbst zu Kotfressern, um alle für sie lebenswichtigen Nährstoffe zu erhalten. – Wie eng Arten aller Gruppen des Edaphon zusammenwirken, zeigte sich schon beim Abbau von Eicheln, einem ganz kleinen Strukturteilchen auf dem Boden.
Als Indikatoren schneller sich ändernder Bedingungen im Boden eignen sich besonders verschiedene Arten der geobionten Makrofauna. Die (schwerer zu bestimmende) Mesofauna hängt zwar sehr von den Gegebenheiten der Ernährung ab, sie kann aber unter Umständen sogar langfristige und historische Veränderungen anzeigen, die durch Eingriffe des Menschen entstanden sind. Seit der in weiten Gebieten der Erde erfolgten Umwandlung der Natur in Halbkultur- und Kulturlandschaften gibt die oberirdische Vegetation heute oft weniger zuverlässige Anhaltspunkte als es ihrer (früher größeren) Bedeutung als Indikatoren zukäme.

Tab. 1: Bodenverhältnisse in Großlandschaften der Erde

	Boreale Zone (Tundra, Taiga)	Gemäßigte Zone (Steppe, Silvaea)	Tropische Zone (Savanne, Hylaea)
Physikalische Bedingungen	niedrige Temperatur wirkt stets begrenzend	nur jahreszeitlich begrenzende Wirkung durch Temperatur	optimal oder nur Trockenheit wirkt begrenzend
Rolle der Bodenfauna	geringe Bedeutung, Mikrofauna am wichtigsten	aktive Tätigkeit; Meso- u. Makrofauna am wichtigsten	sehr aktive Tätigkeit; Makrofauna am wichtigsten
Qualität der Nährstoff-Ressourcen	geringe Nutzbarkeit	sehr unterschiedlich	unterschiedlich vielleicht begrenzend
Zerkleinerung der organischen Substanz durch Bodenfauna	gering	mäßig	stark
Auswaschung (von Kohlenhydraten, Polyphenolen u. a.)	stark	mäßig	stark
Enzymatischer Abbau	gering	mäßig	stark
Gesamtabbau der organischen Substanz	langsam	mittel-schnell	schnell

Bodenverhältnisse der Großlandschaften. Auf die verschiedenen Böden in den geographischen Zonen wird in Teil B des Buches näher eingegangen. Hier sei nur eine tabellarische Übersicht gegeben, welche die Rolle des Klimas für den Abbau der organischen Substanz auf und im Boden veranschaulichen soll (Tab. 1).

6.5 Raum-Zeitgefüge

Wenn im folgenden räumliche und zeitliche Lebensmuster getrennt dargestellt werden, darf man nicht vergessen, daß es sich in der Natur immer um ein dynamisches, zugleich raum-zeitliches Geschehen handelt. Es läßt sich am besten als Hierarchie verschiedener funktioneller Größeneinheiten erfassen, deren kleinere als Subsysteme in die größeren Organisationsstufen integriert sind, innerhalb einer gleichen Stufe aber voneinander relativ isoliert bleiben können.

Die ökologische Bedeutung der zeitlichen und räumlichen Strukturierung liegt darin, daß sich viele Organismen gleichsam aus dem Wege gehen, und dadurch eine größere Lebensfülle in einem bestimmten Raum möglich wird. Selbst nahe verwandte Arten können in Raum und Zeit isoliert sein, obwohl sie gemeinsam vorkommen. Dies mindert zugleich Konkurrenz und Feind-Beute-Beziehungen.

6.5.1 Räumliche Verteilungsmuster

Die Herausbildung der großen Lebensregionen ist, wie wir hörten, weitgehend vom Großklima bestimmt. Von ihm hängen der Vegetationscharakter und häufig auch die Bodenverhältnisse ab. So ist die Entstehung der tropischen Regenwälder, Monsunwälder, Savannen, Wüsten und Steppen, sommergrünen Laubwälder, Taiga und Tundra zu verstehen. Indessen sind derartige Lebensregionen keineswegs homogen, sondern schließen Einsprengsel historischen, topographischen, edaphischen, ökoklimatischen und anthropogenen Ursprungs ein, die ganz andere Lebensbedingungen geringeren räumlichen Ausmaßes schaffen.

In jedem größeren Landschaftsbereich lassen sich Makro-, Meso- und Mikro-Verteilunsmuster (pattern) der Organismen erkennen. Erstere entsprechen in der Regel den physiognomisch unterscheidbaren und durch besondere Ökoklimate geprägten Landschaftstypen. In einer Küstenlandschaft sind es z. B. Dünen mit Strandgräsern, Trockenrasen und Salzwiesen; in der Agrarlandschaft Kulturfelder, Brachfelder, Wiesen, Weiden, Feldgehölze und Feldhecken; im Seenbereich Röhrichte, Sumpfwiesen und Sumpfwälder. Die meisten derartigen Biotope enthalten kleinere physiognomisch abgrenzbare Einheiten (Mesostrukturen), und innerhalb der letzteren kann man eine vertikale und horizontale Mikrostrukturierung mit jeweils charakteristischen Artenkombinationen finden. Die Benennung dieser Raummuster sollte nicht zu pedantisch nach vorgegebenen Schemata gehandhabt werden, sondern richtet sich nach Fragestellung, Größe der Organismen und örtlichen Gegebenheiten.

Vertikale Verteilung (Stratifikation). Auf dem Lande bildet sich eine Schichtung durch den Pflanzenwuchs (Boden-, Kraut-, Strauch-, Stamm-, Kronenschicht). Im Wasser (Meer, tiefe Seen) ist die Schichtung durch die Eindringungstiefe des Lichts gegeben. In jedem solcher «Strata» leben etliche Arten, die auf eine Schicht beschränkt sind; andere bewohnen mehrere Schichten. Außerdem finden mit den Änderungen der Bedingungen im Tages- und Jahreslauf Vertikalwanderungen statt. Manche Opilioniden halten sich tags an Baumstämmen auf, während sie nachts am Boden ihre Beute suchen. Vögel, Arthropoden, Schnecken bevorzugen im Winter meist ein anderes Stratum als zur Sommerzeit. Im Meer und Süßwasser treten tagesperiodische Vertikalwanderungen vieler Plankter auf. Ähnliche Vertikalverschiebungen zeigen Collembolen und Milben im Boden. Auch kann eine Art im Laufe ihrer Entwicklung von einer Schicht zu einer anderen wechseln. So halten sich die Engerlinge der Maikäfer (*Melolontha*) in der Wurzelzone des Bodens auf, die Käfer selbst in der Strauch- und Baumschicht. Viele Fischlarven im Meer leben zunächst in dem Oberflächenhäutchen des Wassers und der unmittelbar darunter befindlichen Schicht. Erst wenn sie größer werden, dringen sie tiefer nach unten.

Horizontale Verteilung. Auf dem Land haben Öko- und Mikroklima, Bodenqualität und Geländeform für die Verteilung der Organismen Bedeutung. Auch Zusammensetzung und Wuchshöhe der Vegetation kann wichtig sein. Im Wasser bedingen Beschaffenheit des Untergrundes, Tiefenzonen und Wasserbewegung eine Strukturierung für die Verteilung der Lebewelt. Schließlich kommen deren biotische Verknüpfungen hinzu sowie bestimmte Eigenheiten der Lebensweise (Mono- und Oligotrophie, Aggregationen, Art der Eiablage, Ausläufer bei Pflanzen usw.).
Die Musterbildung kann intra- und interspezifische Konkurrenz, ökologische Isolierung, Zusammentreffen (Koinzidenz) von Feind–Beute, Bildung biozönotischer Konnexe, Populationsdynamik, Ausbreitung, Mannigfaltigkeit der Arten beeinflussen.
Strukturanalysen durch Beobachtung im Freien und differenzierte Sammeltechnik sind Voraussetzung zum Verständnis der Funktionen der Arten in einem Ökosystem. Hier sei nur ein Beispiel für die Koexistenz durch ökologische Isolation der Eiablagestellen von zwei verwandten Rindenläusen (Psocoptera) gegeben. In Nordengland leben *Mesopsocus unipunctatus* und *M. immunis* in weiten Gebieten gemeinsam auf der Rinde von Bäumen. Beide fressen Grünalgen (*Pleurococcus*) und unterscheiden sich auch sonst kaum in ihrer Biologie. Unterschiedlich sind allein die zur Eiablage bevorzugten Strukturteile des Baumes. Die erste wählt dafür die Spitzen der Zweige, die zweite die etwas darunter befindliche Zone.

Teilsysteme. In einem größeren Lebensraum gibt es besondere «Lebensplätze» (Biochorien) von oft kurzfristiger Dauer, charakteristischem Artenbestand und gewisser Unabhängigkeit innerhalb des sie umgebenden Biotops. Beispiele sind: umgefallene Baumstämme (Abb. 6.11), Großpilze (Abb. 6.12), Tiernester, Exkremente, Aas, Strandanwurf, Grashorste, Moospolster, Coniferen-Zapfen, Phytotelme, Blütenköpfe, Früchte, Muschelschalen im Sandwatt, Lebewelt unter Steinen. Solche Lebensplätze liegen inselartig verstreut und hängen in ihrer Besiedlung

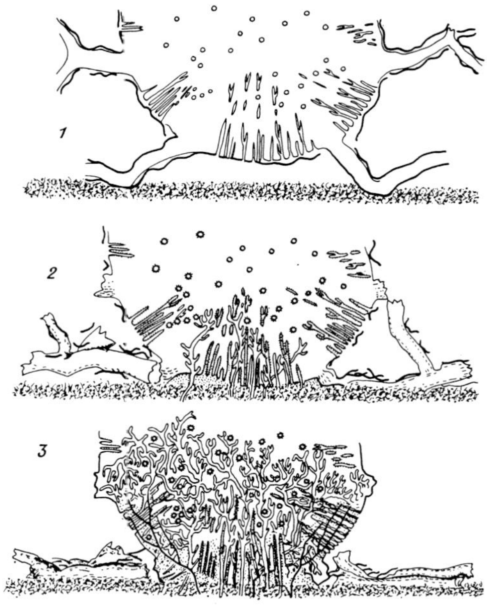

Abb. 6.11: Abbau eines umgestürzten Baumstammes (nach Delamare-Deboutville 1951). 1: Gänge von Bockkäfer-Larven (Cerambycidae) im Zentrum, durch Kernholzkäfer (Platypodidae) von der Peripherie aus; 2: Pilze und Bakterien kleiden die Gänge aus, vom Boden her bohren sich Termiten ein; 3: Termitengänge dehnen sich aus, schließlich dringen Oligochaeten in das von der Mikroflora weiter zersetzte Holz.

letzten Endes von dem größeren «Trägersystem» ab, von dem sie wichtige Teile sind. Daher wird ein Kadaver in Wald, Wiese oder Feld, auf Lehm- oder Sandboden von unterschiedlichen, wenn auch verwandten Arten besiedelt. Am Beginn der Lebenstätigkeit ist in derartigen Aktionszentren ein Maximum an Energie vorhanden, die schnell abnimmt. Nur wenige bleiben kontinuierlich, werden also nicht abgebaut, wie Muschelschalen mit ihren Aufsiedlern im Watt, Ameisennester mit ihren Gästen oder der Lebensraum unter Steinen (Abb. 14.6).

Die genannten Teilsysteme lassen sich in noch kleinere funktionelle **Strukturteile** untergliedern. Im «Hypolithal» kommen zum Beispiel einige Arten nur an der Unterseite von Steinen vor, andere im Hohlraum zwischen Stein und Boden, wieder andere in der obersten, detritushaltigen Bodenschicht. Dadurch gehen sie sich trotz engstem Raum aus dem Wege. Außerdem verknüpfen jedoch manche Räuber durch Feind-Beute-Beziehungen das ganze Gefüge zu einer Einheit.

Durch gehäufte Lebensfülle und Aktivität sind Aktionszentren wichtige Elemente im größeren Ökosystem. Wie in der Umgebung einer ruhenden elektrischen Ladung Kräfte wirksam sind und sich die an einer Stelle hervorgerufene Änderung des «Feldzustands» fortpflanzt, gibt es dynamische Vorgänge im Umfeld von Aktionszentren zu solchen des gleichen Typs. Die Dynamik dieser Knotenpunkte mit ihrer Ausstrahlung beruht zum Teil auf biochemischen Fernwirkungen. Die Grenzen sind also diffus. Statt Lebensplätze oder Aktionszentren könnte man daher auch von «Aktionsfeldern» sprechen (Abb. 6.13). Außer biochemischen Fernwirkungen sind Mechanismen der Verbreitung etwa von Pilzsporen durch Pilzmücken (Mycetophilidae) und Fliegen, «Winkverhalten» dung- und aasbesiedelnder Nematoden,

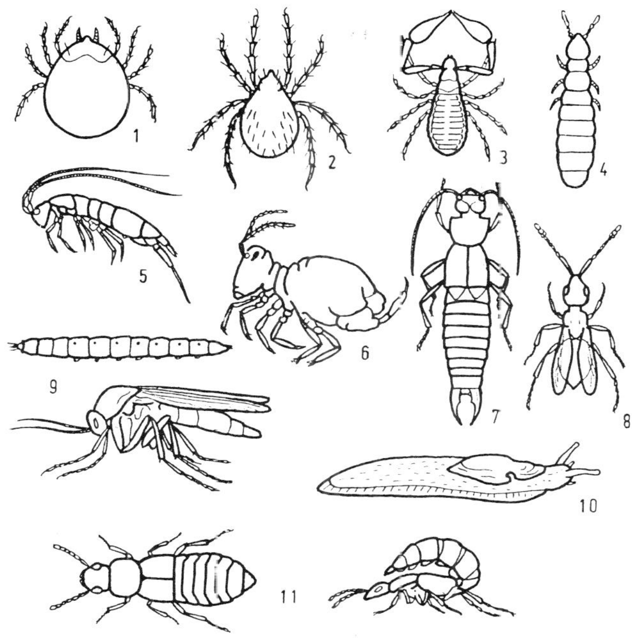

Abb. 6.12: Pilzbewohner im sommergrünen Laubwald (nach Scheerpeltz u. Höfler 1948). 1–2: Milben; 3: Pseudoskorpion; 4–6: Springschwänze (Collembola); 7: Ohrwurm *(Forficula)*; 8: Hautflügler (Parasitoid); 9: Larve u. Vollkerf einer Pilzmücke (Mycetophilidae); 10: Nacktschnecke *(Arion)*; 11: Kurzflügler *(Gyrophaena*, Staphylinidae).

durch das diese Würmer an ihre Transportwirte gelangen, und Phoresie von Milben an Dungkäfern Ansätze zum Verständnis derartiger Zusammenhänge.

Fallbeispiele. 1) Kadaver. Durch die Lebenstätigkeit der Organismen ändert sich ständig das Artenbild. An frischem Aas erscheinen zunächst Schmeißfliegen (Calliphoridae), mitunter auch schon Ameisen, Laufkäfer (Carabidae) und Collembolen. Sehr bald beginnt im Inneren desselben der *Fäulnisprozeß* durch anaërobe Bakterien. Sein Geruch lockt Fliegen und Käfer der verschiedensten Familien und Gattungen zur Eiablage oder Nahrung an. Von den Käfern sind Silphidae, Staphylinidae und Histeridae wichtig: Fliegenmaden, die den Eiern entschlüpen, dringen in das Innere des Aases ein. Dadurch gelangt reichlicher Luft in den Kadaver. Dies beschleunigt den aëroben Eiweißabbau, den man (in Gegensatz zur anaëroben Fäulnis) *Verwesung* nennt. Am Körper der Käfer und Fliegen haften oft Pilzsporen, Nematoden und Milben, die also durch Phoresie von einem Stück Aas zum anderen gelangen. Im späteren Stadium der Verwesung erscheinen u. a. Speckkäfer (Dermestidae), Glanzkäfer (Nitidulidae) und *Fannia*-Fliegen. Schließlich kommt es zur Trockenphase, der *Mumifizierung*. Hier finden Ohrwürmer (Forficuliden), Tenebrioniden und Raupen von Tineiden Nahrung. Letztere besitzen Keratinase, durch die Haare oder Federn abgebaut werden. Viele Tiere der Schlußphasen sind als

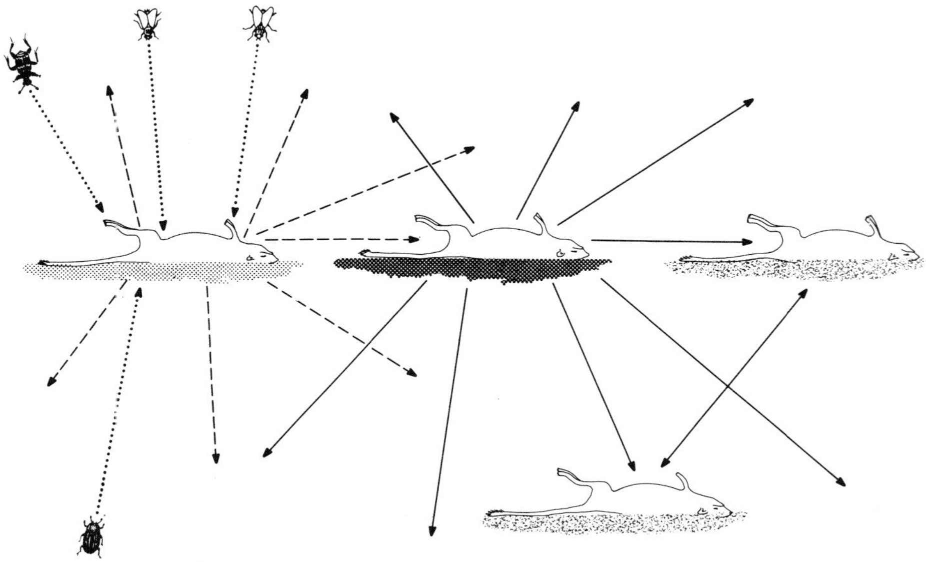

Abb. 6.13: Kadaver als kurzfristige Zentren von Aktionsfeldern (nach Tischler 1973). ····, – – –, ——— Reihenfolge der Besiedlung (= Metapopulationen).

Haus- und Vorratsschädlinge des Menschen bekannt. Im Gefüge aller vom Kadaver selbst lebenden Arten wissen zahlreiche parasitische und räuberische ihre Opfer zu finden. Fliegenmaden fallen vor allem Staphyliniden und Histeriden zur Beute; allerdings fressen Histeriden auch vom Aas. Zersetzungsstoffe beim Abbau, besonders Phenole, die in den Boden gelangen, wirken sich auf die Pflanzen- und Tierwelt solcher Stellen aus. Lebende Pflanzen halten sich nicht lange unter Aas, und die Bodenfauna bis 15 cm Tiefe kann viele Monate lang unterdrückt sein. Andererseits wird das Wachstum von Pflanzen in einiger Entfernung, wo die Abbaustoffe weniger konzentriert sind, gerade begünstigt. Für die Fauna bildet sich in 10 cm Umkreis um den Kadaver eine Übergangszone, in der Boden- und Aasbewohner zusammentreffen.

2) **Tierwohnungen.** In Nestern und Wohnhöhlen finden sich drei ernährungsbiologische Gruppen zusammen. Echte Wirtparasiten sind blutsaugende Wanzen, Flöhe, bestimmte Fliegenlarven, Zecken und Vogelmilben. – Den größten Anteil an Arten und Individuen stellen die Saprotrophen. Einige Dipterenlarven fressen vom Kot ihrer Wirte. Aaskäfer im Nest von Raubvögeln nehmen auch mit deren Futterresten vorlieb. Collembolen, Flohlarven, Mottenraupen, etliche Milben, Käfer und Fliegenmaden ernähren sich vom verpilzten Nistmaterial und anderen organischen Stoffen. – Eine dritte Gruppe besteht aus Räubern und Parasiten, denen die Mitbewohner zur Beute dienen. Das betrifft etwa Spinnen, Opilioniden, Chilopoden, Histeriden und manche Staphyliniden. Abgesehen von den günstigen Nahrungsbedingungen werden Vogelnester und Säugetierbaue auch wegen ihres besonderen Kleinklimas aufgesucht.

In Wüsten und Salzsteppen Innerasiens lebt die Große Rennmaus *(Rhombomys opimus).* Ihre Wohnhöhlen wurden in der östlichen Kara-Kum untersucht. Darin befanden sich 230 Arten von Arthropoden, darunter 20 Wirtparasiten, 100 Prädatoren, 60 Abfallfresser (Saprotrophe) und 50, die dort lediglich Schutz suchten, ohne zu fressen. Die verschiedenen Arten hielten sich natürlich nicht ausschließlich dort auf, aber in Abhängigkeit vom Entwicklungsstadium, der Tagesrhythmik und Jahresperiodik. Dadurch waren sie jedoch in vielfältiger Weise mit dem größeren Ökosystem verbunden, in dem die Wohnhöhlen der Rennmäuse liegen.

Vergleichskriterien der Verteilung. Gleichartigkeit und Gleichmäßigkeit der Besiedlung können nach verschiedenen Aspekten untersucht werden. Vergleicht man das Vorkommen bestimmter Arten in mehreren Beständen des gleichen Biotoptyps ohne Rücksicht auf die Arealgröße, so erhält man eine Aussage über die **Präsenz.** Werden nur bestimmte Flächen- oder Volumeneinheiten aus jedem Bestand (also nicht nur die gesamten Bestände) verglichen, so spricht man meist von **Konstanz.** Ein Vergleich gleich großer Probeflächen innerhalb eines einzigen Biotopbestandes sagt über die **Frequenz** aus. Von Präsenz (bzw. Konstanz) und von Frequenz lassen sich jeweils 4 (oder auch mehr) Klassen unterscheiden.

1. Präsenz: Sie besagt, an wieviel getrennten Beständen eine Art in einem bestimmten Biotoptyp vorkommen.
   I. Selten: in 1–25 % der untersuchten Biotopbestände
   II. Verbreitet: in 25–50 % der untersuchten Biotopbestände
   III. Häufig: in 50–75 % der untersuchten Biotopbestände
   IV. Sehr häufig: in 75–100 % der untersuchten Biotopbestände
2. Frequenz: Sie besagt, an wieviel getrennten Flächen in einem einzelnen Biotopbestand eine Art vorkommt.
   I. Vereinzelt: in 1–25 % der untersuchten Flächen des Bestandes
   II. Zerstreut: in 25–50 % der untersuchten Flächen
   III. Dichtes Vorkommen: in 50–75 % der untersuchten Flächen
   IV. Sehr dichtes Vorkommen: in 75–100 % der untersuchten Flächen.

Arten höchster Präsenz (oder Konstanz) können als «Leitformen» für ein bestimmtes Ökosystem oder einen bestimmten Biotoptyp innerhalb einer klimatisch einheitlichen Region dienen. Feststellungen über Frequenz bringen Aussagen über die Verteilung.

Sehr oft sind in einem speziellen Lebensraum wenige Arten einer Gruppe in großer Individuenzahl (bzw. Biomasse) vertreten, während die meisten nur mit wenigen Individuen vorkommen. Die **ökologische Dominanz** gibt den durchschnittlichen Anteil der Individuen (Individuendominanz) oder Biomasse (Gewichtsdominanz) einer Art zu den Mengen der übrigen dort lebenden Arten an, jedoch nur innerhalb einer vergleichbaren Gruppe. Man muß also die Dominanz der Milben, Dipteren, Vögel, Moose, Kräuter, Bäume gesondert betrachten, da sonst Ungleichwertiges verglichen wird. Nach dem Grad des Vorherrschens oder Zurücktretens der verschiedenen Arten kann man folgende Kategorien unterscheiden: Dominante – Subdominante – Rezedente – Subrezedente. Wo jeweils die Schnitte für diese Klasseneinteilung gezogen werden müssen, ist von Fall zu Fall zu entscheiden, hängt also vom Gesamtmaterial ab und sollte nicht vorher auf eine willkürlich festgelegte

Zahl eingeengt werden. Will man einzelne Arten noch besonders hervorheben, so bietet sich der Ausdruck «Eudominante» an.
Ökologische Dominanz kann bedingt sein durch Lebensform, Körperkraft, Größe, Kleinheit, Aggressivität, Härte im Ertragen ungünstiger Bedingungen, hohe Vermehrungsrate, lange Lebensdauer, Spezialisierung, große Reaktionsbreite, Resistenz gegen Parasiten und Krankheiten. Es handelt sich dabei oft um gerade entgegengesetzte Anpassungen.
Je nach Zweckmäßigkeit der Fragestellung läßt sich die Übereinstimmung verschiedener Bestände und Flächen durch Identität der Arten (Präsenz bzw. Konstanz) oder Dominanz bestimmen. Man muß sich allerdings darüber im klaren sein, daß Lebensräume, die hinsichtlich ihrer Collembolen gut übereinstimmen, sich schon im Spektrum der Carabiden unterscheiden können oder solche mit unterschiedlicher Kleintierwelt gleichartig in ihrer Besiedlung durch Wirbeltiere sein mögen. Wirklich neue Erkenntnisse haben alle derartigen formalen Betrachtungen in der Regel nicht erbracht, zumal es sich oft nur um «Momentaufnahmen» handelt, welche die Dynamik des Lebensgeschehens außer acht lassen. Wichtiger sind Laboruntersuchungen über die Biologie der zusammen vorkommenden Arten unter verschiedenen Bedingungen, die Übertragung dieser Erkenntnisse ins Freiland und die Beobachtung und Erforschung der dort sich ergebenden funktionellen Zusammenhänge, deren Grundlage zunächst qualitativer Natur ist. Erst langfristig im Laufe vieler Jahre können quantitative Beziehungen richtig gedeutet werden, die das Zusammenspiel der Arten modifizieren.

Dennoch seien einfache Berechnungn der **«biozönotischen Ähnlichkeit»** von Lebensräumen angeführt.
Will man nur die *qualitative* Übereinstimmung der Arten von 2 Beständen (Fängen) vergleichen, so bietet sich die *Jaccardsche Zahl* an, welche die Arten-Identität ausdrückt

$$Ja = \frac{a \times 100}{b} \; (\%)$$

(a = Zahl der beiden Beständen gemeinsamen Arten, b = Zahl der nur in einem der beiden Beständen vorhandenen Arten).
Die Formel ist ungünstig, wenn sehr viele seltene Arten zu berücksichtigen sind.
Interessiert mehr die *quantitative* Übereinstimmung zweier Bestände, so läßt sich die *Renkonen'sche Zahl* für die Dominanz-Identität verwenden. Für jeden Bestand werden die Dominanzwerte der ihnen gemeinsamen Arten (Σ) ermittelt und die jeweils geringsten Werte (gleichgültig, aus welchem der beiden zu vergleichenden Bestände sie sich ergeben) addiert.

Dafür ein Beispiel

Arten	Bestand 1	Bestand2	Geringster Dominanzwert
Art A	60 %	45 %	45 %
Art B	15	40	15
Art C	10	5	5
Art D	10	5	5
Art E	5	5	5
	100	100	Σ 75

Dominanz-Identität des Bestandes: (Re) = 45 + 15 + 5 + 5 + 5 = 75(%).
Die Formel hat allerdings den Nachteil, daß Arten eliminiert werden, die nur in einem der Bestände auftreten und dennoch wichtigen Indikatorwert haben können.
Daher ist es sinnvoll, beide Formeln, d. h. den qualitativen und den quantitativen Aspekt, nach dem Vorschlag von Vajnštein zu kombinieren.

$$Va = \frac{Ja \times Re}{100} \ (\%)$$

Indessen führt ein einfacher Vergleich aller Arten der Fänge in tabellarischer Anordnung mit ihren jeweiligen Dominanzwerten meist eindeutiger und schneller zur Bewertung biozönotischer Ähnlichkeiten als die Berechnung.

Grenzen. Kein Lebensraum ist in sich abgeschlossen und somit autark, jede Grenzziehung daher mehr oder weniger willkürlich. Daß weder horizontale noch vertikale Strukturen in einem Biotop scharfe biologische Grenzen aufweisen müssen, wurde bereits hervorgehoben. Stellen bestimmte Pflanzengesellschaften ein Kontinuum dar oder bilden sie gegeneinander scharf abgrenzbare Einheiten? Diese Frage hängt wesentlich von der Größenordnung des Gebietes ab, in dem man die Veränderung einer Lebensgemeinschaft durch Registrierung des Verschwindens und Neuauftretens ihrer Arten untersucht. Für Pflanzen und Tiere ergibt sich von Nord nach Süd oder von West nach Ost eine allmähliche Veränderung des Artenspektrums. Daher besitzen z. B. geographisch weit entfernte Gebiete ganz unterschiedliche Unkraut- und Tierassoziationen im gleichen Feldfruchtbestand.
In einem engeren geographischen Bereich rufen die verschiedenen **Pflanzengesellschaften** indessen durchaus eine Strukturierung der Landschaft hervor, durch die für viele Organismen scharfe biologische Grenzen entstehen. Diese beruhen auf unterschiedlichen Kleinklimaten und Böden, für Tiere außerdem auf den Strukturen der dominanten Pflanzen. Sie sind also nicht durch innere Ursachen, etwa Konkurrenz oder Feind-Beute-Beziehungen bedingt. Ob Grenzen von Lebensgemeinschaften derartiger Größenordnungen schwach oder schärfer ausgeprägt sind, hängt allein von abiotischen und anthropogenen Gegebenheiten ab. Dies ergab sich durch Freilandexperimente, in denen Grenzflächen zwischen unterschiedlichen Biotopen, z. B. Trockenrasen und Salzwiese, begiftet worden waren, und mit einigen Arten darüber hinaus Umsiedlungsversuche vorgenommen wurden. Die Wiederbesiedlung der entvölkerten Areale geschah stets so, wie es dem Biotoptyp mit seiner Struktur und seinem Kleinklima entsprach, nur die Zeitspanne unterschied sich bei den einzelnen Tiergruppen. Es drangen also nicht ökologisch vikariierende Arten aus dem jeweils andersartigen Lebensraum infolge des nun an der Grenze fehlenden Gegendrucks auf die entvölkerte oder veränderte Fläche vor. Selbst die umgesiedelten Arten paßten sich nicht in den ihnen weniger geeigneten Biotop trotz genügenden Nahrungsangebots und Ausschaltung potentieller Konkurrenten ein. Die pflanzensoziologischen Grenzen bilden also keine Kampfzonen für die sich dort aufhaltenden Tiere, sondern können sogar besonders stabil sein.
Entsprechendes ergaben Versuche über bodenbewohnende Käfer im Grenzbereich verschiedenartiger Feldkulturen. Mindestens in bestimmten Jahreszeiten bildet das Strukturmosaik der Kulturfelder biologische Grenzen für viele Arten, die nicht ohne

weiteres überschritten werden. Trotz mancher Wechselbeziehungen mit angrenzenden Feldern und Grünland können auch Hecken Barrieren innerhalb der Agrarlandschaft bilden. Allerdings sind sie es für jede Organismengruppe unterschiedlich, je nachdem man Mikro-, Meso- oder Makrobiota betrachtet. Auf keinen Fall darf man daher biologische Grenzen allgemein denjenigen der Vegetation gleichsetzen. Eine «Pflanzengesellschaft» kann verschiedene Tiergemeinschaften enthalten. Andererseits erstreckt sich oft (in Abhängigkeit von der Körpergröße der taxonomischen Gruppe) eine Tiergemeinschaft über mehrere Pflanzenassoziationen.

Tiefgreifender sind **Grenzen der großen Lebensregionen** zwischen Meer und Land, Meer und Süßwasser, Binnengewässern und Land oder auf dem Lande selbst zwischen Tundra und Taiga, Silvaea und Steppe, Hylaea und Savanne. Hier handelt es sich nicht nur um biologische, sondern um ökologische Grenzen, die durch unterschiedliche Lebensformen, durch die Art des Stoffhaushaltes und der Produktivität gekennzeichnet sind. Sie können durch Strukturierung, Größendimension und Anpassungen ihrer Bewohner solche Besonderheiten aufweisen, daß sie statt einer bloßen Grenze den Charakter eigener Ökosysteme haben. In manchen Fällen sind sie relativ schmal wie im Gezeitenbereich vieler Meeresküsten zwischen Meer und Land oder in manchen Brackwässern zwischen Meer und Süßwasser. Andererseits können sie breite Übergangsareale umfassen wie die Waldtundra zwischen Tundra und Taiga oder die Waldsteppe zwischen Laubwald und Steppe. Auch ökologische Grenzen lassen sich daher schwer festlegen. Das gilt besonders für diejenigen zwischen Süßwasser und Land. Vor allem müssen die großen Flüsse im Zusammenhang mit der von ihnen durchflossenen Landschaft gesehen werden, die ihnen Stoffe zuführt oder vorenthält und dadurch für deren Lebensgemeinschaften entscheidend sein kann. Ein gutes Beispiel dafür sind im Amazonasgebiet einerseits die trüben, nährstoffreichen Weißwasserflüsse (wie der Amazonas selbst), die vom höheren Relief des Andenvorlandes kommen. Im Gegensatz zu ihnen fließen die Schwarzwasser- und Klarwasserflüsse durch ausgewaschene, aber dicht bewaldete Böden der nördlichen und südlichen, flacher liegenden Einzugsgebiete. Sie sind nährstoffarm und haben so wenig Kalzium-Ionen, daß Mollusken weitgehend fehlen. Die kleineren in sie mündenden Waldbäche erhalten als Grundlage für die Ernährung ihrer durchaus reichhaltigen Tierwelt totes organisches Material aus hereinfallenden Pflanzenteilen und Insekten, während Mineralstoffe hauptsächlich mit dem Regen eingebracht werden. Auch hier stimmen die ökologischen, auf der Funktion des Ganzen beruhenden Grenzen weder mit dem Wasserkörper noch mit den biologischen der Uferlinie überein.

6.5.2 Zeitliche Verteilungsmuster

In den meisten Fällen ändern sich die Bedingungen für eine Lebensgemeinschaft im Laufe des Tages und Jahres. Diese Abhängigkeiten sind sehr komplex, denn äußere Einflüsse können hierbei eng mit endogenen Verhaltensmustern verwoben sein. Blühen und Fruchten, Blattfall, Nahrungssuche, Schutz vor Feinden oder vor un-

günstiger Witterung, Perioden der Fortpflanzung oder der Inaktivität haben sich in die Tages- und Jahresperiodik in unterschiedlicher Weise eingepaßt und verändern das äußere Erscheinungsbild der Lebensentfaltung.
Einige Organismen rücken zeitweise in den Vordergrund, andere treten vorübergehend zurück. Es wechseln Zeiten, in denen bestimmte Stellen länger aufgesucht werden, mit solchen häufigeren Ortswechsels. Es gibt Wanderungen zwischen Fraß- und Ruheplätzen, Nahrungs- und Fortpflanzungsarealen, Sommer- und Winterquartieren. Der Grad und die Art und Weise der Nutzung des Raums ist in den verschiedenen Landschaften der Erde ganz unterschiedlich. Dennoch gibt es erstaunliche Übereinstimmungen. So ergab ein Vergleich der Säugerfauna des tropischen Regenwaldes aus Panama mit einem sommergrünen Laubwald bei Chicago für beide einen Anteil von 30–40 % tagaktiven, 60–70 % nachtaktiven Arten. Es wäre wichtig, mehr derartige Daten der Umkomposition von Lebensgemeinschaften zu erhalten. Abb. 6.14 zeigt das Problem an einem stark vereinfachten Modellbild.

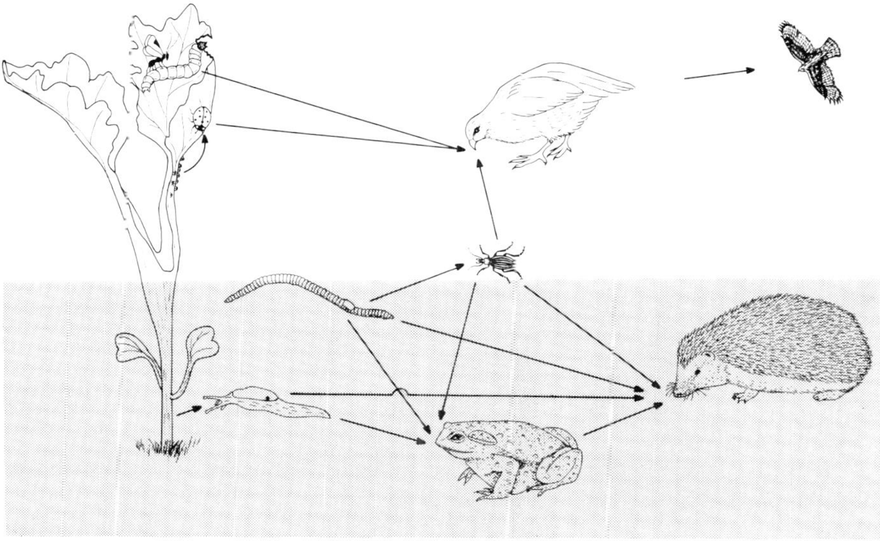

Abb. 6.14: Vereinfachtes Modell für Umkomposition der aktiven Fauna zwischen Tag und Nacht auf einem Kohlfeld (Orig.).
Oben Mitte: Rebhuhn *(Perdix)* frißt als Jungvogel vorwiegend Insekten und wird erst später zum Pflanzenfresser.

Tagtiere brauchen nicht den ganzen Tag über aktiv zu sein, sondern können bevorzugte Stunden für ihre Ernährung oder Fortpflanzung haben. Gleiches gilt für nächtliche Arten. Da außerdem selbst sich nicht bewegende Tiere wie Lauerer und Fallensteller durch Aufnahmebereitschaft ihrer Sinnesorgane sehr wach sein müssen, sollte man noch zwischen Wach- und Bewegungsaktivität unterscheiden. Da-

her geben Fallenfänge ohne zusätzliche Beobachtungen nur bedingt Auskunft über die wirklichen Aktivitäten in einem Lebensraum.
Beim Übergang zur Nacht wird es nicht nur dunkel, sondern meist sinkt die Temperatur, der Wind flaut ab und die Luftfeuchte steigt an. Auch ändern sich Nahrungsquellen und Feindspektrum. Je weniger die Tagesrhythmik endogen festgelegt ist, desto leichter folgt sie äußeren Zeitgebern. Von deren Stärke hängt es ab, wieweit innere Vorgänge den äußeren angeglichen werden.

Pflanzen. Blattbewegungen, Öffnen und Schließen der Blüten, das Entleeren von Sporangien beruhen vor allem auf tagesperiodischen Änderungen des Turgors. Sie werden in vielen Fällen von Turgorinen ausgelöst, Phytohormonen, welche die Prozesse nach Art einer inneren Uhr steuern. In anderen Fällen wirken chemische Stoffe, die in Abhängigkeit vom Licht bei Dunkelheit in eine aktive, bei Helligkeit in eine inaktive Form übergehen. Blüten, die von Dämmerungs- und Nachtinsekten besucht werden, beginnen erst am Abend zu duften oder verstärken dann ihren Duft, dessen Stoffe in bestimmten Zellen gebildet werden. Beispiele sind Geißblatt-Arten *(Lonicera)*, Nachtviolen *(Hesperis)*, Lichtnelken *(Silene)*. Andererseits scheiden viele der von Taginsekten besuchten Blüten nur an festgelegten Tagesstunden Duftstoffe aus oder produzieren Nektar. So öffnen Wegwarte *(Cichorium intybus)* und Wiesenbocksbart *(Tragopogon pratensis)* in mitteleuropäischen Breiten ihre Blüten lediglich vormittags.
Der Aronstab *(Arum maculatum)* öffnet die Spatha um seinen Blütenstand am Tage. Von Drüsenzellen des Kolbens geht ein spezifischer Aasduft aus, der die kleinen tagaktiven Mücken der Gattung *Psychoda* anlockt. Diese werden in der «Gleitfalle» über Nacht gefangen gehalten. Am nächsten Vormittag wird durch endogene Tagesrhythmik Pollen freigesetzt, und die den Ausgang versperrenden Reusenhaare vertrocknen. Nun erst können die «eingepuderten» Mücken heraus und bestäuben neue Blüten.

Insekten. Die verschiedenen Aktivitäten müssen nicht alle in die gleiche Tageszeit fallen. So findet beim Traubenwickler *Eupoecilia ambiguella* Begattung in den Morgenstunden, Eiablage nachmittags und abends, Nahrungssuche in der Nacht statt (Abb. 6.15). – Die Tagesrhythmik der Feldheuschrecken ist weitgehend wärmebedingt. Sie verschiebt sich daher bei ungewöhnlicher Witterung. – Viele Mücken und Köcherfliegen benötigen hohe Luftfeuchte zur Aktivität und beenden deshalb mit Einbruch der Nacht ihre Ruheperiode. Hohe Luftfeuchtigkeit am frühen Abend stimuliert ihren Flug frühzeitiger. – Die Gammaeule *(Plusia gamma)* hat im Gegensatz zu den meisten nachtaktiven Eulenfaltern ein wärmeabhängiges Maximum der Aktivität am Mittag und ein lichtabhängiges zur Dämmerung. – Der Beginn der Aktivität hängt bei Leuchtkäfern von einer bestimmten Lichtstärke während der Dämmerung ab. Je niedriger jedoch die Temperatur ist, desto niedriger wird auch die kritische Lichtschwelle.
Die Aktivität vieler Nachtschmetterlinge beginnt selbst bei verwandten Arten in einer fixierten Reihenfolge, die trotz Änderung der Nachtlänge im Jahreslauf stets beibehalten wird. Hier zeigt sich die endogene Komponente, die der Flugaktivität

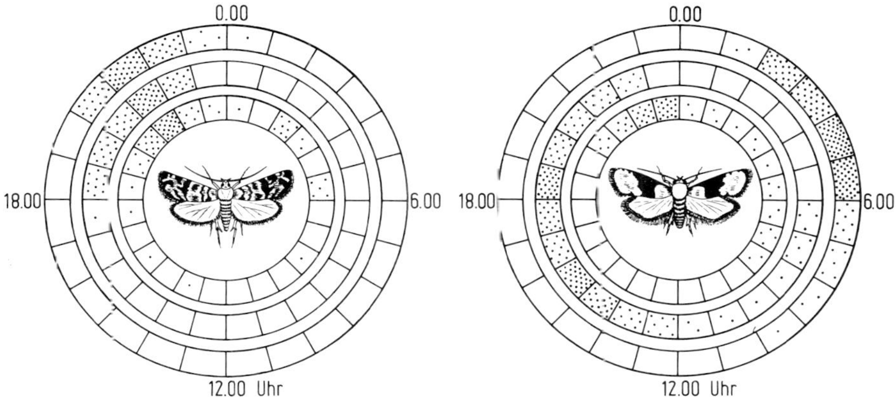

Abb. 6.15: Tagesrhythmik verschiedener Lebensäußerungen bei Traubenwicklern (Tortricidae) (nach Götz 1949).
Links: *Lobesia botrana;* rechts: *Eupoecilia ambiguella*. Außenkreis: Begattung; Mittelkreis: Eiablage; Innenkreis: Nahrungsaufnahme.

zugrunde liegt. – Tagesrhythmische Abhängigkeit besteht beim Schlüpfen der Insekten aus dem Ei oder der Puppe. Gleichfalls zeigt sie sich bei Stabheuschrecken (Phasmida) und Fangschrecken (Mantodea) im Farbwechsel zwischen Tag und Nacht, der auf Wanderung von Pigmenten beruht.
Starkes **Mondlicht** führt bei vielen nachtaktiven Insekten, in erster Linie Eulenfalter und Spanner, zur Einstellung des Fliegens (Lepidoptera-Typ). Dämmerungsaktive, noch bei Dunkelheit fliegende Zünsler, Wickler, einige Spanner, Ruderwanzen, vor allem aber etliche Mücken (Chironomidae, Psychodidae u. a.) werden dagegen durch Mondlicht zu erneuter Flugtätigkeit veranlaßt (Nematocera-Typ). In den Tropen kann Mondlicht eine lunare Rhythmik der Flugaktivität und der Eiablage bedingen, wie die Schmetterlinge *Diatraea saccharalis* und *Heliothis zea* erkennen lassen.

Vögel. Der Gesang beschränkt sich auf eine bestimmte Jahreszeit und in dieser auf bestimmte Tagesstunden. Das angeborene Muster bildet die Grundlage für die Abhängigkeit von ökologischen Faktoren. Die größte Bedeutung für den Gesangbeginn hat das Licht durch seinen Helligkeitsgrad, der dem Sonnenaufgang parallel läuft und für die einzelnen Arten fixiert ist.
Die Dauer der gesamten Tagaktivität stimmt zwar bei Meisen mit der Lichtphase überein, bei manchen Körnerfressern, wie dem Grünling *(Carduelis chloris)* ist sie kürzer, bei manchen Insektenfressern, wie Rotkehlchen *(Erithacus rubecula)* und Amsel *(Turdus merula)* länger. Bevölkerungsdichte, Feinde, jeweilige Witterung wirken dabei noch modifizierend. – Viele Vögel haben im Laufe eines 24-Stundentages ökologisch bedingte Aktivitäten, die oft mit Wanderungen des von ihnen bewohnten Gebietes verknüpft sind. Bei Watvögeln am Meer lassen sich gezeitenabhängige Tagesrhythmen, Dämmerungsflüge von tagsüber mehr oder weniger

inaktiven Arten sowie Wanderungen zwischen Nahrungs- und Ruheplatz unterscheiden.

Säugetiere. Bei Fledermäusen wirkt in Mitteleuropa die Abnahme des Lichts in der Abenddämmerung als Weckreiz (Abb. 6.16). Im Mittelmeergebiet gehen sie meist schon lange vor Sonnenuntergang auf Insektenjagd.
Kleinsäuger haben in arttypischen Zeitabständen Wach- und Schlafperioden. Ihr endogenes Grundmuster der Rhythmik wird von Außenbedingungen überlagert. Erst wenn die Intensität des wichtigsten synchronisierenden Faktors eine bestimmte Größe unterschreitet, tritt ein anderer an dessen Stelle. Im Laufe des Jahres können sich bei der gleichen Art Änderungen der Tagesrhythmik ergeben. Auch kann sich mit zunehmendem Alter die Empfänglichkeit gegenüber einem Zeitgeber ändern.

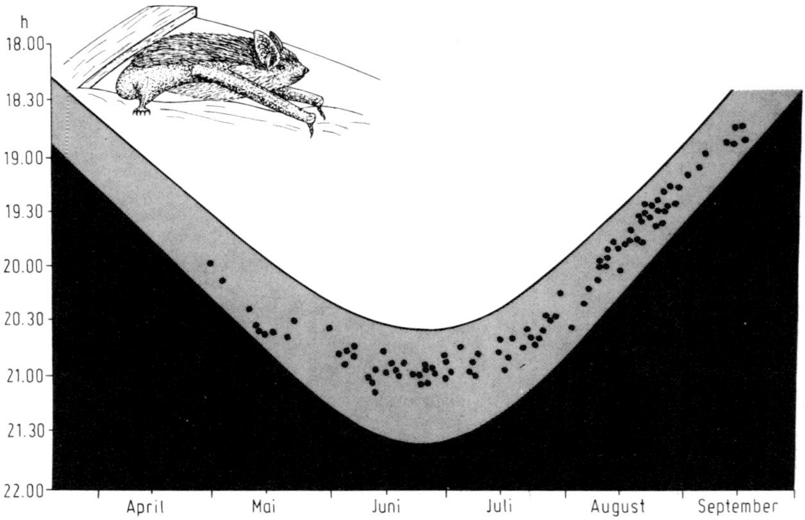

Abb. 6.16: Aktivitätsbeginn der Fledermaus *Eptesicus serotinus* in Abhängigkeit von der Abenddämmerung (nach Eisentraut 1952). Hellperiode: weiß; Dämmerperiode: grau; Nacht: schwarz.

Phänologie. Wahrscheinlich sind Tages- und Jahresperiodik bei vielen niederen Pflanzen und Tieren noch ganz oder weitgehend allein von Außenbedingungen abhängig. Ein Beispiel dafür geben die Jungtiere der Weinbergschnecke *(Helix pomatia)* in ihren ersten Lebensjahren, die nur bei Dunkelheit aktiv sind. Kehrt man im Versuch die Hell-Dunkelperiode um, so ändert sich entsprechend damit die Aktivitätszeit.
Im Laufe der Evolution ist wohl die endogene Komponente immer stärker geworden. Außenfaktoren wirken dann nur als Zeitgeber, um die angeborene Rhythmik mit der Umwelt in Einklang zu bringen. Dringt man tiefer in das Stoffwechselge-

schehen ein, das in den Zellen abläuft, so zeigt sich indessen, daß endogene, rhythmische Vorgänge vielleicht ein Grundmerkmal des Lebens sind.
In der gemäßigten Klimazone Nordamerikas und Eurasiens lassen sich nach Erscheinen und Entfaltung der Pflanzen- und Tierwelt Vorfrühling, Frühling, Sommer, Hochsommer, Herbst und Winter unterscheiden. Veränderungen im Jahresaspekt seien am Beispiel der Käfer einer Wallhecke und deren Nahumgebung aus NW-Deutschland veranschaulicht (Abb. 6.17).
Die Phänologie, die sich mit der Wiederkehr bestimmter biologischer Jahresereignisse befaßt, ist zu einem besonderen Wissenszweig der Ökologie geworden. Zunächst müssen durch langjährige Beobachtung gesicherte Daten für Knospung, Blattbildung, Blüte, Frucht, Laubfall, Aktivität der Bodenorganismen, Ankunft und Wegzug wandernder Tiere, Aufhören und Beginn von Dormanz, Fortpflanzungsperioden und andere Lebenstätigkeiten registriert werden, um sie dann auf endo- und exogene Ursachen hin zu untersuchen und begründen. Die Kenntnis der Phänologie ist eine Voraussetzung, um den Lebenslauf in einem Ökosystem zu verstehen. Erst neuerdings ist man dazu übergegangen, autökologische Untersuchungen der Phänologie auf die großen Lebensregionen der Erde zu übertragen, um dadurch zu einer vergleichenden Phänologie der Landschaftstypen zu kommen.

6.6 Biotische Aspekte

Eine der wichtigsten Aufgaben ökologischer Forschung ist die Aufdeckung der vielerlei Verknüpfungen und Abhängigkeiten der Organismen in einem bestimmten Lebensraum. Die Entfremdung der modernen Biologie von der freien Natur zeigt sich nicht zuletzt in der Vernachlässigung des Studiums der biotischen Beziehungen. Antibiosen, Symbiosen und Parabiosen erweitern sich zu Nahrungsketten und biozönotischen Konnexen. Die Kontakte der beteiligten Arten können zufällig, fakultativ oder obligatorisch sein.

Nahrungsnetze. Die Ernährungszusammenhänge dürfen nur als Modellvorstellung zu wenigen Nahrungsstufen (Trophie-Ebenen) vereinfacht werden. In der Natur verzweigen und verzahnen sich die **Nahrungsketten** in mannigfachster Weise. Außerdem können die verschiedenen Glieder solcher Ketten von Parasiten, diese von Hyperparasiten befallen sein. Ferner gibt es zahlreiche eurytrophe (omnivore) Tiere, die sich nicht der einen oder anderen Stufe zuordnen lassen. Durch das Ineinandergreifen der Fraßketten entstehen Nahrungsnetze (Abb. 6.18).
Für die ökologische Analyse der Komponenten von Nahrungsnetzen lassen sich drei Methoden anwenden. (1) Durch Beobachtung im Freien, Kontrollversuche im Labor und Bestimmungen des Darminhalts kann man von einer Art ausgehend deren Verknüpfungen mit anderen untersuchen, um so Schritt für Schritt das Beziehungsgefüge zu ergründen. (2) Man «markiert» Pflanzen durch Einbringen einer Lösung, die Radioisotope wie etwa ^{32}P enthält, und verfolgt das Schicksal des radioaktiven Elementes durch die von der markierten Pflanzenart ausgehenden

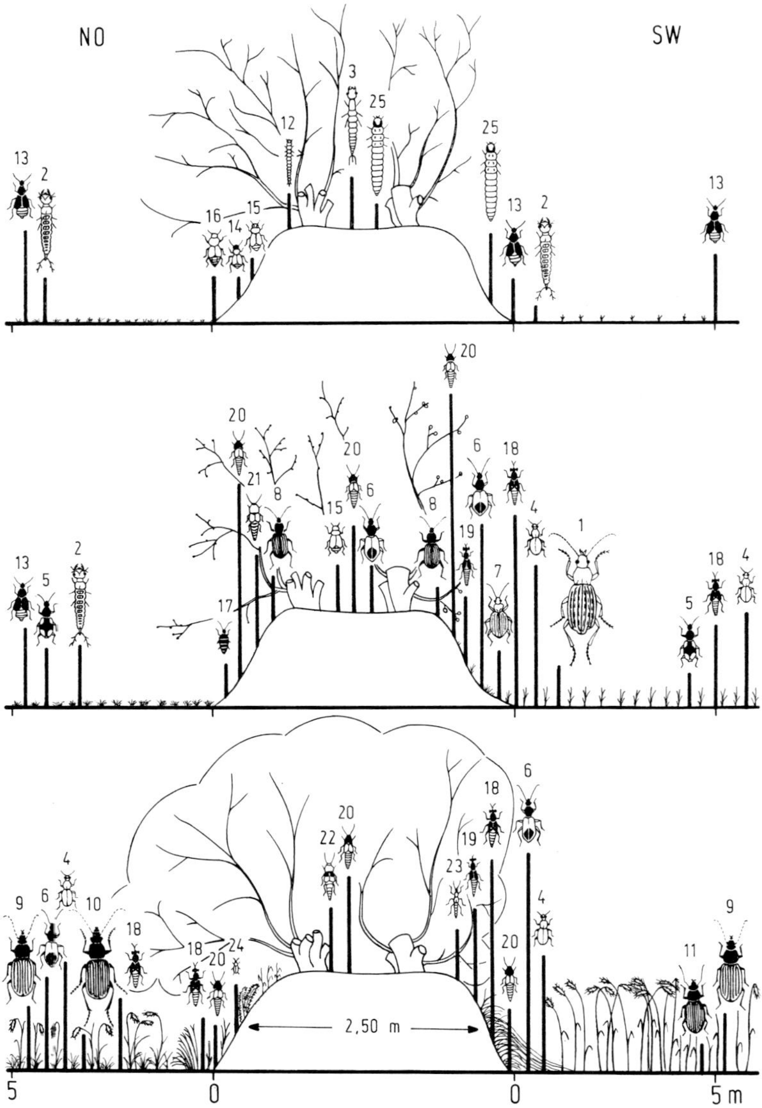

Abb. 6.17: Jahresaspekte der Käferbesiedlung einer Wallhecke und angrenzender Agrarkulturen (rechts: Getreide, links: Wiese). Oben: Winter, Mitte: Frühjahr, unten: Sommer (nach Fuchs 1969).

Carabidae 1: *Carabus cancellatus*, 2: *Nebria brevicollis* (Larve), 3: *Leistus rufescens* (Larve), 4: *Bembidion lampros*, 5: *B. tetracolum*, 6: *Platynus dorsalis*, 7: *Agonum muelleri*, 8: *Platynus assimilis*, 9: *Pterostichus melanarius*, 10: *Pt. niger*, 11: *Harpalus rufipes;* **Catopidae** 12: *Catops* (Larve); **Staphylinidae** 13: *Lesteva longelytrata*, 14: *Lathrymaeum atrocephalum*, 15: *L. unicolor*, 16: *Olophrum assimile*, 17: *Oxytelus rugosus*, 18: *Stenus biguttatus*, 19: *St. clavicornis*, 20: *Tachyporus hypnorum*, 21: *T. chrysomelinus*, 22: *T. obtusus*, 23: *Drusilla canaliculata;* **Cryptophagidae** 24: *Atomaria atricapilla;* **Cantharidae** 25: *Cantharis* (Larve).

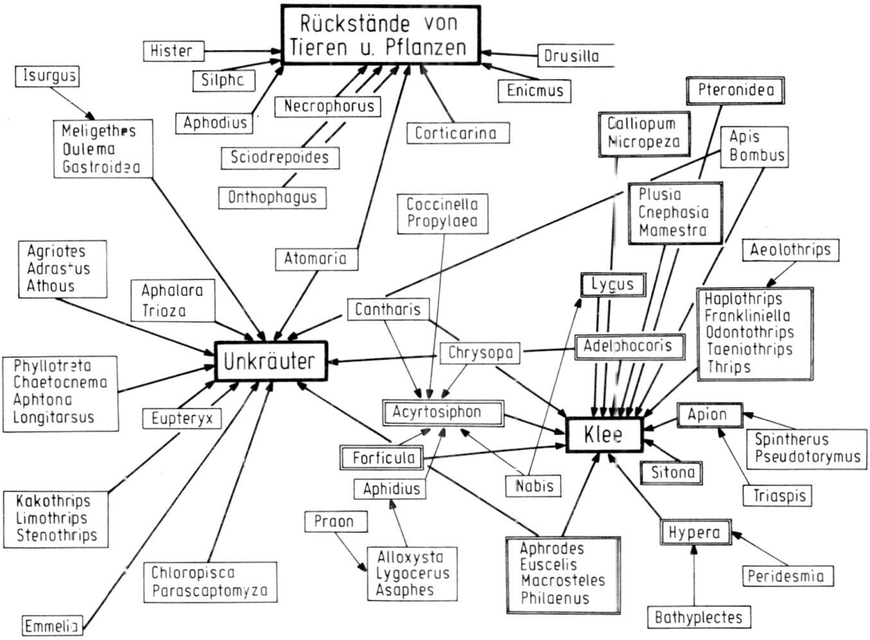

Abb. 6.18: Nahrungsnetz in einem Kleefeld Mitteleuropas (nach Skuhravý u. Stary 1959).

Nahrungskette hindurch. Die Radioaktivität der einzelnen Arten, die von der Pflanze gefressen haben und ihrerseits Räubern zur Beute fielen, läßt sich mit empfindlichen Instrumenten messen. (3) Man unterteilt alle in einem Lebensraum beobachteten Organismen nach ihrer funktionellen Aufgabe im gesamten Gefüge in autotrophe und heterotrophe, letztere in phyto-, zoo- und saprotrophe, ferner in kleine, mittelgroße und große Arten, in spärlich vorkommende und solche, die eine Nahrungsbasis für viele bilden, in Anfangs-, Zwischen- und Endglieder von Nahrungsketten und baut mit diesen Kenntnissen das Gefüge zusammen, wobei auch hier Beobachtung im Freien immer die Grundlage bleiben muß. Dabei ergeben sich Gruppen von Organismen mit sich entsprechender Funktion, so daß einige Arten untereinander ersetzbar sind. Durch solche funktionellen Gruppen läßt sich das Nahrungsnetz zugleich übersichtlicher machen.

Biologische Kettenreaktionen. Das Eichhörnchen *Callosciurus notatus* in Java klettert auf Kokospalmen, nagt von unten her ein Loch in die reife Frucht, so daß die Kokosmilch abfließt. Es kriecht dann in die Nuß hinein und frißt sie leer. Bevor das Tier an die harte Schale kommt, muß es erst ein Stück der dicken Basthülle entfernen. Dadurch verlagert sich der Schwerpunkt der Nuß so, daß das Loch auf der Oberseite liegt, wenn die Nuß herunterfällt. Regen füllt sie mit Wasser. So entsteht ein Kleinstgewässer, das von Protozoen, Oligochaeten, Milben, zahlrei-

chen Fliegen- und Mückenlarven besiedelt wird. Unter den letzteren kann sich *Anopheles* befinden, deren Imagines Malaria übertragen. – Im Regenwald der Insel Guam lebt eine Ratte *(Rattus mindanus)*, die von Wurzeln und Füllmaterial epiphytischer Baumfarne frißt. Die dadurch entstandenen kleinen Höhlungen bilden geeignete Lebensräume für die Milbe *Euschöngastia indica* (Trombiculidae), die ihrerseits baumbewohnende Tiere befällt.
Die noch vom Sommer her auf Sumpfwiesen stehengebliebenen, toten Stengel der Umbellifere *Angelica sylvestris* können den ganzen Winter über unversehrt bleiben. Sie werden aber oft von Hirschwild angeknabbert oder so beschädigt, daß die Spitzenteile umbrechen. Dadurch entstehen in den obersten, offenen Internodien Hohlräume, die im Herbst regelmäßig von bestimmten Arthropoden als Winterlager aufgesucht werden. Im Winter geht die ökologische Kettenreaktion weiter, indem nun Meisen und andere Vögel systematisch Enden der Stiele seitlich mit ihrem Schnabel aufschlitzen, um sich die darin enthaltene tierische Nahrung herauszuholen. Die Reaktionskette verläuft also: *Angelica* – Hirschwild – Fraß und Beschädigung der abgestorbenen Pflanze – Winterlager für Arthropoden – Nahrung für Singvögel. Sie setzt sich im Frühjahr fort, wenn die meist nur leicht beschädigten Stengelspitzen Tagesverstecke für nachtaktive Arthropoden, Verpuppungsplätze für bestimmte Eulenraupen, Eiablagestellen für Sackspinnen *(Clubiona)* bilden (Abb. 6.19).

Biochemische Fernwirkungen. Das Wirk- und Abhängigkeitsgefüge zwischen verschiedenen Lebewesen ist weitgehend durch chemische Stoffe bedingt. Die Wirkungen erfolgen auch ohne körperlichen Kontakt der «Sender» mit einem Partner. Pflanzen und Tiere bilden und scheiden Anlockungs-, Nähr-, Hemm- und Giftstoffe aus, die für andere Arten oder für die eigene Population je nach der Konzentration förderlich oder schädlich sind. Solche Beziehungen haben sich im Laufe des Zusammenlebens zwischen Mikroorganismen, zwischen ihnen und höheren Pflanzen, zwischen höheren Pflanzen untereinander, zwischen Pflanzen und Tieren sowie zwischen Tieren entwickelt. Sie bedingen Treffen oder Sichausschließen, Konkurrenz und Abwehr. Chemisch sind die Substanzen ganz unterschiedlich. Es gehören Zucker und Aminosäuren, Glykoside, Terpenoide, Phenole und Alkaloide zu ihnen. Hierüber wurde schon in anderem Zusammenhang gesprochen. Einige weitere Beispiele seien aus den Lebensbereichen von Meer, Süßwasser und Land angeführt.
Bestimmte Stoffe im marinen Phytoplankton und in Großalgen *(Ulva*, *Enteromorpha)* des **Meeres** stimulieren die Eiablage von Muscheln, Polychaeten und Kleinkrebsen. Andererseits können, wenn Dinoflagellaten und andere Kleinalgen wie *Gymnodinium*, *Gonyaulax*, *Exuviella*, *Prorocentrum* durch günstige Ernährungsbedingungen zur Übervermehrung gekommen sind, deren Stoffwechselprodukte den Massentod von Fischen und wirbellosen Meerestieren herbeiführen. Wegen der von ihnen hervorgerufenen Rotfärbung des Wassers spricht man von der «Roten Flut».
Cyanobakterien *(Microcystis*, *Aphanizomenon*, *Anabaena)* im **Süßwasser** verursachen durch Ausscheidung neurotoxischer Alkaloide und peptidischer Heptatoxine

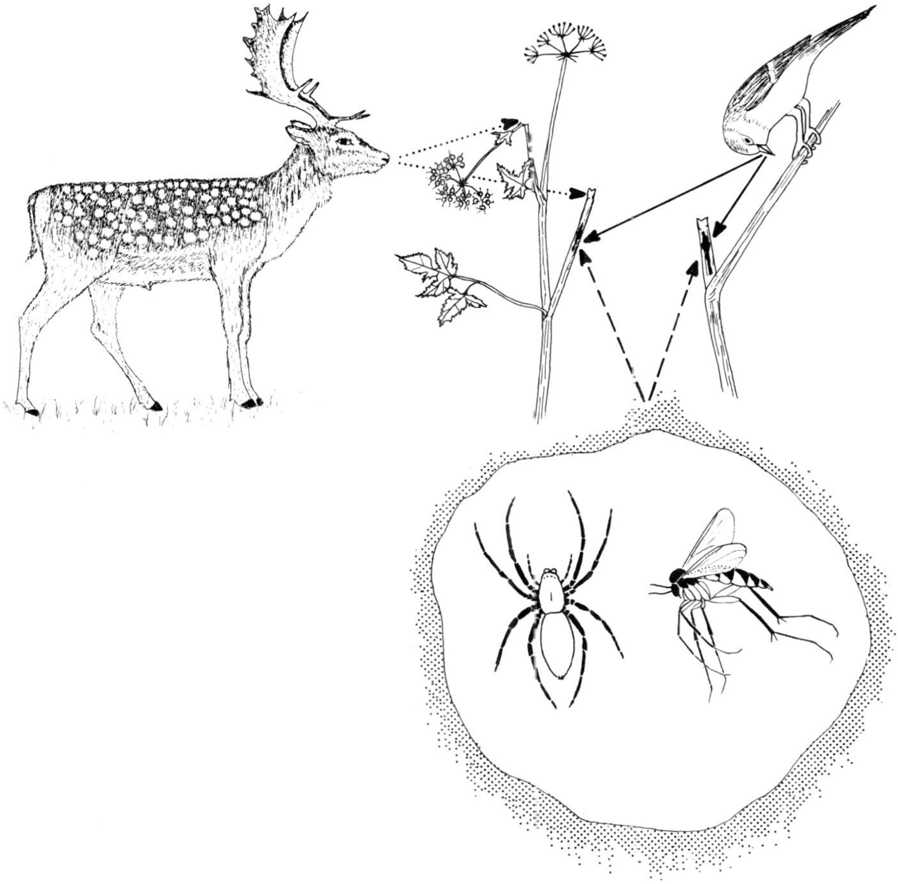

Abb. 6.19: Biologische Reaktionskette auf einer Riedwiese. Damwild → Fraß und Beschädigung der Wald-Engelwurz *(Angelica sylvestris)* → Winterlager für Arthropoden im dadurch offenen Internodium → Nahrung für Singvögel (nach Tischler 1973).

ebenfalls Fischsterben und sogar den Tod von Rindern, die das Wasser trinken. – Das von der Alge *Chlorella* gebildete Chlorellin hemmt das Wachstum bestimmter Kieselalgen *(Nitzschia)*; umgekehrt wird das Wachstum von Chlorella durch einen von *Nitzschia* abgegebenen Stoff gehemmt. – Manche Süßwasserschnecken scheiden Substanzen aus, die Kleinkrebse schädigen. Auch wurden bei Übervölkerung verschiedener Wasserschnecken Hemmstoffe für die Fortpflanzung der eigenen Population festgestellt. – Das räuberische Rädertier *Asplanchna brightwelli* gibt ein Peptid ins Wasser ab, das bei einer seiner Beutearten, dem Rotator *Brachionus calyciflorus*, in der nächsten Generation zur modifikatorischen Bildung von Seitenborsten führt. Diese verhindern, daß die adulten *Brachionus*-Tiere gefressen werden.

Das verwickelte Kräftespiel stofflicher Wirkungen auf dem **Land** ist geradezu charakteristisch für den Boden, besonders dessen Wurzelbereich (Rhizosphäre). Hier gibt es die mannigfaltigsten Beziehungen zwischen Antagonismen, parabiotischer Duldung, gegenseitiger Förderung und Metabiosen zwischen Bakterien, Pilzen, Protozoen, Nematoden und Pflanzenwurzeln. Es sei nur an das Streptomyzin der Strahlenpilze oder das Penizillin der Schimmelpilze erinnert. Paramecien und Colpidien werden von Wirkstoffen einiger Pilze *(Penicillium, Fusarium)* geschädigt, Bodenamöben, Flagellaten und Ciliaten durch bakterielle Ausscheidungsprodukte getötet. Wurzelsekrete der Beta-Rübe veranlassen die Larven des Rübennematoden *(Heterodera schachtii)* die Zystenhülle zu sprengen und die Wurzeln ihrer Wirtspflanze zu befallen. Dieselbe aktivierende Wirkung üben Luzerne, Klee und Mais auf den Rübennematoden aus. Da sich die Würmer in den Wurzeln dieser Pflanzen aber nicht entwickeln können, spricht man hier von Feindpflanzen. Je nach der aus den Wurzeln ausgeschiedenen Konzentration eines Lactons werden außer Anlockungs- auch Abstoßungseffekte hervorgerufen.

Bei höheren Pflanzen erlangen vor allem in trockenen Klimaten Hemmstoffe größere Bedeutung, wenn sie auf Kosten anderer die ökologische Dominanz einiger weniger angepaßter Arten begünstigen. Oft sind gerade in ariden Gebieten Wurzelhemmstoffe gegen die eigene Art gerichtet. Dies kann ein Selektionsvorteil sein, weil dadurch das Wachstum in Trockenzeiten eingeschränkt wird, während die Stoffe zur Regenzeit in den Boden eingewaschen und verdünnt werden. Von Pflanzen erzeugte und abgegebene Substanzen, welche die sie benachbarten Arten beeinflussen, sind z. B. von *Juglans regia* (Walnußbaum), *Encelia farinosa* (einem Strauch der amerikanischen Halbwüste), *Artemisia absinthium* (Wermuth) und Pflanzungen von *Eucalyptus* außerhalb Australiens (wo das Unterholz nicht an derartige Wirkungen der dominierenden Bäume angepaßt ist) bekannt geworden. Über die Wirksamkeit solcher Stoffe im Freien bleiben die Meinungen allerdings noch geteilt.

Düfte bringen die verschiedensten Insekten auf einer bestimmten Pflanzenart zusammen. Manche Duftstoffe entstehen durch allgemeine Biosynthesen, andere beim Abbau sekundärer Substanzen. Die Zusammensetzung solcher Stoffe ändert sich mit dem Alter der Pflanze und mit der Jahreszeit. In der Luft gibt es natürlich Duftgemische, aus denen die Insekten abweisende oder anlockende Düfte wahrnehmen können.

Kohlblattlaus *(Brevicoryne brassicae)* und Pfirsichblattlaus *(Myzus persicae)* befallen Cruciferen. Die Weibchen werden von Senfölglykosiden (Sinigrin, Sinalbin) der Pflanzen angelockt. Die Männchen gelangen erst durch Sexualpheromone ihrer Weibchen dorthin. Durch das Saugen der Blattläuse zerfallen die Senfölglykoside, wobei flüchtiges Allylthiocyanat frei wird. Dessen Duft zieht die Weibchen der Brackwespe *Diaeretiella rapae* an, die in beiden Blattlausarten schmarotzen. Ihr für die Männchen bestimmter Sexualduft wirkt zugleich auf den Hyperparasiten *Charips brassicae*, einer Cynipide, attraktiv. Außerdem scheiden die Blattläuse das Alarmpheromon Farnesen aus ihren Rückenröhren aus, sobald Räuber und Parasiten an sie herankommen.

Borkenkäfer reagieren auf Duft und Fraßstimulantien von Nadelbäumen. *Dendroc-*

tonus brevicornis erkennt seinen Wirt, die Kiefer *Pinus ponderosa*, allerdings erst, nachdem er mit der Nahrung ein Terpen dieses Baumes, das Myrcen, aufgenommen hat. Es wird zusammen mit zwei in seinem Körper gebildeten Pheromonen im Kot ausgeschieden. Die drei Stoffe haben eine synergistische Lockwirkung auf Artgenossen. Steigt der Befall des Baumes durch die Borkenkäfer jedoch über einen bestimmten Schwellenwert, so wird durch Biosynthese trans-Verbenol und Verbenon erzeugt, die das Pheromongemisch blockieren. Dies verhindert eine Übervölkerung an dem befallenen Baum. Auch einige Feinde der Borkenkäfer werden durch die im Kot abgegebenen Stoffe angezogen. So erscheinen dann der Brut nachstellende Käfer (Cleridae, Ostomidae), Fliegen der Gattung *Medetera* (Dolichopodidae) und Parasiten. – Andere Borkenkäfer erzeugen andere Pheromone.

Die Blattwespe *Diprion hercyniae* in Kanada und die in ihr schmarotzende Schlupffliege *Drino bohemica* reagieren beide auf den Duft der zwei- bis dreijährigen Nadeln von Fichten, nicht aber auf den der frischen, diesjährigen. Auch hier zeigt sich wieder, daß Glieder von Nahrungsketten *(Picea – Diprion – Drino)* durch chemische Stoffe zusammenkommen. Von entdeckten *Diprion*larven legen Ameisen Duftspuren zu ihrem Nest, die diese jedoch durch eigene Stoffe wieder unwirksam machen können.

Artenreichtum. In der organischen Chemie sind mehrere Millionen verschiedene Substanzen bekannt; in den Zellen der Organismen gibt es aber kaum mehr als 10 000 definierte Verbindungen. Hier hat bereits eine Selektion eingesetzt. Indessen wurde im Laufe der Evolution mit diesen Bausteinen eine immer größer werdende Mannigfaltigkeit an Lebewesen hervorgebracht. Unter den rezenten Arten sind etwa 430 000 Pflanzen (einschließlich Bakterien und Pilzen) und 1 250 000 Tiere beschrieben. Doch schätzt man die wirkliche Existenz auf über eine Mill. Pflanzen und mehrere Mill. Tierarten, da man von Pilzen, Nematoden und Insekten erst einen geringen Teil erfaßt hat. Seit dem Kambrium, also seit 600 Millionen Jahren, könnte mehr als eine Milliarde Arten gelebt haben. Doch differieren die Zahlen derartiger Schätzungen bei den verschiedenen Autoren.

Von der heutigen Lebewelt kennt man etwa 8000–9000 Prokaryota, 33 000 Algen, 69 000 Pilze, 20 000 Flechten, 26 000 Moose, 12 000 Farnpflanzen, 270 000 Samenpflanzen, 55 000 Protozoen, 70 000 Würmer, 130 000 Mollusken, 40 000 Krebstiere, 65 000 Spinnentiere, über 800 000 Insekten, 46 000 Wirbeltiere (Abb. 6.20).

In einem bestimmten Lebensraum ist natürlich nur eine beschränkte Artenzahl möglich. Als Vergleichsmaß für artenarme und artenreiche Biotope mißt man die mittlere Artenzahl der Raumeinheit. Für den Artenreichtum sind folgende Gegebenheiten wichtig:

1) **Raum-zeitliche Heterogenität.** Sie hat für die Koexistenz einer hohen Artenzahl die größte Bedeutung. Je vielfältiger die abiotische und biotische Struktur einer Lebensstätte ist, desto mehr Arten finden geeignete Bedingungen für ihre Existenz. So sind Waldränder in der Regel artenreicher als das Waldinnere. Mischwälder haben mehr Arten als reine Buchenwälder oder Fichtenforste. In einer Heckenlandschaft findet sich ein Reichtum an Organismen, der denjenigen heckenloser Agrarräume weit übertrifft. Blattgröße, Blattform und Zahl der Strukturteile von Pflan-

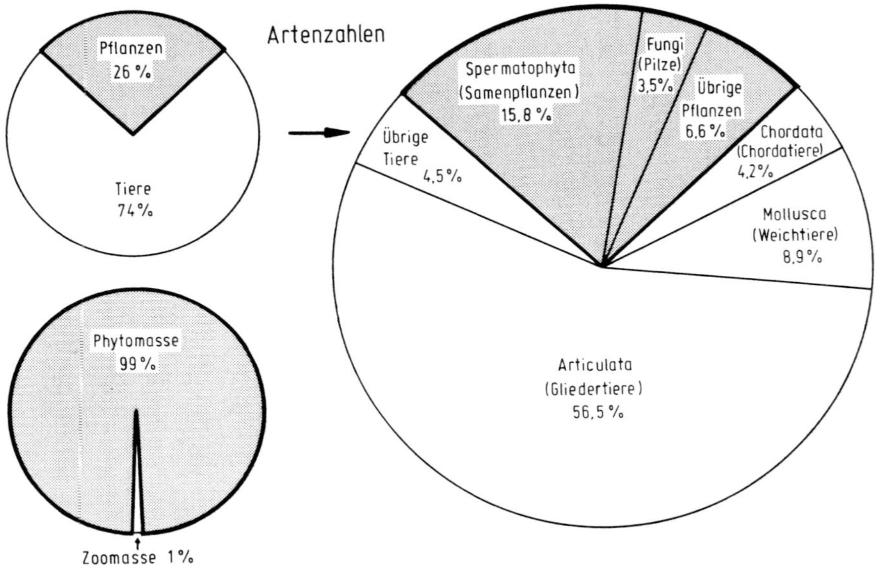

Abb. 6.20: Mengenanteile der (bisher beschriebenen) Organismen und Vergleich des Verhältnisses von Phyto- und Zoomasse auf der Erde. (Bakterien bei «Übrige Pflanzen») (Orig.).

zen sind für viele an diesen lebende Tiere wichtig, weil sie oft besondere Ansprüche für Eiablage, Nahrung, Schutz, Winterquartier stellen. Farne haben schon deshalb weniger Phytotrophe, weil ihnen Knospen-, Blüten- und Fruchtfresser fehlen. Der lokale Artenreichtum hängt vom größeren regionalen Ökosystem ab, das gleichsam den «Arten-pool» enthält.

Heterogenität gilt nicht nur für räumliche Strukturen. Ebenso wie sich in Grenzzonen und Mischgebieten günstige Bedingungen von zwei Landschaftstypen vereinen können, ist dies auch in zeitlicher Hinsicht beim Übergang von einem zum anderen System möglich. Bei Entwicklung von Salzwiesen zu ausgesüßten Marschwiesen gibt es eine Phase höchsten Artenreichtums, wenn sich sowohl einige salzliebende Organismen noch behaupten, andererseits Arten der neuen Phase schon zu existieren vermögen. Das gleiche Phänomen zeigt sich bei Wiederbewaldung nach Kahlschlag oder Brand, aber auch bei Eutrophierung eines Gewässers. Der Artenreichtum kann also im Laufe einer von außen bedingten Veränderung zunächst anwachsen, um dann wieder abzufallen, wenn die Bedingungen gleichartiger werden.

2) **Härte der Existenzbedingungen.** Im allgemeinen kommt im gemäßigten oder mittleren Teil eines physikalischen Gradienten eine größere Artenzahl vor als in seinen extremen Bereichen. Beim Vergleich von Biotopen verschiedener Wasserströmung besitzt die ruhige Bucht großer Seen größere Artenfülle als das Brandungsufer; dieses wiederum übertrifft an Artenreichtum den Bergbach. In Lebensstätten mit mittlerem Salzgehalt ist die Artenzahl höher als in solchen mit schwachem oder

mit sehr hohem Gehalt an NaCl. Die Tatsache, daß die Artenfülle im Brackwasser unter der des Meeres und unter der des Süßwassers liegt, bildet keine Ausnahme von der Regel. Vielmehr muß Meerwasser als mittlerer Bereich eines Salzgradienten angesehen werden, von dem Salzseen und Salztümpel Extremtypen mit erhöhtem, Brackwasserbiotope solche mit erniedrigtem Salzgehalt darstellen.

3) **Historischer Faktor.** Je länger ein Ökosystem besteht, desto artenreicher kann es werden. Dies zeigen z. B. Reste von Steppenheiden Mitteleuropas aus der nacheiszeitlichen Wärmeperiode im Vergleich zu einem sich selbst überlassenen Trockenrasen der Kulturlandschaft im gleichen Gebiet. In nicht von der Eiszeit betroffenen Landschaften, aber auch in solchen, in denen wie in Nordamerika die Wiederbesiedlung nach der Eiszeit wegen der Nord-Südrichtung der Gebirge schneller möglich war, ist die Artenzahl an Pflanzen und Tieren viel höher als in vergleichbaren Lebensräumen Mitteleuropas. Hier nämlich konnte die Rückeroberung der Areale wegen des Querriegels der Alpen nur sehr langsam von Westen und Osten her erfolgen. Nicht zuletzt weisen tropische Regenwälder einen so hohen Artenreichtum auf, weil sie – wenngleich in ständiger Veränderung – seit dem Mesozoikum bestehen. Obwohl geologische Ereignisse und kontinentale Klimaschwankungen ihre Areale vergrößerten oder verkleinerten oder regional verlagerten, kam es doch immer wieder zur Verschmelzung von isolierten zu größeren Waldgebieten unter gleichförmigem, für viele Organismen optimalen Klima.

Schon für eine bestimmte Baumart kann der historische Faktor die Anzahl seiner Bewohner bestimmen, wie ein Vergleich von seit langem heimischen mit neu eingeführten Bäumen zeigt.

4) **Verknüpfungsgefüge.** Das Funktionieren in einem Ökosystem wird weniger durch Interaktionen zwischen den Arten als viel mehr durch die Verknüpfung funktioneller Organismengruppen gewährleistet. Nur in Einzelfällen spielen sog. «Schlüsselarten» für das gesamte Gefüge eine größere Rolle. Eine Verknüpfung von Gilden ist nicht einem Maschennetz vergleichbar, das bei Ausfall einiger «Teile» irreparabel zerstört wird, denn fehlende Arten können durch andere aus der gleichen Gilde durch Kompensation ersetzt werden. So mag sich zwar das Artenbild ändern, nicht aber das ganze Gefüge wie ein zerrissenes Netz «unbrauchbar» werden.

An der pazifischen Felsküste Nordamerikas wurde der Seestern *Pisaster ochraceus* aus einem bestimmten Areal vollständig entfernt. Daraufhin siedelten sich drei Arten von Seepocken und eine Mießmuschel *(Mytilus)* in so großer Dichte an, daß einige Meerestiere sich dort nicht mehr halten konnten. Die Artenzahl, die vorher 15 betragen hatte, sank auf acht.

In Griechenland wurden auf einer Insel in der Nähe von Kreta Bezoarziegen angesiedelt. Unweit entfernt liegt eine vergleichbare Insel ohne Ziegen, auf der 16 einheimische Pflanzen festgestellt wurden. Die beweidete Insel wies dagegen 58 Pflanzenarten auf. Hier hatte das Wirken eines einzigen Pflanzenfressers Lebensmöglichkeiten für viele weitere Arten geschaffen.

Indessen gibt es weit mehr Beispiele dafür, daß vom Vorkommen oder Fehlen einer oder mehrerer Arten das biotische Gefüge kaum oder gar nicht betroffen wird.

5) **Arealgröße.** Siedlungsdichte und Artenreichtum hängen auch mit der Größe des

Lebensraumes zusammen. In England wurden 37 Phytotrophe und über 70 von diesen abhängige Parasiten und Räuber an Wacholder *(Juniperus communis)* registriert. Beim Vergleich der Befunde aus verschiedenen Heidegebieten ergab sich, daß über 80% der Unterschiede in der Besiedlung der Wachholderbüsche nur durch deren Zahl im Biotop, also letztlich durch die Größe bedingt war, die sie als Lebensraum bot. Demgegenüber erwiesen sich das Alter der Büsche oder die Isolation des Standortes als unwesentlich. – Bei Feldgehölzen in Nordwestdeutschland nimmt die Besiedlungsdichte der Vögel mit zunehmender Waldgröße ab, die absolute Artenzahl steigt jedoch an. – Auch für die Besiedlung von Inseln kann deren Größe wesentlich sein.

Manche Pflanzen bilden inselartige Bestände im größeren Vegetationsbild, so auch Binsen *(Juncus)*, an denen die Sackträgermotte *Coleophora alticolella* lebt. Mit steigender Größe des Areals von Reinbeständen an *Juncus* sinkt die Zahl der Ektoparasiten an *Coleophora*, da sie wenig spezialisiert sind und meist noch andere Wirte benötigen. Die spezialisierten Endoparasiten dagegen kommen in gleicher Artenzahl in kleinen wie in großen *Juncus*-Arealen in den Larven der Motte vor.

Arten-Individuen-Relation (Diversität). Zur Kennzeichnung eines Lebensraums hat außer der Artenzahl auch die Individuenmenge, mit der jede Art vertreten ist, Bedeutung. Die Beziehungen zwischen beiden Größen lassen sich graphisch oder durch Formeln darstellen.

So kann man von einer vergleichbaren Organismengruppe die Artenzahlen in den Proben auf der Ordinate, ihre Individuenzahlen (nach Häufigkeitsklassen) auf der Abszisse auftragen und die Werte in einer Kurve verbinden. Die seltenen, nur in wenigen Proben vertretenen Arten stehen am linken, die häufigsten am rechten Ende der Kurve. Je extremer und für die meisten Arten von ihrem Optimum entfernter eine oder mehrere Bedingungen sind, desto geringer wird die Zahl der seltenen Arten sein und desto symmetrischer das Bild der konkaven Kurve werden. – Setzt man die Artenzahl verschiedener, vergleichbarer Lebensräume und im logarithmischen Maßstab die jeweiligen Gesamtindividuenzahlen in ein Koordinatensystem, so ergibt ein Vergleich der Kurven die Unterschiede der Art-Individuen-Muster. Bei gemäßigten Umweltbedingungen verläuft die Kurve der Artenzahl bestimmter Mengen von Individuen (z. B. von 10, 100, 1000 Individuen) steiler als bei extremeren Verhältnissen.

Häufig werden diese schon früher von Thienemann formulierten ‹biozönotischen Grundprinzipien› durch Formeln ausgedrückt, um durch «Diversitätsindizes» Zahlenvergleiche zu erhalten. Doch sollte man die Aussagekraft solcher Formeln nicht überbewerten: (1) die zweifellos wichtigsten qualitativen Unterschiede der Arten, die sich im Verhalten, in Lebensansprüchen, Lebenszyklen und in der Bevölkerungsdynamik zeigen, bleiben zu wenig berücksichtigt; (2) ihr Verteilungsmodus geht nicht in den Diversitätsindex ein; (3) kurzfristige Dominanten werden überbetont, da der Index zu sehr von deren Individuenzahlen abhängt; (4) Vorläufer und Nachzügler von Generationen werden ebenso bewertet wie Individuen von Arten, die zur Zeit der Probenentnahme (bzw. Beobachtung) ihre höchste Entfaltung haben; (5) die angewendete Sammel- oder Beobachtungsmethode kann den Index beträchtlich beeinflussen; (6) nicht nur im Laufe eines Jahres, sondern auch im Vergleich mehrerer Jahre können sich beachtliche Unterschiede der Diversität im gleichen Lebensraum ergeben. (7) Weder die Komplexität des Ökosystems noch die Dynamik der Vorgänge kommen zum Ausdruck.

Dennoch sei wenigstens der Index von Simpson angeführt

$$D = 1 - \frac{\Sigma n(n-1)}{N(N-1)}$$

Dabei ist n die Zahl der Individuen jeder Art, N die Gesamtindividuenzahl aller Arten in dem betreffenden Fang. D kann die Größe zwischen 0 und 1 einnehmen. Gehören alle Individuen eines Fanges zu einer Art, so ist $D = 0$. Je größer der Wert für D ist, desto höher liegt die Diversität.

Am sinnvollsten sind Untersuchungen über «Art-Individuenmuster» (eine Bezeichnung, die unmißverständlicher ist als «Diversität» oder «Artenmannigfaltigkeit») in Bereichen mit starkem Floren- und Faunenwechsel, wie er z. B. an einem **Faktorengradienten** vorkommt.

Äquivalente Systeme. Um die Gesetzmäßigkeiten und Organisationszüge in einem Ökosystem zu erfassen, kann die Kenntnis des Spektrums der Lebensformtypen mindestens so wichtig sein wie die der Arten. Unter ähnlichen ökologischen Bedingungen haben sich selbst in entfernten Erdteilen ohne nähere systematische Verwandtschaft ähnliche Lebensformen der Pflanzen und Tiere ausgebildet. Natürlich muß eine derartige konvergente Entwicklung nicht unbedingt auftreten. So sind in Trockengebieten Australiens keine Sukkulenten entstanden wie in Wüsten anderer Erdteile. Jedoch gibt es viele Fälle von erstaunlicher Übereinstimmung. Tropische Regenwälder in Südamerika, Afrika und SO-Asien zeigen dies besonders gut. – Sommergrüne Laubwälder mit Frühjahrsgeophyten finden sich in Nordamerika ebenso wie in Europa. – Eine Hartlaubvegetation aus konvergenten Lebensformen, die an trockenwarme Verhältnisse der Sommerzeit angepaßt ist, kommt im Mittelmeergebiet, in Kalifornien, Chile, Südafrika und Südaustralien vor. – Mangroven an Schlickküsten der Tropen, Tangwälder an Felsküsten sind weitere Beispiele. Die große Fülle der Großlebensräume der Erde wird durch vergleichende Betrachtung solcher Äquivalenzen, wie sie in Teil B des Buches dargestellt sind, leichter überschaubar.
Entsprechendes trifft auch für kleine Lebensräume zu. Steilwände aus schluffigem Feinsand am Elbufer südöstlich von Hamburg und Lößwände unweit von Wien stimmen in Bodenstruktur und Mikroklima weitgehend überein. Obgleich die einen im feuchtkühlen atlantischen Klima, die anderen im trockenen, pontisch beeinflußten liegen, siedeln in diesem harten Substrat die gleichen Lebensformen, obwohl sich das Artenbild unterscheidet. – Sogar Bewohner verschiedener taxonomischer Gruppen können ähnliche Anpassungen im gleichen extremen Lebensraum ausbilden, wie sie sich im natürlichen Lückensystem des Sandbodens von Meeresküsten zeigen. Dazu gehören geringe Größe, langgestreckte Form, häufige Ausbildung von Kleb- und Haftapparaten, Schutzeinrichtungen der Haut gegen Druck und Stoß,

druckelastisches Blasengewebe im Inneren, Verlagerung der Körperöffnungen an die Enden, Ausbildung von Kopulationsorganen, mit denen innere Befruchtung durchgeführt wird, Reduktion von Gonaden und Eizahl, Absetzen von Spermatophoren an die Körperwand des Weibchens, Ablage von Eiern in Gallerten oder mit Haftstielen, hoher Anteil von Arten mit Statozysten, aber geringer mit Augen, Bewegung durch egelartiges Kriechen, Wimperkriechen und Stemmschlengeln (Abb. 8.4).

Umweltverändernde Lebenstätigkeit. Außer den Fragen, wie die Außenfaktoren auf die Organismen wirken und wie diese zueinander in Beziehung stehen, muß man das Augenmerk auf die durch die Lebenstätigkeit hervorgerufenen Veränderungen der Umwelt richten. Hier sei noch einmal an die als Folge der Photosynthese gebildete Ozonschicht erinnert, die einen großen Teil der UV-Strahlung abschirmt. Erst dadurch wurde vor mehr als 400 Millionen Jahren Leben außerhalb des Wassers möglich.
Mariner Bereich: Die Sedimentbildung auf dem Meeresgrund kommt weitgehend durch Material mariner Organismen zustande, wobei entweder Reste von Kieselskeletten oder von Kalkschalen abgelagert werden. – Im Flachwasser tropischer Meere siedeln sich auf Felsuntergrund Korallen an, die nach ihrem Tode eine immer höher werdende Schicht ihrer ausgeschiedenen Kalkskelette zurücklassen. So entsteht ein komplexes, gut strukturiertes Ökosystem, das die Ansiedlung einer reichen Lebewelt mit vielen Verknüpfungen ermöglicht. Schließlich werden die Korallen landschaftsbildend, wie die Riffe und Atolle zeigen. – An manchen Felsküsten, z. B. im Mittelmeergebiet, kann durch kalkinkrustierende Rotalgen ein breites Saumriff oder Kalkalgentrottoir entstehen. Es bildet die Grundlage für eine besondere Lebensgemeinschaft, in der sich Wasser- und Landtiere begegnen. – In der *Ceriops*-Zone der ostasiatischen Mangroven befördert der Maulwurfskrebs *(Thalassina anomala)* größere Sedimentmassen nach oben, welche die Landschaftsstruktur verändern.
Limnischer Bereich: In Quellen und Bächen mit hohem Gehalt an Kalziumbikarbonat scheidet sich unter Einwirkung der im Wasser lebenden Algen, Moose usw. leicht Kalk ab. Besonders Quellmoose der Gattung *Cratoneuron* können mächtige Lager von Quellkalk und Quelltuff bilden. Auf der Kreidehalbinsel Jasmund auf Rügen zieht sich von der Quelle in einer Schlucht etwa 50 m über dem Ostseespiegel beginnend bis gegen 25 m über dem Meer eine lange Kalktufftreppe mit teilweise meterhohen Stufen und Blöcken hin, so daß der ursprünglich gleichmäßige Abfall der Schlucht völlig verschwunden ist. – Ferner sei auf die Rolle der Torfmoose *(Sphagnum)* hingewiesen. Sie absorbieren große Mengen an Regenwasser und Tau und schneiden durch schnelles Längenwachstum und Absterben ihrer unteren Teile die übrige Vegetation vom Grundwasser ab. Es formen sich Hochmoore als ein besonderer Landschaftstyp feuchtkühlen Klimas.
Die in den nordischen Wäldern Amerikas noch etwas häufiger vorkommenden Biber bauen bei ungenügender Wassertiefe Dämme von mehreren hundert Meter Länge. Durch aufgestautes Fließgewässer entstehen 1–2 km lange Stauseen. Der überflutete Wald stirbt ab. Allmählich reicht die Nahrung an Erlen, Weiden,

Pappeln und Birken nicht mehr aus, so daß die Biber die Stauseen verlassen müssen. Später erfolgt ein Dammbruch. Auf dem alten Seeboden wächst üppiges Gras. Wenige Monate danach hat sich eine geschlossene Wiese gebildet, in die der Bach sein Bett schneidet. Die Wiederbewaldung kann lange Zeit verhindert werden, wenn Hirsche und Elche keinen neuen Baumwuchs hochkommen lassen.
Landbereich: Pflanzen, die Sandverschüttung ertragen, können Wanderdünen festlegen, wie überhaupt durch eine Vegetationsdecke die Bewegung des Bodens durch Wind und Wasser (Bodenerosion) vermindert oder aufgehoben wird. Unter dem Einfluß von Verwitterung und Tätigkeit der Lebewesen verwandelt sich die äußere Schicht der Erdrinde in Mutterboden. Der Abbau toter organischer Substanz durch das Edaphon führt zur Bildung von Humus. Dieser bewirkt eine haltbare Krümelung der Erde, ist eine durch Verlangsamung des Stoffabbaus für die Pflanzen ständige Stickstoffquelle, erleichtert die Aufnahme von Phosphaten und notwendigen Spurenelementen für die Wurzel. Da Humus stets ein Gemisch vieler Substanzen ist, kann es zugleich als Puffer für verschiedene Stoffe dienen und stabilisierende Wirkung haben.
Auch die Lebenstätigkeit der Tiere durch Wühlen und Lockern des Bodens beeinflußt die Vegetation und kann sogar landschaftsgestaltend werden. So können Termiten in der Savanne den harten, verkrusteten Boden so lockern, drainieren und düngen, daß schließlich inmitten der Grasfluren kleine Waldinseln mit mildem Humus, die sog. Termitenwäldchen entstehen. – Die halbextensiv genutzten Trokkenweiden am Ostufer des Neusiedler Sees in Österreich sind edaphisch bedingte Sekundärsteppe, die nur durch die Tritt-, Fraß- und Dungwirkung des Weideviehs erhalten bleibt. Die Rinder als primäre Weidegänger machen den Biotop außerdem den im Frühjahr und Herbst durchziehenden Wildgänsen *(Anser fabalis, A. albifrons)* zugänglich, die als sekundäre Weidegänger die ökologische Funktion der Rinder fortsetzen. Ohne Weidegang wandelt sich der Trockenrasen durch Hochwüchsigkeit der Gräser und durch Verschilfung in eine Sumpf- und Röhrichtformation.

Sukzessionen. Ein größeres Ökosystem kann lange Zeit hindurch bestehen. Auf weite Sicht erkennt man aber die Wandelbarkeit im Laufe der Erdepochen. Festland und Meere, Tundren und Steppen, Savanne und Wüsten haben sich an gleicher Stelle abgelöst. Dies war durch grundlegende klimatische Änderungen bedingt.
Innerhalb solcher sehr langfristigen Ereignisse gibt es kurzfristige Neubesiedlungen, die man als **Primärsukzessionen** bezeichnet. Auf Gebirgsrohböden, erstarrten Lavaströmen nach einem Vulkanausbruch, kahlen Sandflächen, neu sich bildenden Inseln im Meer oder bei Verlandungsprozessen in schlickigen Meeresbuchten und an Seeufern läßt sich gut erkennen, wie zunächst manche der durch Zufall dorthin gelangten Organismen Fuß fassen können. Sie sind in hohem Maße von der Beschaffenheit des Substrats, von den Wirkungen der Gezeiten, Wellenschlag oder Witterung abhängig und treten noch wenig miteinander in Beziehung. Erst im Lauf der Zeit bilden sich durch Verknüpfungen zwischen den später erscheinenden Arten Wirk- und Abhängigkeitsgefüge der verschiedensten Bewohner aus. Immer mehr der Anfangssiedler (Opportunisten) werden von Dauerbewohnern (Persistenten)

abgelöst. In einigen Fällen verändern die Erstbesiedler die Umgebung so, daß sie selbst nicht mehr existieren können, später erscheinenden Arten aber gleichsam schneller die Voraussetzung zum Leben schaffen. Die meisten würden jedoch mit der Zeit auch kommen, wenn man die Opportunisten für die Besiedlung ausschalten würde. Die entstehenden Konnexe bewirken zunehmende Mannigfaltigkeit der Bedingungen, erhöhen die Strukturierung und ermöglichen so eine immer größere Artenfülle.

1963/70 wurde der Beginn dieses Vorgangs auf der neu entstandenen Vulkaninsel Surtsey vor der Küste von Island untersucht. Überwiegend durch Winddrift gelangen Bakterien, Cyanobakterien, Pilze, Laubmoose und kleine Arthropoden dorthin. Von den noch dampfenden Zonen her entfaltete sich eine Algenflora, die allmählich alle für sie besiedelbaren Flächen eroberte. Stickstoff-bindende Bakterien und Cyanobakterien leiteten den Prozeß der Bodenbildung ein. Die von Laubmoosen besetzten Flächen vervielfachten sich schnell. Durch Verdriftung mit Meerwasser und Verschleppung durch Vögel landeten keimfähige Samen und Teile von Strandpflanzen auf der Insel. Dadurch wurde die Grundlage für eine erste kleine Lebensgemeinschaft geschaffen.

Bei den sog. **Sekundärsukzessionen,** die nach einer Störung in ein bereits vorhandenes Landschaftsgefüge vor sich gehen, handelt es sich oft um eine Wiederherstellung des alten Zustands (Restitution), die von dem größeren Gesamtsystem abhängt. In solchen Fällen kann eine Neubesiedlung aus der unveränderten Umgebung rasch erfolgen, wie es sich bei Windbruchflächen und Kahlschlägen, nach Bränden, in aufgegebenem Agrarland oder künstlich angelegten Teichen zeigt. Auch dort erscheinen zuerst Opportunisten mit leichter Fähigkeit der Ausbreitung, großer Nachkommenzahl und unter den Tieren oft mit räuberischer Lebensweise. Später kommen Persistente mit meist schon spezielleren Ansprüchen, niedrigerer Fortpflanzungsrate, aber längerer Lebensdauer.

Solche Sukzessionen können als raumzeitlich verschobene Zyklen auftreten, wie es bei der natürlichen Verjüngung in Wäldern wohl am längsten bekannt ist. Ein Beispiel aus der Taiga mag dies veranschaulichen. Im borealen Nadelwald Ostkanadas kommt es in gewissen Zeitabständen immer wieder zu ungewöhnlich starker Massenvermehrung des Tannentriebwicklers *(Choristoneura fumiferana)*, wie durch Messungen der Breite von Jahresringen an 300 Jahre alten Stämmen auch für weiter zurückliegende Perioden ermittelt wurde. Großflächige Bestände, vor allem der Balsamtanne *(Abies balsamea)* können von den Raupen kahl gefressen werden. Dies begünstigt das Hochkommen von Fichten *(Picea glauca, mariana, rubens)* und Birken *(Betula papyrifera)*, die sonst in der Konkurrenz den Balsamtannen unterlegen sind. Im Laufe der Jahre bildet sich aber immer wieder der frühere Tannen-Fichtenwald aus. Nur nach einer Reihe extrem trockener Jahre, also nach außergewöhnlichen Bedingungen, wird in Beständen überalterter Balsamtannen eine Massenvermehrung des Wicklers möglich, so daß er sich der «Kontrolle» seiner Feinde entziehen kann.

Als weiteres Beispiel seien die zyklischen Folgen des Nistens von Kormoranen *(Phalacrocorax)* auf Hartlaubsträuchern in Küstendünen Westaustraliens angeführt. Es ist ausführlich in Kap. 8.3.3 beschrieben. – Auch könnten Werden und

Vergehen der Biberdämme in diesem Zusammenhang genannt werden, die bei «Umweltverändernder Lebenstätigkeit» in diesem Kapitel behandelt sind. – Alle solche Prozesse fallen auch unter den Begriff «Mosaik-Zyklus-Sukzession».
Sekundärsukzessionen ganz anderer Art verlaufen sehr langfristig und *linear*, etwa Verlandung von Seen über das Stadium eines Flachmoors bis zum Erlenbruch oder die Bildung von Salzwiesen aus dem Schlickwatt an der Meeresküste.
Zuweilen werden **Folgeserien der Besiedlung,** wie sie in kleinen Teilsystemen vorkommen, z. B. beim Abbau von Aas, Dung, Holz, Hutpilzen als Sukzessionen bezeichnet. Doch gehören sie zu den normalen Abbau-Erscheinungen, die überall in der Natur ablaufen und nur an solchen Konzentrationsstellen der Lebenstätigkeit besonders auffallen.
Der Begriff «Sukzession» wird also für verschiedenartige Vorgänge verwendet: (1) Säkulare Veränderungen von Ökosystemen; (2) erstmalige Besiedlung von neu sich bietenden Flächen bis zu einem vorläufigen Endstadium (Primärsukzession); (3) Zyklische oder lineare Veränderungen in Ökosystemen (Sekundärsukzession); (4) Abbau von Aktionszentren (Synusiensukzession).

Störeffekte. Die Fähigkeit eines Ökosystems, starke Eingriffe der wirkenden Außenfaktoren zu ertragen oder kurzfristig wieder in den alten Zustand zurückzukehren, nennt man auch Stabilität. Werden Störeffekte durch Sturm, Trockenheit, Kälte, Überschwemmung, Feuer, Kahlfraß, eingeschleppte Arten usw. leicht ausgeglichen, so ist dies ein Maß für die Elastizität des Systems. Tundren sind gegen mechanische Zerstörung der Vegetation empfindlich, weil die Pflanzendecke dann bei dem rauhen Klima und der kurzen günstigen Jahreszeit nur langsam regenerieren kann. Gegenüber Feuer besteht schon bei Tundren, weit mehr noch bei Wäldern vom Typ der Taiga und Skleraea, vor allem bei Steppen und Savannen eine hohe Elastizität. Brände wirken geradezu als Verjüngungsprozeß für solche Landschaften, zumal sie dort ökologisch ebenso bedeutungsvoll sein können wie Detritusfresser.
Im tropischen Regenwald, in dem Stoff- und Energieumsatz eng geschlossen sind, führt ein Flächenbrand dagegen zu langfristiger Vernichtung des früheren Zustands. Die Hauptbaumarten können die alten Flächen nur schwer oder gar nicht mehr zurückerobern. Der sich allmählich einstellende Sekundärwald hat eine andere Zusammensetzung seiner Pflanzen- und Tierwelt. Auch in den «Großen Seen» Nordamerikas ließen sich bestimmte Störungen trotz guter biologischer Pufferung nicht ausgleichen. Durch Überfischung und durch Herstellung einer Verbindung zum Meer, in deren Folge das räuberische Meerneunauge *(Petromyzon marinus)* eindrang, schließlich durch starke Verschmutzung und dadurch Hypertrophierung mindestens des flachen Eriesees wurde die Elastizität des alten Systems, seine Belastbarkeit überzogen.
In diesem Zusammenhang muß man die vom Menschen ausgelösten Veränderungen in der Agrarlandschaft sehen. Die Belastbarkeit in ihr hängt nicht vom Grad der biologischen Pufferung (Artenreichtum) ab, sondern von der Strukturierung (Einförmigkeit statt Heterogenität) und der Empfindlichkeit gegenüber Verschmutzung von Boden, Wasser und Luft. Entscheidend für die Frage der Stabilität ist zudem die Ausdehnung des untersuchten Systems. Betrachtet man die Agrarlandschaft sehr

weiträumig, so sind Störeffekte durch Massenvermehrung von Schaderregern mehr lokaler Natur, nicht anders als in der Tundra oder Taiga. Man sollte daher solche örtlichen Geschehnisse nicht nur vom ökonomischen, sondern vom größeren regional-geographischen Gesichtspunkt werten, um sie ins richtige Maß zu bringen. Die gleiche Relativität ergibt sich durch die Zeit. Oft sind es Unterschiede der Zeitdauer, die benötigt wird, um den alten Zustand wiederherzustellen.
Der Begriff Stabilität wird häufig mit dem eines «Biologischen Gleichgewichts» verknüpft. Jedoch kann man damit nicht viel aussagen. Tritt nach Störung ein anderer Zustand ein, so hat sich eben ein neues Ökosystem gebildet. Eine Sumpfwiese ist kein aus dem Gleichgewicht geratener, verlandeter See; ein Erlenbruch nicht eine aus dem Gleichgewicht geratene Sumpfwiese.

B. Spezielle Ökologie

Landschaftsökologie untersucht, wie Organismen in realen Lebensräumen als Wirkgefüge verknüpft und in die besonderen Bedingungen eingepaßt sind. Einteilungen der Großlebensräume werden für Meer, Süßwasser und Land nach unterschiedlichen Gesichtspunkten vorgenommen. Im **Meer** spielen Wassertiefe, Untergrund und Küstennähe eine maßgebliche Rolle. An **Meeresküsten** ist das Substrat wesentlich. Im **Süßwasser** haben Strömung, Größe und Tiefe des Wasserkörpers sowie die umgebende Landschaft größten Einfluß. Auf dem **Land** beruht die Einteilung auf der Physiognomie der vorherrschenden Vegetation, die mit dem Klima zusammenhängt (Abb. 7.1 u. 7.2). Für die Pflanzen hat ihr Wasserhaushalt (Evapotranspiration und Wasserdefizit) entscheidende Bedeutung. Der Einfachheit halber werden aber den Karten der Verbreitung von Vegetationstypen die Werte der Temperatur und Niederschläge in den einzelnen Monaten zugrundegelegt. Das Festland ließe sich auch nach geographischen «Geozonen» gliedern, die jedoch mit einigen Ausnahmen (vor allem bei den Savannen) nicht allzu verschieden von den «Zonobiomen» des ökologischen Botanikers Heinrich Walter sind, dem ich weitgehend gefolgt bin.

Manche Landschaften bilden **Zonationskomplexe.** Beispiel: (1) Sandstrand, Weißdünen, Grau- und Braundünen; (2) Schlickwatt, Salzwiese, Süßgraswiese; (3) Röhricht, Flachmoor, Bruchwald. Häufig gibt es **Einsprengsel andersartiger Natur,**

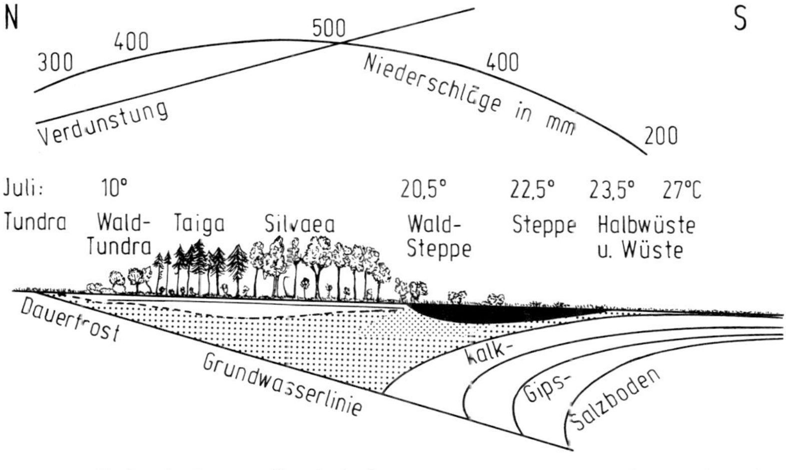

Abb. 7.1: Profil durch die Großlandschaften Osteuropas von Norden nach Süden (aus Kaškarov 1944).
Von Tundra bis Silvaea Podsolböden, in Silvaea vor allem Luvi- und Cambisol, in Waldsteppe Phaeozem, in Steppe Chernozem und Kastanozem, in Tundren und Wüsten meist Rohböden.

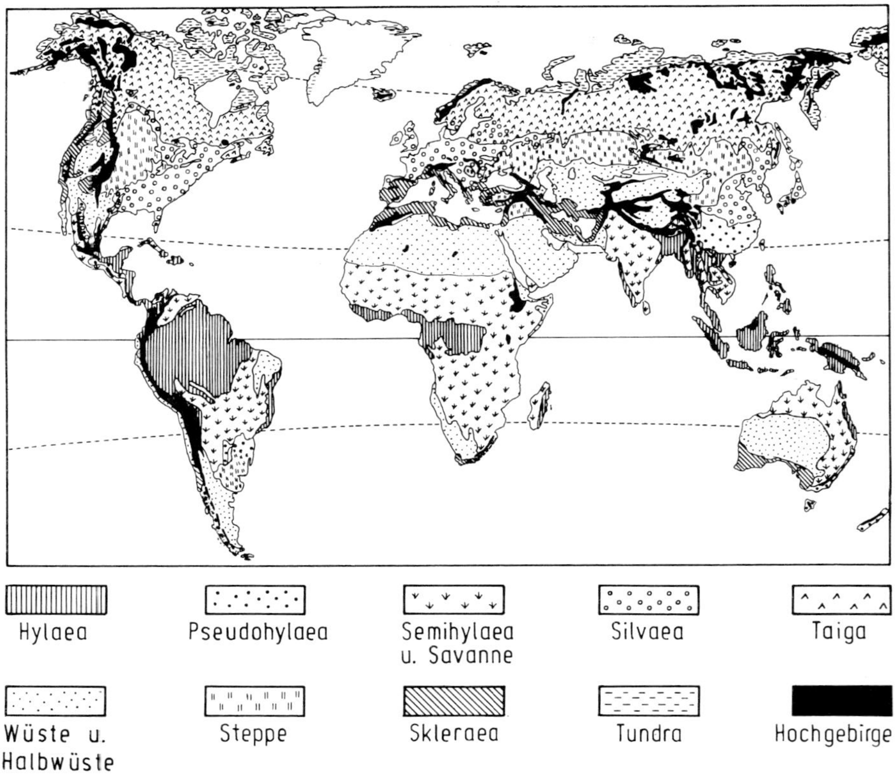

Abb. 7.2: Übersicht über die Großlandschaften der Erde (nach Walter 1977).

etwa Thermalquellen in der Tiefsee, Hochkuppen im Ozean, Oasen in der Wüste, Galeriewälder oder Trockengehölze in der Savanne, Hochmoore in verschiedenen Großlandschaften.

Zu den ältesten Lebensräumen gehören Meer, Brack- und Süßgewässer, Küsten, Sumpflandschaften und Tropenwälder. Später entstanden Savannen und Gebirgstundren. Noch jünger sind Wälder der gemäßigten Zonen, Steppen und arktische Tundren. Erst durch den Menschen ist die Kulturlandschaft (Anthropogaea) entstanden, die im engeren Sinne Agrar- und Urbanlandschaften umfaßt.
Erste Landpflanzen waren Psilophyten, die sich von Grünalgen des Süßwassers ableiten. Sie wurden vor über 400 Millionen Jahren (im Silur) Pioniere von Sumpfland. Ebenfalls in dieser Zeitperiode lebten dort schon Spinnen und Myriopoden. Auch Wirbeltiere eroberten (im Devon) mit Vorläufern der Amphibien, den Ichthyostegalia, das Festland vom Süßwasser aus. Den verschiedenen Gruppen der Arthropoden gelang das Landleben über das Milieu des feuchten Bodens durch parallele Anpassungen vor allem in Integument, Atmung, Exkretion und Fortpflan-

zung. Von anderen Tierstämmen konnten nur Protozoen, Würmer und Schnecken das Land besiedeln, wobei die beiden ersten Gruppen, soweit sie nicht Parasiten wurden, im wesentlichen auf feuchte Böden beschränkt blieben.
Bei Betrachtung der heutigen Lebensräume darf man nicht das ständig wechselnde Bild der Erdoberfläche im Laufe der Evolution des Lebens vergessen. Kontinente verdrifteten in Richtung zum Äquator oder den Polen. So wuchsen z. B. in der Antarktis noch vor 180 Millionen Jahren Farnbäume und Riesenschachtelhalme, lebten Dinosaurier und frühe Kleinsäuger, als das Gebiet weiter nach Norden reichte und Südamerika, Südafrika und Australien eine zusammenhängende Landmasse bildeten. Im späten Tertiär herrschte in der Antarktis ein für höhere Pflanzen geeignetes kühl-gemäßigtes Klima, wie Funde versteinerter Blätter von *Nothofagus* in nur 400 km Entfernung vom Südpol zeigen.
Hochgebirge etwa des Himalaja oder der Alpen türmten sich in der Erdgeschichte auf und werden nun wieder von Gletschern und Flüssen abgetragen. Seen füllten sich mit Ablagerungen, versumpften und verlandeten oder bildeten sich neu durch Schmelzwässer am Ende der Eiszeiten. Auch haben sich, wie schon erwähnt, Landschaften in ganz andersartige Formationen umgewandelt. In diesem großräumigen und langfristig verlaufenden Geschehen starben viele Organismen aus, zogen fort, paßten sich der neuen Situation an oder wanderten ein.
Zwar unterliegen typologische Einteilungen nach Landschaftstypen, wie sie in dieser «Speziellen Ökologie» vorgenommen werden, leicht der Gefahr, gut erkennbare Einheiten in den Vordergrund zu stellen und die übrigen mehr oder weniger um solche zu gruppieren. Dennoch halte ich eine Gliederung nach für uns markanten Lebensräumen für notwendig und sinnvoll, weil der Mensch die Vielfalt der Naturerscheinungen nur durch ordnende und nach menschlichem Maßstab klassifizierende Systeme fassen kann.

7 Meere und Brackgewässer

7.1 Das Meer als ökologische Einheit

Das Weltmeer bedeckt fast 71 % der Erdoberfläche und bildet in räumlicher Hinsicht sogar 90 % der «Biosphäre», doch ist seine gesamte Netto-Primärproduktion nur etwa ein halb so groß wie die des Festlands. Der Beginn der Evolution der Lebewesen fand im Meer statt. Als größtes zusammenhängendes Ökosystem bildet es trotz klimatischer und Ernährungs-Varianten ein funktionelles Ganzes. Durch Meeresströmungen stehen nicht nur die verschiedenen horizontalen und vertikalen Bereiche des freien Wassers (Pelagial) miteinander in Beziehung. Sie verknüpfen auch den Untergrund (Benthal) mit dem darüber befindlichen Wasser zu einer biologischen Einheit.

Die Strömungen sind durch Wind, Austausch zwischen Wasser und Luft, unterschiedliche Temperatur und Dichte verschiedener Wasserkörper bedingt. So entstehen Oberflächen-, Zwischen-, Tiefen- und Bodenströmungen. Ihre Richtung hängt letztlich von der Erdumdrehung, Unterschieden der Temperatur zwischen Polen und Äquator, Form der Kontinente, den untermeerischen Schwellen und der Wirkung der Gezeiten ab (Abb. 7.3). Der Tiefseeboden ist keineswegs glatt und ruhig, wie man früher annahm. Vielmehr kann er durch «unwetterähnliche Abyssal-Stürme» aufgewühlt werden. Diese hinterlassen hohe Rippeln im Sediment. Freies Meerwasser hat einen durchschnittlichen Salzgehalt von 3,5 %. NaCl ist mit etwa

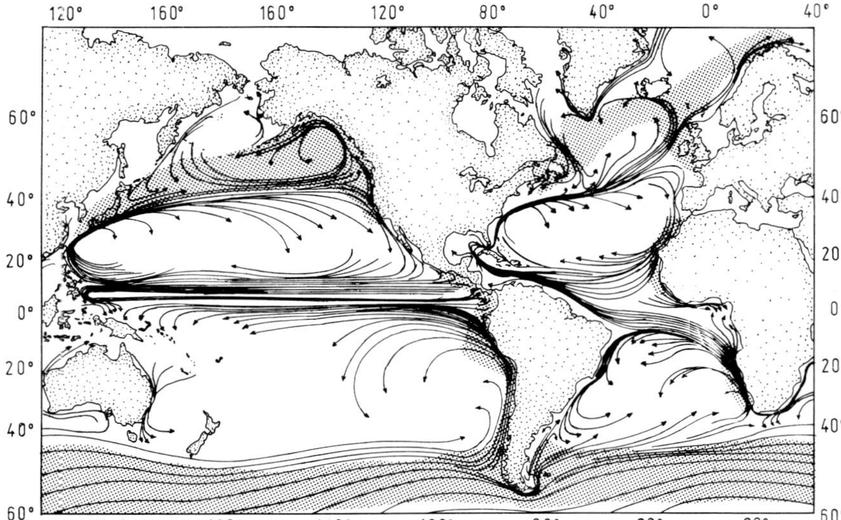

Abb. 7.3: Die wichtigsten Ströme und Produktionsgebiete im Meer. (komb. nach Clarke 1954 u. Lieth 1965).

28 g im Liter das wichtigste Salz. Nach der Menge an gelösten Stoffen im Meer stehen Chlorid-Ionen mit 55 % an erster, Natrium-Ionen mit etwa 30,6 % an zweiter Stelle. Relativ reichlich kommen Sulfat-Ionen, Magnesium, Kalzium und Kalium vor. Das Innenmedium der meisten wirbellosen Meerestiere ist weitgehend der Konzentration des Meerwassers angepaßt.

7.1.1 Lebensbereiche

Nach dem Leben im freien Wasser und den Grenzzonen zwischen diesem und anderen Medien heben sich drei Bereiche (Endung -al) mit besonderen Lebensformgruppen (-on und -os) heraus.

Pleustal. Die auf der Wasseroberfläche treibenden Arten, z. B. Algen, einige Siphonophoren *(Vellela, Porpita, Physalia)* und Schnecken *(Glaucus, Janthina)* gehören zum **Pleuston.** Die einzigen Insekten, die ihr ganzes Leben auf dem ruhigen Wasserspiegel tropischer Meere verbringen, sind flügellose Wanzen der Gattung *Halobates* (Gerridae). Sie legen ihre Eier an treibende Algen, an Schalen der *Janthina*-Schnekken und an Schwanzfedern von Seevögeln. Die kleinen in und etwas unter der «Oberflächenhaut» des Wassers vorkommenden Bakterien, Pilze, Diatomeen, Protozoen, Kleinkrebse, Eier und Larven von Fischen faßt man als **Neuston** zusammen. In diesem Bereich ist die Konzentration gelöster organischer Stoffe besonders hoch.

Pelagial. Nach dem Bewegungsmodus unterscheidet man im freien Wasser **Plankton,** pflanzliche und tierische Organismen ohne oder mit geringer Eigenbewegung (meist kleine, aber auch einige große Arten wie Quallen [Abb. 7.4]), während zum

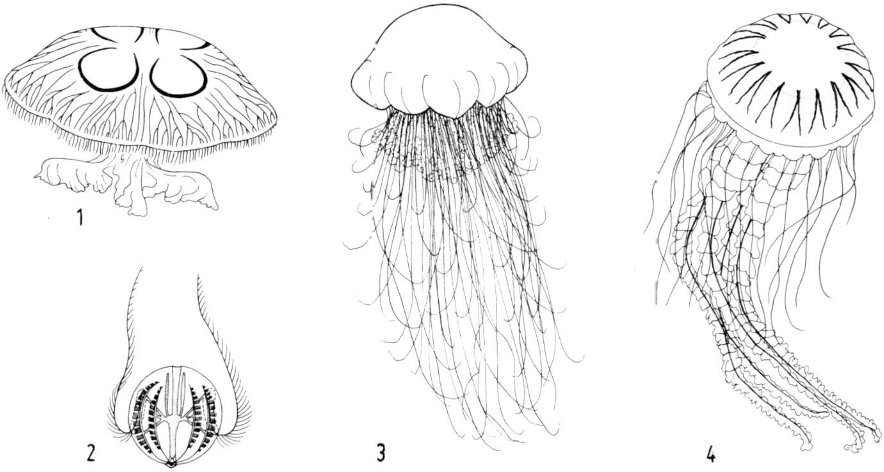

Abb. 7.4: Bewohner des Pelagial: Quallen als Vertreter des Großplanktons (aus Schaefer/Brohmer 1992). 1: *Aurelia aurita*, 2: *Pleurobrachia pileus*, 3: *Cyanea capillata*, 4: *Chrysaora hyoscella*.

Nekton von Strömungen wenig beeinflußte Großtiere zählen, wie Fische, Tintenfische (Cephalopoda), Meeresreptilien, Meeressäuger.

Benthal. Je nach der Beschaffenheit des Substrats am Meeresgrund heißen die Bewohner des Felsbodens Lithion, die des Sandes Psammon und die des Schlicks Pelos. Alle zusammen bilden das **Benthos.**
Zusätzlich dient die Vorsilbe Epi- oder Endo- dazu, um den Aufenthalt auf oder im Substrat zu kennzeichnen. Zum Endolithion gehören Bohrmuscheln und Bohrschwämme, zum Epilithion viele Großalgen, Aktinien, Seepocken und Schnecken. Charakterarten des Endopsammon sind der Wattwurm *(Arenicola)*, aber auch Herzigel *(Echinocardium)* und Klaffmuschel *(Mya)*. Als Vertreter des Epipsammon seien Strandkrabbe *(Carcinus)*, Kammstern *(Astropecten)* und Gründlinge (Gobiidae) genannt. Typisch für Endopelos sind Schlickkrebse *(Corophium)* oder der Borstenwurm *Nereis diversicolor* und die Wattschnecke *Hydrobia ulvae* (Abb. 7.5).
Im Schelfbereich wird das Benthal (dort als Litoral bezeichnet) in die Gezeitenzone (Eulitoral) und das ständig vom Wasser bedeckte Sublitoral unterteilt. Im ozeanischen Bereich gliedert man meist das Benthal noch in Archibenthal und Abyssal (Abb. 7.6).

7.1.2 Vertikalzonierung

Nur in der obersten, stärker **durchleuchteten Zone** ist Photosynthese möglich. In den höheren Breiten dringt genügend Licht im allgemeinen nicht tiefer als 30–50 m, in den niederen Breiten mit transparenterem Wasser bis etwa 100 m. Selbst im klarsten Ozeanwasser ist in 140 m nur noch 1 % der an der Oberfläche gemessenen Lichtmenge vorhanden. Bereits in der durchleuchteten Schicht nehmen auch Temperatur und Sauerstoff zur Tiefe hin ab.
Die darunter liegende **Dämmerungszone,** deren schwaches blaues Licht für die Photosynthese gewöhnlich nicht mehr ausreicht, geht im Küstenbereich bis zum Meeresgrund, in der Hochsee höchstens 800–1000 m nach unten. Bei den Bahamas fand man allerdings in 270 m Tiefe noch bestimmte Krusten-Rotalgen, die bei nur 0,001 % des oben einfallenden Lichts assimilieren können.

Abb. 7.5: Bewohner des Benthal: 1–9 in oder auf Hartsubstrat; 10–20 in oder auf Weichsubstrat (Sand, Schlick) (aus Schaefer/Brohmer 1992). 1: Bohrgänge des Borstenwurms *Polydora ciliata* im Kalkstein; 2: Borstenwurm *Spirorbis spirorbis* auf *Fucus*-Braunalge; 3: Bryozoe *Membranipora membranacea* auf *Laminaria*-Braunalge; 4: Purpurschnecke *Nucella lapillus;* 5: Seenelke *Metridium senile;* 6: Seerose *Urticina felina;* 7: Seepocke *Balanus balanoides;* 8: Strandschnecke *Littorina obtusata;* 9: *L. saxatilis;* 10: Wattwurm *Arenicola marina;* 11: Herzmuschel *Cerastoderma edule;* 12: Klaffmuschel *Mya arenaria;* 13: Borstenwurm *Sabellaria spinulosa;* 14: junge Strandkrabbe *Carcinus maenas;* 15: Kammstern *Astropecten irregularis;* 16: Borstenwurm *Nereis;* 17: Borstenwurm *Lepidonotus squamatus;* 18: Wattschnecke *Hydrobia ulvae;* 19: Plattmuschel *Macoma baltica;* 20: Schlangenstern *Ophiura albida.* ▷

1
2
3
4
5
6
7
8
9
10
11
12
13
14
15
16
17
18
19
20

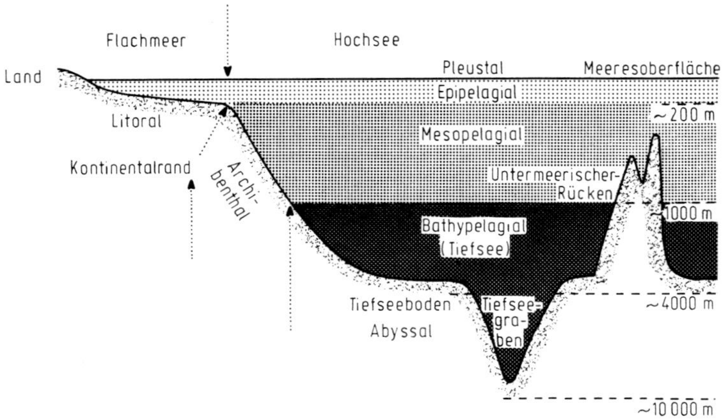

Abb. 7.6: Lebensbereiche des Meeres (nach Tait 1971).

Der Untergrund in der Tiefe des Archibenthals besteht vorwiegend aus Sediment, doch kommt an steilen Partien des Kontinentalhangs auch Hartsubstrat vor. Die Makrofauna des Untergrundes nimmt schon bei Tiefen über 250 m im allgemeinen beträchtlich ab, während die Mesofauna zunimmt. Letztere ist im wesentlichen eine verarmte Tierwelt des litoralen Weichbodens. Von Metazoen besteht der größte Teil aus Nematoden.

In die **Dunkelzone** unterhalb 1000 m dringt kein Licht mehr von oben, doch haben viele Tiere Leuchtvermögen. Am Grund (Abyssal) in Tiefen von 3000–6000 m lagern sich weiche Sedimente aus Resten von Planktern, Kotbällchen, Staub und Ton ab. Sie können von Würmern (Echiurida, Enteropneusta, Sipunculida, Nematoda) wie ein Mullboden auf dem Land durchlöchert und besiedelt sein. Gerade Sedimentfresser, zu denen auch Seegurken und einige andere Echinodermen gehören, geben dem Meeresboden der eutrophen Randzonen und äquatorialer Bereiche der Ozeane ein charakteristisches Gepräge. In den zentraler gelegenen, oligotrophen Tiefseeböden herrschen mehr Suspensionsfresser vor (Schwämme, Hohltiere, Muscheln). Tiefseegräben (Hadal), in denen Bakterien und Tiere leben, reichen bis 11 000 m nach unten.

Vertikalwanderungen. Viele Zooplankter und Arten des Nekton (unter ihnen Cephalopoden und manche kleinere Fische) konzentrieren sich nachts im Oberflächenwasser. Am Tage halten sie sich in tieferen Schichten auf, im Küstengebiet oft in Nähe des Meeresbodens. Wichtigster Auslöser für regelmäßige, im einzelnen artspezifische Auf- und Abwärtsbewegungen ist das Licht. Der Aufstieg der Plankter beginnt vor Sonnenuntergang und zieht sich über die Dämmerungsperiode hinaus. In der Nacht verteilen sich die Tiere zur Nahrungssuche in einem weiten Bereich, konzentrieren sich aber am Morgen wieder mehr in der obersten Schicht, ehe sie allmählich zur Tiefe absinken. Im Vergleich zum Licht haben sich Temperatur, Turbulenzen und Sauerstoff-Schichtung als zweitrangig erwiesen. Tiere mit derartigem Ortswechsel ernähren sich hauptsächlich von Phytoplanktern. Auf jeden Fall ist ein tagesrhythmisch gesteuertes Verhalten für die Ernährung und zur Vermeidung des Zusammentreffens mit den vielen tagaktiven, potentiellen Feinden vorteilhaft (Abb. 7.7).

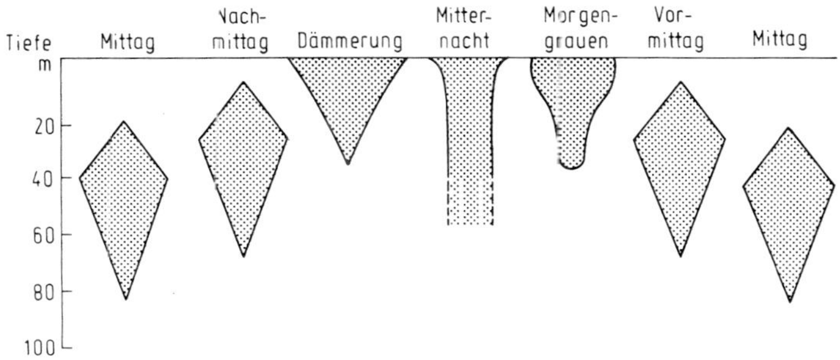

Abb. 7.7: Schema der Vertikalwanderungen vieler Zooplankter im Meer (nach Tait 1971).

In der oezanischen Region steigen abends auch Siphonophoren (Staatsquallen), größere Fische und Krebse noch aus Tiefen von 750 m in die oberen Wasserschichten, nehmen nachts die dort reichlicher vorhandene Nahrung auf und kehren in der Morgendämmerung nach unten zurück. Andere Tiere verschieben ihren Aktivitätsbereich innerhalb bestimmter Tiefenzonen. Auf diese Weise werden mit den Kotballen solcher Arten, die ihre Nahrungsbereiche wechseln, ständig organische Stoffe schneller in die Tiefe gebracht, als wenn sie von selbst nach unten sinken würden. Allerdings muß betont werden, daß mindestens bei den Knochenfischen (Teleostiern) Vertikalwanderungen fakultativ und recht flexibel sind, also keineswegs obligatorisch verlaufen.
Durch Vertikalwanderungen müssen unter Umständen in kurzer Zeit beträchtliche Unterschiede der Temperatur ertragen werden. Bei manchen pelagischen Fischen – ein Beispiel dafür ist der Schwertfisch *(Xiphias gladius)* – wurde unterhalb des Gehirns ein Organ festgestellt, dessen braunes, stark durchblutetes Gewebe einen Augenmuskel umgibt. Eine derart eingebaute «Heizung» kann Augen und Gehirn beim Schwertfisch um 10–14° C wärmer erhalten als das umgebende Tiefenwasser. Sie verhindert eine zu schnelle Abkühlung des Zentralnervensystems, durch die das Reaktionsvermögen des Fisches vermindert würde.

7.1.3 Funktionelle Aspekte

Im Meer gedeihen an pflanzlichen Organismen außer den Großalgen und einigen Phanerogamen der Küstenregion sowie den in der ozeanischen Region treibenden Algen der Sargassosee (von rund 8,5 Mill. km^2) vor allem die in der durchleuchteten Wasserschicht lebenden Phytoplankter. Es sind in erster Linie Peridineen (Dinofla-

gellaten) und Diatomeen (Kieselalgen). Außerdem kommen Cyanobakterien, Coccolithinen, Silicoflagellaten und Vertreter anderer Gruppen vor. Arten mit einem Durchmesser unter 20 µm werden vom feinmaschigen Planktonnetz nicht erfaßt. Sie bilden das **Nanoplankton** (20 bis 2 µm) und das **Picoplankton** (2 bis 0,2 µm), die für die Photosynthese im Meer äußerst wichtig sind. Zu dem erst spät entdeckten Picoplankton gehören außer den Bakterien vor allem prokaryotische Protochlorophyta von 0,6 bis 0,8 µm Größe. Sie leben vorwiegend in der unteren, 80–150 m tiefen euphotischen Zone, oft in Dichten bis zu 10^5 Individuen im Milliliter. Schließlich können bis zu 10^8 Viruspartikel in einem Milliliter Meerwasser enthalten sein, die Bakterien, Phyto- und Zooplankton sowie Großalgen befallen.
Eine große Menge der Primärproduktion wird vom Nano- und Picoplankton erzeugt und gleich von heterotrophen Bakterien konsumiert. Die größeren Phytoplankter dienen weitgehend Zooplanktern und einigen Arten des Nekton zum Fraß. Etwa 30 % von ihnen sinken, zuweilen flockig als Aggregate, mit Partikeln abgestorbener Großalgen, Tierresten und Kotballen aus den oberen Wasserschichten nach unten. Auf diesem Weg dienen die organischen Substanzen im freien Wasser und auf dem Meeresgrund den verschiedenen Tieren zur Nahrung. Unter ihnen befinden sich Suspensionsfresser (Strudler, Filtrierer) und Substratfresser. Von gelöstem organischen Material (Proteine, Polysaccharide, Fettsäuren) ernähren sich außerdem die heterotrophen Bakterien. Es wird auch durch sie wieder in die Nahrungsketten eingefügt. Für Phytosynthate (zwischen 10–50 % der Primärproduktion) und andere gelöste Stoffe ergeben sich im Tiefenwasser des Ozeans Konzentrationen von 1 mg/l. Aktinien können sogar selektiv Aminosäuren aufnehmen.
Schließlich werden alle Stoffe durch Bakterien und Pilze remineralisiert und für die «grünen» Pflanzen wieder verwertbar gemacht. Es bezieht sich vor allem auf die zur Bildung von Eiweiß und Nukleinsäuren nötigen Nitrate, Phosphate und Sulfate. Zwar reichern sie sich mit zunehmender Tiefe an – in der Ozeanischen Region liegt ihr Maximum bei 500 bis 1500 m – doch können sie durch Strömungen selbst vom Meeresgrund zum Teil in die obere, durchlichtete Zone gelangen. Dadurch wird das nährstoffreiche, kühle Tiefenwasser unterhalb einer «thermischen Sprungschicht», die es vom warmen Oberflächenwasser trennt, für den Stoffkeislauf im Meer besonders wichtig. Sobald es in die Lichtzone gedrungen ist, kommt es schnell zur Massenvermehrung des Phytoplanktons. Bald darauf konzentrieren sich dort Mengen von Kleinkrebsen, die etwa 70 % des Zooplanktons bilden, sowie von kleinen Fischen, welche die Zooplankter fressen oder (in Abkürzung der Nahrungskette), sich von Diatomeen ernähren. Jenseits der oft ausgeprägten Grenze zwischen Auftriebwasser und ozeanischem Wasser halten sich Schwärme größerer Fische auf, die ihrerseits von Haien und Delphinen erbeutet werden. Kleinfische dienen auch den Küstenvögeln zur Nahrung, deren Ablagerung von «Guano» manchen Küsten zugute kommt. Für die großen Wirbeltiere an der Spitze der «Nahrungspyramide» bleibt infolge des verzweigten Nahrungsnetzes nur noch knapp 1 % der in Primärproduzenten gebundenen Energie (Abb. 7.8).
Außer durch Aufstieg von Tiefenwasser erfolgt Zufuhr von Nährstoffen für die Pflanzen mit dem Regen und durch das vom Land einströmende Wasser der Flüsse. Die oberflächennahe Gegenströmung vor den Küsten treibt organische Abfallstoffe

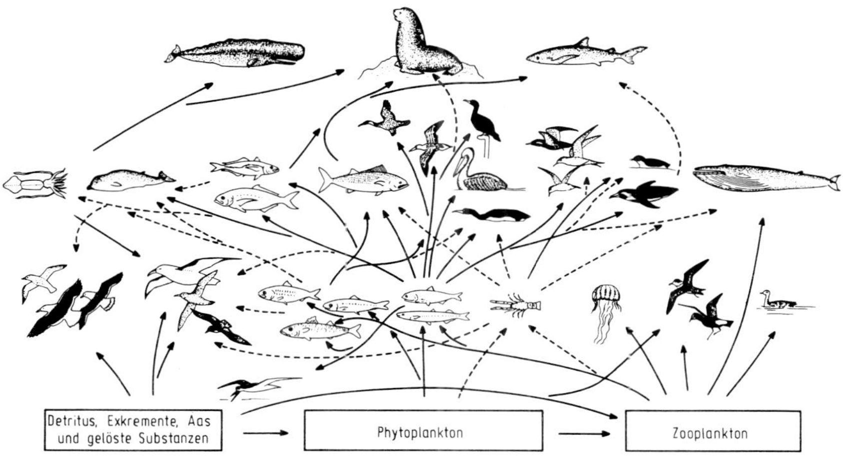

Abb. 7.8: Nahrungsnetz der Makrofauna im Pelagial des Humboldtstroms (nach H. W. Koepcke 1956).
Gestrichelt: Beziehung vermutet; ausgezogen: Beziehung nachgewiesen.

von der Küste weg. Die Partikel sinken dann in die Tiefenströmung hinunter, wo sie dem Plankton neue Nahrung geben. So schließt sich der Kreislauf, der den meist gleichbleibend hohen Planktongehalt an der Küste bedingt.

Der größte Flächenanteil der Weltmeere ist biologisch eher Wüsten vergleichbar, da die Primärproduktivität mit weniger als 0,5 g Trockenmasse je m^2 und Tag nicht mehr weit über den Werten solcher Lebensräume liegt. Im Schelfbereich und der Sargassosee entspricht sie mit durchschnittlich 1–2 g den Verhältnissen von Steppen und Savannen, weil Brandung, Gezeiten und Zufuhr von Süßwasser viele Nährstoffe in die küstennahen Gebiete liefern Der Aufstieg von Tiefenwasser ist besonders an den Westseiten der Kontinente durch Unterwasserströmungen ausgeprägt. Der Kalifornische Strom, der Humboldtstrom (vor Peru), der Guinea-Strom, der Benguela-Strom (Südafrika) und der Westaustralstrom erbringen 75 % des Weltfischfangs.

Das Auftriebwasser des Humboldtstroms quillt das ganze Jahr empor. In den übrigen für die Fischerei wichtigen Aufquellgebieten dauert es wenigsten 8–9 Monate, eine Zeit, die zur Erhaltung einer ausgeglichenen Lebensgemeinschaft genügt. Allein im Gebiet des Humboldtstroms wurde mit etwa 11 Mill. Tonnen ein Sechstel der gesamten Fischausbeute aus dem Meer gefangen, die rund 80 Mill. t im Jahr beträgt. Jedoch können die Fangquoten durch Überfischung oder zeitweise Veränderung des Stromverlaufs beträchtlich zurückgehen. So betrug der Fang vor Peru 1979 nur 3,6 Mill. Tonnen.

Zusätzlich erhöht sich heute die Fischproduktion durch Aquakultur mit etwa 5 Mill. t jährlich. Allerdings werden dabei wie bei jeder intensiven Tierhaltung deren Fäkalien zum Problem. Diese fördern die Massenvermehrung einzelliger Algen, die mit Bakterien vergesellschaftet sind und unter Umständen für andere

Organismen toxisch werden. Außerdem stehen Fische in Aquakultur stärker unter Streß.
In **polaren Meeresgebieten** mischen sich wegen der geringen sommerlichen Erwärmung Wasser der Oberfläche und Tiefen das ganze Jahr hindurch. Doch gibt es nur in wenigen Monaten genügend Licht und ausreichende Temperatur zu starker Entfaltung des Phytoplanktons als Grundlage für eine größere Sekundärproduktion. Wegen mancher Besonderheiten werden die Polarmeere in Kap. 12 bei der Eisregion nördlich der Tundra und bei der Antarktis behandelt.
In den **gemäßigten Breiten** bildet sich im Sommer eine obere Wärmeschicht, die durch die «Sprungschicht» in etwa 15–40 m Tiefe vom nährstoffreichen Tiefenwasser getrennt bleibt, bis die Zirkulation in der kalten Jahreszeit wieder genügend Nährstoffe nach oben bringt. In der Nord- und Ostsee sind die Bedingungen für die Primärproduktion ungünstig, jedoch reichert die bakterielle Zersetzung eine Menge an Nährstoffen an. Höhere Wassertemperatur und Lichtversorgung im Frühjahr führen daher zu sprunghafter Entfaltung des Phytoplanktons. Natürliche Höhepunkte der «Algenblüte» liegen im Frühjahr und Herbst; nur anthropogen bedingt kommen sie auch im Sommer vor. Die jeweiligen Maxima der Zooplankter, die sich von Algen ernähren, sind etwas zeitlich davon verschoben.
In den **tropischen Gebieten** befindet sich die thermische Sprungschicht bei 300 bis 400 m, in den Subtropen bei 500–1000 m Tiefe. In diesen warmen Meeren erhält sich die obere nährstoffarme Zone das ganze Jahr über, sofern nicht ein Unterwasserstrom nährstoffreiches, kaltes Tiefenwasser heraufbringt. Doch selbst dann kann eine zu schnelle Zirkulation, wie etwa durch den Äquatorstrom im Indischen Ozean, biologisch nutzlos sein. Die Plankter geraten nämlich schon wieder in die Tiefe, bevor sie genügend Zeit zur Vermehrung hatten.

7.2 Region des Kontinentalschelfs (Flachmeer)

Im Bereich des untergetauchten Sockels des Festlands ist der Meeresgrund 10 bis 500 m (Durchschnitt 130 m) tief. Schelfgebiete sind wenige km bis 1500 km (im Mittel 75–100 km) breit. Das Flachmeer nimmt etwa 8 % der Fläche des gesamten Meeresbodens und nur 0,2 % des Wasservolumens der Ozeane ein. Sein Boden, das Litoral, besteht meist aus einer tiefen Schicht von abgelagerten Stoffen, die zum Teil vom Festland stammen. In zonaler Hinsicht lassen sich eisgeformte Schelfe der Polarregionen und eiszeitlich vergletscherte Gebiete von den stets eisfreien Mittelbreiten und tropischen Schelfen unterscheiden. In den Polargebieten ist Permafrost im Untergrund weit verbreitet. Bei geringem Salzgehalt des Porenwassers befinden sich dort schon ein Meter unter dem Meeresboden Eiskomplexe. Die Lebewelt des Flachmeers ist nach Artenzahl und Individuendichten sowie im Spektrum der Lebensformen besonders reichhaltig und an stärkere Änderungen von Temperatur und Salzgehalt angepaßt.
Im Litoral kommen außer den Pogonophora Vertreter aller größeren Gruppen der marinen Tiere vor. Von dort aus dürfte im Laufe der Erdgeschichte das Pelagial

besiedelt worden sein. Es erfordert ein Leben im freien Wasser durch Schweben und Schwimmen, wie es sich etwa bei Medusen, bestimmten Mollusken (Heteropoden, Pteropoden) und Geißelgarnelen (Sergestiden) zeigt. Die sekundär geschlossenen Statozysten der letzteren lassen an ihrem Falzverschluß noch das ursprünglich offene Gleichgewichtorgan erkennen, das die erste Antenne der Dekapodenkrebse auszeichnet. Ihre Statolithen sind nun aus Chitin gebildet. Im freien Wasser könnten nicht nach jeder Häutung Sandkörnchen hineingebracht werden (Abb. 7.9).

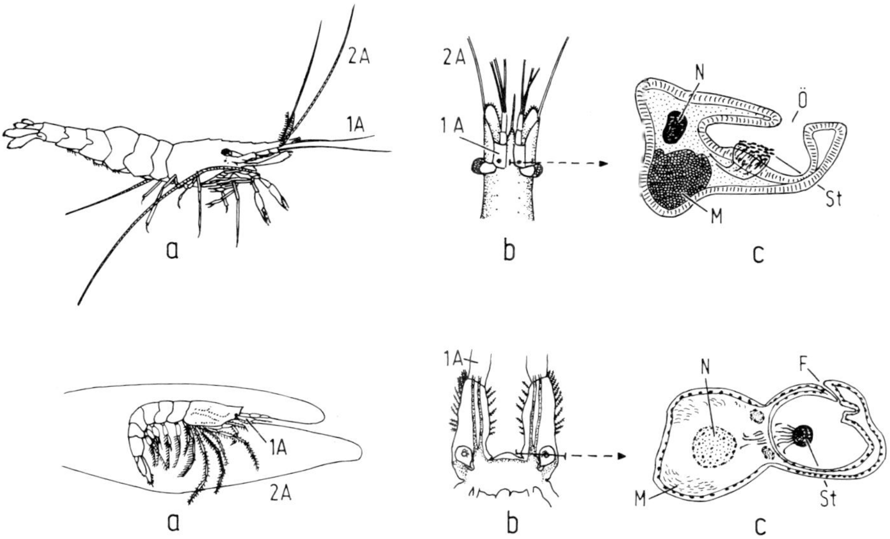

Abb. 7.9: Gleichgewichtsorgane bei dekapoden Krebsen des Litoral (oben) (nach Penzlin 1991) und des Pelagial (unten) (nach Tischler 1935).
Oben: Sägegarnele *(Palaemon)* mit offener Statozyste und Sandkörnern als Statolithen. Unten: Geißelgarnele *(Sergestes)* mit durch Falz verschlossener Statozyste und Chitinkörper als Statolith. a: Totalansichten; b: Kopfbereiche mit 1. Antenne; c: Querschnitte durch 1. Antenne mit Gleichgewichtsorgan. 1 A, 2 A: erste u. zweite Antenne, N: Nerv, St: Statolith(en), Ö: Öffnung zur Statozyste, F: Falz, M: Muskeln.

7.2.1 Bereich der Großpflanzen (Phytal)

Als Produzenten kommen zum Phytoplankton noch am Grund siedelnde, dichte Rasen von Kleinalgen sowie vor allem dort haftende Großalgen und wurzelnde Seegräser hinzu. Dieses Phytal dient vielen Organismen als Wohnraum, Schutz und Laichplatz. Aber auch zur Ernährung von Pilzen, Seeigeln, Amphipoden und anderen Krebsen, Schnecken, Polychaeten und Fischen sind Großalgen, namentlich in den warmen Meeren, wichtig. Bakterien greifen im allgemeinen erst geschwächte oder abgestorbene Algen an. Auf manche Tiere wirken sekundäre Pflanzenstoffe wie Phlorotannine, Terpene, Halogene abweisend oder giftig. Andererseits können

Algen, die von großen Pflanzenfressern wie Fischen als Nahrung gemieden werden, kleinere Weidetiere sogar zum Fraß stimulieren. Im Meer dürfte wegen meist geringer Fraßspezialisierung eine «Koevolution» von Pflanze und Tier kaum in Frage gekommen sein.

Die obere Zone des Phytals besteht aus Grünalgen oder ausgedehnten Wiesen von Seegras *(Zostera)* und anderen Helobiern. Insgesamt haben etwa 50 höhere Pflanzen der Potamogetonaceae und Hydrocharitaceae das marine Milieu erobert. Am bekanntesten sind Arten von *Zostera* in außertropischen Meeren, von *Posidonia* und *Cymodocea* im Mittelmeer. Zur Tiefe hin schließen sich meist Braunalgen an, die große Tangwälder bilden können. In noch größerer Tiefe liegt der Optimalbereich der Rotalgen. Sowohl Braun- wie Rotalgen haben außer Chlorophyll noch zusätzliche Pigmente. Hervorgehoben seien das Fucoxanthin (ein Xanthophyll) der Phaeophyceae, das besonders Blaugrün absorbiert, und das Phycoerythrin (ein Phycobilin) der Rhodophyceae, welches das rasch zur Tiefe abnehmende Gelb und Hellgrün (570–540 nm) ausnutzen kann.

Die Großpflanzen ermöglichen Organismen von Hartböden sich auch im Bereich der Weichböden anzusiedeln, da besonders *Fucus* und *Laminaria* für manche sessilen Bewohner eine feste Unterlage bilden. Außer epiphytischen Algen kommen Cnidaria, Bryozoen, Schwämme, Mollusken, Polychaeten, Seepocken und andere Krebse, Echinodermen, und Fische in den Tangwäldern und Seegraswiesen im Meer vor. Charakteristisch für die letzteren sind die Seenadeln (Syngnathidae), Fische, zu denen auch das Seepferdchen *(Hippocampus)* gehört. Seegräser nehmen viel Phosphat und Ammonium aus dem Sediment und aus dem Wasser auf. Da die Blätter wieder viel davon ausscheiden, erhalten auch die Diatomeenrasen und andere Kleinalgen des Benthos an solchen Stellen mehr Nährstoffe. Bestimmte Substanzen der Phytoplankter und Großalgen *(Ulva, Enteromorpha)* stimulieren die Eiablage von Muscheln, Borstenwürmern und Kleinkrebsen.

7.2.2 Verknüpfung von freiem Wasser und Meeresgrund

Im Schelfgebiet ist der Kreislauf der Stoffe «kurzgeschlossen». Dort sinken die abgestorbenen Organismen schnell zum Grund. Nach Freiwerden der Pflanzennährstoffe durch Fraß, bakteriellen Abbau und Ausscheidungen setzt wieder eine neue «Planktonblüte» ein. Im Hochseebereich mit seinen großen Tiefen dauert es viel länger bis die abgestorbenen Plankter usw. nach unten sinken, Nährstoffe für neues Leben freigesetzt werden und durch Zirkulation des Wassers nach oben gelangen.

Das Zooplankton, zu dem pflanzenfressende und räuberische Tiere gehören, ist im Flachmeer größtenteils **meroplanktisch,** d. h. nicht alle Stadien halten sich im freien Wasser auf. Entweder kommen Eier und Jugendstadien oder wenigstens letztere im Pelagial vor, während die anderen Lebensphasen an das Litoral oder Phytal gebunden sind. Dies gilt z. B. für Schwämme, Cnidarier, Bryozoen, Nemertinen, Polychaeten, Mollusken, Krebse, Echinodermen, Tunikaten, *Branchiostoma*. Die Lebensweise der Meroplankter verknüpft also den Untergrund mit dem freien Wasser.

Das **Holoplankton,** dessen ganzes Leben sich im Pelagial abspielt, wie Rippenquallen *(Beroe, Pleurobrachia)*, Pfeilwürmer *(Sagitta)*, der Borstenwurm *Tomopteris* und Kleinkrebse zeigen, tritt im Flachmeer an Artenzahl gegenüber dem Meroplankton sehr zurück.

Um in hocharktischen Küstengebieten zu überleben, muß eine planktonfressende Larve ihre Entwicklung in vier bis sechs Wochen bei höchstens 2–4° C durchlaufen können, weil die ständige Produktion an Phytoplankton nicht länger dauert. Entsprechendes gilt für die Antarktis. Dagegen ermöglicht das Sonnenlicht in tropischen Küstenbereichen, wo 80–85 % der Arten planktotrophe, pelagische Larven haben, während des ganzen Jahres Photosynthese. Dadurch steht den Larven stets genügend Phytoplankton und andere Nahrung zur Verfügung.

Frisch geschlüpfte Larven wenden sich dem Licht zu und streben daher in oberflächennahe Schichten. Am Ende ihrer Metamorphose gelangen sie durch «negative Phototaxis» (Lichtflucht) wieder in Bodennähe. Die Besiedlung des Untergrunds unterliegt aber keineswegs dem Zufall. Wenn die Larven nicht das geeignete Substrat finden, vermögen sie ihr pelagisches Leben unter Umständen um Tage oder Wochen zu verlängern. Da sie mit der Strömung Hunderte von Kilometern dicht über dem Boden transportiert werden können, haben sie gute Chancen, sich auf einem passenden Untergrund niederzulassen. Solche, die sich auf Sand absetzen, wählen ein Milieu mit nachgiebigem Substrat, das durch stärkere Wasserbewegung leicht umgelagert wird. Diejenigen, die Schlammboden bevorzugen, suchen ein nährstoffreicheres Milieu. Ständige Strömungen aus schmalen Küstengebieten gegen die Hochsee treiben viele Larven aus dem Schelfbereich ab, so daß sie zugrunde gehen. In Bodennähe fallen Larven vor ihrem Festsetzen verschiedenen Feinden des Benthos zum Opfer, einschließlich Bodenfischen. Eine mittelgroße Mießmuschel *(Mytilus)* filtert 1,4 Liter Wasser in der Stunde. Dadurch können rund 100 000 pelagische Larven in 24 Stunden von einer einzigen Muschel herausgefiltert und verzehrt werden. Manche räuberische Tiere wechseln zwischen Zeiten reichlicher Aufnahme von Nahrung und solchen der Ruhe oder Freßunlust, wobei inaktive Phasen mehrere Wochen lang dauern können. Während dieser Perioden lassen sich viele Plankter nieder und wachsen im Benthal heran.

Die meisten Bodentiersiedlungen sind selbst während langer Zeitspannen in ihrer Zusammensetzung recht konstant, obwohl sich die einzelnen Arten in ihrer Fortpflanzung und Entwicklungsweise stark unterscheiden. Solche, die viele Eier erzeugen, erleiden größere Verluste an Nachkommen als die mit geringer Eiproduktion und weisen zugleich eine ausgeprägtere Populationsdynamik auf. Die flachen, über weite Areale einförmigen Sand- oder Schlammböden entwickeln parallele Tiergemeinschaften gleicher Lebensformen in den verschiedensten geographischen Gebieten. So sind auf Sandböden *Venus*-Assoziationen aus Ostgrönland, der Nordsee, der Adria und dem Persischen Golf bekannt. Ufernahe *Macoma*-Gemeinschaften auf gemischtem Weichboden in geringer Tiefe wurden bei Grönland, an der Nordseeküste, vor Ostafrika und vor Vancouver angetroffen.

Der etwa gleichen Artenzahl der Endofauna von der Arktis bis zu den Tropenmeeren steht die Steigerung der Arten der Epifauna zu den Tropen hin gegenüber. Die Artenzunahme des Benthos in den warmen Zonen betrifft also im wesentlichen

die Epifauna. Besonders auffällig ist dies an Felsküsten und Steinriffen. Sie umfassen vor allem in der Gezeitenzone eine Fülle von Kleinstlebensräumen, die Unterschiede in Trockenlage, Sonnenexposition und Algenbewuchs für die Epifauna bieten. In den arktischen und selbst noch in gemäßigten Breiten machen dagegen die kalten Temperaturen und jährlichen Temperaturschwankungen den Gezeitenbereich für viele Tiere unbesiedelbar. In den Tropen mit ihren konstanteren Jahrestemperaturen kommt die selektive Wirkung der Mikrobiotope zu voller Geltung; gerade dort bilden sich auch Korallenriffe aus.
Wo Fortpflanzungszeit und Entwicklungsmodus fixierter sind, wie bei den meisten Echinodermen, Mollusken und Crustaceen, ist das jeweilige Verbreitungsareal der Art relativ begrenzt. Kann sich eine Art in verschiedenen Meeresgebieten plastischer verhalten, wie es bei vielen Polychaeten der Fall ist, so haben die Verbreitungsareale oft beträchtliche Ausdehnung. Von den entlang der westeuropäischen Küsten vorkommenden Polychaeten leben mindestens 28 % auch im Indischen Ozean und 18 % an der kalifornischen Küste, von Echinodermen, Prosobranchiern und Muscheln dagegen weniger als 2 %.
Für die Fischerei im Flachmeer sind vor allerm Hering *(Clupea)*, Lachse (Salmonidae), Dorsche (Gadidae) und Plattfische (Pleuronectidae) wichtig. Die planktonfressenden Heringe und die Lachse als Großräuber halten sich im oberen Pelagial auf, Dorsche und Plattfische mehr in Bodennähe. Schollen *(Pleuronectes platessa)* leben die ersten sechs Monate nach der Metamorphose an sandigen Küsten. Dort fressen sie gern die Siphonen der in Massen vorkommenden Muschel *Tellina (Angulus) tenuis*, die in einem Monat regenerieren. Wird deren Population zu klein, so wählen sich die jungen Schollen Tentakeln von Borstenwürmern als bevorzugte Nahrung. Ausgewachsene Schollen fressen ganze Muscheln.

7.2.3 Verschmutzungen

Im großen Ausmaß gelangen in stark besiedelten Gebieten toxische Stoffe an Küsten, durch Flüsse, von Schiffen und aus der Luft ins Meer. Da der Austausch des Wassers zu den Weltmeeren meist langsam vor sich geht, kann es zu regionaler Hypertrophierung und dadurch zur Beeinträchtigung des Sauerstoff-Haushaltes kommen. In sehr von Abwässern betroffenen Stellen überdeckt eine einheitliche Lebensgemeinschaft die vorher diskontinuierlichen, scharfen Grenzen, die durch den Charakter des Substrats gegeben sind. Je nach der Trübung des Wassers dringt nur 1 % des Lichts der Oberfläche unter Umständen noch zehn Meter weit in die Tiefe.
Hypertrophierung durch Stickstoff und Phosphor bewirkt, daß sich manche Planktonalgen (Dinoflagellaten, Chrysophyceen) übermäßig vermehren. Das entstehende Defizit an Sauerstoff sowie Toxine der Algen schädigen ganze Nahrungsketten bis zu den Fischen. Weil z. B. Dinoflagellaten der Gattung *Gonyaulax* größere Meeresstriche rot färben können, spricht man, wie schon in Kap. 6.6 erwähnt, von der «Roten Flut» (Red Tides). Andere Algen dieser Gruppe sowie Chrysophyceen rufen eine braune oder gelbgrüne Färbung des Wasser hervor. *Chrysochromulina poly-*

lepsis wird als «Killer-Alge» bezeichnet, weil sie Vergiftungen bei Muscheln auslöst.
Unangenehme Folgen für den Menschen durch hohe Konzentration bakterieller Krankheitserreger machen sich zuerst in wärmeren Meeren bemerkbar. Unter 12° C Wassertemperatur ist die Selbstreinigung des Meeres dagegen größer.
Durch Erzeugnisse der Industrie geraten Schwermetalle (Pd, Cd, Hg, Zn, Cr, Cu, Ni) und andere Schadstoffe ins Wasser. Sie vergiften Meerestiere unmittelbar oder werden in Nahrungsketten angereichert. Die «Verklappung» von Dünnsäure aus Schiffen ist jetzt verboten. Sie bestand zu 23 % aus Schwefelsäure und zu 12 % aus schwefelsauren Metallsulfaten. Durch Anreicherung von anorganischen Verbindungen mit Chlor wird die Fortpflanzung der Fische beeinträchtigt, durch verschiedenste Schadstoffe das Immunsystem der Robben geschwächt.
Zahlreiche Organismen gehen durch Rohöl aus Tankern und sonstigen Schiffen zugrunde. Öl wirkt als Gift, verschmutzt den Körper und beeinträchtigt die Atmung. Treibende Ölfelder haben schon viele Seevögel getötet, weil durch Verkleben des Gefieders die natürliche Wärme-Isolation verloren geht, und die Vögel sich beim Putzen vergiften. Natürliche Beseitigung von Öl erfolgt nur langsam durch dessen flüchtige Bestandteile, Dispersion, abiotische und biotische Oxidationen. Der Abbau geschieht hauptsächlich durch Bakterien und Pilze, im geringeren Maße durch den Sauerstoff der Luft und des Meerwassers.
Gefährdet sind Küsten durch angetriebene «Wasser-in-Öl-Emulsion», deren Konsistenz von dicker Sahne bis zu Teer oder Klumpen reicht. Die für Organismen besonders giftige «Öl-in-Wasser-Emulsion» ist mit Meerwasser gut mischbar und verteilt sich schnell. Wie auf dem Land nach einem Feuer unverbrannt gebliebene Stellen als Regenerationsinseln bleiben können, so dienen an Felsküsten von Öl verschonte Partien zur Wiederbesiedlung verschmutzt gewesener Flächen. Die zur Bindung von Öl verwendeten Detergentien schädigen noch zusätzlich die marine Flora und Fauna. So wird der Riechsinn mancher am Boden lebender Tiere blokkiert, die dadurch vor räuberischen Seesternen nicht mehr rechtzeitg fliehen. Diese kommen dann unter Umständen zur Massenvermehrung. Im Watt verarbeiten Bakterien, Pilze und Kieselalgen Ölrückstände, wenn die Oberfläche des Sediments gut belüftet ist.
Bei einer Ölkatastrophe in der Karibik flossen acht Millionen Liter Rohöl aus. Dadurch wurden große Mangrovensäume von *Rhizophora mangle*, weitflächige Seegraswiesen aus *Thalassia testudinum* und Korallenriffe mit ihren zahlreichen Algen und Tieren weitgehend vernichtet. Die Erholung begann erst nach anderthalb Jahren und verlief sehr langsam.

7.3 Korallenriffe

Im Küstenbereich tropischer Meere können auf Felsuntergrund Korallenriffe entstehen, die ein besonders artenreiches Ökosystem bilden. Grundlage sind Riffkorallen, die über 20° C zum Wachstum benötigen. Am besten gedeihen sie zwischen 23° und

28° C. Daher finden sich solche Riffe im wesentlichen zwischen 30° nördlicher und südlicher Breite. Sie fehlen vor den Westküsten Südamerikas und Afrikas, an denen sich kalte Meeresströme entlangziehen.
In anderen geographischen Breiten gibt es Korallen nur in größerer Tiefe, so *Lophohelia* vor Skandinavien. Einige Arten leben noch 5000–6000 m tief bei Temperaturen um 1° C.
Der Aufbau eines Korallenriffs geht sehr langsam vor sich. Ein 50 m hohes Riff ist etwa 1800 Jahre alt. Riffkorallen finden sich kaum über 40–60 m, selten über 70 m, meist nicht einmal 20 m tief. Der Untergrund muß fest sein. Schon vor über 400 Millionen Jahren im Devon sind Korallenriffe entstanden. Das Eifelgebirge im Rheinland ist aus riffbildenden Korallen hervorgegangen. Riffe kamen auch im Erdmittelalter vor. Ihre Reste finden sich in manchen Kalkgebirgen der Alpen, so in den Dolomiten.
Der Beginn der Entstehung eines künstlichen Riffs wurde im Roten Meer elf Jahre hindurch verfolgt. Zunächst erschienen unspezifische Pionier-Arten. Dann siedelten sich Kalk-Rotalgen, Muscheln und Forminiferen an. Auf den Schalen der abgestorbenen Muscheln und an geschützten Stellen setzten sich später Hart- und Weichkorallen fest. Sie bildeten den Rahmen für die endgültige Lebensgemeinschaft. Die Zwischenräume wurden allmählich von anderen Arten ausgefüllt.

Man unterscheidet seit Darwin drei Rifftypen: (1) **Saumriffe** entlang einer Küste und von ihr oft durch eine Zone von Korallensand getrennt. (2) **Barriereriffe** mehrere Kilometer von der Küste entfernt und von viel größerer Mächtigkeit an Länge und Breite; wie im Nordosten Australiens (oft mit Lagunen zwischen Riffkante und Festland). (3) Ringriffe oder **Atolle,** die trogförmig eine 30–70 Meter tiefe Lagune einschließen. Bei der Bildung von Saumriffen siedeln sich an felsigem Untergrund vor Küsten Riffkorallen an, die zu einem lebenden Wall emporwachsen. Barriere- und Atollriffe sind durch Senkungen des Felssockels, Hebung des Meeresbodens und Schwankungen des Meeresspiegels infolge der Eiszeiten entstanden. Bei Atollen werden Vulkankegel von den Riffen umsäumt. Den Erosionseffekt, der durch Brandung, Bohren von Polychaeten und Mollusken, Abnagen durch Fische (z. B. Papageifische), Lebenstätigkeit von Cyanobakterien und durch chemische Lösung von Kalk hervorgerufen wird, gleichen die Korallen durch ihr Wachstum aus. Außerdem lagert sich «Korallensand» durch Wind und Wellen ab, so daß die Ufer erweitert, die Lagunen flacher werden (Abb. 7.10) .
Bei der Bildung eines Riffs sind außer Steinkorallen viele weitere Organismen beteiligt; Lederkorallen (Alcyonaria), Rindenkorallen (Gorgonaria), Seefedern (Pennatularia), die Milleporiden der Hydrozoen, bestimmte Bryozoen, Seepocken (Cirripedia), Serpuliden (Borstenwürmer), sessile Mollusken. Einige Grün- und Rotalgen (unter letzteren die Corallinacea) lagern Kalk an und in ihren Zellwänden ab. Durch ihre Krusten, die oft plattenartig aneinander liegen, erhöhen sie die Festigkeit des Riffs. Die den Wellen zugewandte Außenseite eines Riffs unterscheidet sich in ihrer Besiedlung von der zum Stillwasser der Lagune gerichteten Innenseite.
Das Ökosystem des Korallenriffs, dessen oberste Teile unter Niedrigebbe trocken

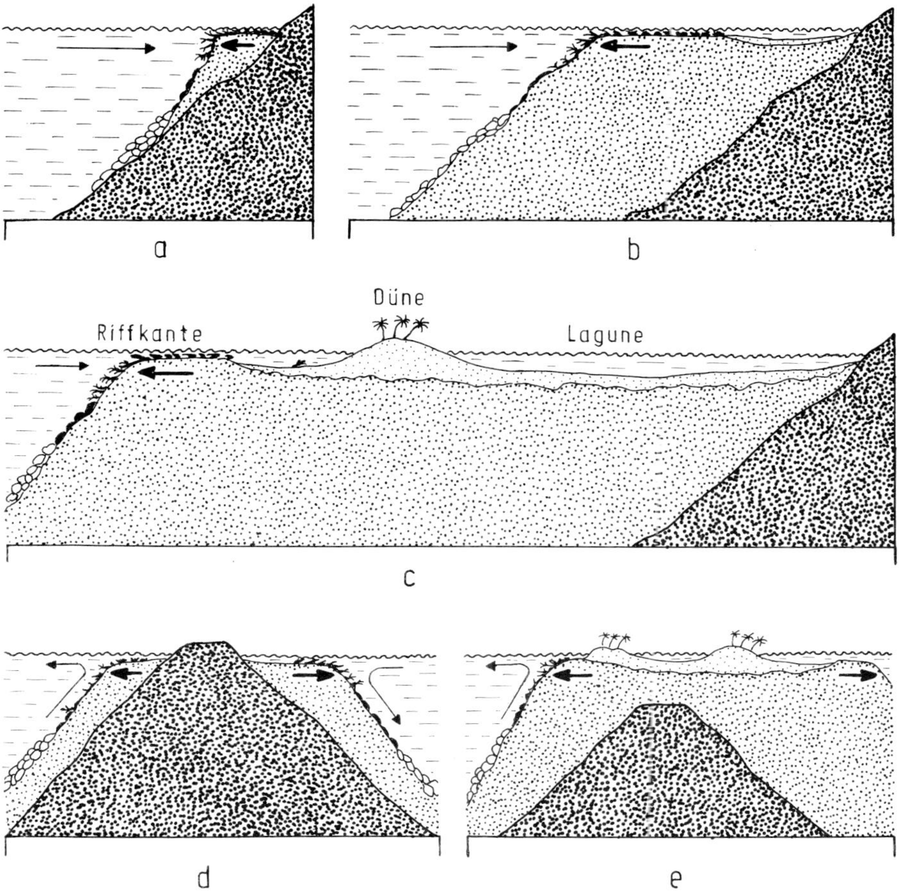

Abb. 7.10: Korallenriffe (nach Tardent 1979).
a und b: Saumriffe; c: Barriere-Riff; d und e: Atolle. Dünne Pfeile: Strömungsrichtung; dicke Pfeile: Wachstumsrichtung des Riffs. Punktierung fein: Dünen aus Korallensand; mittel: biogene Kalksedimente; grob: Festland bzw. Vulkan-Kegel.

fallen, schließt bei Insel- und Atollbildung auch Land mit ein. Die Grenzen zwischen Meer und Land verwischen sich hier und bilden durch Austausch von Stoffen eine neue biologische Einheit. Einsiedlerkrebse und Krabben kommen an Land, legen aber ihre Eier ins Meer ab. Meeresschildkröten gehen zur Eiablage an Land, während sie sonst im Wasser leben. Für die Landpflanzen sind Wind, Wasserverhältnisse und Untergrund entscheidende ökologische Faktoren. Sie können eine Insel oder ein Atoll in verschiedene Zonen gliedern, einen mit sukkulenten Chenopodiaceen bewachsenen Strand, einen aus Sträuchern wie *Casuarina* bestandenen Streifen und ein dahinter liegendes Gebiet höherer Bäume. Die Formation des Regenwaldes auf großen Atollen ist keine Seltenheit.

7.3.1 Stoffkreislauf

Für die Polypenköpfchen der Korallen sind Bakterien und gelöste organische Substanzen (Hydrolysate von Algenprotein usw.), die in Konzentrationen von etwa 1 mg im Liter vorkommen, eine wichtige Nahrungsquelle, wie durch Versuche mit radioaktivem Phosphor und Kohlenstoff ermittelt wurde. Nachts wird vor allem das in die oberflächennahe Wasserschicht schwimmende Zooplankton erbeutet. Phytoplankton wird demgegenüber nur in geringerem Maße verzehrt.
Eine besondere Bedeutung für das Funktionieren des Stoffkreislaufs hat die Symbiose von Korallen mit Algen. In einem Korallenstock ist dreimal so viel pflanzliches wie tierisches Gewebe enthalten. Den Hauptteil der Symbionten bilden die im Kalkgerüst lebenden Grünalgen, den geringeren Anteil die in den Polypenköpfchen befindlichen Zooxanthellen (Peridineen). Die Algen liefern ihrem Wirt Sauerstoff, entfernen zu eigenem Verbrauch CO_2 und andere Endprodukte des Stoffwechsels ihres Partners. Die Polypen erhalten organische Stoffe durch die Photosynthese der Algen als Energiequelle zum Skelettaufbau, der letztlich wiederum den Schutz der Algen vor pflanzenfressenden Protozoen erhöht. Tötet man die symbiotischen Algen, indem man die Korallen im Dunkeln hält, so sterben diese zwar nicht, gedeihen aber viel schlechter.
Da außer Phytoplankton und Algensymbionten auch große Grünalgen, Braunalgen und Rotalgen ein Riff besiedeln, kommt es zu einer hohen Primärproduktion inmitten des Meeres, Oasen in einer Wüste vergleichbar. Nur dadurch ist das reiche, hiervon abhängige Tierleben möglich. Viele Bakterien und Pilze bauen das organische Material ab und stellen es damit den Algen wieder zur Verfügung. Sie überziehen die abgestorbenen Korallen und wirken wie das Tropffiltersystem einer Abwasserkläranlage, in der das Gedeihen der Mikroben durch stark belüftete Oberflächen gefördert wird. Vor allem wird der Kreislauf von Stickstoff und Phosphor durch sie sehr beschleunigt. Es ist hier ein «kurzgeschlossenes System» des Stoffkreislaufs entstanden, das im Prinzip dem im Tropischen Regenwald entspricht.

7.3.2 Biozönotischer Konnex

Trotz Unterschiede im Artenbild zwischen see- und lagunenwärts gerichteter Seite sowie solcher zwischen Korallenbänken verschiedener geographischer Bereiche ist die Grundorganisation des Ökosystems, die Lebensaktivität, Vielfalt an Farben und Formen, das Wirken von Antibiosen, Symbiosen, Parabiosen und Metabiosen für die Erhaltung eines so komplexen Ganzen im Prinzip überall gleich (Abb. 7.11). Wichtigste Faktoren für die Zonierung der Arten sind die Strömungsverhältnisse und die Verteilung von Licht und Schatten.
Neben dem Reichtum an Korallen gibt es Seeanemonen, Schwämme, Tunikaten, Polychaeten und andere Würmer, Garnelen, Krabben, Seepocken, Schnecken und Muscheln, alle Gruppen von Echinodermen und vor allem die Fülle an Fischen. Poren, Hohlräume und von bohrenden Tieren selbst erzeugte Löcher bieten zahlreichen Organismen gute Versteck- und Schutzmöglichkeiten. – Es gibt sogar einen

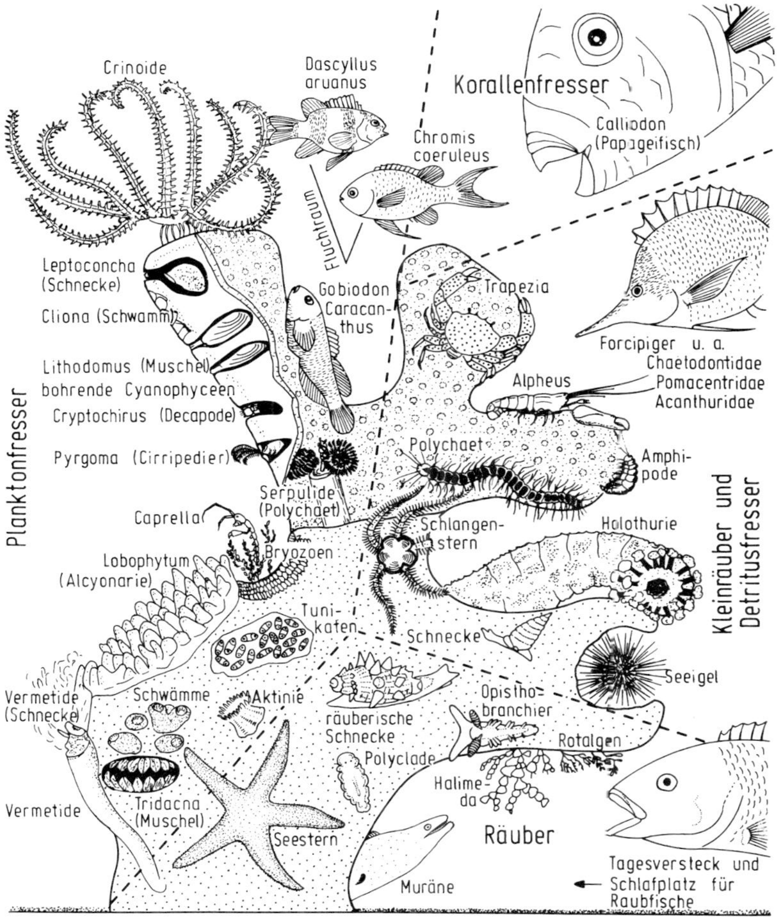

Abb. 7.11: Schema der Makrofauna von Korallenriffen der Malediven (nach Gerlach 1960).

Einsiedlerkrebs, *Paguritta harmsi*, der in den Kalkröhren eines Polychaeten wohnt und sich mit seinen gefiederten Fühlern Plankton aus dem Wasser zur Nahrung herbeistrudelt. – In Korallenriffen der Südsee leben auch die Palolowürmer *(Eunice viridis, E. furcata)*, in selbstverfertigten Röhren verborgen. Beim letzten Mondviertel in der Zeit zwischen Mitte Oktober und Mitte November, und dann nur in bestimmten Nachtstunden, verlassen die abgestoßenen Hinterenden der Würmer das Riff und schwärmen in das flachere Wasser der Lagunen oder Küsten, um Eier und Spermien zu entleeren. Zur Reifung und epitoken Entwicklung des Hinterendes ist wahrscheinlich ein Hormon verantwortlich, das im Kopf des Wurms gebildet wird. Für den Vorgang des Schwärmens sind Lunar- und Tagesrhythmik miteinander verknüpft.

Viele Fische sind polytroph oder Pflanzenfresser, indem sie Algen und Korallen abweiden. Unter ihnen spielen die Papageifische (Scaridae) mit ihrem charakteristischen Maul eine wichtige Rolle. Ihre fleischigen Lippen bedecken den größten Teil eines Gebisses, dessen Zähne zu plattenartigen Reib- und Mahlorganen verschmolzen sind. Sie fressen mit den Algen und Polypen auch vom Kalkskelett und stoßen in ihrem Kot große Wolken von feinem Kalksand aus. An den Bermudariffs lagert sich durch Papageifische mindestens 1 t Kalksand je ein viertel ha im Jahr ab. Vorwiegend Fleischfresser sind die Riffische (Pomacentridae), Drückerfische *(Batistes)*, Feilenfische *(Oxymonacanthus)*, Fahnenfische *(Chaetodon)*. Letztere befreien mit ihrer Pinzettenschnauze die Korallen außerdem von Sinkstoffen und Algenbelag, unter deren harter Kruste die Polypen sonst ersticken würden. Sehr gefräßig sind die Muränen, Verwandte der Aale. Sie sitzen am Tage mit dem größten Teil ihres Körpers in einer Höhlung und wedeln mit dem Kopf, auf Beute lauernd. Nachts jagen sie im umgebenden Wasser, wobei ihnen ihr ausgeprägter Geruchssinn hilft. Sie werden bis 150 cm lang und 6 kg schwer. Der Biß ihrer scharfen Hakenzähne ist giftig, ebenso ihr Blut. Die durch Querstreifung auffälligen Clownfische (*Amphiprion*, *Premnas*, *Percula* u. a.) finden Schutz im Tentakelwald großer Seeanemonen, nachdem sie sich mit einem spezifischen Nesselschutzstoff ihres Wirtes imprägniert haben.

Beispiel für Mutualismus bieten Putzerfische (z. B. *Labroides dimidiatus*). Sie haben sich darauf spezialisiert, andere Fische, etwa Papageifische oder den Zackenbarsch *Epinephelus striatus*, von Parasiten und krankem Gewebe zu befreien und schwimmen hierzu durch deren Mundhöhle in die Kiemenregion. Andererseits gibt es ähnlich aussehende Arten bei den Blenniidae (z. B. *Aspidontus taeniatus*), die dann ganze Fleischfetzen aus ihrem Wirt herausreißen. Hier schlägt das «Vorbild» einer Putzsymbiose ökologisch in Antibiose um.

Manche Fische und Krebse zeichnen sich durch eine Verbergetracht aus, andere sind gerade auffällig und haben eine «Warntracht». Letztere mag allerdings auch das leichtere Erkennen der Geschlechtspartner bewirken. Bei Algen und Korallen handelt es sich mehr um «physiologische» (Chlorophyll, Karotine) als um «ökologische» Farben.

Trotz des großen Artenreichtums kann sich eine Art so stark vermehren, daß sie örtliche Störungen des allgemeinen Wirkgefüges hervorruft. So verdaut der stachlige, rotbraune Seestern *Acanthaster planci*, der mit seinen bis zu 21 (meist 11–17) Armen einen Durchmesser von 50 cm erreicht, Polypen von *Mantipora verrucosa* und anderen Steinkorallen. Auf diese Weise werden immer wieder größere Strecken des Barriereriffs vor Australien und Guam zerstört. Natürliche Feinde des Seesterns sind Schnecken (Tritonshorn *Charonia tritonis*, *Linkia laevigata*) und Garnelen *(Hymenocera elegans)*. Für das Massenauftreten des Seesterns wurden zunächst indirekte Einflüsse durch den Menschen verantwortlich gemacht. Es handelt sich jedoch um natürliche, episodische Fluktuationen, wobei die Korallen in Zeiten geringer Häufigkeit des Dornkronen-Seesterns sich wieder regenerieren können.

Für den Menschen sind nicht nur die Muränen giftig. Zu den für ihn gefährlichsten Tieren im Pazifik gehören Feuerquallen *(Chiropsalmus*, *Chironex)*, Feuerkorallen *(Millepora)*, Schnecken (*Conus*-Arten; strecken eine harpuneartige mit Neurotoxin

geladene Radula aus, um Fische zu fangen) sowie Seeigel, deren Stacheln oder Pedicellarien mit Giftdrüsen in Verbindung stehen.
Es darf nicht unerwähnt bleiben, daß für das ganze System auch pelagische und migratorische Fische außerhalb der Riffe eine Rolle spielen. Sie kommen nahe an ein Riff heran, um sich dort von den kleinen Korallenfischen zu ernähren oder um zu laichen. In dem heute größtenteils als Naturpark geschützten «Großen Barriere-Riff» vor Australien, 2000 km entlang der Küste von Queensland mit einer Fläche von 344 000 km^2, wurden u.a. 4000 Arten an Schnecken und Muscheln, 1500 Fische, 300 Korallen, 24 Vögel und sechs Arten von Schildkröten festgestellt.

7.4 Ozeanische Region

Außerhalb des Kontinentalschelfs mit seinem stark abfallenden Hang liegt die ozeanische Region oder Hochsee, deren mittlere Tiefe etwa vier Kilometer beträgt. Der Boden der Ozeane hat untermeerische Rücken, Kuppen und Gräben, die den Gebirgen auf dem Land entsprechen. Ihr Flächenanteil am gesamten Meeresboden wird auf 30 % geschätzt. Manche Kuppen steigen bis auf 275 m unter dem Meeresspiegel auf und bilden für küstennahe Arten einen isolierten Lebensraum in der umgebenden, für sie lebensfeindlichen Hochsee. Viele Bewohner solcher höher ragenden Kuppen stammen aus dem Schelfgebiet, sind aber nicht auf ständigen Nachschub von dort angewiesen, sondern können wegen der besonderen Strömungsverhältnisse unabhängige Populationen bilden.

7.4.1 Oberer Bereich

Die vom Licht durchdrungenen Wasserschichten sind arten- und individuenärmer als die ihnen entsprechenden im Flachmeer. Das gilt nicht nur für Plankton und Nekton, sondern auch für Bakterien und Pilze. In etwa 10–50 m Tiefe, unterhalb des Maximums des Phytoplanktons, betragen Höchstzahlen von Bakterien einige 100 je ml im Vergleich zu einigen 100 000/ml im Flachmeer. Während die Infrarotstrahlen schon in den obersten 2 m vom Wasser absorbiert werden und auch UV-Licht sehr schnell aufgenommen wird, können rotgelbe Wellenlängen bei trüber und bewegter See 50–100 m eindringen. Blaues Licht ermöglicht im transparenten Wasser der Hochsee noch in 100–140 m Tiefe Photosynthese.
Das Zooplankton besteht vorwiegend aus holoplanktischen Formen, deren ganzer Lebenszyklus, oft mit abgekürzter Entwicklung (Neotenie, Viviparie), im freien Wasser durchlaufen wird. Auch die Eier der meisten Arten schwimmen im Pelagial, sofern sie nicht bis zum Schlüpfen der Jungen am Körper bleiben.

Die größten im Meer lebenden Wirbeltiere sind Filtrierer von Plankton. Daher halten sich die großen Furchenwale: Blauwal *(Balaenoptera musculus)*, Finnwal *(B. physalus)*, Seiwal *(B. borealis)* und – allerdings mehr in Küstennähe – der

Buckelwal *(Megaptera novae-angliae)* meist in den obersten 10–50 m auf, wo sie sich von Euphausiden (**«Krill»**), Pteropoden und anderen Planktern ernähren, obwohl sie selbst in Tiefen von 500 m und mehr bis etwa 40 Minuten tauchen können. Der Blauwal mißt bei seiner Geburt 7 m und erreicht eine Länge von 33 m mit einem Gewicht, das dem von 30 Elefanten entspricht. Nach 4–6 Jahren wird er geschlechtsreif. Die größten Haie der Hochsee haben Kiemenreusen. Der über 15 m lange Riesenhai *(Cetorhinus maximus)* muß ca. 2000 t Wasser in der Stunde filtrieren, um genügend Nahrung zu bekommen. Der sich ebenfalls von Plankton ernährende Raubhai *(Rhinodon typus)* erreicht sogar eine Länge von 18 m.
Einen Übergang zu den Räubern bilden die zu den Trughechten gehörenden Fliegenden Fische *(Exocoetus)*. Sie fressen Plankton, aber auch kleine Fische. Durch Ausbreiten ihrer Brustflossen vermögen sie 1–2 m weit, bei günstigen Windverhältnissen 20–30 m oder weiter durch die Luft zu gleiten, um den sie verfolgenden Thunfischen und Makrelen zu entgehen. Die Großräuber jagen ihre Beute auch in größeren Tiefen. Hier sind die nach dem Rückstoßprinzip schwimmenden Tintenfische zu nennen, von denen Arten der Gattung *Architeuthis* mit einer Länge bis zu 18 m die größten Wirbellosen sind. Tintenfische stellen zusammen mit Thunfischen und anderen räuberischen Großfischen die Hauptnahrung mancher Zahnwale dar, z. B. des Pottwals *(Physeter macrocephalus)*. Dieser hat ein großes hauptsächlich im Kopf befindliches, bindegewebiges mit Öl getränktes Organ, das Walrat (Spermaceti). Es reguliert den Auftrieb, indem es je nach der Temperatur seine Dichte in den verschiedenen Wassertiefen ändern kann. Dadurch ist es dem Wal möglich, längere Zeit unbeweglich an einer bestimmten Stelle den Tintenfischen aufzulauern. Zu den Zahnwalen zählen ferner Delphine *(Delphinus* u. a.), Tümmler *(Tursiops)* und Schwertwale *(Orcinus)*, die in Herden leben und ein gutes Kommunikationssystem entwickelt haben. Schwertwale fressen nicht nur Fische und Robben, sondern erjagen in Herden von 50–100 Individuen auch große Wale; sie können mehrere hundert m tief tauchen. – Andere Großjäger sind die Blauhaie, von denen der Menschenhai *(Prionace glauca)* 6–7 m erreicht, sowie die mit den Makrelen verwandten Schwertfische *(Xiphias)* von 2,5–3 m Länge. Thunfische (Thunnidae) und Makrelen (Scombridae) bilden die Grundlage der Hochseefischerei.
An der Steilhangzone, mit der die Schelfregion zur Hochsee abfällt, lebt bis zu 800 m Tiefe, insbesondere im Gebiet des Indischen Ozeans um Madagaskar und den Komoren, der etwa 1,8 m lange Quastenflosser *Latimeria chalumnae*, der seine Beute in der Dunkelheit wahrscheinlich mittels Elektrorezeptoren erspürt. Er gehört zu denjenigen Crossopterygiern, die im Laufe der Erdgeschichte an die Grenze zur Tiefsee vorgedrungen sind. Die ausgestorbenen Rhiphidistia dagegen erschlossen sich das Süßwasser als neuen Lebensraum und wurden zur Stammgruppe der Tetrapoda, der landlebenden Wirbeltiere.

Schließlich gibt es unter den Tieren der Hochsee eine ganze Reihe von **Vögeln,** die sich zur Brutzeit an Land aufhalten: Eissturmvögel *(Fulmarus)* der nördlichen, Albatrosse *(Diomedea)* der südlichen, Fregattvögel *(Fregata)* der tropischen Meere und die Sturmschwalben (Hydrobatidae) als Weltmeervögel von weitester Verbreitung. Sie sind an die Nahrung des Oberflächenwassers gebunden. Fregattvögel

jagen z. B. Fliegende Fische. Albatrosse haben mit 70 cm Flügellänge und einer Flügel-Spannweite von 2–3 m die größten Schwingen aller Vögel.
Von ihren Brutstätten auf Inseln im Süden des Atlantischen und Indischen Ozeans (Sandwich, Crozet, Kerguelen) unternehmen Albatrosse *(D. exulans)* Wanderungen zur Nahrungssuche, die zwei bis vier Wochen dauern und über 15 000 km betragen können. An einem einzigen Tag werden Langstreckenflüge bis über 900 km bei einer Geschwindigkeit von 56 km/Stunde zurückgelegt. Vor allem für den Beginn ihrer Reise nutzen sie den Wind zum Gleitflug aus, eine wichtige Anpassung zum Sparen von Energie bei Hochseevögeln. Verspätete Rückkehr zur Brutzeit bedeutet keine Gefahr, da die Männchen bis 55, die Weibchen bis 50 Tage auf dem einzigen Ei ohne Nahrung ausharren können. Nach dem Schlupf der Jungen werden für deren Fütterung jedoch nur Flüge von 2–4 Tagen durchgeführt, die bis zu 400 km vom Nest gehen.

7.4.2 Tiefsee

Kälte (außer bei Thermalquellen), Dunkelheit, hoher Wasserdruck und meistens geringe Wasserbewegung sind die Lebensbedingungen für Bewohner der eigentlichen Tiefsee, dem Bereich unterhalb 800–1000 m Tiefe.
Manche von ihnen kommen allerdings auch im Mesopelagial vor. Die pelagischen Tiere der Tiefsee beschränken sich oft auf bestimmte Schichten. Dies führt zu ähnlicher «Stratifikation» wie in einem Wald. In jeder Etage leben sie als Partikelfresser, Jäger und Lauerer. In Anpassung an die relative Nahrungsarmut haben die räuberischen Fische oft große Mundöffnung, kräftige Bezahnung und einen dehnbaren Magen. Daher können sie Beute verschlingen, die größer ist als sie selbst. Die meisten Fische der Tiefsee sehen bizarr aus. Viele sind mit Längen von 5–10 cm recht klein; seltener messen sie über 30 cm, und nur wenige erreichen 1–2 m (Abb. 7.12).
Ursprünglich stammen die Tiefseetiere von der Litoralfauna ab, von der zwei Wege zu ihrer Entstehung geführt haben. Der eine verlief über das Epipelagial der offenen Hochsee und von dort über das obere zum unteren Bathypelagial. Der andere ging entlang des Kontinentalhanges zum Tiefseeboden und endet dann gleichfalls im unteren Bathypelagial.

7.4.2.1 Einpassung an die allgemeinen Bedingungen

Biolumineszenz. Manche Krebse und Fische der Tiefsee und ein Cephalopode haben im Gegensatz zu ihren Verwandten aus der belichteten Zone rückgebildete oder fehlende Augen. Dafür sind ihnen guter Vibrations- und Tastsinn zu eigen. Viele besitzen verlängerte Fühler, Beine oder Flossenstrahlen. Bei etlichen Arten sind andererseits die Augen besonders groß. Dies Phänomen, das bereits in der Dämmerungszone beginnt, hängt mit dem Leuchtvermögen zahlreicher Tiefenbewohner zusammen. Zwar gibt es Biolumineszenz auch bei Flagellaten *(Ceratium, Noctiluca)* und den zu den Tunikaten gehörenden Feuerwalzen *(Pyrosoma)* des

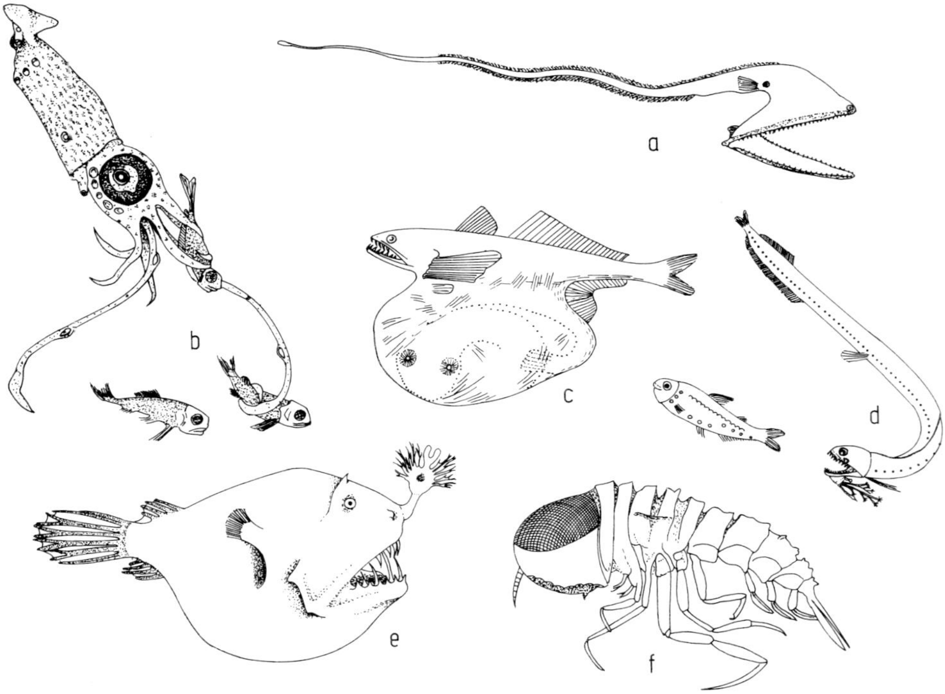

Abb. 7.12: Tiefseetiere (aus Günther u. Deckert 1950).
a: Pelikanaal *(Eurypharynx pelecanoides)*; b: Tiefsee-Tintenfisch *(Lyctotheutis diadema)* auf der Jagd nach Schleimkopf-Fischen *(Melamphaes)*; c: Kreuzzahnbarsch *(Chiasmodon niger)* mit großem Beutefisch in erweitertem Magen; d: Tiefsee-Maulstachler *(Eustomias satterlei)* auf der Jagd nach einer Leuchtsardine *(Myctophum)*; e: Teufelsfisch *(Borophryne apogon)*; f: Flohkrebs *(Thaumatops magna)* – Vergleichsmaßstab für alle: Länge von a in nat. Größe = 16 cm.

Flachmeers, doch kommt sie unterhalb von etwa 500 m bei den verschiedensten Tieren vor. So leuchten bestimmte Medusen, Würmer und Echinodermen. Ihnen fehlen noch besondere Leuchtorgane wie sie für Cephalopoden, Krebse und Fische typisch sind. In einigen Fällen wird Biolumineszenz durch symbiotische Leuchtbakterien hervorgerufen, die an bestimmten Stellen der Haut lokalisiert sind, in anderen Fällen wird ein eigener Leuchtstoff erzeugt. Große Leuchtorgane dieses zweiten Typus haben die meisten Tintenfische; ferner befinden sich solche oft neben den Augen oder an der Kopflaterne von Fischen sowie bei Krebsen auf Augenstielen und anderen Körperteilen. Sie sind bei Nichtarthropoden einem Linsenauge ähnlich gebaut. Anstelle der Netzhaut liegen die lichtausstrahlenden Zellen, hinter diesen befindet sich eine Reflektorschicht, vor ihnen eine durchsichtige Sammellinse. Beim Vorgang der Lichterzeugung geht nur 10 % der Energie als Wärme verloren. Die Anordnung der Leuchtorgane über den Körper dient in erster Linie dem Erkennen der Art und des Geschlechtpartners. Bei einigen Fischen ist ein angelartiger Fortsatz nach vorne verlagert. Er trägt an seiner Spitze ein Leuchtorgan, das Beute anlockt. Der fünf Meter lange Riesenmaulhai *(Megachasma pelagios)* filtert mit Vorliebe in 500–1000 m, aber auch tiefer seine Beute aus den Schwärmen von Garnelen und Leuchtsardinen mit weit geöffnetem Rachen. In diesem befinden sich silbrige Linien und Leuchtpunkte. In wieder anderen Fällen hilft das Licht, Verfolgern zu entkommen. So scheiden manche Tintenfische und Garnelen Leuchtschleim aus, wenn sie von Feinden gejagt werden.

Temperatur. Je nach geographischer Breite, Jahreszeit und Strömung ist die Temperatur des Oberflächenwassers verschieden. Da kaltes Wasser jedoch schwerer ist, sinkt es nach unten. Von 2000–3000 m an ist es 3,6–0,6° C kalt. Polare und Tiefseeorganismen sind daher mit wenigen Ausnahmen kalt-stenotherm. Die Anpassung solcher Arten liegt darin, daß sie gleichsam vom Zwang der RGT-Regel befreit sind, indem ihr Grundumsatz auf einen anderen Sollwert eingestellt ist. Kaltstenotherme Arten haben durch genetische Anpassung einen für die Kälte relativ erhöhten Stoffwechsel. Die Lebensfunktionen vieler Arten laufen im kalten Wasser nicht unbedingt langsamer ab als bei anderen im warmen.

Wasserdruck. Hydrostatischer Druck nimmt alle 10 m um etwa 1 atm zu und weist in der Tiefsee daher Werte von 100 bis 1100 atm auf, wenn man die Tiefseegräben berücksichtigt. Das Meerwasser wird dadurch allerdings wenig komprimiert: in 4 km Tiefe um 1,8 %, in 6 km um 2,6 % und in 10 km etwas über 4 %. Beträchtlicher sind aber die Wirkungen im subzellularen Bereich des Protoplasmas, so daß eine gewisse Plastizität gegenüber verschiedenen Drücken möglich wird. Durch steigenden Druck nimmt die Viskosität des Plasmas ab, das festere Gel geht in einen dünneren Solzustand über. Den gleichen Effekt hat übrigens abnehmende Temperatur. Bei höherer Temperatur muß daher ein stärkerer Druck aufgewandt werden, um die Viskosität des Plasmas entsprechend zu verringern. Tiefseetiere sind durch Erhöhung ihres Innendrucks an die Situation angepaßt. Wahrscheinlich dürften jedoch die wichtigsten Anpassungen an hohe Drücke die Enzyme betreffen. Mit abnehmender Temperatur und steigendem Druck wird die Aktivität der Lactat-Dehydrogenase gehemmt.
Es gibt nur wenige eurybathe Tiere wie die Schnecke *Neptunea islandica* von 30–3000 m Tiefe oder den Polychaeten *Amphicteis gunneri* in 20–5000 m. Die meisten Tiere der obersten Schichten werden durch Drücke von 300–600 atm (= kp je cm^2), wie sie in 3–6 km Tiefe herrschen, schnell gelähmt und bei längerer Einwirkung getötet. Am druckresistentesten sind Seerosen und Seesterne, in abnehmender Druckresistenz folgen Seeigel, Medusen, Schnecken, Würmer, Krebse, Fische. Vor allem müssen Fische mit Schwimmblase, die aus der Tiefe plötzlich nach oben gelangen, sterben, weil das Gas sich bei geringerem Druck ausdehnt und die Schwimmblase zum Platzen bringt. An den Druck angepaßte Bakterien finden sich auch im Darm von Tiefseetieren.

Sauerstoffgehalt. O_2 ist gewöhnlich an der Oberfläche am reichlichsten, wo er dem Sättigungswert der jeweiligen Wassertemperatur entspricht. In etwa 500 Meter

Tiefe kann wegen des Sauerstoff zehrenden Wirkens der Bakterien ein gewisses Defizit entstehen. Sein Gehalt wird aber in der Tiefe wegen des gut durchlüfteten, polaren Oberflächenwassers, das durch die ozeanische Tiefenzirkulation weiträumig verfrachtet wird, wieder größer. Die langsamen Bodenströme, die sich mit Geschwindigkeiten von einigen cm/sec oder weniger über dem Boden der Tiefsee hinwegbewegen, reichen meist aus, um einen genügenden Austausch von Sauerstoff zu gewährleisten. Nur bei sehr träger Tiefenzirkulation kann die abyssale Sphäre sehr arm an O_2 sein.

Sedimente. Der Transport von Sedimenten wird recht beachtlich, wo die Wirbel der großen Meeresströme nach unten greifen, und dort die Geschwindigkeit der Strömung über 40 cm/sec erreicht. Ist aber die Wasserbewegung gering, so lagern sich die fein suspendierten Stoffe ohne Umschichtung auf dem Untergrund ab, der mit einem weichen Sediment aus Skeletteilen und Schalen herabgesunkener Plankter bedeckt wird. Vor allem in den polaren Gebieten und dort, wo Beimischung von tonigen Bestandteilen durch reichlichen Zustrom von Flußwasser die Bildung von Kieselskelett begünstigt, besteht das Sediment vorwiegend aus Resten von Diatomeen und Radiolarien (**Kieselschlamm**). In tropischen und subtropischen Meeren wird durch die höhere Temperatur Kalkausscheidung erleichtert. Dort befinden sich vornehmlich Kalkschalen von Globigerinen, Pteropoden und Coccolithinen im **Kalkschlamm.** In manchen sehr tiefen Regionen erreichen weniger Skeletteile den Boden. Lösungsrückstände der Schlämme von Globigerinen haben sich hier mit Eisen und Mangan durchdrungen und bilden roten **Tiefseeton.**

Im Abyssal sind Sedimentfresser und Filtrierer häufig. Viele Arten haben lange Extremitäten, Stacheln und andere Stützen, die ein Einsinken verhindern, oder ihr Körper ist abgeflacht. Glasschwämme mit zerbrechlichem Skelett, Polypenstöcke, Haarsterne mit Stielen bis zu zwei Meter Länge und wurzelartigen Verästelungen am unteren Ende, Fische mit stelzenartigen Brust- und Schwanzflossen *(Benthosaurus)*, Krebse mit langen Beinen, Seegurken, Schlangensterne, Seeigel, Mollusken *(Neopilina)* und röhrenbewohnende Polychaeten besiedeln den Lebensraum. Unter 3000 m Tiefe nimmt die Artenzahl ab.

Ernährung. Die Organismen der Tiefe sind zum Teil auf den «Nahrungsregen» der organischen Stoffe angewiesen, der aus den oberen Schichten absinkt. Dabei dienen die Stoffe noch mehrfach zum Aufbau anderer Lebewesen (Saprotrophe, Zootrophe), bevor sie auf den Grund gelangen. Bestimmte planktonfressende Larven der Tiefsee lassen sich gegen Strömungen, Sprungschicht und hohe Unterschiede der Temperatur einige tausend Meter emportreiben, um in die nahrungserzeugende, durchlichtete Zone zu gelangen, und sinken am Ende ihrer Jugendperiode wieder nach unten. Manche Larven des Benthos durchlaufen ein kurzes pelagisches Stadium nahe dem Untergrund, das jedoch der Ausbreitung, nicht der Ernährung dient.

Kälteliebende Bakterien, die auch in der Polarregion vorkommen, entwickeln sich gut bei 2° C, sterben jedoch bei 20° C. Sie leben in 4500 m Tiefe von den abgestorbenen Resten der «Algenblüte» vom Frühjahr, die 100–150 m/Tag nach unten sinken. Am Boden der Tiefsee können sie 90 % der gesamten Biomasse bilden.

Im Nordost-Pazifik wurden in 1200 m Tiefe die Überreste eines Wales gefunden, welche mit Matten von farblosen, chemolithotrophen Schwefelbakterien *(Beggiatoa)* bedeckt waren. Durch sie hatte sich wie eine Oase ein kleines Ökosystem gebildet, weil die Bakterien auch endobiotisch im Gewebe verschiedener Schnecken und Muscheln leben und somit die Existenz von Metazoen ermöglichen. Von solchen inselartigen Stellen können weitere, neue erschlossen werden. Die früher allgemein angenommene Artenarmut am Tiefseeboden trifft nicht überall zu. Besonders bei Thermalquellen herrscht ein reiches Tierleben, das letztlich durch die Chemosynthese von Bakterien möglich wird.

Äquatorialsubmergenz. Temperatur und Nahrungsbedingungen zwischen polaren Küstengewässern und der Tiefsee sind sich so ähnlich, daß sich auch die biologischen Funktionen einiger ihrer Bewohner in entscheidenden Punkten gleichen, so in der nichtpelagischen Entwicklung vieler Arten des Benthos, dem geringen Nahrungsbedürfnis und der Anpassung an niedrige Temperatur. Es wird daher verständlich, daß manche Bewohner sowohl in kalten Küstengewässern der Arktis und Antarktis als auch in der Tiefsee unter dem Äquator vorkommen.

7.4.2.2 Leben bei Thermalquellen

An verschiedenen Stellen des Ozeans, wo in etwa 2500–3500 m Tiefe die auf dem Magma schwimmenden Platten der Erdkruste auseinander weichen, wird eindringendes Wasser bei hohen Drücken als stark reduzierende und mit Metallen angereicherte Hydrothermalflüssigkeit emporgeschleudert. Dabei bilden die Schwermetallsulfide, z. B. Pyrit (FeS_2) mit dem ebenfalls ausfallenden Anhydrit ($CaSO_4$) am Meeresboden schornsteinartige Röhren (Schwarze und weiße Raucher). Biogene Elemente, die durch solche hydrothermalen Schlote nach oben kommen, sind Wasserstoff, Stickstoff, Schwefelwasserstoff, CO, CO_2, Fe^{2-}, Mn^{2+} u. a. Infolge der Gegenströmung mischen sich 2–3 °C kaltes, O_2-haltiges Wasser in der oberen, porösen Lavaschicht und etwa 350° C heißes Thermalwasser. Dadurch entstehen Temperaturen von 20–25° C, in denen chemolithotrophe Schwefelbakterien und eine von ihnen abhängige Tiefseefauna leben können. Die Bakterien verwenden die durch Oxidation von H_2S zu S gewonnene Energie zur Assimilation von CO_2, um Kohlenhydrate aufzubauen. Stoffumsatz und Energietransfer in der ganzen Lebensgemeinschaft sind primär nur durch Symbiose zwischen den Schwefelbakterien und bestimmten Tieren möglich.

Vor allem befinden sich die Bakterien reichlich im Kiemengewebe von etwa 30 cm großen Muscheln *(Calyptogena magnifica, Bathymodiolus thermophilus)*, das den im Wasser gelösten H_2S und O_2 aufnimmt. Die Chemosynthese findet also direkt im Kiemengewebe statt. Die Muscheln haben ein extrazelluläres Hämoglobin, das Sauerstoff im Blut transportieren und speichern kann. Auch kommt in ihrem Blut ein Schwefel bindendes Protein vor. Ebenfalls leben die Schwefelbakterien mit Röhrenwürmern (Pogonophora) in Symbiose. Die Art *Riftia pachyptila* von diesen wird 150 cm lang. Die Bakterien halten sich im «Trophosom» des Wurms auf.

Den genannten symbiotischen Tieren steht durch die Körper der Bakterien genü-

gend organische Nahrung zur Verfügung. So können sie durch ihre Biomasse die Grundlage für eine größere Lebensgemeinschaft bilden. Zu dieser gehören Protozoen, Serpuliden, Seeanemonen, Seelilien, Holothurien, Enteropneusten, Schnecken und Krebse (Krabben, Garnelen). Sogar Fische, darunter ein 30 cm langer, viviparer Raubfisch, *Bythites hollisi* (Brotulidae), halten sich dort auf. Ein Octopus *(Graneledone)* von 46 cm Länge jagt die Krebse, die ihrerseits Serpuliden fressen.
Die Garnele *Rimicaris exolata*, die in dichten Schwärmen im Gebiet heißer Quellen der Tiefsee lebt, hat lichtempfindliche Organe. Dicht unter dem durchsichtigen Rückenpanzer liegen Netzhaut mit Lichtsinneszellen und Sehfarbstoffen. Letztere sind auf 500 nm, also auf blaugrünes Licht abgestimmt, das den Leuchtsignalen vieler Tiefseebewohner entspricht. Vielleicht können sie mit diesem Organ auch heißes Wasser aus sicherer Entfernung orten. Die kleinen schornsteinartigen Röhren, aus denen das Thermalwasser austritt, sind dem schwarzen Körper einer Heizung von 350°C vergleichbar, auf den aus einer Entfernung von etwa 2,30 m die Sinneszellen ansprechen würden.
Aus solchen Oasen der Tiefsee, die von wenigen bis mehreren Hundert km^2 ausgedehnt sein können, sind schon über 200 Arten beschrieben worden, mit einem Frischgewicht von 10–100 kg/m^2. Ihr Verbrauch an Sauerstoff ist dort so hoch wie in dichtbesiedelten Bereichen des Flachseebodens.
Verstopfen die Poren der oberen Lavaschicht, so versiegt die Thermalquelle nach einer Dauer, die zehn bis hundert Jahre betragen kann. Die alte Lebensgemeinschaft muß dann zugrunde gehen. Nur für Aasfresser und Räuber bleibt der Tisch noch etwas länger gedeckt. Indessen brechen an oft mehrere Kilometer entfernten Stellen immer wieder neue Quellen hervor. Ihre Neubesiedlung wird durch planktische Stadien der meist sessilen Tiere von den früheren Plätzen her möglich.
Wo Sauerstoff fehlt, kommen thermophile Methan bildende Archaebakterien *(Pyrodictium occultum, Methanopyrus abyssus)* vor. Sie lassen sich weiträumig mit kalten Meeresströmungen verfrachten. Bei niedriger Temperatur und Gegenwart von Sauerstoff können sie jahrelang in «Kälteschlaf» verharren und werden von 60° C an wieder aktiv.
Methanoxidierer dagegen leben (ebenso wie Schwefelbakterien) auch als Symbionten in Pogonophoren.

7.5 Brackgewässer

Viele Gewässer verschiedener Größenordnung haben Salzgehalte zwischen denen der Ozeane und des Süßwassers. Sie bestehen aus Brackwasser, das sich nicht nur durch die Werte des Salzgehaltes (3,0–0,05 %), sondern auch durch deren Schwankungen auszeichnet. Der Gegensatz Meer–Süßwasser stellt eine relativ einschneidende biologische Grenze dar, durch die neuartige Lebensräume gebildet werden.
Nach seiner Besiedlung läßt sich Brackwasser in Bereiche unterschiedlichen Salzgehaltes einteilen: polyhaline (3,0–1,8 %), α-mesohaline (1,8–0,8 %), β-mesohaline

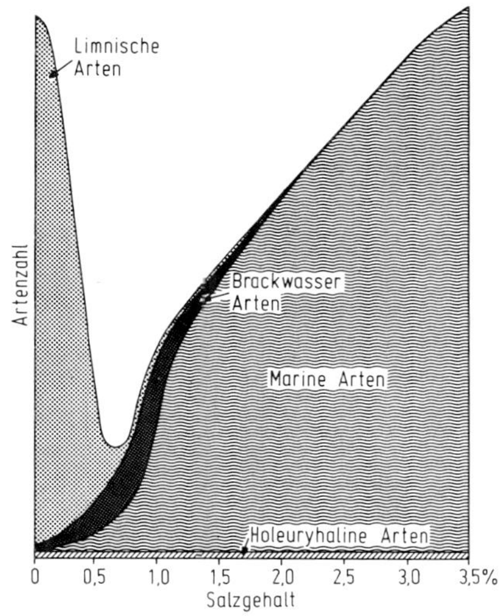

Abb. 7.13: Anteil der spezifischen Brackwasser-Arten im Vergleich zu limnischen, marinen und (hol)euryhalinen Arten in verschiedenen Salzgehalten (nach Remane 1940).

(0,8–0,3 %) und oligohaline (0,3–0,05 %). Über 90 % der spezifischen, nur im Brackwasser vorkommenden Organismen leben im mesohalinen Bereich. Ihre höchste Artenzahl befindet sich zwischen 0,8–0,3 %, also dort, wo das Artenminimum liegt, wenn man alle Bewohner im Brackwasser betrachtet (Abb. 7.13).

Man unterscheidet folgende Lebensräume: 1. Meere, die noch eine schmale Verbindung zu den Ozeanen haben (Ostsee, Schwarze Meer) oder in früheren Zeiten hatten (Kaspische Meer, Aralsee). Die pontokaspischen Binnenmeere gehörten im frühen Tertiär zum Thetysmeer.

2. Brackwässer kleineren Ausmaßes mit geringer oder fehlende Strömung im marinen Küstenbereich. Zu ihnen gehören Fjorde, vom Meer abgeschnittene Lagunen, Strandgräben und Strandtümpel.

3. Brackwasser mit starker Strömung in den Mündungsgebieten der Flüsse ins Meer (Ästuarien). Durch die Gezeiten kommt es täglich zu Gegenströmungen und der damit verbundenen Änderung des Salzgehaltes.

4. Unterirdisches Küstengrundwasser. An Sandküsten entsteht oberhalb der normalen Wasserstandslinie in einer Tiefe von nur wenigen dm bis über 1 m eine streifenartige Brackwasserzone zwischen dem eindringenden Meerwasser und dem limnischen Grundwasserspiegel (Abb. 8.4).

5. Brackwasser im Binnenland. Wenn Süßwasser in Salzablagerungen sickert, können Salzquellen, Brackwassersümpfe und brackige Seen entstehen.

7.5.1 Lebensbedingungen und Lebensansprüche

Der Salzgehalt erhöht sich durch Meerwasser, Lösung von Salzen im Untergrund und durch Verdunstung. Er erniedrigt sich durch Einfluß von Süßwasser, arktische Schmelzwässer, Infiltration von Grundwasser und durch Niederschläge. Solchen

Änderungen eines Umweltfaktors müssen also die Brackwasserbewohner angepaßt sein. In mixohalinen Gebieten sinkt Wasser mit höherem Salzgehalt nach unten, gelangt durch Turbulenz allerdings auch wieder in höhere Schichten. Jedenfalls liegen oft Lagen unterschiedlicher Salinität übereinander. Dafür ist die Ostsee ein Beispiel. Während in den Ozeanen (außer an begrenzten Stellen nach starken Regenfällen) Unterschiede im Salzgehalt gering bleiben, können sie im Brackwasser recht groß werden. Von den Mündungen der Ströme in den Tropen (z. B. Amazonas, Orinoco) macht sich Brackwasser und damit Salzschichtung noch viele Seemeilen weit im Ozean bemerkbar. Vor Flußmündungen in Monsunklimaten (z. B. Küste von Liberia bis zum Nigerdelta) entstehen oft Lagunen mit stark wechselndem Salzgehalt zwischen Trocken- und Regenperiode.
Die Konzentration des Oberflächenwassers an Nitrat und Phosphat im Ozean vor der Mündung tropischer Ästuarien kann recht gering sein und für manche Phytoplankter zum Minimumfaktor werden. Dafür liegen die Werte für Silikate dort höher als im unbeeinflußten Schelfgebiet.
Bei länger dauernder Salzschichtung im Brackwasser entsteht in der Tiefe leicht ein O_2-Defizit, und die durch die Zersetzung der Organismen gebildeten H_2S und CH_4 reichern sich so an, daß dort kein Tierleben mehr möglich ist. Solche Verhältnisse finden sich bereits im Schwarzen Meer. Im flacheren Becken der Ostsee ist diese Erscheinung noch nicht so deutlich, zumal durch die Beltsee reichlich ozeanisches Wasser hineinströmt. In Brackwassertümpeln ist Massenentwicklung von Purpurbakterien, die H_2S oxidieren, eine häufige Erscheinung.

Gruppierung der Brackwasserbewohner. Es lassen sich nach ihren Lebensansprüchen vier ökologische Gruppen unterscheiden:
Euryhaline Arten. Sie leben in Süß-, Brack- und Meerwasser, sind in ihrer Respirationsrate vom Salzgehalt unabhängig, und ihre Größe nimmt bei geringerer Salinität nicht ab. Die meisten haben limnischen Ursprung, und unter ihnen scheint halbterrestrisches Leben an feuchten Küsten eine günstige Voraussetzung zu einer derartigen Salztoleranz zu sein. Ein Beispiel dafür ist der Ringelwurm *Enchytraeus albidus*, der zwischen 0,01–3,5 % Salzgehalt existieren kann. Auch manche Larven von Dipteren, wie *Aedes salinus*, *Chironomus halophilus*, *Ephydra riparia*, und von Köcherfliegen: *Limnephilus affinis*, ertragen weite Salzspannen. Vom Süßwasser stammen ferner viele Rotatorien und einige Muschelkrebse (Ostracoda). Etliche Fische entwickeln sich bei verschiedenem Salzgehalt, so der Zahnkarpfen *Cyprinodon macularius* tropischer Küstengewässer.
Dagegen sind die Grünalge *Enteromorpha intestinalis*, manche Turbellarien und der Dreistachlige Stichling *(Gasterosteus aculeatus)* marinen Ursprungs. Zyklisch euryhalin sind die katadromen Tiere, die zum Laichen ins Meer wandern wie Aal *(Anguilla)* oder Wollhandkrabbe *(Eriocheir)* und die anadromen, die zur Eiablage vom Meer in die Flüsse ziehen, wie Stör *(Acipenser)*, Lachse (Salmonidae) und Meerneunauge *(Petromyzon marinus)*. Bei Aalen ändert sich die Zusammensetzung des Blutes, sobald sie in Salzwasser gelangen, und ihr Geruchssinn wird schärfer. Sie reagieren dann plötzlich empfindlich auf geringe Veränderungen der Konzentrationen von Sauerstoff und Salzgehalt.

Limnische Arten. Pflanzen und Tiere des Süßwassers sind im allgemeinen sehr empfindlich gegen Salzwasser. Schon im oligohalinen Bereich geht ihre Artenzahl stark zurück, und nur wenige können die 0,8 %-Grenze überschreiten. Besonders intolerant gegenüber Salzgehalt sind Thecamöben, Ciliaten, rhabdocöle Turbellarien, Muscheln, Ephemeriden und Plecopteren des Süßwassers, in schon geringerem Maße Libellen. Größere Toleranz haben Cyanobakterien, Enchytraeiden, Tubificiden, Dipterenlarven und einige Schnecken *(Theodoxus fluviatilis, Bithynia tentaculata, Radix ovata).* Süßwasser-Organismen erniedrigen ihre Respirationsrate im Brackwasser, Meeresorganismen erhöhen sie.

Marine Arten. Für zahlreiche Meeresbewohner, darunter Vertreter der Kalkschwämme, Bryozoen, Nematoden, Polychaeten, Copepoden, Chitonen, Cephalopoden, Echinodermen, Ascidien, *Branchiostoma* bildet 1,8 % Salzgehalt eine biologische Grenze. Viele Rot- und Braunalgen, manche Aktinien, Polychaeten, Muscheln und Schnecken tolerieren noch den Bereich bis 0,8 % Salzgehalt. Foraminiferen, Ciliaten, Turbellarien, Rotatorien, verschiedene Krebse und etliche Fischarten dringen sogar bis zur 0,3 %-Grenze vor. Aber selbst in noch stärker ausgesüßtem Wasser gedeihen Braunalgen wie *Fucus vesiculosus* und *Chorda filum* oder Krebse der Gattungen *Neomysis*, *Jaera* und *Gammarus*. Die im schwach salzhaltigen Wasser lebenden marinen Tiere haben hypertonische Osmoregulation (s. Kap. 3.2).

Wie sind Meerestiere in Brackwasser gelangt? Wo Randmeere (Ostsee, Pontokaspische Meere) von den Ozeanen weitgehend oder ganz abgeschnitten sind, sinkt der Salzgehalt ab. Doch können sich in der salzreicheren Tiefe marine Arten als Relikte halten. Andererseits sind Arten, die aus dem Eulitoral des Meeres stammen, schon an sich toleranter bei Änderungen des Salzgehalts. Manche Fische, Dekapoden, Schnecken, aber auch Plankter dringen leicht in die Ästuargebiete der Flußmündungen ein und kommen dadurch in Brackwasserbedingungen. Für die Mikrofauna besteht ein Immigrationsweg vom marinen Küstengrundwasser her. Allerdings gibt es auch den umgekehrten Weg. So haben die kleinen Bathynellacea-Krebse im limnischen Grundwasser ihren Ursprung und sind erst später von dort mit einigen Arten in das marine Küstengrundwasser vorgestoßen.

Spezifische Brackwasser-Arten. Zu ihnen gehören diejenigen, die vornehmlich oder ausschließlich im Brackwasser leben. Ausgeschlossen seien jedoch solche Organismen des Süßwassers, bei denen ein gewisser Stimulationseffekt durch schwachen Salzgehalt die Entwicklung begünstigt, wie für bestimmte Cyanobakterien, Diatomeen und Rotatorien nachgewiesen wurde. Im allgemeinen ergibt sich für die spezifischen Brackwasser-Arten ein optimales Wachstum bei mittlerer Salinität. Dies zeigten Experimente mit dem Nesseltier *Cordylophora caspia* und dem Flohkrebs *Gammarus duebeni* deutlich.

Echte Brackwasser-Arten gibt es bei Euglenoiden, Grün-, Braun- und Rotalgen sowie verschiedenen Tiergruppen, so den Cnidariern, Bryozoen, Turbellarien, Rotatorien, Nematoden, Anneliden, Schnecken, Muscheln, Krebsen und Fischen. Zu letzteren gehört z. B. Die Flunder *(Platichthys flesus).*

Das Übergewicht des stammesgeschichtlich marinen Anteils dieser ökologischen Gruppe gilt auch für die ponto-kaspische Brackwasserfauna mit ihren Mysideen, Cumaceen, Polychaeten und Fischen.

7.5.2 Ökologische Besonderheiten

Artenarmut. Brackwasser ist im Vergleich zu Meer- und Süßwasser artenarm, kann aber durchaus reich an Individuen sein. Die asymmetrische Lage des Minimums der Artenkurve bei 0,5–0,7 % innerhalb des Salinitätsbereiches von 0,01–3,5 % liegt bedeutend näher dem Süßwasser (Abb. 7.13) und weist auf die hohe Salzempfindlichkeit der limnischen Lebewelt hin. Es dringen also viel mehr Organismen vom Meer in schwach saline Gewässer vor als umgekehrt vom Süßwasser her. Wird allerdings die kritische Grenze von limnischen Arten überwunden, erweisen sich diese überhaupt als relativ unabhängig vom Salzgehalt, dann können sie sogar hypersaline Gewässer besiedeln, in denen Meerestiere fehlen. Es liegt nicht nur an ihrer Salztoleranz, sondern außerdem an der größeren Isoliertheit der meisten kleineren Brackgewässer. Organismen des Süßwassers können sich leichter ausbreiten, Meerestiere sind auf kontinuierlichen Nachschub der Larven angewiesen.

Abnahme der Körpergröße. Algen, Nesseltiere, Mollusken, Echinodermen, Fische sind in schwächer salzigem Wasser kleiner, haben also eine relativ größere Oberfläche. So wird der Hering *(Clupea harengus)* in der Nordsee mit 23–33 cm, in der Ostsee schon mit 12,5 cm Länge geschlechtsreif. Polychaeten zeigen übrigens solche Größenabnahme nicht. Mit wenigen Ausnahmen gilt die Regel auch nicht für die aus dem Süßwasser vorgedrungenen Arten.

Abweichung der Form. Abgesehen von der dünneren Ausbildung des Kalkskeletts bei Weichtieren (Mollusken) und Moostieren (Bryozoen) können sich echte Änderungen der Struktur ergeben. Dies wird besonders deutlich am Aussehen mancher Rotalgen *(Delesseria sanguinea, Polysiphonia urceolata)*, aber auch der Form des Köpfchens und der Zahl der Tentakeln bei dem Nesseltier *Cordylophora caspia*.

Abweichung in Entwicklung und Fortpflanzung. Viele euryhaline Organismen haben beim Übergang vom Meer ins Brackwasser eine Verzögerung der Entwicklung und des Wachstums. Im Brackwasser werden reine Meeresalgen *(Callithamnion, Polysiphonia)* und Süßwasseralgen *(Vaucheria, Spirogyra)* steril. Gleiches gilt für das Seegras *Zostera marina* an der Grenze seines Vorkommens zur finnischen Küste hin. Von einem bestimmten Salzgehalt an können trotz noch möglicher Existenz der Seestern *Asterias rubens*, die Scyphozoe *Lucernaria quadricornis* oder der Polychaet *Nereis diversicolor* sich nicht mehr vermehren. Das Fortpflanzungsareal ist also bei verschiedenen Arten enger als ihr Lebensbereich.

Mischcharakter der Lebewelt. Im Brackwasser kommen marine Braunalgen *(Laminaria, Fucus)*, Grünalgen *(Enteromorpha)*, Seegras *(Zostera)* mit limnischen Armleuchteralgen (Characeae), Laichkraut *(Potamogeton)* und Tausendblatt *(Myriophyllum)* zusammen. Es kann sich auch ein Binsenröhricht (Scirpetum) ausbilden, das von verschiedenen sessilen Ciliaten, Schwämmen, Hydrozoen, Polychaeten und Tunikaten besiedelt wird. Süßwasserschwämme *(Ephydatia)*, *Hydra*, Larven von Köcherfliegen. Süßwasserschnecken (*Physa*, Lymnaeidae) leben auf Meeresalgen *(Fucus, Furcellaria)*, Tiere marinen Ursprungs wie die Hydrozoe *Cordylophora caspia* auf dem limnischen Laichkraut *Potamogeton perfoliatum*. Gerade solche Mischareale zeigen, wie sich Lebensgemeinschaften ausbilden können, ohne daß eine «Koevolution» der in Beziehung tretenden Arten wirksam war.

Typisch für Brackgewässer sind zuweilen ausgedehnte Pflanzenteppiche, etwa von *Vaucheria*-Grünalgen, die oft mit Cyanobakterien vermischt auftreten. Doch auch Braunalgen bilden dichte, großflächige Überzüge, und im Schwarzen Meer ist gleiches von Rotalgen bekannt. Ebenfalls können Tiere einen solchen Lebensraum schon äußerlich prägen. Die Bryozoe *Membranipora (Electra) crustulenta* wächst zu Riffen aus. Derartige Riffbildungen fehlen im Süßwasser, sind aber im Meer durch Algen und Tiere, wie erwähnt wurde, eine bekannte Erscheinung.

Manche Vögel, die am Meeresstrand brüten, holen sich ihre Nahrung aus Brackwasserlagunen (Abb. 7.14), wie überhaupt gerade die kleineren, isolierten Brackgewässer mit der sie umgebenden Landschaft in mannigfacher Weise biologisch verknüpft sind.

Nahrungsbeziehungen. Infolge der häufig vorkommenden Eurytrophie (Polytrophie) vieler Arten, besonders auch der Fische und Vögel, ferner wegen der unter Umständen langen Nahrungsketten (z. B. Detritus – *Corophium* – *Nereis* – Dekapoden – Gobiiden – Seeskorpion *(Myxocephalus scorpius)* – Plattfische – Vögel) und den vielfachen interspezifischen Verknüpfungen können selbst bei relativ geringer Artenzahl umfangreiche Nahrungsnetze entstehen. Sie nehmen bei Ästuarien entweder von Detritus und Phytoplankton oder von Großalgen ihren Anfang und führen bis zu den Meeresvögeln.

7.5.3 Relativität der Biotopbindung

Jede Lebensgemeinschaft ist an eine Auswahl verschiedener Bedingungen der Umwelt gebunden. Setzt die Veränderung eines oder mehrerer Eigenschaften nur für einen Teil der Arten eine Grenze, so verarmt die Assoziierung oder die Verteilung der Organismen ändert sich.

Viele Arten der *Macoma baltica*-Gemeinschaft des Eulitorals und obersten Sublitorals der Nordsee und anderer salzhaltiger Meere erweitern im Brackwasser der Ostsee ihre unterste Vorkommensgrenze von 10–15 m auf 75–100 m Tiefe. Beispiele dafür sind *Mytilus edulis*, *Macoma baltica*, *Hydrobia ulvae* oder die Polychaeten *Pygospio elegans* und *Scoloplos armiger*. Diese Erscheinung der **«Brackwassersubmergenz»** gilt keineswegs nur für die Ostsee, sondern läßt sich für alle Brackgewässer verallgemeinern. Sie trifft auch für die Mikrofauna zu. So findet sich die *Halammohydra*-Gemeinschaft, die das grobsandige Lückensystem des Eulito-

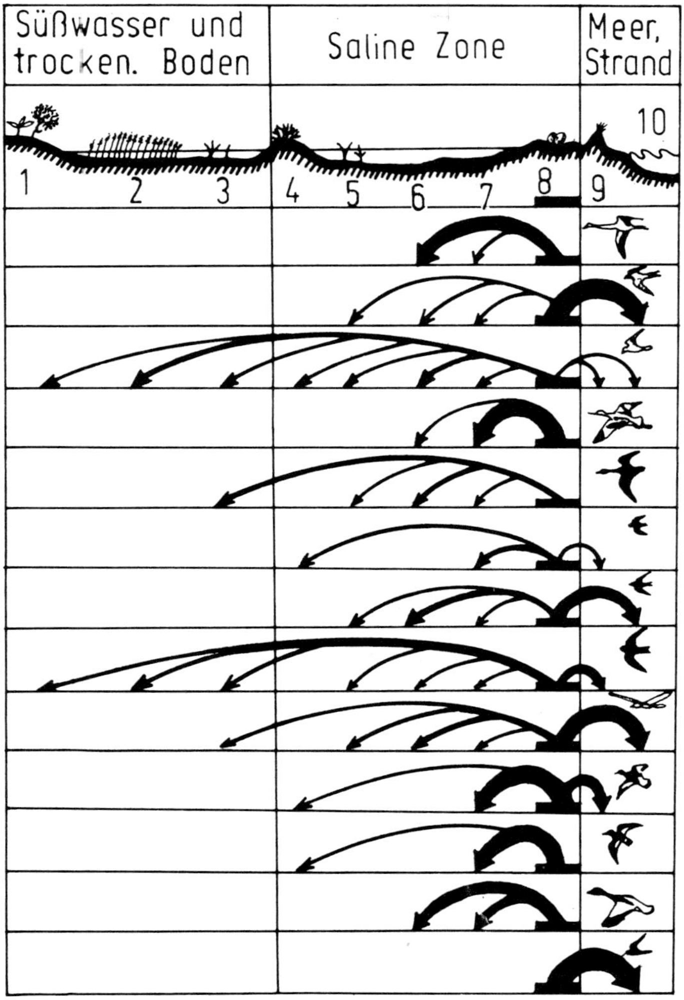

Abb. 7.14: Bevorzugte Nahrungsgründe von Meeresvögeln, die in der Camargue auf Inseln im Bereich der salinen Lagunenzone (8) brüten (nach L. Hoffmann 1958).
1: Trockener Untergrund; 2: Reisfelder; 3: Sümpfe; 4: Salzsteppe; 5–7: Brackwasser verschiedenen Salzgehalts und Tiefe; 9: Düne und Sandstrand. Vögel (von oben nach unten): *Phoenicopterus ruber*, *Sterna hirundo*, *Larus ridibundus*, *Recurvirostra avosetta*, *Anas platyrhynchos* (außerdem dort *A. strepera* u. *Netta rufina*), *Charadrius alexandrinus*, *Sterna albifrons*, *Gelochidon nilotica*, *Larus argentatus*, *Haematopus ostralegus*, *Tringa totanus*, *Tadorna tadorna*, *Sterna sandicensis*.

rals der Nordsee charakterisiert, in ähnlicher Zusammensetzung in der Kieler Bucht 6–15 m tief. Wo der Salzgehalt geschichtet und durch Aussüßung von Regen oder Flußwasser sowie Absinken salzreicheren Wassers in der oberen Schicht niedriger ist als in der Tiefe, sind für Arten mit Ansprüchen an höheren Salzgehalt optimale Bedingungen oft nur noch in der Tiefe gegeben. Eine Tiefenverlagerung des gesamten Existenzbereichs wird als totale Submergenz der bloßen Erweiterung des Vorkommens zur Tiefe hin (basale Submergenz) gegenübergestellt. Außer der Abhängigkeit von Salinität und Temperatur mag auch eine geringere Zahl von Feinden die Entfaltung gewisser Brackwassertiere in tieferen Schichten begünstigen.
Interessanterweise zeigen manche Süßwassertiere im Brackwasser die ungekehrte Tendenz. Sie zeichnen sich dort gerade durch Emergenz aus. Hierfür ist jedoch nicht der Salzgehalt, sondern wahrscheinlich der Gehalt an Sauerstoff entscheidend.
Im Zusammenhang mit solchen Befunden steht das regional bedingte Auftreten limnischer Organismen im Brackwasser. So sind die Alge *Chara tomentosa*, das Laichkraut *Potamogeton filiformis*, die Schnecke *Theodoxus fluviatilis*, die Wasser-

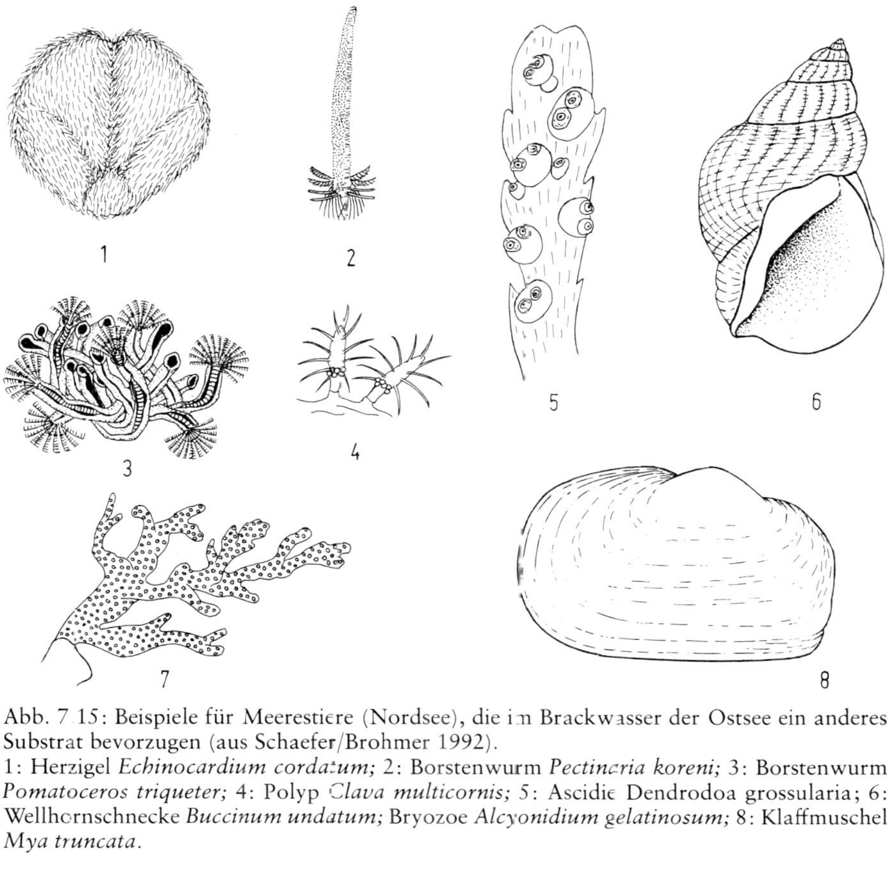

Abb. 7.15: Beispiele für Meerestiere (Nordsee), die im Brackwasser der Ostsee ein anderes Substrat bevorzugen (aus Schaefer/Brohmer 1992).
1: Herzigel *Echinocardium cordatum;* 2: Borstenwurm *Pectinaria koreni;* 3: Borstenwurm *Pomatoceros triqueter;* 4: Polyp *Clava multicornis;* 5: Ascidie Dendrodoa grossularia; 6: Wellhornschnecke *Buccinum undatum;* Bryozoe *Alcyonidium gelatinosum;* 8: Klaffmuschel *Mya truncata.*

wanze *Gerris thoracica* und etliche *Haliplus*-Käfer, die im mittleren und nördlichen Teil der Ostsee leben, in südlichen Breiten rein limnisch. Der Grund hierfür liegt in der Toleranz gegenüber höherem Salzgehalt bei abnehmender Temperatur, weil unter kühleren Bedingungen weniger Sauerstoff verbraucht wird.

Unterschiede beim Übergang vom Meer zum Brackwasser betreffen schließlich die Besiedlung bestimmter Substrate. Manche Arten, wie der Herzigel *Echinocardium cordatum*, der Borstenwurm *Pectinaria koreni*, die Schnecke *Buccinum undatum*, die Muschel *Mya truncata*, die in der Nordsee im Sandboden leben, kommen in der Ostsee auch auf Schlickgrund vor. Felsbodenbewohner der Nordsee besiedeln in der Ostsee das Phytal (Schwamm *Sycon*, Polychaet *Pomatoceros*, Ascidien) oder werden zu Epizoen; die Hydrozoe *Clava* auf der Süßwasser-Schnecke *Theodoxus*, die Bryozoe *Alcyonidium* auf der Meeresschnecke *Littorina* (Abb. 7.15).

8 Meeresküsten

8.1 Besonderheiten der ökologischen Grenze Meer – Land

Die Besiedlung der Meeresküsten im Bereich der Gezeiten (Eulitoral) bis zu den landwärts sich anschließenden Lebensräumen hängt entscheidend von der Wirkung ab, die Wind und Wellen ausüben.
An Felsküsten bricht die Härte des Gesteins die Kraft der Brandung. Doch können durch den Anprall des Wassers grobe Blöcke abgespalten und zu Geröll und Kies zertrümmert werden. In der Kampfzone von Meer und Fels geht die Zerkleinerung der Trümmer bis zum Sand weiter. Dieser wird leicht von Strömungen verlagert und direkt auf die Küste zu angeschwemmt oder längs der Küste verdriftet. Schließlich kann er als Flugsand vom Wind verweht, weiter landeinwärts die Bildung von Dünen hervorrufen. Im Schutz vorgelagerter Inseln, in Buchten und weiten Mündungen der Flüsse, wo Wellenschlag nur bei sehr stürmischem Wetter vorkommt, wird Ton nebst organischen Resten als feinstes Material (Schlick) abgelagert. So entstehen Schwemmlandböden, die zu Marschen oder Mangroven führen.
Die Gezeitenzone bietet extreme Bedingungen. Hier müssen wenigstens zeitweise Meeresorganismen Trockenperioden, vom Land stammende Bewohner Überflutungen überstehen können.
Dies bedeutet: (1) Toleranz gegenüber starken Schwankungen der Temperatur, wie sie besonders bei Ebbe vorkommen. (2) Durch Regen und Verdunstung müssen erhebliche Änderungen des Salzgehaltes ertragen oder kompensiert werden. (3) Für marine Arten wird ein sonst nicht erforderlicher Schutz vor erhöhter UV-Strahlung zur Zeit der Ebbe notwendig, also stärkere Kutikula oder Pigmentierung. (4) Wassertiere müssen sich bei Ebbe wegen ihrer Atmungsorgane in Röhren zurückziehen (Schlickkrebs *Corophium*), eingraben (Mollusken) oder ihre Schalen schließen (Muscheln, Seepocken), da Kiemen sonst verkleben oder austrocknen. Es können aber auch Kiemenräume mit Wasser gefüllt bleiben und dadurch Kiemenatmung ermöglichen, ohne daß der Lebensraum von Wasser bedeckt ist (Krebse *Uca* und *Coenovita*). Landtiere andererseits müssen in luftgefüllten Spalten, in Luftblasen und selbstgegrabenen Gängen Überflutung überdauern, wie es bei vielen Arthropoden der Fall ist. Einige Kurzflügler-Käfer (Staphylinidae) können als Larve und Vollkerf bei stark herabgesetztem Verbrauch von Sauerstoff sogar völlig von Wasser umgeben bei 10°C viele Stunden oder soagr Wochen (zwischen Springtiden) überleben. (5) Dichteänderung des Mediums. Die Bewegungsorgane sind bei Ebbe nicht mehr in der Lage, den Körper mancher Wassertiere zu tragen (Borstenwurm *Aphrodite*, Seestern *Asterias*, Garnele *Crangon*), so daß sie unfähig werden, sich zu bewegen. Manche Landtiere treiben bei Flut hilflos auf der Oberfläche des Wassers. Daher müssen gefährdete Arten rechtzeitig geeignete Schlupfwinkel aufsuchen.

Biologische Rhythmik. Bei Flut sind andere Organismen aktiv als bei Ebbe. Es kommt also zu regelmäßiger Umkomposition des aktiven Teils der Lebewelt im Eulitoral. Meist beruht dies auf endogener Rhythmik, die durch bestimmte Zeitgeber wie Tageslicht, Mondlicht, Wirkung der Gezeiten (Wasserbedeckung, Vibration des Substrats beim Zyklus der Springtiden) mit der Außenwelt synchronisiert wird. Dadurch können die Lebewesen Entwicklung, Verhalten und Stoffwechsel auf die periodisch sich ändernde Situation abstimmen.

Oft wirken Rhythmen verschiedener Zeitgeber zusammen und ermöglichen komplizierte Zeiteinstellungen. Die tidale Periodik der Aktivität von 12,4 Stunden kann von der 24stündigen Tagesrhythmik überlagert sein, wie bei einigen tagaktiven Winkerkrabben *(Uca)* oder den bei Dunkelheit aktiven Strandkrabben *(Carcinus)* und Napfschnecken (Patellidae). Überlagerung semilunarer Periodik von 14,7 Tagen mit der Tagesrhythmik steuert das dem Springtidenzyklus angepaßte Schwärmen von Gameten der Braunalge *Dictyota dichotoma* oder Verpuppung und Schlüpfen der Zuckmücke *Clunio marinus* (Chironomidae) zu einer bestimmten Tageszeit (Abb. 8.1). Arten der gleichen Gattung können sich in ihrer Rhythmik verschieden verhalten. Das gilt ebenso für die nur ökologisch getrennt lebenden Mücken *Clunio marinus* im Eulitoral und *Cl. balticus* im Sublitoral der norwegischen Küste wie für geographisch weit entfernte Winkerkrabben *(Uca)*.

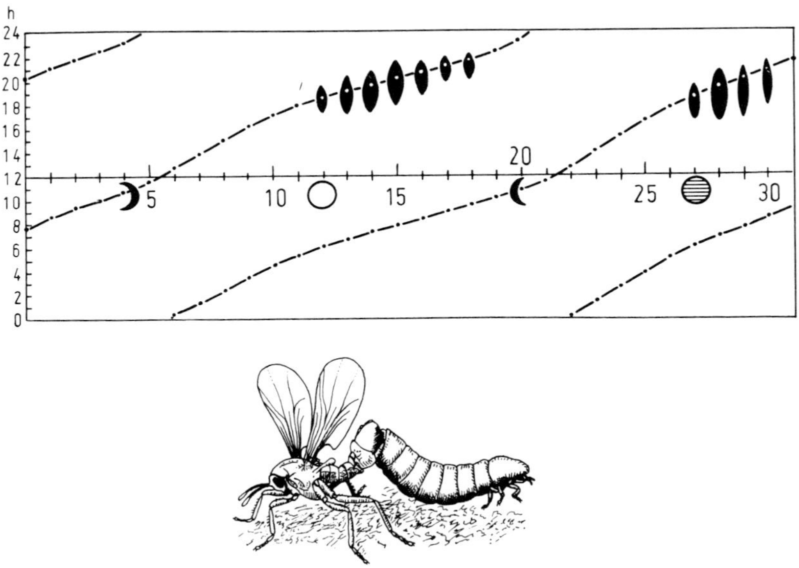

Abb. 8.1: Semilunare und tagesperiodische Abhängigkeit des Schlupfes und der Fortpflanzung der Zuckmücke *Clunio marinus* im Felswatt von Helgoland. Unten: Begattung, links Männchen, rechts Weibchen (nach Caspers 1939 u. 1951).

Abszisse: Monatstage u. Mondphasen; Ordinate: Tageszeit; Gezeiten durch Verbindung der beiden täglichen Niedrigwasser dargestellt; erste Schlupfrate: 12.7.–18.7.; zweite Schlupfrate: 27.7.–30.7.1938.

Überwindung der Salinitätsschranke. Die meisten Wirbellosen des Meeres passen die Ionen-Konzentration ihrer Körperflüssigkeit dem Salzgehalt des umgebenden Wassers an.
Zu dieser poikilosmotischen Gruppe gehören selbst Strandschnecken *(Littorina)*, die bis in die Spritzzone des Supralitorals kriechen. Sie können kurze Zeit der Trockenheit ebenso wie Seepocken durch Schalenverschluß überstehen und damit zugleich Wasser einschließen, mit dem ihr Innenmedium isotonisch bleibt. Andererseits gibt es im Eu- und Supralitoral Schnecken marinen Ursprungs, die zwar wegen ihrer Veligerlarven auf Überflutung angewiesen sind, jedoch bei zu geringem Salzgehalt ihrer Umgebung Hypertonieregulation haben *(Assiminea*, *Alderia*, *Limapontia)*. Gleiches gilt für Enchytraeiden und manche Krebse *(Gammarus*, *Carcinus)*. Schließlich leben an Meeresküsten Strandkrabben (Grapsidae, Ocypodidae), Asseln *(Sphaeroma*, *Ligia)* und Amphipoden *(Talitrus*, *Orchestia)* mit Fähigkeit zur Hyper- und Hypotonieregulation, die sich also in einem noch weiteren Bereich vom Salzgehalt ihrer Umgebung unabhängig gemacht haben.
Entsprechendes trifft für Organismen zu, welche die Meeresküste vom Land her besiedeln. Das zeigen Dipteren nebst ihren Larven sowie einige Käfer und Milben, die in erster Linie durch ihre Nahrung (faulende Meeresalgen) an den Strand gebunden sind. Arthropoden vom Binnenland mit ihrem relativ hohen Innendruck des Blutes können Salz im Substrat offenbar eher ertragen als Schnecken mit geringeren osmotischen Werten.

8.2 Felsküsten

8.2.1 Eulitoral

Die Besiedlung des Untergrundes zwischen den Linien von Hoch- und Niedrigwasser weist vor allem im gemäßigten Klima eine ausgeprägte Zonierung auf. An arktischen und subarktischen Küsten wird diese wegen Kälte und Eis immer geringer oder fehlt ganz. Aber auch in den Tropen ist die Zonierung weniger deutlich.
In den gemäßigten nördlichen und südlichen Breiten bilden Seepocken (Cirripedia) die obere, der Beginn von Laminarien (Braunalgen) die untere Grenze. Diese großen Algen charakterisieren bereits das Sublitoral mit seiner reichhaltigen Pflanzen- und Tierwelt an sessilen, hemisessilen und beweglichen Arten, während Braunalgen der Gattung *Fucus* an vielen Küsten für das Eulitoral typisch sind. Allein auf *Laminaria digitata* und *L. hyperborea* bei Helgoland wurden 29 Arten der Makroflora, 125 der Makrofauna festgestellt, bei einem Maximum der Besiedlung im Juli. Nach der Artenzahl der Tierbewohner standen Polychaeten an erster Stelle, gefolgt von Bryozoen, Amphipoden, Hydrozoen und Ascidien. In der Gezeitenzone könnten Algen, Seepocken und Strandschnecken *(Littorina)* auch bei dauernder oder sehr langer Überflutung leben. Doch ertragen sie eben außerdem die extremen Bedingungen von Trockenheit, hoher Temperatur, Besonnung und Wellenschlag. Lediglich in trockenwarmen Sommern und in Wintern mit tiefem Frost ist ihre Mortalität im Eulitoral recht hoch.

Littorinen beeinflussen im oberen Eulitoral weder Dichte noch Wachstum von Algen, welche dort vor allem von der Brandung abhängen. Im mittleren und unteren Eulitoral kann die Besiedlung mit Algen durch Schneckenfraß und Raumkonkurrenz durch Mießmuscheln *(Mytilus)* aber zurückgehen, sofern nicht genügend Strandkrabben *(Carcinus)* als Freßfeinde der Schnecken und Muscheln vorhanden sind.

Die dargestellte vertikale Zonierung gilt, um es nochmals hervorzuheben, nur für die kühlen und gemäßigten Breiten, und auch lediglich für Stellen mit starker Brandung. Schon in Bereichen, die weniger dem Wogenschlag ausgesetzt sind, verwischt sich die Zonierung in allen Breiten.

In den Tropen treten Algen, die keine Krusten bilden, sowie sessile Tiere (außer Seepocken) mehr zurück. Der Lebensraum ist dort eher dreidimensional besiedelt, indem die meisten Wirbellosen sich in Spalten, Ritzen und Löchern aufhalten. Nur so sind sie in der Lage, dem das ganze Jahr über wirkenden Feinddruck, vor allem der Fische und Krabben, zu widerstehen. Auch einige Wasserwanzen *(Halovelia, Xenobates)* kommen außer in Korallenriffen an Felsküsten der Indo-Australischen Region vor. Sie sind Räuber und Aasfresser. Die Weibchen legen ihre Eier in kleine Hohlräume, wo sie die Flut überstehen.

Horizontale Verteilung. Durch die Lage zum Anprall des Wassers bildet sich ein horizontales Muster der Verteilung, das wiederum die vertikale Zonierung beeinflußt. Kleine Lücken bieten nicht nur Schutz, sondern sind auch geeignete Stellen zur Anhäufung von Detritus, der vielen zur Nahrung dient. Größere Braunalgen und Seepocken ermöglichen die Ansiedlung von jungem *Fucus* und von kleinen Schnekken. In fleckenartigen Häufungen sammeln sich Larven von Balaniden, Polychaeten oder Austern *(Ostrea)* an. So wird der Lebensraum intensiv ausgenutzt (Abb. 8.2). Wenn die Dauerbewohner durch extreme Bedingungen vernichtet werden, erscheinen sofort kurzlebige «Opportunisten», um die leeren Plätze zu besetzen. Sie sind aber nicht notwendige Pioniere, welche die Voraussetzung für die Existenz der «Persistenten» schaffen müßten. Zwar werden leere Flächen meist in bestimmter Gesetzmäßigkeit besiedelt, doch hängt dies mehr mit dem unterschiedlichen Vermö-

Abb. 8.2: Felsufer in Peru mit Töpfervogel *(Cinclodes nigrofumosus taczanowskii*, Funariidae*)* auf einem mit Algen und Tieren besetzten Stein in der Brandungszone (nach H. W. u. M. Koepcke 1953).

gen der Ausbreitung von Arten zusammen. Da Meerestiere im allgemeinen in ihrer Ernährung weniger spezialisiert sind als Landbewohner, können die Möglichkeiten ihrer Verknüpfung sehr vielseitig und variabel sein. In allen Breiten haben die mittleren und tieferen Zonen mit geringer Einwirkung von Wellen die artenreichsten Lebensgemeinschaften im Felslitoral.

Konkurrenz und Feinde. Die untere Grenze wird für viele Arten mehr durch biotische Ursachen bedingt, also nicht durch Toleranz oder Intoleranz gegenüber abiotischen wie die obere Grenze. So wächst die Seepocke *Balanus balanoides* schneller und verdrängt oder unterdrückt *Chthamalus stellatus*. Dies erklärt deren Vorkommen im höheren Bereich, wo *Balanus* nicht mehr leben kann.
Manche Muscheln entkommen den sich von ihnen ernährenden Krabben im ruhigen Wasser nur durch eine bestimmte Größe, während sie sich in der Brandungszone, wo Krabben selten sind, in den verschiedensten Altersstufen befinden. Überhaupt hängt der Altersaufbau oft von der Gunst der Bedingungen ab. Wie bei Seepocken, Seesternen, Schnecken, Muscheln und Großalgen festgestellt wurde, überleben unter extremen Verhältnissen kaum junge Individuen. Die Altersstruktur besteht dann nur aus älteren Jahrgängen und ist daher recht einheitlich. In günstigeren Situationen ergibt sich dagegen eine normale Alterspyramide.
Wo der See-Otter *(Enhydra lutris)* im Gezeitenbereich und Sublitoral der Felsküste einiger Aleuten-Inseln seine Beute holt, kommen Seeigel *(Strongylocentrus)*, Miesmuscheln *(Mytilus)* und Seepocken (Balaniden) nur spärlich vor. Dafür findet sich dort ein dichter Besatz von Braunalgen. Dieser Raubsäuger frißt nicht nur Fische, sondern auch Seeigel. An Küsten ohne den See-Otter wird die Algenvegetation sehr von Seeigeln und Chitonen abgeweidet. Mit den Algen verlieren zugleich mehrere andere Organismen ihre Lebensgrundlage.

Aktivitätsmuster. Napfschnecken *(Patella)* und Lungenschnecken der Gattung *Siphonaria* haben bestimmte Heimplätze, an deren Unebenheiten ihr Schalenrand angepaßt ist. Von dort aus unternehmen sie ihre Weidegänge und kehren dann wieder zum Ausgangspunkt zurück. Ihr Aktionsradius reicht allerdings kaum über 30 cm. Heimplätze und Wege werden durch chemische Stoffe markiert, die sich auch im Wasser halten. Außerdem prägt sich dem Gedächtnis die Entfernung ein (kinästhetische Orientierung). Das Aktivitätsmuster deutet auf endogene Gezeitenperiodik, die von der tagesrhythmischen Komponente überlagert ist. *Patella caerulea* wandert bei Hochwasser, *P. vulgata* auch bei Niedrigwasser. Beide sind nur im Dunkeln aktiv und kehren bei Licht sofort zurück. Das Rückkriechen der lediglich bei Flut aktiven Art erfolgt mit Beginn der Ebbe.
An vielen Küsten Europas leben Mückenlarven der Gattung *Clunio* (Chironomidae), also Tiere terrestrischen Ursprungs. Im Felswatt halten sie sich zwischen Algengeflecht und Wohnröhren sedentärer Borstenwürmer auf. Die adulten Mücken schlüpfen bei Springniedrigwasser aus der Puppe, begatten sich (die Weibchen sind ungeflügelt), und gleich darauf erfolgt die Eiablage. Als Adulte leben sie nur wenige Stunden. Ausgewachsene Larven sind alle 15 Tage zur Verpuppung bereit. Bei diesem Spring-Nipptiden-Zyklus ist für die mittel- und nordeuropäischen Popula-

tionen von *Cl. marinus* die Turbulenz des Wassers der steuernde Mechanismus. Sie muß mindestens sechs, am besten acht Stunden dauern, wie es bei Voll- und Neumond geschieht. Das Mond*licht* dient nur für die Periodik der südeuropäischen Art *Cl. mediterraneus* als Signalgeber. Findet Verpuppung statt, so schlüpfen die Mücken einige Tage später in einer bestimmten Tageszeit, die für die Population von Helgoland am späten Nachmittag liegt und circadian gesteuert wird (s. Abb. 8.1). Die Zuckmücken reagieren also auf zwei Zeitmeßsysteme.
Im Felswatt lebende Hornmilben wie *Ameronothrus marinus*, weichen der täglichen Überflutung durch Vertikalwanderung aus, die mit gezeiten- und lichtbedingter Rhythmik zusammenhängt.

8.2.2 Übergangsbiotope

Oberes Felswatt. In der Übergangszone vom Eulitoral zum Supralitoral können verschiedene Landarthropoden leben. Zu ihnen gehören außer Milben auch Pseudoskorpione, Chilopoden, Collembolen, Käfer und Springwanzen (Saldidae). Sie zeichnen sich durch Resistenz gegen Überflutung von Meerwasser und durch Osmoregulation aus. Beide sind bei niedrigeren Temperaturen ausgeprägter. Die Temperatur beeinflußt daher entscheidend ihre Bindung an die Meeresküste. Im Norden überwiegen euryöke Arten, die auch noch im Inland vorkommen. Sie werden nach Süden zu immer mehr stenök. In den südlichen Breiten finden sich außerdem andere Arten, die ganz auf den Salzgehalt des Ozeans angewiesen sind.

Saumriff. An Felsküsten subtropischer und tropischer Meere setzen sich kalkinkrustierende Algen fest, und oft sind Serpuliden, Bryozoen und Schwämme an der Verfestigung des Untergrundes beteiligt. So bildet an Küsten des Mittelmeers die Rotalge *Tenarea (Lithophyllum) tortuosum* in Höhe des mittleren Wasserstandes ein simsartiges Saumriff oder Kalkalgentrottoir. Je hohlraumreicher und fester das Substrat ist, desto mehr Landtiere leben in der peripheren Schicht dieser zeitweise vom Meer bedeckten Kalkalgen. Durch die kleinen Lufträume sind sie vor Überflutung geschützt. Es bildet sich sogar eine Mikrozonierung der Fauna aus, zu der Milben, Pseudoskorpione, Geophiliden, Collembolen, Staphyliniden, Larven von Dolichopodiden und Chironomiden gehören. Es ist ein interessanter Mischbiotop, da sich auch Jugendformen mariner Tiere dort aufhalten. Die Grundlage des Nahrungsnetzes geben Grünalgen und Detritus.

Felsentümpel. In den mit Meerwasser gefüllten Mulden, Höhlungen und Gesteinslöchern des Felswatts ist, sofern sie tief genug ausgehöhlt sind, eine Besiedlung möglich, wie sie sonst das Sublitoral charakterisiert. Selbst Laminarien (Braunalgen) und *Corallina* (Rotalgen) kommen dann noch im Bereich des Eulitorals vor, wenn die Gefahr der Austrocknung durch Schattenlage vermieden wird. In den flachen Spritzwasser-Tümpeln des Supralitorals dagegen gibt es recht starke tägliche Schwankungen der Temperatur von 3° bis 28° C. Infolge Verdunstung durch

Sonnenstrahlung und Aussüßung durch Regen kann der Salzgehalt zwischen 0,5 bis 3,0 % liegen und damit den Werten von Brackwasser entsprechen. Dennoch findet sich eine Fülle der verschiedensten Algen, Protozoen, Schwämme, Hydrozoen, Anthozoen, Polychaeten, Mollusken, Krebse, Echinodermen und kleinen Fische ein.

Wo Felstümpel (rockpools) im beginnenden Supralitoral durch Meeresvögel sehr eutrophiert werden, können sie durch Massenentwicklung von *Euglena* ganz grün aussehen. Auch leben dort gegen Verschmutzung tolerante Süßwassertiere wie Copepoden, Ostracoden, Hakenkäfer (Dryopidae), Larven bestimmter Libellen und Dipteren. Ruderwanzen (Corixidae) überwintern in größeren Felstümpeln, die nicht austrocknen, fliegen aber zur Eiablage zu kleineren, flachen, deren Wasser sich schnell erwärmt.

8.2.3 Supralitoral

Spritzzone. Ritzen, Spalten und sonstige Hohlräume im Geröll, die nur gelegentlich bei Springtiden überflutet werden und daher mit Sediment erfüllt sind, haben Meeres- und Landbewohner.

Maritime Landflechten charakterisieren diese Zone. Marin sind die ovovivipare Strandschnecke *Littorina saxatilis* und die pelagische, Eikapseln legende *L. neritoides*, aber auch Asseln *(Ligia)* und der Flohkrebs *Orchestia gamarellus*.

Vom Land stammen Chilopoden *(Pachymerium, Strigamia)*, Machiliden *(Petrobius)*, Collembolen *(Anurida)*, Milben *(Neomolgus, Ameronothrus, Hermannia)*, Pseudoskorpione, Spinnen (Lycosidae, Linyphiidae, Salticidae), Wanzen *(Xylocoris, Peritrechus)* und Käfer (Staphylinidae, Dasytidae, Dermestidae, Elateridae). Ferner gibt es dort Nematoden und Rotatorien, welche die Trockenzeit in Anabiose überstehen.

Starke Windeinwirkung, salzhaltige Luft, Wasserspritzer, Schwankungen der Temperatur und Luftfeuchte erschweren das Leben in diesem Biotop. Andererseits sind die Organismen wechselndem Salzgehalt weniger ausgesetzt als etwa an der Schlickküste, weil Regen am Felsen leichter abläuft, und so eine zu große Aussüßung verhindert wird. Außerdem liegen hier günstige und ungünstige Bedingungen meist dicht nebeneinander, so daß die Bewohner eine ihnen zusagende Stelle aufsuchen können. Von Schnecken konnten nur Prosobranchier (Vorderkiemer), die ihr Gehäuse bei Trockenzeit mit einem Deckel verschließen, nicht aber Opisthobranchier (Hinterkiemer) und Pulmonaten (Lungenschnecken) das Supralitoral der Felsküste besiedeln.

Steilwände und Felsinseln. Die großen Vogelmengen, die zur Brutzeit die steil aus dem Meer aufragenden Felsen und Klippen bevölkern (nordische Vogelberge, Lummenfelsen von Helgoland, Felswandufer in Peru) beziehen ihre Nahrung aus dem Wasser. Nur diese reiche Futterquelle ermöglicht ihre hohe Siedlungsdichte. An den Sandküsten von Jütland nistet die Dreizehenmöwe *(Rissa tridactyla)* lediglich auf einem Kliff aus Kalkstein (dem Bulbjerg) (Abb. 8.3).

Abb. 8.3: Nistplätze der Dreizehenmöwe *(Rissa tridactyla)* am Bulbjerg-Kliff in Jütland (Dänemark) (Orig.).

Felswände am Meer werden von Lummen *(Uria)*, Tordalken *(Alca)*, Papageitauchern *(Fratercula)*, Sturmvögeln (Procellariidae)), Tölpeln *(Sula)*, Kormoranen *(Phalacrocorax)* und bestimmten Möwen bevölkert. Zu den binnenwärts gelegenen Landstrichen haben solche Vogelkolonien im allgemeinen keine weitreichenden Beziehungen. Allerdings gibt es Ausnahmen. So dringt der Gerfalke *(Falco rusticolus)*, der an nordischen Felsküsten brütet, weit ins Innere der Tundra ein. In Spitzbergen befinden sich die Felsenkliffe auch weiter im Landinneren. Dort wird der Boden durch den Vogelkot so gedüngt, daß sich eine reiche Vegetation bildet.

In Nähe von Felsküsten liegen oft Inseln mit felsigem oder grobkiesigem Untergrund ohne nennenswerten Pflanzenwuchs und den Einwirkungen wechselnden

Wasserstandes weitgehend entzogen. Auf solchen in Fennoskandien als Schären bezeichneten Inseln nisten Enten, Möwen, Seeschwalben, Limikolen, Bachstelzen *(Motacilla)*. Manche, die an sich nicht Koloniebrüter sind, wie Reiherente *(Aythya fuligula)*, Trauerente *(Melanitta nigra)*, Säger *(Mergus)*, Rotschenkel *(Tringa totanus)* oder Regenpfeifer *(Charadrius)* brüten mit Vorliebe in Möwenkolonien. Dies Verhalten mag auf Schutzinstinkt vor Eiräubern (z. B. vor Raubmöwen) beruhen, die sich selten in Vogelkolonien wagen. Vielleicht wird auch die soziale Anschlußreaktion an Möwen durch eine ähnliche Schwarz-Weiß-Färbung erleichtert. In gemischten Kolonien von Mantelmöwe *(Larus marinus)*, Silbermöwe *(L. argentatus)* und Eiderenten *(Somateria mollissima)* an der nordamerikanischen Atlantikküste beteiligen sich allerdings Silbermöwen als Eiräuber der Gelege von Eiderenten.

Vor der peruanischen Küste herrscht ein reiches Vogelleben auf den «Guanoinseln». Die Brutstätten bilden oft gleichmäßig mit Nestern bedeckte große Areale, in denen im ariden Klima der schnell austrocknende Kot als Guano eine lückenlose harte Bodenbedeckung ergibt. Wichtigste Brutvögel sind Kormorane (Phalacrocoracidae), Pelikane (Pelecanidae) und Tölpel (Sulidae). Sie brüten hier viel reichlicher als auf dem Festland, wo Füchse und andere Eiräuber das Brutgeschäft erheblich stören würden. Im Guano leben Eidechsen, die sich von den vielen dort vorkommenden Insekten und anderen Arthropoden ernähren.

8.3 Sandstrand und Küstendünen

8.3.1 Verzahnung von Meer und Land

Wo die Brandung aufläuft, entsteht ein schwach geneigter Prallhang aus bewegtem und durchspültem Sand. Das feuchte Sandlückensystem setzt sich im Meerboden fort. An der Basis des Prallhangs sickert das Wasser wieder ins Meer zurück. Die Zirkulation bringt mit Detritus und Plankton die Nahrungsgrundlage für eine Mikrofauna von mehreren hundert Arten in oft hohen Individuenzahlen. Diese sind an die geringen Ausmaße zwischen den Sandkörnern und an die Unbeständigkeit des beweglichen Milieus angepaßt.

In 100 cm^3 der obersten Schicht des feuchten Sandes wurden über 2000 Individuen an Metazoen gezählt, unter denen Nematoden, Turbellarien, Anneliden und Krebse vorherrschen. Außerdem gibt es von Wurmgruppen Gnathostomulida, Gastrotricha, Loricifera; ferner leben dort Bärtierchen (Tardigrada) und Meeresmilben, winzige Nacktschnecken, eine Zwergmeduse mit rückgebildetem Schirm *(Halammohydra)*, ein nicht kolonienbildendes Moostierchen *(Monobryozoon)* und unter den Protozoen vor allem Ciliaten und Foraminiferen (Abb. 8.4). Zum Grundwasser hin nimmt die Besiedlung mit geringerem Gehalt an Sauerstoff ab. Das Grundwasser selbst ist in der Regel schon in geringer Tiefe fast unbesiedelt. Im Winter können jedoch manche Arten, die in gemäßigten Breiten nur eine Generation im Jahr hervorbringen, ins Grundwasser wandern, von wo sie im Frühjahr wieder nach oben zurückkehren. Das marine Psammal mit seinem Lückensystem war ein Zentrum der Entstehung und Ausbreitung in der Evolution.

Eine durch Körperbau und Verhalten spezielle Lebensform in der Brandungszone flacher Sandstrände warmer Meere mit gleichmäßiger Dünung ist die Gattung

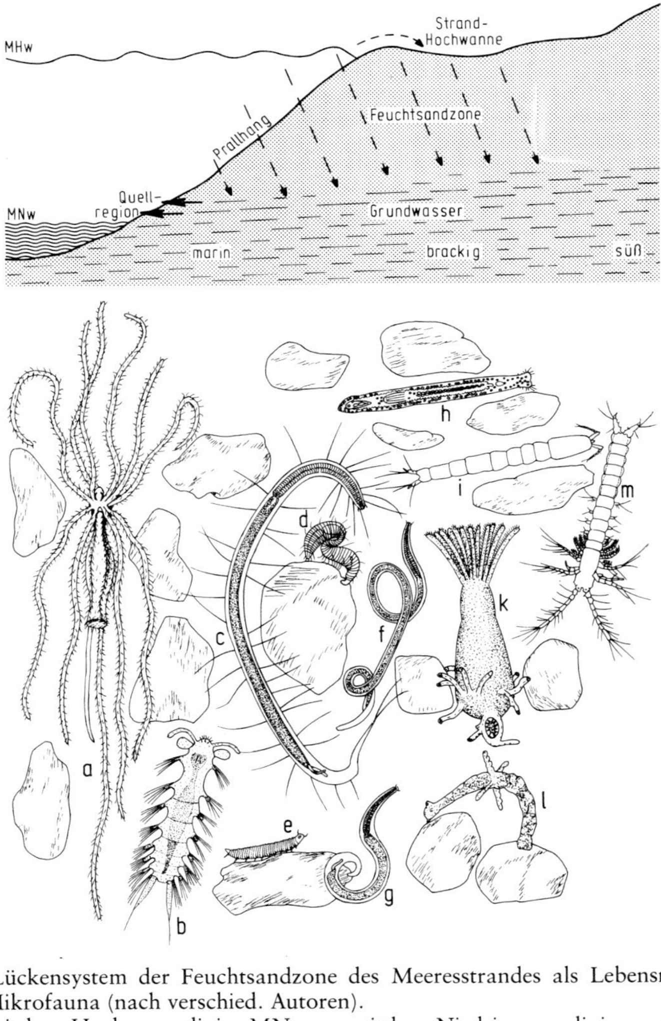

Abb. 8.4: Lückensystem der Feuchtsandzone des Meeresstrandes als Lebensraum einer speziellen Mikrofauna (nach verschied. Autoren).
MHw = mittlere Hochwasserlinie, MNw = mittlere Niedrigwasserlinie. a: *Halammohydra octopodides* (Cnidaria); b: *Nerillidium gracile* (Archiannelida); c–g: verschiedene Nematoda; h: *Otoplana glandulosa* (Turbellaria); i: *Arenopontia subterranea* (Copepoda); k: *Monobryozoon ambulans* (Bryozoa); l: *Psammohydra nanna* (Cnidaria); m: *Derocheilocaris remanei* (Mystacocarida). Vergleichsmaßstab für alle Tiere: Länge von h beträgt 0,5 mm.

Matuta der Schamkrabben (Calappidae). Diese Krebse schwimmen seitwärts in die Strömung der ablaufenden Wellen und greifen dabei Pflanzenteile heraus. Vor den auflaufenden Wellen graben sie sich schnell in den Sand ein, in dem sie ihre Nahrung verzehren und so zugleich vermeiden, auf den Strand gespült zu werden.

An Brandungsbänken ist der Sand oft festgepreßt, bei Niedrigwasser aber an Wasser untersättigt, weil zwischen die Sandkörner eingedrungene Luft festgehalten wird. In solchen Porenluft-Sedimenten (Blasenwatt) können neben Meerestieren (Polychaeten, Amphipoden) bereits Landtiere leben. Sie erhalten bei Wasserbedeckung genügend Sauerstoff in den Luftblasen oder in eigenen Gängen.

Bei Landtieren handelt es sich um algenfressende Staphyliniden, um Fliegenlarven, die sich von Detritus ernähren, und um räuberische Laufkäfer (Abb. 8.5). Werden die Käfer durch Mangel an Sauerstoff oder durch mechanische Einwirkung gezwungen, bei Überflutung nach oben zu kommen, so schützt sie ihre Unbenetzbarkeit vor dem Ertrinken. Der aufgerichtete Hinterleib der Kurzflügler *Diglotta* wirkt

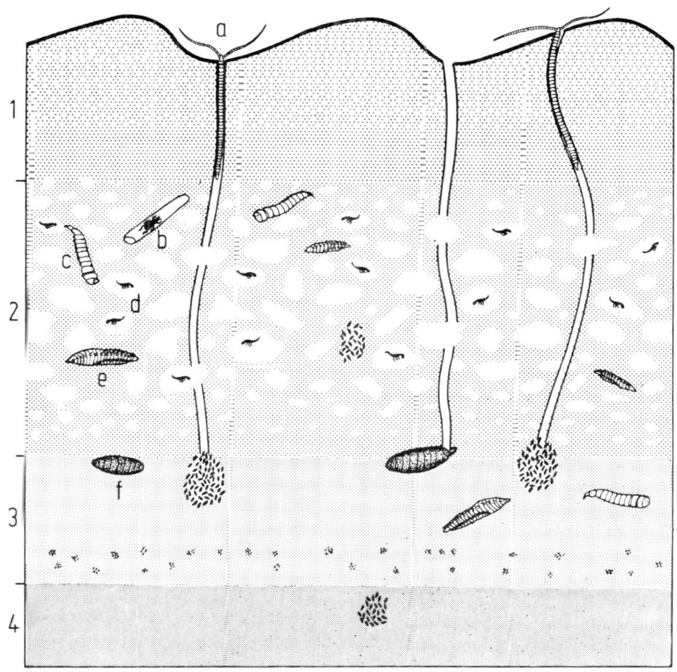

Abb. 8.5: Besiedlung des Blasenwatts im Eulitoral der Nordseeküste durch marine Tiere (a, e) und Landtiere (b, c, d, f) (nach Wohlenberg 1937).
1: Lockerer, bei Ebbe wasseruntersättigter Sand; 2: Porenlufthorizont; 3: Übergangszone bis zur Eisenoxidationsschicht, z. T. mit Verkittungen; 4: Schwefeleisenhaltiger Untergrund. a: *Scolelepis squamata (Polychaeta) mit Kotperlen am Ende des Ganges; b: Bembidion (= Cillenus) laterale* (Carabidae); c: Dipterenlarve (z. B. von *Lispe*); d: *Diglotta mersa* (Staphylinidae) in Luftblase; e: *Ophelia rathkei* (Polychaeta); f: Dipterenpuppe.

wie ein Segel, so daß die Käfer leicht verdriftet werden. Laufkäfer wie *Bembidion* sind gute Schwimmer. Erreichen sie Treibgut, erneuern sie den Vorrat an Luft unter den Flügeldecken und lassen sich verfrachten. Kurzflügler der Gattung *Bledius* bewohnen die am höchsten gelegene Wattzone in Nähe der Hochwasserlinie. Mit ihren gut ausgebildeten Flügeln können sie direkt von der Oberfläche des Wassers auffliegen. Interessant ist die Verzahnung von Land- und Meerestieren bei der Nahrungsaufnahme. Die Laufkäfer erbeuten nicht nur Staphyliniden und Fliegenlarven, sondern fressen auch Amphipoden wie *Bathyporeia* und *Talitrus*. Letzterer muß von mehreren Käfern gemeinsam überwältigt werden.
Man darf indessen die Dynamik, durch die sich frühere Muster der Verteilung auflösen oder verändern, nicht übersehen. Dort, wo die Erosion im Wattenbereich stark zugenommen hat, haben sich manche Sandböden mit den Borstenwürmern *Ophelia rathkei*, *Scoloplos squamata* und dem Kurzflügler *Diglotta mersa* zu Mischwatten mit anderen Polychaeten wie *Nereis diversicolor*, *Scoloplos armiger* und *Capitella capitata* gewandelt.

In manchen Strandgebieten erstreckt sich hinter der «Hochwanne» noch ein weites lenitisches Sandwatt, dessen Boden aus detritusreichen Feinsanden besteht. Es ist zwar der Brandung weitgehend entzogen, dennoch vollzieht sich ein Wasserwechsel über der Oberfläche. Hier finden sich wieder die Insekten des Blasenwatts, doch ist die Komponente der Landtierwelt mannigfaltiger. Grundlage des Lebens und zugleich der Stabilisierung der Sedimente sind Mikroben. An detritusreichen Stellen kann sich nämlich ein «Farbstreifen-Sandwatt» ausbilden, das etwa zwei cm tief reicht, aber oft auch geringer oder mächtiger ist. Unter ihm können sich fossil noch ältere Systeme solcher Mikrobenwatten befinden.
Das **Farbstreifen-Sandwatt** hat eine Schichtenfolge von gelb, blaugrün, rot, schwarz. Unter einer graugelben Sandschicht, die durch Wind ständig übersandet wird, aber Diatomeen enthalten kann, liegt eine grüne bis blaugrüne Schicht vornehmlich aus Cyanobakterien *(Microcoleus*, *Oscillatoria* u. a.). Diese verkleben die Sandkörner durch ihre Scheiden, Kapseln und Schleim. Sie sind Erstbesiedler, die Energie durch Photosynthese gewinnen und außerdem Luftstickstoff binden. Zur Tiefe hin folgt eine rotgefärbte Lage photoautotropher Schwefelpurpurbakterien (Chromatiaceae), die das von den Cyanobakterien nicht verwendete, langwellige rote Licht als Energiequelle nutzen. Da dort bereits Mangel an Sauerstoff herrscht, haben sie anoxigene Photosynthese, bei der sie H_2S als H-Donator verwenden. Unter der roten Schicht leben anaërob sulfatreduzierende Desulfurikanten *(Desulfovibrio desulfuricans)*. Das durch sie entstehende Sulfid wird in der über ihnen befindlichen Schicht der Purpurbakterien gebraucht oder in ihrem eigenen Milieu, an Eisen gebunden, als schwarzes Eisensulfid ausgefällt.
Flache Sandstrände, besonders vorgelagerte Sandbänke, sind der Lebensraum des Seehundes *(Phoca vitulina)*. Er ist ein guter Schwimmer, der bis zu 45 Minuten tauchen kann. Nach der Paarung im August macht das befruchtete Ei eine Diapause von zwei Monaten durch. Dann erst entwickelt es sich weiter, so daß die Tragzeit von September bis Mitte Juni dauert. Auf diese Weise ist der Seehund gut in den Lauf der Jahreszeiten eingepaßt.

8.3.2 Zone des Strandanwurfs

Auf dem feuchten Sandstrand des Supralitorals geht der größte Teil des Stoffumsatzes vom Strandanwurf aus, der aus angespülten Algen, Seegras und Tierkadavern besteht.
Allerdings wachsen dort auch Chenopodiaceen, Polygonaceen und Compositen, die manchen Insekten und Schnecken *(Cepaea)* zur Nahrung dienen. Von einzelligen Algen der Sandoberfläche ernähren sich Collembolen wie *Hypogastrura viatica*, die schnell zur Massenvermehrung kommen können. Da sie von Zwergspinnen *(Erigone)* und anderen Räubern gefressen werden, bilden sich bereits erste Konnexe.
Als wichtigster Bereich für die Lebewelt dient jedoch der Strandanwurf (Abb. 8.6). Hier treffen Flohkrebse (Talitridae) mit Enchytraeen, Milben, Spinnen, Asseln, Myriopoden und Insekten der verschiedensten Gruppen zusammen. Die reichhaltige Kleintierwelt in und außerhalb des Anwurfs dient Limikolen (Watvögeln) zur Nahrung. Je stärker die Bejagung durch diese ist, desto mehr beschränkt sich die Aktivität der Talitriden auf die Dunkelzeit.
In den warmen Ländern leben hier auch Krabben *(Ocypode, Emerita)* und Einsiedlerkrebse *(Coenobita)*. An Sandstränden Perus, die in Wüste übergehen, fressen neben Krebsen und Insekten Aasgeier, Ratten und Wüstenfüchse von den angespülten Kadavern. Entsprechendes gilt für andere Strände. In den Tropen ist der Sand oft biogenen Ursprungs, zum Beispiel der Foraminiferen-Sand, dem Teilchen von Molluskenschalen, Echinodermenpanzern, Korallenstückchen und Kalkalgen beigemischt sind.

Astronomische Orientierung. Meeresküsten sind langgestreckte, relativ schmale Lebensräume, die sich zum Wasser hin und zum Binnenland stark unterscheiden.

Abb. 8.6: Strandanwurf auf Sandküste der Ostsee (Orig.).

Werden Flohkrebse (Talitridae), Asseln *(Tylos)*, Spinnen *(Arctosa)*, Laufkäfer *(Dyschirius)*, Schwarzkäfer *(Phaleria)* der Strandzone von Wind oder Wellen auf das Wasser oder das trockene Vordünengelände verfrachtet, so streben sie wieder zum Küstensaum zurück. Dabei orientieren sie sich unter Berücksichtigung der Tageszeit nach dem Stand der Sonne, bei teilweiser Bewölkung auch nach dem polarisierten Licht eines Stücks blauen Himmels, oder im Fall dämmerungs- und nachtaktiver Arten nach dem Mond. Bei den Krebsen ist die Heimkehrrichtung weitgehend angeboren, obwohl individuelle Erfahrung hinzukommt. Nur so findet auch die Geisterkrabbe *Ocypode* ihre Wohnhöhle im Sand. Spinnen müssen die Richtung erst erlernen. Je näher eine Art am Wasser lebt, desto wichtiger wird für sie diese Orientierung. Daher ist sie bei *Arctosa cinerea* am Strand besser ausgeprägt als bei *A. perita*, die weiter landeinwärts vorkommt.

Pflanzlicher Strandanwurf. Hier liegt ein Kleinlebensraum mit besonderen Bedingungen vor.

Verlagerung des Materials: Sie ist durch Brandung und Wind recht häufig und macht eine schnelle Entwicklung der Bewohner sowie eine leichte Neubesiedlung des Anwurfs notwendig.

Nahrungsverhältnisse: Seegras *(Zostera)* wird der Makrofauna im allgemeinen erst zugänglich, nachdem es über Bakterien, Pilze und Mikrofauna etwas abgebaut ist. Rotalgen erwiesen sich für Talitriden *(Orchestia)* als giftig. Der Ringelwurm *Enchytraeus albidus* legt bei solcher Ernährung keine Kokons ab. Von Larven der Tang- und Strandfliegen werden sie ungern gefressen. Grünalgen haben dagegen zwar hohen Nährwert, doch sind sie meist nicht in genügender Menge vorhanden. So bleiben am wichtigsten die Braunalgen, besonders *Fucus* und Laminarien. Wesentlicher als der Salzgehalt des freien Wassers zwischen dem Pflanzenmaterial scheint mindestens für einige Bewohner des Anwurfs (Milbe *Thinoseius*, Fliegenlarve *Coelopa*) der Salzgehalt des Pflanzengewebes zu sein. Häufig wechseln die Salzansprüche von der Larve zur Imago. Larven und Puppen der Fliegen werden von zahlreichen Parasitoiden befallen.

Temperatur: Die Schwankungen der Temperatur, die auf kahlem Sand am ausgeprägtesten sind, nehmen zum Inneren des Anwurfmaterials immer mehr ab. Dies wirkt sich auf die Tagesrhythmik der Bewohner aus, die bei Arten nahe der Oberfläche *(Fucellia)* noch deutlich ist, bei solchen der tieferen Lagen (Limosiden) fehlt. Tiere, die an der Oberfläche und im Inneren des Strandanwurfs vorkommen (*Orchestia*, Collembolen) lassen gut die Abnahme der Tagesrhythmik zur Tiefe hin erkennen.

Feuchtigkeit: Im allgemeinen ist für die Anwurfbewohner hohe Feuchte erforderlich. Sobald der Wassergehalt unter 40 % sinkt, kriecht *Enchytraeus albidus* in den unter dem Anwurf befindlichen feuchten Sand (sofern dieser nicht wassergesättigt ist). Die Sandunterlage und ihre Feuchtigkeit ist auch für Larven von Chironomiden wichtig, spielt aber für diejenigen der Dungfliegen (Limosidae) keine Rolle. In ariden Gebieten trocknet der Anwurf schnell aus, ist jedoch für Schwarzkäfer (Tenebrionidae) noch geeignet.

Jahresperiodik: Jahrezeitliche Unterschiede sind wenig ausgeprägt, weil die Temperatur im Anwurfmaterial selbst im gemäßigten Klima relativ konstant ist und jedenfalls wärmer bleibt als in der übrigen Strandzone. Dennoch gibt es Arten, die in ihrem Lebenszyklus an bestimmte Monate gebunden sind Dies ist aber nicht im Sinne einer echten Sukzession zu verstehen, bei der die einen Voraussetzung zur Existenz der anderen wären. Zwar ist die Tätigkeit der Talitriden für den Abbau des Substrats wichtig. Verhindert man aber die Eiablage der Fliegen, so wirkt sich dies nicht auf die übrigen, später erscheinenden Bewohner ungünstig aus.

8.3.3 Trockener Innenstrand und Dünen

Ökologisch zeichnet sich dieser Lebensraum durch Instabilität, Armut an Nährstoffen, starke Sonneneinstrahlung, relativ geringe Bodenfeuchte, erhebliche Tagesschwankungen der Temperatur und Luftfeuchtigkeit aus. Sand und Wind bestimmen die Bildung der Dünen. Der Wind ergreift die Sandkörner der offenen Flächen, selbst wenn sie wie auf dem Sandwatt von Algen zu Krusten verklebt sind, und treibt sie fort. Durch neue Sandablagerung verbreitert und erhöht sich das Gelände. Erstbesiedler unter den Bakterien, Pilzen, Diatomeen, Grünalgen werden auf dem Luft- und Wasserweg zugeführt. Das Meer spült auch Samen von weiter landeinwärts gedeihenden höheren Pflanzen *(Cakile, Leymus)* heran. An vielen Sandstränden der Erde wurzeln zunächst nitrophile, salztolerante Chenopodiaceen und Compositen, in etwas höherer Lage sodann gegen Sandtreiben resistente Gräser.
In den warmen Zonen sind neben den Strandgräsern die Winde *Ipomoea pes caprae* und *Sesuvium* (Aizoaceae) im trockenen Sandgelände häufig, in das auch Landkrabben (Geocarcinidae) noch vordringen. Hohe Küstendünen gibt es in den Subtropen und Tropen weniger, weil die lange Vegetationsperiode eine schnelle Pflanzendecke ermöglicht. Schon in geringer Entfernung vom Spülsaum kann sogar ein Küstenwald oder wenigstens eine Formation aus Hartlaubsträuchern entstehen.
In gemäßigten Klimaten werden die ersten winzigen **«Primärdünen»** meist von Gräsern geschaffen. Deren derbe Blätter ertragen den ständigen Anprall der Sandkörner; in ihrem Windschatten lagert sich der Sand ab. Streckung der Internodien und neue nach oben wachsende Ausläufer verhindern eine Verschüttung der Pflanze (Abb. 8.11). Die Rhizome von *Agropyron junceum* werden über 60 cm lang. Auf solche Weise wird die Primärdüne immer höher. Nun stellen sich auch Stranddistel *(Eryngium)* (Abb. 8.7) und weitere perennierende Dünengräser *(Ammophila, Leymus)* ein, die den Sand mit ihren horizontalen und vertikalen Ausläufern immer mehr verfestigen. Ihre Rhizome können über 150 cm in die Tiefe reichen. So entstehen allmählich die großen **«Sekundärdünen»** (Weißdünen), in deren Schutz wieder andere Pflanzen gedeihen und eine keineswegs arme Tierwelt lebt. In wenigen Jahrzehnten kann eine Decke aus trockenresistenten Gräsern, Moosen, Flechten, Krähenbeere *(Empetrum)* und Heidekraut *(Calluna)* die Dünentäler überziehen und die hellen Sekundärdünen in graue und braune **«Tertiärdünen»** und Heiden verwandeln (Abb. 8.8). In Mischzonen, etwa zwischen Weißdünen und Trockenrasen leben manche Tiere aus beiden Bereichen. Dennoch hat jeder Vege-

Abb. 8.7: Stranddistel *(Eryngium maritimum)* und Strandhafer *(Ammophila arenaria)* auf Sandstrand (phot. W. Kaiser).

tationstyp eine charakteristische Lebensgemeinschaft, die vor allem von der Raumstruktur und dem Ökoklima abhängt.

Das gesamte Dünensystem bildet einen recht heterogenen Lebensraum mit starken kleinklimatischen Unterschieden, die durch Exposition, Hangneigung und Bewuchs bedingt sind. In manchen Dünentälern ist der Untergrund so naß, daß es zur Vermoorung kommt. Dies alles ermöglicht Pflanzen und Tieren in einer ziemlich extremen Landschaft in großer Artenzahl leben zu können.

Die Tiere des trockenen Innenstrandes, Dünenvorgeländes und der Dünen selbst ertragen entweder die täglichen Unterschiede der Temperatur und Luftfeuchte oder vermeiden sie durch unterirdische Lebensweise am Tage. Reflexion von UV-Strahlen ist auf trockenem Sand doppelt so hoch wie auf nassem, die des sichtbaren Lichts um ein Drittel höher. Viele tagaktive Tiere zeichnen sich im Vergleich zu verwandten Arten des Binnenlands durch hellere Färbung aus, die eine Reflexion der Strahlen begünstigt. Beispiele dafür sind Kreuzkröte *(Bufo calamita)*, Langwanze

Abb. 8.8: Dünenlandschaft auf Amrum. Vordergrund Weißdüne, Hintergrund Graudünen (nach Tischler 1949).

Ischnodemus sabuleti, Rüsselkäfer *Philopedon plagiatus*, Raubfliege *Pamponerus germanicus* als Charakterarten mitteleuropäischer Küstendünen. Lichtempfindliche Tiere und solche, die höhere Feuchtigkeit benötigen, sind nachtaktiv und graben sich am Tage ein. Wo der Sand fester ist, werden Dauerröhren und Gänge angelegt (Laufkäfer *Broscus*, Larve des Sandläufers *Cicindela*, Bienenameisen (Mutillidae), Wildbienen, Weg- und Grabwespen). Gerade Stechimmen, die in der Kulturlandschaft immer seltener werden, sind in Dünenlandschaften, etwa der Friesischen Inseln, noch häufiger.

Der Anteil an organischer Substanz im Substrat ist in der Zone des Strandanwurfs höher als im Bereich der Vordünen. Mit der dichteren Besiedlung durch Pflanzen steigt er wieder an (Abb. 8.9). Humusbildung und Staub aus der Luft haben für die Dünen große Bedeutung. Sand trocknet vor allem an der Oberfläche aus. In der Tiefe bieten jedoch gerade Küstendünen vielen Tieren genügend Feuchtigkeit zur Entwicklung, so daß sich Nahrungsnetze aus phyto-, sapro- und zootrophen Arten ausbilden.

Etliche Spinnen, Wanzen, Zikaden und Käfer zeigen eine als **«doppeltes ökologisches Vorkommen»** bezeichnete Erscheinung. Einerseits leben sie in Küstendünen, zum anderen an Ufern von Binnengewässern, also mindestens durch die Feuchtigkeit des Untergrunds recht verschiedenen Biotopen. Indessen stimmt das feuchte Mikroklima zwischen den Blättern der Gräser in beiden Lebensräumen gut überein.

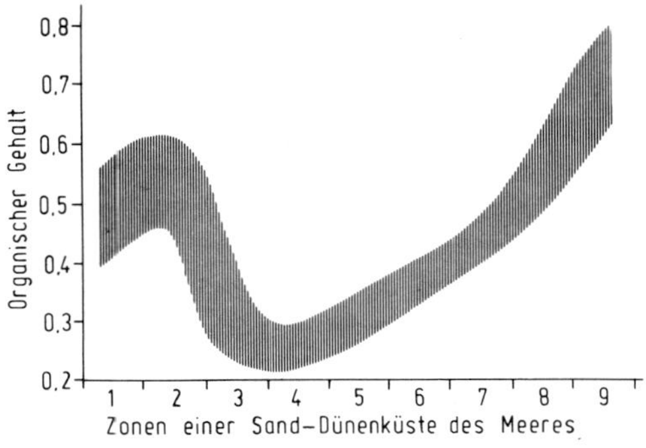

Abb. 8.9: Änderung des Gehalts an organischen Stoffen (in %) vom sandigen Meeresstrand bis zur Dünenlandschaft (nach Ardö 1957).
1 u. 2: Strandanwurfzone; 3–5: höhere Strandzone; 6: Vordüne; 7: Weisse Düne (Strandgrasdüne): 8–9: Graue Düne (Dünenheide).

Außerdem ist die Struktur der Pflanzen ähnlich, so daß schmale, langgestreckte Arthropoden einen ebenso günstigen Aufenthaltsplatz zwischen Blattscheiden und in Horsten von Dünengräsern haben wie in den Wuchsformen von Schilf *(Phragmites)* oder Wasserschwaden *(Glyceria maxima)*.

Jede Zone einer Dünenküste hat ihre eigenen Brutvögel. Im nördlichen Europa brüten z. B. Sandregenpfeifer *(Charadrius hiaticula)*, Seeregenpfeifer *(Ch. alexandrinus)* und Zwergseeschwalbe *(Sterna albifrons)* auf dem nur spärlich bewachsenen trockenen Sandstrand, die Brandseeschwalbe *(St. sandvicensis)* im Primärdünengelände, Silbermöwe *(Larus argentatus)*, Brandente *(Tadorna tadorna)* und Eiderente *(Somateria mollissima)* in den Großdünen. Durch Absetzen ihres Kotes an bestimmten Rastplätzen und in den Brutkolonien tragen Silbermöwen zur Verfestigung des Sandes, aber auch zur Veränderung der Vegetation bei. Wie sehr größere Tiere gerade Küstenbiotope beeinflussen können, sieht man an den Folgen der Lebenstätigkeit der Kaninchen *(Oryctolagus cuniculus)*.

Ein weiteres Beispiel sei von Inseln vor der westaustralischen Küste gegeben. Dort brüten auf Hartlaubsträuchern *(Acacia, Scaevola)* Kormorane. Wenn durch deren

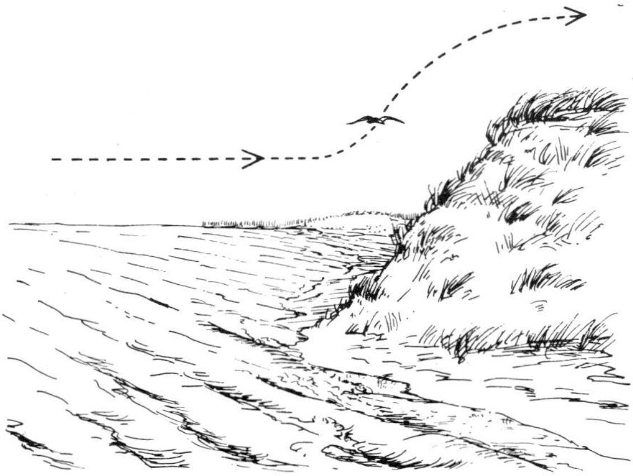

Abb. 8.10: Den Aufwind vor einer Küstendüne zum Segelflug nutzende Möwe (nach Jacobs 1954).

ständige Kotablagerung die Sträucher absterben, stellen sich silberblättrige Büsche ein *(Olearia, Calocephalus)*. Gehen auch sie zugrunde, erscheinen Meldengewächse und Gräser, so daß nun für Silbermöwen ein geeigneter Brutplatz entsteht, nachdem die Kormorane die Stellen verlassen mußten. Doch wird durch die Möwen nach einiger Zeit die neue Vegetation zerstört, und auch sie müssen sich andere Plätze suchen. Dadurch kann sich die alte Pflanzendecke wieder bis zu den Hartlaubsträuchern regenerieren. Es gibt einen ständigen Wechsel des Musters der Formationen entlang der Küste (Mosaik-Zyklus-Sukzession).
Möwen mit ihren langen und schmalen Flügeln bei relativ schwerem Körper nutzen besonders gut die Aufwinde vor den Dünen zum kräftesparenden Segelflug aus. Gerade an Meeresküsten, wo sich die Luft über Wasser und Land ungleich erwärmt, sind aufwärts strömende Luftkörper typisch (Abb. 8.10).

8.4 Marschküsten

8.4.1 Watt

Im Schutz vorgelagerter Inseln oder in weiten Flußmündungen, wo Wellenschlag nur bei stürmischem Wetter vorkommt, setzt sich Schlick ab. So entsteht ein Schwemmland aus Sedimenten feinster Mineralteilchen und organischer Zerfallstoffe. Letztlich stammen sie von den Küsten oder aus den Flüssen, auch wenn sie durch die Strömung der Gezeiten abgelagert werden.
Jede Flut bringt zweimal täglich Plankton hinzu, von dem sich Würmer, Schnecken und Muscheln ernähren, die wiederum den verschiedensten Vögeln zur Beute fallen. Das ganze Watt ist ein in steter Veränderung befindlicher, nährstoffreicher Lebensraum, dessen Labilität noch durch den Menschen verstärkt wird. Abgesehen von den durch sein Wirken eindringenden Schadstoffen werden durch Schiffe neue Arten eingeschleppt. So kam aus Amerika Ende des 16. Jahrhunderts die Sandklaffmuschel *(Mya arenaria)* in die Nordsee und um 1900 aus Asien die Wollhandkrabbe *(Eriocheir sinensis)*, deren Larven im Plankton des Wattenmeeres leben. Neubürger aus jüngster Zeit sind die Muschel *Ensis americanus* und der Borstenwurm *Tharyx killariensis*. Andererseits starb die Auster an der deutschen Nordseeküste aus, und der Nagelrochen *(Raja clavata)* wurde sehr selten.
Ein bei Ebbe freiliegendes Weichbodenwatt kann allmählich verlanden und in den gemäßigten Klimazonen in Salzwiesen übergehen. Dabei bildet sich eine **Zonierung** von der Seeseite zum Land heraus. Sie sei am Beispiel der Nordseeküste dargestellt, gilt aber durch Arten entsprechender Lebensform auch für andere Marschküsten.

Sandwatt. Im Sublitoral, ein bis zwei Meter unter der mittleren Niedrigwasserlinie, können sich Seegraswiesen ausbreiten, die sich noch ins Eulitoral fortsetzen, da sie zwei bis drei Stunden ohne Wasserbedeckung ertragen. Im tieferen Bereich herrscht *Zostera marina* vor, bei höherer Auflandung *Z. nana*. Absterbende Teile von

Seegras bilden Detritus, der vielen Tieren zur Nahrung dient. Cyanobakterien und Kieselalgen (Diatomeen) bedecken stellenweise die Oberfläche des Sandes. Beide Gruppen gehören ebenfalls zur Grundnahrung im Stoffumsatz dieser Zone. In einem solchen, weit außen liegendem Sandwatt lebt oft in dichten Siedlungen der sedentäre Borstenwurm *Lanice conchylega*, der aus seinen einigen Zentimeter aus dem Sediment ragenden Wohnröhren mit Tentakeln die Oberfläche nach Nahrung absucht. Werden die verzweigten Enden der Wohnröhren von Sand verschüttet, bildet der Wurm in kurzer Zeit ein neues Stellnetz (Abb. 8.11). Hier zeigt sich eine Parallele zur Reaktion von Dünengräsern gegen Sandverschüttung. Von weiteren Polychaeten seien nur der Sediment fressende *Scoloplos armiger* und der eurytrophe *Nephthys hombergi* genannt. Wird der Bestand von *Nephthys* durch einen langen, strengen Winter dezimiert, steigt die Siedlungsdichte von *Scoloplos* wieder an.

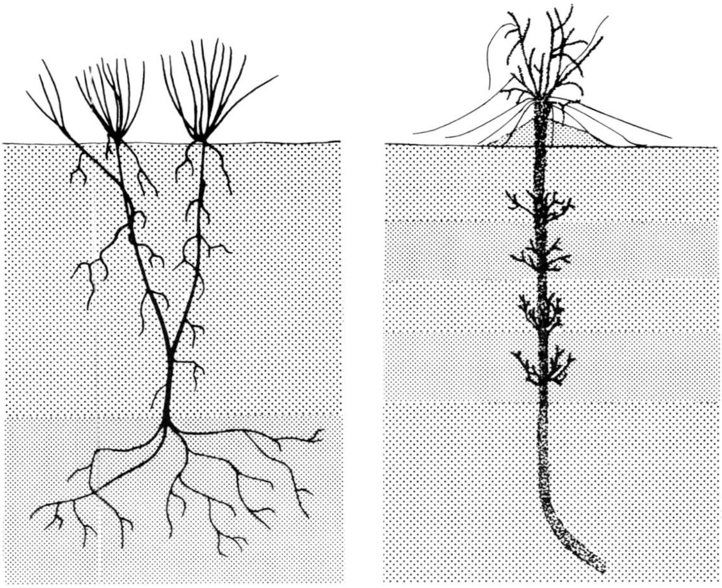

Abb. 8.11: Verhalten von Organismen der Meeresküste gegen Sandverschüttung. Links: Bildung neuer Ausläufer des Strandhafers *(Ammophila arenaria)* in Küstendünen (nach Walter 1968). Rechts: Bau neuer Stellnetze des sessilen Borstenwurms *Lanice conchylega* im Sandwatt (nach Storch 1971).

Sand-Schlickwatt. Diese Übergangszone ist geprägt durch die auffällige Besiedlung des Wattwurms *(Arenicola marina)*, der in U-förmigen Gängen mit Fraßtrichter an einem und Sand-Kothäufchen am anderen Ende in hoher Dichte vorkommen kann. In seinen Röhren leben oft kleine Polychaeten, Gastrotrichen, Turbellarien und Gnathostomuliden, die auf Sauerstoff angewiesen sind, während in dieser Tiefe sonst schon anaërobe Bedingungen herrschen. Fäden von Grünalgen können aller-

dings die Fraßtrichter so verstopfen, daß die «Begleitfauna» im Gang durch O_2-Mangel eingeht. In den verlassenen Wohnröhren siedelt sich häufig Seegras an, dessen Wurzelsprosse gerne von Ringelgänsen *(Branta bernicla)* wieder herausgezerrt werden. – Im gleichfalls mit Schlamm ausgekleideten Röhren, aber als Epistratfresser, tritt der nur 10–15 mm lange *Pygospio elegans* bis zu mehreren 100 Individuen/m^2 auf. Die dichte Besiedlung mit Borstenwürmern ist nur möglich, weil mit Verringerung der Korngröße der Gehalt an organischer Substanz im Sediment steigt.
In selbstgegrabenen Gängen liegend, filtern Klaffmuscheln *(Mya arenaria)* und Herzmuscheln *(Cerastoderma edule)* Nahrung aus dem Überflutungswasser oder pipettieren wie die Plattmuschel *Macoma baltica* die Oberfläche ab. Ihre festen Kotstückchen lagern sich auf das Substrat. Dadurch gelangen in einen noch unruhigen Bereich der Sedimentierung Schwebstoffe auf den Wattboden.

Schlickwatt. Das sich küstenwärts anschließende, reine Schlickwatt ist höher gelegen und besteht zu 50–65 % aus Feinsand und Schluff, 10–25 % aus Ton, 7–10 % aus Kalk (Muschelschalen) und 5–10 % aus organischer Substanz. Im Schlick kann *Arenicola* keine Wohngänge mehr bauen. Dafür befinden sich dort die bis etwa 20 cm langen Polychaeten *Nereis diversicolor* und *Heteromastus filiformis* in eingeschleimten Gängen. Hier lebt auch der kleine Schlickkrebs *(Corophium volutator)* in Dichten bis zu 12000 Individuen/m^2. Er schaufelt mit den Fühlern Detritus in seine stabile Wohnröhre. Durch Spreizen der Fühler spannt das dazwischen hängende Wasserhäutchen und zerplatzt. Dadurch sowie durch die Aktivität anderer Schlicktiere wie Herzmuschel, Polychaeten usw. und durch die aus den Höhlungen und Poren entweichende Luft entsteht das sogenannte «Wattsingen».
Die Große Pfeffermuschel *(Scrobicularia plana)* saugt mit ihrem herausragenden Sipho die Oberfläche des Schlicks ab. Einige Wattschnecken *(Hydrobia ulvae*, *Retusa*-Arten, *Littorina littorea)* sind Weidegänger. Ihr Kot verstärkt das koprogene Gefüge des Substrats. Abgesetzte Sinkstoffe werden von schleimbildenden Diatomeen festgeheftet. Die Hydrobien sammeln sich bei Ebbe auf Steinen und anderen Gegenständen an, welche die Oberfläche überragen. Dies Verhalten erleichtert ihnen den Start beim Verdriften mit aufkommender Flut. Sie können in noch größerer Siedlungsdichte vorkommen als die Schlickkrebse
Im gleichförmigen Schlickwatt beeinflussen Prädatoren und Konkurrenten in hohem Maße das Faunenbild. Verhindert man durch grobe Maschennetze den Zutritt von Meeresvögeln, Plattfischen und älteren Strandkrabben, nimmt die Schlickfauna deutlich zu. Durch feinere Netze, die selbst Gründlinge (Gobiidae), Garnelen und junge *Carcinus* abhalten, erhöht sich die Menge auch der Mikrobewohner dort beträchtlich.
Ein Charaktervogel der Marschküsten Europas ist der Rotschenkel *(Tringa totanus)*, der nach Untersuchungen in England je nach der Jahreszeit mehr kleine Krebse *(Corophium)*, Würmer *(Nereis)* oder Mollusken *(Hydrobia, Macoma)* frißt. Die verschiedenen Vögel gehen sich bei ihrer Nahrungsaufnahme etwas aus dem Wege. Möwen bevorzugen auf der Oberfläche des Schlicks vorhandene Krebse und Mollusken. Brandenten *(Tadorna)* weiden Algenrasen auf dem Watt. Säbel-

schnäbler *(Recurvirostra)* und Regenpfeifer *(Charadrius)* suchen ihre Nahrung gerne in flachen Wattpfützen oder dicht unter der Oberfläche. Wasserläufer *(Calidris, Tringa)* holen sich tiefer im Schlick eingegrabene Tiere heraus. Austernfischer *(Haematopus)* und Uferschnepfen *(Limosa)* können mit ihren langen Schnäbeln noch weiter unten im Sediment befindliche Beute erreichen. Am tiefsten dringt der lange, etwas gebogene Schnabel des Großen Brachvogels *(Numenius arquata)* hinein. Wo Queller *(Salicornia)* durch Schlickgras *(Spartina)* verdrängt wird, verengt sich das Nahrungsareal für Alpenstrandläufer *(Calidris alpina)*.

Verlandung und Pionierpflanzen. Eine wichtige Grundlage für die Wattfauna bilden die seewärts liegenden Bestände von Seegras und die Rasen der Diatomeen und Cyanobakterien. Die Gezeitenströmung liefert ihnen reichlich Nitrate und Phosphate. Beim Vorgang der Verlandung folgen der marinen Fauna räumlich und zeitlich salztolerante Pflanzen. Unter ihnen sind an vielen Küsten Arten von *Salicornia* (Queller) und *Spartina* (Schlickgras) Pioniere. Beide Gattungen fehlen allerdings an den Küsten des nördlichen Norwegen und Islands. Dort nimmt dafür der Andel *(Puccinellia maritima)* deren ökologische Stellung ein, indem er sich schon in der noch regelmäßig überfluteten Zone ausbreitet, in der sonst Schlickgräser wachsen würden.

Salicornia europaea (s.l.) (Abb. 8.12) bildet zwar eine dichte Bewurzelung, ist jedoch auf die stabilen Tierröhren angewiesen, ohne die sie nicht in die Tiefe wachsen könnte. An der Nordseeküste hat daher der Wattwurm *(Arenicola)* für die Verlandung Bedeutung, weil er seinen Gang durch ständiges Einpressen von Exkrementen und durch Absonderung von Schleim verfestigt. Wesentlich sind auch die alten Wohngänge von *Mya*, *Nereis* und *Corophium*. Selbst das in größerer Tiefe noch vorhandene Porensystem ausgesüßter Marschen stammt von solchen Watt-

Abb. 8.12: Queller *(Salicornia europaea)*, eine Pionierpflanze der Verlandung an der Nordseeküste (Orig.).

Tieren und nicht etwa von Regenwürmern. Die Wurzeln der späteren Süßgräser in den Marschen durchdringen allerdings selten den an Ton reichen Oberboden bis zum feinsandreichen, von marinen Tieren durchporten Unterboden, zwischen denen sich eine Stauschicht befindet.

An der Ost- und Westküste Nordamerikas wachsen andere Arten von *Spartina* und *Salicornia* als in Europa. Doch die von ihnen abhängige, relativ artenarme Lebensgemeinschaft entspricht sich in ihren Grundzügen auf beiden Kontinenten. Allein die Muschel *Modiolus demissus* entnimmt täglich aus der im Wasser vorhandenen Phosphatmenge 5,6 mg/m^2 und stellt die Nährstoffe durch ihren Kot größtenteils dem Schlickgras zur Verfügung. Obwohl *Modiolus* quantitativ für Eigenproduktion und Energietransfer im Ökosystem nur eine geringe Rolle spielt, hat sie durch ihre Lebenstätigkeit qualitativ große Bedeutung für das Gedeihen von *Spartina*. Berechnung über die Netto-Primärproduktion der Pflanzen ergab, daß die Flut 45 % davon entführt, bevor sie den Konsumenten zugute kommen kann. Bakterien veratmen 47 %. So bleiben für Pflanzenfresser 7 % und für Tierfresser 0,6 %.

8.4.2 Salzwiesen

Salzpflanzen. Erstbesiedler der Watten wie *Salicornia* und *Spartina* keimen im Meerwasser. Bei manchen Samen von *Salicornia* beginnt die Keimung schon in situ an der Pflanze. Die meisten Samen der einjährigen, formenreichen «Sammelart» *S. europaea* überwintern im Watt.

Die Halophyten in den Salzwiesen keimen vor allem im regenreichen Frühjahr und Herbst, wenn die Salzkonzentration im Boden verringert wird. Salzpflanzen nehmen eine verdünntere Salzlösung auf als der Boden enthält. Auch die einzelnen Ionen gelangen nicht im gleichen Verhältnis in die Wurzel, in dem sie sich im Bodenwasser befinden. Während *Salicornia europaea* nur 10 cm in den Grund wächst, wurzeln die meisten Salzpflanzen 30 cm tief, die Binse *Juncus gerardi* sogar bis zu einem Meter. Die osmotischen Werte der Halophyten betragen 20–40 atm im Vergleich zu den Arten der Süßmarschen, bei denen sie stets unter 20 oder sogar unter 10 atm bleiben.

Es haben sich verschiedene Mechanismen der **Salzregulation** ausgebildet:

Selektive Salzaufnahme durch die Wurzeln. Dies gilt für alle Pflanzen, ist aber besonders bei Salzgräsern ausgeprägt.

Abwerfen alter Blätter mit salzgesättigter Lösung in den Zellvakuolen während oder am Ende der Wachstumsperiode; vor allem bei Rosettenpflanzen *(Triglochin, Plantago, Aster)*.

Salzablagerung bis zu Werten von 40 atm in den Zellvakuolen der Sprosse, bevor diese absterben und die Pflanze entlasten *(Juncus gerardi* und *J. maritimus)*.

Abscheidung von überschüssigem Salz aus epidermalen Drüsen nach außen *(Spartina, Distichlis, Limonium, Glaux, Armeria)*.

Sukkulenz. Ausgleich zu schnellen Anstiegs des Salzgehaltes durch erhöhte Aufnahme von Wasser, so daß die Konzentration des Zellsaftes verdünnt wird; typisch für Chenopodiaceen wie *Salicornia, Chenopodium, Atriplex, Sueda, Halimione*.

Verdünnung der Konzentration des Zellsaftes durch schnelles Wachstum, wofür wiederum Salzgräser als Beispiel stehen mögen.
Oft kommen mehrere dieser Mechanismen bei der gleichen Pflanze vor. So zeichnen sich Salzgräser durch starke Selektion der Salzaufnahme, Besitz von epidermalen Salzdrüsen und Verdünnung des Salzgehalts infolge schnellen Wachstums aus. Bei Chenopodiaceen treten Sukkulenz, Abwerfen alter Blätter, bei *Atriplex* außerdem Salzdrüsen auf.
Gegen Öl, das an die Küste antreibt, sind gerade die bestandbildenden Gräser wie *Spartina* und *Puccinellia* sehr empfindlich. Wiederholte **Verölung** wirkt sich auch schädlich auf die Mikroflora aus und führt zu anaëroben Verhältnissen, schließlich zum Absterben der Pflanzen.
Durch dichte Pflanzenbedeckung entstehen **Salzwiesen.** An der Nordseeküste erstrecken sie sich von Dänemark bis Holland auf einigen 100 km Länge, die mehrfach unterbrochen ist, mit stellenweise bis einigen 100 Metern Breite.
Die an der gezeitenlosen Ostseeküste gelegenen Salzwiesen sind lediglich Fragmentvarianten, bei denen kaum Sedimente, wohl aber pflanzliche Stoffe abgelagert werden. Über nicht allzumächtigen Torfen stehen alle Salzwiesen mit dem salzhaltigen Grundwasser in Verbindung.
Die Lebewelt der Salzwiesen muß an unregelmäßige **Überflutungen** angepaßt sein. Der untere Bereich, der an der Küste der Nordsee vom Andelrasen (Puccinellietum maritimae) gebildet wird und bis 35 cm über die mittlere Hochwasserlinie (MThw) reicht, kann mindestens 100–200 mal im Jahr überflutet werden. Die Zahl der jährlichen Überflutungen des sich landeinwärts (35–100 cm über MThw) anschließenden Rotschwingelrasens (Festucetum rubrae) beträgt noch etwa 25–50 Male. Salzpflanzen erhalten auf diese Weise den für sie notwendigen Gehalt an NaCl. Alle Pflanzen bekommen mit den hochgespülten Sedimenten Nährstoffe.

Tierwelt. Als Beispiele für funktionelle Anpassung seien einige Arten aus Salzwiesen der Nordseeküste ausgewählt.
Atmung. Wegen der Überflutung stellen sich besondere Anforderungen an die Atmung der Tiere, die an der Luft leben. So baut die Ameise *Lasius flavus* mikroreliefartige Nestkuppeln, die sogar landschaftprägend sein können. Einzelne Ameisen vermögen zudem im Boden bei eingekrümmtem Körper eine Luftblase festzuhalten, die als physikalische Kieme wirkt. In Luftblasen überdauern auch andere Insekten sowie Milben und Spinnen eine Überflutung. Der amphibische Wasserkäfer *Ochthebius marinus* bringt eine Luftblase an die Unterseite seines Körpers. Bei einigen Zwergspinnen werden die Fächerlungen von einer dünnen Haut überspannt, welche Luft einschließt. Starke Behaarung ermöglicht es der Wolfspinne *Pardosa purbeckensis* längere Zeit unter Wasser zu überstehen. Blattläuse der Familie Pemphigidae sind von Wachsflaum umgeben, der eine Benetzung verhindert.
Manche Käfer (Carabidae, Staphylinidae, Heteroceridae) halten sich in selbstgegrabenen Gängen auf, die bei Mangel an Sauerstoff durch weiteres Graben belüftet werden. Der Laufkäfer *Dicheirotrichus gustavi* kommt bei Ebbe nachts auf die Oberfläche und zieht sich während der Morgendämmerung in den Boden zurück.

Folgen zwei Überflutungen, so bleibt er die ganze Nacht unten. – Wurzelläuse (Thelaxidae, Pemphigidae) sind in Nestern von Ameisen, mit denen sie mutualistisch leben, vor Überflutung geschützt. Die vielen blatt- und stengelminierenden sowie gallbildenden Insektenlarven finden Schutz im Inneren der Pflanzen, Parasitoide in ihren Wirten. Etliche der letzteren haben eine metachrone Schlupffolge.
Für die an der Salzaster *(Aster tripolium)* lebenden Inadulten der Wurzellaus *Pemphigus trehernei* ist Wasserverdriftung die wichtigste Ausbreitungsweise. Wasserempfindliche adulte Insekten fliegen fort (Dipteren, parasitoide Hymenopteren, oberirdisch lebende Blattläuse), können sich aber schnell wieder neu ansiedeln.
Salzgehalt. Dies ist ein anderer Extremfaktor für die Kleintiere in der obersten Bodenschicht des Andelrasens (Puccinellietum) und unteren Rotschwingelrasens (Festucetum), deren Werte noch bis 3 % (Durchschnitt 1,3–1,5 %) erreichen. Weiter zur Landseite hin erniedrigt sich der Salzgehalt. Arten mit Fähigkeit zur Osmoregulation finden sich bei Meeresschnecken (Vorderkiemer: *Assiminea;* Hinterkiemer: *Limapontia, Alderia);* Land-Lungenschnecken *(Ovatella, Succinea);* Spinnen und Insekten der Salzwiese. Die Insekten scheiden überschüssiges Salz über den Enddarm aus, in den es direkt aus dem Blut oder über die Malpighischen Gefäße gelangt. Bei limnischen Insektenlarven können Analpapillen, Chloridzellen oder Chloridepithelien der Salzregulation dienen. Sehr salzhaltige Böden bewirken bei Bernsteinschnecken (Succineidae) Fluchtreaktionen.
Feuchtigkeit. Auffällig ist der hohe Feuchte-Anspruch typischer Tiere der Salzwiese. Er wird durch reichliches Trinken ausgeglichen, wenn die Feuchtigkeit der Luft oder des Bodens absinkt. Im allgemeinen ist aber der Grasfilz der Salzwiese feucht genug. Halophilie und Salztoleranz sind nicht nur mit dem Ertragen von Überflutung und der Fähigkeit der Osmoregulation, sondern eng mit dem Wasserbedarf der Organismen salzhaltiger Böden verknüpft.
Artenreichtum. Wo am Rande der Salzwiese noch keine zusammenhängende Pflanzendecke besteht, gibt Eingraben besten Schutz vor Überflutung. Hier lebt an der Nordseeküste der Kurzflügler *Bledius spectabilis* von Cyanobakterien. Er frißt mit Vorliebe nach einem Regen, wenn die Nahrung ausgesüßt ist. Durch Brutfürsorge für Eier und Junglarven ist er an den extremen Lebensraum angepaßt. Diese schmale Zone wird außerdem von Sägekäfern (Heteroceridae), die Algen verzehren, räuberischen Laufkäfern der Gattung *Dyschirius* und von Fliegenlarven besiedelt. Es sind also die gleichen Gruppen der Landtiere, die auch in das Sandwatt am weitesten vordringen. Doch sind sie nur Pioniere, bevor sich eine richtige Salzwiese ausbildet. Diese wird von einer große Artenfülle besiedelt. Allein auf Salzwiesen der Nordseeküste Schleswig-Holsteins wurden (ohne Mikrofauna) über 1400 Arten festgestellt. Etwa ein Drittel von ihnen gehört zum Andelrasen. Schon die Zahl der Halmfliegen (Chloropidae) und Minierfliegen (Agromyzidae) beträgt dort 259 Spezies, von denen viele nur in bestimmten Wirtspflanzen vorkommen. Während der größte Teil der Fauna im Andelrasen spezifisch ist, haben die meisten Tiere im Rotschwingelrasen eine größere Toleranzbreite und stimmen in hohem Maße mit Süßgraswiesen überein. Eindeichung beschleunigt die Umwandlung in letztere. Bereits nach fünf bis sechs Jahren ist dieses Stadium erreicht, während es unter natürlichen Bedingungen über 100 Jahre dauern würde. Die Neubesiedlung der

Vegetationsschicht eilt derjenigen der Bodenoberfläche voraus. Am langsamsten geht die Veränderung im Boden vor sich, in dem erst allmählich eine agrophile Lebewelt mit Regenwürmern erscheint.
Beweidung der Salzwiese mit durchschnittlichem Besatz von neun Schafen auf dem Hektar verringert die Artenzahl der Pflanzen um die Hälfte und die der Kleintiere um zwei Drittel. Von Beweidung, Mahd und Aussüßung werden zootrophe Tiere im allgemeinen weniger betroffen als phytotrophe. Doch gibt es Ausnahmen. So wird die erste Generation der Zikade *Psammotettix putoni* im beweideten Vorland zwar stark reduziert, die zweite dort aber im Vergleich zum unbeweideten begünstigt. Beweidung bietet nämlich durch den Verbiß der Triebspitzen mehr geeignete Stellen zur Eiablage und höhere Dichte von Pflanzensprossen für die Larven der Zikade.
Die an bestimmte Pflanzen gebundene Insekten und deren Parasitoide folgen ihren Wirten bis zur Grenze deren Vorkommens, ungeachtet des Salzstandortes. Für die Bodenverbesserung durch Vergrößerung der Poren sind zwar die Pflanzenwurzeln am wichtigsten, doch tragen auch Enchytraeiden und Ameisen zur Lockerung des Bodens bei. Milben und Collembolen leben in den Luftporen. Die aquatische Lückenfauna besteht aus Nematoden, Turbellarien, Copepoden, Protozoen und umfaßt etwa 350 Arten.
In Salzwiesen brüten Watvögel *(Haematopus, Tringa, Recurvirostra)*, Seeschwalben *(Sterna)* und Singvögel *(Oenanthe, Saxicola)*. Im Frühjahr und Herbst halten sich auf ihrem Zug nach und vom hohen Norden (vor allem dem Taimyr-Gebiet Sibiriens) Ringelgänse *(Branta bernicla)* gerne auf Salzwiesen auf und sind dann für die Schafe Konkurrenten um Nahrung. Sie können auch Saaten von Wintergetreide befallen und so schädigen, daß der Körnerertrag um 6–10 % vermindert wird. Meistens fällt jedoch der Ernteverlust kaum ins Gewicht. – Als Wintergäste stellen sich an den friesischen Küsten außerdem Bläßgänse *(Anser albifrons)* und Weißwangengänse *(Branta leucopsis)* ein.

Salzwiesen in Nordamerika. An der atlantischen Küste folgt der tief im Wasser wurzelnden und über zwei Meter Länge erreichenden *Spartina alterniflora* eine nur 30–50 cm hohe Wuchsform. Ihm schließt sich eine Form von 10–30 cm Höhe an, unter der sich schon eine geringe Bodenstreu bildet. Weiter zum Land hin erstreckt sich eine Zone von *Spartina patens* mit dickerer Streulage. Hier wachsen auch *Salicornia, Distichlis, Sporobolus*. Die beiden niederwüchsigen *S. alterniflora*-Zonen, die fast einer Monokultur gleichen, entsprechen etwa dem Andelrasen, die *S. patens*-Zone dem Rotschwingelrasen europäischer Salzwiesen. An der pazifischen Küste Nordamerikas nimmt *Carex lyngbyei* die Rolle von *S. alterniflora* ein.
Wie in Salzwiesen Europas sind für die Tiere Häufigkeit und Dauer der Überflutung durch die Tide, ferner Salzgehalt, Struktur der Vegetation und Art der Wirtpflanze die entscheidenden Eigenschaften der Umwelt. Im Bereich der hochwüchsigen *Spartina* lebt noch eine marin-terrestrische Mischfauna. Sie besteht im Wasser aus Fischlarven, Muscheln, Schnecken und Krebsen. Auf dem herausragenden Schlickgras befinden sich pflanzenfressende Arthropoden und deren Feinde. Interspezifische Beziehungen durch Konkurrenz sind gering. Im Winter begeben sich die

Landtiere aus dem halbaquatischen Bereich in die niedrigwüchsigen, eigentlichen «Salzwiesen». Trotz vieler Pflanzenfresser werden in diesem artenreichen Lebensraum nur 5–10 % der pflanzlichen Substanz genutzt. Es leben dort Heuschrecken, minierende Dipterenlarven, Raupen verschiedenster Schmetterlinge, Blatt- und Rüsselkäfer, saftsaugende Wanzen, Zikaden, Blattläuse, Schildläuse, Thripse. Deren Feinde sind vor allem Spinnen, parasitische und räuberische Hymenopteren, Carabiden, Coccinelliden, Raubwanzen, Libellen und Vögel (Zaunkönig, Ammern, Schwalben). Von Säugetieren kommen Reisratte *(Oryzomys palustris)*, Waschbär *(Procyon)* und Mink *(Mustela vison)* vor, welche die Vogelgelege dezimieren. Die abgestorbene Pflanzenmasse wird von Collembolen, Fliegenlarven und Käfern gefressen und von Bakterien und Pilzen abgebaut. In Einzelfällen kommt es zur Massenvermehrung einer Art. Die Zikade *Prokelisia marginata*, die 5–6 Generationen im Jahr entwickelt, erreicht dann Dichten von einigen tausend pro Quadratmeter.

Produktion. Auffallend ist die Menge toter pflanzlicher Substanz. Nach einer Berechnung von Salzwiesen in Neuseeland entfielen 17375 g Trockengewicht/m^2 auf abgestorbene Pflanzenstoffe, 761 g auf lebende Phytomasse und 26 g auf Tiere. Der gewichtsmäßig geringe Anteil von Konsumenten im Vergleich zu Produzenten zeigte sich auch in der Camargue. Pflanzenfresser verzehren auf Salzwiesen höchstens 10 % der lebenden Phytomasse. Der Energietransfer geht im wesentlichen über die Saprotrophen. Im ganzen ist die Produktivität solcher Lebensräume sehr hoch. – Salzmarschen gibt es auch an Küsten der gemäßigten Breiten Südamerikas.

8.5 Mangroven

In den Tropen und Subtropen bilden sich an Küsten mit Schwemmland Mangroven aus. Es sind Gehölzformationen mit bis etwa 30 m hohen, immergrünen Bäumen und bis zu zwei Meter hohen Sträuchern, deren vorderste Linie sich über die Flutgrenze des Meeres in den Bereich der Gezeiten schiebt. Wo der Wellenschlag durch Nehrungen, vorgelagerte Korallenriffe oder Inseln gebrochen wird, lagert sich von Salzwasser vollgesogener, sandig-toniger Schlick ab, in dem bestimmte Pflanzen wachsen können.

Mangroven an Ästuarien sind artenärmer als solche an Meeresküsten ohne den Einfluß von Brackwasser. Trotz mancher ökologischer Übereinstimmung mit Marschküsten gibt es Unterschiede, die durch Klima und Vegetation bedingt sind.

Zonierung. Eine der wichtigsten Wirkungen der Umwelt für die Pflanzen ist das periodische Trockenfallen des Untergrundes. Die dadurch bedingte Zonierung läßt sich nicht in ein allgemeingültiges Schema ordnen, weil der Zufall der Erstbesiedlung, Regen, Wirbelstürme, Verdunstungsgrad, einströmendes Flußwasser und andere örtliche Gegebenheiten modifizierend sein können.

In den östlichen Mangroven (ostafrikanische und indopazifische Küsten) liegt jedoch meistens ein Gürtel von *Sonneratia* am weitesten seewärts. Ihm schließt sich zum Land hin eine *Rhizophora*-Zone an, die mit oder ohne eine *Bruguiera*-Zone in ein *Ceriops*-Dickicht übergeht. Den genannten Gewächsen der Myrtales folgt schließlich eine *Avicennia*-Salzmarsch, die keine Überflutung benötigt und deren Unterwuchs aus Salzgräsern und Büschen von *Batis* und *Salicornia* bestehen kann.

Die Pioniere der westlichen Mangroven (westafrikanische und amerikanische Küsten) sind meistens *Rhizophora*-Bäume (Abb. 8.13). In der Neuen Welt kommt landeinwärts *Laguncularia* vor, während die Verbenacee *Avicennia* ebenso wie in der östlichen Mangrove vorhanden ist, wenn sie auch mancherorts zurücktritt. Mit abnehmendem Salzgehalt wird die Konkurrenz stärker.

Die Tierwelt zeigt keine der Vegetation entsprechende Zonierung, da sie in erster Linie von den Wasserverhältnissen, der Salinität, von Schutz und Schatten der Bäume und der Beschaffenheit des Substrats mit seinem Gehalt an Sauerstoff abhängt. So haben der Schlickboden, die Priele, das Innere des Mangrovewaldes, die Randzone, Stämme und Baumkronen ihre besonderen Bewohner. Außerdem unterscheidet sich auch die Fauna der Brackwasser-Mangroven an Flußmündungen von Mangroven ohne Süßwasserzufluß.

Abb. 8.13: *Rhizophora* mit Stelzwurzeln in der Mangrove an der Küste Columbias (Orig.).

8.5.1 Anpassungen der Pflanzen

Keimung. Um neu entstehende Schlickbänke besiedeln zu können, mußten sich Besonderheiten der Keimung entwickeln. So keimt der Embryo in den einsamigen Früchten von *Rhizophora*, *Ceriops*, *Bruguiera* und der indomalayischen *Aegiceras* bereits auf der Mutterpflanze und hängt mit der Radicula und dem kräftig ausgebildeten (bei *Rhizophora* bis ein Meter langem) Hypokotyl aus der Frucht herab. Beim Fall verankert er sich im Schlick, bildet ein verzweigtes Wurzelwerk und wächst außerordentlich schnell.
Neben dieser echten Viviparie gibt es Kryptoviviparie, für welche *Avicennia*, *Laguncularia* und *Xylocarpus* Beispiele sind. Bei ihnen ist der Embryo ebenfalls im Samen schon weit entwickelt. Jedoch haben sich die langlebigen, schwimmfähigen Früchte bereits von der Pflanze gelöst und werden vom Wasser fortgespült, so daß der Keimling an einer geeigneten Stelle Wurzeln schlagen kann.
Die Erscheinungen der Viviparie und Kryptoviviparie, die auch der allmählichen Gewöhnung des Keimlings an höheren Salzgehalt dienen, beruhen auf verspäteter Bildung des Trenngewebes der Früchte und dem Fehlen einer Ruheperiode im Samen.

Wurzelatmung. Die Bäume sind dem Gezeitenhub durch sproßbürtige Stelzwurzeln oder durch flach verlaufende, ausgedehnte Wurzelsysteme angepaßt. Da der Schlick schon ziemlich dicht unter der Oberfläche keinen Sauerstoff mehr enthält, jedoch Schwefelwasserstoff, entstehen ungünstige Bedingungen für die Atmung des tieferen Wurzelbereichs. Stelzwurzeln *(Rhizophora)* dienen als Stütze und zur Atmung. *Sonneratia* und *Avicennia* bringen spargelartig nach oben wachsende Luftwurzeln hervor. *Bruguiera* und *Ceriops* haben außerdem noch bogenförmig herausragende Wurzelknie. *Xylocarpus* besitzt Bänderwurzeln. Die Lentizellen aller solcher Atemwurzeln haben so feine Öffnungen, daß Luft, aber nicht Wasser eindringen kann. Bei Überflutung wird der Sauerstoff durch die Atmung verbraucht, und es entsteht ein Unterdruck, weil das leicht im Wasser lösliche CO_2 entweicht. Bei Ebbe tritt dann sofort Druckausgleich ein, indem nun neue Luft eindringt. Der O_2-Gehalt in den Luftwurzeln ändert sich also periodisch mit den Gezeiten. Die feinen Wurzelhaare müssen aus der oberen sauerstoffhaltigen Schicht des Schlicks die Nährstoffe aufnehmen.

Salzgehalt. Durch Ultrafilterwirkung der Wurzeln gelangt nur schwach salzhaltiges Wasser in die Leitungsbahnen. Das Salz wird in den Vakuolen der Blattzellen als Lösung gespeichert und erzeugt die notwendigen Saugkräfte. In ihrer Wasseraufnahme sind Mangrovepflanzen daher nicht schlechter gestellt als Bäume nichtsalziger Böden in den Tropen. Der Sog der Transpiration in der Pflanze kann den osmotischen Druck des Meerwassers weit überkompensieren. Salzregulation geschieht durch Eliminierung der Salze mit abfallenden, alten Blättern oder durch teilweisen Transport in die jungen, wachsenden Blätter. Ferner gibt es wie bei Halophyten der Salzwiesen salzausscheidende Pflanzen. So haben *Avicennia*, *Laguncularia* und *Aegiceras* Salzdrüsen auf der Unterseite der Blätter. Die abgelagerten Kristalle ziehen nachts hygroskopisch Wasser aus der Luft an und lösen sich auf. Der Regen wäscht die Salzlösungen ab.

8.5.2 Anpassungen der Tiere

Atmung. Die Mikrofauna lebt nur in der obersten Schicht des Sediments. Schon in der Tiefe von einem cm kann sich starke Zehrung an Sauerstoff zeigen. Größeren Bodentieren wie den Krabben, die vorwiegend bei Ebbe aktiv sind, genügt der Wasservorrat, den sie im Kiemenraum mit sich tragen. Durch Hindurchpumpen von Luft wird das Atemwasser immer wieder mit genügend Sauerstoff angereichert. Die im Schlick befindlichen Tubificiden haben durch Hämoglobin im Blut eine bessere Ausnutzung des Sauerstoffs und können daher noch vorkommen, wo dies anderen Würmern nicht mehr möglich ist. Durchblutete Papillen an Rücken und Körperseiten verbessern die Hautatmung in feuchter Luft bei einigen Meergrundeln *(Boleophthalmus, Scartelaos)*. Bei gewissen baumbewohnenden Kiemenschnecken sind die Mantelhöhlen wie bei Pulmonaten zu Lungen geworden.

Substrat. Das Sediment hat seewärts höheren Anteil von Feinsand, landwärts mehr Schluff und Ton. Wegen Laubfalls das ganze Jahr hindurch und wegen der Baumstämme ist es reich an Huminstoffen und Gerbsäuren. Daher reagiert das Bodenwasser und meist auch dasjenige in den Prielen sauer (pH 6–7), das Schlickwatt vor den Salzwiesen der gemäßigten Breiten dagegen alkalisch. Es mag mit dem geringen Kalkgehalt zusammenhängen, daß Mollusken in Mangroven mehr als an anderen Meeresküsten zurücktreten, wenn sie auch keineswegs fehlen.
In der *Ceriops*-Zone der malayisch-australischen Mangroven lebt der Maulwurfkrebs *(Thalassina anomala)* unterirdisch und dadurch unabhängig von den Gezeiten. Er schaufelt große Schlickmengen aus seinem Gangsystem nach oben, so daß sie über das Niveau des Hochwassers herausragen. Seine Lebenstätigkeit ist ebenso wie die der Gänge grabenden Krabben für die Durchlüftung des Substrats und damit für den Stoffumsatz wichtig.

Temperatur und Luftfeuchte. Das Laubdach der Bäume wirkt als Strahlenschutz. Die mittlere Schwankung der Temperatur beträgt weniger als 10° C. Auch hierin liegt ein auffallender Unterschied zu den Watten und Salzwiesen der gemäßigten Zonen. Zudem herrscht infolge der reichen Niederschläge und der relativ geringen Verdunstung hohe Luftfeuchtigkeit (meist über 80 %) unter dem Kronenraum, so daß für Wassertiere der Übergang zum Landleben erleichtert ist.

Salzgehalt. An Ästuarien gibt es in Mangroven Übergänge von Süßwasser über Brackwasser zum Meer. Die Tiere dort müssen einerseits Salzgehalt ertragen, der mindestens die Konzentration des offenen Meeres erreicht, andererseits gelegentliche Überflutung mit fast reinem Süßwasser. Euryhaline Arten sind an derartige Bedingungen am besten angepaßt.

8.5.3 Verzahnung und Dynamik im Ökosystem

In den Mangroven überschneiden sich verschiedene Lebensräume. Land- und Meeresorganismen, marine Weichboden- und Hartbodenbewohner treffen zusammen. Zudem schaffen Ebbe und Flut für die einzelnen Arten unterschiedliche Ruhe- und Aktivitätsperioden (Abb. 8.14).

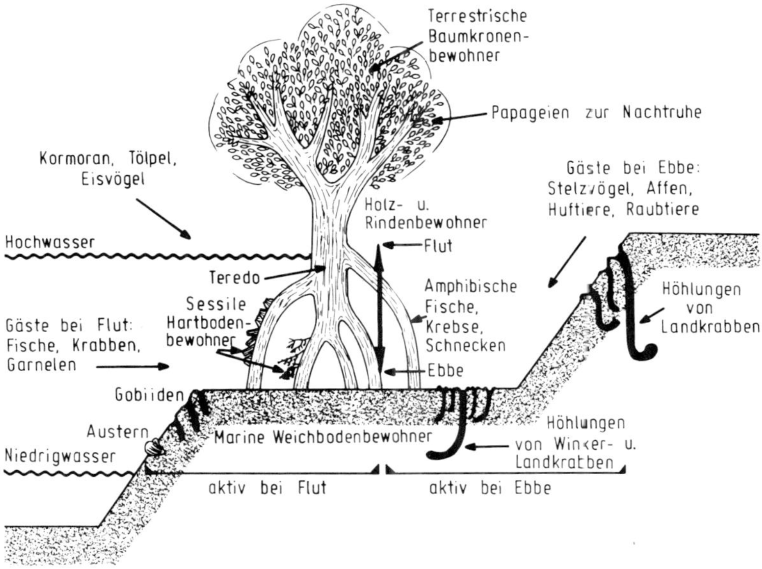

Abb. 8.14: Schematische Übersicht über die Makrofauna einer Mangrove und ihre ökologischen Beziehungen (nach Gerlach 1958).

Physikalische und physiologische Prozesse reichern die von Flüssen, Gezeiten, Regen und Laubfall eingebrachten Nährstoffe im Substrat an. Dort herrscht eine Lebensintensität der Mikroflora und Mikrofauna, des Aufwuchses (Periphyton) auf den Wurzeln und dem feinen Netzwerk der Wurzeln selbst, welche die Bodenoberfläche durchsetzen. Die Pneumatophoren von *Avicennia marina* sind z. B. mit Stickstoff bindenden Cyanobakterien assoziiert. Der Schlick wird während Niedrigwasser von Krebsen, Würmern, Schnecken und Fischen bevölkert. Hier weiden Winkerkrabben *(Uca)* und in der Alten Welt außerdem Landkrabben *(Sesarma, Cardiosoma, Ucides)* den Schlick ab oder fressen abgefallenes Laub. Auch Flohkrebse (Talitridae), Borstenwürmer (Polychaeta) und Strandschnecken wie *Littorina* zählen zu den amphibischen Meerestieren in Mangroven.
In den indo-australischen Mangroven leben Fische, die das Land erobert haben. Diese Schlammspringer *(Periophthalmus)* sitzen meist oberhalb des Wasserspiegels an den Stelzwurzeln und Stämmen. Bei Ebbe kriechen sie mit ihren zu Gehwerk-

zeugen umgewandelten Brustflossen auf dem nassen Schlick oder hüpfen durch Abschnellen mit der Schwanzflosse, um Mücken und kleine Krabben zu erbeuten. Nur ihre Brut und die Jungfische sind wie bei den Krebsen noch an das Wasser gebunden. Der 15–20 cm lange Schützenfisch *(Toxotes jaculatrix)* dagegen schwimmt, die Augen nach oben gerichtet, dicht an der Oberfläche des Wassers und fängt Insekten von den Zweigen durch einen gezielten Wasserstrahl aus dem Maul. Allerdings kann er sie nur bei ruhigem Wetter herunterschießen; sonst frißt er solche, die von selbst ins Wasser gefallen sind.
Manche Tiere können sowohl bei Flut wie bei Ebbe aktiv sein. Das trifft für die Mikrofauna im wassergefüllten Lückensystem der obersten Schlammschicht zu, gilt aber auch für manche Meergrundeln (Gobiidae), die zur Ebbezeit in kleinen Resttümpeln die Schlickoberfläche nach nahrhaften Bestandteilen absuchen. Mit der Flut kommen Fische und Garnelen, um nach Krabben zu jagen. Die an den Baumstämmen sitzende Hartbodenfauna (Balaniden, Tunikaten, Mytiliden, Austern) beginnt dann Nahrung herbeizustrudeln.
Baumkronen und Stammbereich werden vor allem von einer Landfauna bewohnt, wie im tropischen Regenwald, der sich an Mangroven landwärts anschließen kann. Blütenbestäuber von *Rhizophora* und *Aegiceras* sind Bienen. Von Blüten der *Sonneratia*, die sich erst gegen Abend öffnen, holen sich Fledermäuse Nektar und Pollen; später im Jahr fressen sie deren Früchte. Ameisen errichten Baumnester und ernähren sich teils vom Honigtau der Schildläuse, die sich auf den Bäumen ansiedeln, teils von angespülten Tierkadavern am Schlammgrund. Im trockenen Holz der Stämme minieren Insektenlarven (Buprestidae, Cossidae). Auf der feuchten Rinde im unteren Stammbereich haften Algen, zwischen denen sich Scherenasseln (Tanaidaceae) aufhalten können. Marine Krabben der Grapsidae, in Lateinamerika auch *Aratus*, klettern am Stamm empor, um an Blattnahrung zu gelangen. Daneben gibt es dort Landtiere wie Grillen, Schaben, Rindenläuse und Spinnen. Bohrmuscheln *(Teredo)* und marine Bohrasseln *(Sphaeroma)* fressen das vom Meerwasser durchfeuchtete Holz.
In Florida lebt die kleine *Sphaeroma terebrans* in den Stelzwurzeln von *Rhizophora mangle* und verursacht breitere und tiefere Löcher als *Teredo*. Die schwer geschädigten Wurzeln brechen ab, und die Bäume verlieren ihren Halt, wenn Wirbelstürme die Küste heimsuchen. Dadurch werden jährlich weite Flächen der Mangrove und des festen Landes fortgerissen. Wie durch den Seestern *Acanthaster planci* in den Korallenriffen kann auch in Mangroven durch die Lebenstätigkeit einer einzigen Art bei ihrer Massenvermehrung örtliche Zerstörung großen Ausmaßes selbst in artenreichen, alten Ökosystemen möglich werden.
Am Grund und unter vermoderndem Holz halten sich Landturbellarien und Nacktschnecken (*Assiminea*, *Alderia*, also gleiche Gattungen wie in Salzwiesen der gemäßigten Zonen) auf. Ferner finden sich dort Myriopoden, Milben der verschiedensten Gruppen, Asseln, Leuchtkäfer (Lampyridae), Insektenlarven und Termiten. In den sumpfigen Niederungen und Resttümpeln weiter im Hinterland kommt es zur Massenentwicklung von Stechmücken. Konzentriert sich ihr Schlüpfen aus der Puppe auf eine kurze Zeitspanne, so steigen Myriaden von Mücken wie Rauchwolken empor. Sie bilden die Grundnahrung für viele Tiere.

Schließlich finden die verschiedensten Wirbeltiere in den Mangroven geeignete Lebensbedingungen. Dies gilt etwa für blattfressende Leguane *(Iguana)*, insektenfressende Geckos und Frösche *(Hyla)* oder für Baumschlangen. Vögel von Ufern und Küsten (Reiher, Fischadler, Kormorane, Eisvögel) nisten in den Bäumen und holen sich ihre Nahrung aus dem Wasser. Tauben und Papageie finden Schlafplätze. Als Gäste zur Ebbezeit erscheinen Stelzvögel, Rallen, Wasserschweine *(Hydrochoerus)*, Tapire, Schleichkatzen, Fischotter u. a., die zum Teil auf Krabbenjagd gehen.

Das Alter des Lebensraumes, die Besonderheiten der Lebewelt, ihre ökologische Buntheit und Mannigfaltigkeit hat Ernst Jünger in seinem Buch «Subtile Jagden» sehr treffend charakterisiert:
«Da waren sie also – die zahllosen Krabben, große und kleine; sie huschten bei der leisesten Störung in ihre Schlupflöcher. Sie wimmelten über die Schlickbank, Geschöpfe aus Porzellan, und grellten die roten und blauen Winker empor. Da waren die aufgestelzten Büsche und Bäume mit den harten, stumpfgrünen Blättern; zahlreiche und sehr verschiedene Arten verbargen sich unter ihrer Gleichtönung. Das Wasser tropfte wie Regen von ihnen herab. Da waren auch ihre Früchte, schon ausgereifte Embryonen, schlanke, grüne Torpedos mit Wimpernkränzen, die den lotrechten Fall gewährleisten. In der Tat: sie mußten tief einschlagen und rasch wurzeln, um den ständigen Wechsel von Flut und Ebbe zu überstehen. Da waren endlich auch die Fische, die mit ihren Flossen auf die Stelzwurzeln klettern, Schlammspringer mit Glotzaugen.
Es war eine schwüle Halb- oder Doppelwelt, ein Reich amphibischer Wesen wie nach einer Sintflut oder im uralten Steinkohlenwald. Schlamm war ihr Medium. Manche ihrer Geschöpfe hatten sich aus dem Wasser erhoben, andere wollten darin zurückkehren. Ein Weltalter schien sich zu raffen, ja zeitlos zu werden.»

9 Limnische Lebensräume

9.1 Besonderheiten der Binnengewässer

Binnengewässer nehmen mit etwa 2 Millionen km^2 nur 0,4 % der Oberfläche der Erde ein (1,4 % ihrer Landfläche). Ihre Ökologie muß möglichst im Zusammenhang mit der Landschaft betrachtet werden, in der sie eingebettet liegen, von deren Klima sie beeinflußt, mit der manche ihrer Organismen verknüpft sind und mit der ihr Stoffwechsel verzahnt ist.
Durch geringe Ausdehnung, räumliche Isolierung und für viele von ihnen relativ kurze Dauer unterscheiden sie sich beträchtlich vom Meer. Wesentlich verschieden sind vor allem die Anteile der Ionen im Wasser (Tab. 2).

Tab. 2: Vergleich des Ionengehaltes im Meer und Süßwasser

Ion	Meerwasser %	Süßwasser (Flüsse) %
Cl^-	**55,04**	5,68
Na^+	**30,62**	5,79
SO_4^{2-}	7,68	12,14
Ca^{2+}	1,15	**20,39**
CO_3^{2-}, HCO_3^-	0,41	**35,15**
SiO_2	–	11,67
Sonstige	5,10	9,18

Der NaCl-Gehalt der im Meer etwa 3,5 % beträgt, liegt im Süßwasser unter 0,05 %. Dafür spielt der Kalkgehalt, meist als Kalziumbikarbonat, $Ca(HCO_3)_2$, gelöst, eine große Rolle. Er hängt von der Beschaffenheit des geologischen Untergrundes und dem Absorptionsvermögen der Sedimente für im Wasser gelöste anorganische Salze ab. Man mißt ihn nach Härtegraden. Hartes (kalkreiches) Wasser in Kalkgebieten hat einen CaO-Gehalt von > 36 mg/l, weiches (kalkarmes) Wasser, das als Regenwasser, aber auch in Urgebirgen (Gneiss, Granit), Hochmooren und kalkarmen Sanden vorkommt, besitzt einen CaO-Gehalt von 0–14 mg/l. Kalziumbikarbonat bleibt nur beständig, wenn eine bestimmte, mit der Konzentration stark ansteigende CO_2-Menge in Lösung ist. CO_2 kommt direkt aus der Luft, aus Niederschlägen, Zuflüssen, vom Grundwasser und der Stoffwechseltätigkeit der Organismen. Wird die Menge des CO_2 im Wasser zu gering, so zerfällt ein Teil des Kalziumbikarbonats zum kaum löslichen Kalziumkarbonat, $CaCO_3$. Dies kann chemisch oder biogen bedingt sein.

$$Ca(HCO_3)_2 \rightleftarrows CaCO_3 + CO_2 + H_2O$$

Bei der chemischen Entkalkung wird durch Wärme CO_2 aus $Ca(HCO_3)_2$ abgespalten, wie es beim Kochen durch die Bildung von Kesselstein allgemein bekannt ist. In

der Natur können dadurch besonders in Fließgewässern, vor allem im Bereich kalkreicher Quellabflüsse, Blätter, Moose (z. B. *Cratoneuron*) und Steine von Kalkkrusten überzogen werden. Während einige Pflanzen mit untergetauchten Blättern wie Wassermoose, *Isoetes*, *Myriophyllum verticillatum*, *Callitriche* und viele Algen für die Photosynthese auf freies CO_2 im Wasser angewiesen sind, vermögen andere (z. B. *Elodea*, *Potamogeton*, *Lemna*, *Ranunculus*, *Cladophora*) HCO_3^- aus $Ca(HCO_3)_2$ aufzunehmen. Nach Abgabe von OH^- erhalten sie auf diese Weise zusätzlich CO_2, während sich Kalk auf den Blättern ablagert. Dieser Vorgang wird als biogene Entkalkung bezeichnet.
Manche Tiere verwenden den chemisch oder biogen ausgefällten Kalk zum Bau von Wohnröhren (bestimmte Chironomidenlarven) oder lagern ihn auf ihrer Kutikula ab (z. B. *Pericoma*-Larven der Psychodidae).
Vom Verhältnis des CO_2, HCO_3^- und CO_3^{--} hängt auch der Säuregehalt des Wassers (pH-Wert) ab. Ist fast nur CO_2 vorhanden, so liegt das pH im stark sauren Bereich. Überwiegend HCO_3^- ist mit pH 7–9 verknüpft, vorwiegend CO_3^{--} (wegen OH-Bildung) mit pH 10–11, bedeutet also alkalische Reaktion. Sinkt der pH-Wert unter 4,5, so erhöht sich die Mortalität der Eier und Larven von Molchen. Auch werden dann Larven von Eintagsfliegen, Köcherfliegen und Libellen geschädigt.

Biotopstruktur. Sie wird von der Physiognomie der Gewässer bestimmt. Wichtig sind Gestalt und Tiefe des Wasserbeckens und das Gefälle des Untergrundes (Tab. 3). Nach der Stärke der Wasserbewegung unterscheidet man **lotische** Bezirke (Strömungsbereich der Fließgewässer, Brandungsstrand von Seen) und **lenitische** Bezirke (langsam fließende und stehende Gewässer, Stillwasserbereiche in Flüssen). Der Untergrund ist von der Strömung abhängig. So ergibt sich bei Flüssen von der

Tab. 3: Vergleich von Binnengewässern und Meer

Binnengewässer	Meer
Relativ wenig sessile und hemisessile Arten auf Hartsubstrat (Epilithion)	Epilithion reichhaltig durch sessile und hemisessile Arten
Hartsubstrate werden nur von wenigen Krustenalgen angegriffen	Hartsubstrate mit vielen darin bohrenden Organismen (Endolithion)
Viele völlig an der Oberfläche schwimmende Großpflanzen (z. B. *Salvinia*, *Lemna*, *Hydrocharis*, *Eichhornia*).	Keine ganz an der Oberfläche schwimmende Großpflanze (außer losgerissene Algen der Sargossa-See)
Wenig Benthos-Arten mit meroplanktischem Verbreitungsstadium (Schwämme, Bryozoen, *Dreissena*). Die meisten Plankter sind holoplanktisch	Große Zahl von Benthos-Arten mit meroplanktischem Verbreitungsstadium, wenigstens im Flachmeer
Wenig Strudler, die Turbulenzschicht zur Nahrungsaufnahme erzeugen	Viele Strudler, die zoogene Turbulenzschicht hervorrufen
Wenig Sedimentfresser (vor allem Oligochaeten)	Viele Sedimentfresser (bei Polychaeten, *Balanoglossus*, Mollusken usw.)
Aktive oder passive Verbreitung auf dem Luftweg wichtig	Verbreitung auf dem Luftweg spielt geringe Rolle.

Quelle zum Meer grob betrachtet eine Geröll-, Kiesel-, Sand- und Schlammregion. Im ruhigen Bereich der Seen setzt sich Schlamm ab. Am Brandungsstrand befindet sich Sand und Kies.
Mit der Biotopstruktur hängen die Typen der Lebensformen zusammen. Viele marine Gruppen fehlen dem Süßwasser. Limnische Arten stammen entweder von Meeresformen ab (Algen, Schwämme, Hydrozoen, Bryozoen, Nemertinen, Muscheln, Kiemenschnecken, Krebse) oder sie sind im Süßwasser entstanden (Fische der Selachier und Teleostier) oder sie haben Vorfahren auf dem Lande und besiedelten das Süßwasser sekundär (mehrere nur in bestimmten Lebensphasen). Zu dieser dritten phylogenetischen Gruppe gehören Lungenschnecken, Wasserspinnen, Wassermilben, Insekten, Amphibien, einige Reptilien und die Säugetiere.
Größere Formen und höher entwickelte Gruppen (Mollusken, Dekapoden-Krebse, Insekten, Wirbeltiere) haben meist, ausbreitungsbedingt, beschränkte Areale ihres Vorkommens. Die kleineren Formen und die stammesgeschichtlich niederen Gruppen sind zum großen Teil mehr oder weniger universell verbreitet und kommen daher überall vor, wo sie existieren können.

Atmung sekundärer Wassertiere. Wirbeltiere nehmen genügend Luft in der Lunge mit, um eine zeitlang unter Wasser zu bleiben. Fröschen genügt zur Überwinterung unter Eis auch Hautatmung. Wasserwanzen, Wasserkäfer, Dipterenlarven holen sich Luft von der Oberfläche her und plazieren sie meist an bestimmte Stellen ihres Körpers. Wasserspinnen *(Argyroneta)* bringen mit ihrem behaarten Hinterleib Luft in ein Gespinst unter Wasser. So entsteht eine Wohnglocke, in der sie atmen können. Luftblasen unter Wasser wirken als «physikalische Kieme», d. h. Sauerstoff kommt solange hinein bis zu viel Stickstoff herausdiffundiert ist und die Luftblase durch Auftauchen erneuert werden muß.
In Einzelfällen, wie bei der in Flüssen lebenden Wanze *Aphelochirus aestivalis*, hält sich die Luft durch wasserabstoßende Haare in kleinen Kammern am Körper, ohne daß die Konzentration an Stickstoff darin abnimmt. Deshalb kann ständig Sauerstoff hineinkommen, und das Tier braucht nicht aufzutauchen. Ebenfalls bleiben Tiere mit Hautatmung (Oligochaeten, Wassermilben), echten Kiemen (Larven von Amphibien) oder Tracheenkiemen (viele Insektenlarven) ständig unter Wasser.
Bei Lungenschnecken gibt es reine Hautatmung *(Armiger crista)* und Übergänge von Haut- zur Luftatmung *(Planorbis, Lymnaea)*. Für die letzteren sind Körpergröße, Temperatur und O_2-Gehalt des Wassers entscheidend. Von einer bestimmten Größe an, die nicht unbedingt vom Alter abhängt, gehen solche Schnecken zur Luftatmung nach oben. Bei niedriger Temperatur und unter einer Eisdecke reicht Hautatmung auch bei den größeren Schnecken aus. Mangel an Sauerstoff wirkt als Atemreiz, der die Schnecke zur Oberfläche bringt, um die Lunge mit Luft zu füllen. Ein entsprechender Wechsel von Haut- zur Luftatmung geschieht bei Raupen im Wasser lebender Zünsler (Pyralidae). Die Jungraupen fressen an der Unterseite eines Blattes oder minieren in ihrer Wirtspflanze und atmen durch die Haut. Spätere Stadien fressen aus einem luftgefüllten Köcher an den Schwimmblättern.

9.2 Grundwasser

Alles in der äußersten Erdrinde kreisende und unter der Erdoberfläche befindliche Wasser, welches das natürliche Lückensystem von Sand, Kies, Schotter, porösem Gestein oder Spalten und Klüften in Felsen erfüllt, nennt man Grundwasser. Es bildet zusammenhängende Flächen mit meist schwach gerichteter Strömung. Am Grunde von Gewässern und in den Quellen tritt es mit den übrigen limnischen Lebensräumen in Verbindung.

Manche Bewohner des Grundwassers sind erdgeschichtlich sehr alt. Aus dem Paläozoikum stammen z. B. die winzigen Bathynellacea-Krebse, von denen bestimmte Arten aus dem limnischen sekundär bis ins marine Küstengrundwasser vorgestoßen sind. Zu Krebsen im Grundwasser seit dem Mesozoikum zählen die Thermobaenacea, Spelaeogriphacea und einige Harpacticiden der Copepoda. Viele Organismen sind jedoch erst im Tertiär oder Quartär vom Meer oder Süßwasser in den unterirdischen Lebensraum eingewandert. Etliche stammen auch vom Land. Ein Eindringen vom Meer her war über das brackige Küstengrundwasser möglich (Abb. 9.1).

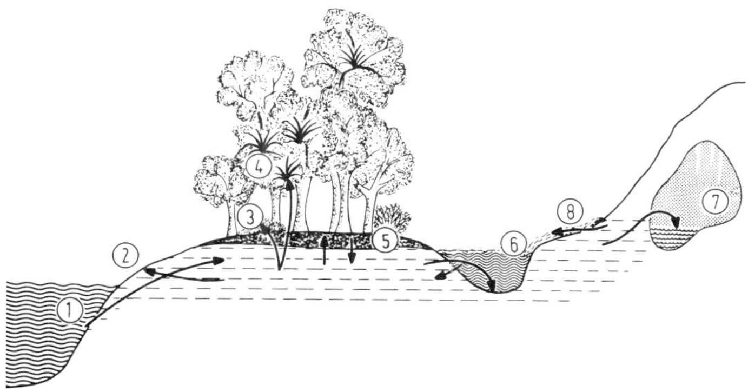

Abb. 9.1: Beziehungssystem des Grundwassers (nach Noodt 1968).
1: Sandboden im Meer; 2: brackiges Küstengrundwasser am Meeresstrand; 3: Moosrasen; 4: Zisternenpflanzen; 5: Humusboden; 6: Feuchtsand am Ufer und am Grunde von Binnengewässern; 7: Höhlengewässer; 8: Quelle.

Der häufig vereinfachte Körperbau bei Arten im Sandlückensystem des limnischen Küstengrundwassers scheint ebenso wie bei dem marinen Mesopsammon oft durch Neotenie bedingt zu sein.

Die wichtigsten Lebensbedingungen sind: (1) Dunkelheit, die bei vielen Arten zur Rückbildung von Augen und Hautpigment geführt hat; (2) ziemlich gleichmäßige Temperatur im Jahreslauf; (3) hohe Luftfeuchtigkeit, welche die Grenze zwischen Wasser und Land verwischen kann; (4) relative Armut an Nahrung und Sauerstoff.

Da mit Ausnahme chemo-autotropher Bakterien Produzenten fehlen, ist das Grundwasser von anderen Lebensräumen abhängig. Zahlreiche Tiere ernähren sich von

Detritus, Bakterien, Pilzen und bilden selbst die Grundlage der Nahrung für räuberische Arten. In Europa gibt es mehr als 1000 Arten Grundwasserbewohner, vor allem Protozoen, Turbellarien, Nematoden, Rotatorien, Copepoden, Hydracariden und winzige Schnecken *(Bythiospeum)*.
Heute besteht die Gefahr, daß Grundwasser durch zu hohe Gaben von Mineraldünger, unsachgemäße Ausbringung von Gülle und Pflanzenschutzmitteln belastet wird. Die Kosten der Aufbereitung zur Versorgung mit Trinkwasser steigen entsprechend an.

9.3 Höhlen

Der ursprüngliche Lebensraum für Höhlenbewohner ist das unterirdische, durchrieselte Lückensystem. Höhlentiere sind eigentlich Spaltbesiedler. In den meisten Höhlen treffen sich Organismen des Wassers mit solchen des Landes.
In sumpfigen Wald- und Wiesenböden einer Berglandschaft in Frankreich wurde in etwa 15–20 cm Tiefe ein Lückensystem untersucht, durch das ständig Wasser von Regen oder Schnee hindurchsickert. Durch eindringende Pflanzenwurzeln war es zugleich reich an organischem Material. Hier lebten Quell- und Flußbewohner wie die Schnecke *Bythinella rubiginosa* und einige Larven von Köcherfliegen, sonstige Wasserorganismen (Harpacticiden, Cyclopiden, Ostracoden, Hydracariden, Nematoden) sowie Feuchtlufttiere (Myriopoden, Collembolen, Landasseln). Außerdem fanden sich Arten, die als Höhlenbewohner bekannt sind *(Niphargus, Stenasellus virei, Pelodrilus leruthi)*. Führen nämlich Wasseradern durch Spalten und Grotten, so gelangen solche Tiere in diese. Aus derartigen mit Wasser gefüllten Höhlungen und Klüften im Felsgestein stammt auch der Grottenolm *(Proteus anguinus)*.
Wenn ein Flußlauf durch die Höhle zieht, kommt mit dem Wasser Nahrung hinein. Für die saprotrophen Landtiere bietet der Kot von Fledermäusen, die sich oft reichlich in Höhlen aufhalten, die wichtigste Grundnahrung. Wie beim Grundwasser handelt es sich nicht um ein autarkes Ökosystem, weil grüne Pflanzen als Produzenten fehlen. Es gibt Bakterien, Pilze und Tiere. Wassertiere gelangen mit den Flüssen oder mit Sickerwasser in die Höhle, Landtiere durch deren Eingang, außerdem durch Ritzen der Decke.
Von den bis 1960 festgestellten Höhlenbewohnern im engeren Sinne (Troglobionten) waren etwa 160 Protozoen, 175 Würmer, 40 Mollusken, 110 Spinnentiere, 100 Krebse, 33 Myriopoden, 252 Insekten, 22 Wirbeltiere (Fische, Amphibien). Das Artenverhältnis von Land- zu Wassertieren betrug 5 : 3.
Wie im Bereich des Grundwassers sind auch in Höhlen Temperatur und Feuchtigkeit (wassergesättigte Luft) recht gleichmäßig. Der Wechsel von Tag und Nacht, Sommer und Winter tritt kaum in Erscheinung. Luftbewegung und spärliches Licht gibt es nur in der Eingangszone. Tiere, die sich in deren Nähe aufhalten, suchen dort die besonderen Verhältnisse der Feuchte und Dämmerung oder geeignete Winterlager. Bei den meisten eigentlichen Höhlentieren läßt sich keine Tagesrhythmik mehr in ihrer Aktivität erkennen.

Viele Troglobionte zeichnen sich durch Reduktion der Augen und des Pigments aus. Manche Insekten, wie die Trauermücken (Sciaridae) sind flügellos. Die strukturellen Besonderheiten beruhen entweder auf erblichen Änderungen (Fehlen der Augen bei Höhlenkrebsen *Niphargus*, der Höhlenassel *Asellus cavaticus*, den Schnecken *Bythiospeum*). Oder es haben sich Modifikationen gebildet, so bei dem Collembolen *Schaefferia emucronata* und dem bleichen Flohkrebs *Gammarus pulex subterraneus*. Der Grottenolm hat verkümmerte Augen, rote Außenkiemen und weiße Haut. Da letztere aber Chromatophoren besitzt, wird sie im Licht dunkel. Trotz der Kiemen ist eine Lunge angelegt. Bei Mangel an Sauerstoff im Wasser kommen die Tiere an die Oberfläche, um Luft zu schlucken. Der Olm wird eigentlich als Larve geschlechtsreif (Neotenie). In der Regel ist er lebendgebärend, kann jedoch auch Eier ablegen.

Überhaupt finden wir in der Entwicklung und Fortpflanzung bei Höhlentieren manche Besonderheiten. Fische entwickeln sich langsamer und haben eine längere Lebenszeit als ihre Verwandten außerhalb der Höhle. Dies dürfte ursprünglich mit der Nahrungsknappheit und dem hohen CO_2-Gehalt der Luft im Zusammenhang gestanden haben. Bei Höhlenkäfern fällt die verkürzte Larvalzeit mancher Arten auf. Statt drei Larvenstadien werden zwei oder eins durchlaufen. Im letzteren Fall schlüpft aus dem Ei gleich die verpuppungsreife Larve, wie der Catopide *Speonomus longicornis* im Gegensatz zu seinem in Nähe des Höhleneingangs lebenden Verwandten *Bathysciola schiödtei* zeigt (Abb. 9.2). Auch hier dürfte Mangel an Nahrung die Selektion gelenkt haben, da die langsam sich bewegenden Larven schwerer Nahrung finden können als die beweglicheren Käfer.

Die Artenmannigfaltigkeit in einer Höhle hängt von der Zeit für die Ausbreitung der Organismen innerhalb der verschiedenen Räume eines komplexen Höhlensystems, von der Erreichbarkeit der Nahrung und von Feindbeziehungen ab. Hat eine Art sich in dem stabilen Milieu einer Höhle eingebürgert, so wirkt die Selektion nicht mehr auf ihre Fähigkeit, sich ökologisch oder physiologisch stets neu anpassen zu müssen. Dies führt zur Abnahme der genetischen Variabilität, erhöht die Tendenz zur Verringerung der Populationsgröße und Verlangsamung der Stoffwechselrate. Bei Annahme zufällig im Freien auftretender Mutanten für Verlust von Augen, Pigment oder Flügel können sich solche Negativmerkmale in kurzer Zeit durchsetzen, wenn die Formen gleichzeitig lichtscheu sind, da sie in der Höhle als bedeutungslos erhalten bleiben.

Manche ökologische Beziehung besteht zur Besiedlung stillgelegter Bergwerke, Steinbrüche und anderer künstlicher Höhlungen, einschließlich Keller.

9.4 Quellen

Am Rande von Gletschern und überall dort, wo unterirdisches Wasser an die Oberfläche gelangt, bilden sich Quellen. Die meisten Flüsse und Seen werden von ihnen gespeist. Bewohner von Quellen können das ganze Jahr über aktiv sein, weil die Schwankungen der Temperatur gering sind. In den gemäßigten Breiten liegen

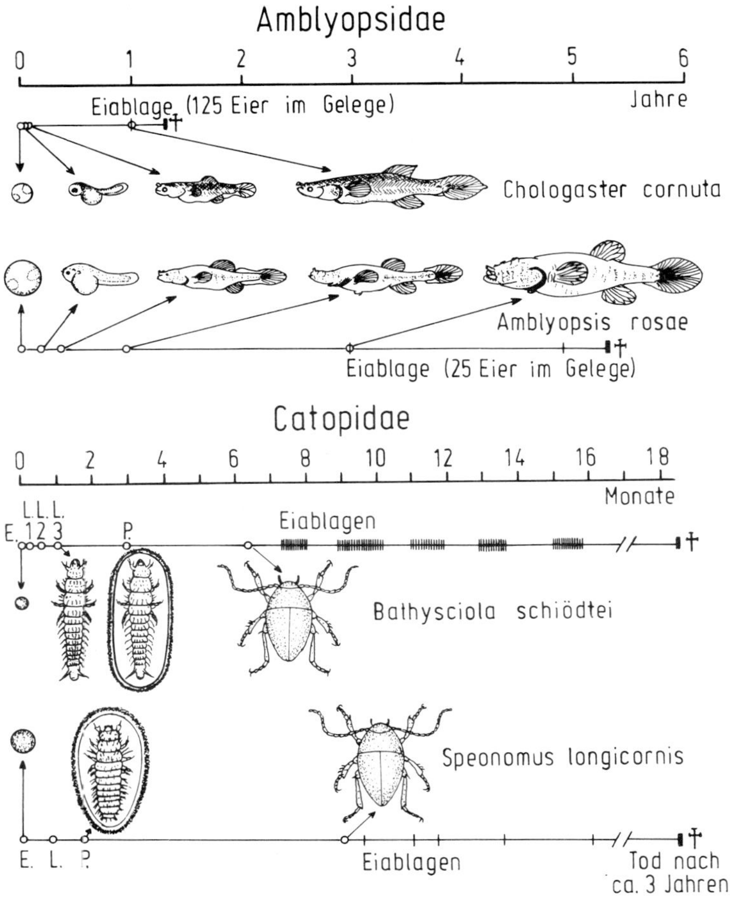

Abb. 9.2: Lebensablauf von Höhlentieren (Fisch *Amblyopsis*, Aaskäfer *Speonomus)* aus dem Inneren der Höhle im Vergleich zu verwandten Arten (Fisch *Cologaster*, Aaskäfer *Bathysciola)* außerhalb der Höhle oder in Nähe ihres Eingangs (nach Poulson u. White 1969).
E = Ei; L1, L2, L3 = Larvenstadien von *Bathysciola;* L = einziges Larvenstadium von *Speonomus*, das nach Eischlupf mit Bau der Puppenhülle (P) beginnt. Viele Höhlentiere haben langsamere Entwicklung bis zur Geschlechtsreife (bei Catopidae trotz Unterdrückung von Larvenstadien), geringere Nachkommenzahl, aber längeres Individualleben.

sie zwischen 8–11° C. Daher finden sich dort stenotherme Kaltwasser-Arten ein. In den Subtropen, etwa Floridas, wurden 21–25° C in den Quellen gemessen.

Quelltypen. In *Schmelzwasserquellen* werden organische Nährstoffe hineingeweht. Unterschiede der Temperatur zwischen Tag und Nacht sind gering. Es kommen Mückenlarven vor (Chironomidae, Simuliidae), die von Detritus leben.

Bei den aus dem Grundwasser entstehenden Quellen lassen sich drei weitere Typen unterscheiden: (1) *Sturzquellen* sprudeln aus grobsandigem oder steinigem Untergrund im Gebirge heraus und reißen die feinen Sinkstoffe wegen des starken Gefälles mit. (2) In Schotterflächen der Gebirge und im Flachland gibt es *Tümpelquellen*. Ein Becken füllt sich mit Wasser und bildet durch Überlaufen ein Quellbad. Der Untergrund ist meist sandig oder schlammig und enthält bisweilen reichen Pflanzenwuchs. (3) Sickert das Wasser in einer größeren Fläche durch dicke Erdschicht, so daß ein Quellsumpf entsteht, spricht man von *Sickerquellen*. Sie enthalten wenig Produzenten, unter ihnen vor allem Diatomeen. Mit dem Fallaub der Bäume gelangt viel Material von außen hinein.

Bei nach ihrer Produktion genauer untersuchten Quellen stammte etwa ein Viertel der Energie aus der Photosynthese der wenigen höheren Pflanzen und deren dichtem Besatz an Aufwuchsalgen. Dreiviertel kamen von totem Pflanzenmaterial und sonstigem Detritus, der hauptsächlich von außen hineingerät. Er wird von Bakterien, Pilzen und saprotrophen Tieren abgebaut. Von der insgesamt gewonnenen Energie gingen 12 % als Schwebstoffe (Seston) durch die Strömung verloren. 1 % wurde den Quellen durch die sie nach beendeter Entwicklung verlassenden Fluginsekten entzogen, der Rest in den Körper der Quellorganismen eingebaut bzw. veratmet.

Im Quellbereich können Tiere verschiedener ökologischer Herkunft zusammenkommen: (1) Arten des Grundwassers und der Höhlen *(Niphargus, Asellus cavaticus*, Schnecken *Bythiospeum)*, (2) Arten der Fließgewässer (Planarien, *Gammarus*, Larven von Chironomiden und Trichopteren), (3) Arten stehender Gewässer, die besonders in Sickerquellen vorherrschen (Cyclopiden-Krebschen, Sumpfkäfer *Cyphon*, Larven von Dipteren und Köcherfliegen, Molche, Salamander), (4) hygrophile Landtiere (Regenwürmer, Milben, Collembolen, Landschnecken). Die kleine Schnecke *Lauria cylindracea* in Norddeutschland ist wegen der Wärme in Sickerquellen während des dortigen Winters fast zu einem Wasserbewohner geworden. In europäischen Quellen leben etwa 1500 Tierarten, von denen sich 465 auf solche Lebensräume beschränken dürften.

Thermalquellen. Als eine Sonderform der Sturzquellen entspringen sie aus dem Bereich von Vulkanen und überhaupt aus größeren Tiefen. Sie sind zuerst in Island gründlich untersucht worden. Das Wasser ist dort zunächst 40° C warm; der pH-Wert liegt anfangs über 9; der Salzgehalt beträgt 0,02–0,15 %. Sauerstoff fehlt nahezu ganz, wird aber im Laufe des Quellabflusses aus der Luft absorbiert und auch von den das heiße Wasser ertragenden Cyanobakterien abgegeben. Außer ihnen gehören Kieselalgen (Diatomeen) zu den Produzenten. Doch fehlt in den hohen Breiten Islands im November und Dezember genügend Licht zur Photosynthese. Die Produzenten gehen daher im Winter so stark zurück, daß Nahrungsmangel für die von ihnen lebenden Dipterenlarven (Ephydridae, Chironomidae) und Schnecken *(Radix peregra)* eintritt. Trotz gleichmäßig warmer Temperatur machen diese Tiere daher eine Ruheperiode durch. Da die Schnecken sich bevorzugt auf den herausragenden Rasen der Bakterien und Algen aufhalten, sind sie kaum über 35° C warmem Wasser ausgesetzt; das heißere fließt unter ihnen hinweg.

Eine ähnliche Lebensgemeinschaft besiedelt die Matten der Bakterien und Algen in den heißen Quellen des Yellowstone Parks (USA). Als wichtigste phytotrophe Tiere leben auch dort Larven von Sumpffliegen (Ephydridae), Zuckmücken (Chironomidae) und einigen anderen Dipteren. Die Ephydriden werden in allen Stadien von Wassermilben gefressen. Sonstige Räuber sind außer Spinnen und Vögeln noch eine Langbeinfliege (Dolichopodidae), die über die Wasserfläche läuft, als Larve aber nicht die Thermalquelle bewohnt. Das Wachstum der Mikroflora wird durch Nährstoffe begrenzt. Für die Sumpffliegen ist Mortalität durch Übervölkerung die begrenzende Ursache, für Milben und andere Räuber sind es die versteckten Eiablagestellen der Ephydriden und deren im heißen Wasser schwer erreichbare Larven.

Die bunten Farben vieler heißer Quellen beruhen teils auf chemischen Ablagerungen (Kieselsinter, Kalksinter, Schwefel, Eisenoxide), teils auf einer recht üppigen Kryptogamenflora. Schon nahe dem Zentrum, wo das Wasser noch fast kochend ist, gedeihen bei Temperaturen zwischen 75° bis über 90° C Bakterien, die lange

Abb. 9.3: Abgestorbene Bäume durch Ablagerung von Kalksinter aus einer Thermalquelle (Yellowstone Park, USA) (Orig.).

Zellfäden bilden. Eine sich nach außen anschließende kühlere, gelbe und rosa Zone besitzt überwiegend Cyanobakterien. Schließlich treten unterhalb 60° C Diatomeen, Desmidiaceen und Chlorophyceen auf. Diese Algen bedingen die grüne Farbe.
Heißes, CO_2-haltiges Wasser löst Kalziumkarbonat aus Kalkstein, das nach Abkühlung als Kalksinter ausgeschieden wird (Abb. 9.3).

Schwefelquellen gibt es mit unterschiedlichen Temperaturen. In ihnen können nur Organismen leben, die anaërob sind oder mit den geringen Mengen von Sauerstoff auskommen, der aus der oberen Bodenschicht und der Luft ins Quellwasser gelangt. Hier gibt es Cyano- und andere Bakterien, Pilze, aber auch Protozoen, Nematoden, Rotatorien, Kleinkrebse, Milben und Collembolen, um die wichtigsten Gruppen hervorzuheben. Mit steigender Temperatur nimmt die Zahl der Tierarten schnell ab, besonders wenn 27° C überschritten sind. Nur einzelne Rädertiere und Fadenwürmer halten sich außer der Mikroflora noch in Schwefelquellen von 36–37° C auf. Thermal- und Schwefelquellen am Grunde der Tiefsee behandelte Kap. 7.4.2.2.

9.5 Fließgewässer

Strömung macht eine langfristige thermische Schichtung unmöglich, doch wird das Wasser von der Quelle zur Mündung hin wärmer und die Temperaturspanne weiter. Zugleich mit dem Verlauf der Strömung wird der Untergrund im Flußbett feinkörniger. Fließgewässer sind Drainagesysteme einer Landschaft, aus der viele Stoffe schließlich den Meeren zugeführt werden. Zum anderen dienen sie als Wasserstraßen der Einwanderung mancher Lebewesen vom Meer ins Süßwasser und umgekehrt.
Flüsse zeichnen sich durch gerichtete und in der Regel permanente Wasserströmung aus. Dennoch können in ihnen Stillwasserbezirke vorhanden sein, sogar solche größeren Ausmaßes wie etwa die Uferlagunen der nährstoffreichen Weißwasserflüsse im Amazonasgebiet mit ihren schwimmenden Wiesen von *Eichhornia* und *Pistia*. Im Vergleich zu den meisten stehenden Gewässern sind Flüsse häufig geologisch älter und auch langlebiger. Außer nach Einfluß stark verschmutzten Wassers bieten sie für die Organismen mindestens im kühleren Oberlauf gleichmäßigen O_2-Gehalt. Dies liegt weniger an reichlicher im Wasser gelöstem Sauerstoff, obwohl strömendes Wasser eines Gebirgsbaches ständig mit Luft durchmischt wird. Wichtiger ist vielmehr die Tatsache, daß die Strömung die Entstehung eines durch die Atmung verursachten O_2-ärmeren Wassermantels um die Tiere verhindert.
Es gibt zwar kein eigenes Flußplankton. Jedoch leben in vielen Bächen Aufwuchsalgen. Zu ihnen gehören Diatomeen, die stellenweise jeden Stein mit einer Schicht überziehen, Krustenalgen und zottige Wattepolster hochwüchsiger Algen *(Cladophora)*. Außerdem können Quellmoose *(Cratoneuron)* und einige höhere Pflanzen gedeihen wie *Potamogeton pectinatus* und *Batrachium*-Arten der Großgattung

Ranunculus. In tropischen Flüssen sind es vor allem Podostemales mit ihrem thallusartigen Vegetationskörper.
Viele organische Stoffe (Fallaub, Zweige, Zerreibsel aller Art, Pollen, gelöste Substanzen) gelangen vom Land ins Wasser. In manchen Flüssen beträgt der Anteil derartigen «allochthonischen» Materials bis zu 99 % der Primärnahrung. Als Erstverzehrer kommen daher besonders Detritusfresser in Frage, zumal Großpflanzen eigentlich erst nach Zerfall in Detritus den Konsumenten im Wasser zugänglich werden. Solche Verhältnisse bedingen eine hohe Abhängigkeit der Lebewelt vom umgebenden Land, weil die Uferflächen im Vergleich zum Wasserkörper relativ groß sind.
Der Abbau des Detritus, selbst von Holz, geht im Wasser schneller vor sich als an Land. Voraussetzung für die Fraßaktivität der Makrofauna (Insekten und ihre Larven, Amphipoden, Asseln, Flußkrebse) ist ein dichter Befall des Materials mit Mikroben, vor allem Pilzen. Andererseits beschleunigt das Abschaben, Abnagen, Zerkleinern und Einbohren der vielen kleinen und größeren Tiere den Abbau durch Bakterien und Pilze. Außerdem dienen die feinsten Partikel Filtrierern und Sedimentfressern zur Nahrung. Hinzu kommen die enzymatischen Ausscheidungen der Mikroben und die Kotteilchen der Tiere, die für andere Organismen noch genügend Nährstoffe enthalten. So wird der Kreislauf der Stoffe im System verlangsamt und die Energie in bestmöglicher Weise ausgenutzt.

Drift. Viele organische und anorganische Stoffe werden bachabwärts transportiert, darunter Bakterien, Pilze, Algen, Detritus und Mineralpartikel, aber auch größere Tiere.
Hauptnutzer der Drift feiner Bestandteile sind Filtrierer wie Schwämme, Larven von Kriebelmücken (Simuliidae) und netzbauenden Köcherfliegen (Hydropsychidae). Zur Drift im weitesten Sinne gehören auch Planarien, kleine Muscheln *(Pisidium)*, Flohkrebse *(Gammarus)*, Wassermilben und freischwimmende Insektenlarven.
Durch Drift können die Populationen mancher Arten so verringert werden, daß der Verlust sich nur durch besondere Lebensstrategien ausgleichen läßt. In einigen Fällen wird eine hohe Zahl an Nachkommen erzeugt (Überschußproduktion), in anderen gibt es aktive oder passive Rückwanderung (bei Insekten Rückflug) gegen die Fließrichtung. Schnecken wandern gegen die Strömung, wenn Pflanzen Stoffe ausscheiden, die anlockend wirken. Flohkrebse (Gammaridae) und Larven von Köcherfliegen gleichen eine Abdriftung durch Rückwanderung aus. Fische schwimmen gegen die Strömung an und können die in ihren Kiemen oder der Haut befindlichen Glochidien von Muscheln dabei flußaufwärts befördern. Kompensationsflüge zur Eiablage finden bei Ephemeriden, Libellen, Plecopteren, Chironomiden, Simuliiden und Trichopteren statt, wenn sie auch keineswegs bei allen die Regel sind, und die einzelnen Arten sich hierin verschieden verhalten. Manche der genannten Fluginsekten werden als Transportwirte von Wassermilben benutzt.

Emergenz. Mit dem Übergang vom Wasser- zum Landleben bei der Verwandlung zum adulten Insekt geht eine gewisse Menge an Biomasse dem Ökosystem verloren, denn nur ein Teil der Tiere kehrt zur Eiablage oder als Oberflächendrift in den Kreislauf der Produktion zurück. Man kann den Schlupf der «Emergenz» mit Käfigen abfangen.

Versauerung. Erhöhte Konzentration von H-Ionen im Wasser wirkt sich auf Osmoregulation und Ionen-Haushalt vieler Organismen aus. Eine solche Versauerung kann durch Anreicherung der Luft mit SO_2 und anderen Schadstoffen eintreten, aber auch dadurch bedingt sein, daß sich im Quellgebiet ausgedehnte Fichtenforste und Hochmoore befinden. Beide Ursachen können zusammentreffen und ihre Wirkung dann verstärken. Untersuchungen der Emergenz vergleichbarer Fließgewässer im Mittelgebirge Hessens, die sich im wesentlichen nur durch ihre pH-Werte unterschieden, ergaben folgendes. Im neutral reagierenden Bach (pH um 7) wurden 88 Arten nachgewiesen, im schwach sauren (pH um 6) noch 44, in einigen stark sauren (pH unter 5) lediglich 15–20. Den letzteren fehlten Mollusken, Gammariden, Ephemeriden und Fische. Dafür traten gut angepaßte Bewohner wie manche Plecopteren *(Nemoura, Leuctra)* in großen Dichten auf.

9.5.1 Bergbach und Tieflandfluß

Nach Strömung, Neigung des Geländes und Breite der Fließgewässer lassen sich zwei Hauptlebensräume unterscheiden: die Bachregion (Rhitral) und den Unterlauf der Flüsse (Potamal). In der gemäßigten Zone der nördlichen Erdhalbkugel entspricht dem Rhitral die Forellen- oder Salmonidenregion. Der Untergrund besteht aus Geröll und Kies; vereinzelt gibt es sandige Stellen in Stillwasserbuchten (Abb. 9.4). Das Potamal wird als Weißfisch- oder Cyprinidenregion bezeichnet. Hier ist der Untergrund im ganzen weicher, wenn auch zum Teil kiesig oder sandig.
Im Laufe der Erdgeschichte kamen Organismen des heutigen Rhitral vorwiegend aus kühlen Zonen, die Bewohner des Potamal mehr aus tropischen. Zwar ist die Strömung zwischen Oberlauf (Bergbach) und Unterlauf (Tieflandfluß) im allgemeinen recht verschieden, doch stellt sie keinen unbedingten Unterschied dar. Die Strömung kann im Unterlauf des Flusses wegen geringerer Reibung besonders stark sein, andererseits ist sie im Strömungsschatten eines Steines im Bergbach unter Umständen ganz gering. Die Kraft der Strömung schwankt überhaupt auf kleinstem Raum in weiten Grenzen. Auch die Benennung der beiden Lebensräume nach Fischen ist nicht allgemeingültig; besser wäre eine Charakterisierung nach Lebensformen.

In der **Bachregion** bietet das harte Substrat gute Möglichkeit zum Anheften oder Anklammern für Pflanzen und Tiere. Diese sind oft dicht der Unterlage angedrückt oder befinden sich in engen Ritzen und Spalten, wenn die Strömung unter Wirbelbildung etwas turbulenter über die kleinen Hindernisse fließt. Hier leben (1) sessile Organismen (Rasen von Bakterien und Diatomeen, Grünalgen, Wassermoose wie *Fontinalis*, Schwämme, Bryozoen, angesponnene Larven von Köcherfliegen; (2)

Abb. 9.4: Bunar-Fluß in Montenegro als Beispiel für einen im Sommer zum Rinnsal austrocknenden Fluß, in dessen Stillwasserbezirken Larven von *Anopheles* (Fiebermücken) leben können (nach Tischler 1950).

Netzfänger (Köcherfliegen der Gattung *Hydropsyche*); (3) bewegliche Tiere mit Haken oder Saugnäpfen (Mückenlarven der Simuliidae und Blepharoceridae, Hakenkäfer (Dryopidae), Bachneunauge *(Lampetra planeri)*, in tropischen Gebirgsbächen sogar Kaulquappen mit Saugnäpfen an der Unterlippe; (4) Arten mit Wimpern- oder Klebflächen (Planarien, Schnecken); (5) Tiere mit abgeflachtem Körper und stark seitlicher Einlenkung der Beine (Larven von Ephemeriden, Plecopteren, Trichopteren). Die Abflachung mancher Wirbelloser war sicherlich mehr eine günstige Prädisposition und muß nicht als Anpassung an die Strömung erfolgt sein. Wichtiger ist ihr Verhalten. So haben typische Insekten des Bergbaches die Fähigkeit zur Ventilation verloren. – Alle aufgeführten Typen der Lebensformen sind durch Ernährungsbeziehungen miteinander verknüpft.

Im Sediment des **Tieflandflusses** hält sich eine reichere Mikrofauna auf. Kennzeichnend ist ferner die Lebensform der Bodenwühler. So graben sich nicht nur Muscheln, sondern auch Larven von Eintagsfliegen, Libellen (Gomphidae) und Mükken (Ptychopteridae, Limoniidae, Chironomidae) in den Untergrund. Im freien Wasser spielt das Plankton eine größere Rolle. Es dringt aus den Seen hinein und kann sich im Unterlauf und den ruhigen Partien größerer Flüsse vermehren.
In europäischen Fließgewässern wurden mehrere tausend Tierarten nachgewiesen, von denen etwa 3000 speziell an diesen Lebensraum angepaßt sind. Gute Indikatoren für kalte, klare Fließgewässer sind die Strudelwürmer *Polycelis felina* und *Crenobia alpina*, während der weiße *Dendrocoelum lacteum* auch im Tieflandfluß bei verschiedenen Temperaturen vorkommt.
In **Wiesenbächen** Norddeutschlands ähneln die Lebensbedingungen oft eher dem eines Tieflandflusses. Große Bestände an Blütenpflanzen, wie Wasserhahnenfuß

(Ranunculus aquaticus) oder Wasserpest *(Elodea canadensis)* gedeihen gut, und im Sediment leben Teich- und Flußmuscheln *(Anodonta, Unio)*. Die Larven (Glochidien) von *Unio crassus* benötigen als Zwischenwirte dort Stichlinge *(Gasterosteus aculeatus, Pungitius pungitius)*, in deren Kiemen sie sich festsetzen. Daß die Muscheln seltener werden, liegt wahrscheinlich mehr am Rückgang der Fische als an direkter Einwirkung durch Verschmutzung.

9.5.2 Flußufer

Kahle Ufer. Hier lebt eine Anzahl vorwiegend räuberischer Arthropoden. Tunnelgrabende Käfer fehlen jedoch dem Geröll- und Kiesstrand ebenso wie solchen der Meeresküsten. Charakteristische Arten gehören zu den Laufkäfern (Carabidae), Kurzflüglern (Staphylinidae), Springwanzen (Saldidae) und Wolfspinnen (Lycosidae). Einige ruhen am Tage und jagen nachts ihre Beute. – In sandigen und schlammigen Ufern ohne Bewuchs leben dagegen Graber wie der Sandohrwurm *(Labidura riparia)* und verschiedene Käfer *(Bledius, Heterocerus, Dyschirius, Elaphrus)* deren Gattungen auch an Meeresküsten vorkommen.
Vegetationsarme Kiesbänke alpiner Bach- und Flußläufe können sogar von thermophilen Feldheuschrecken besiedelt werden, die eigentlich Heiden- und Steppenbewohner sind.
Da sich an Flüssen die Verhältnisse rasch ändern können, sind Kleinwanderungen häufig, um neu entstehende Uferbänke und Inseln zu erreichen. Manche Arthropoden, die nicht fliegen (z. B. Spinnen) oder wenig von Flügeln Gebrauch machen (Veliidae, Staphylinidae), laufen auf der Wasseroberfläche. Dies ist ihnen durch Unbenetzbarkeit des Körpers, geringes Gewicht, lange Beine oder Vergrößerung der Berührungsfläche durch lange Borsten möglich.

Vegetationsreiche Ufer. Meistens wird besonders der Unterlauf von Flüssen durch Röhricht und Weichholz-Auen bewachsen, in denen eine reiche Vogelwelt Nist- und Nahrungsbedingungen findet. Sogar fremdländische, aus Ostasien stammende Staudenknöteriche *(Reynoutria japonica, R. sacchalinense* und deren Bastard) haben sich in Mitteleuropa außer auf Ruderalstellen und Wegrändern in großen Beständen an Flußufern ausgebreitet. Von *Reynoutria* fressen eine Raupe *(Spilarctia lutea)*, eine Fliegenmade *(Pegomya nigritarsis)*, eine Blattlaus und der Ampferblattkäfer *(Gastroidea viridula)*. Dennoch können die Ufer von ihr so überwuchert werden, daß die heimische Krautflora schwindet und mit ihr eine Fülle an Insektenarten.
Die oft regelmäßig auftretenden Hochwasser vernichten die Larven vieler Uferinsekten. Jedes Jahr wird aber der Bestand durch Zuwanderung oder Zuflug ergänzt. Andererseits verbreiten Hochwasserwellen mit der Ablagerung von Genist eine große Zahl an Arthropoden. Nach Untersuchungen im Rheinland betraf dies zu über 75 % Puppen und Kokons von Dipteren und Blattwespen samt den in ihnen enthaltenen parasitoiden Hymenopteren. Als Adulte kamen vor allem Käfer im Genist vor. Bei Schnabelkerfen (Rhynchota) und bei Weberknechten (Opilionida) überwogen Eier im Genist.

Besonders in den Tropen verwischt sich entlang der großen Flüsse das Leben auf dem Land und im Wasser. Die Röhrichte und Sümpfe, welche den Okawango in Botswana oder den Weißen Nil im Sudan begleiten, haben eine artenreiche Vogelwelt als auffälliges Faunenelement. Zu ihr gehört auch der Schuhschnabel *(Balaeniceps rex)*, ein besonderer Reihervogel. Ebenfalls spielen dort Reptilien und Großsäuger ökologisch eine bedeutende Rolle. Sumpftiere finden leicht Überfluß an pflanzlicher und tierischer Nahrung. Riesige Schwärme von Finkenvögeln suchen im Sudan die Dickichte aus *Papyrus* an den Rändern des Weißen Nil auf. In den Schlammbänken drücken sich Gangstraßen der Nilpferde ein, wenn sie den Fluß verlassen, um zur nächsten Weide zu gehen. Wo sie vorkommen, fehlt nicht ihr steter Begleiter, das Krokodil *(Crocodylus)*.
Auch die amerikanischen Kaimane *(Caiman)* legen ihre Eier auf dem Ufer ab. Nach Untersuchungen an Mündungseen des Amazonas führen sie dem Wasser durch ihren Kot Nährstoffe zu, die zur Steigerung der Primärproduktion ausreichen. Es vermehrt sich dann das Plankton, und in dessen Folge steigt der Fischreichtum. Wo die Kaimane entfernt wurden, ging die Menge an Fischen zurück. Das Beispiel zeigt, wie eng biologische Vorgänge verknüpft sein können.

Steilwände in Urstromtälern. Stellenweise haben sich in einiger Entfernung vom heutigen Flußbett Steilwände und Kliffs aus den früheren Ablagerungen der Schmelzwässer erhalten, die aus Geschiebelehm oder schluffigem Feinsand bestehen. Nach Untersuchungen am Elbufer bei Lauenburg/Holstein werden die dort 30 m hohen Wände von charakteristischen Tieren bewohnt, unter denen Stechimmen überwiegen (Abb. 9.5). Entscheidend für das Artenspektrum ist die Härte des Substrats. Die fast steinharten Partien aus schluffigem Feinsand, denen Grobsand und Tonanteile fast fehlen, sind am besten für die Brutstollen zahlreicher Wildbienen und Solitärwespen (Sphecidae, Pompilidae, Eumenidae) geeignet. Mit ihnen leben vergesellschaftet parasitische Goldwespen (Chrysididae) und Bienenameisen (Mutillidae), aber auch manche Käfer (*Megatoma* der Dermestidae, *Opatrum* der Tenebrionidae), Fliegen (*Mosillus* der Ephydridae, *Hammomya* der Muscidae, *Miltogramma* der Sarcophagidae) und Spinnen *(Salticus, Tegenaria)*, um Vertreter typischer Gattungen hervorzuheben. Fliegenschnäpper *(Muscicapa striata)* fangen die Insekten oft von den Wänden ab.
Weichere, lehmige Partien sind nur Fragmentvarianten für die Fauna, weil verschiedene Hymenopteren dann keine formbeständigen Nistgänge mehr anlegen können. Dafür nisten dort unterhalb der Abbruchkante häufig Uferschwalben *(Riparia riparia)*.
Die harten Steilwände entsprechen in ihrer Besiedlung Lößwänden im Binnenland, die am Bisamberg in Niederösterreich und am Kaiserstuhl in Baden genauer untersucht wurden.

Abb. 9.5: Steilwand aus schluffigem Feinsand am Elbufer bei Lauenburg, ein Lebensraum für bodennistende Bienen und Grabwespen sowie andere Arthropoden (unten: Nistlöcher der Hymenopteren stärker vergrößert) (nach Tischler 1951).

9.6 Stehende Gewässer

9.6.1 Seen

Während Flüsse Transportsysteme bilden, wirken Seen als Speicherbecken in der Landschaft. Unter den stehenden Gewässern haben sie die reichste Gliederung und besitzen in der Regel, wenn auch nicht unbedingt, eine lichtlose und daher von

grünen Pflanzen freie Tiefenzone. Funktionell ist der See eine Einheit, obwohl sich seine Bereiche in vieler Hinsicht unterscheiden.
Die am besten untersuchten Seen der gemäßigten Breiten Europas und Nordamerikas haben sich erst nach dem Rückzug des Eises gebildet, sind also höchstens 20000–10000 Jahre alt. In anderen Klimaregionen, vor allem in Vulkanlandschaften liegende Seen sind oft geologisch älter. Einige, die im Verlauf tektonischer Einsenkungen entstanden, wie Baikalsee, Ohridsee, Tanganjikasee, stammen aus dem Tertiär und besitzen eine Fülle ihnen eigener (endemischer) Arten.

Lebensbereiche. Wie im Meer wird die Grenzschicht Luft-Wasser (Pleustal), das freie Wasser (Pelagial) und der Seeboden (Benthal) von besonderen Lebensformen besiedelt.
Das **Pleustal** zeichnet sich durch Schwimmpflanzen aus *(Salvinia*-Wasserfarne, *Hydrocharis*-Froschbiß, *Lemna*-Wasserlinsen*)*. In den Tropen wächst die Wasserhyazinthe *(Eichhornia crassipes)*, die sich auch als Folge des Assuan-Staudamms wie ein Unkraut im oberen Niltal stark verbreitet hat.
Auf dem Wasserfilm laufen Teichläufer (Gerridae) oder schwimmen Taumelkäfer (Gyrinidae) und der Springschwanz *Podura aquatica*. Auch die an Ufern lebende Jagdspinne *Dolomedes fimbriatus* und einige Verwandte können ihr Fanggebiet auf die Oberfläche des Wassers ausdehnen. An der Unterfläche kriechen Hydren, einige Kleinkrebse und Lungenschnecken oder hängen Bakterien, Pilze und Kleinalgen.
Im **Pelagial,** der Region des freien Wassers, lebt ein Phytoplankton aus Cyanobakterien, Protochlorophyten, Dinoflagellaten, Chrysomonaden, Diatomeen und Grünalgen der verschiedensten Gruppen. Das Zooplankton besteht vorwiegend aus Wasserflöhen (Cladocera), Ruderfußkrebsen (Copepoda), Rädertieren (Rotatoria). In manchen Seen befindet sich die durchsichtige Larve der *Chaoborus*-Mücke. Im Nekton herrschen Larven und Imagines vieler Insekten sowie Fische unterschiedlicher Ernährungsweisen vor.
Der Untergrund, das **Benthal,** gliedert sich in einem mit Großpflanzen bewachsenen Uferbereich (Litoral) und das sich zur Tiefe anschließende, pflanzenlose Profundal. In norddeutschen Seen kann der Pflanzenwuchs schon bei 7–11 m Tiefe aufhören. In Alpenseen und anderen klaren, phosphatarmen Gewässern reicht er unter Umständen bis 50 Meter. Auch im Profundal leben noch Protozoen, Nematoden, Oligochaeten, einige Mollusken, Wasserassel, Muschelkrebse (Ostracoda) und Insektenlarven (besonders Chironomiden).

Temperaturverhältnisse. Der Wärmehaushalt der Seen kann recht verschieden sein. Flache, ausgedehnte Gewässer haben keine thermische Schichtung. Tiefere Seen der gemäßigten Klimazone Nordamerikas und Eurasiens weisen dagegen im Sommer und Winter eine typische Temperaturschichtung auf, die durch Vollzirkulation des Wassers im Herbst und Frühjahr beseitigt wird (Abb. 9.6).
Je mehr sich gegen den Sommer hin das Oberflächenwasser erwärmt, desto weniger tief kann der Wind das leichtere, warme Wasser in die Tiefe verfrachten. Es bleibt daher mit der fortschreitenden Jahreszeit eine wärmere Wasserschicht als **Epilimnion** über einer kühlen Tiefenschicht, dem **Hypolimnion.** Da Wasser bei 4° C seine

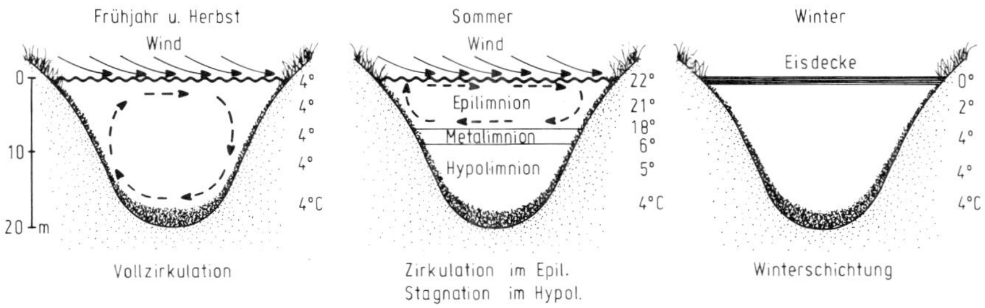

Abb. 9.6: Temperaturschichtung und Zirkulation des Wassers eines dimiktischen Sees im Jahreslauf (Orig.).

größte Dichte und Schwere hat, ist dies die Temperatur der Tiefe. Der Abfall der Wärme von der Oberfläche zum Grund erfolgt nicht allmählich, sondern sprunghaft in einer zwischen Epi- und Hypolimnion liegenden Schicht, dem **Metalimnion.** Diese Sprungschicht bildet für manche Arten im Sommer je nach deren Wärmepräferendum die untere oder obere Verbreitungsgrenze oder mindestens eine Stauungszone. Mit fortschreitender Abkühlung des Oberflächenwassers im Herbst verschwindet die Sommerstagnation. Der Wind kann das Wasser wieder tiefer umwälzen, und bei 4° C wird die gesamte Wassermasse von der Herbstzirkulation erfaßt, so daß eine völlige Durchmischung eintritt. Bei weiterem Sinken der Temperatur entsteht eine neue Schichtung. Unter der Eisdecke befindet sich kaltes Oberflächenwasser von 1–3° C über dem wärmeren Tiefenwasser von 4° C. Diese Winterschichtung hört im Frühjahr nach Abschmelzen der Eisdecke auf. Der Wind erzeugt an der Wasseroberfläche durch Reibung eine Strömung, die an den Ufern umbiegt, das erwärmte Oberflächenwasser in die Tiefe bringt und dort in entgegengesetzter Richtung zurückläuft.

Dem geschilderten dimiktischen (zweimal durchmischten) Typ steht der monomiktische gegenüber. In polaren und subpolaren Seen findet nur eine einzige Zirkulation im Sommer statt, sonst herrscht Winterschichtung. Bei warmmonomiktischen Seen der Subtropen andererseits kühlt das Oberflächenwasser nur in den Wintermonaten so ab, daß eine Vollzirkulation eintritt; in den übrigen Jahreszeiten gibt es Sommerstagnation. Zu diesem Typ gehört als nördlichster See der Bodensee. Schließlich kommen warme oligo- bis polymiktische Seen im Flachland der Tropen und kalte polymiktische in tropischen Hochgebirgen vor, in denen das Wasser im Laufe des Jahres wiederholt durchmischt wird. Für das Leben im See sind natürlich derartige Temperaturverhältnisse von größter Bedeutung.

Stoffkreislauf im See. Wie in fast jedem Ökosystem muß die Bedeutung des Lichts hervorgehoben werden. Es können nur in der durchlichteten Zone eines Sees grüne Pflanzen gedeihen und durch ihre Primärproduktion die Grundlage für dessen Lebensgemeinschaft geben. Ebenso wie im Meer wird der größte Teil der Primärproduktion vom Pico- und Nanoplankton erzeugt. Bakterien sind maßgeblich an der Vernetzung aller «trophischen Stufen» beteiligt.

In nährstoffreichen (eutrophen) Seen gibt es im Sommer einen kurzgeschlossenen Stoffkreislauf im Bereich des Epilimnion, das oft nur wenige Meter in die Tiefe reicht. Ein wesentlicher Teil des Phytoplanktons wird gefressen und wandert dort durch die Nahrungskette. Gelöste organische Substanzen (Lipide, Zucker, Aminosäuren) werden ins Wasser ausgeschieden und dort von Bakterien durch freie Enzyme abgebaut. Partikuläre organische Stoffe werden durch Destruenten ein-, ab- und umgebaut, so daß sie gleich wieder den grünen Pflanzen zur Verfügung stehen. Auf- und Abbau in der obersten Wasserschicht (Epilimnion) folgen rasch aufeinander, wie die Verteilung heterotropher Bakterien zeigt, die derjenigen des Phytoplanktons parallel geht.

Beim Kreislauf der Stoffe dürfen Phyco-Viren nicht unerwähnt bleiben, die vor allem planktische Algen, aber auch *Chara* befallen. Wie Phagen injizieren sie ihre DNS in eine Algenzelle (Chlorophyceen, Chrysophyceen, Dinoflagellat *Gymnodinium*), in der sie sich schnell vermehren. Lediglich das *Chara*-Virus enthält RNS. Interessanterweise werden *Chlorella*-Algen, die symbiotisch in einem Wirt *(Paramecium, Hydra)* leben, nicht befallen.

Ebenso wie Nitrat-, Phosphat- und Sulfat-Ionen sinkt ein Teil der organischen Substanz ins Metalimnion, den Bereich der thermischen Sprungschicht. Hier entfalten sich dann Fäulnisbakterien optimal, wobei es durch deren Lebenstätigkeit zu hohem Verbrauch an Sauerstoff kommt. Der Rückgang des O_2-Gehaltes in einem eutrophen See geht im Sommer der Kurve der zur Tiefe abnehmenden Temperatur ziemlich parallel. Da Licht, wenn auch nur in schwacher Intensität, bis in das oberste Hypolimnion dringt, können sich an der Schichtgrenze des Sauerstoffs und des durch starke O_2-Zehrung sich anreichernden Schwefelwasserstoffs (H_2S) photo-autotrophe Schwefelbakterien entwickeln, die anaërob leben und H_2S als H-Donator zur Photosynthese verwenden.

Unter der vom Licht durchdrungenen «trophogenen» Zone liegt die «tropholytische», in der weitere Ab- und Umbauprozesse durch Bakterien und Pilze stattfinden und bei noch ausreichendem Sauerstoff auch eine Benthosfauna lebt.

Der Anteil der organischen Substanzen der Mikroben an der organischen Masse limnischer Sedimente kann 2–8 % betragen. Das Benthos besteht vor allem aus Larven von Zuckmücken (Chironomidae), aus Röhrenwürmern (Tubificidae) und kleinen Muscheln *(Sphaerium)*. Einige Chironomiden können mehrere Wochen völligen Sauerstoff-Schwund überstehen, sind dann allerdings auf Erholungsatmung (Oxidation der angesammelten Milchsäure) angewiesen. Tubificiden haben Enddarmatmung. Sie stecken mit dem Vorderende einige Zentimeter im Schlamm, auf dessen Oberfläche sie ihren Kot absetzen. Dadurch gelangen organische Stoffe aus tieferer Schicht, in der nur anaërober Abbau möglich wäre, weiter nach oben, wo Sauerstoff hinzutreten kann. Außerdem vermögen sie einfache gelöste, organische Stoffe mit dem Enddarm und Furchen zwischen den hinteren Körperringeln aufzunehmen. Eine solche parenterale Ernährung ist sonst nur von einigen Meerestieren und von Endoparasiten bekannt. Fehlt Sauerstoff am Grunde, so leben dort nur noch anaërobe Bakterien (Methanbildner, Desulfurikanten). Das von ihnen gebildete CH_4 und H_2S ist für höhere Organismen tödlich.

Aus der Schilderung der Verhältnisse eines eutrophen Sees läßt sich die Bedeutung von Zirkulationen im gesamten Wasserbecken ermessen, durch die wieder Sauerstoff in die Tiefe kommt. Im nährstoffarmen (oligotrophen) See ist die hypolimnische Zehrung während der Sommerstagnation relativ gering, so daß in der trophogenen und tropholytischen Schicht etwa gleichviel Sauerstoff zur Verfügung steht (Abb. 9.7).

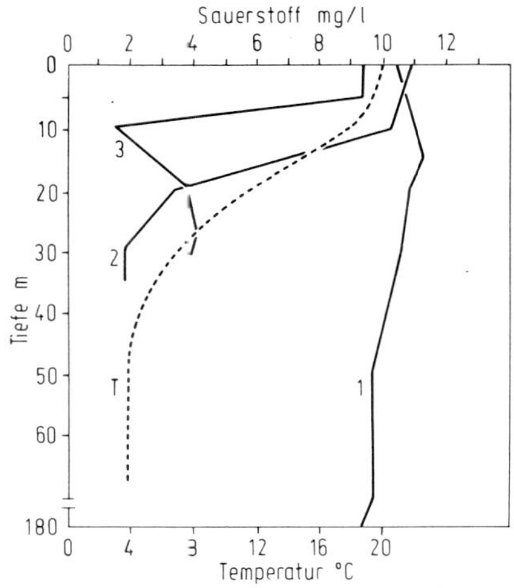

Abb. 9.7: Vertikale Verteilung des Sauerstoffs in Seen während der Sommerstagnation (nach Schwoerbel 1977).
1: Geringe Zehrung von Sauerstoff im oligotrophen See; 2 u. 3: starke Zehrung unter oder im Metalimnion eutropher Seen; T = Verlauf der Temperatur.

Wanderungen. Für viele Arten des Zooplanktons (vor allem Kleinkrebse) sind lichtabhängige **Vertikalwanderungen** wie im Meer typisch. Mit abnehmendem Tageslicht begeben sie sich in die Richtung zur Wasseroberfläche. Nachts sinken sie etwas ab. In der Morgendämmerung wandern sie erneut nach oben. Mit zunehmender Tageshelligkeit suchen sie wieder tiefere Schichten auf. Nach experimentellen Untersuchungen wird die untere Grenze dieser Vertikalbewegungen durch hohen CO_2-Gehalt, der mit relativ niedrigem O_2-Gehalt verbunden ist, gebildet. Die obere Grenze ist durch Fluchtreaktionen vor zu starker Einstrahlung gegeben. Fischlarven verteilen sich bei Beginn der Abenddämmerung weiter nach oben, um nach einigen Stunden intensiven Fressens wieder in das Hypolimnion zurückzukehren. Dies hängt jedoch nicht mit der Nahrungsmenge zusammen, sondern mit dem Ausweichen vor fischfressenden Vögeln, vor allem Lachmöwen *(Larus ridibundus)*, die tagaktiv sind und ihre Nahrung von der Oberfläche holen.
Als lichtabhängig hat sich auch die «Uferflucht» vieler Plankter erwiesen. Ufernahe Kulissen oberhalb des Wasserspiegels wie Bäume, Schilfgürtel, Böschungen wirken als Dunkelfeld gegenüber dem freien Wasser. Dies Helligkeitsmuster verhindert, daß die typischen Bewohner des Pelagials sich bis zum Ufersaum verteilen, der wegen der größeren tagesrhythmischen Schwankungen der meisten Umweltbedingungen für sie ungünstig ist.

Seetypen. Biomasse und Umsatz der photo-autotrophen Organismen, also die Intensität der Primärproduktivität, kennzeichnen den «Trophiegrad» eines Ge-

wässers; Biomasse und Umsatz der Destruenten den «Saprobiegrad» (s. Kap. 9.7.2).
Es gibt Gewässer ganz unterschiedlicher Trophiegrade, wobei eu- und oligotrophe Seen nur Endpunkte einer kontinuierlichen Reihe mit mesotrophen Zwischengliedern sind. Zudem kann der Trophiegrad Ausdruck der Altersphase desselben Sees sein. Sehr starke Eutrophie wird auch als Hypertrophie bezeichnet.

1) **Eutrophe Seen** der gemäßigten Breiten zeichnen sich durch relativ flache Becken und breite Uferbank aus. Das Wasser ist reich an Nährstoffen. Daher entwickelt sich eine üppige Ufervegetation und viel Phytoplankton, von denen eine mannigfaltige Tierwelt abhängt. Große Mengen organischer und anorganischer Substanz sinken nach unten. Am Grund bildet sich Faulschlamm (**Sapropel**) oder Halbfaulschlamm (**Gyttia**). Ersterer entsteht unter anaëroben Verhältnissen und riecht stark nach Schwefelwasserstoff. Seine dunkle Farbe rührt vom Eisensulfid her. Die hellere Gyttia ist oft aërob, der Geruch als nur angefaultes Sediment weniger intensiv. Typische Leitformen in Mitteleuropa sind Zuckmücken-Larven der Gattung *Chironomus* (daher auch die Bezeichnung «*Chironomus-See*»). Chironomiden können von Wassermilben parasitiert werden und ihnen im adulten Stadium als Transportwirte dienen (Abb. 9.8).

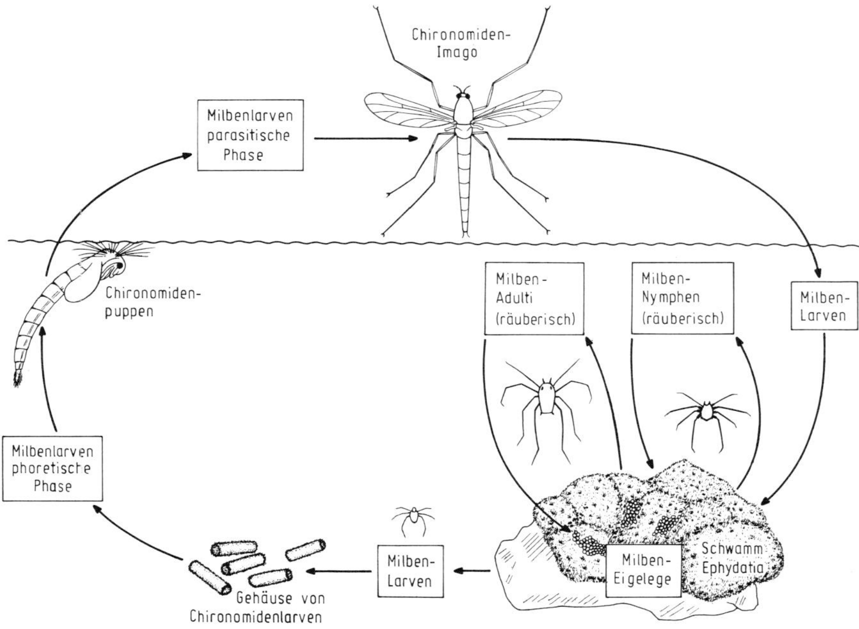

Abb. 9.8: Schema des Entwicklungszyklus der Wassermilbe *Unionicola crassipes* (nach Böttger 1972).
Eier werden in einem Schwamm abgelegt; Larve gelangt durch Phoresie zur adulten Mücke, auf der sie parasitisch lebt. Wieder ins Wasser gelangt, erfolgt Verwandlung der Larve zur Nymphe und später zur adulten Milbe, die sich im Schwamm aufhält.

2) **Oligotrophe Seen** haben in der Regel ein tiefes Becken und eine schmale Uferbank. Ihr blaues bis grünes Wasser ist arm an Nährstoffen und daher an Plankton. Die Temperatur nimmt zur Tiefe allmählich ab. Es kommt dort nicht zu einer O_2-Zehrung (Abb. 9.7). Der Schlamm unter einer mächtigen tropholytischen Wasserschicht enthält nur wenig organische Stoffe, so daß sich weitgehend ausgefaulter Schlamm ablagert. Von Chironomiden herrschen am Grunde solche der Gattung *Tanytarsus* vor (daher «*Tanytarsus-See*»!). Es ist vor allem der Typ der großen subalpinen Seen Europas.
Sondertypen sind die kalkreichen, oligotrophen Seen in Kalkgebirgen, die eisenhaltigen, oligotrophen in vulkanischen Gebieten des nördlichen Europa oder die tongetrübten oligo- bis eutrophen Seen.

3) **Dystrophe Seen.** Als ein besonderer Seetyp gelten die humös oligotrophen Braunwasserseen (auch dystroph genannt) mit tiefem oder flachen Wasserbecken in mooriger Umgebung oder im Urgebirge. Das Wasser ist arm an Nährstoffen, jedoch reich an gelösten Humusstoffen und aus der Umgebung eingeschwemmtem Humusdetritus. Dies bedingt den hohen Säuregrad und die gelbe bis braune Färbung. Die Humusstoffe haben in der Tiefe eine O_2-zehrende Wirkung, so daß im Sommer und Winter eine Sauerstoff-Schichtung besteht. Der Detritus kann anstelle des gering entwickelten Phytoplanktons einem quantitativ reicheren Zooplankton als Nahrung dienen. Am Boden lagert sich Torfschlamm (**Dy**) von dunkler Färbung ab. Er besteht aus wenig zersetzten, groben Pflanzenresten und Mudden ausgeflockter Humuskolloide. Der Typ kommt beispielsweise als braune Humus-Seen in Skandinavien vor.

4) **Ditrophe Seen** vereinen die Merkmale von eu- und oligotrophen. Vor allem kommen sie in den Tropen vor, wo sie im Laufe eines Jahres zwischen dem eutrophen und oligotrophen Typ wechseln können. Außer einer solchen zeitlichen Ditrophie gibt es in gemäßigten Klimaten eine räumliche in verschiedenen Teilen des gleichen Seebeckens. Sie wurde sowohl in der norddeutschen Tiefebene als auch im Bereich der Voralpen festgestellt.

9.6.2 Seeufer

Brandungsufer. An dem Wind besonders ausgesetzten Stellen ist die Wasserbewegung stark. Auch durch das dort gut mit Sauerstoff versehene Wasser gleicht die Lebensgemeinschaft in mancher Hinsicht derjenigen von Fließgewässern. Auf dem Land sind die Brandungsufer meist kahl und bestehen aus Kies oder Sand.
Durch den Wechsel des Wasserstandes bildet sich ein bis zu etwa drei Meter breiter Uferstreifen, in dessen Sandlückensystem eine Mikrofauna aus Protozoen, Turbellarien, Nematoden, Rotatorien, Gastrotrichen, Tardigraden und Harpacticiden lebt. Soweit die Tiere nicht Räuber sind, wird ihre Ernährung durch Detritus der den Strand überspülenden Wellen gesichert. Auf dem Brandungsstrand entwickelt sich im Anwurfmaterial besonders im Frühjahr eine reiche Tierwelt. Unter Steinen

halten sich oft Laufkäfer auf, für die außer der Entfernung zum Wasserrand die Korngrößen des Untergrundes wegen ihres Wassergehaltes größere Bedeutung haben. Bei Überschwemmungen fliegen oder laufen sie fort. Einige haben die Fähigkeit, längere Zeit im Zustand der Starre (Torpor) unter Wasser zu überleben. Der Narbenkäfer *(Blethisa multipunctata)* kann sogar anderthalb Stunden tauchen und aktiv bleiben, ohne seinen Luftvorrat zu erneuern. Die Luftblase am Ende des Hinterleibs funktioniert als physikalische Kieme, in die Sauerstoff aus dem Wasser hineindiffundiert.

Typische Insekten an wenig oder unbewachsenen Ufern von Seen sind Springwanzen (Saldidae). Ihre Larven haben noch kein Sprungvermögen. Durch wiederholtes, mehr zufälliges Einstechen ihres langen Rüssels in den schlammigen Untergrund stoßen sie auf Beute, etwa Larven oder Puppen von Fliegen. Erst im letzten Larvenstadium erkennen sie mit den Augen sich auf der Oberfläche bewegende Tiere, die sie dann ergreifen. Durch jede Häutung erhöht sich die Zahl der Ommatidien in den Augen. Dadurch wird der Sehraum der adulten Wanze so groß, daß von ihr selbst flugfähige Beutetiere bis zu eigener Körpergröße in gezieltem Sprung gepackt und ausgesogen werden. – Andere charakteristische Raubinsekten dort sind Kurzflügler der Gattung *Stenus*. Ihre wichtigste Beute sind Collembolen, die sie je nach deren Größe, Art der Körperoberfläche und Schnelligkeit des Fluchtvermögens mit ihrem ausklappbaren Labium oder mit ihren Mandibeln ergreifen.

An den vom Wasser umspülten Steinen eines Geröllstrandes siedeln sich Grünalgen und Diatomeen an. Auf der Unterseite halten sich Planarien, Hirudineen, Insektenlarven und einige Mollusken auf.

Stillwasserufer. Sie haben meist üppige Pflanzenbestände, die durch eine charakteristische Zonierung geprägt sind (Abb. 9.9).

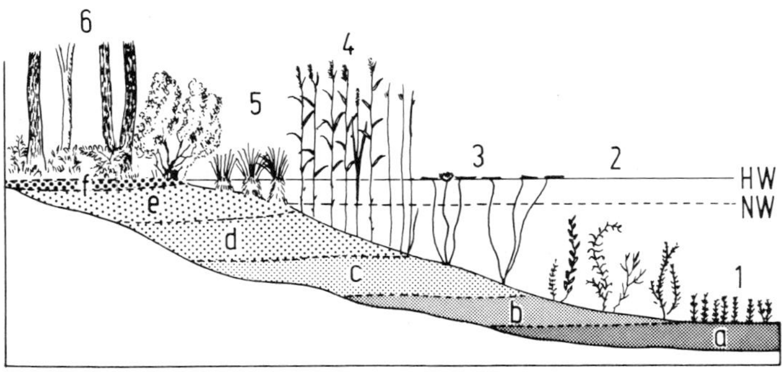

Abb. 9.9: Zonierung eines eutrophen Sees (nach F. Overbeck 1950). HW = Hochwassergrenze; NW = Niedrigwassergrenze; 1: Algenrasen; 2: submerser Laichkrautgürtel; 3: Schwimmblattzone; 4: Röhrichtgürtel; 5: Großseggenried; 6: Erlenbruch; a: Kalkmudde; b: Feindetritus; c: Grobdetritus; d: Schilftorf; e: Seggentorf; f: Erlenbruchtorf.

Selbst in klaren Seen gibt es zwar ab zehn Meter Tiefe keine untergetauchten höheren Pflanzen mehr, da ihre untere Grenze nicht von der Eindringungstiefe des Lichts, sondern vom Wasserdruck abhängt. Von 1 atm Überdruck können sie nicht mehr gedeihen. Wohl aber kann sich eine **Algenzone** in solcher Tiefe aus Characeen (Armleuchteralgen) und *Vaucheria* ausbilden. Zum Ufer hin schließt sich die **Tauchblattzone** an, deren Pflanzen am Grunde wurzeln (verschiedene Arten von *Potamogeton*, *Myriophyllum*, *Elodea*) oder wie *Ceratophyllum* (Hornblatt) wurzellos sind. Submerse Pflanzen müssen CO_2 aus dem Wasser aufnehmen. Ihr Durchlüftungsgewebe bewirkt durch Auftrieb die senkrechte Stellung des Pflanzenkörpers.

Weiter landeinwärts, wo die Wassertiefe höchstens 3–5 m beträgt, folgt eine **Zone von Schwimmpflanzen,** die am Grunde wurzeln. Beispiele sind Seerosen, Schwimmendes Laichkraut *(Potamogeton natans)*, Froschbiß *(Hydrocharis)* und Wasserknöterich *(Polygonum amphibium)* (Abb. 9.10). Schilfkäfer (Donaciinae) bohren als Larve mit stachelartigen Anhängen ihres Hinterleibs Wurzeln oder Sprosse mancher Schwimmpflanzen an, um an ein luftführendes Gefäß zu gelangen. So brauchen sie nicht zur Atmung nach oben zu kommen. Das gleiche Prinzip wenden die verpuppungsreifen Raupen des Seerosenzünslers *(Nymphula nymphaeata)* an.

Abb. 9.10: Wasserknöterich *(Polygonum amphibium)* als Wasserform mit Schwimmblättern (Orig.).

Röhrichtgürtel. Ein solcher schließt sich im typischen (wegen Beweidung und Vertritt nicht immer verwirklichten) Fall an. Er schützt vor Wellenerosion, gibt gute Brutmöglichkeiten für Wasservögel und ist ein günstiger Laichplatz für Fische. Auf oft weiten Strecken herrschen Pflanzen senkrechter Linienführung vor mit Schilf *(Phragmites)*, Binsen *(Scirpus)*, Rohrkolben *(Typha)*. Ihre Gewebe haben wie die anderer Wasser- und Sumpfpflanzen ein gut entwickeltes Aërenchym zur Versorgung der Wurzeln mit Luft. Als eine wurzellose Schwimmpflanze kann im Röhrricht der Wasserschlauch *(Utricularia vulgaris)* vorkommen. Er strudelt in spezielle, an den Fiederblättchen sitzende Fangblasen kleine Wassertiere ein, die verdaut werden (Abb. 4.4).

Wo Schilf in einer Dichte von über 50 Halmen/m^2 steht und bis 3,5 m die Oberfläche des Wassers überragt, dringt wenig Licht nach unten. Auch die Windwirkung wird so herabgesetzt, daß die Luftfeuchtigkeit zwischen den Halmen sehr hoch ist. Im oberen Halmbereich mit den meisten Blättern liegen die höchsten Temperaturen. Die starke Reflexion und Absorption des Lichts läßt wenig andere Pflanzen hochkommen. Am erfolgreichsten kann sich im Röhricht nährstoffreicher, schlammiger Buchten, die in manchen Jahren trockenfallen, noch Rohrkolben durch seine Samen verjüngen. Schilf dagegen vermehrt sich vornehmlich vegetativ; die einzelnen Pflanzen sind auf weite Strecken durch Ausläufer unterirdisch verbunden. Daher wird die Schädigung einer Einzelpflanze durch eine benachbarte leicht ausgeglichen. Im dichten Bestand gibt es keine Möglichkeit zum Keimen der Schilfsamen, die außer gleichmäßiger Feuchtigkeit volles Licht und reichlich Sauerstoff brauchen, aber untersinken und zugrundegehen, wenn sie auf der Wasseroberfläche keimen. Nach ihrer obligatorischen Winterruhe beginnen junge Schilfsprößlinge erst bei Temperaturen von 8–10° C auszutreiben.

Die Produktivität von Schilf ist groß, daher wird diejenige des Röhrichts von wenigen Pflanzenformationen erreicht. Ohne Mahd bildet sich am Grunde eine dicke Schicht organischer Reste. Da sie nur teilweise abgebaut werden, erhöht sich allmählich die Ablagerung. Vor der Mahd im Herbst verlagert sich der größte Teil der Stoffe in die Rhizome, so daß die unterirdische Biomasse dann das Dreifache der oberirdischen betragen kann.

Das Röhricht wirkt sich auf Stoffumsatz und Struktur des Ufers aus. Auch zur Primärproduktion des Sees trägt es bei. Das braune Sumpfwasser gerät mit dem trüben Wasser des Sees durch Winddrift in Austausch. In diesem Zusammenhang finden Wanderungen der Fische statt.

Die Vogelwelt des Röhricht ist bei Nesthockern der Linienführung der Pflanzen durch ihre Färbung gut angepaßt, wie Rohrdommeln (Abb. 9.11), Rohrweihe *(Circus aeruginosus)*, Rohrammer *(Emberiza schoeniclus)* und Rohrsänger *(Acrocephalus)* zeigen. Rohrsänger-Arten gehen sich in ihren Brutrevieren aus dem Wege, da sie verschieden weit zur Wasserseite hin oder zum Uferrand (bis zur Zone der Großseggen) brüten. Doch gibt das Röhricht auch Vögeln der offenen Wasserfläche, deren Junge Nestflüchter sind (Rallen, Taucher, Gänse, Enten, Schwäne) Dekkung zur Brutzeit und während der Mauser. Im Frühjahr fressen Gänse und Bleßralle *(Fulica atra)*, aber auch Nagetiere wie Schermaus *(Arvicola terrestris)* und Bisamratte *(Ondatra zibethica)* mit Vorliebe an Rhizomen und Stengeln von Schilf.

Abb. 9.11: Große Rohrdommel *(Botaurus stellaris)* im Röhricht (nach v. Sanden 1935).

Wo Schilf nicht mehr im Wasser steht, werden seine Sproßspitzen von Raupen der Schilfeulen *(Archanara)* gefressen, die sich später im Inneren der dicken Stengelteile aufhalten und im basalen Internodium verpuppen. Voraussetzung ist eine Halmdichte von mindestens 60 bis höchstens 150/m^2. Halmfliegen *(Lipara)* und Milben (Tarsonemidae) zerstören die Vegetationskegel; dadurch verursachen sie Hemmung des Sproßwachstums und Gallbildung. Weiter unten in den dünneren Stengeln oder auch in den Seitentrieben leben Larven von Gallmücken *(Thomasiella, Giraudiella)*. Hier läßt sich eine interessante Metabiose beobachten. Als Folge des Fraßes von Raupen der Schilfeulen bilden sich dünne Seitentriebe, die von *Giraudiella inclusa* bevorzugt werden. Für sie ist *Archanara geminipuncta* eine Art Wegbereiter. Andererseits beeinflußt die Gallmückenlarve das Wachstum der Triebe und die Länge der von ihr befallenen Internodien zur optimalen Ernährung. Die gallbildende *Giraudiella* (Abb. 9.12) wird in SW-Deutschland von 14 Parasitoiden heimgesucht. Die nicht gallbildenden *Thomasiella*-Arten haben dort nur 2–3 Parasitoide. Dies zeigt gut das Prinzip der Bevorzugung von Wirten in den leichter auffindbaren Gallen.

An den Blättern saugen Milben, Zikaden und Blattläuse. Die im Sommer von *Prunus* auf *Phragmites* wechselnde Pflaumenlaus *(Hyalopterus pruni)* kann im Randbereich von Schilf fünfmal häufiger sein als im inneren Bestand. Daher werden kleinere Flächen stärker von ihr heimgesucht. Der Aufbau hoher Populationen geht trotz Parasitierung und vieler Freßfeinde ebenso schnell vor sich wie derjenige bei Getreide-Blattläusen auf den künstlichen Monokulturen.

Außerdem leben am Schilf Schildläuse, minierende Fliegenlarven, Blatt- und Rüsselkäfer samt ihren Feinden. Zwischen dem Wurzelgestrüpp halten sich Larven einiger Libellen (Gomphidae) und Köcherfliegen *(Anabolia, Phryganea)* auf. So können artenreiche Konnexe in einem natürlichen, monokulturähnlichen Bestand entstehen. Manche Arten zeigen im Laufe der Jahre ausgeprägte Fluktuationen. Die Schilfeule kommt alle 3–5 Jahre zur Massenvermehrung. Dann bricht die Population durch Nahrungsmangel und innerartliche Konkurrenz wieder zusammen, so daß sich der Pflanzenbestand erholen kann. Da solche Zyklen auch diejenigen der

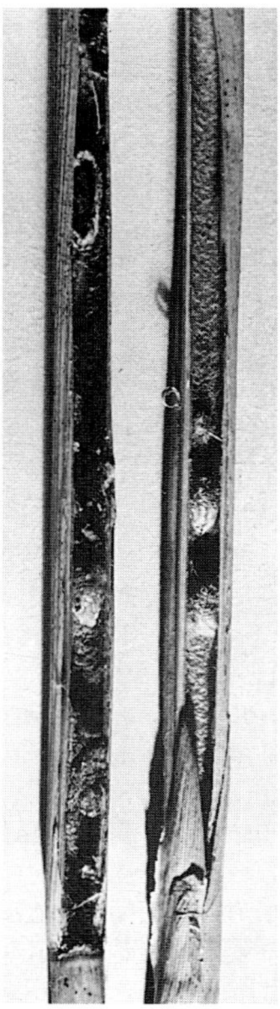

Abb. 9.12: Längsschnitt durch Schilfhalme, um Gallbildung der Gallmückenlarven von *Giraudiella inclusa* zu zeigen (nach Tischler 1968).

Gallmücken und deren Parasitoide beeinflussen, wirkt sich eine solche Dynamik auf vier trophische Stufen aus.
Auch Rohrkolben *(Typha)* werden von vielen Tieren besiedelt. In den Blüten fressen Raupen verschiedener Kleinschmetterlinge. Wanzen stechen die Samen an. Blattläuse saugen an den Blättern. An Stengeln und Blättern nagen Eulenraupen. Larven von Rüsselkäfern leben in Stengeln und Rhizomen.
Recht häufig wächst im Röhrichtgürtel der Wasserschwaden *(Glyceria maxima)*. An ihm leben ebenfalls etliche Insekten, darunter die Langwanze *Ischnodemus sabuleti*, die außerdem Dünengräser befällt. Dieses «doppelte ökologische Vorkommen» mancher Insekten und Spinnen in Röhricht und Küstendünen wurde schon in Kap. 8.3.3 erwähnt.
Die Wurzeltriebe und unteren Sprossen von *Typha*, *Glyceria* und anderen Pflanzen im Röhricht werden von Larven und Puppen einiger aquatischer Insekten angebohrt, um daraus Atemluft zu beziehen. Beispiele sind die Entwicklungsstadien der Stechmücke *Mansonia richiardii*, der Stelzenmücke *Erioptera squalida* und einiger Fliegen. Es entspricht dem Verhalten von Schilfkäfern (Donaciinae) bei Schwimmpflanzen.

9.6.3 Kleinere stehende Gewässer

Weiher und Teiche. Gewässer, denen ein Profundal fehlt, deren Untergrund also wie der Litoralbereich der Seen von Pflanzen besiedelt ist, werden je nach ihrer Größe Weiher oder Tümpel genannt. Doch hat sich für Weihergröße im heutigen Sprachgebrauch mehr die Bezeichnung Teich durchgesetzt, die eigentlich nur ein künstlich angelegtes Gewässer bezeichnet.
Danach unterscheidet man jetzt meist natürliche und künstliche Teiche. Letztere haben einen regulierbaren Zu- und Abfluß, so daß eine zeitweise Trockenlegung möglich ist. Sie dienen der Fischzucht. Düngung steigert über den Pflanzenwuchs die Fischproduktion. Voraussetzung ist schwach alkalische Reaktion des Wassers. Da genügend Stickstoff vorhanden zu sein pflegt, spielt in der Teichwirtschaft kombinierte Düngung mit Kalium und Phosphat die Hauptrolle. In schlammreichen Teichen kann Düngung mit N-freien Stoffen (Zellulose, Zucker) oder Gründüngung (gemähte Wasserpflanzen) angebracht sein.

Tümpel sind stehende Gewässer mit kleinerem Becken als Weiher bzw. Teich. Sie können leicht austrocknen, obwohl die Periodizität der Wasserfüllung nur eins der möglichen Merkmale von Kleingewässern in Tümpelgröße sein kann, aber kein unbedingtes Kennzeichen ist. Indessen, je kleiner ein Gewässer, desto extremer werden die abiotischen Bedingungen, und die Bewohner müssen an Überwärmung, Austrocknung und Einfrieren des Wassers angepaßt sein. Schon im Tageslauf ändert sich die Temperatur oft beträchtlich.
Die Wiederbesiedlung nach erneuter Wasserfüllung wird durch Arten eingeleitet, welche die Trockenperiode im Untergrund überdauert haben. Dies betrifft Turbellarien, Oligochaeten, Hirudineen, Mollusken, Crustaceen, etliche Wasserkäfer,

aber auch Larven von Libellen und Köcherfliegen. Manche der indigenen Turbellarien und Kleinkrebse (Cladocera, Copepoda) werden in einem späten Frühjahr erst wieder aktiv, wenn höhere Temperaturen herrschen und bereits ein Teil der Tümpelfauna auf dem Land- oder Luftweg von außen neu eingewandert ist. Die Einwanderung geht in einer bestimmten zeitlichen Reihenfolge vor sich.
Je kleiner ein Teich oder Tümpel ist, desto größer wird dessen Abhängigkeit von der umgebenden Landschaft, mit der er schon durch seine amphibischen Bewohner zusammenhängt. Arten von Tümpeln zeichnen sich aus durch: (1) gute Fähigkeit aktiver Wiederbesiedlung (Amphibien, Fluginsekten) (Abb. 9.13); (2) leichte Verschleppbarkeit (z. B. durch Vögel); (3) schnelle Entwicklung und Generationsfolge (oft mit zeitweiter Parthenogenese), wie sie für viele Kleinkrebse und Rädertiere typisch ist; (4) Überstehen ungünstiger Perioden in Latenz; Enzystierung von Flagellaten und Ciliaten, Sekrethülle bestimmter Nematoden und Copepoden, Dauereier bei Rotatorien, Nematoden und Cladoceren, Brutknospen durch induzierte Stoffe bei Tierkolonien (Statoblasten der Bryozoen, Gemmulae der Schwämme).

Abb. 9.13: Gelbrand-Schwimmkäfer *(Dytiscus)* verläßt das Wasser, um an Land zu überwintern (Orig.).

Obwohl sich ein Tümpel im Wald nicht allzusehr in seiner Besiedlung von einem solchen in der offenen Landschaft zu unterscheiden braucht, gibt es doch für ihn einige Besonderheiten. Im Wald spielt das Fallaub für die Sedimentation am Grunde des Gewässers eine große Rolle. Primärzersetzer sind Wasserasseln *(Asellus aquaticus)*, Gammariden, Larven von Trichopteren und Chironomiden, ferner Oligochaeten und Schnecken. Am meisten wird im Frühjahr gefressen, nur für Chironomiden liegt die Hauptfraßleistung mehr im Sommer und Herbst. Der Mundabfall und Kot der Primärzersetzer wird von Kleinkrebsen (Phyllopoda, Copepoda, Ostracoda) und Nematoden weiterverarbeitet. Art und Stärke der organischen

Sedimentschicht am Boden des Gewässers ist daher in hohem Maße durch Tiere mitbedingt.

Phytotelmen nennt man Kleinstgewässer, deren Wände durch Gewebe von Landpflanzen gebildet werden, wie es bei Höhlungen an und in Baumstämmen, in Blattachseln, in Internodien von durch Tiere angepickten oder ausgebohrten Halmen der Fall ist. Sie können in den gemäßigten Breiten einfach strukturierte, in den Tropen artenreiche Lebensgemeinschaften enthalten. Letzteres zeigt sich zum Beispiel am Bambus. Dort halten sich im Luftraum eines Internodiums über dem Wasser sogar außerdem noch Landinsekten und Spinnen auf.

9.7 Anthropogene Einflüsse

9.7.1 Einsetzen anderer Arten

Ökologische Vorgänge verlaufen nicht in einfachen Kausalbeziehungen, sondern in komplexen Systemen. Eingriffe in solche Gefüge können zu unvorhersehbaren Kettenreaktionen führen.
Im Gatun-See der Panama-Zone wurde 1967 der Fisch *Cichla ocellaris* eingesetzt. Nach fünf Jahren hatte sich dieser Maulbrüter im ganzen See ausgebreitet. Von den vorher dort lebenden sechs kleineren Fisch-Arten, die den Bewohnern als wichtige Eiweißquelle gedient hatten, starben drei in dem Gewässer aus, und die anderen wurden stark dezimiert. Statt dessen gab es nun wenige, aber große Individuen von *Cichla*. Da diese sich bevorzugt in der Mitte des Sees aufhalten, benötigt man zu ihrem Fang Taucheranzug und Harpune. Solche Utensilien der Touristen können sich die Einheimischen aber nicht leisten.
Auf der Hochebene von Kenia in fast 2000 m Höhe liegt der See Nakuru. Wegen seiner durch pH von 10,5 extremen Alkalität hat er eine besondere, artenarme Lebewelt. Der wichtigste Primärproduzent war das Cyanobakterium *Spirulina platensis*. Als Hauptkonsument erschienen ständig Zwergflamingos *(Phoeniconaias minor)* zu Hunderttausenden. Mit dem Filterapparat ihres Schnabels können sie die Blaugrün-Bakterien aus dem Wasser seihen. Um die Ernährungslage für den Menschen zu verbessern, wurde zwischen 1959 und 1962 der Fisch *Tilapia grahami* eingesetzt. Er vermehrte sich schnell und bürgerte sich gut ein. Daraufhin kamen fischfressende Vögel und Säugetiere. Außer Reihern, Adlern, Fischotter vor allem ein Pelikan *(Pelecanus onocrotalus roseus)*. Im Jahre 1974 erfolgte plötzlich ein Massensterben von *Spirulina*. Dies wirkte sich auf die ganze Lebensgemeinschaft aus. Flamingos wurden selten, und der Anteil anderer Arten änderte sich völlig.
Als wirksame Maßnahme gegen zu starke Eutrophierung durch übermäßige Entfaltung submerser Wasserpflanzen bewährte sich in der Teichwirtschaft die Einführung des aus China stammenden Graskarpfen *(Ctenopharyngodon idella)*. Dieser «Allesfresser» bevorzugt bei höheren Temperaturen besonders Makrophy-

ten. Sein Einbringen führte jedoch zu einer Änderung der gesamten Lebensgemeinschaft solcher Teiche, einschließlich ihrer verschiedenen Nutzfische.

9.7.2 Verschmutzung und Abwasserreinigung

Angewandte Hydrobiologie, die sich auch mit Gewässerschutz und Abwasser befaßt, ist bereits ein eigener Wissenschaftszweig geworden. Durch Einleitung anorganischer und organischer Industrieprodukte, häusliche Abfälle und Überdüngung aus landwirtschaftlichen Betrieben kann es zur qualitativen und quantitativen Änderung des Artenspektrums kommen, das oft mit einem Fischsterben großen Ausmaßes verbunden ist.
Im Bodensee entwickelten sich als Folge hohen Phosphatgehaltes aus Waschmitteln und eingespültem Mineraldünger Cyanobakterien übermäßig. Dies zog eine Übervermehrung der aus dem Schwarzen Meer stammenden Dreikantmuschel *(Dreissena polymorpha)* nach sich, deren planktonische Larven die Filter der Pumpstationen durchdrangen. Die heranwachsenden Muscheln setzten sich in den Rohren der Wasserleitungen fest. Eine kostspielige Säuberung wurde nötig. Neuerdings ist die Muschel nach Nordamerika verschleppt und verursacht dort große Schäden.
Der früher klare Mjøsa-See in Norwegen diente als Reservoir für Trinkwasser bis ein kleiner Industriebetrieb Selen in den See entließ. Dies Spurenelement war für Cyanobakterien der Gattung *Oscillatoria* ein Minimumfakor gewesen. Nun vermehrten sie sich so, daß der See hypertrophierte. Von den Oscillatorien ausgeschiedene widerliche Geschmackstoffe machten das Wasser zum Trinken ungenießbar.
Zuweilen wurden am Stadtrand offene Benzinkanister in Tümpel oder Teiche geworfen. Die in ihnen noch enthaltenen Reste von Öl oder Benzin breiten sich auf der Oberfläche des Wassers aus und töten Insekten, die zur Luftatmung, Nahrungssuche oder zum Schlüpfen nach oben kommen müssen (Wasserwanzen, die meisten Wasserkäfer, einige Dipterenlarven). Der schädliche Effekt nimmt allerdings im Verlauf weniger Tage ab, weil vor allem Muscheln und Schnecken von dem bald mit Mikroben besiedelten Öl fressen. Es bleibt dann zum Teil in ihren Kotballen als freie Tröpfchen gebunden. So können Mollusken an der Beseitigung von Ölverschmutzung beteiligt sein.

Selbstreinigung. Nicht nur durch Mollusken, sondern auch durch viele andere Organismen ist eine natürliche Selbstreinigung möglich. Schon höhere Pflanzen wie Flatterbinse *(Juncus effusus)*, Froschlöffel *(Alisma)*, Wasserminze *(Mentha aquatica)*, Wasserhahnenfuß *(Ranunculus aquaticus)* können dabei eine Rolle spielen.
In der Zone stärkster Verunreinigung durch organische Stoffe halten sich in Flüssen **polysaprobe** Organismen auf. Zu ihnen gehören Schwefelbakterien, Fäulnisbakterien *(z. B. Sphaerotilus natans)*, Abwasserpilze, der farblose Flagellat *Bodo putrinus*, die Amöbe *Vahlkampfia limax* und bakterienfressende Ciliaten. Der Grund

des Gewässers ist mit Faulschlamm bedeckt, in dem verschmutzungstolerante Oligochaeten *(Tubifex, Limnodrilus)* und rote Chironomidenlarven sitzen.
An die Reduktionszone schließen sich Bereiche mit zunächst schwacher, dann stärkerer Oxidation an. Hier befinden sich α-**mesosaprobe,** lichtautotrophe Cyanobakterien *(Oscillatoria)* und Diatomeen *(Nitzschia)*. Außerdem herrschen Ciliaten und Flagellaten vor. Typisch sind ferner das Rädertier *Rotaria rotatoria*, Wasserassel *(Asellus aquaticus)* und Egel *(Helobdella, Erpobdella)*. Bei noch geringerem Grad der Verschmutzung erscheinen β-**mesosaprobe** Grünalgen, höhere Pflanzen *(Ceratophyllum, Elodea, Lemna)*, Schnecken, *Sphaerium*-Muscheln, Daphnien und die Larve der Ephemeride *Cloëon dipterum*.
Darauf folgt eine Zone mit **oligosaproben** Organismen, in der Rotalgen *(Batrachospermum)*, Wassermoose, Flohkrebse *(Gammarus)*, Larven von Ephemeriden, Plecopteren und Trichopteren leben. Schließlich ist in der **katharoben** Zone kein Einfluß des Abwassers mehr zu erkennen.
In der 1986 α-mesosaprob verschmutzten Saale (Thüringen) dominierten bakterienfressende, saprotrophe Organismen. Nahrungsketten gingen von Bakterien, einzelligen Algen (Diatomeen u.a.) über Ciliaten, von diesen zu Oligochaeten *(Chaetogaster)*, weiter zu Egeln *(Erpobdella)* und Fischen. Egel und Fische verzehrten außerdem saprotrophe Würmer (*Nais*, Tubificidae, Lumbriculidae) und Zuckmückenlarven (Chironomidae). Das gesamte Nahrungssystem kann also den Abbau des organischen Materials durch Bakterien sichern.

Verfahren der Abwasserreinigung. Da die Selbstreinigung der Gewässer bei hoher Belastung nicht ausreicht, werden Abwässer in besonderen Verfahren gereinigt, in denen mechanische, biologische und chemische Vorgänge ablaufen. Die frühere Methode der Rieselfelder, bei der Abwässer über abgeerntete Felder geleitet werden und das überschüssige Wasser nach Passieren einer Erd- und Sandschicht durch Drainageröhren in Flüsse abfließt, wird heute aus hygienischen Gründen kaum mehr angewandt. Auch das «Tropfkörperverfahren» spielt nur noch eine untergeordnete Rolle. Die ersten Reinigungsanlagen wurden schon um 1900 an kleineren Flüssen gebaut. Heute wird allgemein das «Dreistufenverfahren» angewendet:
Reinigungsstufe 1: Schwimm- und Schwebstoffe werden durch Grob- und Feinrechen, Siebe, Sandfang (für grobe Sinkstoffe), Absetzbecken (für feinere Sinkstoffe) ausgesondert, wobei die Absetzfähigkeit durch chemische Zusätze noch verbessert werden kann. Der Klärschlamm bleibt in Faulräumen zum Ausfaulen oder wird großflächig zum Trocknen ausgebreitet. Die mikrobiellen Prozesse laufen in ihm weiter. Auf den ausgebreiteten Flächen erscheint bald eine Fauna an Dipteren und Käfern, die für Dung und für Schlammufer typisch ist. Für das Endprodukt bietet sich Verbrennung oder Kompostierung an.
Reinigungsstufe 2: Die nur vorgeklärten Abwässer müssen noch biologisch gereinigt werden. Dies geschieht heute meist durch das **«Belebtschlammverfahren».** In einem speziellen Becken wird das Abwasser ständig mit Luft durchwirbelt. Es bilden sich Zusammenballungen von Bakterien als Rasen, die mit den kolloidal gelösten Schmutzpartikeln ausflocken, diese absorbieren und aërob abbauen. Die Weiterverarbeitung des Belebtschlamms geht in Faultürmen durch Methanbildende Bak-

terien vor sich. Das entstehende Methan läßt sich als Gas ebenso nutzen wie dasjenige aus den großen Lagerstätten von Erdgas.
Reinigungsstufe 3: Nur etwa 30 % der mineralischen Phosphatdünger bleiben auf den Feldern; 70 % gelangen mit dem Oberflächenwasser in die Kanalisation und in Klärwerke. Nach der biologischen Reinigung der 2. Stufe ist daher eine Erniedrigung des Nährstoffgehalts, besonders an Phosphor, erwünscht. Durch Zusatz von $FeCl_3$ oder $Al_2(SO_4)_3$ läßt sich das gelöste Phosphat bis zu 90 % ausfällen. Denitrifizierende Bakterien können das Nitrat wenigstens teilweise aus dem Wasser entfernen.
Der Verschmutzungsgrad wird in die Güteklassen IV-I eingeteilt, die (obwohl es Übergänge gibt) etwa den Begriffen polysaprob, α-mesosaprob, β-mesosaprob und oligosaprob entsprechen. Das gereinigte Wasser wird genutzt bzw. wieder in die Flüsse geleitet. Der Nitratgehalt im Grund- und Trinkwasser darf einen bestimmten Grenzwert nicht übersteigen.

Klärteiche. Kleinere Gemeinden in ländlichen Gebieten können Klär- und Nachklärteiche anlegen. Belüftete Betonbecken nehmen die nitratreichen Abwässer auf. In ihnen wird für ständige Durchmischung des Wassers gesorgt. Nach ein bis drei Wochen gelangt das so vorgereinigte Wasser durch Überlauf in einen größeren Nachklärteich, in dem es nun von zu viel organischen Stoffen befreit, in einen Vorflutergraben fließt. Dies Verfahren nutzt also nur die Reinigungsstufe zwei. Nach Anpflanzen von Bäumen in Ufernähe kann sich der Nachklärteich in einen echten Weiher verwandeln mit reicher Ufervegetation und mannigfaltiger Tierwelt, vor allem an Insekten, Amphibien, Vögeln, aber auch Fledermäusen und anderen Kleinsäugern. So läßt sich die oft einförmige Agrarlandschaft durch künstliche Feuchtbiotope bereichern.

9.7.3 Stauseen und Talsperren

Man darf nicht vergessen, daß natürliche Stauseen schon von jeher durch Biber verursacht wurden. Als künstliche Anlagen können sie sich für durchziehende Wat- und Wasservögel günstig auswirken. Doch verändern Staustufen in Flüssen die alte Biozönose. Filtrierer, die sonst dem Oberlauf eines Flusses fehlen, siedeln sich infolge der Erwärmung des Wasserkörpers und der autochthonen Produktion dort an. Andererseits ersticken Arten im aufgestauten Stillwasser, die wegen ihrer Atmung auf strömendes Wasser angewiesen sind. Ferner bilden sich unüberwindliche Hindernisse durch die Rohre und senkrechten Wände eines Staubeckens für die Rückwanderung abgedrifteter Flohkrebse (Gammaridae) und Insektenlarven. Es können sich aber im Laufe von 30–40 Jahren allmählich Auwälder an den Ufern aufgestauter Flüsse entwickeln, die von natürlichen kaum zu unterscheiden sind und vor allem einer reichen Vogelwelt Nahrung und Nistplätze bieten.
Viele Käfer, besonders Carabiden, halten sich unter Steinen der Uferregion auf. Wird der Wasserspiegel eines Stausees im Sommer und Herbst stark gesenkt, folgen sie langsam dem zurückgehenden Wasser. Zur Überwinterung wandern sie jedoch

zur alten Hochwasserlinie hin. Als in einem Jahr das Wasser nicht wieder aufgestaut wurde, legten die Käfer nach ihrer Winterruhe eine entsprechend weitere Strecke bis zum Wasserrand zurück, die nun über 100 Meter betrug.

9.8 Moore und Sumpfwälder

Ebenso wie Binnengewässer nehmen Sumpflandschaften mit rund zwei Millionen km^2 nur 0,4 % der Erdoberfläche oder etwa 1,7 % des Festlandes ein.

9.8.1 Flachmoor

Durch Verlandung eutropher Gewässer oder unmittelbar aus versumpfendem Mineralboden mit hohem Grundwasser in tiefer gelegenem Gelände können in niederschlagsreichem Klima Flachmoore (Seggenmoore, Niedermoore) entstehen. Kennzeichnend ist die räumliche und zeitliche Durchdringung aquatischer und terrestrischer Phasen. Die Auswaschung der abgestorbenen Pflanzenteile, ihre Zerkleinerung durch saprotrophe Tiere und Mineralisierung durch Bakterien (Vorgänge, die nicht nacheinander ablaufen, sondern sich verflechten) reichen zum völligen Abbau nicht aus. Die Zersetzungsprodukte werden daher am Grund als mindestens 20 cm mächtige Torfschicht abgelagert, weil nicht genügend Sauerstoff in den wassergefüllten Boden hinzutreten kann. Der Boden wird als «Eutric Histosol» bezeichnet.

Torf ist ein kohlenstoffreiches, bröckliges Material, das noch freie Zellulose und über 75 % Wasser enthält. In der Vegetation überwiegen Sauer- und Süßgräser (Cyperaceae, Juncaceae, Gramineae). Während Großseggen-Rieder mit ihren 30–40 cm hohen Pflanzen im natürlichen Zustand häufig überschwemmt werden und nur relativ wenige Arten an Pflanzen und Tieren besitzen, ist die Krautschicht der meist stärker unter anthropogenem Einfluß stehenden Sumpfwiesen (Kleinseggen- oder Wiesenmoore) reich belebt. Es gibt vor allem eine Fülle an Dipteren, Schnabelkerfen (Rhynchota), Parasitoiden, Spinnen, Schnecken. Auch Heuschrecken und Raupen von Schmetterlingen sind dort häufig. Etliche Insekten bewohnen als Larve Wasser- und Sumpfgewächse oder besiedeln die nassen Partien des Untergrunds.

Als Beispiel für den Artenreichtum sei nur der Komplex angeführt, der mit einer einzigen Art der Sackträgermotte *Coleophora alticollis*, zusammenhängt. Ihre Larven fressen zunächst im Inneren, dann außen an den Samenkapseln von zwei Binsen (*Juncus effusus* und *J. glomeratus*). In Mitteleuropa schmarotzen in ihnen 20 Arten von Parasitoiden, die sich in ihrer Wirtspezifität, Bindung an verschiedene Entwicklungsstadien der *Coleophora*-Larven und Synchronisierung mit deren Lebenslauf unterscheiden. Allein dadurch entsteht eine komplizierte Struktur und Dynamik in einem winzigen Mikrosystem.

Im Gegensatz zu typischen Pflanzen der Steppe, deren Festigkeit oft mehr durch

mechanische Versteifung bedingt ist, reicht auf Flachmooren und Sumpfwiesen im wesentlichen der Tugordruck für die Starrheit der Form. Für Tiere ist daher leicht erreichbare, saftige Nahrung vorhanden. Die Wurzeln der Pflanzen dringen nicht sehr weit nach unten. Die Lebewelt des Bodens konzentriert sich ziemlich nahe unter der Oberfläche. Milben, Collembolen, terrestrische Larven von Chironomiden halten sich meist in den obersten fünf cm des Bodens auf. Reichlich kommen Regenwürmer, Enchytraeiden und Nematoden vor. Im Vergleich zu einem Hochmoor ist die Fauna viel artenreicher. In Flachmooren Mitteleuropas brüten 98 Vogelarten. Von ihnen kommen 62 auch in der Kulturlandschaft, doch nur 37 in Hochmooren vor.
Die flachen, stehenden oder langsam fließenden Kleingewässer im Flachmoor enthalten aquatische und halbaquatische Tiere. So leben dort Egel, Wasserassel *(Asellus)*, Erbsenmuscheln *(Pisidium)* sowie Larven verschiedenster Insektengruppen. Die Adulten der letzteren (Uferfliegen, Köcherfliegen, Mücken) sind Opportunisten, die schnell solche Wasserstellen besiedeln können.

9.8.2 Bruchwald

Auf einem Untergrund aus dunklem Schilf- und Seggentorf kann als abschließendes Stadium bei der Verlandung eines eutrophen Sees ein Bruchwald entstehen, sobald die O_2-Verhältnisse das Wachstum von Bäumen ermöglichen. Es siedeln sich wenige, aber bestandbildende Baumarten an, unter ihnen in Europa besonders Schwarzerle *(Alnus glutinosa)*, Moorbirke *(Betula pubescens)* und Weiden *(Salix)*. Typisch ist ein üppiger Unterwuchs aus Gräsern, Kräutern *(Urtica)*, Kletterpflanzen *(Humulus)*, Farnen und Moosen (Abb. 9.14).
Erlen ziehen kaum Stickstoff aus den Blättern vor dem Laubfall zurück. Daher hat das abgefallene Laub ein niedriges C/N-Verhältnis, ergibt also leichte Zersetzbarkeit. Das Wurzelwerk der Erlen ragt, wo die Höhe des Grundwassers noch stärker schwankt, stelzenartig hervor. Mit Hilfe ihrer in den bis faustgroßen Wurzelknöllchen lebenden Symbionten *(Actinomyces alni)* können Erlen Luftstickstoff nutzbar machen. Ihre winzigen, braunen Früchte, die mit einem Schwimmgürtel von Luftzellen versehen sind, treiben auf dem Wasser und werden durch Überschwemmungen oder am Gefieder von Vögeln haftend, leicht verbreitet. Steht das Wurzelwerk zu viele Wochen unter Wasser, so sterben Schwarzerlen ab. Weiden *(Salix)* können sich durch Ausbildung von Adventivwurzeln retten, die in das durch Luftberührung O_2-haltige Oberflächenwasser oder darüber ragen; außerdem stellen sich die Wurzeln zeitweise auf anaërobe Atmung ein.
Für viele Organismen bieten sich günstige Bedingungen. (1) Die Tages- und Jahrestemperaturen der Luft weisen verhältnismäßig geringe Schwankungen auf. Das Ökoklima ist ausgeglichener als im Flachmoor. (2) Am Boden und im Stammraum herrscht hohe Feuchtigkeit. (3) Die Bäume lassen verhältnismäßig viel Licht durch ihre Kronen durch. (4) Der Untergrund enthält reichlich Material leicht zersetzbarer Pflanzenstoffe, die schnell abgebaut werden können.
In der **Laubschicht** gibt es viele phytotrophe Milben und Insekten. Charakteristisch

Abb. 9.14: Erlenbruch in NW-Deutschland, Wasserfläche mit Wasserlinsen *(Lemna)* bedeckt (Orig.).

ist besonders für die Ränder eines Erlenbruchs der Erlenblattkäfer *(Agelastica alni)*, der Kahlfraß hervorrufen kann. Sobald jedoch der Verlust an Blattsubstanz eine bestimmte Grenze überschreitet, reagiert die Erle mit Austreiben neuer Blätter. Auch die Larven einiger Blattwespen fressen an der Erle. Eine von ihnen, die abgeflachte *Platycampus luridiventris* zeichnet sich durch ihren Fraßrhythmus aus. Sie lebt solitär und sitzt die meiste Zeit unbeweglich an der Mittelrippe eines Blattes. Nur drei bis fünfmal täglich wandert sie zum Fraß für 20–40 Minuten auf die Blattfläche. Trotz ihrer dadurch langen Entwicklungsdauer hat sie keine höhere Mortalitätsrate als andere Arten. Zwar ist sie vor Parasitoiden nicht besser geschützt, wohl aber vor unspezifischen Feinden wie Vögeln. Zwei Blattwespen der Gattung *Croesus* an Erle schützen sich ebenso wie die Larven des Erlenblattkäfers durch Wehrdrüsen. *C. varus* lebt nur anfangs gesellig. Ältere Larvenstadien vereinzeln sich und sind durch «Umgebungstracht» gut getarnt. *C. septemtrionalis* bleibt gesellig und fällt gerade durch ihre «Warntracht» schon auf weite Entfernung auf. Sie wird von Vögeln verschmäht.

Recht häufig lauern Stechmücken im Gebüsch, nachdem sie aus dem Wasser geschlüpft sind. Die Weibchen sind zur Eireifung auf Blut von Wirbeltieren angewiesen. In der artenreichen Vogelwelt gibt es Boden- und Buschbrüter, in über zehnjährigen Baumbeständen auch Höhlenbrüter.

Am **Boden** dominieren, allerdings meist recht ungleichmäßig verteilt, Detritusfresser aller wesentlichen Gruppen, wie Milben, Collembolen, Asseln, Diplopoden, Insektenlarven, Schnecken und Regenwürmer. Daher ist die große Zahl ihrer Freßfeinde zu verstehen, von denen Spinnen, Carabiden, Staphyliniden und Chilopoden hervorgehoben seien. Schließlich finden Amphibien und Kleinsäuger reichlich Nahrung.
Areale von Erlenbruchwäldern werden heute immer mehr eingeengt. Bei der Umwandlung eines acht Hektar großen 40jährigen Bestandes in NW-Deutschland in eine Parklandschaft mit Zeltplätzen verringerte sich die Zahl der Vogelbrutpaare um 41 % von 114 auf 67, die Artenzahl um 48 % von 42 auf 22.

9.8.3 Auenwald

Oft kommen in Tälern und Niederungen von Flüssen waldartige Baumbestände vor (entsprechend den Galeriewäldern in Savannen). Der Grundwasserspiegel im natürlichen Auenwald schwankt beträchtlich, da die Böden im Bereich der Weichhölzer noch mindestens einmal im Jahr, oft sogar mehrmals überflutet werden. Wegen des strömenden Grundwassers entsteht kein Gleysol. Vielmehr kann sich der braune Auenlehm zu einem dunkelfarbigen Boden von hoher biotischer Aktivität entwickeln, dem «Fluvisol».
Die **Vegetation** geht im typischen Fall von einer Binsen- und Schilfzone über einen Weichholzgürtel mit Weiden *(Salix)*, Erlen *(Alnus)*, Pappeln *(Populus)* und Traubenkirsche *(Prunus padus)* zur Hartholz-Aue über, in der Eschen *(Fraxinus)* und Ulmen *(Ulmus)* vorherrschen. An den Stämmen streben viele Kletterpflanzen empor: Efeu *(Hedera)*, Hopfen *(Humulus)*, Wilder Wein *(Parthenocissus)* und Waldrebe *(Clematis)*.

Durch die **Regulierung der Flüsse** wird das zusammengehörende System Auenwald und Fluß weitgehend verändert. Beide Teile sind eigentlich aufeinander angewiesen wie die Zonen der Oberfläche und Tiefe eines Sees. Der Wald entspricht dessen trophogener Zone. Andererseits vesorgt der Fluß, entsprechend der Vollzirkulation im See, bei Hochwasser die Auenregion mit frischen Nährstoffen.
Nach Einleitung von Abwasser und Eindämmung des Flußbettes eutrophiert der Fluß, wird in seiner Besiedlung einseitig und artenarm. Fehlt eine zeitweise Überschwemmung, so verliert der Auenwald seine Dynamik und die frühere durch Störung und Wiederbesiedlung bedingte Reichhaltigkeit seiner Bewohner. Auch fallen in den regulierten Flüssen meist die zum Ablaichen vieler Fische notwendigen Buchten und Altwässer fort. Schließlich wurde in Mitteleuropa der Biber *(Castor fiber)* in großem Umfang ausgerottet. Als ein Tier natürlicher Weichholz-Auen ermöglichte er die schnellwüchsige Verjüngung des Auenwaldes.

Bodenbewohner der mehrere Monate im Jahr trockenen Weichholzsenken im Auenwald weichen bei anlaufender Überflutung nicht landeinwärts, sondern nach oben auf Stämme mit ihren Rindennischen, Äste und Blätter von Sträuchern aus. –

Viele Schnecken und Regenwürmer gehen auch zugrunde. Letztere haben allerdings so gewundene Gänge, daß Wasser kaum eindringt; einige Arten tolerieren Wasser.

Die Laubstreu wird an günstigen Stellen im Laufe eines Jahres abgebaut. Daran sind neben der Mikroflora und Mesofauna wie im sommergrünen Laubwald Regenwürmer, Schnecken, Diplopoden, Asseln, Enchytraeiden und Dipterenlarven in besonderem Maße beteiligt. Sie bevorzugen weiche oder schon etwas zersetzte Blätter mit einem niedrigen C/N-Verhältnis. Aus der jährlich anfallenden Laubstreu kann ein Drittel allein von Diplopoden und Asseln verarbeitet werden. Das ist wesentlich mehr als etwa in einem Buchenwald. Am Boden sind Spinnen, Käfer, Amphibien recht häufig.

Unter den Spinnen dominieren solche, die sich als Aëronauten» (Luftschiffer) verbreiten. Viele von ihnen besiedeln auch Felder und Grünland. Ebenfalls bewohnen typische Diplopoden, Chilopoden, Asseln (z. B. *Trachelipes rathkei*) und Käfer aus der Auenlandschaft das Agrarland.

Im Sommer überstehen die nicht flugfähigen Arten, wie erwähnt, vorübergehendes Hochwasser auf Baumstämmen. Im Winter schwimmen sie dunkle Strukturen an oder bleiben bei niedriger Temperatur und O_2-Sättigung lange Zeit unter Wasser (Laufkäfer *Bembidion*, Tausendfuß *Polydesmus*). Hier gibt es Parallelen des Überlebens zu den Überschwemmungsgebieten des tropischen Regenwaldes (Kap. 10.1.5). Manche Vögel sind im Bereich der Weichhölzer durch Überschwemmung gefährdet, soweit sie am Boden nisten oder dort ihre Nahrung suchen. Samenfresser aus dem Auenwald versorgen sich daher gern an Unkräutern naher Felder und sonstiger baumloser Flächen. Seit Regulierung der Flüsse werden deren Überschwemmungsgebiete auf kleine Reste eingeengt.

Bewohner der Vegetationsschichten. Fänge an Stämmen von Eschen und Eichen im Auenwald ergaben Hunderte Arten an Arthropoden, von denen sich mindestens 150 unter der Borke entwickelt hatten. Individuenzahlen von 71000/m² ließen den Reichtum der Besiedlung erkennen. Verschiedene Borkenkäfer der Gattung *Scolytus* befallen die Rinde altersgeschwächter oder unter sonstigem Streß stehender Ulmen. In ihrem Gefolge stellen sich etliche Feinde ein, darunter Käfer, Raubwanzen (Anthocoridae), Kamelhalsfliegen (Rhaphidiidae), Langbeinfliegen der Gattung *Medetera* und parasitoide Hymenopteren. Auch von Blattfressern seien nur Beispiele angeführt. Wie im Erlenbruch kann der Erlenblattkäfer (*Agelastica alni*) häufig sein. Ein weiterer Blattkäfer kommt mit *Melasoma vigintipunctata* an Weiden vor. Nach einer zehn Monate langen Diapause ist er bei seinem Befallsflug im Frühjahr weniger wählerisch bezüglich der *Salix*-Art. Vielmehr nimmt er die vorherrschenden Weiden an, zumal wenn sie gerade mit ihrer Blattentfaltung seinem Nahrungsanspruch am besten entsprechen. Eine Charakterart im Auenwald ist die Gespinstmotte *Yponomeuta evonymellus* an der Traubenkirsche (*Prunus padus*). Dieser Baum bleibt oft nur deshalb kleinwüchsig im Weichholzgürtel, weil die Raupen im Mai alle Blätter unter einem mit ihren Gespinstfäden überzogenen Schutzmantel durch Kahlfraß vernichten.

9.8.4 Sumpfzypressen-Wald

In den Subtropen und Tropen gibt es ganz anderartige an Wasser gebundene Wälder. Ebenso wie Bruch- und Auenwälder der gemäßigten Breiten an sommergrüne Laubwälder erinnern, stimmen Sumpf- und Galeriewälder der warmen Zonen in mancher Hinsicht mit den Regenwäldern überein.
Es würde hier zu weit führen, sie ausführlich zu behandeln. Daher sei nur als ein Beispiel der Sumpfzypressen-Wald in Florida kurz besprochen (Abb. 9.15). Hauptbestandbildend ist *Taxodium distichum*, das im Herbst seine Nadeln verliert. Kleinere Bäume von *Acer*, *Fraxinus*, *Salix*, *Ilex* und Sträucher von *Hibiscus* und *Myrica* wachsen dazwischen. Auch hohe Farne charakterisieren den Lebensraum. Die Stämme der Sumpfzypresse sind oft mit Epiphyten (Bromeliaceen, Orchideen) besetzt. Viele ihrer Äste tragen einen dichten Bewuchs von «Spanischem Moos» *(Tillandsia usneoides)*, einer äußerlich an Flechten erinnernden Bromeliacee. Lianen, vor allem die Würgerfeige *Ficus aurea*, umschlingen die älteren Stämme häufig. Starke Kniebildungen der Wurzeln von *Taxodium* sowie Blätter und Stiele von

Abb. 9.15: Sumpfzypressen-Wald in Florida, im Vordergrund Brettwurzel von *Taxodium*-Stamm (Orig.).

Sumpfpflanzen *(Thalia, Sagittaria, Crinum)* ragen aus dem Wasser. Auf dessen Oberfläche schwimmen Wasserlinsen *(Lemna)* und Wassersalat *(Pistia stratioides)*. Letzterer bedeckt mit dichten Blattrosetten die Bereiche seeartiger Vertiefungen, in denen auch Alligatoren leben. Da die Samen von *Taxodium* nicht im Wasser keimen können, muß der Boden mindestens alle 10–20 Jahre stellenweise trockenliegen. Das Wasser stagniert nicht, sondern fließt langsam nach Südwesten in den Golf von Mexiko.
Reiher, andere Wasservögel, Fischotter *(Lutra)*, aber auch Spechte, Singvögel und Eichhörnchen *(Sciurus)* bewohnen diesen Mischraum von Wasser und Land, ebenso wie Amphibien, Reptilien, Schnecken und Insekten, die in reicher Artenzahl vorkommen.

9.8.5 Hochmoor

In kalten und kühlen, niederschlagsreichen Gebieten der Erde, vor allem in Taiga und Waldtundra, ozeanisch geprägten Klimaten feuchter Mittelbreiten, ferner in feuchten Höhenstufen vieler Gebirge bilden sich Hochmoore. Sie entstehen aus Verlandung oligotropher Seen, aus Flachmooren und aus Versumpfung von Wäldern, wenn sich im wasserhaltigen Gelände Torfmoose *(Sphagnum)* einfinden.
Torfmoose saugen Wasser wie ein Schwamm auf, weil sie größtenteils aus großen, toten Zellen bestehen, die sich leicht kapillar mit Wasser füllen. In ihren Spitzenteilen konzentrieren sich die Mineralstoffe. Sie wachsen jährlich um mehrere Zentimeter nach oben. Daher besteht für andere Pflanzen die Gefahr der Überwachsung durch Torfmoose. Deren absterbende, untere Partien werden wegen des Abschluß von Sauerstoff in geringer Tiefe nur teilweise zersetzt, so daß sich Torf bildet. Ein gewisser Abbau von Torfmoosen gelingt nur dem Zusammenwirken verschiedener Pilze und den ihnen folgenden Bakterien. Sphagnen haben nämlich durch die in ihren Zellwänden eingelagerte Sphagnumsäure einen Stoff von antiseptischer Schutzwirkung. Durch den Torf werden alle Pflanzen vom Grundwasser abgeschnitten. Ihre Versorgung mit Nährstoffen kann allein durch Niederschläge und Staub aus der Luft erfolgen. Phototrophe Pflanzen, die im Rasen von Sphagnen leben, müssen ihren Sproßpol in jedem Jahr nach oben verlagern. Gleiches gilt für die Wurzeln der Ericaceen.
Das Wachstum der Torfmoosdecke geht von der Mitte des Hochmoors zu den Rändern hin. Die jüngeren Teile des Randbezirks sind daher niedriger. So erhält das Moor häufig, obschon nicht unbedingt, einen uhrglasgewölbten Umriß (daher der Name «Hoch»moor). Die Blütenpflanzen keimen auf der lebenden Oberfläche der Sphagnen.
Typisch ist die **horizontale Gliederung** des Lebensraums. Zwischen kleinen, trockeneren Erhebungen und Kuppen (Bulten) befinden sich nasse bis feuchte Vertiefungen (Schlenken). Im Zentrum eines Hochmoors kann sich eine größere Ansammlung von Wasser auf einer Torfschicht als sogenannter Kolk oder Blänke bilden. Unter Umständen gibt es sogar größere Hochmoorseen, die noch von der Ausgangsphase eines oligotrophen Sees über mineralischem Untergrund eine starke

Seemudde besitzen (Abb. 9.16). Der Boden wird als «Dystric Histosol» bezeichnet.

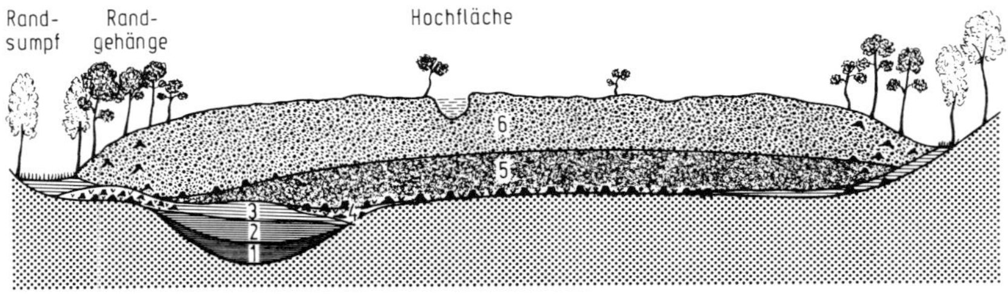

Abb. 9.16: Schema eines Hochmoores in Mitteleuropa, das zum Teil über einen verlandeten See, zum Teil durch Versumpfung eines Waldes entstanden ist (nach Ehrendorfer 1991).
1: Mudde; 2: Schilftorf; 3: Seggentorf; 4: Waldtorf; 5: älterer, 6: jüngerer *Sphagnum*-Torf. In Mitte wassergefüllter Kolk.

Lebensbedingungen. Hochmoore sind durch hohen Säuregrad, Fehlen von Kalzium-Ionen (niedrige pH-Werte), Nährstoffarmut (besonders an Stickstoff) und durch ein eher kontinental geprägtes Ökoklima gekennzeichnet. Nach Untersuchungen in Nordamerika nimmt ein Hochmoor im Jahr 0,9–1 g N/m^2 aus der Luft auf. Durch Denitrifizierung und von seiner Wasserfläche gibt es 0,4 g N/m^2 ab. Übertrifft die Zufuhr von Stickstoff im Jahr 2 g/m^2, so verliert das Hochmoor seinen Charakter und eutrophiert.

Die zum Austausch von Kationen befähigten Zellmembrane der Sphagnen erhöhen die Konzentration an H-Ionen im Wasser und bewirken ein weiteres Sinken der Säure-Werte auf pH 3–4. Außer Torfmoosen wachsen vornehmlich Cyperaceen (Wollgräser *Eriophorum*) und Ericaceen, aber auch Pflanzen, die Insekten verdauen, in Hochmooren. Zu letzteren gehören in Europa die Sonnentau-Arten *(Drosera)* als Klebfallen (Abb. 4.3), in Nordamerika *Dionaea* als Klappfalle und *Sarracenia* als Gleitfalle. Durch die zusätzliche Eiweißquelle der erbeuteten Tiere können sie den Mangel an Stickstoff etwas ausgleichen und dadurch mehr Blätter, Blüten und Samen entwickeln.

Die klimatischen Bedingungen im Hochmoor schwanken stärker als in dessen Umgebung oder als in einem Flachmoor. Tagaktive Insekten haben höhere Vorzugs-Temperaturen als solche aus Flachmooren (Abb. 2.13). Natürlich hängt das Standort- oder Ökoklima vom Großklima ab. Dieses ist mindestens für die Pflanzen der Hochmoore sogar entscheidender als der Gehalt an Nährstoffen, wie Vergleiche aus verschiedenen Gebieten ergaben.

Im humiden Klima kommen baumlose Hochmoore vor, die allerdings nicht alle klimatisch bedingt sind, sondern zum Teil, wie in Schottland, unter dem Einfluß des Menschen durch Holzschlag und Weidenutzung entstanden. Mit dem Schwinden des Waldes wird weniger als von den früher bewaldeten Flächen verdunstet. Diese werden dadurch immer feuchter, so daß sich an Nässe und Nährstoffarmut angepaßte Hochmoorpflanzen ansiedeln konnten. Eine Charakterart nordwestdeutscher Hochmoore ist der Gagelstrauch *(Myrica gale)*. Im kontinentalen Nord- und Osteuropa herrscht mehr der Charakter von Waldhochmooren vor, für den als typischer Strauch der Sumpfporst *(Ledum palustre)* genannt sei. An trockeneren Stellen wachsen dort noch Bäume *(Pinus, Betula)*, die jedoch bei weiterem Wachstum der Torfmoose absterben.

Lebewelt. Viele Pflanzen und Tiere sind vor eine extreme Situation gestellt. In dem stark sauren Wasser fehlen daher die meisten Algen, Mollusken und Amphibien, ferner gänzlich Bryozoen, Planarien, Hirudineen, Wasserasseln, Wassermilben, Larven von Ephemeriden und Plecopteren sowie Fische. Reiche Entfaltung zeigt die Lebewelt von Moosrasen und des darin gebundenen Wassers mit Zieralgen (Desmidiaceae), Thekamöben und Hornmilben (Oribatei).

Nässe, schlechte Durchlüftung und Schwierigkeit des Eingrabens lassen größere Bodentiere (Regenwürmer, Kleinsäuger) zurücktreten. Doch finden Enchytraeiden, Nematoden, Dipterenlarven, Collembolen und Milben und die sich von ihnen ernährenden Carabiden, Staphyliniden und Spinnen noch günstige Lebensbedingungen.

Einige Ameisen bauen Nesthügel aus Blättern und Stielen der Sphagnen in die Bulten. Die Festigkeit wird durch Stengelteilchen von Vaccinien erhöht und dadurch das Wachstum von Pilzhyphen gefördert. Eine typische Moorameise in Europa ist *Formica picea*. Ihre Miniergänge in den Nestern bewirken eine bessere Durchlüftung und Austrocknung solcher Stellen. Nun können sich *Polytrichum*-Moose ansiedeln. Dies zwingt die Ameisen dazu, bald ihr Nest aufzugeben. Sie wandern in eine benachbarte *Sphagnum*-Bulte, wo sich der gleiche Vorgang wiederholt. Das zurückgelassene Nest wird dann von Ameisen der Gattungen *Lasius* und *Myrmica* bezogen. Eine Bulte beherbergt etliche weitere Insekten und Milben; sie bildet einen eigenen Mikrokosmos.

Moorbewohnende Ameisen können Fangbeute aus den Blättern des Sonnentau *Drosera rotundifolia* nehmen (Abb. 4.3) und so bis zu zwei Dritteln ihres Nahrungsbedarfs decken. Die verwandte *D. intermedia* ist für sie schwerer erreichbar. Das Risiko, selbst gefangen zu werden ist zu groß; nur selten findet man eine Ameise im Beutespektrum von Sonnentau. Die ziemlich flach dem Untergrund anliegenden Blätter der *D. rotundifolia* fangen vor allem am Boden laufende Kleinarthropoden (fast 50 % Collembolen und Milben). *D. intermedia* mit mehr nach oben gerichteten Blättern erbeutet in erster Linie geflügelte Insekten (über 55 % Dipteren).

Manche Bewohner von Hochmooren (und Heiden) können sich leicht auf Heidekraut *(Calluna)* als neue Nahrungspflanze umstellen. Auf *C. vulgaris* wechseln über: Raupen des Spanners *Ematurga atomaria* von *Lotus*, *Vicia*, *Centaurea*, *Artemisia;* Raupen des Spanners *Lygris testata* von *Populus*, *Betula*, *Salix;* des Bärenspinners *Comacla senex*, die in Flachmooren an Lebermoos lebt; der Kupferglucke *(Lasiocampa quercus)* von verschiedenen Laubhölzern; des Nachtpfauenauges *(Eudia pavonia)* von Rosaceen; der Zygaene *Rhagodes (Ino) pruni* von Schlehe *(Prunus spinosa)*.

Einige Reptilien und Vögel der Heidekrautpartien leben auch in der nordischen Tundra. Dasselbe gilt für viele Kleintiere und Pflanzen. Bioenergetisch gehören Hochmoore ebenso wie die Tundra zum Detritus-Typ. Der Abbau schwer zersetzbarer Blätter, etwa von Wollgräsern *(Eriophorum)*, Heidekraut *(Calluna)* oder Moltebeere *(Rubus chamaemorus)* wird durch Pilze ermöglicht, zum Beispiel durch den Basidiomyzeten *Marasmius androsaceus*. Tierfraß greift erst einige Monate später in das Geschehen ein. – Die Netto-Primärproduktivität entspricht wegen des raschen Wachstums der Torfmoose etwa derjenigen des Wirtschaftsgrünlands. Dagegen beträgt die Erzeugung tierischer Biomasse höchstens 10–20 % von der auf Wiesen und Weiden.
Für das Artenspektrum der Hochmoore ist die Flächengröße wichtig. Als inselartig in anderer Landschaft gelegene Lebensräume werden sie von dieser bei zu kleinem Areal sehr beeinflußt und können ihre Eigenart nicht entfalten.

10 Wälder

Wälder sind größere Bestände hoher Holzgewächse mit mehr oder weniger geschlossenem Kronendach. Sie bedeckten um 1950 noch etwa ein Drittel der Landfläche der Erde; 1990 war es weniger als ein Fünftel, weil sie durch Rodung ständig dezimiert werden, ohne daß eine Neuaufforstung damit Schritt hält. In Europa könnte der etwa 135 Millionen Hektar große Waldbestand dort noch annähernd eine Selbstversorgung mit Holz erlauben.
Entstehung und Verbreitung der Wälder hängt vom vergangenen und heutigen Klima ab. Doch gibt es in klimatisch waldfeindlichen Gebieten auch edaphisch bedingte Waldformationen, wie die Galeriewälder entlang der großen Flüsse in Savannen. Wälder benötigen mindestens während einer bestimmten Jahreszeit hohe Niederschläge oder jedenfalls reichliche Feuchtigkeit. Ihr besonderes Standortklima zeichnet sich gegenüber waldfreien Gebieten der gleichen Region durch höhere Luftfeuchte, geringere Schwankungen der Temperatur und abgeschwächte Windeinwirkung aus.
In den verschiedenen Breiten der Erde haben sich unterschiedliche Waldformationen ausgebildet (Abb. 10.1).

Tropen. *Hylaea:* Tropische Regenwälder und in höheren Lagen Montane Regenwälder.
Semihylaea: Hydroperiodische (halbimmergrüne bzw. regengrüne) Tropenwälder mit abwechselnden Trockenperioden und Regenzeiten.
Tropische Trockengehölze: Dornwald, Sukkulentenwald und andere Trockenwälder in Savannen.

Warmgemäßigte Zonen. *Pseudohylaea:* Temperierte Regenwälder, die trotz anderen Klimas durch ihre Üppigkeit an tropische Regenwälder erinnern.
Skleraea: Lorbeerwälder in Nebellagen subtropischer Gebirge mit einer gewissen Trockenheit im Sommer; ferner Hartlaubwälder der Winterregengebiete. Der Übergang der «Lauriephyllie» zu «Sklerophyllie» ist fließend.

Kühlgemäßigte und kalte Zonen. *Silvaea:* Sommergrüne Laub- und Mischwälder in Europa, Ostasien und im Osten der USA.
Taiga: Boreale Nadelwälder nördlich der Silvaea. Im weiteren Sinn auch Montane Nadelwälder im Gebirge oberhalb des Laubwaldes sowie der nördliche Teil der Ozeanischen Nadelwälder an der Westküste der USA.

Semihylaea und Skleraea sind hydroperiodische, Silvaea und Taiga thermoperiodische Waldformationen. Außer den tropischen Trockengehölzen, die ökologisch in Savannen integriert sind, werden die übrigen im folgenden ausführlicher behandelt. Dies gilt vor allem für Hylaea und Silvaea, die am gründlichsten erforscht sind.

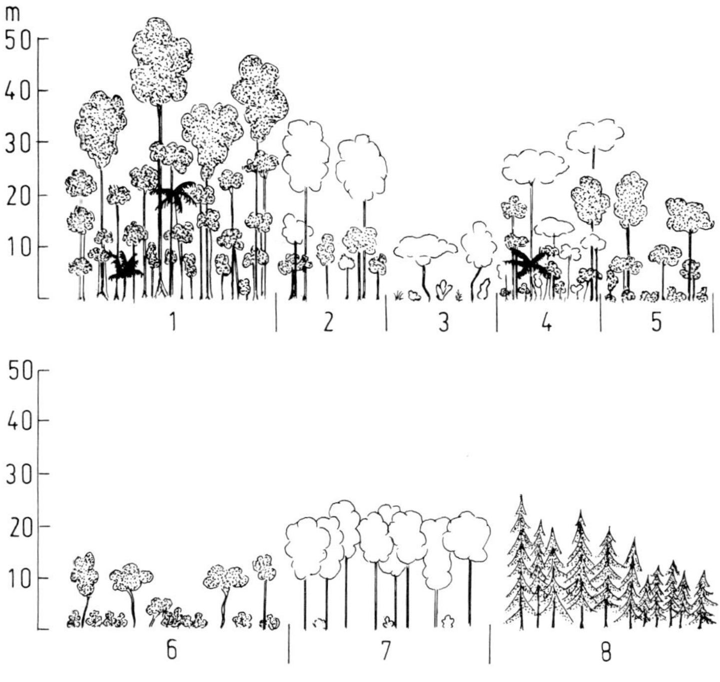

Abb. 10.1: Waldlandschaften der Erde (nach Bauer u. Weinischke 1973). 1: Tropische Regenwälder (Hylaea); 2: Regengrüne Tropenwälder (Semihylaea); 3: Tropische Trockengehölze in Savannen; 4: Temperierte Regenwälder (Pseudohylaea); 5: Lorbeerwälder subtropischer Gebirge; 6: Hartlaubwälder (Skleraea); 7: Sommergrüne Laub- (und Misch)wälder (Silvaea); 8: Boreale und Montane Nadelwälder (Taiga). Dunkel: immergrün; weiß: Laubfall in ungünstiger Klimaperiode.

10.1 Tropische Regenwälder (Hylaea)

Das ganze Jahr über herrschen große Wärme und Feuchtigkeit. Daher ermöglicht der ununterbrochene Stoffwechsel der Pflanzen auch eine hohe Produktivität. Diese beruht also nicht auf größerer Leistung der Photosynthese. Die Temperaturen liegen im Durchschnitt nicht unter 20° C. Regen fällt über alle Monate verteilt.
Im Inneren des Amazonas-Regenwaldes schwankt die Temperatur selbst an extrem sonnigen, trockenen Tagen nur zwischen 23° und 29° C. Die Niederschläge betragen im Jahr mindestens 150, in der Regel um 200 cm und können in manchen Gebieten sogar Werte von 430 cm erreichen. Die relative Luftfeuchte übersteigt meist 75–80 %; im unteren Stockwerk beträgt sie selten unter 95 %. Etwa 1–5 % des Lichts, das die Kronen trifft, dringt bis zum Boden hindurch.
Solche Wälder kommen an drei Stellen im Äquatorialbereich der Erde vor: Mittelamerika bis Brasilien mit Schwerpunkt des Amazonasbeckens, mittleres Afrika und

Teile von Madagaskar, Südostasien von Sri Lanka bis Neuguinea und der NO-Spitze von Australien.

10.1.1 Strukturierung

In der vertikalen Gliederung ist die Bildung mehrerer Etagen der Baumschicht typisch, die das Kronendach mit einer unregelmäßigen Kontur abschließen. Außerdem haben die Bäume recht unterschiedliche Formen ihrer Krone. Palmen bleiben meistens unter 20 Meter, entsprechen also eher der Baumhöhe in sommergrünen Laubwäldern. Viele Arten von Bäumen erreichen aber 30 bis 45 Meter, manche sogar 50 bis 60 (s. Abb. 10.1). An den Stämmen wachsen Lianen empor, deren Gewebe eine feste Stütze brauchen. Bei einigen Bäumen der Caesalpinaceae, Moraceae, Araceae auf Böden mit geringem Nährstoffgehalt ziehen sich von ihrem unterirdischen Wurzelgeflecht ganz dünne Stränge bis in etwa 15 m Höhe am eigenen Stamm oder an fremden Stämmen nach oben. Diese nehmen bereits Mineralien an dem dort ablaufenden Regenwasser auf. So verkürzen sie den Weg zu deren Aufnahme, die sonst im Boden erfolgen würde, und verschaffen sich einen Vorteil im Wettbewerb mit Wurzeln anderer Bäume. Von sogenannten «Hemi-Epiphyten» wie den Würgfeigen *(Ficus)* und anderen Gattungen wachsen Luftwurzeln nach unten, die am Boden angelangt, zu Stützpfeilern werden. Ihre im oberen Bereich keimenden Samen werden endozoisch (über den Darm) durch Vögel und Fledermäuse verbreitet.
Ein Gewirr von Schlingen, Blättern, Luftwurzeln füllt die Lücken zwischen den Maschen der Äste aus und verwischt dadurch die Vertikalstrukturen. Die Gliederung in viele Stockwerke wirkt wie ein Filtersystem, das die vom Regen eingebrachten Nährstoffe allmählich zum Boden führt. Das Tropfwasser kommt dabei in Berührung mit den Blättern und den auf ihnen lebenden Pilzen, Bakterien, Algen, Moosen (den sog. Epiphyllen), den auf den Zweigen wachsenden großen «Epiphyten» der Orchideen, Araliaceen, Farnen, neuweltlichen Bromeliaceen oder den Asclepiadaceen der Alten Welt, schließlich mit Wurzelklimmern, Winden- und Rankenpflanzen, dem Flechten- und Moosbewuchs am Stamm, an dem das Wasser herabrinnt (Abb. 10.2).

Lichtverhältnisse. Wo Baumriesen stürzen, entstehen Lichtungen von bis zu 100 Meter Länge und 50 Meter Breite, weil andere Bäume mitgerissen werden. Auch wo sich Flüsse hindurchziehen, gibt es ähnliche Lichtverhältnisse wie an Waldrändern, an denen sich ein reiches Leben tagaktiver Tiere entfalten kann. Es sind vor allem Bienen, Libellen, Schmetterlinge, Zikaden, Käfer und blütenbesuchende Vögel. Während Falter mit durchsichtigen Flügeln meist das Waldesdunkel bevorzugen, in dem oft nur 1–2 % der einfallenden Strahlen den Grund erreichen, kommen solche mit leuchtender Färbung wie die «Morphos» mehr an helleren Stellen vor. Sie senden Lichtblitze aus, wenn Licht beim Zusammenklappen und Öffnen der Flügel die blauen Oberseiten trifft. Auffallend in der Farbtönung eines tropischen Regen-

Abb. 10.2: Tropischer Regenwald in New Guinea. Vernetzung der Etagenbildung durch Lianen (Orig.).

waldes sind die im Vergleich zum sommergrünen Laubwald helleren Stämme und dunkleren Blätter.

Die Oberfläche des dunklen Waldbodens ist mit Ausnahme von Ameisen nicht allzu reich an Arthropoden. – Auch unter den Vögeln gibt es nur wenige an den Boden gebundene Arten. Beispiele im Waldgebiet des Amazonas sind einige Steißhühner (Tinamidae) oder die am Boden und im Unterholz lebenden Ameisenvögel (Formicariidae). Diese fressen zwar nur selten Ameisen, wohl aber von den Heereszügen der Wanderameisen aufgescheuchte, andere Insekten.

Blüten. Die Bestäubung wird vornehmlich von Tieren geleistet. Zahlreiche Blütenbesucher unter den Insekten bevorzugen besonders den Kronenraum, dessen Baumarten durch bestimmte Blühzeiten an das zeitlich und räumlich gebundene Erscheinen spezieller Insekten angepaßt sind. Ein Freilandexperiment wurde über die Bestäubung der Blüten von *Andira inermis* (Papilionaceae) im tropischen Regenwald von Costa Rica durchgeführt. Entscheidend sind die vielen Arten von Solitärbienen. Markierungen ließen das unterschiedliche Verhalten der Blütenbesucher

erkennen und zeigten die Bedeutung des Abstandes artgleicher Bäume, also das Verteilungsmuster solcher Aktionszentren. Die meisten Bienen blieben ziemlich konstant an demjenigen Baum, von dem sie zuerst Nektar und Pollen gesammelt hatten. Ein kleiner Teil flog jedoch gleich zu weiter entfernteren. Im Laufe der folgenden Tage erweiterte sich allmählich die Tendenz, wenigstens artgleiche Bäume in der Nachbarschaft des erstbesuchten mehr zu befliegen. In das Geschehen spielt außerdem ein zeitweise ausgeprägtes Revierverhalten der Männchen der Solitärbienen mit hinein.
Fledermäuse und Vögel holen sich Nektar mehr aus Blüten der unteren Baumschicht, wo auch Blüten und Früchte direkt am Stamm gebildet werden (Kauliflorie) und sich Blüten vieler Lianen, Epiphyten und hochreichender Sträucher befinden. Dabei wirkt Rot auf die neuweltlichen Kolibris und die in ihrer Lebensweise ähnlichen Honigsauger der Alten Welt (Nectariidae) sowie auf andere Vögel anlockend. Vogelblumen geben kaum Duft ab. Allerdings ist es nicht die rote Farbe, die Vögel anzieht, sondern Ultraviolett, das vom Rot reflektiert wird. Das Farbensehen vieler Vögel ist im Vergleich zu dem des Menschen etwas in den kurzwelligen Bereich verschoben, wenn auch offenbar nicht ganz so weit wie bei den Bienen.

Hohlräume in Pflanzen. Gerade im tropischen Regenwald gibt es eine Anzahl «myrmekophiler» Pflanzen der verschiedensten Familien mit Kammerbildungen im Sproß, am Blattgrund, in Wurzeln, die von Ameisen bewohnt werden. Es handelt sich um Arten der Myrmicinae, Dolichoderinae und Formicinae, die auf bestimmte Wohnpflanzen spezialisiert sind. Viele von ihnen ernähren sich vom Honigtau der oft in solchen Kammern lebenden Schildläuse. Andererseits kommen sehr häufig extraflorale Nektarien vor, die Ameisen anlocken. Auch siedeln sich auf deren Kotstellen Pilze an, die als Nahrung dienen. – Im Regenwald von Nigeria wächst der zu den Passiflores gehörende Baum *Barteria fistulosa* mit langen und kurzen Sprossen. Letztere besitzen viel Mark, das von der Ameise *Pachysima aethiops* herausgeschafft wird. In den dadurch entstehenden Hohlräumen kultivieren die Ameisen Pilze, bringen Schildläuse in sie hinein und schützen den Baum nicht nur vor Insekten, sondern auch wirkungsvoll vor pflanzenfressenden Säugetieren. – Ameisen leben in Stengelgliedern südamerikanischer *Cecropia*-Bäume, in den Knollen epiphytischer *Myrmecodia* (Rubiaceae) im indomalayischen Gebiet, in hohlen Dornen verschiedener Akazien, um nur wenige Beispiele anzuführen.

Kurzfristige Wasserbehälter. In Baumhöhlungen, Blattachseln von *Heliconia*, Banane, Bromeliaceen, in Luftknollen epiphytischer Orchideen entstehen Lebensräume für eine aquatische Tierwelt. In solchen «Phytotelmen» entwickeln sich Protozoen, Würmer, Kleinkrebse, Milben, Insektenlarven und Frösche, also Tiere unterschiedlicher Ernährungsweise. Bestimmte Stechmückenlarven der Gattung *Aedes* und deren Verwandte können als Adulte verschiedene Viren, auch das des Gelbfiebers, zwischen Tieren und von diesen auf den Menschen übertragen.

Waldteiche. Ihnen fehlen Wasserpflanzen, weil zu wenig Licht nach unten dringt. Ihr Zooplankton enthält aber viele Arten von Rädertieren und Kleinkrebsen. An

größeren Tieren leben in dem Gewässer Turbellarien, Krabben, Libellenlarven, Wasserwanzen, Wassermilben, Fische, Schildkröten und vor allem Amphibien. Hier bilden sich Aktionszentren komplexer Vernetzungen, die auf das umgebende Land ausstrahlen.
In einem Schwarzwasser-Teich des Amazonaswaldes wurden vor allem die Frösche und Kröten gründlicher untersucht, von denen etwa 70 Arten im Wasser und seiner weiteren Umgebung vorkamen. Die aufgenommenen Sonogramme zeigten typische Artunterschiede in Ablauf, Stärke und Dauer der Ruffolgen. Es unterschieden sich ferner die Lautaktivität nach Tages- und Jahreszeit sowie die Lage der Rufplätze (vom Wasser, Ufer, Waldboden her), um nur einige Punkte dieses Isolationsmechanismus hervorzuheben. In die komplexe Geräuschkulisse der Amphibien mischt sich noch diejenige anderer Tiere, vor allem von Insekten.

Verteilung der Nahrungsquellen. Vertikale und horizontale Strukturierung trennt Arten, Gattungen und Familien ähnlicher Lebensansprüche. Bei Tieren wird dies durch unterschiedliche Aktivitätzeit, Aktivitätdauer und jahreszeitliches Erscheinen noch verschärft. Es betrifft gleicherweise Wirbeltiere und Wirbellose, wie zum Beispiel Analysen über die Verteilung der Eichhörnchen und der Tagfalter gezeigt haben. Raupen von Tagfaltern sind im unteren Bereich des Unterholzes und im Sekundärwald oft Nahrungsspezialisten, da dort eine bestimmte Vorzugsnahrung zusammenhängender verbreitet ist. Im Kronenraum und oberen Unterholz dagegen ist Polytrophie häufiger, die bei der Suche nach einer geeigneten Nährpflanze höhere Flexibilität gestattet.
Sehr viele Pflanzen haben Giftstoffe in Blättern und Trieben, die vor Fraß schützen. Deshalb ist für Pflanzenfresser nicht unbedingt überreichlich Nahrung vorhanden.

10.1.2 Charakteristische Züge der Lebewelt

Altertümliche Arten. Tropische Regenwälder sind alte Lebensräume, in denen Organismen aus frühen Zeitepochen überdauern konnten. Dazu gehören neben vielen Pflanzen (Selaginellen, Lebermoose, Baumfarne) auch alte Tiergruppen wie Onychophora *(Peripatus)*, ursprüngliche Spinnentiere der Uropygi, Amblypygi, Ricinulei, ferner manche Insekten (Schaben, Embien). Von phylogenetisch alten Gruppen der Wirbeltiere ließen sich die räuberischen Blindwühlen (Gymnophiona) der Neuen und Alten Welt anschließen; aus Amerika Beutelratten (Didelphyidae), Gürteltiere (Dasypodidae), Faultiere (Brachypodidae), Ameisenbären (Myrmecophagidae); aus Madagaskar Tanrek *(Cetetes)* und Halbaffen (Lemuroidea); aus Asien Rachenvögel (Eurylaimi), Spitzhörnchen *(Tupaia)*, Pelzflatterer (Dermoptera), Koboldmakis (Tarsioidea). Als alte Gruppen der großen Weidetiere seien noch Okapi in Afrika, Nashörner in Asien, Tapire in Südamerika genannt. Im Gegensatz zu Tieren der Savanne treten sie als Waldtiere einzeln auf und fressen vor allem Blätter des Unterholzes oder üppiger Pflanzen an den lichten Flußufern.

Schutztrachten. Im Laufe der Evolution sind hochentwickelte Strategien von Angriff und Verteidigung entstanden. Zum Schutz gehören die in der Hylaea besonders häufige Tarntracht, Warntracht und die Nachahmung der letzteren (Mimikry). Bei einer Untersuchung im Regenwald von Panama wiesen 42 % aller Insektenindividuen auf der Oberfläche von Blättern, aber nur 12 % der Blattunterseite Tarntracht auf. Man darf nicht vergessen, daß selbst bunte Farben in einer reich gegliederten Umgebung leicht verschwinden und bei Ruhe guten Sichtschutz geben.
Mimikry kann nur bei geringer Individuendichte einen Auslesevorteil bieten. Von Tagfaltern des Regenwaldes zeichnen die meist bunten Nektarfresser sich oft durch Mimikry aus, während die an Baumsaft, faulenden Früchten, Aas oder Exkrementen leckenden Arten fast immer mimetisch sind. Unter den Arten, die «Mimikry-Ringe» (Müllersche Mimikry) bilden, kommen im gleichen Waldgebiet durchsichtige, gestreifte, rote, blaue und orangefarbene Komplexe vor. Jeder Farbtyp bevorzugt aber eine bestimmte Höhenschicht. Die an Früchten leckenden Schmetterlinge gehen sich durch verschiedene Tagesrhythmik zeitlich aus dem Wege.

Luxusbildungen. In tropischen Regenwäldern blieben häufig funktionell bedeutungslose Merkmale erhalten, wie sie etwa von vielen Insekten, Spinnentieren, von Tukanen, Nashornvögeln, Quezal oder von Nasenaffen *(Nasalis)* bekannt sind. In manchen Fällen beruht ein solches «Luxurieren» nur aus allometrisch bedingten Nebenerscheinungen.

Dämmerungs- und Nachtaktivität. Typische Dämmerungstiere haben große Augen, so die Baumfrösche, Geckos, Baumschlangen, Dukker *(Cephalobus)*, Koboldmakis *(Tarsius)*, südamerikanische Nachtaffen *(Aotes)*. Bei reinen Nachttieren sind die Augen oft reduziert. Hierfür seien Geißelspinnen (Amblypygi) als ein Beispiel genannt, die jedoch mit feinen chemischen Sinneszellen an der Spitze ihrer langen Taster ausgestattet sind.
Dunkelaktive Heuschrecken, Grillen, Zikaden, Mücken, Frösche, Vögel und Säugetiere besitzen im Gehör ihren wichtigsten Fernsinn.

Landbewohnende Wassertiere. Eine Besonderheit liegt in der Entfaltung hydrophiler Tiere auf dem Land, die sonst mehr im Wasser leben. So gibt es Turbellarien, Nemertinen, Polychaeten und vor allem die zahlreichen Blutegel (Hirudineen) unter den Würmern. Aber auch Kiemenschnecken, Amphipoden, Libellenlarven kriechen im nassen Blattwerk umher. Die Libellen entwickeln sich in Phytotelmen. Manche Frösche und Kröten legen ihre Eier in Schaummassen auf Blätter, in Phytotelme oder in Erdlöcher. Einige Arten tragen Eier oder Kaulquappen in Hautfalten am Körper. Das Stadium der Kaulquappe kann sogar ganz unterdrückt werden, so daß gleich kleine Frösche aus den Eiern schlüpfen.

Wasserhaushalt der Pflanzen. Osmotische Werte, welche die Saugspannung in den Zellen anzeigen, sind relativ niedrig, da die Pflanzen mit Wasser gut versorgt sind. Die Werte in Blättern der unteren Baumschicht betragen häufig nur 7–10 atm, die der oberen etwa 10–15 atm, liegen also unter denen der Holzgewächse gemäßigter

Zonen. Schwankungen von Temperatur und Luftfeuchte im Tagesklima sind wesentlich größer als die Mittelwerte der Monate im Laufe des Jahres. Davon wird jedoch lediglich die Kronenregion betroffen. Die Intensität der Transpiration kann somit zwar beträchtlich schwanken, ist aber im ganzen viel geringer als in Wäldern des gemäßigten Klimas. Bäume mit sonnenexponierten Blättern verschließen teilweise die Spaltöffnungen bei starker Strahlung als Schutz vor Übertemperaturen.

Aufwärtsverlagerung des Lebens. Eine Eigenart tropischer Regenwälder ist der große Anteil von Organismen in den oberen Schichten (Abb. 10.3). Dies zeigen außer Epiphyllen, Epiphyten und Hemi-Epiphyten die Baumnester der Termiten, Ameisen, Wespen und Bienen oder die baumbewohnenden Laufkäfer (Carabidae). Selbst Frösche leben in Baumhöhlungen hoher Stämme, so der brasilianische Laubfrosch *Hyla restinifilex*, der Wachs von Waben der stachellosen *Melipona*-Bienen abkratzt und damit seine Wohnhöhle ausstreicht. Auf diese Weise gewinnt er einen sich mit Wasser füllenden Brutraum zum Laichplatz, ohne auf den Boden herunter zu müssen. Epiphyten mit nestartiger Wuchsform können Humus in der Stamm- und Kronenschicht anreichern. In solchen «aufgehängten Böden» existiert eine verarmte Bodenfauna. Collembolen und Milben klettern an den Baumstäm-

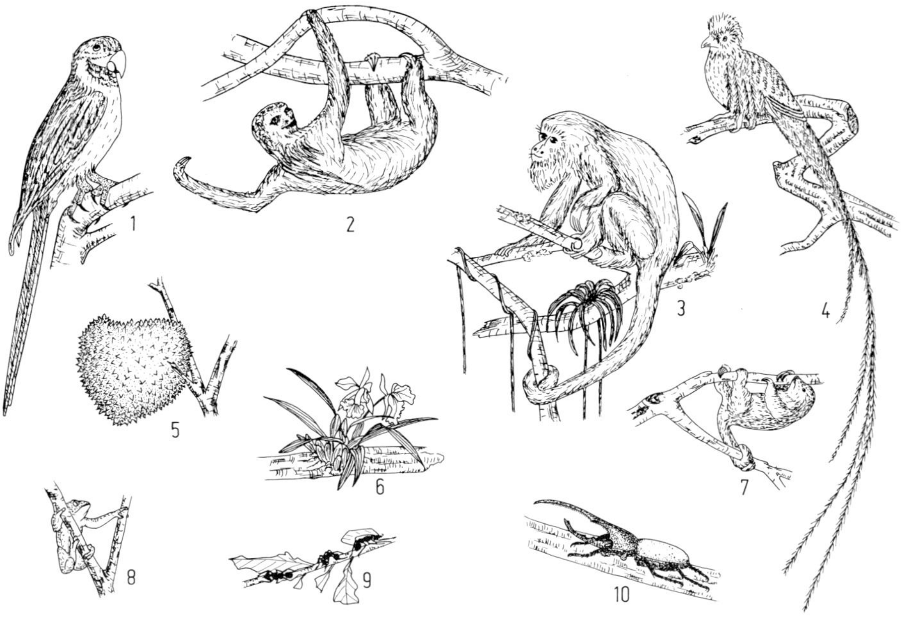

Abb. 10.3: Leben in höheren Vegetationsschichten des tropischen Regenwaldes in Südamerika (nach Mertens 1948).
1: Papagei *Ara arauna;* 2: Faultier *Brachypus tridactylus;* 3: Brüllaffe *Alouatta seniculus;* 4: Quezal *Pharomachrus mocinno;* 5: Nest der Wespe *Polybia scutellaris;* 6: Orchidee *Cattleya;* 7: Ameisenfresser *Cyclopes didactylus;* 8: Makifrosch *Phyllomedusa burmeisteri;* 9: Blattschneider-Ameise *Atta sexdens;* 10: Herkuleskäfer *Dynastes hercules.*

men bis in derartige Höhen hinauf, und selbst Regenwürmer leben auf Bäumen an der Basis von Blättern, an Epiphyten oder unter Rinde.
Ein Unterschied zum sommergrünen Laubwald liegt auch darin, daß sich mehr Blüten nicht wie in jenem vorwiegend an Büschen und Kräutern der unteren Schichten oder nahe am Grund befinden, sondern hoch oben. Dort ist die Mannigfaltigkeit der Insekten, Spinnen, Amphibien, Reptilien, Vögel und Säugetiere am größten. Außer den Lebensformen der Rindenläufer, Stemm- und Haftkletterer kommen Greifkletterer (Faultiere, Affen) vor. In der Alten Welt hat sich der Typ mit Gleit- und Schwebevorrichtungen ausgezeichneter Flugspringer ausgebildet, zu denen die nachtaktiven Flughörnchen (Petauristinae) Asiens und die Dornschwanzhörnchen (Anomaluridae) Afrikas gehören. Mit den kaninchengroßen Baumschliefern *(Dendrohyrax)* in Afrika sind sogar primitive Huftiere zum Baumleben übergegangen. Ihre Schlupflöcher befinden sich in Stämmen mehrere Meter über dem Boden.
Die baumbewohnenden, stachellosen Bienen (Meliponinae) nehmen nicht nur Nektar, Pollen und Honigtau, sondern auch Tierkot und Aas als Nahrung auf. *Trigona hypogea* in Amazonien ist sogar ein obligatorischer Aasfresser geworden. Das vorverdaute Fleisch wird an Artgenossen im Nest verfüttert. Diese bilden dann ein Drüsensekret, das für die Brut verwendet wird. Entdeckt eine Meliponine einen toten Frosch oder Eidechse, legt sie eine Duftspur zum Nest, um weitere Sammlerinnen zur Nahrungsquelle zu führen.
Von Säugetieren im Regenwald Guyanas kommen 31 in der Baumschicht und nur 23 am Boden vor. An Vögeln im Regenwald von Costa Rica halten sich 20 in Bodennähe auf, 18 in der tiefen Strauchschicht, 59 in der unteren, 67 in der mittleren und 69 in der oberen Kronenschicht.

10.1.3 Artenreichtum und Individuenarmut

Man schätzt, daß in tropischen Regenwäldern etwa ein Drittel der bisher beschriebenen Arten von Organismen lebt. Dazu kommt die große Zahl noch unbekannter, vor allem bei Pilzen, Nematoden und Arthropoden.
Während im sommergrünen Laubwald höchstens 20 Baumarten auf dem Hektar und in der Taiga sogar nur einige wenige vorkommen, können im Regenwald Amazoniens bereits über 600 Arten an Holzgewächsen/ha wachsen, von denen allerdings 90 % den tieferen Etagen angehören. Die gesamte Artenzahl der Bäume in tropischen Wäldern wurde in Kamerun auf etwa 700, in Java auf über 1000, in Sri Lanka auf 1500 und im Amazonasgebiet auf 2500 geschätzt. In der Hylaea Südostasiens gibt es mindestens 25 000 Arten von Blütenpflanzen, im Amazonasbecken können es über 40 000 sein. Die einzelnen Arten sind meist in geringer Individuendichte vorhanden, vielleicht eine Folge hoher Konkurrenz unter tropischen Bedingungen. Sie bieten einer unglaublichen Fülle von Tieren und Kryptogamen Möglichkeit zur Existenz. In Neu Guinea befanden sich auf einem großen Palmenblatt 45 Arten an Flechten, für die Licht lebensbegrenzend ist; den dunkelsten Stellen fehlen sie völlig. Auf nur 19 Bäumen von *Luchea seemanii* wurden in Panama über

1000 Spezies Käfer ermittelt. Bereits auf einem einzigen «Urwaldriesen» können einige Tausend Käferarten leben, von denen die meisten noch gar nicht beschrieben sind. Auf einem einzelnen Baum wurden in Peru 43 Arten von Ameisen aus 26 Gattungen festgestellt.

Für Insekten, Vögel, Säuger, die Samen, Früchte und Keimlinge von Bäumen und Sträuchern fressen, wurde die Hypothese aufgestellt, daß die Wirksamkeit solcher Samenfresser im Nahbereich eines bestimmten Baumes oder Strauches am stärksten ist. Die Chance, den Tieren zu entgehen, erhöht sich mit der Entfernung der neuen Abkömmlinge von ihren Elternpflanzen. In unmittelbarer Nähe, wo mehr gefressen wird, entsteht zugleich Platz für andere Arten. Ganz verschieden ist die Situation in Wäldern mit langen ungünstigen Bedingungen im Winterhalbjahr (Silvaea, Taiga). Samen, Früchte und Keimlinge stehen dort nicht das ganze Jahr zur Verfügung. Tiere, die sich davon ernähren, sind daher seltener. Im Herbst, wenn die Bäume reichlich fruchten, kann nur ein relativ kleiner Anteil von Samen verzehrt werden. Viele bleiben an Ort und Stelle, keimen aus und begünstigen so das Vorherrschen weniger Baumarten. – Allerdings muß erwähnt werden, daß im tropischen Regenwald nicht alle Bäume und Sträucher in jedem Jahr Früchte hervorbringen.

Außer den staatenbildenden Insekten und kleineren Dipteren treten mindestens die meisten tagaktiven Tiere in geringer Individuendichte auf. Eine solche muß nicht unbedingt mit dem gegenwärtigen Lebensgeschehen zusammenhängen, sondern kann auch das Ergebnis einer langen Evolution sein. Dafür sprechen zum Beispiel die vielen Anpassungen im Nist- und Brutverhalten der Vögel als Schutz gegen die zahlreichen Eiräuber (Affen, Beutelratten, Eichhörnchen, Kleinraubtiere, Schweine, Tukane, Schlangen, Ameisen usw.). Das Nest wird an schwer erreichbaren Stellen gebaut, die Vögel brüten in Baum- oder Erdhöhlen, sie errichten ihr Nest in Termitenbauen, panzern es aus selbst hergestelltem harten Material, fertigen Großnester oder unauffällige kleine Nester an. Weitere Schutzmaßnahmen sind Tarnung, Soziabilität, Verteidigung durch die Eltern, Nutzung der Verteidigung durch Ameisen und Wespen. Häufig treffen mehrere der genannten Anpassungen auf ein Nest oder Brutpaar zu. Natürlich kann der Erfolg nur relativ sein, ist aber hoch genug, um wenigstens eine niedrige Siedlungsdichte zu gewährleisten (Abb. 10.4).

Der Selektionsdruck der Samenfresser auf die Pflanzen und der Eiräuber auf die Vögel wirkt sich also in ganz entsprechender Weise aus. Geringe Individuendichte einer Art erhöht zudem die Bedeutung der Gendrift als einen Weg zur Bildung neuer Arten.

Gelegentliche örtliche Massenvermehrung einzelner Insekten gibt es trotz Artenfülle und reicher Strukturierung auch im tropischen Regenwald (Abb. 10.5).

Zusammenfassend läßt sich sagen, daß der Artenreichtum (ebenso wie im Korallenriff) durch drei Bedingungen ermöglicht wird. (1) Das ganze Jahr über gibt es genügend Nahrung für alle Ernährungstypen, so daß ein breites Spektrum an Lebensformen und Lebensweisen bestehen kann. (2) Die gleichmäßig im Jahr herrschenden günstigen Temperaturen lassen die grünen Pflanzen als Primärproduzenten gut gedeihen, von denen eine große Fülle an Konsumenten abhängt. (3) Durch die dreidimensionale Struktur des Lebensraums wird die Möglichkeit zur Besiedlung so erhöht, daß selbst nahe verwandte Arten ohne Konkurrenz nebeneinander existieren können.

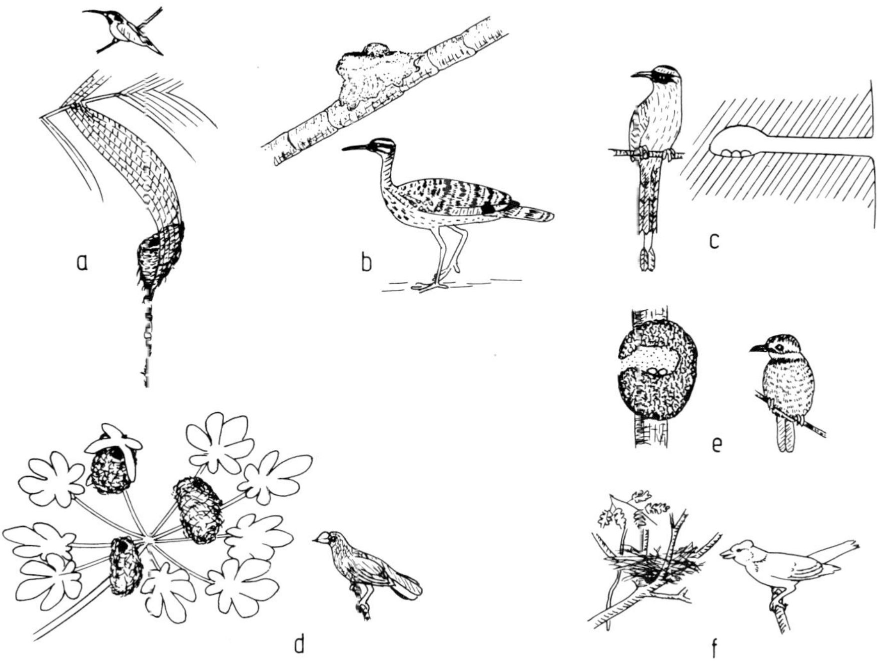

Abb. 10.4: Typen von Vogelnestern im tropischen Regenwald von Peru (nach M. Koepcke 1972).
a: *Phaethornis longuemareus* (Beispiel für Nester an dünnen Zweigen, Blattenden usw.); b: *Eurypyga helias* (Beispiel für Nester mit Ähnlichkeiten von Strukturteilen im Biotop); c: *Momotus momota* (Beispiel für Erdhöhlenbrüter); d: *Clypicterus oseryi* (Beispiel für Soziabilität); e: Nest von *Bucco macrodactylus* in einem Termitenbau (Beispiel für Brüten in hartgepanzerten Bauen); f: *Cyanocorax violaceus* (Beispiel für einfache Reisignester).

10.1.4 Stoffumsatz

Hohe Temperaturen, Niederschläge und Produktion von CO_2 beschleunigen die Verwitterung des Bodens. Vor allem werden Verbindungen von Silizium und basisch wirkende Kationen aus primären Silikaten mobilisiert und durch Regen eingewaschen. Rückstände aus Eisen- und Aluminiumoxiden reichern sich in der obersten Bodenschicht an. Dies bedingt eine Rotfärbung solcher «Ferralsole». Bei höherem Gehalt an Aluminium und Anteil von Eisen in Hydroxidform entsteht Gelbfärbung. Sie ist zum Beispiel für montane Regenwälder typisch, in deren obersten Regionen durch verstärkte Auswaschung sogar Podsolierung entsteht. – Bei weniger intensiver Verwitterung wird Silizium nicht in dem Maße fortgeführt, und es bilden sich Plinthosole (Rot-, Braun- und Graulehme), wie im Wolkenwald der nördlichen Küstenkordillere.
Die oberirdische Pflanzenmasse in Wäldern Amazoniens wurde auf 1000 Tonnen Lebendgewicht pro Hektar, die Wurzelmasse auf 260 t/ha geschätzt. Für Pflanzen-

Abb. 10.5: Blattfraß des Rüsselkäfers *Oribius cruciatus* im Tropischen Regenwald von New Guinea (Orig.).

fresser lagen die Werte bei 30, für Tierfresser bei 15 kg/ha. – Die Vogeldichte entspricht mit etwa 1000 Brutpaaren/100 ha derjenigen des Silvaea-Waldtyps. Doch ist im letzteren ihre Biomasse fünfmal geringer, weil es dort nicht so große Samen- und Fruchtfresser wie in der Hylaea gibt.
Auf dem Boden lagern sich Blätter, Zweige, Früchte ab. Es bildet sich wegen der schnellen Zersetzung keine zusammenhängende Streuschicht. Unter der Auflage liegt Rohhumus, der an günstigen Stellen durch stärkere Beteiligung der Bodenfauna zu Moder umgewandelt wird. In den obersten 25 cm kommen 3–4 % der organischen Stoffe in gelöster Form vor. Nur in Senken nach Überschwemmungen kann sich eine tiefere Humusschicht anreichern. Obwohl der jährliche Streufall im Amazonasgebiet mit 6–10 t, in der Hylaea Afrikas und Südostasiens mit fast 15 t Trockengewicht/ha etwa doppelt so groß ist wie in Wäldern der gemäßigten Breiten, fehlt ein echter Humushorizont, weil der Abbauprozeß zu schnell abläuft.
Die Erstzersetzung erfolgt vor allem durch die Mikroflora des Bodens, die zum großen Teil aus **Mykorrhiza**-Pilzen der Baumwurzeln besteht. Diese gedeihen bei hoher Temperatur, Feuchte und saurem Boden besonders gut. Durch Pilze und

Bakterien wird der Bestandesabfall in vier bis sechs Wochen mineralisiert. Die Stoffe zirkulieren so schnell, daß sich das Nährstoffkapital weitgehend in den lebenden Pflanzen befindet und nicht aus einer Humusreserve ergänzt werden kann. Deshalb ist Brandrodung so schädlich, weil gerodete Flächen schnell unfruchtbar werden. Schon nach drei Jahren muß der Ackerbau aufgegeben werden. Es wächst dann ein Sekundärwald heran, der in der Regel nach zehn Jahren wieder gerodet wird, um dann zwei bis drei Ernten zu erzielen. Man ist also zum Wanderackerbau gezwungen. Übrigens ist der Kreislauf des Wassers ebenso «kurzgeschlossen» wie derjenige der Nährstoffe, ganz im Gegensatz zum sommergrünen Laubwald.

Die im Boden auch in höheren Dichten lebenden **Milben und Collembolen** sind meistens Folgezersetzer, welche Pilznahrung bevorzugen. Gleiches gilt für Proturen, Diplopoden und Dipterenlarven. Im nordaustralischen Regenwald wurden stellenweise bis zu 4000 Amphipodenkrebse der Art *Talitrus silvaticus* pro Quadratmeter festgestellt, deren hohe Dichte dem Abbau der Bodenstreu förderlich ist. **Regenwürmer** spielen im Waldtyp der Hylaea eine geringere Rolle für den Abbau. Doch lagern die in größerer Tiefe lebenden Megascoleciden ihre Wurmkrümel auf der Bodenoberfläche ab und tragen dadurch zur Durchmischung bei. Die über einen Meter langen Glossoscoleciden in Brasilien leben mehr vereinzelt und lecken mit ihrem vorstülpbaren Rüssel die Mikroflora und Mikrofauna vom Fallaub ab.
Auf **Ameisen und Termiten** entfallen etwa drei Viertel von der Biomasse der Bodentiere. Kein Wunder, daß es Spezialisten gibt, die sich in erster Linie von diesen beiden Insektengruppen ernähren, etwa die Ameisenbären in Südamerika oder Schuppentiere, Flugdrachen und Baumwarane in der Alten Welt. In der «terra firma» des tropischen Regenwaldes Amazoniens leben am Boden je Hektar eine Million Termiten und mehr als acht Millionen Ameisen.
Viele Ameisen haben schon durch ihre unterirdische Bautätigkeit biologische Bedeutung für den Boden. Die meisten leben räuberisch, ebenso wie die zahlreichen Spinnen, Carabiden, Staphyliniden, Pselaphiden, Scydmaeniden, welche die Streu und oberste Bodenschicht besiedeln. Wirksame Vertilger von Tieren sind die Wanderameisen (*Eciton* in Südamerika, *Dorylus* in Afrika). Die südamerikanischen Blattschneiderameisen (Attini) dagegen schneiden frische Blätter von Bäumen ab, um sie in besonderen Kammern ihrer Nester zur Pilzzucht zu verwenden, die ihnen eiweißreiche Nahrung bietet. Zuerst werden die unteren, dann die oberen Blätter eines Baumes eingeholt und zerkleinert. Das Nest kann einige Meter tief im Boden liegen. Von dort ziehen Straßen zu den bevorzugten Bäumen. Um eine große Kolonie können Lichtungen im Umkreis von etwa 50 Meter entstehen. Der Boden wird zugleich gelockert und gedüngt.
Erdfressende Termiten, die unterirdisch bleiben oder auch oberirdische Nester bauen, bringen wichtige Nährstoffe für Pflanzen wie Kalzium und Phosphor durch ihr Graben nach oben. Ein großer Teil des Bestandesabfalls besteht aus Holz, dessen Abbau ebenfalls wesentlich durch Termiten geschieht (Abb. 6.11).
Vermodernde Baumstämme bilden außerdem die Nahrungsgrundlage für viele **Käfer.** An umgestürzten Stämmen erscheinen zuerst Pilzzüchter (Scolytidae, Platypodidae, Lymexylonidae). Ihnen folgen Bockkäfer (Cerambycidae) und Rüssel-

käfer (Brenthidae, Curculionidae), deren Larven zwischen Rinde und Splintholz fressen, zur Verpuppung aber tiefer ins Holz eindringen. Ihre einseitige Nahrung wird durch Endosymbionten ausgeglichen. Wenn die Rinde abfällt, kommen polytrophe Holzfresser. Hier sind es außer Termiten die Zuckerkäfer (Passalidae), Blatthornkäfer (Scarabaeoidea), Schwarzkäfer (Tenebrionidae) und Schnellkäfer (Elateridae), welche ganze Stämme weiter aushöhlen können.
Übrigens werden schon gesunde Bäume von verschiedenen Käfern angegriffen, obwohl etliche Baumarten der Tropen recht resistent gegenüber Insekten sind. An lebenden Pflanzenwurzeln saugen die Larven der Singzikaden in über 50 cm Tiefe.
Wo die Umweltbedingungen ziemlich konstant bleiben, fehlt Pflanzen und Tieren eine ausgesprochene Jahresperiodik. Dennoch wechseln auch bei ihnen Zeiten der Ruhe und Aktivität. Sie sind also nicht das ganze Jahr über gleichmäßig aktiv. Mitteleuropäische Laubbäume verlieren im Tropenwald ihre frühere Jahresperiodik.

10.1.5 Überschwemmungswald

Durch das Hochwasser der großen Ströme können jahreszeitliche Wanderungen von Tieren ausgelöst werden. Solche periodischen, regenbedingten Hochwasserstauungen kommen im Gebiet des Amazonas und Rio Negro in einem Areal von etwa 100000 km^2 vor. Die hohen Bäume ragen zwar mit ihren Kronen aus dem sechs bis zehn Meter tiefen Wasser heraus. Oft herrschen aber auf weite Strecken nur wenige Baumarten vor. Ihr Nachwuchs und der Unterwuchs an niedrigen Holzgewächsen bleiben bis zu sieben Monaten im Jahr untergetaucht. Obwohl die Laubblätter in einer lichtarmen Tiefe und die Wurzeln unter Umständen in einem Milieu ohne Sauerstoff ausharren müssen, werfen einige Arten ihre Blätter nicht ab, sondern sind nach Ablaufen des Wassers gleich wieder zur Photosynthese fähig.
Da die Regenzeiten allmählich von Süden und Westen nach Norden und zum Zentrum des Amazonasgebietes fortschreiten, sind nie alle Regionen gleichzeitig betroffen. So verlassen regelmäßig Enten, Taucher, Watvögel, Störche und Nachtschwalben *(Chordeiles)* ihre Wohngebiete, wenn ihnen bei Überschwemmungen der Sandbänke und dem Verlust der seichten Wasserstrecken Brutplätze und Nahrungsstellen genommen sind. Später kehren sie dorthin wieder zurück.
Während des Hochwassers siedeln sich Kieselschwämme an Ästen und Stämmen an. Kugelmuscheln (Sphaeridiidae) überstehen die trockenen Monate in Diapause, die später in Quieszenz übergeht. Bei recht plötzlichem Auftreten von Hochwasser ertrinken viele Arthropoden. Nur wenige Bodentiere, wie einige Hornmilben und Springschwänze können monatelang Überflutung im Eistadium, manche sogar als Adulte überstehen.
Spinnen, Termiten, Ameisen, Grillen, Laufkäfer, Staphyliniden, Asseln und die meisten Springschwänze (Collembola) weichen vor dem ansteigenden Wasser landeinwärts aus oder klettern wie im Auenwald an den herausragenden Stämmen

empor, von denen sie später zurück wandern. Die meisten Spinnen flüchten wegen der Durchwässerung des Bodens ein bis zwei Tage vor der Überflutung auf die Bäume; eine Oonopide sogar schon ein bis drei Monate vorher. Sie pflanzt sich in der Stamm- und Kronenregion fort und besiedelt den Wurzelfilz mit der neuen Generation nach Ablaufen des Wassers. Freijagende Kammspinnen (Ctenidae) und Jagdspinnen (Pisauridae) suchen ihre Beute nahe dem Wasser oder laufen auf dessen Oberfläche.

Viele **Fische** dringen in die vorher trockengelegenen Zonen ein. Manche stagnierenden Gewässer im Überschwemmungswald werden leicht faulig. Etliche Arten suchen jedoch gerade diese auf, wo Nahrungskonkurrenz gering ist und nur wenige Raubfische leben können. Ihre Anpassung an den Mangel von Sauerstoff beruht auf anatomischen Besonderheiten und dem Vermögen, Luft aus dem Oberflächenwasser aufzunehmen. Einige haben gute Durchblutung von Mundhöhle, Magen und Mitteldarm, andere besitzen eine lungenartige Schwimmblase. Bei wieder anderen *(Brycon, Colossoma, Osteoglossum)* können Gefäße der Unterhaut des Unterkiefers eine Flüssigkeit absondern, durch die nach wenigen Stunden lippenartige Ausstülpungen anschwellen. Die so entstehenden Lippenbarteln, die bei genügend Gehalt an Sauerstoff wieder zurückgebildet werden, legt der Fisch zur Atmung an die dünne Grenzschicht Wasser-Luft. Alle diese «Friedfische», die auch im fauligen Wasser leben können, ernähren sich von pflanzlichem Material, einschließlich der von den Bäumen ins Wasser gefallenen Früchte.

10.1.6 Montaner Regenwald

Solcher Wald mit stärkeren Niederschlägen an den Gebirgshängen tritt bis in Höhen von über 2500 Meter auf. Die Größe der Bäume nimmt in höheren Lagen allmählich ab. Meist treten Palmen mehr zurück. Dafür charakterisieren Baumfarne diesen Waldtyp. Besonders üppig gedeihen noch Epiphyten, vor allem Moose und Farne. Der Boden ist oft wie mit einem Teppich aus Moosfarnen *(Selaginella)* und Moos bedeckt. Die Tierwelt verarmt zwar im Vergleich zum Regenwald der Ebene, ist in ihren charakteristischen Gruppen aber immer noch mannigfaltig.

Einen Eindruck von der Flora und Fauna des Montanen Regenwaldes auf Celebes gibt der Biologe Gerd Heinrich in seinem Buch: Der Vogel Schnarch. Zwei Jahre Rallenfang und Urwaldforschung in Celebes. (Reimer & Vohsen, Berlin 1932).
«Eine Pflanzenwildnis hemmungslos wuchernder, um Lebensraum kämpfender Vegetation... Vom Boden hinauf zu fünfzig oder sechzig Meter Höhe ist der ganze Raum erfüllt von einem Meer von Blättern aller Art, das die Strahlen der Sonne fast völlig absorbiert. Warme feuchte Dämmerung herrscht am Grunde. Gleich gewaltigen Säulen steigen die Stämme riesiger Bäume empor und breiten ihre Kronen aus, irgendwo hoch über dem Chaos von niedrigeren Pflanzen und Bäumen. Lianen, Kletterpflanzen verschiedenster Art schwingen sich empor zum Licht. Gleich dicken Tauen legen sich ihre Stämme um die Baumriesen oder hängen in Windungen scheinbar frei in der Luft. Manche von ihnen sind mit breiten Stacheln besetzt. Andere umschlingen ihre Opfer: der Stamm, den sie umklammern, wird vermodert zu Boden gesunken sein, wenn sie selbst über andere Bäume hinweg längst den Platz an der Sonne erkämpften.

Phantastisch wie die Pflanzenwelt sind auch die Tiere. Ihre Formen und Farben scheinen aus einer anderen Welt zu stammen. Aber wie schwer ist es, die scheinbar so auffallenden Vögel und andere Lebewesen zu entdecken. Hier herrscht die gewaltige Masse der Pflanzen, und das Tier taucht unter zwischen ihnen, bleibt verborgen und unsichtbar... Wenn die Nacht hereinbricht und alles in warme feuchte Dunkelheit hüllt, dann wird es anders. Nun ist der Wald erfüllt von den verschiedensten schrillen und lauten Stimmen, die von allen Seiten fortwährend einsetzen und wieder verstummen. Das zirpende und schnarrende Getöse der Grillen und Baumheuschrecken bildet den kontinuierlichen Unterton. Von ihm heben sich die quakenden Laute ab, melodiöses oder grelles Läuten der verschiedenen Lurche und Baumfrösche in ständigem Wechsel aller Tonlagen und Klangfärbungen.»

10.1.7 Auswirkungen von Eingriffen des Menschen

Zunehmend werden heute Areale tropischer Regenwälder gerodet, um die Existenznot rasch anwachsender Bevölkerungen zu mindern. Eine natürliche Restitution nach Kahlschlag oder Brandkultur würde Jahrhunderte dauern oder ist überhaupt nicht mehr möglich. Vor allem fehlen dann nämlich für viele Bäume die lebensnotwendigen Mykorrhiza-Pilze. Außerdem werden durch starke Regen Nährstoffe in den Unterboden gewaschen, und der Oberboden wird zusammengepreßt, so daß sich seine Durchlüftung verschlechtert. Der Sekundärwald, der nach Katastrophen heranwächst, steht unter anderen, neuen Bedingungen.
Die Keimung der Samen im Sekundärwald muß im Licht erfolgen. Ihre Dormanz ist oft ausgeprägt, obwohl sie meist nicht so lange auf eine günstige Gelegenheit zur Keimung ausharren müssen wie im ursprünglichen Regenwald. Die Ausbreitung der Samen und Früchte wird häufig durch Wind bewirkt, während im Primärwald hierfür Tiere wichtiger sind. Es entsteht im ganzen eine artenärmere Lebensgemeinschaft, in der Pflanzenfresser und parasitische Pilze sehr schädlich sein können. In besonderem Maße sind daher aus dem Regenwald hervorgegangene Plantagen (Kokospalme, Banane, Kakaobaum) von solchen Schaderregern bedroht.
Wegen zu hoher Kosten scheitert im allgemeinen die Wiederbewaldung auf den nach wenigen Ernten verarmten Böden. Weitere Folgen der Waldvernichtung sind das Aussterben Zehntausender von Arten, die größtenteils noch gar nicht beschrieben sein dürften. Etwa 70–80 % aller Pflanzen- und Tierarten leben in den Tropen und von diesen wahrscheinlich 25–40 % in tropischen Feuchtwäldern. Schließlich erhöht sich durch Brandrodung weltweit der Anteil von CO_2 in den unteren Schichten der Atmosphäre (Troposphäre), von dem nun weniger von den Pflanzen assimiliert wird. So muß sich der globale «Treibhauseffekt» verstärken.
Ständig verengt sich zugleich das Areal der Ureinwohner tropische Regenwälder. Dies betrifft ebenso die mittel- und südamerikanischen Waldindianer wie die Weddas in Urwäldern von Sri Lanka, Punan-Waldnomaden in Nordborneo und Pygmäen im afrikanischen Regenwald. Gerade die Pygmäen West- und Zentralafrikas sind dem Lebensraum der Hylaea in biologischer und kultureller Hinsicht besonders eng verbunden. Ihre hormonal bedingte geringe Körpergröße beträgt 135–150 cm, ihr Gewicht übersteigt selten 54 kg. Sie leben als nomadische Jäger und Sammler. Ihre Hütten und Geräte sind aus Holz angefertigt. Außerdem verarbeiten sie Tierfelle und Knochen. Die Zahl der Pygmäen wird auf 80000–100000 ge-

schätzt. Nur etwa ein Viertel von ihnen konnte bisher noch die alte Lebensform bewahren, die sich seit Tausenden von Jahren nicht geändert hatte. Im neuen Milieu mit anderer Lebensweise werden sie leichter von Krankheiten wie Frambösie und Parasiten (Filarien, Sandfloh *Tunga*) heimgesucht.
Die Indianer in den Tropenwäldern Lateinamerikas wurden durch Pocken, Grippe, Typhus und Pneumonie dezimiert, gegen die sie im Gegensatz zu den weitgehend immunen Europäern, welche diese Krankheiten hereinbrachten, keine Abwehrstoffe besaßen. Solche Krankheiten weiteten sich zu Epidemien aus, die in kurzer Zeit die indianische Urbevölkerung großer Gebiete auslöschten.

10.2 Hydroperiodische Tropenwälder (Semihylaea)

Durch sog. Saisonregenwälder, die ihr Erscheinungsbild trotz kurzer, aber unsicher begrenzter Trockenperioden kaum ändern, gibt es Übergänge vom Tropischen Regenwald zu den regengrünen Monsunwäldern der Alten Welt und den Passatwäldern Amerikas. Sie kommen in den sommerfeuchten Tropen vor, wo die Gesamtniederschläge noch üppigen Waldwuchs ermöglichen, obwohl die Trockenzeit zwei bis fünf Monate dauern kann. Dies ist der Fall in manchen Gebieten Mittel- und Südamerikas, nördlich und südlich des äquatorialen Regenwaldes in Afrika sowie in Teilen des indischen Subkontinents. Heute sind allerdings große Flächen solcher Wälder in Savanne und Weideland umgewandelt.
Da die warme Jahreszeit durch die Trockenperiode unterbrochen wird, ist der Einschnitt für den Kreislauf der Stoffe nicht so einschneidend wie derjenige durch kalte Winter in den thermoperiodischen Wäldern der Silvaea und Taiga. Noch nach mehreren trockenen Monaten stehen belaubte Bäume fleckenartig zwischen unbelaubten, die sehr bald neue Blätter austreiben. Kraut- und Strauchschicht unterscheiden sich weniger zwischen Regen- und Trockenzeit und bleiben schwer durchdringbar. Sogar viele feuchtliebende Pflanzen verlieren in der Trockenperiode nicht ihre Blätter und setzen ihre Lebensfunktionen fort, wenn auch in verminderter Rate. In solcher Zeit kann ein üppiges Blühen von Bäumen und Sträuchern, Fruchtbildung und normales Wachstum von Schößlingen stattfinden.
Die Bäume werden im Durchschnitt nur 10–20 m hoch, haben selten Brettwurzeln und spärlichen Besatz an Epiphyten, weil diese auf gleichmäßigen Regen angewiesen sind. Viele Stämme zeichnen sich durch grobschuppige Borke aus. Da die Kronen lichter sind, gelangt reichlich Licht für den dichten Unterwuchs nach unten. Erst wenn die Trockenperiode sieben Monate dauert, werfen alle Bäume ihr Laub ab, und es entstehen trockenkahle Tropengehölze.
Die **Böden** entsprechen meist denen, die auch in Savannen vorkommen. Es sind Ferric Luvisole (Lixisole) und Nitosole (Roterden und Rotlehme). Der Streufall betrug in Monsunwäldern Indiens das Anderthalbfache von dem eines sommergrünen Laubwaldes. Der harte Boden ist in der Trockenzeit dichter mit Fallaub bedeckt als in der Regenperiode. Der Abbau durch Mikroflora, Termiten und Regenwürmer zeigt deutliche jahresperiodische Unterschiede. In der Trockenzeit

haben Feuer großen Anteil am Abbauvorgang. Asseln und vor allem Treiberameisen verlegen in den trockenen Monaten ihre Aktivität tiefer in den Boden. Ameisen sind auch wichtig für die Lockerung des Bodens und dessen Anreicherung mit organischem Material.

Manche Tiere aus dem Tropischen Regenwald haben sich an die **Jahresperiodik** der regengrünen Wälder angepaßt. So hängt das Gedeihen des Kaffeebeerenkäfers *(Stephanoderes hampei)* von der Verteilung des Regens im Jahr ab. In Westjava, wo es das ganze Jahr über regnet und sich immergrüner Regenwald entwickelt, gibt es stets Blüten und Früchte des Kaffeebaums. Dort folgt eine Generation des Käfers nach der anderen. Im Ostteil der Insel bringt der Ostmonsun Trockenperioden von mehreren Monaten mit sich. Der Westmonsun ist von Dauerregen begleitet, der die Blütenbildung behindert. In der für den Käfer nahrungsknappen Zeit bleiben verhältnismäßig wenige Individuen am Leben.

Für viele andere Arten der Vegetationsschicht wirken sich jahresperiodische Unterschiede weniger aus. Einige Blütenbesucher kommen das ganze Jahr hindurch vor, etliche allerdings nur in bestimmten Jahreszeiten. Die meisten Samen fallen in der Trockenperiode zu Boden. Ein Teil wird von Nußfressern gesammelt und versteckt. Sie stehen diesen vor allem gegen Ende der Regenzeit zur Verfügung, wenn die wenigsten Früchte und Samen aufzulesen sind.

10.3 Temperierte Regenwälder (Pseudohylaea)

Im Süden von China, Korea und Japan; in Florida und einigen Stellen des pazifischen Nordamerikas; ferner auf der Südhalbkugel in Südost-Australien, Neuseeland, Kapland, Patagonien und Südchile stehen Wälder ohne ausgesprochene Trockenperiode im Jahr. Durch Üppigkeit der Vegetation, obwohl mit weniger Lianen und Epiphyten, erinnern sie trotz des andern Klimas in ihrer Physiognomie oft an tropische Regenwälder. Es dominieren immergrüne, viel Feuchtigkeit brauchende Bäume, die aber nicht so großblättrig wie im tropischen Regenwald sind, sondern kleinere und derbere Blätter haben. Kauliflorie und Epiphyllie kommen seltener vor. Hohe Farne können das Bild prägen (Abb. 10.6).

In den verschiedenen geographischen Bereichen fallen allerdings nur Ähnlichkeiten der Strukturierung und der Lebensformen auf; die jeweilige Pflanzen- und Tierwelt ist im einzelnen recht verschieden. So kommen in SO-Australien feuchte Eukalyptus-Wälder mit Baumfarnen und reichem Unterwuchs vor. Dort leben gesellige Papageien, die Nektar und Pollen fressen, Pinselzüngler der Gattung *Trichoglossus*. Auch sind nachtaktive Beuteltiere, unter ihnen Flugbeutler *(Petaurus)* sowie der selten gewordene Ameisenigel *(Echidna)* der Kloakentiere Bewohner eines solchen Waldes.

In temperierten Regenwäldern Neuseelands und Chiles wachsen vor allem Bäume der Gattung *Nothofagus*, zu der immergrüne und sommergrüne Arten gehören. *Nothofagus* würde ohne die häufigen natürlichen Katastrophen durch Vulkanausbrüche und Erdbeben Holzgewächsen mit größerer Schattentoleranz weichen.

Abb. 10.6: Temperierter Regenwald in Ostaustralien (Orig.).

Dafür sind Nothofagen Erstbesiedler kahler Flächen und als Bäume eines sich entwickelnden «Klimaxwaldes» an Katastrophen gut angepaßt. Reichlich kommen Flechten mit blattartig gelapptem Thallus und Cyanobakterien als Symbionten vor. In einem *Nothofagus*-Wald auf Neuseeland wurde die Biomasse an Flechten auf 100 kg Trockengewicht/ha geschätzt.

Durch den Reichtum an Pflanzen und das Herausragen von Baumgiganten wie der Araucarien erinnert der temperierte Regenwald in Südchile im Erscheinungsbild an einen tropischen. Dagegen gleicht er in der gut entwickelten Streuschicht und der Makrofauna am Boden eher an den Silvaea-Waldtyp. Wie in allen Wäldern sind die Ränder und Lichtungen mit ihren bunten Blumen reich von Schmetterlingen und anderen Blütenbesuchern bevölkert, zu denen in Chile auch Kolibris gehören. Vertreter der häufigsten Vögel finden sich in den Familien der Baumläufer (Certhiidae), Königswürger (Tyrannidae), speziell im Unterholz außerdem der Baumsteiger (Dendrocolaptidae) und Buschschlüpfer (Rhinocryptidae).

Im ganzen ist eine gewisse Mittelstellung dieses Waldtyps zwischen Hylaea und Silvaea nicht zu verkennen, doch gibt es noch nicht genügend umfassende Untersuchungen darüber. Hinzukommt, daß diese Wälder weitgehend Kulturformationen weichen mußten, so daß nur Restbestände erhalten blieben. Als Böden entstanden vorwiegend Acrisole mit Tonanreicherung im B-Horizont, wie sie auch viele Savannen kennzeichnen. Immergrüne Lorbeerwälder mit einer gewissen Trokkenheit im Sommer bilden einen Übergang zu den Hartlaubwäldern der Winterregengebiete.

Pablo Neruda gibt in seinen «Memorias» (1974) einen guten Einblick in die Mittelstellung eines Temperierten Regenwaldes zwischen einem Tropischen und dem eines Sommergrünen Laubwaldes der gemäßigten Breiten.
«...die duftenden, schweigenden, unentwirrbaren chilenischen Wälder. Meine Füße sinken ein in das tote Laub ... die gigantischen Araucarien ragen in ihrer stattlichen Höhe empor, ein Vogel aus dem kühlen Waldinneren fliegt vorbei ... Dies ist eine vertikale Welt: ein Reich von Vögeln, eine Fülle an Blättern ... Ich stolpere über einen Stein, decke ein Loch darunter auf, eine riesige Spinne mit roten Haaren starrt mich an, bewegungslos, so groß wie eine Krabbe. Ein goldener *Carabus*-Käfer verschwindet blitzartig ... Beim Weitergehen komme ich durch einen Wald von Farnen, die viel höher sind als ich ... Ein vermoderter Baumstamm, welch ein Schatz! Schwarze und blaue Pilze haben ihm Ohren gegeben, rote parasitische Pflanzen ihn mit Rubin bedeckt, andere träge Pflanzen ihm ihre Bärte geborgt, und eine Schlange schnellt aus dem verrotteten Holz hervor ... Jeder Baum hält Abstand von den übrigen ... und das Laub eines jeden hat seinen eigenen Stil, lineal, fiederartig, verzweigt, lanzettlich ... Ein zitronengelber Falter fliegt vorbei ... Dicht daneben nicken unzählige Pantoffelblumen *(Calceolaria)* ihre kleinen gelben Köpfe wie zum Gruß. Hoch oben hängen rote *Lapageria* wie Tropfen aus magischen Arterien des Waldes herab ... Ein Fuchs durchschneidet die Stille wie ein Blitz, der die Blätter erzittern läßt ... Der kaum hörbare Ruf irgendeines wilden Tieres weit entfernt...»

10.4 Hartlaubwälder (Skleraea)

Wo die klimatischen Bedingungen eine zusammenhängende Vegetation aus Bäumen und Sträuchern ermöglichen, die Wasserverhältnisse jedoch nur solche Holzpflanzen zulassen, die im Sommer mindestens einen Monat Trockenzeit ertragen können und durch mehrere Monate wenig Regen erhalten, wo die Böden außerdem ungenügend mit Nährstoffen und Spurenelementen versorgt sind, haben sich besondere Formationen von Trockenwäldern oder Trockensträuchern ausgebildet.
Solche Landschaften sind an fünf Stellen der Erde sich entsprechender nördlicher und südlicher Breitengrade entstanden. Sie betreffen das Mittelmeergebiet, Kalifornien, Zentralchile, das Kapland und Teile von Südaustralien. Ähnliche Klimate führten zur Auslese einer konvergenten, aber nicht näher verwandten Pflanzen- und Tierwelt. Das Alter der betreffenden Gruppen ist unterschiedlich. Holzpflanzen und die meisten Wirbellosen des Bodens gehören älteren phylogenetischen Taxa an, krautige Pflanzen und die Mehrzahl der oberirdischen Tiere sind dagegen später entstanden. Reste von Lorbeerwäldern als Vorläufer der Skleraea aus dem Tertiär finden sich noch in Nebellagen und feuchten Gebirgshängen auf den Kanarischen Inseln und Madaira, im westlichen Kaukasus, nördlichen Iran, China und Japan.
Neuartig ist die Kombination so verschiedener Komponenten, die zueinander in der erdgeschichtlich relativ jungen Skleraea-Landschaft in Beziehung treten. Die Besonderheit liegt in der ökologischen Mittelstellung zwischen feuchteren Wäldern und trockenen, offenen Formationen, vor allem angrenzenden Halbwüsten. Übergänge von Hartlaubwäldern zur Silvaea bilden in Europa die Steppenheidewälder mit

laubabwerfenden Eichen *(Quercus pubescens, cerris, petraea)*. Ähnliche Trocken-Eichenwälder finden sich in montaner Lage in Nordamerika. In Australien gehen die macchieartigen Eukalyptuswälder der Südregion in die feuchteren, aus hohen *Eucalyptus*-Arten bestehenden temperierten Regenwälder der Südostpartien des Kontinents über.
Die Landschaften der Skleraea sind in ihrem Relief oft recht verschieden gestaltet. Es gibt kahle und steile Hänge, Erosionsflächen, breite Flußniederungen und tief sich eingrabende Sturzbäche von kurzfristiger Dauer. Der Boden besteht aus Cambisolen (Braunerden), Chromic Luvisolen (Terra rossa und Terra fusca) sowie in Bergländern mit starker Abtragung aus flachgründigen Rendzinen und Rankern. Der geringe Nährstoffgehalt für die Pflanzen bei Cambi- und Luvisolen kann unter Umständen wichtiger sein als der Einfluß des Klimas. In Südafrika und in Australien erstreckt sich daher die Skleraea-Zone, wo der Boden sehr arm an Nährstoffen ist, über ihre klimatische Grenze hinaus.
In Klima, Böden und Vegetation stimmen einerseits die Hartlaubformationen von Kalifornien und Chile, andererseits diejenigen Südafrikas und Australiens am besten überein. Eine gewisse Affinität gibt es zwischen dem Mittelmeergebiet und Kalifornien. Noch geringer sind Gemeinsamkeiten bei anderen Vergleichen der fünf Regionen. Bezüglich der Tierwelt finden sich gleichfalls nur in der Struktur ihrer Lebensgemeinschaft manche Ähnlichkeiten, wie bei der Bodenfauna, bei Reptilien und Vögeln hervorgehoben wurde.

Lebensbedingungen. Mindestens 65 % der Niederschläge fallen in den Wintermonaten. Wegen verhältnismäßig geringer Verdunstung sind Regen in kühleren, wenn auch immer noch milden Wintern für die Pflanzen wirksamer als im warmen Sommer. Das ganze Jahr über herrscht eine für die Entfaltung des Lebens günstige Temperatur.
Die Gesamthöhe der Winterregen kann je nach dem Gebiet zwischen 300 bis 1000 mm im Jahr betragen oder noch wesentlich darüber liegen. Die mittleren Jahrestemperaturen schwanken zwischen 5° bis 18° C. Doch bleiben sie im Boden unter der Streu- und Humusschicht recht ausgeglichen. Die durch nasse Winter und trockene Sommer geprägten Jahreszeiten wirken sich vor allem auf die Mikroflora aus, deren Hauptaktivität im Winter liegt.
In solchen Landschaften treten häufig Brände auf, die ebenso wie in Savannen und Steppen Ereignisse von ökologischer Bedeutung sind. **Feuer** bewirkt schnelle Freisetzung von Mineralien aus den Pflanzenteilen, Entgiftung des Bodens, Verdunstung hydrophoben Bodenmaterials, Erneuerung der Vegetation und Dezimierung pflanzenfressender Nager. Viele Pflanzen schlagen nach einem Feuer schon aus, bevor der Winterregen einsetzt. Es gibt sogar einige, deren Samen zur Keimung die Hitze eines Brandes benötigen. In dem Chaparral Kaliforniens bleiben z. B. Samen von *Adenostoma*, *Ceanothus*, *Rhus ovata*, *Lotus scoparius* und anderer bis zu einem Feuer im Zustand der Dormanz im Boden. Diese Dormanz wird mindestens in manchen Fällen durch von Pflanzenblättern ausgeschiedene Toxine ausgelöst, die mit dem Regenwasser in den Boden gelangt sind. Auch hierfür ist *Adenostoma* ein Beispiel. In Australien gibt es große gleichalte Bestände von *Eucalyptus regnans*,

dessen Samen oder Keimlinge völlig durch Ameisen, Pilze oder Konkurrenz vernichtet werden. Nur nach natürlich auftretenden Bränden wächst ein neuer Bestand heran.
Die Kleintierwelt im Boden wird vom Feuer nicht sehr betroffen. Es ändert sich jedoch die anteilmäßige Zusammensetzung der Fauna in der Streuschicht. Natürlich ist die Häufigkeit von Feuern für die Lebewelt entscheidend. Bricht zum Beispiel in amerikanischen Chaparral bald auf derselben Stelle ein neuer Brand aus, können sich die Vegetation und die von ihr abhängige Fauna doch beträchtich verändern.

Vegetation. Die meisten Pflanzen haben schmale oder breite, aber derbe Blätter. Bei dicken, festen Blättern wirken sich selbst größere Veränderungen im inneren Wasserhaushalt der Pflanze nur wenig auf die Zellvolumina aus. Dadurch sind sie zugleich an den geringen Wasser- und Nährstoffgehalt der Böden angepaßt. Die Holzgewächse sind meist immergrün. Ihre Wurzeln müssen bis zum Grundwasser reichen, wenn die Photosynthese auch während der Trockenperiode vor sich geht. Die abgefallenen Blätter werden wegen sekundärer, für viele abbauende Organismen giftigen Stoffe (hoher Gehalt an Lipiden, Wachs, ätherischen Ölen, Terpenen) relativ langsam zersetzt. Der Laubfall beträgt in Kalifornien 270, im Mediterrangebiet 230, in Chile 160 g/m^2 (Trockengewicht) im Jahr.

In der Hartlaubzone des **Mittelmeergebietes** ist der Winter so kühl, daß die Hauptvegetationszeit im Frühjahr liegt. Die zonale Vegetation bestand früher aus ausgedehnten, immergrünen Eichenwäldern *(Quercus ilex, suber, coccifera)*, einer Strauchschicht mit *Buxus*, *Laurus*, *Arbutus*, *Viburnum*, *Pistacia*, *Rhamnus*, *Rosa*, aus Lianen der Gattungen *Clematis*, *Lonicera* und aus vielen anderen Pflanzen, besonders solchen mit ätherischen Ölen. Die Bäume sehen oft gedrungen aus, mit knorrigem Astwerk, wie es allgemeiner vom Olivenbaum *(Olea europaea)* bekannt ist. Solche mit mächtig entwickelter Borke, wie die Korkeiche *(Quercus suber)* halten selbst häufigen Buschfeuern stand. In der ariden Höhenstufe wachsen Nadelbäume der Gattungen *Pinus*, *Cedrus*, *Abies*, *Cupressus*, während die Unterschicht macchienartig bleibt. Restwälder finden sich noch im Mittleren Atlas, im östlichen Taurus und im Amanusgebirge des Nordlibanon. Schon vor über 4000 Jahren wurden solche ursprünglichen, montanen Zedernwälder, wie sie damals im Libanon und Syrien noch weite Flächen bedeckten, im Gilgamesch-Epos beschrieben.
Bereits Plato wies auf die schädlichen Folgen der Entwaldung Attikas hin. Heute ist kaum noch etwas von dem einstigen Landschaftsbild der Trockenwälder im Mittelmeergebiet übrig geblieben. Durch Holzschlag entstand eine buschartige Degradationsform, die **«Macchie»**, durch Überbeweidung der Ziegen und Schafe die offene **«Garigue»**. Schließlich breitete sich durch intensive Landwirtschaft das Agrarland immer weiter aus.
In **Mittel- und Südkalifornien** bestanden Trockenwälder vom Typ der Skleraea ebenfalls im wesentlichen aus immergrünen Eichen. Die südlichen Gebiete tragen eine als **«Chaparral»** bezeichnete zwei bis drei Meter hohe Gebüschformation auf

einer Fläche von bis zu drei Millionen Hektar. Sie entspricht der Macchie, stellt aber im Gegensatz zu ihr eine natürliche Vegetation dar. Ein typischer bestandbildender Strauch ist die bereits erwähnte Rosacee *Adenostoma fasciculatum*. Außerdem dominieren Arten von *Arctostaphylos*, *Ceanothus*, *Heteromeles* und *Rhus* sowie Gattungen, die auch im Mittelmeergebiet vertreten sind *(Cupressus, Juniperus, Arbutus, Quercus, Pinus, Rhamnus u.a.)*.
Das Hartlaubgebiet **Mittelchiles,** der **«Matorral»**, besitzt nur noch kleine Reste, in denen ganz andere Bäume vorherrschen als auf der nördlichen Halbkugel. Als Beispiele seien die Lorbeergewächse *Cryptocarya* und *Beilschmiedea* sowie der zu den Rosaceen gehörende Seifenrindenbaum *(Quillaja saponaria)* genannt. Die Bäume der Nebellagen sind oft mit meterlangen Epiphyten behangen, so der Bromeliacee *Tillandsia usneoides*. Fremdartig wirken die Säulenkakteen auf felsigen Böden.
Am reichhaltigsten ist die Pflanzenwelt der Skleraea im **Kapland** mit ihren bis zu einigen Metern hohen macchieartigen Sträuchern der Proteaceen. Die einzige Baumart dieser Familie, der Silberbaum *(Leucodendron argenteum)*, erreicht 15 m Höhe. Die gesamte Vegetation, **«Fynbos»** genannt, ist an den steilen Hängen noch recht ursprünglich geblieben. Frühere Wälder enthielten Coniferen der Gattung *Podocarpus* mit schuppiger, rissiger Borke sowie Vertreter der Saxifragales durch *Cunonia*- und *Platylophus*-Bäume.
In der **australischen Skleraea** war *Eucalyptus* bestandbildend. Das Strauchwerk besteht aus Proteaceen mit *Banksia*, *Grevillea* und anderen. In der als **«Mallee»** bezeichneten Hartlaubzone sind aber gerade die Eukalyptuswälder heute weitgehend in Schafweiden oder Kulturfelder umgewandelt.

Tierwelt. Die ökologische Sonderstellung der immergrünen Hartlaubwälder zeigt sich gut an den Tieren. Von ihnen finden sich auffallend viele Arten aus angrenzenden Halbwüsten ein. Das gilt vor allem für Schwarzkäfer (Tenebrionidae), Reptilien und Vögel, weniger für Säugetiere. Auch die nächtliche Lebensweise typischer Arten, starke Kutikula der Arthropoden, ausgeprägte Sommerdiapause bei Schnecken und Insekten sind eher Kennzeichen einer Trockenlandschaft als eines Waldes. Die meisten Collembolen der Garigue übersommern als Ei. Die wenigen als Adulte überdauernden Arten fallen in einen reversiblen Zustand der Austrocknung mit Wasserverlust von 65%. Der Mensch unterstützt durch sein Wirken noch die Zunahme der xerophilen Komponenten, da diese besonders leicht die Degradationsflächen der ehemaligen Wälder besiedeln können.
Im ganzen hält die Bodenfauna eine Mittelstellung zwischen gemäßigten Wäldern und offenem Grasland. Hygrophile Kleintiere leben tiefer im Boden als im sommergrünen Laubwald. In der trockenen Streu und der Humusschicht finden sich reichlich Pseudoskorpione, Psocopteren und Thysanuren, aber auch Oribatiden und andere Milben, während Collembolen und Myriopoden (außer den Polyxenidae) mehr zurücktreten. Der Rolltausendfuß *Glomeris balcanica* im östlichen Mediterrangebiet kann durch seine dreijährige Entwicklungsdauer die Trockenperioden in den Sommern gut überbrücken. Mehr an der Oberfläche lebende Arten dringen in der Trockenzeit weiter in den Boden ein.

In den Restwäldern des Mediterraneum werden Zedern und Pinien oft stark von Raupen des Pinien-Prozessionsspinners *(Thaumetopoea pityocampa)* heimgesucht, der ein recht weites Nahrungsspektrum an Coniferen hat. Im Matorral Chiles können 70–80 % einer immergrünen Anacardiacee von Insekten gefressen werden. Ihr Fraß endet, sobald die Blätter ausgewachsen und sklerofiziert sind. Von der Rhamnacee *Trevoa trinervis* gehen bis 50 % der Blätter durch Insektenfraß verloren bis sie durch chemische Veränderungen unbekömmlich geworden sind.
Unter den Vögeln fällt die große Zahl der Fruchtfresser an Holzgewächsen auf. Die Blüten der Proteaceen in Südafrika bieten Honigsaugern wie *Promerops caffer* reichlich Nektar und später dem Finken *Serinus leocoptera* viele Samen. In den Chaparrals von Kalifornien leben etliche Arten von Vögeln und Säugetieren aus feuchteren Waldtypen.
Ein **Vergleich zwischen Hartlaubformationen im Kapland und Südaustralien** mag charakteristische Unterschiede in so entfernt liegenden Trockenwäldern des gleichen Typs veranschaulichen. So sind die Blätter vieler Pflanzen in Australien zäher oder stachliger, harziger und oft für Tiere giftig. Die Samen liegen meist in trockenen Früchten eingeschlossen. Als Samenfresser herrschen Papageien mit Hakenschnabel vor. Auf den nährstoffarmen Böden verbreiten auch Ameisen so manche Samen. Säugetiere kommen nur in geringer Artenzahl vor. Beuteltiere entwickeln sich langsam und besiedeln größere Reviere mit kleinen Populationen.
Im Kapland andererseits sind die Blätter für Tiere im allgemeinen bekömmlicher. Die fleischigen Früchte enthalten mehr Samen. Wichtigste Samenfresser sind Finken und Tauben. Es gibt dreimal so viele Säuger-Arten wie in der Skleraea Australiens. Plazentalier entwickeln sich schneller als Beuteltiere; auch finden sich unter ihnen mehr Räuber. Im Kapgebiet wurde die Besiedlung der Baumstämme untersucht. Wie im sommergrünen Laubwald zeigte sich die Bedeutung der Rindenstruktur. Auf glatter Rinde kamen fast nur Spinnen und Hornmilben vor. Auf Stämmen mit schuppiger *(Podocarpus)* oder rissiger Rinde *(Olinia, Ocotea)* leben außerdem Asseln, Myriopoden, Schaben, Wanzen, Käfer, Ameisen, zumal dort ein guter Schutz vor zu starker Sonnenbestrahlung besteht. Dies dürfte sich wohl für Hartlaubwälder verallgemeinern lassen.

10.5 Sommergrüne Laubwälder (Silvaea)

Tropische Regenwälder können über immergrüne und subtropische, temperierte Regenwälder (Pseudohylaea) in sommergrüne Laub/Mischwälder übergehen, wie es in China und Japan der Fall ist. Letztere haben auch im atlantischen Teil Nordamerikas und in großen Bereichen Europas einst weite Flächen bedeckt. Doch sind die drei Silvaea-Gebiete, die in der Florengeschichte als ein Vegetationsgürtel bis ins Miozän zusammenhingen und erst im Spättertiär isoliert wurden, heute vom Menschen besonders dicht besiedelt und den Eingriffen der Wirtschaft unterworfen. So blieben fast nur noch Nutzungswälder innerhalb der Agrarlandschaft

übrig, die ihren alten Charakter verloren haben. In den Gebirgen dieser Zonen reichen sie bis an die Montanen Nadelwälder heran.
Durch den Urwald von Bialowieza in Polen kann man eine Vorstellung von dem ursprünglichen Aussehen der Silvaea bekommen (Abb. 10.7). Auffallend ist schon die Etagenbildung der Bäume im Gegensatz zum gleichhohen Kronenabschluß eines Wirtschaftswaldes. Dickichte und lichtere Stellen, Wald- und Bruchmoore geben dem Urwald eine mehr mosaikartige Struktur. Blattfressende Insekten und deren Schmarotzer spielen eine geringere Rolle. Dafür sind Moose und Flechten, Schnekken, höhlenbrütende Vögel und manche Insektengruppen reichlicher vorhanden;

Abb. 10.7: Sommergrüner Laubwald in Bialowieza (phot. Kasprzyk).

unter letzteren solche, die am Boden liegendes Holz abbauen. Hirschwild erreicht nicht überhöhte Dichten, wie es in Nutzwäldern mit Reh *(Capreolus)*, Rothirsch und Damwild *(Cervus)* oder in Amerika mit dem Virginiahirsch *(Odocoileus)* der Fall ist.

Für alle Wälder gilt: je lichter, desto mannigfaltiger kann die Tierwelt sein. Dies zeigt sich in den **Lichtungen,** an Flußufern im Wald, an Waldrändern, in der vom Menschen geschaffenen Parklandschaft mit ihren kleinen Feldgehölzen, sofern keine zu intensive Landwirtschaft betrieben wird; schließlich in Übergangsgebieten von Waldsteppenzonen zwischen Wald und Steppe.

Eine besondere «Kahlschlagflora» entfaltet sich in den Lichtungen. In Mitteleuropa gehören dazu Weidenröschen *(Epilobium angustifolium)*, Blaue Lupine *(Lupinus polyphyllus)*, Himbeere *(Rubus idaeus)*, Walderdbeere *(Fragaria vesca)* und Waldkreuzkraut *(Senecio silvaticus)*. Häufige Insekten finden sich dort unter Tagfaltern, Wildbienen, Wanzen, Zikaden und Heuschrecken.

10.5.1 Lebensbedingungen und Stoffkreislauf

Die lange Unterbrechung der Photosynthese während der Wintermonate bedeutet einen tiefen Einschnitt für das Lebensgeschehen im sommergrünen Laubwald. Der Kälteperiode wird durch Laubabwurf begegnet. Fast alle Bodenprozesse kommen zum Erliegen; es betrifft die Tätigkeit der Mikroorganismen und den Gasaustausch zwischen Boden und Luft. Im Bereich der Silvaea müssen mindestens vier, optimal fünf bis sechs Monate Temperaturen über 10° C herrschen, damit Blattbildung im Frühjahr, Entstehen von Stoffreserven und Fruchten möglich werden.

Auch für die höchste Holzproduktion sind fünf bis sechs Monate aktiven Stoffwechsels notwendig. Die Kälte darf nicht länger als drei bis vier Monate dauern. Im kältesten Monat sinkt die Durchschnittstemperatur auf −5° C, im wärmsten steigt sie kaum über 20° C. Vorübergehend werden aber auch −30° C vertragen. Selbst dann ist es unter der Streudecke am Boden unter Umständen nur −2° C kalt, so daß die Kleintiere im Winterlager gut vor zu großer Kälte geschützt sind. In solchen Wäldern werden etwa 16 t Sauerstoff/ha im Jahr erzeugt im Vergleich zu 3–10 t in landwirtschaftlichen Kulturen. Eine Tonne Sauerstoff im Jahr deckt den Bedarf für drei Menschen. In dicht besiedelten Gebieten der USA und Europas wird bereits mehr Sauerstoff verbraucht als die betreffenden Landflächen erzeugen.

Bodenbiologie. Der Silvaea-Landschaftstyp kommt auf Cambisol (Braunerde), Luvisol (Parabraunerde), seltener auf Rendzina (Humuskarbonatboden), bei zeitweise stauender Unterlage auch auf Planosol (Pseudogley) vor. Bei Cambisol liegt unter dem A-Horizont ein B-Horizont, der sich durch Verbraunung und Neubildung von Tonmineralien auszeichnet. Luvisole entstehen bei stärkerer Durchfeuchtung; sie haben unter dem A-Horizont zunächst einen Auswasch- und darunter einen durch Tonverlagerung gebildeten B-Horizont. Verstärkt sich die Auswaschung, dann entstehen Fahlerden (Podsol-Luvisole) oder auch reine Podsolböden. Über die verschiedenen Humusformen (Mull, Moder, Rohhumus) und das Zusammenwirken des «Edaphon» wurde in Kap. 6.4 ausführlich berichtet.

Nahezu alle Gruppen des saprotrophen Edaphon verarbeiten die Zellinhaltsstoffe des pflanzlichen Bestandesabfalls. Dagegen werden Zellwandstoffe (Zellulose, Xylan, Pektine) außer von einem Großteil der Mikroflora (vor allem den Basidiomyceten) nur von einigen Protozoen, Polydesmidae der Diplopoden, Oribatiden (Hornmilben), Dipterenlarven und Schnecken enzymatisch gespalten. Asseln fressen außer Fallaub auch ihre eigenen Kotballen. Diese sind ein gutes Substrat für Corynebakterien, die im Darm der Asseln leben und dem Tier wichtige Enzyme, Vitamine und Aminosäuren liefern.

Fortnahme des Fallaubs in einem Kalkbuchenwald durch mehrere Jahre verminderte die Menge der meisten Arten von Regenwürmern. Zusätzlicher Eintrag von Laubstreu erhöhte mindestens zeitweise die Dichte der epigäischen Regenwürmer. Wurden Makro- und Mesofauna des Bodens im Moder-Buchenwald (durch die Netzbeutel-Methode) ausgeschaltet, so verzögerte sich der normalerweise vierjährige Abbau der Streu (der allerdings auch länger dauern kann) um 8–18 Monate. Doch ernährt sich dann die Mikroflora von den abgestorbenen Pilzhyphen, so daß – obschon mit zeitlicher Verzögerung – die physiologische Leistung des Abbaus auch ohne Bodenfauna erfolgen kann. Im Kalkbuchenwald dauert die normale Zersetzung der Streu nur ein Jahr.

Die Leistung der saprotrophen Bodenfauna beschränkt sich nicht auf Abbau und Mischung des Substrats. Sie beschleunigt den Stoffkreislauf und ist zugleich der Lebensmotor für das übrige Edaphon. Von ihr und den vielen in einem bestimmten Entwicklungsstadium oder zur Überwinterung im Boden befindlichen phytotrophen Arten ernähren sich nämlich zahlreiche räuberische Arthropoden, deren Anteil recht erheblich ist. Die aus der Erde und Streu schlüpfenden Insekten müssen auf ihrem Weg nach oben gleichsam durch ein Netz von Feinden hindurch. Zu solchen gehören Spinnen, Weberknechte, Laufkäfer, Kurzflügler, Chilopoden, Gamasiden, Pseudoskorpione und Fliegenlarven der Rhagionidae, Asilidae, Empididae, Dolichopodidae. In einem Buchenwald auf saurem Boden mit Moder in NW-Deutschland wurden allein 70 % der nach dem Schlupf aus der Puppe zum Reifungsfraß in die Baumkronen strebenden Rüsselkäfer *Phyllobius argentatus* und *Polydrusus undatus* bei der Passage durch ein solches «Filter» von Räubern gefressen.

Bäume regulieren und optimieren durch Absorption der mit dem Regen in das Kronendach kommenden Nährstoffe und durch Auswaschung von Ionen die Konzentrationen der Elemente. So können absorbierte Ammonium-Ionen gegen solche von Natrium, Zink und zum Teil auch von Kalium ausgetauscht werden, so daß diese als Lösungen von den Pflanzen in den Boden gelangen. Durch die Fraßtätigkeit der Phytotrophen wird ein solcher Transfer noch begünstigt. Dagegen fügen sich Stickstoff, Kalzium, Magnesium und Eisen vor allem durch das Fallaub in den Stoffkreislauf ein.

Vergleich von Kalkbuchenwald mit Saurem Buchenwald. Zwar ergeben sich in der Kronenschicht manche Gemeinsamkeiten, aber schon durch die Krautschicht unterscheiden sich beide in ihrer Flora und Fauna. Noch unterschiedlicher sind Struktur und Besiedlung der Laubstreu und des Bodens. Fallaub der gleichen Baumart

enthält auf saurem, nährstoffarmen Boden weniger Ca, Mg, Na und K, dafür aber einen höheren Gehalt an Phenolen als solches von Bäumen auf kalkhaltigem Untergrund. Dies wirkt sich zunächst auf die Saprotrophen aus. Die Streu im Kalkbuchenwald ist daher vor allem im Herbst weniger dick als im sauren Buchenwald, weil Bakterien, Amoeben, Nematoden, Regenwürmer, Schnecken, Asseln, Diplopoden schneller deren Abbau bewirken, wobei als Humusform Mull entsteht. Etwa 50 % der Arten der Bodenfauna fressen dort Fallaub und Holz, 12 % ernähren sich von Bakterien, Pilzen, Algen und Pollen, 4 % sind zootroph. Der Rest nutzt bereits zerkleinertes, totes organisches Material mit der darin lebenden Mikroflora oder frißt an Wurzeln und oberirdischen Pflanzenteilen. Als Beispiel einer speziellen Gruppe seien die Larven der Buckelfliegen (Phoridae) genannt. Sie stellen 10 % aller Dipteren-Arten des Kalkbuchenwaldes, aber nur 1,5 % der im sauren Moderbuchenwald lebenden Zweiflügler.
Im letzteren überwiegen stark die Pilze. Auch gibt es dort kaum Regenwürmer und Schnecken, dafür reichlicher Oribatiden, Collembolen, Elateridenlarven und Enchytraeiden. Von räuberischen Gruppen werden Spinnen und Staphyliniden im sauren, Chilopoden und Carabiden im Kalkbuchenwald mehr begünstigt. Der von den phytotrophen Insekten herabrieselnde Kot aus den oberen Schichten der Vegetation intensiviert den Abbau der Streu im Laubwald saurer Böden, bleibt aber ohne Einfluß bei demjenigen auf kalkreichem Untergrund.

Produktion. Im Vergleich zur pflanzlichen Biomasse ist die der Tiere sehr gering. Am meisten von ihr entfällt auf die Bodenfauna. Die Werte für oberirdisch lebende Tiere liegen wesentlich niedriger. Man muß allerdings bedenken, daß die Hauptmenge der Phytomasse aus totem Stammholz besteht, also nicht aus lebendem Gewebe.
Geht man von 275 t/ha Trockenmasse eines hundertjährigen Laubwaldes aus, so entfallen 240 t auf Stämme, 30 auf Zweige, 4 auf Blätter und eine Tonne auf Unterwuchs und Kräuter. Die Biomasse der Konsumenten 1. und 2. Ordnung beträgt dagegen nur 3–5 kg/ha. Bäume, Sträucher und Kräuter bilden pro Jahr 24 t/ha neu, wovon etwa die Hälfte für die laufende Lebensfunktion verbraucht wird. Von der anderen dienen 5 t/ha dem jährlichen Holzzuwachs, 4 t den Blättern, 2 t dem Wurzelzuwachs, 1 t den Pflanzen der Strauch- und Krautschicht. Daher nimmt also die Biomasse von Jahr zu Jahr zu.
Obwohl nur 1–2 % des Gewichts der Bäume auf die Blätter entfallen, ernährt sich von Blättern, Samen, Früchten eine große Zahl von Säugetieren, Vögeln und Insekten. Letztere sowie Milben sind auch Erzeuger von Gallen, wobei Eichen besonders bevorzugt werden (Abb. 2.9). Verschiedene Vögel holen sich die Larven aus den Gallen heraus. Waldmäuse fressen am Fallaub sitzende Gallen. Abgesehen von den relativ seltenen Fällen örtlicher Massenvermehrung einzelner Arten fressen Insekten höchstens 5–8 % der lebenden Pflanzensubstanz, meist sogar nicht mehr als 1–2 %. In den Mischwäldern Osteuropas sind Elche *(Alces)* die wichtigsten Pflanzenfresser unter den Großtieren. Sie verzehren etwa 8 % des Unterwuchses. In anderen Regionen hat anderes Hirschwild die gleiche Wirkung.

10.5.2 Lebensentfaltung

Das Artenbild der Pflanzen und Tiere ist in seinem Reichtum in den drei verschiedenen Silvaea-Gebieten seit dem Tertiär recht unterschiedlich geworden. Am artenreichsten sind die ostasiatischen Wälder, die im Pleistozän eisfrei blieben. In Nordamerika ermöglichten die in Nord-Südrichtung verlaufenden Gebirge vielen Organismen während der Eiszeiten nach Süden auszuweichen. Von dort aus konnte später eine allmähliche Wiederbesiedelung des alten Areals stattfinden. In Mitteleuropa erwiesen sich die quer verlaufenden Gebirge als Hindernis, das zum Aussterben zahlreicher Arten führte. So haben die Sommerwälder in Nordamerka über 800 Arten an Bäumen, darunter 70 Eichen. Mitteleuropa besitzt in diesem Waldtyp nur 51 Baumarten, unter ihnen drei Eichen *(Quercus)*. Ähnliche Unterschiede gelten für die übrigen Pflanzen sowie für Tiere. Zusätzlich spielt allerdings auch das aktuelle Klima eine Rolle für den unterschiedlichen Reichtum an Arten. Auch wenn einzelne von ihnen durch andere ersetzt werden, können Biomasse und Primärproduktivität gleich bleiben. Dies zeigte sich im Osten der USA, als der aus China stammende Pilz *Endothecia parasitica* die Eßkastanienbäume *(Castanea dentata)* vernichtet hatte und deren Stelle dann von Eichen und anderen Bäumen eingenommen wurde.

Jahresperiodik. Im Frühjahr bietet die Laubstreu durch hohe Wärmekapazität und geringes Wärmeleitvermögen günstige Bedingungen für eine frühe Aktivität so mancher Organismen. Sie erwärmt sich schon bei geringer Bestrahlung und kann über 30° C höher liegen als die Temperatur der kahlen Bodenoberfläche. In dieser Zeit entwickeln sich wärmeliebende Waldpflanzen (Geophyten), die in Knollen, Zwiebeln und Wurzelstöcken unterirdische Reservespeicher besitzen, durch die sie schnell Blätter ausbilden, um zum Blühen und Fruchten zu kommen. Von ihnen leben bereits verschiedene Insekten, die wiederum Vögeln zur Nahrung dienen. So beginnt das aktive Leben im Wald zunächst am Grunde.

Charakteristisch ist die dann folgende periodische Verlagerung der energieerzeugenden Oberfläche nach oben, über die Belaubung der Sträucher bis zur Blattentfaltung der Baumkronen. Am Boden gedeihen nun Schattenpflanzen mit dünner Kutikula und leicht welkenden Blättern. Sie sind bei geringer Lichtmenge durch herabgesetzte Atmung jedoch den Sonnenpflanzen überlegen.

Im Spätsommer erscheinen frucht- und samenfressende Tiere. Die Vögel geben dann ihre Territorien auf. Da der Blattabwurf der Bäume und Sträucher durch die Tageslänge bedingt ist, erfolgt er im Herbst auch ohne Kälte entsprechend der photoperiodisch verschiedenen Einstellung der einzelnen Arten.

Laubfall und Umhüllung der Knospen durch Blattschuppen bewirken Stoffersparnis und Kälteschutz. Vorwiegend im Herbst bilden sich die Fruchtkörper vieler Pilze aus, an denen sich Pilzfresser, vor allem Larven von Dipteren und Käfer, deren Parasitoide und räuberischen Feinde einstellen (Abb. 6.12). Etliche Kleintiere der offenen Lebensräume konzentrieren sich zur Überwinterung an Waldrändern oder weiter im Waldinneren. Bewohner der Baum- und Strauchschicht suchen die Streu auf. Frostgefährdete Arten begeben sich tiefer in den Boden. Oft gibt eine Änderung der angeborenen «Vorzugstemperaturen» das Signal zum Beziehen der Winterlager.

Die Zahl winteraktiver Tiere in der Silvaea ist gering. Selbst von den Warmblütern ziehen die meisten Vögel fort. Einige Säugetiere halten entweder echten Winterschlaf oder haben wie Dachs und Eichhörnchen längere Schlafperioden. Winteraktiv bleiben im Wald verschiedene Vögel, Nagetiere, Spitzmäuse, Hirschwild, Hase, ferner manche Spinnen, Collembolen, Staphyliniden, Fliegenlarven der Gattung *Fannia*, um die wichtigsten hervorzuheben.

Am Beispiel der Krautschicht des mitteleuropäischen Laubwaldes sei gezeigt, daß Pflanzen mit unterschiedlicher Überwinterung im Verlauf der Florengeschichte zusammengetroffen sind.

1) Waldmeister-Typ: Pflanzen mit Quieszenz, die keine Speicherorgane ausbilden, wie Waldmeister *(Galium odoratum)*, Gundermann *(Glechoma hederacea)*, Bingelkraut *(Mercurialis perennis)*. Nahe Verwandte leben in den Tropen.

2) Märzenbecher-Typ: Pflanzen mit fakultativer, von Außenfaktoren induzierter Diapause. Neben Märzbecher *(Leucojum vernum)* gehören Feigwurz *(Ranunculus ficaria)*, Aronstab *(Arum maculatum)* und andere Geophyten dazu. Sie stammen aus dem Mittelmeergebiet mit milden Wintern.

3) Salomonssiegel-Typ: Pflanzen mit obligatorischer Diapause, die Reserven in Rhizomen oder anderen Organen speichern, wie Salomonssiegel *(Polygonatum multiflorum)*, Buschwindröschen *(Anemone nemorosa)*, Maiglöckchen *(Convallaria majalis)*, Lerchensporn *(Corydalis solida)*. Es sind Pflanzen von eurasiatischer Verbreitung.

Dynamik. Da die klimatischen Verhältnisse von Jahr zu Jahr erheblich schwanken können, kommt es immer wieder zur Dynamik von Bevölkerungen verschiedener Arten, die sich indirekt auf die übrigen Bewohner des Waldes erstreckt. Dabei werden inner- oder zwischenartliche Konkurrenz in der Regel erst bei Nahrungsmangel wirksam. Im Laubwald wird die verzehrte Blattsubstanz schnell ersetzt. Starker Blattverlust kann sogar die Bildung neuer Triebe stimulieren und ist für die Pflanze nützlich, wenn genügend Zeit vor Eintritt des Winters vorhanden ist. Fraß an jungen Blättern durch Insekten vermag die photosynthetische Leistung älterer zu erhöhen, die ihre optimale Kapazität nicht ausnutzen. Viele sogenannte Forstschädlinge verursachen in Wirklichkeit lediglich kleine «Schönheitsfehler» im Wald, die für den Holzertrag nicht allzusehr ins Gewicht fallen. Daß Insekten zuweilen übermäßig dichte Bestände lichten, indem sie kranke Bäume vernichten oder unterdrücken, erhöht die Produktivität des Waldes und ist nicht nur in Forsten, sondern auch in ursprünglichen Laubwäldern ein wichtiges Regulativ.

Übrigens belauben sich selbst vom Eichenwickler *(Tortrix viridana)* oder Schwammspinner *(Lymantria dispar)* kahl gefressene Bäume wieder, sofern sie nicht zu jung sind. Nur wenn sich Jahre ungewöhnlicher Trockenheit wiederholen, entsteht ein zusätzlicher Streß für den Baum. Dann können Pilze und Insekten zur Vernichtung von Beständen führen, die auf suboptimalen Lagen wachsen. Dies ereignete sich an einigen Stellen in Süddeutschland infolge der warmen Sommer 1943, 1945, 1947,

1949 durch den Buchenprachtkäfer *(Agrilus viridis)*, dessen Larve zwischen Rinde und Holz miniert und bei Massenbefall die Saftzufuhr im Bast unterbindet.

Gerade im sommergrünen Laubwald haben indessen für den Massenwechsel der phytotrophen Insekten die Parasitoide große Bedeutung. Nach ihrer Artenzahl dürften sie über 30 % der dort lebenden Insekten betragen. In besonderem Maße gilt dies für die Kronenschicht. Dort schmarotzen sie vor allem in blattminierenden und gallbildenden Dipterenlarven.

Die meisten Pflanzensamen im Boden befinden sich in den obersten vier Zentimetern. Ihre Menge je m^2 ist relativ gering im Vergleich zu offenen Lebensräumen. Etliche Waldpflanzen der Krautschicht vermehren sich vegetativ, einige kommen gar nicht zur Ausbildung von Samen oder erzeugen nicht sehr viele. Von den in den Boden gelangenden, zu denen Vögel und Wind noch solche von außerhalb des Waldes bringen, wird ein beträchtlicher Anteil durch Waldmäuse und andere Tiere verzehrt. Manche Samen können unter dem dunklen Kronendach nicht keimen und sterben ab. In kalten Wintern werden Samen von Pflanzen der Krautschicht oft geschädigt, während solche der Bäume eher zum Keimen stimuliert werden. Das gilt besonders für Ahorn und Buche.

Von dem gewichtsmäßig geringen Anteil der **Vögel und Säugetiere** darf man nicht auf deren geringe Bedeutung für das gesamte Ökosystem des Waldes schließen. Vielmehr üben gerade diese beiden Tiergruppen wichtige destruktive und konstruktive Funktionen aus. Hervorgehoben seien: (1) Nahrungsbeziehungen, (2) Verbreitung von Samen, (3) Lockerung des Bodens durch Scharren, Wühlen, Picken, das die Keimung von Sämlingen verbessert, (4) Ablagerung von Exkrementen mit ihrer düngenden Wirkung für die Pflanzen und Entstehung intensiver Konzentrationsstellen des Lebens für viele Kleintiere, (5) Bildung von Trampelpfaden, an denen sich Zecken und andere Parasiten konzentrieren, (6) Anlage von Nestern und Erdbauen, in welchen sich ebenso wie in den Exkrementen und Kadavern die verschiedensten Organismen ansiedeln.

Die Vogelwelt ist im Sommerlaubwald artenreicher und in größerer Dichte als in weniger strukturierten Nadelwäldern. Schon im reinen Buchenwald mit fehlendem Unterholz nimmt sie im Vergleich zum Mischwald ab. Im Frühjahr fressen bereits Durchzügler eine Menge aus dem Winterlager hervorkommende oder frisch geschlüpfte Kleintiere. Während des Sommers vermindern in Mitteleuropa Drosseln *(Turdus)*, Grasmücken *(Sylvia)*, Laubsänger *(Phylloscopus)* und die das ganze Jahr über vorhandenen Meisen und Spechte die Insektenzahlen.

Samenfresser sind durch weniger Arten vertreten. Aber gerade unter ihnen finden sich dominierende Vögel wie der Buchfink *(Fringilla coelebs)*.

Zwei typische Räuber im mitteleuropäischen Laubwald, die sich von Mäusen ernähren, sind Waldkauz *(Strix aluco)* und Mauswiesel *(Mustela nivalis)*. Die Eule ist nachtaktiv und ein Lauerer, das Wiesel tagaktiv und ein Pirschjäger. Zwischen ihnen besteht daher kaum Konkurrenz um Nahrung. Seit dem Rückgang des Baummarders *(Martes martes)* stieg die Bevölkerungsdichte der Eichhörnchen *(Sciurus)*; Arten, die im Feind-Beute-Verhältnis zueinander stehen.

Das europäische Reh *(Capreolus)* und der amerikanische Virginia- oder Weißschwanzhirsch *(Odocoileus virginianus)* fressen mit Vorliebe Laub, Knospen, Blüten und Früchte, dagegen nicht so gern Gräser. Selbst auf Wiesen suchen sie die Kräuter. Bäume werden beim «Fegen» beschädigt. Der Laubwald ist im Winter für Rehe zwar wegen Nahrung wichtiger als wegen Deckung. Doch zehren sie auch von den im Herbst gespeicherten Reservestoffen des Körpers, so daß sie in der kalten Jahreszeit mit verhältnismäßig wenig Futter auskommen. Für Rothirsch, Damhirsch und Sikahirsch (*Cervus*-Arten), die später in der Evolution erscheinen, bilden Gräser die Grundnahrung. Wo diese und andere Faserpflanzen fehlen, dient ihnen vor allem Baumrinde als Nahrung.

10.5.3 Teilsysteme

Von den vielen Teilsystemen im Wald seien nur Baumstämme ausführlicher behandelt sowie Tierkadaver und Waldgewässer kurz charakterisiert.

10.5.3.1 Baumstämme

Baumhöhlungen. Durch Gabelung der Äste, Verwachsungen oberirdisch abzweigender Wurzeln, Fäulnisvorgänge in Rinde und Holz, Ausbrechen morscher Äste, Wildfraß, Frost, Blitze können kleine Aushöhlungen entstehen, die einen besonderen Kleinlebensraum bilden. Wird die Höhlung nicht von Rinde ausgekleidet, laugt das sich ansammelnde Wasser darin das Holz stärker aus und hat einen höheren Gehalt an Gerbstoffen.
Der Grad der Wasserfüllung ist im Frühjahr am höchsten. Im Sommer kann das Wasser über 25° C warm sein; im Winter gefrieren. Am Grunde herrscht oft Mangel an Sauerstoff, außerdem reichern sich dort leicht Fäulnisprodukte (H_2S, NH_4^+) an. Trotzdem leben und entwickeln sich außer einer reichen Mikrofauna vor allem saprotrophe Larven von Sumpfkäfern (Helodidae) und verschiedenen Dipteren. Die Höhlungen können bei fortschreitender Fäulnis des Holzes austrocknen, verpilzen, sich mit Fallaub füllen, so daß dann eine individuen- und artenreiche Landfauna in ähnlicher Zusamensetzung wie in der Bodenstreu in ihnen vorkommt. Derartige Baumhöhlen bilden außerdem günstige Winterquartiere für Parasiten wie Zecken, Laufmilben (Trombiculidae) und Stechmücken.

Vögel als Baumhöhlenbrüter. Sommerlaubwälder bieten mehr Nistgelegenheiten für Höhlenbrüter als die borealen Nadelwälder. Das gilt vor allem für alte Bestände von Laubbäumen, in denen die Zahl der Baumbrüter diejenige der Freibrüter im Wald übertrifft.

Baumflußfauna. Saftleckende Milben und Larven von Dipteren entwickeln sich am Baumfluß. Sie werden dort von räuberischen Fliegenmaden und Käfern gefressen. Da verschiedene dieser Arten Parasitoiden anheimfallen, entsteht ein echtes Beziehungsgefüge. Zu ihm können auch noch vorübergehende Gäste unter Eulenfaltern, Wespen, Käfern, Weberknechten, Asseln, Ameisen, Fliegen und Schnecken hinzukommen.

In diesem Zusammenhang sei auf die «Bernsteinfauna» des Tertiär hingewiesen, obwohl es sich dort mehr um Nadelbäume gehandelt hat.

Stehende Stämme. Schon an Rinde weniger Baumarten wurden in Mitteleuropa über 700 Arten von Arthropoden festgestellt, von denen sich etwa 150 dort auch entwickelt haben. Flechten, Moose, Algen, Detritus auf der Rinde werden von Collembolen, Oribatiden, Psocopteren, Blatt- und Schildläusen, Diplopoden, Asseln, Ohrwürmern, einigen Raupen und Schnecken gefressen. Als ihre Feinde kommen Spinnen, Weberknechte, Gamasiden, Lithobiiden, Raubwanzen, Laufkäfer, Kamelhalsfliegen (Rhaphidiidae), Tanzfliegen (Empididae) und Langbeinfliegen (Dolichopodidae) vor. Für die Besiedlung sind Baumart und Struktur der Rinde wesentlich. Glatte Stämme der Rotbuche haben eine viel ärmere Fauna als Bäume mit stark gefurchter Rinde. Zur Mikrofauna im Moos- und Flechtenwuchs gehören Nematoden und Tardigraden.
Unter den Collembolen, die meist hoher Luftfeuchtigkeit bedürfen, zeichnen sich die Stammbewohner durch große Resistenz gegen Trockenheit aus, wie bei *Entomobrya dorsalis* und *E. corticalis* nachgewiesen wurde. Während sich oberirdisch lebende Springschwänze im Vergleich zu Streubewohnern durch schnelle, weite Sprünge ihren Feinden entziehen, entfliehen rindenbewohnende durch schnelles Laufen und nur selten durch kurze Sprünge.
In Stämmen geschwächter Bäume minieren Larven von Bockkäfern (Cerambycidae), Holzwespen (Siricidae), Prachtkäfern (Buprestidae). Von den letzteren wurde *Agrilus viridis* schon im Abschnitt «Dynamik» erwähnt; diese Arten haben in der Hüftgrube der Mittelbeine besondere Sinneszellen, die auf Wärmestrahlen ansprechen. Dadurch sind sie befähigt, ein 20 ha großes Waldfeuer aus 5–50 km Entfernung wahrzunehmen, um ihre Eier in noch warmes angekohltes Holz abzulegen.
Die Nutzung der Stammregion durch die Fauna ist vielseitig. Sie dient (1) den erwähnten Fressern von pflanzlichem Aufwuchs als Siedlungsraum, (2) den Räubern als Jagdrevier, (3) den Holzfressern als Anflugsort, (4) manchen Fluginsekten (besonders Dipteren und parasitoiden Hymenopteren) als Ruheplätze, (5) einigen Bodentieren unter den Collembolen, Milben, Regenwürmern und Schnecken bei bestimmten Feuchteverhältnissen als Zufluchtsstellen. Schließlich ist sie (6) eine Durchgangszone für zahlreiche Bewohner der Baumkrone; sowohl für etliche, die sich in der Vegetationsschicht entwickeln, als auch für viele mit bodenlebenden Stadien.
Manche Arthropoden, besonders solche Gruppen oder Stadien, die nicht fliegen können oder wenig flugaktiv sind, orientieren sich nach den Silhouetten der Stämme aus geringer Entfernung vom Boden.

Stammbasis. Mit dem vom Kronendurchlaß an den Stämmen abfließenden Regenwasser gelangen zugleich Nährstoffe zu den Stamm-Epiphyten und zum Umkreis von ein paar Metern um die Stammbasis. Letzteres wirkt sich auf die Bodenfauna aus. Buchen leiten zum Beispiel 30 % des Niederschlages als Stammfluß zum Boden. Dies begünstigt das Vorherrschen der säuretoleranten Tullbergiinae unter den

Springschwänzen im Bereich der Einsickerung des Wassers, während die Isotomidae ebenso wie die Proturen mit zunehmender Entfernung vom Stammfluß häufiger werden. Ferner kann sich am Stammfuß eine mögliche Umweltverschmutzung durch Ablagerung von Blei für die Wurzeln und für Moose schädlich auswirken. Endlich spielt die Entfernung vom Stamm für die Überwinterung mancher Insekten eine Rolle, die sich etwa wie die Raupen des Kiefernspinners *(Dendrolimus pini)* zur Nähe der Stammbasis hin mehr konzentrieren.

Abbau umgestürzter Stämme und Baumstümpfe. Der Abbau beginnt nach Bildung einer Moosdecke von oben her, seitlich unter der sich ablösenden Rinde und vom Boden aus. Insektenlarven, die sich von Rinde und Holz des noch stehenden, geschwächten Baumes ernährt hatten, sind meist nach etwa ein bis drei Jahren verschwunden. Andere erzeugen noch weitere Generationen an den umgestürzten Stämmen. Die Schnelligkeit des Abbaus, die durch Pilze und Insekten bewirkt wird, hängt von den mikroklimatischen Bedingungen ab. Sie kann bei Baumstümpfen unter Umständen Jahrzehnte dauern. In der Reihenfolge der «Sukzession» sind oftmals pilzzüchtende Insekten die ersten (Lymexylonidae, Platypodidae, Scolitidae). Am Ende des Holzabbaus werden die Holzorganismen von bodenlebenden abgelöst. Erst wenn das innere Holz des Stumpfes durch Weißfäulepilze, die über Lignase verfügen, weitgehend zersetzt ist, zerbricht die noch glatte Oberfläche. Auf ihr siedeln sich dichte Rasen von Bakterien und Mikropilzen an, die von verschiedenen Schnecken gefressen werden.
Unter dem Mikroklima, das die Schnelligkeit des Holzabbaus entscheidet, sind für die Pilze in erster Linie Gehalt und Wechsel der Feuchtigkeit maßgebend. Schon geringe Abweichung zum Trockeneren oder Feuchteren kann die Zersetzung wesentlich verlangsamen. Ebenfalls sind erste Ankunft und Reihenfolge des Erscheinens der Pilzsporen von großer Bedeutung, weil es zwischen den einzelnen Arten unterschiedliche Beziehungen von Duldung oder Förderung bis zur Konkurrenz gibt. Dadurch können sich unter Umständen gute, schnelle Zersetzer gegenüber langsamer abbauenden Spezies nicht behaupten. Zwischen Pilzen und Bakterien besteht beim Holzabbau kein derartiger Antagonismus. Ihre Lebensansprüche sind zu verschieden, so daß sie sich im allgemeinen tolerieren. Wo die Bedingungen für Pilze schon bei ihrer Ankunft ungünstig sind, wie in dem durch die Aktivität von Regenwürmern entstandenem Mull, wird die Entfaltung einer Pilzflora stark gehemmt.
Abgestorbene, noch am Baum befindliche oder schon am Boden liegende Äste werden von Collembolen, Psocopteren (Rindenläusen) und Thripsen bewohnt oder dienen weiteren Arthropoden als Winterquartier.

10.5.3.2 Tierkadaver als Mikrokosmos

Liegt ein Stück Aas **auf dem Boden,** so erscheinen zuerst Schmeißfliegen (Calliphoridae), Buckelfliegen (Phoridae) und verschiedene Kleinfliegen der Acalyptratae. Bald stellen sich mit Silphidae, Histeridae, Staphylinidae u. a. auch Käfer ein,

an deren Körper oft Milben, Nematoden und Pilzsporen mitgetragen werden, die sich in dem Kadaver vermehren.
Befindet sich der Leichnam **in der Erde**, so fehlen die Schmeißfliegen. Doch andere Fliegen (*Ophyra* und *Muscina* der Muscidae) legen ihre Eier oberhalb des Kadavers ab, zu dem die ausgeschlüpften Maden dann durch die Erde kriechen müssen. Die Weibchen der Buckelfliegen (Phoridae) dringen zur Eiablage durch die Erde, um an ein Stück Aas zu gelangen, selbst wenn sich dieses in 50 cm Tiefe befindet. Ihre Larven fallen aber auch dort unten noch häufig Staphyliniden der Gattung *Atheta* zum Opfer, die sich außerdem von faulendem Fleisch ernähren.
Bleibt ein toter Vogel **auf den Ästen** eines Strauches oder Baumes hängen, kommen vor allem die großen Aaskäfer (*Necrophorus*, *Oeceoptoma*) herbeigeflogen. Bei entsprechenden Versuchen im Wald wurde Aas am stärksten in Höhe der Strauchschicht (1,5–2,0 m) von solchen Käfern befallen, etwas geringer in drei Meter Höhe auf Bäumen liegendes und am geringsten auf dem Boden befindliches. Dies mag mit der Duftwirkung und Luftzirkulation zusammenhängen, zumal Aas am Waldrand auch sehr starken Anlockungseffekt zeigte, wenn es auf dem Boden lag.

10.5.3.3 Gewässer

Größere Waldgewässer. Am Rande von Waldseen gibt es oft gute Nistbedingungen für Vögel, die ihre Nahrung aus dem Wasser holen. So finden dort unter Umständen Schellenten (*Bucephala clangula*) alte Spechthöhlen zum Nisten. Fischadler (*Pandion haliaeetus*) und Schwarzstorch (*Ciconia nigra*) legen ihre Nester auf hohen Bäumen unweit größerer Waldgewässer an. Viele Spinnen und Insekten, besonders Libellen, aber auch manche Schmetterlinge und Käfer, besiedeln diesen besonderen Waldbereich in Wassernähe.
In Waldtümpeln verhindert ein dichtes Laubdach das Wachstum von höheren Wasserpflanzen und damit Primärproduzenten. Das Lebensgeschehen hängt also vom Abbau des Fallaubs und anderem toten organischen Material ab. Wie in Kap. 9.6.3 geschildert, stehen sapotrophe Organismen daher am Beginn der Nahrungsketten. Leider zeichnen sich intensiv genutzte Wälder durch Armut an natürlichen Gewässern aus.

Kleinstgewässer. Auf wassergefüllte Baumhöhlungen mit ihrer besonderen Lebewelt wurde schon eingegangen. – Auf lehmig-tonigem, also wenig durchlässigen Boden können selbst tiefe Wagenspuren zu einem wasserhaltigen kleinen Lebensraum werden. Bei der Untersuchung solcher Stellen schwankte die Wassertiefe zwischen 10–20 cm und die Wasserfläche war 1–5 m groß. Licht und im Wasser gelöste Stoffe dienen planktischen Algen. Für den Abbau des organischen Materials sind chemo-heterotrophe Bakterien wichtig. Das Zooplankton enthält Rotatoria und Kleinkrebse (Cladocera, Copepoda, Ostracoda). An größeren Tieren leben dort Libellenlarven, Wasserläufer (Gerridae), Wasserkäfer (Dytiscidae, Hydrophilidae, Haliplidae), Larven von Köcherfliegen und von Mücken. Sogar Amphibien (*Triturus*, *Salamandra*, *Bombina*, *Alytes*) legen ihre Eier in derartige Kleinstgewässer, und ihre Larven entwickeln sich darin.

Feind-Beute-Systeme bilden sich dort offenbar weniger leicht aus. So kamen Larven der räuberischen Tanypodinae (Zuckmücken) und der saprotrophen Culicinae (Stechmücken) ebensowenig gemeinsam vor, wie die letzteren mit Wasserläufern, um nur zwei Beispiele zu nennen. Die Fauna besteht lediglich aus Generalisten (euryöken Arten).

10.5.4 Nadelwälder im Silvaeabereich

Fichtenforst. Die Fichte *(Picea abies)* ist eigentlich ein Baum der borealen Nadelwaldzone (Taiga) und der montanen Lagen Mittel- und Südosteuropas (Alpen, Sudeten, Karpaten). Im zentraleuropäischen Flachland werden Fichten jedoch wegen ihres schnellen Wachstums und guten Holzertrages bevorzugt gepflanzt, obwohl sie sich dort außerhalb ihrer natürlichen Verbreitung befinden. In den Fichtenforsten des Silvaea-Gebietes können Artenspektra und Biomasse je nach geographischer Lage, Klima, Boden und Vorgeschichte der Bestände unterschiedlich sein.

Unter gleichen Klima- und Bodenbedingungen stimmt die Netto-Primärproduktivität eines Fichtenforstes mit dem eines sauren Buchenwaldes überein. Bei einem in NW-Deutschland durchgeführten Vergleich wurden von beiden Waldtypen etwa 1 % der eingestrahlten Energie im Laufe eines Jahres von den Pflanzen für die heterotrophen Organismen verfügbar gemacht. Jedoch ist der in der Biomasse gebundene Energievorrat bei Fichten höher als bei Buchen vergleichbaren Alters. Bei den meisten Gruppen der Pflanzen und Tiere liegen im Durchschnitt mehrerer Jahre Artenzahlen und Werte der Biomasse in ähnlicher Größenordnung. Von Ausnahmejahren abgesehen, verbrauchen Blatt- bzw. Nadelfresser, Saftsauger und Wurzelfresser der Arthropoden beider Waldtypen nur wenige Prozent der Primärproduktion. Nach Kalkung ändert sich in beiden bodensauren Wäldern die Bodenfauna. Regenwürmer nehmen zu. Es bildet sich ein Humus von Mull-Moder-Charakter. Im Fichtenforst wirken sich Kalkgaben auch für Ciliaten und Nematoden günstig aus, beeinträchtigen aber Enchytraeiden und manche saprotrophen Dipterenlarven, die ebenso wie Oribatiden für den Abbau der Streu wichtig sind.

In alten Fichten- und Buchenforsten gelangen noch fünf bis acht Prozent des einfallenden Lichtes zum Boden, bei den dichteren Jungbeständen jedoch beträchtlich weniger. Obwohl die Fichte eine 60 % niedrigere Rate der Photosynthese hat als die Buche, übertrifft sie diese im jährlichen Stoffgewinn um 40 %, weil die Nadeln zwei Monate länger im Jahr assimilieren können und außerdem eine Lebensdauer von fünf Jahren haben. Da aber die Atmungsverluste bei Fichten und Buchen verschieden sind, ist die Primärproduktivität dennoch gleich.

Zwar dauert es viele Jahre bis die frische Streu auf saurem Boden restlos mineralisiert ist. Trotzdem halten sich Zufuhr und Abbau die Waage. Daher wird die Moderschicht nicht mächtiger. Weitergabe von Stoffen und Energie durch die saprotrophen Organismen sind gerade in diesem Ökosystem besonders wichtig.

Die Bedeutung der Fauna insgesamt liegt nicht im Umfang ihres Anteils am Energietransfer, sondern darin, daß dieser durch viele Glieder geht, daher verlangsamt wird und somit eine bestmögliche Ausnutzung für ein artenreiches System ermöglicht. Von der Bodenflora sind Pilze und Moose am wichtigsten (Abb. 10.8). Die ektotrophe Mykorrhiza der Baumwurzeln wird bevorzugt von Proturen angestochen. Diese sind zugleich gute Indikatoren zur frühen Erkennung von Baumschäden. Bei räuberisch lebenden Arthropoden auf und im Boden sind die Unterschiede zum sauren Buchenwald nicht allzugroß. Eine Ausnahme bilden die Ameisen. Die hohen Haufen von Arten der Roten Waldameisen (*Formica rufa*-Gruppe) prägen geradezu einen Fichtenforst.

Abb. 10.8: Fichtenforst mit Hexenring von *Lepiota rhacodes* (nach Feucht 1936)

Größere Unterschiede zum Laubwald bestehen auch bei den Pflanzenfressern. In manchen Jahren verzehren Raupen der Nonne *(Lymantria monacha)* und einiger Blattwespen soviel an Nadeln, daß es auf weiten Strecken zu Kahlfraß kommen kann. An alten und vom Sturm geworfenen Stämmen legen die Larven des Buchdruckers *(Ips typographus)* im Splintholz ihre Gänge an. Bei hoher Dichte dieses Borkenkäfers werden selbst jüngere und gesunde Fichten angegriffen. Die dünneren Äste und oberen Teile der Krone befällt der Kupferstecher *(Pityogenes chalcographus)*. Der gestreifte Nutzholzborkenkäfer *(Trypodendron lineatum)* bohrt 10 cm tiefe Brutgänge ins Holz und schädigt es außerdem durch Pilzzucht für seine Nachkommen. An jungen Stämmen und Trieben nagt unter Umständen der Große Fichtenrüßler *(Hylobius abietis)*, so daß bei starkem Befall der Saftstrom unterbrochen wird und die Jungbäume eingehen. – Der von bestimmten Blatt- und Schildläusen erzeugte Honigtau wird nicht nur von Bienen eingetragen (Waldhonig), sondern ist eine bevorzugte Nahrung für verschiedenste Insekten. Parasitoide ent-

sprechen sich zwar nach Artenzahl im Buchen- und Fichtenforst, doch ist ihre Individuendichte im letzteren nur etwa halb so groß.
Das Artenbild der Säugetiere stimmt bei beiden Waldtypen ziemlich überein, die Vogelwelt ist jedoch recht unterschiedlich.

Kiefernforst. Waldkiefern oder Föhren *(Pinus sylvestris)* haben eine große ökologische Reaktionsbreite. Bei stärkerer Nässe kommen sie noch bis in Waldhochmooren vor; auf trockenen Standorten gedeihen sie gut, wo Fichten nicht mehr wachsen können. Auf leichten Böden stellen sich bei lockerem Stand der Kiefern im subatlantischen Bereich Mitteleuropas oft Birken *(Betula pendula)*, Eichen *(Quercus robur)* und Ebereschen *(Sorbus aucuparia)* ein, durch die ein gewisser Übergang zu Eichen-Birken-Laubwäldern entsteht. Dies zeigt sich auch an der Fauna. Unter gleichwertigen Bedingungen ist die Buche der Kiefer überlegen. Sie braucht zur Produktion von einer Tonne Holz $^1/_2$ bis 1 t Laub, die Kiefer dagegen 1 bis 1,7 t Nadeln.
Kiefernforste sind lichter als Fichtenwälder, und die Temperatur in ihnen schwankt beträchtlicher. Da mehr Licht nach unten dringt, kann sich eine dichtere Bodenvegetation ausbilden. Sie besteht bei ausreichender Feuchtigkeit und tonreicherem Untergrund aus Gräsern (z. B. *Avenella flexuosa*), *Vaccinium*, Adlerfarn *(Pteridium)* und Moosen *(Dicranum, Pleurozium, Scleropodium)*. Unter nährstoffarmen Bedingungen und größerer Trockenheit herrschen eher Heidekraut *(Calluna)* und Flechten *(Cladonia, Cetraria)* vor (Abb. 10.9).
Der Abbau der Nadelstreu und sonstiger Pflanzenreste geschieht in erster Linie durch Pilze, wird aber auch hier durch die Bodenfauna unterstützt. Von größeren

Abb. 10.9: Kiefernforst in NW-Deutschland (Orig.).

Tieren ist zum Beispiel der Regenwurm *Dendrobaena octaedra* wirksam, der durch seinen Fraß die Nadeln zerbricht und zerquetscht. Oribatiden (Hornmilben), Enchytraeiden und Larven der Sciaridae (Trauermücken) sowie anderer Dipteren beschädigen gleichfalls die Nadeln, so daß unbeschalte Amöben, Thekamöben, Nematoden in diese eindringen und bei derer Zersetzung helfen. Den Nacktschnecken und Asseln ist es nicht möglich, unverletzte Nadeln zu verdauen. Oribatiden und Sciaridenlarven sind dagegen in der Lage, Zellwände höherer Pflanzen zu zersetzen. Manche Arten der Hornmilben und Collembolen fressen vornehmlich Pilzhyphen der Streu und Mykorrhiza, andere Collembolen (z. B. Isotomidae) bevorzugen Kotkrümel. Da Bakterien auf sauren Böden durch die für Pilze günstigeren Bedingungen mit diesen nicht konkurrieren können, entwickelt sich in solchen Wäldern am Grund Moder bis Rohhumus.

Zweige, Rinde, kranke und umgefallene Baumstämme werden ebenfalls vorwiegend von Pilzen angegriffen. Doch sind beim Abbau Larven von Bockkäfern (Cerambycidae), Hirschkäfern *(Dorcus, Spondylis)* und Elateriden maßgeblich beteiligt. An der weiteren Zersetzung nehmen Collembolen, Asseln, Enchytraeiden und Dipterenlarven teil. Von ihnen ernähren sich Raubmilben, Chilopoden, Pseudoskorpione, Spinnen und Käfer.

In der Kronenschicht leben Raupen verschiedener Schmetterlinge und Blattwespen, die Kahlfraß verursachen können. Genannt seien aus Mitteleuropa Kiefernspanner *(Bupalus piniarius)*, Forleule *(Panolis flammea)*, Kiefernspinner *(Dendrolimus pini)*, Kiefernwickler *(Rhyacionia)* und Kiefernblattwespen wie *Neodiprion sertifer* (Abb. 10.10), *Diprion pini*, *Acantholyda posticalis*. Für diejenigen, die sich am Boden verpuppen, kann die Feuchtigkeit im Untergrund wichtig sein, die nicht zuletzt vom Alter des Waldes mit dem entsprechenden Ökoklima abhängt. Schädliche Borkenkäfer kommen auch bei Kiefern vor. Dies betrifft etwa den Großen und Kleinen Waldgärtner *(Blastophagus piniperda, B. minor)* oder den Zwölfzähnigen Borkenkäfer *(Ips sexdentatus)*, die sich aber weitgehend auf umgestürzte oder geschlagene Bäume beschränken.

Unter den Arthropoden gehören Spinnen, Ameisen, Käfer und Wanzen zu wichtigen Gruppen im Kiefernwald (Abb. 10.11). Blattläuse sind durch Lachnidae und Adelgidae vertreten. Hinzu kommt deren Feindkomplex an Netzflüglern (Chrysopidae, Hemerobiidae, Coniopterygiidae) und Marienkäfern (Coccinellidae). Die Vielfalt und Dichte der Vogelwelt erhöht sich mit der Beimischung anderer Baumarten und mit zunehmendem Unterwuchs.

Kiefernwälder werden leicht von Feuern heimgesucht, doch besiedeln sich die verbrannten Flächen schnell. Zunächst herrschen nach einem Brand am Boden Moose vor, denen sich bald Pflanzen aus Waldlichtungen hinzugesellen. Der Wind bringt Samen von Birken, die gut keimen. Tiere der verschiedensten Gruppen überleben wenigstens in geringer Zahl oder kehren nach Ausweichen wieder zurück oder dringen aus verschont gebliebenen Waldinseln ein.

Die ökologische Eigenart trockener Kiefernforste im Bereich der Silvaea liegt in ihrer floristischen und faunistischen Mittelstellung zwischen den feuchteren Fichtenforsten einerseits, trockenen Laubwäldern und offenen Trockenbiotopen andererseits. Deutlich zeigt sich ein solcher «Übergang» auch am Rand mancher Kiefernforste,

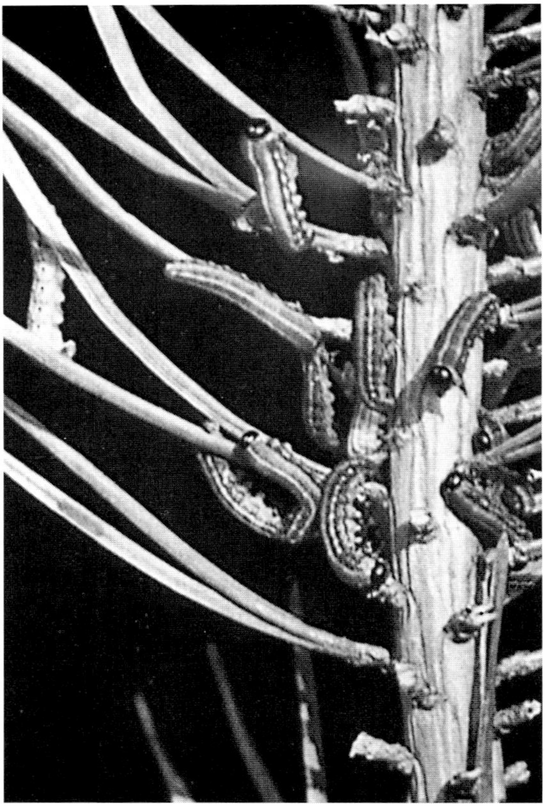

Abb. 10.10: Viruskranke Raupen der Kiefernblattwespe *Neodiprion sertifer* (phot. J. Franz, aus Tischler 1963).

wenn an ziemlich kahlen, sonnenexponierten Stellen Larven von Ameisenlöwen (Myrmeleonidae) ihre Fangtrichter bauen, zumal Ameisen ein wesentliches Element am Boden von Kiefernwäldern bilden. Typisch für offene oder locker bewaldete Flächen mit ihrer Lichtfülle, Wärme und Trockenheit sind Sandbienen (Andrenidae), Grabwespen (Sphecidae) und Sandläufer *(Cicindela)*. Das gilt gleicherweise für Europa und Nordamerika.

10.5.5 Anthropogene Einflüsse

Außer der Umwandlung des ursprünglichen Laubwaldes in Fichten- und Kiefernforste kommen weitere vom Menschen verursachte Einflüsse hinzu.

Nutzung. Bei *Kahlschlag* erfolgt ein Hieb aller Bäume, bei *Saumschlag* wird nur ein schmaler Streifen gefällt, so daß vorübergehender seitlicher Schutz für den Jungwuchs bleibt. *Femelschlag* besteht in ungleichmäßigem, gruppenweisem Aushieb.

Abb. 10.11: Nahrungsbeziehungen in der Krautschicht eines Kiefernwaldes (nach Schönborn 1978).
Gras *Avenella flexuosa;* Zwergstrauch *Vaccinium.* **Tiere** 1: Wanze *Elasmucha ferrugata;* 2: Spinne *Diaea dorsata;* 3: Spinne *Evarcha* blancardi; 4: Spanner *Chepphis [Epione] advenaria;* 5: Spinne *Linyphia montana;* 6: Sichelwanze *Nabis rugosus;* 7: Graswanze *Stenodema laevigatum;* 8: Spinne *Tibellus oblongus;* 9: *Zünsler Crambus;* 10: Spitzmaus *Sorex araneus.* Pfeile in Richtung Nahrungsaufnahme.

Bei *Schirmschlag* werden einzelne Bäume herausgeschlagen, damit wie beim Femelschlag eine zeitweise Überschirmung gewährleistet ist. Einen dauernden, allseitigen Schutz für Jungwuchs ermöglicht allein die *Plenterung* durch ungleichmäßigen Aushieb einzelner Bäume und Gruppen in längeren Abständen. In Deutschland bestehen die Wälder heute zu 70 % aus Nadelhölzern und nur zu 30 % aus Laub-

bäumen. Aus ökologischer Sicht ist ein solches Verhältnis unangebracht, weil lediglich durch den ökonomischen Nutzen des schnellen Holzertrages bedingt.
Je intensiver und kurzfristiger Forste genutzt werden, desto deutlicher zeigt sich der Rückgang im Artenreichtum von Flora und Fauna. Vögel sind dafür besonders gute Indikatoren, zwar weniger als Einzelarten, aber stellvertretend für das ganze Beziehungsgefüge.

Schäden durch Luftverschmutzung. In den hochindustriealisierten Ländern werden in zunehmendem Ausmaß Wälder durch einen Komplex verschiedener Ursachen geschädigt. Regen, der reichlich Schwefel- und Salpetersäure enthält, die aus Schwefeldioxid bzw. Stickoxiden entstanden sind, beschleunigt die Versauerung des Bodens. Es bildet sich in ihm kein inaktives Aluminiumhydroxid, sondern statt dessen ein Überangebot an Wasserstoff- und Aluminium-Ionen. Da letztere eine höhere Eintauschstärke und Haftfähigkeit an den Bodenpartikeln haben als Kalzium- und Magnesium-Ionen, wird der Austausch der Kationen gestört. Die Wurzeln können nicht genug des für den Baum lebensnotwendigen Magnesiums aufnehmen. Außerdem wirken Aluminium-Ionen auf die Wurzelspitzen giftig und zerstören nicht nur sie, sondern zugleich die Mykorrhiza-Pilze. Darüber hinaus kann für den Baum die zunehmende Einwaschung von Schwermetallen schädlich werden.
Schon für die oberirdischen Teile der Pflanzen sind Schadstoffe aus der Luft gefährlich. Dies betrifft außer SO_2 vor allem die erhöhten Konzentrationen an Stickoxiden (von Kraftfahrzeugen). Durch ultraviolette Strahlen entstehen aus ihnen photochemische Oxidantien wie Ozon und andere, die schwere Membranschäden von Zellen und Zellorganellen in den Blättern bzw. Nadeln hervorrufen. Außerdem verkleben Rußpartikel aus der Luft die Spaltöffnungen.
Am Ausmaß der Schäden sind beteiligt: Klimafaktoren, Großwetterlage, Standortklima, Staulage an Gebirgsrändern, Streufall, Nahbereich am Baumfuß, Baumart, genetische Empfindlichkeit der Sorten, unterschiedliche Reaktion einzelner Individuen, vielleicht auch Abbaustoffe aus Herbiziden. Schließlich hat der Befall geschwächter Bäume durch parasitische Pilze, Mykoplasmen, Rickettsien und Insekten zusätzlichen Einfluß. Zudem muß in einem solchen vernetzten System sich ständig ändernder primärer und sekundärer Ursachen die oft verzögernde, aufschiebende Wirkung mancher Faktoren beachtet werden. Ungeklärt ist, ob autotoxische Stoffe in überalterten Beständen eine Rolle spielen; das Alter des Baumes hat zweifellos Bedeutung.
Regionale Besonderheiten können hinzukommen; zum Beispiel Mangel an Magnesium vor allem in höheren Lagen, Lichterwerden der Baumkronen durch Anreicherung von Ammonium in Küstennähe, Nadelröte durch Pilze in Süddeutschland.
Waldschäden gehen durch die Nahrungsketten weiter. Aufnahme von Cadmium durch die Baumwurzel reichert dieses Schwermetall im Siebsaft an. Dadurch dringt es mit der Nahrung auch in Borkenkäfer und Blattläuse ein und reichert sich dann in deren Räubern und Parasitoiden an. Ebenfalls werden Ameisen geschädigt, die den Honigtau solcher Blattläuse fressen. – Wird von den Wurzeln wegen des gestörten

Verhältnisses von Ca- zu Al-Ionen im Boden nicht genügend Kalzium aufgenommen, fehlt es den Blättern. Das wirkt sich über blattfressende Raupen auf Vögel aus, die sich von diesen ernähren. Sie legen dünnschalige Eier, in denen der Embryo vertrocknet, wie bei Höhlenbrütern, besonders Meisen, nachgewiesen wurde.

Verkehrsstraßen durch Wälder. Jederseits großer Autostraßen, die einen Wald durchschneiden, wird das Artenbild bandartig auf 20–30 Meter Breite verändert. Das extreme Kleinklima und die andersartige Struktur der Straße wirken zum Beispiel als ausgeprägte Barrieren für Carabiden, Staphyliniden, Spinnen und Mäuse des Waldes. Die Vogelwelt wird auf beiden Seiten der Straße bis zu 1800 Meter Weite gestört. Andererseits erhöht sich der Reichtum an Arten in der straßennahen Zone, sofern die Begrünung nicht durch Herbizide oder Mahd beeinträchtigt wird. Dies liegt daran, daß dorthin euryöke Arten und solche der offenen Agrarlandschaft einwandern. Unter ihnen sind vor allem fliegende, von Uferbereichen stammende und kulturbegünstigte Tiere. Feldbewohner überqueren Verkehrsstraßen leichter als Bewohner des Waldes.

10.6 Boreale Nadelwälder (Taiga)

Die sommergrünen Laubwälder gehen nach Norden in eine Nadelwaldzone über, in der im Jahreslauf ebenfalls eine ausgesprochene Thermoperiodik herrscht. Im Übergangsgebiet durchdringen sich beide mosaikartig oder bilden Mischbestände ihrer Baumarten, sonstigen Pflanzen und ihrer Tierwelt. Die Taiga erstreckt sich als breiter Gürtel von Fennoskandien durch Sibirien und setzt sich in Nordamerika fort. Sie bedeckt 11 % der Landfläche der Erde mit über 14,7 Mill. km^2. An vielen Stellen ist dieser Waldgürtel bis zu 2000 km breit.

Klima. Es gibt lange schneereiche Winter und kurze, ziemlich kühle Sommer. Im Durchschnitt haben weniger als vier Monate über 10° C. Die kalte Jahreszeit dauert über sechs Monate. Eine Kälteperiode von acht Monaten wird von den Bäumen noch ertragen. Das xeromorphe Laub der mit Ausnahme der Lärchen *(Larix)* immergrünen Nadelhölzer ist an Kälte und Frosttrocknis angepaßt. Photosynthese hört bei −4° C auf, wenn die Nadeln gefrieren, wird aber mit Beginn der warmen Periode gleich wieder fortgesetzt. Je weiter die Wälder nach Norden oder von ozeanischem Klima in kontinental geprägte Regionen reichen, nimmt die Bedeutung der Temperatur als ökologischer Faktor zu. Beim Übergang zur Winterruhe findet ein Prozeß der Abhärtung statt. Fichtennadeln, die ohne ihn schon bei −7° C absterben, können nach der Abhärtung im Winter −40° C ertragen. Im Frühjahr erfolgt eine «Enthärtung». Dieser Vorgang beruht auf Erhöhung der Zuckerkonzentration im Zellsaft.
Im eurosibirischen Bereich wird das Klima nach Norden und Osten durch Kälte und Trockenheit extremer. In der ostsibirischen Taiga mit Permafrostboden wie in der Tundra dominieren daher Lärchen, die ihre Nadeln abwerfen und damit Verlust an

Feuchtigkeit vermeiden. Sie besitzen die größte Kälteresistenz unter den Coniferen.
In den Sommermonaten, in denen die meisten Organismen aktiv sind, fällt viel Regen. Die Höhe der Niederschläge ist recht unterschiedlich. In Alaska beträgt sie weniger als 380 mm, zum Teil sogar nur 180 mm im Jahr. Östlich der Rocky Mts. steigt sie über 500 mm und erreicht in Ostkanada sogar 890 mm. In Eurasien liegen die Niederschläge westlich des Ural ebenfalls über 500 mm/Jahr, östlich davon sinken sie unter 250 mm oder noch tiefer, vor allem, wo sie von Gebirgen isoliert oder vom Eismeer entfernt sind.
Rund ein Drittel der Niederschläge im Jahr geht durch Benetzung der Baumkronen verloren, ohne den Boden zu erreichen. Etwa 14 % wird von der Moos- und Streuschicht zurückgehalten; nur der Rest steht den Wurzeln zur Verfügung. Das bis zu ihnen gelangende Wasser verbrauchen die Bäume fast ganz zur Transpiration; oft muß noch ein zusätzlicher Anteil vom Grundwasser dafür verwendet werden. Wenn die Niederschläge jedoch den Verlust durch Verdunstung übertreffen und der Abfluß des überschüssigen Wassers zu den Flüssen erschwert ist, steigt der Grundwasserspiegel, und es kommt zur Vermoorung. Solange das Grundwasser den größten Teil des Jahres mehr als 50 cm unter der Oberfläche liegt, ist Baumwuchs noch möglich, anderenfalls bilden sich Sümpfe und Moore, die gerade für die Taiga charakteristisch sind. Allein ein Drittel der westsibirischen Taiga besteht aus Waldhochmooren. Die Oberfläche des Bodens kann wegen des jährlichen Frostes und Auftauens bucklig werden.

Boden. Am Grunde bilden sich in der Taiga vor allem Podsole (Auswaschungsböden), Planosole (Pseudogleye), Gleysole und Histosole (Moorböden). In den kanadischen Rocky Mountains und den ausgesprochen kontinentalen Gebieten Mittel- und Ostsibiriens kommen auch Regosole (Rohböden) und Cambisole (Braunerden) vor. In den südlichen Zonen gibt es Übergänge von Podsol zu Podsol-Luvisol (Parabraunerde).
Die schwere Zersetzbarkeit der Coniferennadeln und Blätter von Ericaceen in Verbindung mit Kälte und Nässe führt zur Entstehung von Rohhumus. Die gebildeten Huminsäuren sind vorwiegend Fulvosäuren, welche die Tonkolloide zerstören und mit den ausgewaschenen Sesquioxiden (Fe_2O_3 und Al_2O_3) nach unten wandern, so daß ausgebleichter Quarzsand als Bleichhorizont zurückbleibt. Saure Bodenreaktion und bakterizide Stoffe in den Coniferen-Nadeln hemmen das Bakterienleben. Die mechanische Zerkleinerung der Streu wird im wesentlichen durch Arthropoden geleistet. Die eigentliche Zersetzung aber geschieht durch Pilze. Unter ihnen sind es in erster Linie die symbiotisch an den Wurzeln der Bäume und Ericaceen lebenden Mykorrhiza-Pilze, die im Rohhumus enthaltene Nährstoffe den Pflanzen leichter zugänglich machen. Außer den Arthropoden beteiligen sich am Abbau der Nadeln aber auch Regenwürmer *(Lumbricus rubellus, Dendrobaena octaedra)* und Enchytraeiden (z. B. *Cognettia sphagnetorum*).

Produktion. Die Primärproduktivität ist infolge der niedrigen Temperaturen und meist hohen Bodenfeuchte in der Taiga im allgemeinen nur etwa halb so hoch wie im Bereich der Silvaea. Doch kommen je nach der geographischen Lage alle Übergänge vor. Im Gegensatz zur Region des sommergrünen Laubwaldes ist landwirtschaftliche Nutzung nach Kahlschlag aber nur sehr begrenzt möglich.

Verwandte Waldformationen. Nicht nur im Vegetationsbild, sondern auch in den abiotischen Bedingungen bestehen manche Übereinstimmungen mit **Montanen Nadelwäldern** der gemäßigten und kalten Zonen der nördlichen Erdhalbkugel (Abb. 10.12). Die Ähnlichkeit der Biota und Lebensformen ist nicht zu übersehen. Die Nadelwälder der europäischen Gebirge haben sich während der Eiszeit getrennt von der sibirischen Taiga entwickelt. Daher sind die Coniferen oft durch eigene Unterarten vertreten.

Abb. 10.12: Montaner Nadelwald in den Karpathen (Orig.).

In Höhenlagen der nördlichen Randalpen herrschen zwischen 600 bis 1300 oder sogar 1500 m noch Buchen-Tannen-Fichten-Mischwälder vor. In den Innen- und Zwischenalpen sind zwischen 1300 und 1900 m ü. d. M. fichtenreiche Bergwälder verbreitet, die nach oben hin in einen subalpinen Wald aus Lärchen *(Larix decidua)* und Zirbelkiefern *(Pinus cembra)* übergehen können. Dieser wird in der höheren Stufe (Latschengebiet) durch Bergkiefern *(P. mugo)* ersetzt.
In vielen Zügen ähneln die **Ozeanischen Nadelwälder** an der Westküste Nordamerikas in ihrem nördlichen Bereich der amerikanischen Taiga. In beiden Waldtypen kommen die gleichen Arten von Coniferen vor, leben dieselben Arten an Bären und

Luchsen sowie Puma, Mink *(Luteola)*, Streifenskunk *(Mephitis)*, Fuchs *(Urocyon)*, Hirsche *(Alces, Cervus, Odocoileus)*, Baumstachler *(Erethizon)*, Erdhörnchen *(Tamiasciurus)*, Waldhuhn *(Bonasa)*, Blauhäher *(Cyanocitta)* und Spechte, um nur einige zu nennen. Auch stimmt die Kleintierwelt in vieler Hinsicht überein. Jedoch ändert sich das Bild nach Süden beim Übergang in die Skleraea schon durch die großen *Sequoia*-Bäume.

10.6.1 Waldverjüngung

In der natürlichen Landschaft der Taiga haben örtlich begrenzter **Kahlfraß** ebenso wie durch Blitze verursachte Waldbrände Bedeutung für die Verjüngung des Waldes. Nach einer Reihe sehr trockener Jahre entsteht in Beständen überalterter Balsamtannen *(Abies balsamea)* Ostkanadas leicht eine ungewöhnlich starke Massenvermehrung des Tannentriebwicklers *(Choristoneura fumiferana)*, der sich dann der «Kontrolle» seiner Feinde entziehen kann. Durch Messungen der Breite von Jahresringen an 300 Jahre alten Stämmen wurde ein solches Geschehen von Kahlfraß auch für weiter zurückliegende Perioden ermittelt. Wenn große Flächen vor allem der Balsamtanne von den Raupen entlaubt werden, begünstigt dies das Hochkommen von Fichten *(Picea glauca, P. mariana, P. rubens)* und Birken *(Betula papyrifera)*, die sonst in der Konkurrenz der Balsamtanne unterlegen sind. Im Laufe der Jahre bildet sich wieder der frühere Tannen-Fichtenwald aus.
Derartige «Sukzessionszyklen» entstehen auch durch **Feuer.** Meist werden von diesen nur einige Hektar betroffen. In bestimmten Jahren können aber 50 000 bis 200 000 Hektar große Bestände verbrennen. Waldbrände sind wichtig für den Kreislauf der Stoffe, für die Erneuerung und damit Stabilität des Waldes. Auf die einzelnen Arten wirkt es sich unterschiedlich aus. Die Zapfen der Kiefer *Pinus contorta* in Nordamerika öffnen sich nur zum Ausstreuen ihrer Samen, wenn sie der extremen Hitze eines Waldbrandes ausgesetzt werden. Seitdem der Mensch solche Feuer zu verhindern versucht, muß er durch Kahlschlag, künstliche Aufforstung und Anwendung von Herbiziden gegen konkurrierende Pflanzen erst die Bedingungen für neues Wachstum dieser Kiefer schaffen. *Pinus banksiana* und *P. sylvestris* haben eine Rinde, die dick genug ist, Feuer zu überstehen. Die meisten Baumarten der Taiga sind aber nicht feuerfest.
Durch Zunahme von Weichhölzern nach einem Brand verbessert sich die Ernährung für Hasen und Elche. Daher lassen sich die Fluktuationen des «Schneeschuhhasen» *(Lepus americanus)* und in ihrer Folge derjenigen des Luchs *(Lynx canadensis)* auf die von periodischen Feuern ausgelösten Veränderungen der Vegetation zurückführen. Für Rentiere *(Rangifer)* bringen Waldbrände durch Verlust von Baumflechten eine Einbuße an Winterfutter mit sich. Dem Feuer selbst entziehen sie sich durch ihre jahreszeitlichen Wanderungen, die sie in die Tundra führen. Brände in der Taiga geschehen vor allem im Sommer.
Bei der Waldverjüngung kommt es auf weitem Raum zu einem Nebeneinander verschiedener Entwicklungsphasen, die durch Bodenqualität, Besonnung, Windbruch, Brände, Insektenschäden, Biberdämme bewirkt sind. Selbst aus einem gleichalten

Jungbestand wachsen einige Bäume stärker empor. Die meisten bilden eine geschlossene Mittelschicht, etwa ein Viertel bleibt zurück. Die Optimalphase der Bäume geht in eine Altersphase über. Einzelne Bäume stürzen. Der Kronenschluß lockert sich. Zwischen den abgestorbenen Bäumen beginnt neuer Jungwald. Das Gesamtökosystem kann über Jahrtausende konstant sein, nur das Mosaik der Teilbestände verschiebt sich ständig (Abb. 10.13).

Abb. 10.13: *Hylocomium* (Moos)-reicher Fichtenwald (Taiga) in Nordschweden. Älteste Bäume etwa 250 Jahre alt (phot. Hesselmann, aus Walter 1968).

10.6.2 Besonderheiten der Lebewelt

Die Taiga Eurasiens und Nordamerikas enthält zwar die gleichen Gattungen der Bäume, doch unterscheiden sich meist deren Arten. In Europa sind auf weiten Arealen oft nur Fichte *(Picea abies)* oder Waldkiefer *(Pinus sylvestris)* bestandbildend. Letztere verdrängt die Fichte an den trockeneren Standorten, denn die Fichte wurzelt flacher und braucht ständig gute Versorgung mit Wasser. Wo genügend Licht zum Boden dringt (d. h. 10–15 % der die Baumkronen treffenden Strahlen) ist der Untergrund gewöhnlich mit Vaccinien, Heidekraut *(Calluna)* oder Moosen bedeckt, unter Kiefern auch stärker von Flechten bewachsen. Im tiefsten Schatten der Fichten ragen lediglich die Fruchtkörper von Hutpilzen aus der Nadelstreu hervor.

Flechten wachsen nicht nur an den lichteren Stellen, besonders in der Waldtundra, sondern bevorzugen außerdem trockenere, saure, nährstoffarme Böden. Ein 12 cm dichter Flechtenbewuchs kann die Wärmestrahlung um fast die Hälfte vermindern.

Moose *(Hylocomium, Pleurozium,* auch *Sphagnum)* charakterisieren die feuchten bis nassen, schattigen Bereiche. Sie saugen Wasser wie ein Schwamm auf. Unter Beständen von *Picea mariana* auf Permafrostboden in Nordamerika bilden sich 20–30 cm dicke Moosteppiche. Die Produktivität der Moose ist fast so hoch wie diejenige der Bäume.

Schneebedeckung. Eine Besonderheit für die Tiere ist die lange Schneeperiode zu überstehen. Über ein halbes Jahr kann lockerer, stellenweise meterhoher Schnee liegen. Schnee auf Zweigen ermöglicht manchen Kleintieren der Vegetationsschicht, dort zu überwintern. Als am Grund Anfang März −28° C auf der Oberfläche des Schnees gemessen wurden, waren Schneehasen *(Lepus timidus)* auf ihr aktiv. *Unter* der nur 20 cm dicken Schneeschicht betrug die Temperatur dagegen 0–3° C; das aktive Leben von Wühlmäusen und Spitzmäusen kann daher ebenfalls im Winter weitergehen (Abb. 10.14).

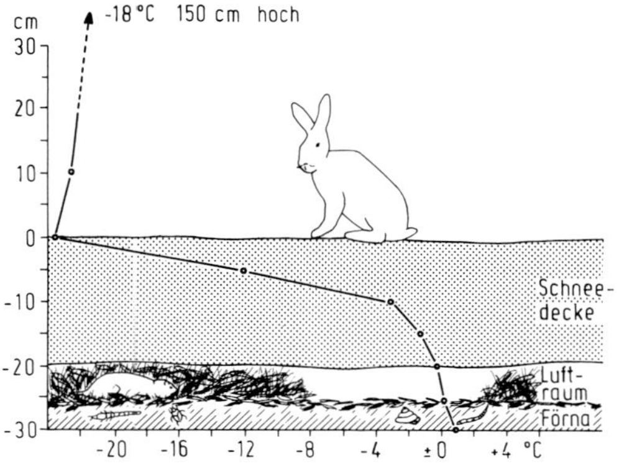

Abb. 10.14: Aktivität von Kleinsäugern im Luftraum unter der Schneedecke (nach Coulianos 1962).

Elch *(Alces)* und Virginiahirsch *(Odocoileus virginianus)*, die im Winter Rinde, Flechten und Zweige fressen, müssen in der kanadischen Taiga fünf Monate hohen Schnee ertragen. Brusthöhe und der Druck des Körpers auf den Untergrund entscheiden über die Ausdehnung ihres Areals. Eine Schneedecke, die 30 % niedriger ist als die Brusthöhe, erschwert das Schreiten beträchtlich. Daher kann der Elch noch bei 70 cm hohem Schnee leben, während der in seiner Brusthöhe 20 cm kleinere Virginiahirsch eine Schneehöhe von 40 cm schwer überwindet. Der kanadische Luchs *(Lynx canadensis)* sinkt in lockeren Tiefschnee nicht weit ein, weil seine Füße im Vergleich zum Körpergewicht eine ziemlich große Standfläche haben. Da dies aber auch für seine Beute, den Schneeschuhhasen *(Lepus americanus)* zutrifft, kann er sie nicht durch lange Jagdhetze, sondern nur durch Überraschungsangriff aus dem Hinterhalt bekommen.
Bei Eichhörnchen und Bären setzt eine sog. Winterruhe ein, die im Gegensatz zum echten Winterschlaf nicht infolge hormoneller Umstellung durch die Tageslänge ausgelöst wird. Dies wurde in Kap. 3.4.3 näher ausgeführt.

Populationsschwankungen. Selbst in von Menschen unbeeinflußten Gebieten der Taiga sind Fluktuationen der Bevölkerungsdichte für manche Tiere typisch. Nach Jahren guter Beeren- und Samenernte wächst die Zahl der Seidenschwänze *(Bombycilla)*, Kreuzschnäbel *(Loxia)*, Häher *(Perisoreus)*, Eichhörnchen *(Sciurus)* und Rötelmäuse *(Clethrionomys)* beträchtlich. Dem folgt die Zunahme der sich von ihnen ernährenden Raubtiere *(Martes, Mustela)* und Greifvögel *(Buteo, Accipiter)*, so daß die Pflanzenfresser wieder deutlich dezimiert werden. Häher haben unter der Zunge eine Tasche, die leicht den Transport von Coniferensamen zu einem Versteck ermöglicht. Über die Gründe, warum weiter nach Norden hin solche Fluktuationen oft in 3–4jährigen Zyklen verlaufen, herrscht noch keine Klarheit.
Gelegentlich kommen auch bei Insekten Massenvermehrungen vor. Auf diejenige des Tannentriebwicklers *Choristoneura fumiferana* in der amerikanischen Taiga wurde schon bei der Waldverjüngung hingewiesen. In Nordeuropa kann Schadfraß der Raupen des Spanners *Oporinia autumnalis* sogar zum Zurückweichen der Waldgrenze an der Tundra führen. In der sibirischen Taiga vernichten in manchen Jahren die Spinner *Dendrolimus superus sibiricus* und *D. spectabilis* große Baumbestände. Doch dies sind eigentlich mehr Ausnahmen.
Mindestens in den nördlichsten Breiten der borealen Nadelwälder sind die Lichtverhältnisse im Sommer für die Coniferen günstig. Dagegen ist die niedrige Temperatursumme im Jahr für die meisten Insekten suboptimal. So erhalten dort im Wettlauf zwischen Produzenten und Konsumenten die ersteren einen Vorsprung, während die Vermehrung der pflanzenfressenden Insekten für ein Massenauftreten zu gering ist. Daraus geht zugleich hervor, daß eine kulturbedingte Verschiebung der Taiga durch Fichtenforste in den Bereich der Silvaea zu erhöhtem Schädlingsbefall führen muß. Dieser ist zudem im Nadelwald gefährlicher, weil nach Kahlfraß die Menge der neuen Nadeln im nächsten Jahr um etwa die Hälfte verringert wird oder der Baum ganz abstirbt.

Vergleich mit der Silvaea. Die Zahl der Arten an Pflanzen und Tieren ist in der Taiga geringer als im sommergrünen Laubwald. Trotz Verschiedenheiten im Artenbild gibt es aber große Übereinstimmung im Lebensformspektrum. Für alle Gruppen, ob Schnecken, Tausendfüßer, Spinnen, Insekten oder Wirbeltiere lassen sich äquivalente Arten meist naher Verwandtschaft gegenüberstellen, die jeweils das gleiche Wirkungsfeld im Ökosystem haben. Gleiche Gesetzmäßigkeiten zeigen auch die Phase des Abbaus der Stämme. Allerdings wird Nadelholz wegen seiner weicheren Beschaffenheit von Insekten schneller abgebaut. Ihr Fraß verlangsamt sich indessen durch die kühleren Temperaturen, je weiter sich die Taiga nach Norden erstreckt. Die Nadelstreu wird in der Taiga sehr langsam zersetzt. Es dauert mindestens 50, nach Untersuchungen in Alaska sogar einige Hundert Jahre. Laubstreu im sommergrünen Laubwald wird dagegen in wenigen Jahren abgebaut und im tropischen Regenwald sogar in einem Jahr.

Wie Nahrungsnetze in der Silvaea und Taiga gleicherweise eurytrophe, aasfressende

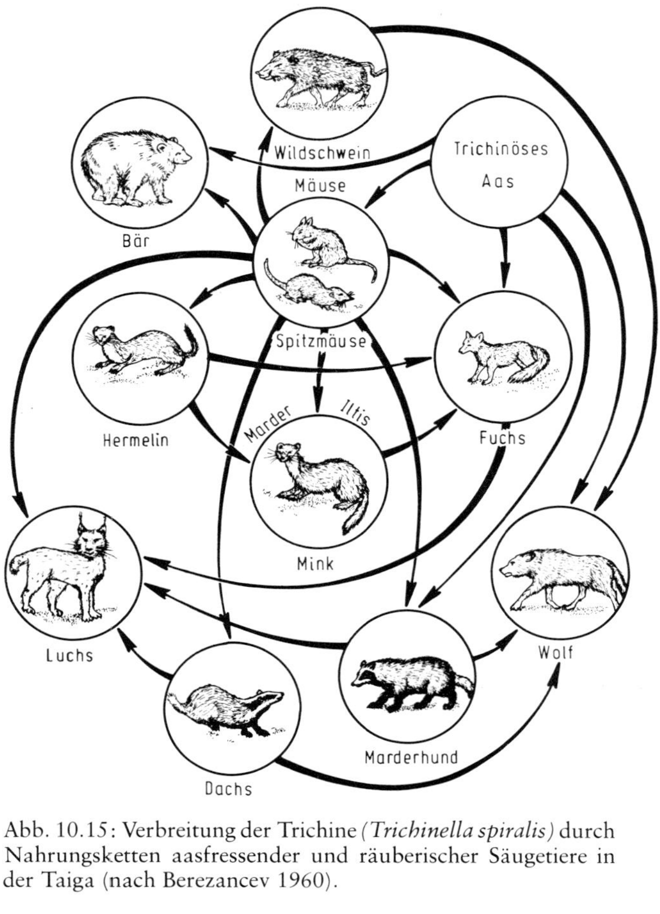

Abb. 10.15: Verbreitung der Trichine *(Trichinella spiralis)* durch Nahrungsketten aasfressender und räuberischer Säugetiere in der Taiga (nach Berezancev 1960).

und räuberische Tiere verknüpfen, sei am Beispiel über Trichinenbefall veranschaulicht (Abb. 10.15).
Häufige Vögel der Taiga sind Spechte, Häher *(Ferisoreus, Nucifraga)*, Kreuzschnäbel *(Loxia)*, Seidenschwanz *(Bombycilla)*, Gimpel *(Pyrrhula, Carpodacus)*; in der europäischen Taiga auch Blaukehlchen *(Luscinia svecica)*, Birkenzeisig *(Carduelis flammea)* sowie die Lapplandmeise *(Parus cinctus)*, die gerne frühere Spechthöhlen bezieht. Die meisten Arten nisten sehr hoch. Selbst der Waldwasserläufer *(Tringa ochropus)* brütet in alten Nestern von Eichhörnchen oder Drosseln. Sogar unter den Enten finden sich Baumbrüter.

11 Offene Trockenlandschaften

11.1 Wüsten und Halbwüsten

Trockenwarme Wüsten liegen auf zwei Gürteln der Erde, deren Hauptachsen etwa die Wendekreise bilden. Von Wüsten im engeren Sinne mit 0–2 humiden Monaten im Jahr, spärlicher und ungleichmäßiger (kontrahierter) Vegetation lassen sich Halbwüsten mit 1–3 humiden Monaten diffuser Vegetation und ständiger Pflanzendecke von wenigstens 40 % unterscheiden. Beide Landschaften haben viel Gemeinsames. Von Halbwüsten (Wüstensteppen), in denen Halbsträucher vorherrschen, gibt es Übergänge zu Steppen und zur Skleraea.
Die Entstehung von Wüsten beruht auf mehreren Ursachen. (1) Durch die infolge der Erddrehung bedingten Luftbewegungen sinkt die um den Äquatorgürtel aufsteigende Luft zu dessen beiden Seiten ab und nimmt dabei Feuchtigkeit auf. So kann es nicht leicht zu Niederschlägen kommen. (2) Landwärts wehende Winde, die über kühle Meeresströnungen an Rändern von Festlandsockeln streichen, führen zur Bildung von Küstenwüsten (mexikanische Küstenwüste, Atacama, Namib). (3) Manche Gebiete liegen im Regenschatten (Nordamerikanische Trockenwüste, Patagonische Wüste, innerasiatische und inneraustralische Wüsten). (4) Das Wirken des Menschen durch großräumige Abholzungen und Überbeweidung in ariden Klimaten kann die Ausdehnung von Wüsten vergrößern.

11.1.1 Lebensbedingungen

Klima. Die klimatischen Mittelwerte weichen von denen anderer Lebensräume beträchtlich ab. Nicht nur die absolute Menge der Niederschläge mit durchschnittlich weniger als 250 mm im Jahr, sondern auch deren Verteilung im Jahreslauf ist für viele Pflanzen und Tiere zum begrenzenden Faktor geworden.
Es gibt Wüsten mit zwei jährlichen Regenperioden (Sonora Wüste Arizonas, Karoo Halbwüste Südafrikas), solche mit Winterregen (Nordsahara, Irak, Great Basin und Mohave Wüste in Nordamerika), mit Sommerregen (Südsahara, Innere Mongolei, einige Wüstengebiete Australiens) sowie Nebelwüsten mit kaum meßbarem Niederschlag (Namib, Atacama). Außerdem kommen Wüsten vor, in denen Regen nicht in einer bestimmten Jahreszeit niedergeht oder sogar jahrelang kein Regen fällt (Zentralsahara, Zentralaustralien). Allgemein ist in hyperariden und ariden Gebieten das Verhältnis des jährlichen Niederschlags (N) zu dem der Evapotranspiration (E), also dem Wasserverlust, kleiner als 0,2 ($N/E < 0{,}2$).
In den polwärts ab 35° nördl. und südl. Breite gelegenen Wüsten wechseln heiße Sommer mit kalten oder kühlen Wintern. In den subtropischen und tropischen Wüsten fehlt dagegen ein ausgeprägt thermischer Jahreswechsel. Gemeinsam sind aber allen Wüsten der Erde die starken täglichen Schwankungen der Temperatur und Luftfeuchtigkeit (Abb. 11.1). Die Temperaturunterschiede können im Laufe von

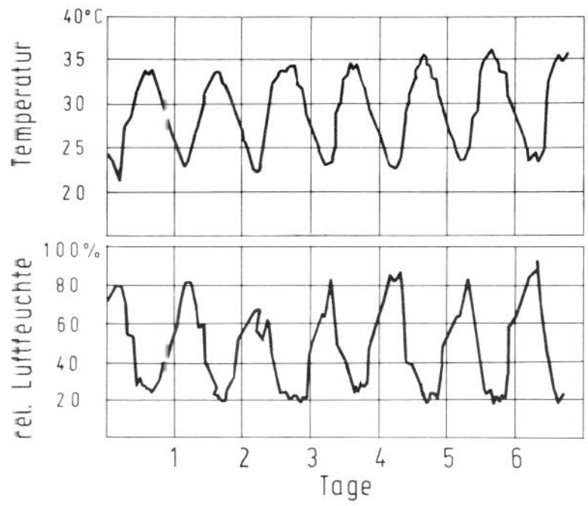

Abb. 11.1: Schwankungen von Temperatur und Luftfeuchte in der Wüste Ägyptens (nach Chapman 1931).

24 Stunden 50° C betragen, an der Bodenoberfläche sogar noch mehr. Etwa 90 % der Sonneneinstrahlung gelangt auf den Boden im Vergleich zu rund 40 % in feuchten Klimaten. Nachts hindert keine zusammenhängende Pflanzendecke die Ausstrahlung der Wärme, die sich am Tage in der obersten Bodenschicht angesammelt hat. Der Verdunstungskoeffizient ist infolge der geringen Niederschläge, der großen Hitze und der Windexponiertheit sehr hoch, Versalzungen an der Oberfläche können die Folgen sein. Schließlich muß auf die ungehinderte Einwirkung des Sonnenlichts mit seinem hohen Anteil an ultravioletten Strahlen hingewiesen werden.

Boden. Der Untergrund kann ganz verschieden sein. Es gibt alle Übergänge von reinem Ton oder Löß über Sand, Kieß, steinbedeckte Böden bis zu Wüsten, in denen die Steinbrocken so groß sind, daß kaum noch lockeres Material zwischen den Felsen vorhanden ist.

Ton- und Lößwüsten haben eine flache und harte Oberfläche. Es hat sich nur ein sehr schwacher Humushorizont ausgebildet (Yermosol). Der Regen sickert kaum tiefer als 30 cm ein. Das meiste Wasser fließt daher oberflächlich ab und sammelt sich in kleinen Senken, wo es bald verdunstet. Wegen der hohen Kapillarwirkung der engen Porenräume wird das Tiefenwasser bis zur Oberfläche geführt und steht dort Cyanobakterien, Grünalgen und flach wurzelnden Pflanzen, meist Halophyten, zur Verfügung. Es bringt Salze nach oben, die bei Verdunstung auskristallisieren: Solontschak (Salzboden), Solonetz (Natriumboden). Für Pflanzen sind es die trockensten Wüstenböden. Den meisten Kleintieren fehlt Schutz vor Sonne und Wind. Etwas reichlicher sind Reptilien, Kleinsäuger und Vögel vertreten. Rennmäuse *(Dipodillus)*, Hasen *(Lepus)* und Flughühner (Pteroclidae) fressen gern von den Salzpflanzen.
Sandwüsten haben in der Regel günstigere Wasserverhältnisse. Zwar wird gerade Sand durch die Stürme leicht bewegt, so daß sich Pflanzen schwer ansiedeln können. Regenwasser versickert jedoch schnell in größere Tiefe und steigt infolge der bei den groben Poren geringen Kapillarität nur wenig nach oben. Es bildet sich eine lufttrockene Oberfläche, unter der das Wasser der Verdunstung entzogen ist. In

einer bestimmten Tiefe halten sich Aufwärtsbewegung des Wassers durch Kapillarwirkung und Abwärtsbewegung durch Niederschläge die Waage. Diese Bedingungen begünstigen tiefwurzelnde Pflanzen. Doch kann auch der Sukkulententyp in Sandwüsten gut gedeihen, so daß dort eine hinreichende Nahrungsgrundlage für viele Tiere vorhanden ist. Die Böden bezeichnet man als Arenosole. Auf einen schwach humosen A-Horizont folgt ein schwach entwickelter B-Horizont.

Steinwüsten sind oft die relativ feuchtesten Standorte derartiger Landschaften. Gesteinsbrocken, die sich bis 70° C erhitzen, kühlen sich unter Umständen auf 20° C durch einen einzigen Regenguß ab. Die ungleiche Zusammensetzung der Mineralien führt zu deren mechanischem Zerfall. Rohböden auf Gestein nennt man Lithosole, auf lockerem Gestein Regosole. Ihr A–C Profil hat einen äußerst schwachen A-Horizont. Unter den Steinen wird die Verdunstung abgeschwächt und Feuchtigkeit lange festgehalten. Auch in solchen Wüsten finden oberflächlich wurzelnde Pflanzen neben tiefwurzelnden Büschen günstige Bedingungen. Vor allem hält sich unter Steinen eine mannigfaltige Tierwelt auf, besonders an Arthropoden. Auch Reptilien und Kleinsäuger charakterisieren diese Wüsten. Ferner gibt es einige Schnecken, die endolithische Flechten und kristallinen Kalk mit ihrer chitinhaltigen Raspelzunge vom Gestein abnagen. Häufig sind Mischformen zwischen Sand- und Geröllwüsten.

11.1.2 Überlebensstrategien

Hohe Temperatur mit Wassermangel verbunden, sind das Hauptproblem für Wüstenorganismen. Saprotrophen Bodentieren kann außerdem die Menge an pflanzlichem Detritus zum lebenswichtigen Minimumfaktor werden.

Um die extremen Bedingungen zu ertragen, mußten sich Pflanzen und Tiere in Struktur, Physiologie und Verhalten anpassen. Wüsten sind alte Lebensräume. Die lange Isolation mancher ihrer Gebiete, etwa der Namib, hat viele endemische Arten entstehen lassen. Das gilt z. B. für etliche Schwarzkäfer (Tenebrionidae) wie für die altertümliche *Welwitschia bainesii (mirabilis)*, die zu den Gnetatae der Gymnospermen gehört. Diese Pflanze aus den küstennahen Nebelwüsten Namibias und Angolas hat einen kurzen knolligen Stamm, eine bis zur feuchteren Schicht reichende Pfahlwurzel, zwei breit bandförmige meterlange, seitliche Blätter und kleine zapfenartige Blütenstände.

11.1.2.1 Konformität

Protozoen, Luftalgen, Flechten, Moose, einige wenige Samenpflanzen sind **poikilohydr.** Sie verhalten sich in ihrem Wasserhaushalt wie ein toter Quellkörper, der den jeweiligen Trocken- und Feuchteverhältnissen entspricht.

Ihre Strukturen bleiben unter extremer Austrocknung erhalten. Bei Zufuhr von Wasser quellen sie wieder auf, und die Pflanzen können dann sofort photosynthetisch aktiv werden. Die Aktivität richtet sich nach der Feuchtigkeit. Ein Zustand der Dormanz ist nicht erforderlich.

Flechten aus den Gattungen *Collema* und *Psorotricha* können die fünf- bis sechsfache Menge ihres Trockengewichtes an Wasser aufnehmen und werden dadurch sukkulent. Nebelflechten in der Namibwüste sind in ihrer Wasseraufnahme an die hohe Luftfeuchtigkeit angepaßt. Für Flechten in der Negebwüste ist der Tau wesentlich für Aufnehmen von Wasser. Trockene Thalli der wegen geringer Oberfläche vorwiegenden Krustenformen ertragen bis 70° C ohne Hitzeschäden.
Manche Skorpione, Spinnen und Insekten zeichnen sich durch große Hungerfähigkeit (**Poikilotrophie**) aus, durch die sie nahrungsarme Perioden überbrücken können. Dies leitet schon zur Emanzipation über, wie überhaupt keine scharfen Grenzen zwischen den angeführten Überlebensstrategien bestehen.

11.1.2.2 Emanzipation

Pflanzen. Viele behalten ihre vitalen Funktionen, ohne den Stoffwechsel drosseln zu müssen; sie sind daher von Wassermangel und Hitze unabhängig geworden. Bei den Xerophyten haben sich zwei Lebensformen gebildet: Dürreharte und Sukkulenten. Gemeinsam ist beiden das Vermögen, ihren Wasserhaushalt unter verschiedensten Außenbedingungen aufrecht zu erhalten. Bei den Dürreharten geschieht dies durch Verschluß der Stomata, sobald Wassermangel auftritt. Ihre Saugkräfte (osmotische Werte) sind mit 20–40 atm sehr hoch. Sukkulenten haben schwache Transpiration und können zudem ihren Gasstoffwechsel besonders ökonomisch gestalten. Die osmotischen Werte betragen etwa 5–7 atm.

Dürreharte Pflanzen sind auf ständige Wasseraufnahme angewiesen, um ihre Transpirationsverluste zu decken, auch wenn diese noch so gering sind. Sie haben meist sehr tief reichende Wurzeln. In Zeiten extremer Trockenheit werfen viele von ihnen ihre Blätter ab oder ersetzen sie durch kleine Blätter; oft bleiben nur noch die jüngsten Blattanlagen in den Knospen erhalten. Als Beispiel seien einige typische Xerophyten der Sonora Wüste genannt: der Compositen-Halbstrauch *Encelia farinosa*, der Ocotillo-Strauch *(Fouquieria splendens)*, der Kreosot-Busch *(Larrea divaricata)*, der zu den Mimosen gehörende Mesquite-Baum *(Prosopis juliflora)*. Letzterer hat Wurzeln, die bis zu 30 m Tiefe wachsen können, um an Wasseradern zu gelangen. Seine steinharten Samen keimen erst, wenn sie den Darm eines Tieres passiert haben, da die Darmsäfte die glasigen Samenhüllen auflösen müssen (Abb. 11.2).
Gerade bei dürreharten Pflanzen gibt es erstaunliche Anpassungen. Sie seien vom Kreosotbusch *(Larrea divaricata)* geschildert. Er wird knapp zwei Meter hoch, erreicht aber meistens nur 70 cm, in extremen Lagen höchstens 50 cm. Seine graugrünen Blätter sind von einer glänzenden Lackschicht bedeckt, die in Trockenzeiten Verdunstung verhindert und nach Regen einen scharfen Kreosotduft ausströmt. Die anspruchslose Wüstenpflanze hat kleine gelbe Blüten. Keimlinge überleben wegen Wurzelkonkurrenz selten. Doch findet durch Segmentation an der Basis ungeschlechtliche Vermehrung statt. Die daraus entstehenden neuen Büsche breiten sich wie ein «Hexenring» aus. Bei einem sehr weiten Außenring stammten die Büsche von einem Sämling ab, der vor 10 000 Jahren im Zentrum des Kreises gekeimt sein mußte.

Abb. 11.2: Xerophyten in der Arizonawüste, im Vordergrund *Fouguieria splendens* (Orig.).

Die Wurzeln von *L. divaricata (tridentata)* reichen tief nach unten und verlaufen außerdem spinngewebartig nach den Seiten dicht unter der Oberfläche. Die fast 3 cm großen, zweiteiligen Blätter werden bei starker Trockenheit abgeworfen. Danach treiben neue, derbere aus, die nur 2 mm lang sind. Sie assimilieren ebenfalls, aber ihre Zellen sind so klein, daß sie bei Trockenheit nicht wie normale Blattzellen schrumpfen. Der Kresosotbusch kann Verschüttung durch Sand bis auf die obersten Spitzen und auch ein Jahr ohne Regen überstehen.
Blätter und Stengel enthalten nor-Dihydroguajaretsäure (NDGA), eine antiseptische und antibiotische Substanz, die sich auch gegen Hautkrebs und Leukämie schon als wirksam erwiesen hat.
Als Beispiel aus der Namibwüste in Afrika sei der Zwergstrauch *Arthraerua leubnitziae* (Amaranthaceae) angeführt. Er bildet nur nach Regen kurzlebige Blätter. Sonst besteht er lediglich aus grünen Zweigen mit vertieft liegenden Stomata. Seine Wurzeln speichern Wasser und wachsen nach einem Regen schnell heran.

Zu den **Sukkulenten** zählen Cactaceae, Euphorbiaceae, Crassulaceae, einige Liliiflores *(Yucca, Agave)*, manche Chenopodiaceae und die auf Afrika beschränkten Aizoaceae. Die Wurzeln der meisten von ihnen liegen dicht unter der Oberfläche, so daß sie selbst leichte Regenfälle ausnutzen können. Sie haben in Blättern, Stamm, einige auch in unterirdischen Organen wasserspeichernde Gewebe, das für Notzeiten eine genügende Reserve festhält. Die auffallend wenigen Spaltöffnungen sind tief eingesenkt. Wurzeln des Kandelaber-Kaktus *(Cereus giganteus)* in der Sonora

Wüste durchwachsen einen Umkreis von 25 m bei einer Stammhöhe von gleichfalls 25 Metern. Dieser Stamm ist längsgefurcht. Die Furchen werden jedoch durch Aufnahme von Wasser ausgeglichen. Vierfünftel seines bis zu 10 t schweren Gewichts kann aus Wasser bestehen.
Blatt-, Stamm und Wurzelsukkulenz der Wüstenpflanzen sind in den verschiedensten Familien durch Konvergenz entstanden. Bei Stammsukkulenten (Cacteen, Euphorbien, Asclepiaceen) haben sich die Blätter zu Blattdornen gewandelt und Seitenzweige zu Haarpolstern. Die grüne Rinde des Stammes übernimmt die Funktion der Blätter. Die besondere Art der Photosynthese (sog. CAM-Pflanzen) wurde in Kap. 2.1 beschrieben.
Für die meisten Wüstenpflanzen hat der Blütenbesuch von Insekten, vor allem an Solitärbienen, weitaus größere Bedeutung als Windbestäubung.

Tiere. Warmblüter und Insekten können sich am besten von den extremen Bedingungen der Wüsten unabhängig machen.

Säugetiere haben ein dickes Fell als Wärme-Isolierung. Manche besitzen große Ohren, durch die Wärme abgestrahlt wird (Hasen, Wüstenfüchse) (Abb. 11.5). Kamele und Esel zeichnen sich durch hohe Trinkkapazität aus. In wenigen Minuten steigt ihr Gewicht dadurch um 25–30 % an. Ein gleich großer Gewichtsverlust wird von ihnen durch Wasserentzug ertragen. Wüstensäuger scheiden trockenen Kot und konzentrierten Harn aus. Bei Kamelen fluktuiert in Zeiten von Wassermangel die Körpertemperatur zwischen Tag und Nacht bis 6° C. Durch Anstieg der Körpertemperatur am heißen Tag wird Wasser gespart, das durch Transpiration zur Aufrechterhaltung einer niedrigeren Körperwärme erforderlich wäre. Zugleich vermindert sich das Wärmegefälle (Hitzefluß) aus der wärmeren Umgebung (Abb. 11.3). Der gewonnene Wärmeüberschuß des Tages wird im Körper gespeichert und nachts ohne Verlust von Wasser an die kühlere Luft abgegeben. Ähnliches gilt für den afrikanischen Esel.
Die Oryx-Antilope *(Oryx gazella)* hat an der Hirnbasis ein Netzwerk feinster Blutgefäße, in denen ein Temperaturaustausch vor sich geht. Das kühle venöse Blut aus dem Nasalsinus erniedrigt die Temperatur des arteriellen vom Herzen kommenden Blutes im Gegenstromverfahren, bevor dieses das Gehirn erreicht. Mit dem

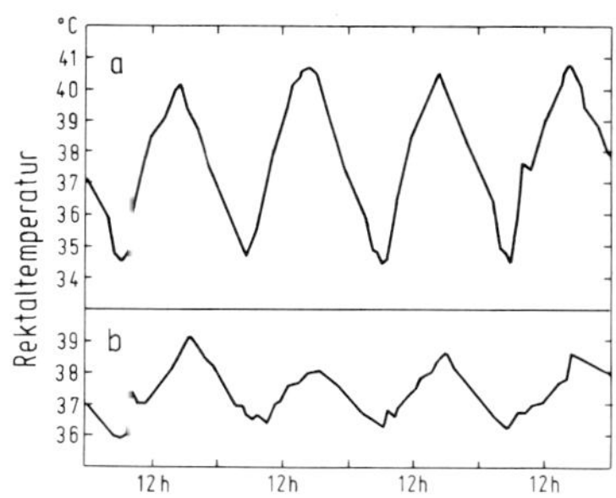

Abb. 11.3: Fluktuation der Körpertemperatur des Kamels im Tageslauf, a: nach längerem Wassermangel, b: bei täglicher Wassergabe (durch Schmidt-Nielsen 1964).

gleichen Prinzip einer «Kühlanlage» schützt auch das Kamel sein Gehirn vor Überhitzung.
Manche Arten decken ihren Wasserbedarf durch saftige Nahrung. Pekaris *(Tayassu tajacu)* in den südlichen Wüsten Nordamerikas graben Wurzeln von Cacteen und anderen Pflanzen aus. Erdferkel *(Orycteropus afer)* in Südafrika fressen in Trockenzeiten Kürbisfrüchte. Antilopen wie der Springbock *(Antidorcas marsupialis)* in Südafrika wühlen Zwiebeln und Knollen der im Boden überdauernden Geophyten heraus.
Wassergewinn ist selbst bei lufttrockener Nahrung möglich. Taschenspringer *(Dipodomys)* Nordamerikas, Springmäuse (*Jaculus* in Nordafrika und Arabien, *Dipus* in Zentralasien), Springhasen *(Pedetes)* in Südafrika, *Notomys* und *Ascopharyx* in Australien haben keine Schweißdrüsen in der Haut, ihr Urin ist konzentriert, der Kot sehr trocken. Alle ernähren sich in erster Linie von Samen der Therophyten (einjährige Pflanzen), die nur etwa 4 % Wasser enthalten. Außerdem befinden sie sich tagsüber meist in unterirdischen Bauen, wo sie wegen höherer Luftfeuchtigkeit und Kühle weniger Wasser zur Regulierung der Körpertemperatur benötigen. Das lebensnotwendige Wasser wird durch Oxidationen im Zellstoffwechsel gewonnen (Abb. 11.4).

Vögel wie die Wüstenlerchen der Sahara können wochenlang ohne Trinken auskommen. Greifvögel und Eulen müssen in Trockenzeiten mehr Nagetiere erbeuten, um am Leben zu bleiben. Die mit den Tauben verwandten Flughühner der Alten

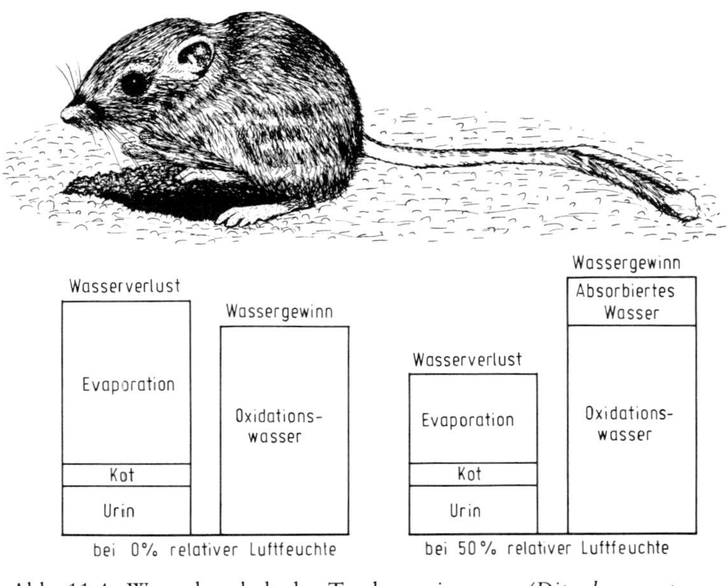

Abb. 11.4: Wasserhaushalt der Taschenspringmaus *(Dipodomys spectabilis)* der Arizonawüste bei 0 % und 50 % relativer Luftfeuchte und 25° C (nach K. u. B. Schmidt-Nielsen 1953).

Welt *(Pterocles)* legen täglich unter Umständen Strecken bis zu 30 km zurück, um an Wasserstellen zu gelangen, wenn ihre Nistplätze weit in der Wüste liegen. Die Männchen tauchen, nachdem sie ihren Durst gestillt haben, einen Teil des Brustgefieders ins Wasser, bis dessen Zwischenräume damit gefüllt sind, um nach ihrem Rückflug die Jungen zu tränken. An sehr auseinander liegenden Wasserstellen, etwa in der Namibwüste oder in der Kalahari, sammeln sich in den frühen Morgenstunden für kurze Zeit zuweilen Tausende Flughühner an. Ihre Massierung schützt sie zugleich vor räuberischen Bodentieren und Greifvögeln, z. B. dem am Boden nistenden, im niedrigen Flug jagenden Lannerfalken *(Falco biarmicus)*.
In zentralaustralischen Wüsten ohne periodische Regen leben Zebrafinken *(Taeniopygia)* paarweise oft über Jahre zusammen. Erst wenn ein Wolkenbruch niedergeht, bauen sie ein Nest, und es finden Begattung und Eiablage statt. Hier wirkt ein psychischer Reiz (Anblick und Empfindung fallender Regentropfen) über das Hormonsystem als Auslöser der Fortpflanzung.

Insekten haben Schutz vor Wasserverlust: (1) durch die Wachsschicht der Epikutikula, die erst bei hoher Temperatur wasserdurchlässig wird, (2) durch Regulierung des Öffnens und Schließens der zu den Luftröhren (Tracheen) führenden Stigmen, (3) durch Ausscheiden von Harnsäure, wodurch viel Wasser dem Körper erhalten bleibt.
Wanderheuschrecken sind wegen ihres relativ geringen Verdunstungsschutzes auf Wasserzufuhr durch reichliche Pflanzennahrung angewiesen. Auch verschiedene Käfer, Fliegenlarven und andere Insekten können nur so lange aktiv bleiben, weil sie in Sukkulenten und anderen Pflanzen zugleich mit der Nahrung genügend Wasser erhalten. Wüstentermiten, deren Nester sich besonders tief im Boden befinden, hüllen oberirdische Pflanzenteile, die zur Nahrung dienen sollen, mit einem Erdmantel ein. Unter dessen Schutz verzehren sie Pflanzenmaterial, so daß selbst von größeren Sträuchern oder Sukkulenten die äußeren Gewebe abgefressen sein können. Manche Wüsteninsekten nehmen bei 80 % relativer Luftfeuchte Wasser aus der Luft oder in Nebeltropfen auf. Schwarzkäfer (Tenebrionidae) der Gattung *Lepidochora* in der Namib graben feine Rillen in den Sand, in denen sich dann Wasser aus dem Nebel kondensiert. Andere Schwarzkäfer ernähren sich von trockenen, angewehten Pflanzen. Auch den Ernteameisen, die das ganze Jahr über aktiv bleiben, genügen trockene Samen zur Nahrung. Bestimmten Arthropoden (und Schnecken) dient der nächtliche Tau als Wasserquelle.
Bei den Honigtopfameisen *(Tapinoma, Metaporus, Myrmecocystus, Plagiolepis, Metophorus)* in Wüsten Amerikas, Afrikas und Australiens bildet der oberirdisch eingetragene Honigtau von Blatt- und Schildläusen eine Reserve für Nahrung und Wasser während der Trockenperiode. Arbeiterinnen in der Tiefe des Bodennestes können monatelang den Vorrat an Honigtau im Kropf behalten und werden nach Bedarf von den Nestinsassen «angezapft».

11.1.2.3 Vermeidung

Bei verschiedenen Organismen haben sich Strategien entwickelt, durch die eine für sie ungünstige Situation vermieden werden kann.

Pflanzen. Bei vielen Arten finden sich Vorkehrungen, die eine zu weite Zerstreuung der Samen und damit deren Gefährdung des Austrocknens verringern. Ihre Keimung wird gesichert: (1) durch Samenknäuel, die sich im Sand verankern und leichter Wasser absorbieren können als isolierte Samen; (2) sofortige Produktion von Schleim nach einem Regen, der das Fortwehen verhindert, weil die Samen gleich am feuchten Boden ankleben; (3) Bildung von Früchten unmittelbar über dem Boden.

Wirbeltiere. Durch Ortswechsel und tageszeitliche Verlagerung der Aktivität kann ein zu extremes Kleinklima vermieden werden. So suchen amerikanische Langohrhasen *(Lepus californicus, L. texianus)* Stellen niedrigerer Bodentemperatur im Schatten von Büschen auf oder sitzen in Vertiefungen, wo die Rückstrahlung vom Boden schwächer ist. Bei einer Außentemperatur von 50° C strahlen ihre langen Ohren Zweidrittel des Wärmeüberschusses ab (Abb. 11.5). Die Aktivität der Wüstenvögel ist meist auf die Stunden am frühen Morgen und späten Nachmittag beschränkt. Einige entgehen der größten Tageshitze, indem sie sich von den aufsteigenden, warmen Luftmassen in über 1000 m Höhe tragen lassen, wo sie dann in kühleren Luftschichten segeln können.

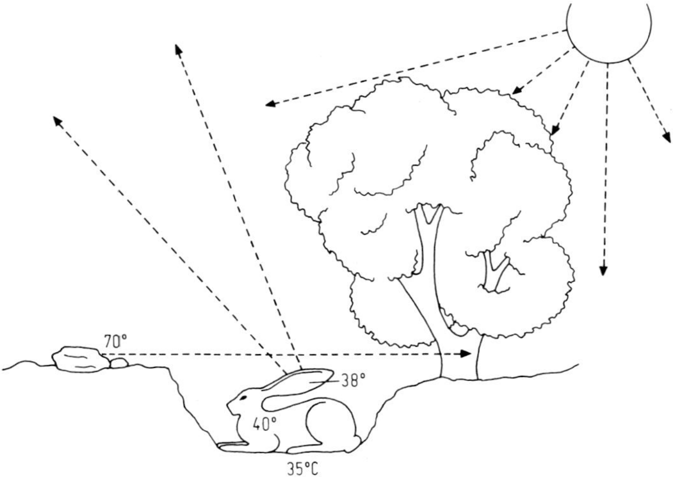

Abb. 11.5: Anpassung des Wärmehaushalts bei Wüstentieren (nach K. Schmidt-Nielsen 1964).
Starke Wärmeabstrahlung von den Ohren eines Wüstenhasen und sein Aufenthalt in einer Mulde mit kühlerem Kleinklima.

Die optimale Körperwärme liegt für viele Reptilien bei etwa 35° C. Sie wird mehr durch Rückstrahlung vom Boden als durch die Lufttemperatur erhöht. Tagaktive Reptilien müssen sich daher zwischen schattigen und sonnigen Plätzen, im und auf dem Boden hin und her bewegen oder je nach dem Einfall der Strahlen ihren Körper wenden, um einigermaßen konstante Körperwärme zu halten (Abb. 3.5). Der Dornschwanz *(Uromastix aegypticus)*, ein Vegetarier nordafrikanischer Wüsten, kommt nur morgens zwischen 4 und 8 Uhr nach oben, wenn dort noch niedrige Temperatur und relativ hohe Luftfeuchte herrschen. Sonst hält er sich in seinem selbstgegrabenen Gang auf. Im Laufe des Jahres kann sich die Tagesrhythmik mancher Arten in thermoperiodischen Wüsten ändern. So weidet die nordamerikanische Wüstenschildkröte *(Gopherus agassizi)* im kühlen Frühjahr und Herbst den ganzen Tag über. Im Hochsommer verbirgt sie sich während der heißen Mittagszeit am Grunde ihrer Höhlung in etwa ein Meter Tiefe, von der ein schräger Gang nach oben führt. Im kalten Winter gräbt sie bis zu fünf Meter tiefe Tunnel, in die sich auch andere Tiere zur Überwinterung zurückziehen. Ihren Wasserbedarf deckt sie allein aus der pflanzlichen Nahrung. Für Notzeiten speichert sie eine Wasserreserve in zwei Säcken unter dem Rückenschild ihres Panzers.

Arthropoden. Verhalten des Ausweichens durch Eingraben zeigen auch Insekten und andere Arthropoden wie Asseln und Skorpione. Ernteameisen *(Pogonomyrmex)* in Nordamerika leben in 4–5 m tiefen Nestern. Morgens, wenn die Sonne den Wüstenboden erwärmt, kommen sie hervor und tragen Samen von Therophyten ein. An heißen Tagen hören sie schon zwischen 9 und 10 Uhr zu sammeln auf und werden erst wieder gegen Abend aktiv. In der langen Trockenperiode holen sie sich nur Samen weniger Pflanzenarten. Sobald nach einem Regen üppige Vegetation sprießt und neue Samen bildet, wird ihre Kost mannigfaltiger. Der Vorrat an Pflanzensamen im Boden beträgt das Vielfache der Menge, die selbst von großen Völkern aufgelesen werden kann. Die Wüstenameise *Cataglyphis bombycina* in der Sahara klettert während der Nahrungssuche zur Abkühlung bei über 50° C von Zeit zu Zeit auf Pflanzenstengel. Wie Schwarzkäfer (Tenebrionidae) hat sie lange, stelzenartige Beine, die ihren Körper 4 mm über dem Boden halten. Dort ist es bereits 10° C kühler als auf dem heißen Sand.

Schnarrheuschrecken (Oedipodinae) der Alten Welt scharren sich mit ihren Beinen oberflächlich in den Wüstensand ein, so daß lediglich ein Teil des Kopfes mit den Augen unbedeckt bleibt. – Tagaktive Kleinarthropoden in der Sonora Wüste, die im Fallaub unter Kreosotbüschen *(Larrea)* leben, reagieren auf die heißesten Tagesstunden durch zwei Verhaltensweisen: Einige Milben (Bdellidae, Nanorchestidae) wandern dann in tiefere Bodenlagen. Andere Milben (Cunaxidae, Eupodidae) sowie Collembolen (Isotominae, Neanuridae) bleiben, wo sie sind, fallen aber in einen anabiotischen Latenzzustand, für dessen Auslösung sich die Temperatur wichtiger erwies als die Feuchtigkeit. Das Latenzverhalten leitet schon zur Strategie der Dormanz über, die eine Drosselung oder Niveauverstellung des Stoffwechsels bedeutet.

11.1.2.4 Dormanz

Pflanzen. Die meisten Wüstenpflanzen überdauern die heißen oder kalten Trockenperioden ohne photosynthetisch aktive Teile in Quieszenz (konsekutive Dormanz) oder Diapause (prospektive Dormanz). Nach einem Regen können sie sich über 6–8 Wochen in einen Teppich aus Gräsern und bunten Blumen verwandeln. Zu ihnen gehören die Lebensformen der Therophyten und Geophyten.
Therophyten bleiben monatelang als Samen im Boden. Die Biomasse ihrer Reserve ist im Vergleich zu derjenigen im aktiven Zustand gering. Manche keimen nur nach einem kühlen Winterregen, andere nach einem warmen Sommerregen, wieder andere unbeeinflußt von der Temperatur, wenn genügend Wasser die keimungshemmenden Substanzen löst. Am günstigsten sind für sie Sandwüsten, weil das Wasser dort leichter einsickert und die Samen durch Wind und Wasser in eine für die Keimung optimale Tiefe gebracht werden. In Felswüsten bevorzugen Therophyten die Nähe perennierender Sträucher oder Bäume, die ihnen Schatten, Windschutz und feuchten Untergrund bieten.
Geophyten überstehen Trockenzeiten als Zwiebel, Knolle oder Rhizom. Vor allem sind hier Liliengewächse zu nennen. Viele dieser Reserveorgane enthalten so reichlich Wasser, Kohlenhydrate und Eiweiß wie es der aktiven Lebensphase der Pflanze entspricht. Es handelt sich also um einen ganz anderen Lebensformtyp.

Wirbeltiere. Der zu den Krötenfröschen gehörende *Scaphiopus couchi* in Wüsten Nordamerikas hat an den Hinterbeinen hornige Grabschwielen. Damit graben sie sich in Dürreperioden ein und bleiben unter Umständen zehn Monate im ausgetrockneten Boden verborgen. die als «Sommerhülle» dienende alte Hornhaut, welche das Tier umgibt, schützt es vor Austrocknung. In der Harnblase wird Wasser bewahrt, das zurückresorbiert werden kann. Erst wenn ein Wolkenbruch den Boden mit Wasser sättigt, werden die Frösche aktiv, graben sich heraus und streben zur nächsten Wasserlache. Es beginnt dann sogleich die Fortpflanzung mit Besamung und Eiablage. Nach wenigen Tagen schlüpfen die Kaulquappen, die bereits nach einer Woche fast ausgewachsen sind und sich an der tiefsten Stelle des allmählich austrocknenden Gewässers konzentrieren. Im Laufe eines Monats hat sich die letzte Kaulquappe in einen Frosch verwandelt. Gleiche Anpassungen zeigen in Wüsten Australiens Frösche der Gattungen *Cyclorana* und *Neobatrachus*.
Auch Schlangen und andere Reptilien, die bei Trockenheit Sommerruhe halten, gehören zu dieser ökologischen Gruppe. Ebenfalls ist Sommerschlaf von Kleinsäugern aus Wüsten bekannt, so von der Wüstenspringmaus *(Jaculus jaculus)* der Sahara und der Känguruhmaus *(Notomys cervinus)* in Australien.

Schnecken und Arthropoden. Wüstenschnecken ziehen sich in ihr Gehäuse zurück, in dem Luft zirkulieren kann, und verschließen es mit einem Epiphragma. Der Wasserverlust der im Nahen Osten lebenden Schnecke *Sphincterochila* beträgt weniger als 0,5 mg pro Tag. Da ein Individuum etwa 1,5 g Wasser enthält, könnte es ohne Gefährdung mehrere Jahre in Dormanz aushalten.
Die asiatische Rasse der Wanderheuschrecke *(Locusta m. migratoria)* hat ihren

Dauerwohnsitz in Wüstengebieten, deren Flüsse zum Schwarzen Meer, Kaspischen Meer und Asowschen Meer hin entwässern. Dort finden sie in Flußdelten geeignete Eiablagestellen. Ihre Eidiapause wird erst im Frühjahr zur Zeit der Überschwemmungen aufgehoben. In Wüsten mit zwei Trockenperioden im Jahr gibt es wegen der Erscheinung der Dormanz zweigipflige Aktivitätskurven der Thysanuren, Heuschrecken, Wanzen, Käfer, Bienen, Fliegen, Schmetterlinge sowie räuberischer Arten (Skorpione, Solifugen, Spinnen, Grabwespen, Mantiden, Myrmeleoniden, Tabaniden), da sie alle direkt oder indirekt vom Auftreten der Blütenpflanzen abhängen.

11.1.2.5 Migration

Verschiedene Vögel, Großsäuger und einige Insekten wandern während ungünstiger Perioden fort oder leben nomadisch.
In Wüsten mit periodischen Regenzeiten gibt die Photoperiode (Tageslänge) den Vögeln das Signal, welches den Paarungstrieb zu einer Zeit auslöst, in der sich mit dem Regen neue Nahrungsquellen bieten werden. So erscheinen in Wüsten mit Winterregen die Vögel zum Brüten viel eher als in denen mit Sommerregen.
Nomadisierende Antilopen *(Addax nasomaculatus, Oryx gazella)* in Afrika, die als Paar oder in kleinen Rudeln leben, wandern dorthin, wo nach einem Regen Nahrung vorhanden ist. Entsprechendes gilt für das Rote Känguruh *(Megaleia rufa)* in Zentralaustralien.
Selbst der Mensch konnte in Wüstengebieten dauerhaft nur an Flüssen siedeln, wo er sich von Fischfang und Ackerbau ernährte. Sonst ist auch für ihn Nomadentum die einzig mögliche Nutzung der Wüste geblieben. Als Nahrung dienten ihm außer Pflanzen auch Reptilien und Insekten aller Art, wenn größeres Wild nicht zu erbeuten war.
Von Fernmigranten unter den Wüsteninsekten seien als Beispiele die nordafrikanische Wüstenwanderheuschrecke *(Schistocerca gregaria)*, die südafrikanische Wanderheuschrecke *(Locusta pardalina)* und die Feuerwanze *Dysdercus peruvianus* der Sandlomas von Peru genannt. Der Rückflug dieser Insekten wird allerdings von einer späteren Generation durchgeführt als der Hinflug zu geeigneten Brutplätzen.
Sch. gregaria besiedelt über 35 Mill. km^2 der Erde. Sie lebt normalerweise solitär, geht aber unter bestimmten Umweltbedingungen in eine gregäre Phase über. Dies geschieht nach starken und über weite Gebiete verbreiteten Regenfällen, welche die Entwicklung der Vegetation besonders in den Wüstentälern fördern. Dort konzentrieren sich die Heuschreckenlarven und werden durch eigene Pheromone sowie durch Ökomone bestimmter Wüstenpflanzen zur Bildung der gregären Phase stimuliert. Schon die Züge der Larven können bis 10 km weit wandern. Thermische Aufwinde im November/Dezember in ihrem Kern- und Brutgebiet Nordafrika führen zu konvergenten Luftströmungen, welche die Schwärme der Vollkerfe erfassen und in erster Linie nach Norden verfrachten. Einige Schwärme wurden sogar über den Atlantik in die Karibik und nach Südamerika verweht. In den Maghreb-Ländern, in Ägypten, Äthiopien, Iran und Pakistan finden die Heuschrecken ideale

Brutplätze, von denen die neue Generation bei günstiger Großwetterlage ihren Rückflug im Mai/Juni gen Süden antritt.

11.1.3 Biozönotische Konnexe

Das Leben in der Wüste konzentriert sich an bestimmten Stellen. Ein paar Steine auf dem Sand, Pflanzenhorste daneben, einzelne Büsche, eine *Welwitschia*, ein Baumkaktus können zu Aktionszentren für viele Organismen werden. Derartige Kleinlebensräume besitzen oft hohe Selbständigkeit. Umherstreifende Säugetiere, Vögel mit weitem Flugareal verknüpfen solche Konzentrationsstellen zu weitmaschigen Nahrungsnetzen.

Ausgetrocknete Pflanzen können noch den Tenebrioniden und Thysanuren als Nahrung dienen, die wiederum Skorpionen und Solifugen zur Beute fallen. Phytotrophe Käfer und Raupen werden von größeren Spinnentieren gefressen. So erweitert sich allmählich der Konnex. Er kann am Tage und in der Nacht unterschiedlich sein, weil die Umkomposition des aktiven Anteils der Arten sehr ausgeprägt ist. Auch das Vorkommen von Migranten und Nomaden zwingt dazu, Wüsten im größeren regionalen Maßstab zu erforschen, um über die Verflechtung des Lebens und die Produktivität eine Vorstellung zu gewinnen.

Die Artenzahlen in Wüsten sind keineswegs so gering, wie man früher meinte. Im Coachella Tal der südkalifornischen Sandwüste wurden 174 Gefäßpflanzen, 138 Wirbeltiere, 55 Spinnen festgestellt und die Zahl der Spezies an Insekten auf 2000 bis 3000 geschätzt. Dazu kommen niedere Pflanzen, Nematoden, Milben und die verschiedensten Mikroorganismen. Alle diese Arten sind durch Nahrungsbeziehungen verknüpft. Allein von *Prosopis* leben etwa 200, von *Ambrosia dumosa* 89, von *Larrea divaricata* 60 Insekten. Selbst in einem relativ einfach strukturierten Lebensraum ist es daher unmöglich, auch nur einigermaßen vollständige Nahrungsnetze zu erforschen, die alle Größenordnungen der Lebewelt umfassen. Dessen sollte man sich stets bewußt sein.

Dennoch seien wenigstens einige Beziehungen mit dem Kreosotbusch *(Larrea)* aus der Sonora Wüste als Beispiel geschildert. Wenn Termiten unter dem Busch eine Kolonie im Boden gründen, füllen sich nach einem Regen die einer Honigwabe ähnlichen Nester mit Wasser und führen es den Wurzeln zu. Dadurch erhält eine solche Stelle die zehnfache Menge an Wasser als ein Busch ohne Termitennest. Für manche Tiere ist *Larrea* giftig, vielen Insekten aber gibt sie Nahrung. Dazu gehören Heuschrecken, Stabheuschrecken, Schildwanzen, Zikaden, Schildläuse, Käfer und Raupen. Die Blüten werden von verschiedenen Solitärbienen aufgesucht. Ein Wüstenleguan frißt die Blätter. Taschenspringmäuse *(Dipodomys)* finden in den Samen Nährstoffe und genügend Wasser (Abb. 11.4). Manchen Arthropoden dient der Bereich des Busches wenigstens als Versteck. Spinnen spannen ihre Netze zwischen den Zweigen. Viele dieser Kleintiere werden von Vögeln und Eidechsen erbeutet. Letztere fallen Klapperschlangen *(Crotalus)* zum Opfer. Oft graben sich Krötenechsen *(Phrynosoma)* unter einem Strauch ein, um dort die Trockenzeit zu verbringen. Häufig sitzen Haubenwachteln *(Lophoryx gambelii)* auf den Büschen oder

legen ihr Nest unter ihnen an. An solchen Konzentrationsstellen des Lebens finden sie reichlich Nahrung.
Im allgemeinen sind Wüstentiere in ihrer Nahrungswahl recht flexibel und curytroph. Arten, die in Trockenperioden Samen oder trockene Zweige fressen, bevorzugen nach Regenfällen frisches, grünes Pflanzengewebe. Raubsäuger, Vögel und Reptilien ernähren sich während der Trockenperiode von einer Mischkost, zu der Blätter und Früchte gehören, um genügend Wasser und Energie zu erhalten. Insektenfressende Vögel, Nagetiere und Reptilien werden in nahrungsknappen Zeiten fast zu Vegetariern. So ist das Leben in der Wüste durch wechselnde Nahrungsnetze verknüpft. Für rein phytotrophe Arten kann das Angebot an Nahrung besonders leicht zum begrenzenden Faktor werden. Durch unterschiedliche Aktivitätszeiten, Nahrungspräferenzen und bevorzugten Aufenthalt im Strukturmuster des Lebensraums gehen sich verwandte Arten oft aus dem Weg. So unterscheiden sich zum Beispiel die Arbeiterinnen von Ameisen der *Pogonomyrmex*-Arten und auch bei denen der Gattung *Pheidole* durch Körpergröße und Sammelstrategie. Letztere besteht darin, daß die Ameisen je nach Körpergröße verschieden große Körner eintragen und je nach der Art einzeln oder gruppenweise sammeln.
Potentielle Konkurrenz gibt es sogar zwischen völlig andersartigen Lebensformen, zum Beispiel samenfressenden Ameisen und Nagetieren. Nach Ausschaltung einer der beiden Gruppen nahm die andere sehr zu. Doch blieb der Anteil der verzehrten zu dem im Boden verbliebenen Samen derselbe, gleich ob beide oder nur eine der Gruppen vorhanden waren.

11.1.4 Oasen und Flüsse, Einsprengsel in Wüsten

Jeder Landschaftstyp hat Stellen ganz andersartigen Charakters. In Wüsten sind dies Oasen und Flüsse.
Oasen sind Stellen mit dichtem Pflanzenwuchs innerhalb der Wüste, wo salzarmes Wasser aus einer Quelle an die Oberfläche tritt. Hier können hygro- und mesophile Organismen gedeihen, die in der eigentlichen Wüste keine Existenzmöglichkeit haben. Das gilt ebenso für die dort angebauten Kulturpflanzen wie Kokospalme, Mango, Papaja, Kaffee und Batate wie für Tiere. So konnten in Oasen der Kysyl-Kum-Wüste mit Erfolg Regenwürmer eingebürgert werden. Auch manche Amphibien finden sich in Oasen. Schließlich können Oasen große Mengen von wandernden Wasser-, Wat-, Raub- und Sperlingsvögeln anziehen, die dort auf ihrem Zug günstige Rast- und Nahrungsstätten finden.
Die Bedeutung von Flußdelten in Wüsten für die Wanderheuschrecke *Locusta m. migratoria* wurde schon hervorgehoben. Entlang der Bewässerungskanäle gelangten Junikäfer *(Amphimallon solstitialis)* und die Maulwurfsgrille *Gryllotalpa unispina* in die südrussische Wüstenzone. In bewässerten Teilen der kalifornischen Wüste haben sich von Flußufern her der Melonenkäfer *(Diabrotica balteata)* und Baumwollthripse *(Caliothrips, Hercothrips)* auf die angelegten Kulturen ausgebreitet. Dagegen können Tenebrioniden im trockenen Wüstenbereich bleiben. Ihre Flügeldecken sind verwachsen, so daß zwischen diesen und dem Körper ein Hohlraum gebildet wird, der den Verdunstungsschutz erhöht.

11.1.5 Halbwüsten der gemäßigten Zone

Wo Niederschläge unter 250 mm im Jahr fallen und die Böden nicht über 1 % Gewicht an Humusgehalt in der oberen Schicht haben, hören Grassteppen auf. Es bilden sich mit Kräutern oder Zwergsträuchern bedeckte Flächen, die trotz zusammenhängender Vegetationsdecke als Halbwüsten bezeichnet werden. In solchen Gebieten sind die Winter kalt, die Sommer heiß. Beispiele sind die Aralo-Kaspischen Halbwüsten oder diejenige im kalt-ariden Winterregengebiet zwischen dem kalifornischen Gebirge und den Rocky Mountains. Hier wie dort dominieren auf weiten Flächen *Artemisia*-Arten.

In Nordamerika handelt es sich um *Artemisia tridentata* (Sage brush), einen 1,5–2 m hohen Halbstrauch, der mit seiner Pfahlwurzel bis drei Meter in die Tiefe dringt und außerdem noch flach verlaufende Wurzeln hat. Die Pflanze wird 25–30 Jahre alt. Ferner kommen Chenopodiaceen und Gräser vor. Erstere finden sich vor allem an salzhaltigen Senken reichlicher ein (Abb. 11.6).

Früher bildete «Sage brush» die Nahrungsgrundlage für Gabelantilope *(Antilocapra americana)*, Großohrhirsch *(Odocoileus hemionus)* und Salbeihuhn *(Centro-*

Abb. 11.6: *Artemisia*-Halbwüste in Nordamerika (Orig.).

cerus urophasianus), die heute selten geworden sind. Reichhaltig an Arten ist aber noch immer die Insektenwelt geblieben mit ihren Saftsaugern an Wanzen, Zikaden, Thripsen, den blattfressenden Raupen, Käfern und Heuschrecken. Heimisch ist dort auch die Rübenzikade *(Circulifer tenellus)*, die nach weiten jahreszeitlichen Wanderungen in südwestlicher Richtung Kulturen von Zuckerrüben befällt und eine gefährliche Virose auf diese übertragen kann.
Raubsäuger wie Coyote *(Canis latrans)* und Amerikanischer Dachs *(Taxidea taxus)* sind gleichfalls weniger häufig als früher. So bleiben Greifvögel die wichtigsten Feinde der Hasen *(Lepus americanus, Sylvilagus nuttallii)* und Nagetiere *(Spermophilus townsendii, Dipodomys, Neotoma)*, die solche Halbwüsten noch reichlich bevölkern. Dabei ist das Spektrum der Nahrungswahl verschieden. Die Hauptbeute der an Kliffs oder auf Einzelbäumen brütenden Präriefalken *(Falco mexicanus)* und Rotschwanzbussarde *(Buteo jamaicensis)* sind Ziesel *(Spermophilus)*. Wenn deren Dichte in manchen Jahren zurückgeht, kann sich der Bussard leicht auf andere Beutetiere umstellen. Dem Falken gelingt dies weniger, weil die Flexibilität der Nahrungswahl angeboren ist.
Recht mannigfaltig ist die Reptilienfauna mit Schlangen, Eidechsen und Schildkröten. Am Boden leben Skorpione, Ameisen, Schwarzkäfer. Ökologische Beziehungen sowohl zu reinen Wüsten als auch zu echten Steppen in der Auswahl und den Anpassungen der Bewohner sind nicht zu übersehen.
Übrigens ist die heutige weite Ausdehnung der «Sage brush-Flächen» zum Teil durch den Menschen bedingt. Sie entstand durch Überbeweidung, weil Rinder die holzigen Pflanzen meiden, welche den Platz der früher dort wachsenden ausdauernden Kräuter einnehmen konnten.
In den winterkalten Halbwüsten von Kasachstan gibt es große Gebiete, in denen Wermut *(Artemisia absinthium)* vorherrscht. Die Fauna trägt ähnliche Züge wie im entsprechenden Landschaftstyp Nordamerikas. Ein häufiger Bewohner ist die Gelbe Zieselmaus *(Cynomys fulvus)*, die nur vier Monate im Jahr aktiv ist. Nach dem Vertrocknen der Pflanzen zieht sie sich in ihren Bau zurück, in dem eine relativ niedrige Temperatur herrscht, so daß hier der Beginn eines echten Winterschlafs bereits in den Sommer fällt. Zwar ist es dann draußen noch warm, aber es steht keine frische Vegetation mehr zur Verfügung.

11.2 Savannen

Trockengrasfluren mit meist zusammenhängender Pflanzendecke aus vorwiegend ausdauernden Gräsern über tiefem Grundwasser in den subtropischen und tropischen Sommerregenzonen nennt man Savannen. Häufig sind mehr oder weniger regelmäßig Bäume oder Sträucher eingestreut. Doch selbst wenn in solchem Klima das Grasland baumfrei ist oder Trockenwälder enthält, sollte man von Savanne (und nicht von Steppe) sprechen. In diesem weitesten Sinn nimmt sie den größten Teil des indischen Subkontinents und Hinterindiens sowie 65 % von Afrika, 60 % von Australien und 45 % von Südamerika ein.

Der Begriff, der vom westindischen Wort «zabana» stammt, schließt ehemals bewaldete «Sekundärsavannen» ein, die in großen Gebieten Südamerikas, Afrikas und Indiens erst durch das Wirken des Menschen entstanden sind. Auch gehören dazu die von immergrünen, regenwaldartigen Ufer- und Galeriewäldern durchzogene Feuchtsvannen.
Nicht allein die Gesamthöhe der Niederschläge (bei **Savannen im «engeren Sinn»** je nach geographischer Lage von etwa 500–2000 mm im Jahr), sondern deren Verteilung im Jahreslauf ist für das Entstehen der verschiedenen Savannen von Bedeutung. Nur bei Naß- und Feuchtsavannen können ausgesprochene Jahreszeiten fehlen. Verbreiteter sind Savannen mit längeren Regenperioden im Sommer, in denen sich ein genügender Wasservorrat für die trockenen Monate anreichern kann. Es gibt podsolartige, saure Böden (Acrisole), Ferric Luvisole (Lixisole) mit hohem Gehalt an Eisen und Mangan sowie Nitosole (Roterden, Rotlehme). Durch Auswaschung, Erosion und Brände haben sie oft oligotrophen Charakter.
In Abhängigkeit von der Höhe der Niederschläge und der Länge der Trockenzeit kommen Übergänge zu Wäldern und Wüsten vor. Tiere dieser beiden Landschaften dringen daher in Savannen ein. Selbst Dorn- und Trockensavannen mit Niederschlägen unter 500 mm im Jahr, die keinen zusammenhängenden Graswuchs oder nur wenig Gräser zwischen den Sträuchern und Bäumen haben, lassen sich der **«Savanne im weitesten Sinn»** anschließen, obwohl sie wegen der Lebensformen ihrer Pflanzen, anderer Klima- und Bodenverhältnisse eigentlich mehr Übergänge zu tropischen Halbwüsten sind. Beide stimmen in zwei Eigenschaften überein. Erstens sind die Holzpflanzen (Bäume, Sträucher) weitgehend feuertolerant. Zweitens dominieren auch dort «C_4-Gräser», also solche, deren erstes CO_2-Fixierungsprodukt der Photosynthese vier Kohlenstoff-Atome enthält und deren Ausnutzung des Lichts größer ist als bei den «C_3-Pflanzen» der gemäßigten Zonen.

11.2.1 Wirkung von Feuer

Feuer beeinflußt außer der Vegetation die Struktur, Erosion und Fruchtbarkeit des Bodens, die oberirdische Kleintierwelt, das Nahrungsangebot für Pflanzenfresser, Wanderungen von Vögeln und Großsäugern. In ariden Graslandschaften gab es auch vor der Nutzung des Landes durch den Menschen häufige Brände, die durch Blitze ausgelöst wurden. Pflanzen und Tiere sind daher an solche Situationen angepaßt.
Die höchsten Temperaturen bei einem Großbrand liegen zwischen 280° C und 560° C in 50 cm über dem Boden. Auf seiner Oberfläche steigen sie zwei bis drei Minuten lang auf 70–100° C. Doch schon unter 5 cm Bodentiefe wirkt sich das Feuer kaum mehr aus, so daß das Edaphon weitgehend verschont bleibt. Allerdings hängt die Erwärmung des Bodens außer von der Feuchtigkeit der Streu vor allem von der Windgeschwindigkeit ab.
Die Erneuerungsknospen der Gräser befinden sich unter der Oberfläche. Zudem vernichtet ein Brand bei Gräsern nur den Wachstumszuwachs eines Jahres. Bei Akazien sind am Wurzelhals noch bis etwa 20 cm tief unter der Bodenoberfläche

schlafende Knospen, denen das Feuer nichts anhaben kann. So vermochten sich auf die Dauer nur feuerfeste Holzarten in den Savannen zu halten. Wiederholtes Abbrennen läßt in der Regel Gräser auf Kosten der Kräuter stärker hervortreten und wirkt sich dadurch indirekt auf die Zusammensetzung der Fauna aus. Allerdings ist der Zeitpunkt des Feuers recht entscheidend. Wenn die perennierenden Pflanzen ihr Wachstum zur Zeit eines Brandes begonnen haben, werden oft gerade Kräuter vor Gräsern begünstigt.

In Graslandschaften liegt der Hauptanteil der Primärproduktion unterirdisch. Nach Untersuchungen in Ostafrika wird von der Primärproduktion in einer *Hyparrhenia*-Feuchtsavanne im Vergleich zur Trockensavanne mehr durch Feuer (31 %), aber weniger durch die Mikroflora des Bodens (61 %), saprotrophe Bodentiere (7 %), phytotrophe Blatt- und Wurzelfresser (1 %) abgebaut. Die entsprechenden Werte in einer Trockensavanne betrugen nämlich nur 4,8 % für Feuer, jedoch 80 % für die Leistung der Bakterien und Pilze, 12,2 % für die der saprotrophen Bodenfauna und 3 % für phytotrophe Tiere.

Zwar kann ein Savannenbrand das Gefüge der Lebensgemeinschaft vorübergehend verändern, doch findet verhältnismäßig schnell ein Ausgleich statt. Nach wenigen Monaten ist der Tierbesatz nur noch etwa 30 % geringer als auf vom Feuer verschont gebliebenen Flächen. Heuschrecken legen ihre Eier mit Vorliebe in Kahlstellen, wie sie häufig durch solche Brände entstehen. Die neu aussprossende Vegetation bietet den heranwachsenden Heuschrecken ebenso wie Vögeln, Nagern und Huftieren eine qualitativ besonders gute Nahrung, weil der Gehalt an Protein und Mineralien in jungen Graspflanzen am höchsten ist und später zurückgeht.

Viele große Tiere weichen durch Flucht aus, sofern sie nicht auf ihren Wanderungen bereits vorher das trockene Grasland verlassen hatten. Von Äthiopien ziehen zur Zeit der Feuerbrände in den Wintermonaten insektenfressende Greifvögel, Störche, Bienenfresser (*Merops*) und Krähen in die südlichen Savannen, um Heuschrecken und andere Insekten am Rande von Feuerherden zu fressen, die sie in dichter, hoher Pflanzendecke nicht erbeuten könnten. Wenn das Gras in der Regenzeit wieder in die Höhe wächst, fliegen sie nach Norden zurück. Entsprechendes wurde in südamerikanischen Savannen beobachtet.

11.2.2 Lebensformen der Pflanzen

Neben Kräutern und Stauden, darunter vielen Compositen und Leguminosen, gehören vor allem Gräser (Gramineen, Cyperaceen) und Holzgewächse zu den Charakterformen der Savannen (Abb. 11.7). Therophyten und Sukkulenten treten im Gegensatz zu Wüsten zurück, fehlen aber keineswegs. Kakteen nehmen in Südamerika die Stelle dorniger Holzpflanzen afrikanischer Savannen ein. In Australien, wo Laubäser solchen Landschaften fehlen, sind die Pflanzen meist unbedornt.

Gräser durchwachsen mit ihrem feinen Wurzelwerk den Boden sehr intensiv und können dadurch viel Wasser aufnehmen. Da sie aber selbst bei Wassermangel ihre starke Transpiration nicht einschränken, kommt es leicht zum Anstieg der osmo-

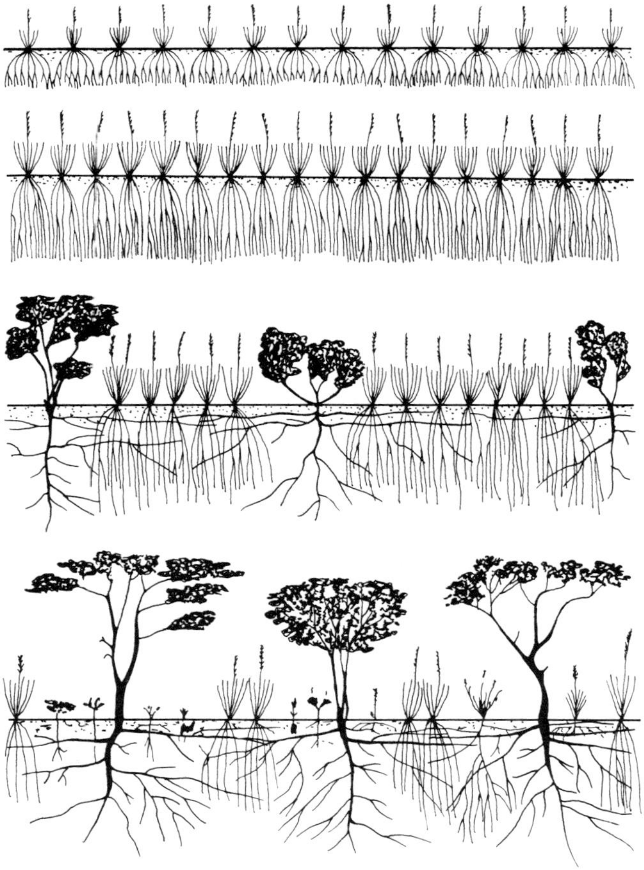

Abb. 11.7: Schema des Übergangs einer reinen Grassavanne über eine Savanne mit Holzgewächsen zum Savannenwald (nach Walter 1973).

tischen Werte in den Zellen und schließlich zum Absterben von Gewebe. Dieser Vorgang beginnt an der Blattspitze und schreitet zur Basis fort. Es sieht dann aus, als ob die Grasflächen verbrennen. Die zur Erneuerung dienenden Vegetationskegel am Grund werden durch die sie umgebenden, trockenen Blattscheiden vor völliger Austrocknung bewahrt, können viele Monate am Leben bleiben und bei günstigen Bedingungen von Wärme und Feuchtigkeit wieder austreiben. Nach dem Absterben der verdunstenden Organe verbrauchen Gräser nur noch sehr wenig Wasser. Wichtige Gräser der afrikanischen Savannen gehören zu den Gattungen *Andropogon*, *Aristida*, *Hyparrhenia*, *Panicum*, *Pennisetum*. Das abgestorbene Streumaterial wird in tropischen Savannen schon in wenigen Monaten weitgehend zersetzt. Es stammt hauptsächlich von den Wurzeln.

Holzpflanzen. Auf feinkörnigen Böden ist ihr extensiv wachsendes Wurzelsystem, das sich zwar horizontal weit ausbreitet und außerdem sehr tief (40 m und mehr) nach unten reichen kann, im Wettbewerb um die geringen Wasserreste den Gräsern unterlegen, weil diese das Wasser intensiver zu nutzen verstehen. Holzgewächse können sich daher neben Gräsern vor allem dort halten, wo während der Dürrezeit mehr Wasser im Boden verbleibt als die Gräser verbrauchen (Abb. 11.8). Sie vermögen ihre Transpiration zu regulieren. Schon bei geringem Wasserdefizit schließen sich vorübergehend die Spaltöffnungen. So können immergrüne Arten mit hartem Laub Zeiten der Dürre überdauern. Andere werfen ihr Laub ganz oder zum Teil ab. Alle verlieren aber in der Trockenperiode dennoch durch Verdunstung so viel Wasser, daß ein geringer Nachschub aus dem Boden notwendig ist.

Abb. 11.8: Ostafrikanische Savanne, im Vordergrund Termitennest vor einer *Hyphaene*-Palme (Orig.).

Im Vergleich zum baumlosen Zwischenbereich wird die Einstrahlung der Sonne zum Boden durch die Baumkronen um etwa 50 %, die Temperatur um 5–11° C und die Regenmenge in unterschiedlicher Höhe vermindert, wie unter Bäumen von *Acacia* und *Adansonia* in Kenya gemessen wurde. Starke Beweidung kann zur Zunahme bestimmter Holzpflanzen auf Kosten der Gräser führen.
Die Stammregion von Bäumen mit schirmartiger Krone bleibt fast den ganzen Tag im Schatten. Stämme von solchen mit schlanker Krone haben dafür eine tiefrissige Borke, die guten Isolationsschutz gibt. Wie im Wald sind Struktur und Kleinklima der Rinde wesentlich für die Art der Besiedlung mit Arthropoden. Typische Stamm-

bewohner finden sich unter Spinnen, Pseudoskorpionen, Collembolen, Termiten, Rindenläusen, Zikaden, Wanzen, Käfern, Ameisen und Fliegen.

11.2.3 Besonderheiten der Tierwelt

Grabende Tiere spielen wie in der Wüste bei allen Gruppen, einschließlich der zahlreich vertretenen Reptilien, eine große Rolle. Andererseits gibt es im Vergleich zur Wüste mehr Läufertypen unter den Säugetieren und durch Strauße auch in der Vogelwelt. Noch zwei weitere Unterschiede zu Wüsten fallen auf. Erstens das Vorherrschen tagaktiver Arten, zweitens der ausgeprägte Gesellschaftstrieb bei Säugern, manchen Vögeln und Insekten, wie er sich in Mischherden, Rudeln, Meuten, Völkern, Kolonien, Familienverbänden und Schwärmen zeigt.
Im einzelnen seien im folgenden einige charakteristische Tiergruppen als Beispiele ausgewählt.

Regenwürmer. Die großen Megascolecidae in Savannen können 150 bis 500 t/ha an Kotkrümeln während der Regenmonate nach oben bringen. Die Menge an Kotkrümeln liegt in Steppen der gemäßigten Zonen mit jährlich 20 bis 80 t/ha (Durchschnitt 40 t) wesentlich niedriger. Durch das Wirken der Regenwürmer werden zugleich Durchlüftung des Bodens, Absorption des Wassers und Drainage bedeutend verbessert, der Abbau toter organischer Substanzen und die Durchdringung der Wurzeln erleichtert.

Insekten. Reichhaltig ist in Savannen, wie schon bei den Baumstämmen erwähnt, die Artenfülle an Arthropoden, die lebendes oder abgestorbenes Pflanzenmaterial verzehren oder als Dungfresser, Räuber und Parasiten leben.

Heuschrecken haben ebenso wie Gräser einen ungenügenden Schutz der Verdunstung. Sie müssen daher viel fressen, um genügend Wasser zu erhalten. Der Wandertrieb ermöglicht es manchen Arten (*Locusta m. migratorioides*, *Nomadacris septemfasciata* in Afrika, *Schistocerca paramensis* in Südamerika, *Chorteucetes terminifera* in Australien) in günstigere Gebiete zu fliegen, wenn die Nahrung knapp wird. Berührungs- und Mischzonen bestimmter Vegetationsmuster sind für Wanderheuschrecken meist Areale, in denen es leicht zu gregärer Phasenbildung kommt (d. h. zum Wandertrieb der inadulten Tiere, später der Adulten).
Das Phänomen des Wanderns tritt selbst bei **Schmetterlingen** auf, so bei den Raupen von *Spodoptera litura* (Tropischer Heerwurm), die wie die Wanderheuschrecken eine Farbvariante ihrer Wanderphase haben. Kleinere Gelege dieses Eulenfalters bis zu 150 Eiern können vollständig von Zehrwespen *(Telenomus)* parasitiert werden. Doch verringert sich das Ausmaß der Parasitierung mit zunehmender Größe der Gelege, die über 800 Eier betragen kann. Die Eiparasitoide sind dann nicht mehr in der Lage, ins Innere eines so kompakten Geleges vorzudringen. So können mehr Raupen schlüpfen, die eben bei großer Populationsdichte Wanderzüge bilden.
Termiten gehören zu den Charakterarten der Savannen. Sie leben in unterirdischen

Nestern. Stärker sklerotisiert sind Heerestermiten (Hodotermitinaea) und Erntetermiten (Nasutitermitinae), die Gras- und Blattstücke eintragen. Ihre oberirdischen Straßen werden von Soldaten bewacht. Die Bauten der meisten Termitidae ragen weit über die Oberfläche (Abb. 11.8) und können das Bodenrelief stark verändern. Das Material dazu wird noch aus 2 m Tiefe heraufgeholt. Die unterirdische Tätigkeit bedingt bessere Drainage, Durchlüftung und erhöhte Verdunstung an solchen Stellen; auch kann kalkreicheres Material nach oben gelangen. Außer den hügelbauenden gibt es rein unterirdische Arten, die jedoch nicht weit in die Tiefe dringen. Sie sind besonders individuenreich. Nach Schätzungen in afrikanischen Savannen können von ihnen mindestens 18 Mill./ha vorkommen.

Wenn «Termitarien», die bei *Macrotermes*-Arten 8 m Höhe und 15 m Breite messen können, verlassen werden, verwittern solche Hügel. Es stellen sich Pflanzen ein, unter ihnen auch Holzgewächse. Da bei einem Savannenbrand die üppigere Vegetation auf einem Termitenhügel vom Feuer eher verschont bleibt und später auf den abgebrannten, dazwischen liegenden Flächen Graswuchs begünstigt wird, können sich mit der Zeit mosaikartig sog. Termitenwäldchen in der Graslandschaft bilden. Sie werden auch in der Regenzeit nicht überschwemmt wie die Flächen zwischen ihnen, auf denen sich Tonteilchen ablagern und den verschlammten Boden nur noch für Gräser geeignet machen.

In mancher Hinsicht haben Termiten eine ähnliche bodenbiologische Bedeutung wie Regenwürmer. Andererseits konzentrieren sie im Gegensatz zu diesen das organische Material mehr an bestimmten Stellen, um nur einen Unterschied hervorzuheben. Ferner übertrifft die Biomasse/m^2 der Regenwürmer weit diejenige der Termiten. Der Hauptabbau wird jedoch wie im Wald durch Bakterien und Pilze geleistet.

Dungkäfer sind ökologisch wichtig für die Beseitigung der Kothaufen der großen Pflanzenfresser. Das wurde erst im Grasland von Australien in seiner Bedeutung erkannt. Dort waren Rinder nicht heimisch, und wilde Wiederkäuer kamen vor Einführung der Rinder nicht vor. Daher fehlten die vielen Käfer, welche die Exkremente für ihre Brut in den Boden eintragen, wo sie dann abgebaut werden. Wenn Kuhfladen in ariden Gebieten lange auf dem Gras liegen bleiben, stirbt dies allmählich darunter ab, denn es dauert 3–5 Jahre, bevor sich der Kot durch Mikroorganismen und durch Fliegenlarven zersetzt hat. Der Schaden des durch ausgetrockneten Kuhfladen abnehmenden Weideertrages konnte durch Einbürgerung von Dungkäfern aus den Savannen Afrikas und Südasiens behoben werden.

Typisch für Savannen sind auch **Ameisen.** Hervorgehoben von räuberischen Arten seien die bis zwei Zentimeter langen Bulldoggenameisen *(Myrmecia)* in Australien sowie die Wanderameisen in Südamerika und Afrika, die nicht nur in tropischen Wäldern, sondern ebenso in offenen Landschaften vorkommen. Viele Arthropoden, darunter besonders Termiten, fallen ihnen zum Opfer.

Tsetsefliegen der Trockensavannen Ostafrikas seien aus der großen Zahl von Parasiten hervorgehoben. Es handelt sich dort vor allem um *Glossina morsitans* und einige verwandte Arten. Diese Fliegen haben einen ungewöhnlichen Lebenszyklus, indem die Larve im Mutterleib ernährt und im verpuppungsreichen Stadium geboren wird. Die Fliegen saugen Blut von Säugetieren, Reptilien und vom Menschen. Dabei können sie Trypanosomen übertragen, die beim Menschen die gefährliche Schlafkrankheit (Afrikanische Trypanosomiasis), bei Wiederkäuern, Schweinen und Einhufern «Nagana» hervorrufen. Die Schwarz-Weiß-Streifung der Zebras bildet keinen Sichtschutz gegen Raubtiere, wie man früher annahm. Wohl aber führt sie zu vermindertem Anflug von Tsetsefliegen, die flächig dunkle Körper bevorzugt anfliegen (Abb. 11.9).

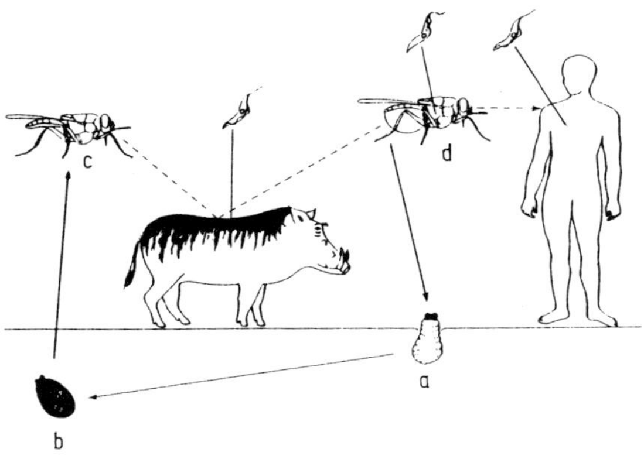

Abb. 11.9: Biologie der Tsetsefliege *Glossina morsitans* in der ostafrikanischen Savanne (nach Tischler 1982).
a: die vom Weibchen geborene verpuppungsreife Larve dringt in den Boden; b: dort Verpuppung; c: geschlüpfte Fliege saugt zur Eireifung Blut vom Warzenschwein (u. a. Tieren), dabei kann sie sich mit *Trypanosoma brucei rhodesiense* infizieren; d: beim Blutsaugen am Menschen überträgt sie auf diesen die Schlafkrankheit.

Vögel. Wanderungen sind für einige Savannenvögel typisch, meist um der nahrungsknappen Trockenzeit zu entgehen. Nördlich des Äquators brütende Arten ziehen weiter nach Süden *(z. B. Merops nubicus)*, südlich des Äquators brütende *(M. nubicoides)* nach Norden. Manche überqueren den äquatorialen Regenwald. Ein Beispiel dafür ist der Regenstorch *(Ciconia abdimii)* (Abb. 11.10). Bei Eintritt der Trockenperiode fliegt er von seinem Brutgebiet aus den nördlichen Savannen Afrikas in die südlich des Regenwaldes liegenden, in denen dann Regenzeit herrscht, um dort seine Ruhezeit zu verbringen. Maßgebend für das Zuggeschehen dürften die Nahrungsverhältnisse sein. In der Regenzeit schwärmen Termiten, sind die meisten übrigen Insekten aktiv, ist pflanzliche Nahrung am reichhaltigsten. Es gibt allerdings auch Vögel, die gerade den Trockenperioden folgen, wie der gleichfalls zu den Störchen gehörende Afrika-Klaffschnabel *(Anastomus lamelligerus)*, der mit Vorliebe Süßwassermollusken frißt. Diese findet er am leichtesten in ausgetrockneten Flußbetten.
Residenten in Savannen der Alten Welt sind die Webervögel (Ploceidae). Sie brüten gesellig auf Bäumen in Wassernähe und fertigen aus Grashalmen oder Blattrippen kunstvolle Nester an. Der Haussperling *(Passer domesticus)*, der den Menschen überall hin begleitet hat, ist ein Vertreter dieser Familie.
In die Savannenlandschaft Afrikas gehört der Honiganzeiger *(Indicator indicator)*, ein Spechtvogel, der außer Insekten (z. B. Bienenmaden) mit Vorliebe Wachs frißt. Wegen seines schwachen kurzen Schnabels und der oft großen Unzugänglichkeit der Waben in Felsspalten, Termitenhügeln und hohlen Stämmen kann er nicht selbst an diese heran. Durch seine Rufe wird jedoch der Honigdachs *(Mellivora capensis)*

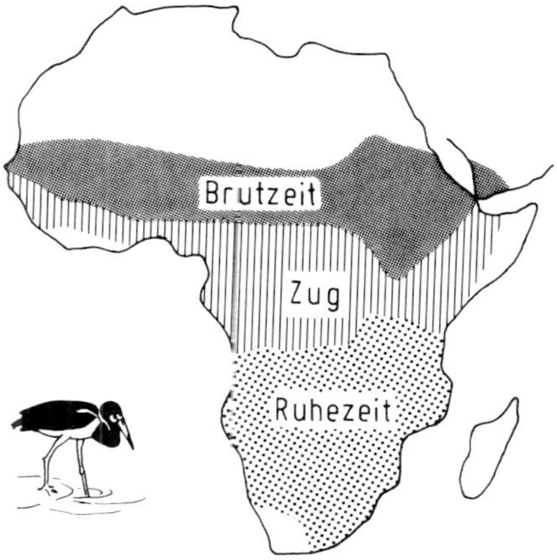

Abb. 11.10: Zug des Regenstorches *(Ciconia abdimii)* (nach Schüz 1971).

angelockt, der ihm folgt. Der Vogel spürt durch seinen Geruchssinn ein Bienennest auf etwa 1 km Entfernung auf. Er frißt dann gleichsam als Restnutzer von dem, was der Honigdachs übrig gelassen hat. Schon seit über 20000 Jahren hat auch der Mensch das Verhalten des Vogels ausgenutzt, wie Felszeichnungen in Zimbabwe und Südafrika zeigen. Er hat sogar gelernt, durch Pfeiftöne den Honiganzeiger herbeizulocken und ihm nachzugehen. Gleichfalls lenkt der Vogel die Aufmerksamkeit von Menschen auf sich, indem er an sie heranfliegt und immer wieder darauf achtet, daß sie ihm wirklich folgen.

Ein typischer Vogel der afrikanischen Savanne ist der Strauß *(Strutio camelus)*. Er läuft 60–70 km/Stunde. Außerhalb der Brutzeit wandert er in Familienverbänden von bis zu 600 Individuen, oft zusammen mit Huftierherden.

Pflanzenfressende Säugetiere. Ihre Entfaltung in den Savannen der einzelnen Kontinente ist sehr unterschiedlich. Besonders artenreich ist Afrika, artenärmer der indische Subkontinent, während diese Gilde in der südamerikanischen Savanne noch spärlicher vertreten ist. In Australien nehmen Beuteltiere ein funktionell entsprechendes Wirkungsfeld ein.

Huftiere, Nagetiere, Hasentiere und Känguruhs haben symbiotische Bakterien, die Zellulose verdauen. Sie befinden sich im Pansen der Wiederkäuer, im Darm der Einhufer, im Blinddarm der Nager und Hasen, in besonderen Darmtaschen der Känguruhs. Bei den Nage- und Hasentieren hat sich «Coecotrophie» entwickelt. Es bedeutet, daß Verzehren bestimmter eigener Kotkugeln für sie lebensnotwendig geworden ist, um genügend Vitamine des B-Komplex zu erhalten. Kopotrophie, die nicht nur eigenen Kot, sondern auch solchen von anderen Tieren betrifft, ist übrigens vom Wildesel asiatischer Halbwüsten *(Equus hemionus)* bekannt geworden.

Viele **Großsäuger** müssen wegen der langen Trockenzeiten, den oft damit verbundenen Bränden und den Folgen der eigenen Beweidung ergiebigere Nahrungsplätze aufsuchen. Elefanten, Büffel und Wasserböcke *(Kobus)* sind auf Trinken angewiesen. Die meisten anderen erhalten genügend Flüssigkeit mit der Nahrung, auch wenn sie sich ebenfalls an offene Wasserstellen begeben. Nur wenige sind vom Wasser unabhängig, wie manche Wüstentiere. Dazu gehören Elen-Antilope *(Taurotragus)* und *Oryx*-Antilope, die in Gebieten leben, in denen 6–9 Monate kein freies Wasser zur Verfügung steht. Ihre Körpertemperatur kann wie bei Kamel und Esel der Wüsten um mehrere Grade zwischen Tag und Nacht schwanken. Bei der Oryx-Antilope übertrifft die Körpertemperatur dadurch unter Umständen diejenige der Umgebung, so daß das Tier dann Wärme nach außen abgibt. Oryx-Antilopen können deshalb im Gegensatz zu Elen-Antilopen, die in der Mittagshitze Schatten aufsuchen, den ganzen Tag über ungeschützt der Sonne ausgesetzt bleiben. Schließlich fressen Elen-Antilopen saftigere Akazienblätter, Oryx dagegen Gräser und Blätter von Sträuchern, die weniger Wasser enthalten, allerdings nachts durch Kondensation etwas Feuchtigkeit auffangen. Stärker fluktuierende Körpertemperatur kommt auch bei dem Afrikanischen Elefanten und bei Känguruhs der australischen Savanne vor. Beim Elefanten wird außerdem Abgabe von Wärme am Tage durch seine großen Ohren ermöglicht.

Die pflanzenfressenden Großtiere bilden eine natürliche Gemeinschaft. In Afrika werden die verschiedensten, großräumigen Areale von Elefanten, Büffeln, Zebras, Gnus, Antilopen in einem gewissen Turnus abgeweidet, der für die Regeneration der Pflanzen genügend Spielraum läßt. Dieser Turnus ist dem Wechsel von Regen- und Trockenzeiten weitgehend angepaßt. Außerdem frißt jede Art auf die ihr eigene Weise nur einen bestimmten Teil des Gesamtangebots an Futterpflanzen. Die Weidetiere ergänzen sich. Es können 20 Arten im gleichen Gebiet vorkommen. Einige sind vorwiegend Laubäser (Giraffe, Elefanten, manche Antilopen) an Bäumen und Sträuchern. Andere beweiden die Krautschicht, wobei nach der Regenzeit mit knapper werdender Nahrung eine Spezialisierung auf bestimmte Pflanzenarten oder deren Teile eintritt. So fressen Zebras die obersten Teile der Pflanzen, Gnus die mittleren, Thomson-Gazellen mehr die unteren. Dies hängt mit ihrem unterschiedlichen Bedarf an Zellulose und Protein zusammen. Auch sind die Fraßzeiten verschieden. Es gibt nacht- und tagaktive Arten und bei letzteren solche, die ihre Hauptaktivität an genauer festgelegten Stunden entfalten.

Die Biomasse der ganzen pflanzenfressenden Artengemeinschaft der Großsäuger bleibt unter natürlichen Bedingungen konstant, auch wenn die einzelnen Arten im Laufe der Jahre starke Fluktuationen ihrer Bevölkerungen aufweisen. Diese stabile Systemeinheit wurde auch für die Pflanzen wichtig. Zusammenhänge zwischen der Konzentration der gemischten Huftierherden mit dem Gehalt an lebenswichtigen Mineralien (Mg, Na, P) in Böden und Pflanzen werden vermutet.

Verletzte oder abgerissene Blätter von Akazien und anderen Holzgewächsen geben Äthylen ab, das wie ein «Warnstoff» auf benachbarte Pflanzen der gleichen Art wirkt. Diese bilden daraufhin in kurzer Zeit mehr des für Kudus, Giraffen usw. bei zu hoher Konzentration giftigen Tannins und sind dadurch vor deren Fraß geschützt. Die Tiere wissen es aus Erfahrung. Bäume, die in Windrichtung der angefressenen stehen, werden nicht mehr befressen. Ob Pflanzen, die in Nachbarschaft von durch Inssektenfraß beschädigten wachsen, ebenfalls durch biochemische Veränderungen in manchen Fällen einen gewissen Schutz erhalten, ist umstritten.

Zu Schäden durch Überbeweidung kommt es besonders leicht in Schutzreservaten, wo Raubtiere weitgehend ausgeschaltet sind, das natürliche Zahlenverhältnis zwischen den Arten der Huftiere verschoben oder das Areal für Wanderungen zu eingeschränkt ist. Andererseits wirkt sich auch ungenügende Beweidung durch einen wichtigen Partner der Großtiergemeinschaft für andere ungünstig aus. So fressen in der Serengeti Ostafrikas die großen Herden der Gnus *(Connochaetes taurinus)* in der Trockenzeit stellenweise einen beträchtlichen Teil der Vegetationsdecke, deren Höhe sie um mehr als die Hälfte kürzen. Dadurch verhindern sie das Altern der Gräser und stimulieren sie zu neuem Wachstum. Die einen Monat später einwandernden Thomson-Gazellen *(Gazella thomsoni)* finden eine frische, dichte Grasdecke vor. Auf unbeweideten Flächen geht die Vegetation durch Überalterung zurück. Dies ist ein Beispiel für die Bedeutung von Metabiose.

Die Dichte der **Nagetiere** wird in Zeiten steigender Huftierzahlen meistens geringer, nimmt aber wieder zu, wenn die großen Weidegänger abnehmen. Ob Nahrungskonkurrenz oder andere Störungen dabei wesentlich sind, läßt sich nicht verallgemeinernd sagen. Auf jeden Fall werden viele Nager beim Zertrampeln des Bodens aufgeschreckt, von den die Herden begleitenden Straußen verzehrt, ihre Baue geschädigt. In kleinen Raubtieren, Schlangen, Rabenvögeln, Eulen, Wanderameisen haben sie viele Feinde. Die Situation ist also komplex.

Zweifellos steht jedoch die Bevölkerungsdichte der Nagetiere mit dem Futterangebot in Zusammenhang. So wurden in afrikanischen Savannen mit Mischbeständen aus Elefantengras *(Pennisetum purpureum)* und verstreutem Sekundärbusch je nach Üppigkeit der Vegetation 100–450 Individuen an Mäusen/ha festgestellt. Das Maximum der Fortpflanzung liegt bei den Nagern in den Monaten der Regenperiode, hört aber schon auf, lange bevor die Trockenzeit einsetzt, und steigt dann nochmals am Anfang derselben vorübergehend an. Dies Verhalten ist schwer zu deuten, gilt indessen gleichfalls für einige afrikanische Savannenvögel.

Nach Untersuchungen in Savannen Ostafrikas werden auf das Jahr bezogen je nach der Grasformation höchstens 30–40 % der oberirdischen Pflanzenmasse von Phytotrophen verzehrt. Der weitaus größte Anteil davon (70–90 %) entfiel auf die Ungulaten. An zweiter Stelle standen Insekten, besonders Heuschrecken, während Kleinsäuger im Vergleich dazu weniger Bedeutung hatten. Saprotrophe Tiere nahmen eine Nahrungsmenge auf, die etwa der Größenordnung der Beweidung durch die Huftiere entsprach. Doch kann es für Phytotrophe auch Zeiten des Nahrungsmangels geben, weil die meisten Pflanzen nur für eine gewisse Zeit genügend Rohprotein enthalten. – In anderen Gebieten und Situationen können die Verhältnisse der Nahrungsaufnahme davon abweichen. So wurden in Südafrika allein in Kolonien der Rennmaus *Tatera brantsii* über 47 % der oberirdischen Pflanzenmasse und 34 % der Wurzelmasse (in Trockengewicht) gefressen. An solchen Stellen erhöhte sich dadurch die Artenzahl der Pflanzen.

Sowohl bei den seßhaften Kleinsäugern wie bei den weniger stationären Großweidetieren kommt die Bildung von Territorien vor. Bei den letzteren beschränkt sich dieses Verhalten auf die Männchen, die sich meist schon vor der Paarungsperiode aus dem Verband absondern. Es besteht auch hier eine enge Beziehung zwischen Territorialität und Fortpflanzung. Die Weibchen werden von den Männchen nur eine bestimmte Zeit in den Territorien gehalten. Schlechte Weide- und Wasserverhältnisse zwingen immer wieder zur Wanderung und damit zur Aufgabe solcher Reviere.

Raubtiere. Ihre ökologische Bedeutung liegt weniger im Regulativ gegen zu starke Vermehrung der Huf- und Nagetiere als vielmehr in ihrer Rolle als «Gesundheitspolizei», da sie außer jungen Tieren vor allem kranke und geschwächte erbeuten.
Geparde *(Acinonyx)*, die 40–70 km in der Stunde laufen, haben einen weiten Aktionsradius; das gilt namentlich für die Weibchen. Löwen ruhen etwa 20 Stunden am Tag und gehen nur vier Stunden auf Nahrungserwerb. Dabei bevorzugen sie Beute, die von anderen Raubtieren geschlagen ist und die sie diesen zu entreißen trachten. Auch Kadaver verschmähen sie keineswegs. Andererseits sind Hyänen nicht lediglich Aasfresser, sonder können sehr aktive Räuber sein. Sie gehören übrigens zu den Hauptwirten der Trichine, die ein typischer Wurmparasit der Großtiere ist. Nach deren Dezimierung durch den Menschen wurde die Trichine *(Trichinella)* über Warzenschwein und Hausschwein mehr als vorher zu einem Humanparasiten.
Arbeitsteilung durch Sozialverhalten kann das Leben der Einzelindividuen auch bei Raubtieren erleichtern. Der Zwergmungo *(Helogale undulata)* in Ostafrika lebt im Familienverband von 12 oder mehr Individuen. Da er tagaktiv ist, würden dem Einzeltier Schakal, Greifvögel und andere Feinde in den deckungsarmen Trockensavannen gefährlich werden. Nur das ranghöchste Paar dient der Fortpflanzung. Das Weibchen übernimmt die Führung bei der Nahrungssuche, das Männchen bei Kämpfen und Verteidigung. Die übrigen Familienmitglieder übernehmen Aufzucht der Jungen, Krankenpflege und Wache im gemeinsamen Territorium. Nachts halten sich die Zwergmungos gerne in Gangsystemen von Termitenhügeln auf, wo auch die Jungen geboren werden. Häufige Begleiter bei der Nahrungssuche sind Nashornvögel *(Bucorvus)*, welche die aufgestöberten Insekten fressen und die Mungos vor Feinden alarmieren.

Mensch. Der neuzeitliche Mensch *(Homo sapiens sapiens)* stammt aus der ostafrikanischen Savannenlandschaft. Dort hat er zunächst als Sammler und Jäger gelebt und von dort sich schließlich über alle Kontinente ausgebreitet.
In Savannen eingeführte Haustiere haben oft zu einseitiger Weidenutzung geführt, so daß die Grasfluren durch Überbeweidung geschädigt wurden. In Grenzertragsflächen kann der Mensch jedoch Haltung von Haustieren und Nutzung von Wildtieren verbinden. Das hohe Angebot an letzteren in Afrika läßt sich gut zur Steigerung der Produktion heranziehen, zumal bei Wildtieren Dichte der Bestokkung und Fleischertrag je Flächeneinheit viel höher liegen als bei Haustieren. Allerdings darf die Menge an Großtieren eine bestimmte Dichte nicht überschreiten, ohne Schäden für die Landwirtschaft hervorzurufen.
Auf Feldern, besonders bei Maisanbau, ist die Menge an Kleintieren im Boden ganz erheblich zurückgegangen. Man sollte ebenso wie in den gemäßigten Breiten auch dort in den bearbeiteten Arealen Waldinseln und Hecken als Refugien und Reservoire stehen lassen.

11.3 Steppen

Steppen sind aride Landschaften der gemäßigten Zonen, in denen ausdauernde, winterharte und eine gewisse Dürre ertragende Gräser vorherrschen. Im allgemeinen fallen weniger als 500–600 mm Niederschlag im Jahr. Die Trockenperiode dauert 8–9 Monate. Dies betrifft vor allem den osteuropäisch-asiatischen Steppengürtel von der Ukraine bis in die Mandschurei (mit Ausstrahlung bzw. Relikten bis Mitteleuropa), die nordamerikanischen Prärien und die ostargentinische Pampa.
Als Mutterboden kommt in der Regel Löß vor. Darüber bilden sich als Ergebnis von Klima, Pflanzen und Tieren in den feuchteren Regionen der Langgrassteppen meist Schwarzerde (Chernozem), in den trockeneren Kurzgrassteppen Kastanozem (s. Abb. 7.1).
Im Unterschied zu Savannen fehlen den Steppen einzeln wachsende, feuerfeste Bäume mit schirmförmiger Krone. Die Baumarten der gemäßigten Breiten sind bestandbildend, gegen Feuer empfindlich, und ihre Sämlinge können sich im Wettbewerb mit den Gräsern nicht durchsetzen. Zwar ist Baumwuchs auch in Steppen möglich, wie künstlich angelegte Windschutzstreifen erkennen lassen, doch könnte sich ein größerer Wald nicht halten, weil er mehr Wasser verbraucht als die niedrige Steppenvegetation. Allerdings kommen ebenso wie in Savannen Galeriewälder entlang der Flüsse oder kleine Gehölze in tiefen Erosionsrinnen vor. Überall, wo das Grundwasser von den Baumwurzeln erreicht wird, können sich Bäume entwickeln. Im allgemeinen liegt der Grundwasserspiegel im Bereich der Steppen für Bäume zu tief.

Waldsteppe. Nach Norden hin gibt es von der amerikanischen Prärie und der südrussischen Steppe Übergänge zu Waldlandschaften. In ihnen liegen auf gut drainierten Stellen meist in Senken eingestreute größere Waldinseln zwischen Grasfluren. Sie bestehen in beiden Kontinenten aus Eichen, die mit Linde, Ahorn, Ulme, Pappel und manchen anderen Bäumen gemischt sind. Ursprüngliche Waldsteppe kommt heute nur noch in Reservaten vor, da sie weitgehend in Agrarland umgewandelt wurde. Dies zeigen auch die degradierten Schwarzerden (Phaeozeme) im nordamerikanischen Maisgürtel von Wisconsin bis Missouri. Im Gebiet der Waldsteppe Minnesotas kommen unter den Baumrinde bewohnenden Oribatiden und Dipteren bestimmte Arten vor, die nur vom Feuer verschont gebliebene Stämme besiedeln. Andere bevorzugen gelegentlich (dreimal in 25 Jahren) von Bränden heimgesuchte Stämme. Zu einer dritten Gruppe gehören Larven von Zuckmücken (Chironomidae) und Stelzenfliegen (Micropezidae), die am häufigsten die Rinde von Eichen bewohnten, welche 20mal in 25 Jahren ein Feuer überstanden hatten.
In der Waldsteppenregion Rußlands sind Primär- und Sekundärproduktion weitaus größer als im nördlichen reinen Waldbereich und in der südlicheren Trockensteppe. Einige Arten leben dort endemisch. Die Grenzzonen zwischen den Waldinseln in der Steppe zeigen eine besonders reiche Lebensentfaltung.

Übergänge zu Halbwüsten und Savannen. Nach Süden hin finden sich in der eurasiatischen Steppe Übergangszonen zu Halbwüsten und Wüsten, in Nordamerika zu Wüsten und Savanne, in der argentinischen Pampa ebenfalls solche, aber nach Westen hin.

Es konnten daher Organismen aus Wüsten, Savannen und Wäldern in die Steppen eindringen. Dies sei am Beispiel einiger Vögel der russischen Steppe ausgeführt. Aus Wüsten stammen Steppenhuhn *(Syrrhaptes paradoxus)*, Steinkauz *(Athene noctua)* und Haubenlerche *(Galerida cristata)*. Letztere konnte sich bis in die «Steinwüsten» der Großstädte ausbreiten. Daneben gibt es eine ganze Anzahl von Vögeln, die eigentlich in der Waldsteppe zu Hause sind, wie Star *(Sturnus vulgaris)*, Grünling *(Carduelis chloris)*, Hänfling *(C. cannabina)* und Feldsperling *(Passer montanus)*. Echte Steppenvögel ohne heutige Beziehung zu Wüsten oder Wäldern haben sich aus wärmeliebenden Arten der im Tertiär dort vorkommenden Savannen entwikkelt. Zu ihnen zählen Rotfußfalke *(Falco vespertinus)*, Kaiseradler *(Aquila heliacea)*, Steppenweihe *(Circus macrourus)*, Rebhuhn *(Perdix perdix)*, Wachtel *(Coturnix coturnix)*, Jungfernkranich *(Anthropoides virgo)*, Trappen *(Otis tarda, Tetrax tetrax)*, Steppenkiebitz *(Chettusia gregaria)*, Grauammer *(Emberiza calandra)*, Feldlerche *(Alauda arvensis)*.

11.3.1 Lebensbedingungen

In den meisten Steppen gibt es heiße Sommer und kalte Winter. Nur im südlichen Teil der Prärien und in Teilen der Pampa bleibt es im Winter ziemlich warm. Der Hauptregen fällt im Frühjahr und Vorsommer, doch kommen Ausnahmen von der Regel vor. Überall folgt wie in fast allen Savannen eine längere Trockenzeit den feuchten Monaten.

Pflanzen und Tiere müssen außer jahreszeitlichen Extremen von Temperatur und Feuchtigkeit auch starken tageszeitlichen Unterschieden der Temperatur, Windwirkung und Sonneneinstrahlung gewachsen sein. Eine Reihe klimatisch günstiger Jahre kann leicht zur Massenvermehrung einiger Arten führen, die wieder dezimiert werden, wenn ein Mißverhältnis zur Nahrungsmenge entsteht oder Wasser für längere Zeit nicht ausreicht. Beispiele sind die Bevölkerungsfluktuationen der Nagetiere und der ihrer Feinde; die Züge bestimmter Wanderheuschrecken *(Locusta migratoria* in der Alten Welt, *Melanoplus*-Arten in Amerika*)*; Emigrationen einiger Steppenvögel ohne Rückkehr bei Steppenhuhn, Steppenweihe, Rotfußfalken und Rosenstar *(Sturnus roseus)* bis nach Mitteleuropa. Selbst der Mensch mit seinen Weidetieren war in Steppenlandschaften als Nomade zu Wanderungen gezwungen. Manche seiner Völkerschaften breiteten sich im Laufe der Geschichte von dort her in günstigere Siedlungsgebiete aus und wurden seßhaft.

Feuer ist in Steppen ein natürliches Ereignis, das Gräser begünstigt. Die meisten der im Boden, inmitten von Grashorsten oder unter Steinen und Knochen sich aufhaltenden Arthropoden, Schnecken und Regenwürmer werden nicht betroffen, weil die hohen Temperaturen weder lange genug dauern noch in die Tiefe reichen. Auch die Bodennester der Ameisen bleiben verschont. In ihnen nehmen zudem viele

Kleintiere Zuflucht, die von solchen Zentren aus die verbrannten Flächen neu besiedeln. Mäuse, deren Junge im Boden geschützt sind, verlassen nach einem Feuer ihre Gänge und wandern dorthin, wo mehr von der Vegetation erhalten blieb.
Gräser und Kräuter liefern besonders in der kräuterreichen Langgrassteppe weit mehr Humus als er in Wäldern gebildet wird. Eine beständige Krümelung und gute Durchlüftung des Bodens, die in Wechselwirkung mit dem reichen Bodenleben steht, führt zu hoher Bodenfruchtbarkeit. Diese kommt den Pflanzen zugute. Die unterirdische Phytomasse ist viel größer als die oberirdische. Unter den Bodentieren sind Regenwürmer und Ameisen besonders wichtig für die Lockerung und Durchmischung der Erde. Ein Maximum der Mesofauna liegt dicht unter der Bodenoberfläche, wo das Wurzelwerk gute Bedingungen bietet; ein zweites befindet sich 25–40 cm oder noch tiefer im Boden, wo stabile Wasserverhältnisse herrschen.
Wie schon in Savannen ist der hohe Anteil an Grabern, Läufern und gesellig lebenden Tieren auffallend. Steppennager brauchen nicht zu trinken. Sie entziehen dem Primärharn mehr Wasser als Bewohner feuchter Lebensräume. Auch schützt unterirdisches Leben vor Wasserverlust. Zu den Grabern zählen sogar Vögel, so in der Pampa Erdkleiber *(Geositta)* und Höhleneule *(Speotyto)*. Letztere kommt gleichfalls in den Prärien Nordamerikas vor. In Erosionsschluchten der südrussischen Steppe nisten Uferschwalben *(Riparia)*, Blaurake *(Coracias)*, Bienenfresser *(Merops)* und zuweilen der Rotfußfalke *(Falco vespertinus)*.
Ein Vergleich verwandter Insektenarten zwischen Wüsten und Graslandschaften (Savannen, Steppen) zeigt bevorzugte Nachtaktivität in Wüsten, Tagaktivität in Grasfluren.

11.3.2 Ursprüngliche Steppen als Restlandschaften

Die Bereiche ehemaliger Steppen sind durch das Wirken des Menschen sehr zusammengeschrumpft und selbst in ihren Restbeständen nicht mehr ganz typisch, weil die pflanzenfressenden Großtiere fehlen oder selten geworden sind und ein großer Teil der Bodenfauna aus anderen Ländern eingeschleppt wurde, wie Untersuchungen in der Prärie zeigten.
In den Prärien gab es einst die großen Herden des Bison und Rudel von Gabelantilopen *(Antilocapra)*, in den Pampas Guanako *(Lama)* und Pampahirsch *(Odocoileus bezoarticus)*, in den eurasiatischen Steppen Wildpferde (Tarpan), Halbesel *(Equus hemionus)*, Saiga-Antilope, zu denen im Bereich der Waldsteppe noch Wisent und Hirsche hinzukamen. Auch Raubtiere wie Puma, Wolf, Füchse und Dachse wurden selten. Gleiches gilt für manche Vögel, von denen stellvertretend die Pampastrauße oder Nandus (Rheidae) genannt seien, die zu Darwins Zeiten noch häufig waren. Erst neuerdings gelang es, wenigstens den Bestand der Saiga-Antilope wieder beträchtlich zu erhöhen, und ein gleiches Bemühen gilt dem Bison.
Der Reichtum an Wirbellosen, Reptilien, Vögeln und Kleinsäugern läßt noch etwas von der früheren Lebensfülle in Steppenlandschaften ahnen.

Pflanzen. In den Prärien und Pampas nehmen die Niederschläge von Osten nach Westen, in den eurasiatischen Steppen von Norden nach Süden ab. Wo mehr Regen fällt, haben sich kräuterreiche Wiesen- und Langgrassteppen ausgebildet (Abb. 11.11), die zu den niederschlagsärmeren Gebieten allmählich in krautarme Kurzgras- und Trockensteppen übergehen.

Abb. 11.11: Federgras-Steppe in der Ukraine (aus Kerner v. Marilaun 1888).

Die Gräser fangen zum Teil schon im Herbst, vor allem aber nach der Schneeschmelze zu sprießen an. Mit der Regenzeit im Frühjahr erwacht neues Leben auch in der Tierwelt, die reichlich Nahrung findet. Insekten, Schnecken, Nagetiere werden aktiv. Gräser mit ihrem mehr horstartigen Wuchs und mechanisch versteiften Blättern, Compositen, Leguminosen und andere Kräuter wachsen schnell in die Höhe. Zwischen Gräsern und Kräutern der Steppen bestehen ähnliche ökologische Unterschiede wie zwischen Gräsern und Holzpflanzen in den Savannen. Gräser wie *Stipa*, *Andropogon*, *Buchloe*, *Koeleria*, *Festuca*, *Bouteloua* durchwachsen sehr intensiv mit fein verzweigten Wurzeln, die zwei Meter tief reichen können, den Boden, während die Kräuter oft mit einer tiefreichenden Pfahlwurzel den Boden mehr extensiv erschließen und im Vergleich zu Gräsern weniger Biomasse erzeugen.

Analog zu den «Winterstehern» im Hochgebirge bleibt nach dem Absterben der oberirdischen Organe bei den sog. **«Steppenläufern»** der versteifte Stengel mit den trockenen Fruchtständen erhalten. Er bricht an einer schwachen Stelle des Wurzelhalses ab und wird vom Wind über die Steppe gefegt, wobei die Samen ausgestreut werden. Eine andere Art der Samenausbreitung ist durch **«Trampelkletten»** ent-

standen, deren scharfe Anhänge sich zwischen die Hufe der Weidetiere einpressen.
Vorrübergehende Trockenperioden rufen bei Steppenkräutern erhöhte Konzentrationen des Zellsaftes hervor. Spätblüher schränken die Transpiration durch Verdorren der Blätter ein. Gräser regulieren die Verdunstung durch zeitweisen Verschluß ihrer Stomata oder wie die Federgräser *(Stipa)* durch Einrollen der Blätter.

Nematoden. Gerade Grasländer zeichnen sich durch hohe Produktion unterirdischer Pflanzensubstanz aus. In der Mischgrasprärie der USA geht allein durch Nematodenfraß 5–20% der jährlichen Wurzelproduktion der Gräser verloren. Indessen sind auch saprotrophe Nematoden in Steppenböden reichlicher als etwa im Laubwald, wie sich aus einem Vergleich in der Waldsteppenregion Rußlands ergab.

Arthropoden. Von pflanzenfressenden Insekten sind Heuschrecken besonders häufig. Verschiedene ihrer im gleichen Areal lebenden Arten unterscheiden sich oft in ihren speziellen Nahrungsansprüchen und im jahreszeitlichen Auftreten. Außer ihnen gibt es eine Fülle phytotropher Schnabelkerfe (Rhynchota), Rüsselkäfer, Blattkäfer, Scarabaeiden, Larven von Dipteren, Blattwespen und Schmetterlingen. Räuberische Arten finden sich namentlich unter Spinnen, Käfern, Ameisen, Raubfliegen (Asilidae), Grabwespen (Sphecidae), Dolchwespen (Scoliidae). Wichtige Saprotrophe im Boden sind Collembolen und Oribatiden.

Vögel. Manche Steppenvögel treten in stattlicher Individuenzahl auf. Trappen, Steppenhühner, Rebhühner, Steppenkiebitz *(Chettusia gregaria)* leben in Völkern oder größerem Verband. Letzteres trifft auch für die Insektenjagd des Rotfußfalken zu. Viele Singvögel lassen ihren Gesang während des Fluges ertönen, wie es von Lerchen und Piepern allgemeiner bekannt ist. Vögel sind in Steppen vorwiegend Sandbader. Unter den Sperlingsvögeln der Steppengebiete der Erde kommen Ammern (Emberizinae) recht häufig vor, in Eurasien zudem Pieper (Anthinae), Stelzen (Motacillidae), Stare (Sturnidae) und Lerchen (Alaudidae). In Amerika sind auch Stärlinge (Icteridae) und Königswürger (Tyrannidae) für Prärie und Pampa typisch.

Nager und Hasentiere. Die große Siedlungsdichte vieler pflanzenfressender Kleinsäuger in den Steppen wirkt sich auf Boden und Vegetation aus. Trotz destruktiver Tätigkeit bei Massenvermehrung sind diese Tiere durch Umlagerung und Auflockerung des Bodens, seine Anreicherung mit Humus und Mineralsalzen für die Erhaltung der Steppe wesentlich. Auch ernährt sich von ihnen eine ganze Anzahl an Raubsäugern, Schlangen und Vögeln. Schließlich haben Steppennager humanökologische Bedeutung, da ihre Parasiten Krankheitserreger auf Tiere und Menschen übertragen, z. B. die Pest (Abb. 11.12).
Durch ihre Grabtätigkeit erzeugen Taschenratten *(Thomomys)* und die früher häufigen «Präriehunde» *(Cynomys)* in USA; *Viscascia* in Südamerika; Murmeltiere

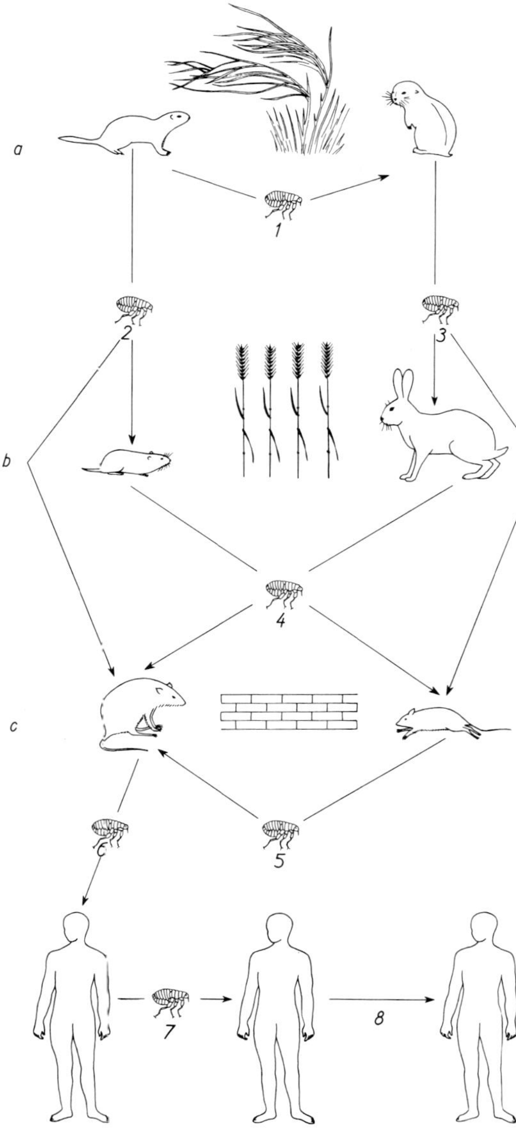

Abb. 11.12: Infektkette der Pest von Nagetieren der Steppe zum Menschen (nach Tischler 1982). a: Steppe mit Ziesel *(Spermophilus)* und Steppenlemming *(Lagurus)*; b: Agrarlandschaft mit Feldmaus *(Microtus)* und Feldhase *(Lepus)*; c: Siedlungen des Menschen mit Ratte *(Rattus)* und Hausmaus *(Mus)*; 1–7: verschiedene Floharten als Überträger der Pestbakterien *(Yersinia pestis)*; 8: Tröpfcheninfektion bei Lungenpest.

(Marmota), Hamster *(Cricetus)*, Ziesel *(Spermophilus)* in Eurasien ein welliges Relief. Die Erhebungen oder kleinen Hügel von *Marmota sibirica* können ein Meter Höhe und 16 m Durchmesser erreichen. Große Massen Erde werden aus einigen Metern Tiefe um den Ausgang der Baue abgelagert. Dieses Bodenmaterial, das keinen Humus enthält, ist aber sehr kalkreich. Es siedeln sich daher kalkliebende Pflanzen auf solchen Erdhügeln an, namentlich Gräser, Chenopodiaceen und

Compositen, die dort fehlen, wo der Boden noch nicht von den Nagetieren durchwühlt wurde. Auf der frisch ausgeworfenen Erde stellen sich auch Ruderalpflanzen ein, zumal in Nähe der Höhleneingänge, die mit Losung der Tiere angereichert ist.

Das lockere Material der Erdhügel und die Schneewehen des Winters, die im Frühjahr länger liegenbleiben, bedingen eine stärkere Durchfeuchtung. Dadurch kann sich an solchen Stellen die Vegetation besonders intensiv entfalten. Auch lassen sich auf den flachen Erhebungen gerne Vögel nieder, mit deren Kot Fruchtkerne *(Cerasus fructicosa, Amygdalus nana, Caragana frutex)* ausgeschieden werden, so daß sich in der Steppe die Erdhügel mit Gebüsch bedecken. Diese Büsche wiederum halten den Schnee länger fest, der Boden wird noch besser durchfeuchtet, und sogar Bäume der weiter nördlich gelegenen Zone können auf solche Weise in die Steppe vordringen.

Die Hügel der Murmeltiere, Ziesel oder Präriehunde bleiben, selbst wenn die unterirdischen Gänge schon verlassen sind, noch jahrzehntelang bestehen. Sie prägen die Landschaft daher auch dort, wo die Tiere schon weitgehend vernichtet wurden.

11.3.3 Umwandlung der Steppe in Weideland und Getreidefelder

In den zu **Viehweiden** umgewandelten Prärien Amerikas sind an Stelle der Büffel jetzt Rinder und Pferde getreten. Der Kuhvogel *(Molothrus ater)*, der einst die Bisonherden begleitete, um von ihren Rücken Schmarotzer (Hippobosciden, Larven von *Hypoderma*) abzulesen, folgt jetzt den Rindern. Von deren Dung leben die gleichen Käfer und Fliegenmaden wie früher von dem der wilden Huftiere. Unter den ausgetrockneten Exkrementen halten sich wegen der höheren Feuchtigkeit Carabiden, Grillen und Käfer während der heißen Monate auf. Präriehasen *(Lepus)* haben sich vermehrt, seit ihr Hauptfeind, der Präriewolf *(Canis latrans)* zurückgedrängt wurde. Ziesel und der sie verfolgende Dachs *(Taxidea taxus)* wurden seltener. Seit der Einbürgerung des europäischen Rebhuhns *(Perdix)* verschwanden die Präriehühner *(Tympanuchus)* immer mehr.

Durch Überbeweidung der Rinder ändert sich die ursprüngliche Pflanzendecke beträchtlich. Ihre Artenzahl nimmt fast um die Hälfte ab. Die von Rindern bevorzugten Pflanzen weichen bei ständiger oder im Frühjahr stattfindender Beweidung bald ungenießbaren oder weniger schmackhaften Arten. Es bleiben Kurzgräser und Therophyten, die schnell blühen und fruchten. Schließlich wird bei wiederholtem Verbiß die Oberfläche freigelegt, so daß es zur Bodenerosion kommen kann. Da das Abgrasen zunächst eine dauernde Neubildung zarter Triebe bewirkt, werden Zikaden, Wanzen und Rüsselkäfer begünstigt, andere Gruppen wie Blattkäfer und Raupen verlieren mehr und mehr ihre Nahrungsgrundlage. Viele Heuschrecken nehmen an Zahl zu. Erdbienen finden gute Nistbedingungen, sobald sich erodierte Stellen zeigen. Meloiden, deren Larven in Nestern von Wildbienen schmarotzen oder sich von Heuschreckeneiern ernähren, werden häufiger. Um jährliche Höchsterträge an Produktion zu bekommen, darf im Frühjahr immer nur ein Teil beweidet

werden, der sich erholen kann, wenn die übrigen Flächen im Sommer und Herbst dem Vieh als Weide dienen.
Indirekt wirkt sich Beweidung auf die pflanzenfressenden Kleinsäuger aus. Manche von ihnen werden nach Untersuchungen in den USA im leicht beweideten Grasland häufiger *(Lepus californicus, Geomys bursarius, Spermophilus 13-lineatus, Peromyscus maniculatus)*. Andere können sich im ungestörten Grasland am besten halten *(Sylvilagus floridanus, Sigmodon hispidus)*. In Südsibirien mußte man Viehherden auf weiter entfernte, noch unzerstörte Flächen treiben, weil auf dem von Wühlmäusen *(Microtus)* und Graulemmingen *(Lagurus)* übermäßig besiedelten Grasland so viel Pflanzenmasse den Nagern zum Opfer fiel, daß für das Weidevieh nicht mehr genug übrig blieb.
Die natürliche Fauna der Pampa ist durch das europäische Vieh völlig verdrängt worden. Viele Flächen sind zudem überbeweidet und stark verunkrautet.

Umwandlung in **Getreidefelder** ist noch tiefgreifender. Es ändern sich Bodenstruktur, Feuchtigkeit und Temperatur des Ökoklimas. Agrotechnische Maßnahmen nehmen vielen Arten die Lebensmöglichkeit und zerstören alte «Nahrungsketten». Andererseits kommen manche der früher weniger häufigen Arten nun leichter zur Massenvermehrung. Die kleineren *Ziesel (Spermophilus pygmaeus* und *suslicus)* in Rußland nehmen täglich 100 g Pflanzensubstanz (Trockengewicht) auf. Ein einziges Tier kann im Laufe des Sommers abgesehen von Grünfutter 3,5–4 kg Getreidekörner fressen. Die größeren Zieselarten benötigen etwa die vierfache Menge. Bei einer mittleren Dichte von 15 Ziesel/ha wird der Schaden recht beträchtlich.
Ein Vergleich der Ursteppe mit nach deren Umbruch entstandenen Weizenkulturen bei Orsk zeigte, daß 330 oberirdisch lebenden Insektenarten der Steppe 142 auf Weizenfeldern gegenüberstanden. Dabei betrug die durchschnittliche Zahl an Individuen/m^2 in der Steppe nur 139, im Weizenfeld 351. Die 19 dominanten und konstanten Arten auf den Feldern bildeten 94 % aller Insekten, während die doppelt so große Zahl an Dominanten und Konstanten der Ursteppe nur 54 % der Gesamtmenge erreichte.
Von 110 der häufigsten Käferarten auf Weizenfeldern in der Steppenzone der Ukraine stammten 55 % aus der Steppe; 26 % waren euryök; 15 % leben auch auf Wiesen und an Ufern; 4 % bevorzugen eigentlich Wald.
Im Laufe der Zeit wird die Lebewelt auf den aus Steppen umgewandelten Feldern immer einseitiger. So ist auch die nordamerikanische Wanderheuschrecke *(Melanoplus mexicanus)* im Gegensatz zu manchen anderen Heuschrecken bedeutungslos geworden, seitdem Kulturland an die Stelle der Prärie trat.

11.4 Trockenrasen und Heiden

Offene, trockenwarme Biotope im Bereich der sommergrünen Laubwälder sind größtenteils durch Rodung, Abbrennen und Beweidung entstanden. Nur wenige dürften ursprünglich waldlos gewesen sein.

Bei den atlantischen Zwergstrauchheiden kam Abplaggen als weiterer Eingriff hinzu, durch den nach natürlichem Absterben des Heidekrauts *(Calluna vulgaris)* die obere Schicht bis zum Mineralhorizont abgeschält und als Einstreu in Ställen verwendet wurde.
Frühere Waldbedeckung betrifft die submediterranen und kontinentalen Trockenrasen, sandige Trockengrasfluren und Gebirgsmagerrasen saurer Böden sowie die meisten Zwergstrauchheiden im oezanischen Klima. Ursprünglich waldlos waren wohl kalkhaltige, flachgründige Standorte mit trockenem Ökoklima oder auch Hanglagen, die keinen Baumwuchs oder Sträucher gedeihen ließen; ferner einige Trockenrasen auf sandigem Untergrund, die in der Eiszeit entstanden, als Schmelzwässer das feinere Material fortspülten; einschließlich *Empetrum*-Heiden an Meeresküsten.
Im ganzen hat die Tätigkeit des Menschen die einstige Waldlandschaft so verändert, daß an den hier zusammengefaßten «Einsprengseln» im Silvaea-Gebiet außer Arten mit großer Existenzbreite vor allem Bewohner von steppenartigen Biotopen und Küstendünen geeignete Bedingungen finden. So mag es berechtigt sein, sie nach ihrer gegenwärtigen Situation dem Landschaftstyp der Steppe anzuschließen.

11.4.1 Kalk-Trockenrasen

In regenarmen Gebieten Polens, Ungarns und Böhmens sind einige Relikte der eurasiatischen Steppe aus der nacheiszeitlichen Wärmeperiode übrig geblieben, bevor sich durch das kühler werdende Klima Wälder ausbildeten. Weiter westlich befindet sie sich nur noch an Stellen, auf denen geringe Niederschläge (bis 550 mm im Jahr) mit Süd-, SW- und SO-Exposition zusammentreffen. Eigentlich handelt es sich bei den sog. «Steppenheiden» um einen Komplex aus Rasen auf Kalkfelsen mit recht lückigem Bewuchs sowie dichterem Kalkrasen und Staudenfluren, die mit einem Mantel aus Gebüschen in lichten Flaum-Eichenwald *(Quercus pubescens)* übergehen können. Erst wenn sich genügend Feinerde angesammelt hat, entstehen Fluren mit geschlossener Pflanzendecke (Xerobromion) aus Gräsern der Gattungen *Stipa*, *Sesleria*, *Koeleria*, *Bromus*, *Festuca*, Seggen und vielen anderen Samenpflanzen. Gerade das kleinräumige Vegetationsmosaik ermöglicht durch den gestaffelten Wechsel der Blühzeiten über den größten Teil des Jahres hindurch ein gutes Angebot für die verschiedensten Blütenbesucher. Das gilt auch für die sekundären Halbtrockenrasen (Mesobromion). Letztere werden oft als Schafweide genutzt. Allerdings verschmähen Schafe etliche Pflanzen wegen Dornen, Stacheln, Borstenhaaren, scharfem und bitterem Geschmack oder weil sie zur Einspeichelung zu viel Feuchtigkeit verlangen.
Ein größerer Anteil der Pflanzen als der Tierarten in den Steppenrasen Mitteleuropas stammen aus den früher ausgedehnten Kontinentalsteppen des Ostens und Südostens. Ein weiteres Kontingent wärmeliebender Organismen hat südliche und südwestliche Verbreitung. Unter den Insekten dominieren Pflanzenfresser (einschließlich Blütenbesucher) nach Arten- und Individuenzahlen. Von 390 Käferspezies eines Steppenrasens im Urstromtal der Oder gehörten 78% zu dieser

Nahrungsgruppe; 19% kamen auf Räuber und Parasiten, und nur 3% lebten saprotroph.
Auffallend ist der Reichtum an Blatt- und Rüsselkäfern, Heuschrecken, Wanzen, Zikaden, Bienen und Schmetterlingen (unter letzteren namentlich Lycaenidae und Zygaenidae). Von Räubern seien Eidechsen, Spinnen, Fangschrecken (Mantidae), Schmetterlingshafte (Ascalaphidae), Ameisen, Grabwespen und Laufkäfer hervorgehoben. Ein für Mitteleuropa in einem solchen Biotop typischer Laufkäfer ist der Bombardierkäfer *(Brachinus crepitans)*, der aus Wehrdrüsen kleine insektenfressende Wirbeltiere abschreckt. Die saprotrophe Komponente der Fauna besteht aus einem dichten Besatz von Regenwürmern, Collembolen und Milben.
Die kausale Erklärung für das Vorkommen bestimmter Arten kann schwierig sein. Hierfür ein Beispiel: Im Rheinland lebt der Käfer *Lasioderma redtenbacheri* (Anobiidae) an der Flockenblume *Centaurea scabiosa* nur in Steppenheiden (Xero- und Mesobrometum). Die Pflanze bevorzugt nicht nur trockene Bodenverhältnisse, sondern hat auch ein hohes Lichtbedürfnis. Bei solchen Bedingungen mumifizieren ihre Blüten- und Fruchtkörbe, in denen sich die Käferlarven entwickeln und überwintern. So wird die Periode bis zur nächsten Blütezeit überbrückt, in der die Käfer aus der Puppe schlüpfen. An edaphisch und kleinklimatisch feuchteren Biotopen wächst *Centaurea scabiosa* zwar ebenfalls. Dort aber knicken ihre Fruchtstände im Herbst um, verfaulen, und die Käferbrut geht zugrunde. *Lasioderma* kommt allgemein im südlichen Europa und Asien in Steppen vor. So war die Bindung des Käfers an Steppenrelikte im Rheinland nicht verwunderlich, doch wäre es voreilig gewesen, die Verknüpfung mit der Pflanze als einzige Ursache seiner Existenz im Brometum anzusehen.

11.4.2 Sand-Trockenrasen

Bodensaure Silbergrasfluren (mit *Corynephorus*) im atlantischen und subatlantischen Raum Europas, Schillergrasfluren (mit *Koeleria*) als westliche Ausläufer kontinentaler Sandsteppen, ähnliche Grasfluren mit *Koeleria*, *Panicum* und *Andropogon* in Flugsandgebieten und Flußtälern Nordamerikas geben im Bereich der Laubwaldzone solchen Biotopen einen gewissen Steppencharakter. Zwischen den Gräsern locken trockentolerante Blütenpflanzen die verschiedensten Insekten an. Typische Blumen sind *Thymus*, *Armeria*, *Helichrysum*, *Jasione*, *Filago*.
Für die Kleintiere dürften Wärme und Trockenheit solcher Standorte wichtiger sein als der sandige Untergrund. Sie ertragen große Schwankungen der Temperatur. So wurdem im Mai fünf Zentimeter über Silbergrasfluren nachts 8° C, am Tage 43° C; im Juli auf der Bodenoberfläche in der Nacht 12° C, tags 38° C gemessen. Viele Arten sind wie in Küstendünen nachtaktiv oder leben in dem Stadium mit höchstem Feuchtebedürfnis unterirdisch. Regenwürmer treten in dem sandigen Boden im Gegensatz zu Kalktrockenrasen und Wiesen ganz zurück.
Sandige Binnenlanddünen haben ein trockenwärmeres Ökoklima als Küstendünen. Ihre Lebensgemeinschaft wird zudem von den verschiedenen sie umgebenden Landschaften beeinflußt und kann daher mannigfaltiger sein.

Sandmagerrasen mit ihrer typischen Flora und Fauna können sich auch durch den Bau von Talsperren an Flüssen bilden.
Je nach der geographischen Lage ist das Artenspektrum auf Sand-Trockenrasen recht unterschiedlich. In Dänemark stehen Käfer weitaus an erster Stelle, gefolgt von Hymenopteren, während Heuschrecken, Wanzen und Spinnen keine große Rolle spielen. In Deutschland haben die drei letztgenannten Gruppen und die Zikaden schon wesentlich größere Bedeutung. Auf ungarischen Sandrasen werden mit Heuschrecken und Ameisen sowie mit Zikaden, Wanzen, Käfern und Spinnen die wichtigsten Gruppen erfaßt. Im ganzen bietet die Auswahl typischer Gruppen, etwa von Cicindeliden, Carabiden, Tenebrioniden, Asiliden, Aculeaten und Schnekken auch in Nordamerika in seinen Grundzügen ein entsprechendes Bild, das von dem der Wiesenfauna sehr abweicht.
Den sandigen Trockenrasen im Flachland lassen sich die auf verwitterndem Silikatgestein gründenden Magerrasen im Berg- und Gebirgsland anschließen. In Mitteleuropa gehören das Borstgras *(Nardus stricta)* neben Heidekraut *(Calluna)* und dem über einen halben Meter tief wurzelnden Besenginster *(Sarothamnus)* zu den dominierenden Pflanzen solcher «Bergheiden». Als Lückenbewuchs breitet sich auch dort oft Thymian aus, den das Weidevieh wegen seiner ätherischen Öle verschmäht, der aber von vielen Insekten besucht wird. Oft sind Thymianpolster von Ameisenkolonien durchsetzt, die wiederum durch ihre Beziehungen zu Blattläusen, Bläulingsraupen und anderem Getier eine kleine Welt für sich bilden.

11.4.3 Zwergstrauchheiden

Immergrüne Zwergstrauchheiden benötigen im ozeanischen Bereich ein ausgeglichenes Klima mit milden Wintern und feuchtkühlen Sommern. Der Bleichsandboden (Podsol) unter ihnen ist durch eine Ortsteinschicht von der normalen Zirkulation des Grundwassers getrennt. Als Folge von ausgewaschenem Kalk führt der hohe Säuregrad zur Bildung von Rohhumus und Trockentorf. Solche Heiden haben größtenteils ein trockenes Gepräge.
Die bestandbildenden Ericaceen können starke Sonneneinstrahlung, Windeinwirkung, Schwankungen der Temperatur und Feuchtigkeit abfangen. Dadurch schützen sie manche niedrigwüchsigen Pflanzen und am Boden lebende Tiere vor einem extremen Kleinklima.
Außer Ericaceen *(Calluna, Erica, Vaccinium)* und Krähenbeere *(Empetrum)*, deren Wurzeln mit Mykorrhiza-Pilzen Symbiosen bilden, wachsen dort Ginster *(Genista, Ulex, Sarothamnus)*, Gräser, Seggen, Moose und Flechten. Eingestreut stehen häufig Büsche oder Bäume von Wachholder *(Juniperus communis)*. Die meisten Heidepflanzen haben vertieft liegende Spaltöffnungen, eingerollte oder kleine Blätter, so daß ein gewisser Verdunstungsschutz gewährleistet ist.
Der Lebenszyklus des Heidekrauts *(Calluna vulgaris)* durchläuft nach einer sechs- bis zehnjährigen Pionierphase eine Zeit von 10–15 Jahren des Aufbaus und der Reife. Danach folgt eine fünf- bis zehnjährige Periode der Degeneration, bevor durch hohe Keimungsrate der Samen und durch das Austreiben alter Pflanzen

wieder eine Erneuerung eintritt. Wo Heidekräuter absterben, siedeln sich zunächst Flechten an *(Cladonia, Cornicularia)*. Sobald diese die Humusdecke bis auf den Sanduntergrund abgebaut haben, stellen sich Gräser ein, um schließlich erneutem Bewuchs mit *Calluna* Platz zu machen.
Auf nassen Heideböden konkurrieren Pfeifengras *(Molinia coerulea)* mit Glockenheide *(Erica tetralix)* um Nährstoffe. Das Gras benötigt mehr Stickstoff und Phosphor, um die durch absterbende Pflanzenteile entstehenden Verluste auszugleichen. Auf nährstoffarmem Boden ist daher *Erica* im Vorteil. Wenn durch Eutrophierung reichlich Stickstoff in den Boden gelangt, vermag das Pfeifengras jedoch die Glokkenheide ganz zu verdrängen und bildet dann Reinbestände.
Neben charakteristischen Reptilien (z. B. Bergeidechse *Lacerta vivipera*, Kreuzotter *Vipera berus*) und Vögeln (Grauammer *Emberiza calandra*, Wiesenpieper *Anthus pratensis*, Steinschmätzer *Oenanthe oenanthe*) sind Insekten die vorherrschenden Tiergruppen. Unter den Spinnen befindet sich die Clubionide *Agroeca brunnea* mit ihrem auf einem Stengel befestigten Eikokon, der als «Feenlämpchen» bezeichnet wird. Nach Artenzahl herrschen Käfer, Schmetterlinge und Stechimmen (Hymenoptera, Aculeata) vor. Auch gibt es verschiedene trockenheitliebende Heuschrecken und Blattsauger. Auffallend sind große Dipteren wie Raubfliegen (Asilidae), Wollschweber (Bombylidae), Hummelschwebfliege *(Volucella bombylans)* und Igelfliege *(Echinomya grossa)*.
Zu einem der Nahrungsspezialisten an Heidekraut wurde der Blattkäfer *Lochmaea suturalis*, der bei Massenauftreten Kahlfraß verurusachen kann. Verschiedene Laufkäfer bevorzugen Samen von *Calluna*, weichen aber auf andere Kost aus, wenn solche nicht zur Verfügung stehen. Samenfresser sind auch einige Langwanzen (Lygaeidae).
Beim Vergleich mit Zwergstrauchheiden in der nordischen Tundra werden zwei Unterschiede deutlich. Dort gibt es erstens kaum phytotrophe Spezialisten. Zweitens fehlt wegen der Reichweite des Frostbodens die Lebensform der Graber. In der atlantischen Zwergstrauchheide dagegen leben viele im Boden nistende Bienen, Grab- und Wegwespen, Sandläufer *(Cicindela)* und die Dungkäfer (Scarabaeidae), die Kot von Schafen und Kaninchen für ihre Brut in selbstgegrabene Erdstollen einbringen. Schließlich bewohnen auch Kaninchen *(Oryctolagus)* unterirdische Baue.
Man darf nicht vergessen, daß die meisten atlantischen Heiden im Bereich der Silvaea durch die Tätigkeit des Menschen entstanden sind und nur durch Beweidung mit Schafen erhalten bleiben. Ohne sie würde sich wieder Waldwuchs einstellen.

12 Offene Kältelandschaften

Arktische, Antarktische und Gebirgstundren haben ein kaltes Klima mit niedrigen Temperaturen der Luft und des Bodens. Auf die Besiedlung und Verteilung der Organismen kann außerdem Wasserdefizit durch Frosttrocknis entscheidend sein. Für die Vegetation sind Reichhaltigkeit und Vorherrschen von Kryptogamen, namentlich an Moosen und Flechten, kennzeichnend. Samenpflanzen haben oft Horst- oder Polsterwuchs. Nach den Polen zu und den Gipfeln hoher Gebirge hin schließt sich die Eisregion an (von manchen als «Eiswüste» bezeichnet).
Den höheren Pflanzen steht im allgemeinen nur eine kurze Zeit zum Wachstum zur Verfügung, in die sogar noch Nachtfröste fallen können. Ihr Grundstoffwechsel ist jedoch auf eine tiefere Temperatur eingestellt als bei verwandten Arten wärmerer Regionen. Nur auf den subantarktischen Inseln ist das Klima durch wärmere Winter gemäßigter und die Vegetationsperiode daher länger. Doch selbst dort ist es für Baumwuchs in der Tundra zu kühl.
Die wichtigste Anpassung für ein Leben in Tundren liegt in der Auswahl der Arten, die unter den extremen Bedingungen noch zu existieren und sich fortzupflanzen vermögen. Gemeinsam sind diesen Lebensräumen ihre Lage jenseits der Baumgrenze (wenn man Übergangszonen außer Betracht läßt), eine im Durchschnitt des Jahres geringe Wärmeeinstrahlung sowie lange, strenge Winter mit über 40° C Kälte. In alpinen Tundren ist jedoch die tägliche Amplitude der Temperatur größer als in den polwärts gelegenen. Ein weiterer Unterschied liegt in geringeren Tageslängen der Hochgebirgstundren im Vergleich zur Arktis und Antarktis.

12.1 Arktische Tundra

Die arktische Tundrazone (im weitesten Sinne) zieht sich jenseits der Baumgrenze um den Norden Eurasiens und Nordamerikas. In ihrer typischen Ausbildung läßt sie sich nach Süden ungefähr durch den nördlichen Polarkreis begrenzen. Doch ist dies nur ein grober Anhaltspunkt, der an vielen Stellen unter- oder überschritten wird.
In Norwegen, an manchen Stellen Sibiriens und Nordamerikas geht die arktische in die alpine Tundra über. Die Lebewelt der Tundra zeigt selektive Einpassungen von Arten der Gebirge, Steppen und Wälder an arktische Bedingungen eines relativ jungen Ökosystems, das sich erst im späten Miocän oder frühen Pliocän ausgebildet hat.
Es ist verständlich, daß etliche Vögel und Fluginsekten zirkumpolar verbreitet sind. Indessen trifft dies auch für viele Säugetiere, Mollusken, Enchytraeiden, Pflanzen und andere Gruppen zu, weil in den Eiszeiten landfeste Verbindungen bestanden. In den Zwischeneiszeiten wurde der Zusammenhang durch überflutete Gebiete ge-

trennt. Dadurch traten für zahlreiche Organismen vor allem drei Barrieren auf: zwischen Grönland und Kanada, am Jenissej in Sibirien, in der Hudsonbay.

12.1.1 Lebensbedingungen

Im Sommer herrscht ständige Helligkeit, im Winter Dunkelheit. Die längste Zeit des Jahres ist aktives Leben nur in geringem Umfang möglich. Selbst der kurze Frühling und Sommer von Juni bis August läßt den Boden höchstens 30–50 cm tief auftauen. Nördlich des 73. Breitengrades ist die biologische Aktivität sogar auf ein bis zwei Monate beschränkt. Die Temperatur des wärmsten Monats liegt im Mittel je nach dem geographischen Bereich zwischen 2° und 10° C. Im Winter sinken die Lufttemperaturen auf −40° oder gar −50° C; im Sommer können sie auf 20–35° C ansteigen. In weiten Teilen der nordischen Tundra bleibt im Unterboden das ganze Jahr über Dauerfrost (**Permafrost**). Er verhindert das Einsickern von Schmelzwasser in die Tiefe, das sich daher in Tümpeln, Seen, Sümpfen und Mooren sammelt.
Außer dem Rohboden (Råmark oder Gelic Regosol) gibt es Gleye (Gelic Gleysole) und Moorböden (Gelic Histosole). Selten kommen unter Trockenheiden Podsole oder unter besser drainierten Hängen Braunerde (Gelic Cambisol) vor. Die Bezeichnung «Gelic» bezieht sich auf Permafrost.
Je ärmer die Vegetation ist, desto mehr kommt es in geneigtem Gelände bei wassergesättigtem Oberboden zum langsamen Erdfließen (**Solifluktion**). An ebenen Stellen können bei geringem Pflanzenwuchs **Polygone** entstehen, indem die starke Kälte den Boden zusammenzieht, daß ein Muster von Rissen die Folge ist. Wind und Einstrahlung, in ihrer Wirkung durch die Geländeform modifiziert, beeinflussen das Wachstum der Pflanzen und der von ihnen abhängigen Tiergemeinschaften. Jedoch begrenzen Temperatur, Licht und Feuchte viele Pflanzen weniger direkt als vielmehr indirekt über die Erreichbarkeit von Nährstoffen.
Stauende Nässe in moorigen Vertiefungen führt zur Vertorfung. Bei der Zersetzung der organischen Substanz unter Mangel an Sauerstoff in feuchten Tundraböden entsteht etwa 10 % des in die Luft entweichenden Methans. Unzersetztes Material füllt häufig die Senken aus. Doch auch die Zwergstrauch- und Grasheiden auf trocknerem Untergrund bilden schwerzersetzliche Streu. Ihr C/N-Verhältnis liegt bei 20 bis 50 zu 1. Lignine bleiben bei Kälte lange erhalten, obwohl manche Pilze und Thekamöben sie abbauen. Hemizellulosen und Zellulose werden leichter zersetzt. Durch den langsamen Abbau der Streu, der drei bis vier Jahre dauert, sind wichtige Nährstoffe wie Phosphor lange festgelegt und für die Pflanzen daher nicht in jedem Jahr in gleicher Menge verfügbar. So kommt es, daß Phosphor nur in größeren Intervallen reichlich von den Wurzeln aufgenommen und in das Blattgewebe geleitet werden kann. Unterschiedlicher Gehalt an Phosphor in den Blättern wird als ein möglicher Grund für den Zyklus von 3–4 Jahren des Massenwechsels der Lemminge angesehen, weil deren Fortpflanzungserfolg sehr von der Qualität der Nahrung abhängt.

12.1.2 Landschaftsgliederung

Waldtundra. Die Taiga geht mit einer breiten Übergangszone in die Tundra über. In ihr wird der Baumwuchs allmählich schwächer (Abb. 12.1). Oft lösen inselartige Bestände aus Birken, Fichten, in Ostsibirien auch Lärchen, den zusammenhängenden Wald immer mehr auf. In dieser Kampfzone des Waldes zur baumlosen Tundra verschiebt sich die Grenze schon durch klimatische Änderungen ständig, zumal die Bäume nur selten Samen hervorbringen. Der Untergrund besteht aus dichtem Moos- und Flechtenwuchs, während die offenen Flächen eher Zwergstrauchheiden haben. Doch kommt es auch zur Bildung von «Palsenmooren», Hochmooren mit mehreren Metern hohen Hügeln aus Torf und einem Kern von Dauereis. Schon in der Waldtundra gibt es durch Versumpfungen aller Art Massenvermehrung von Stechmücken, deren Weibchen zur Eireifung Blut von Vögeln oder Säugetieren benötigen.

Abb. 12.1: Waldtundra in Nordschweden mit *Betula pubescens tortuosa* (Orig.).

Trockenheiden. Weite Gebiete der echten, baumlosen Tundra bestehen aus Flechten *(Cetraria, Cladonia)*, Moosen *(Hylocomium, Polytrichum, Dicranum)*, Ericaceen *(Vaccinium, Arctostaphylos)*, Krähenbeere *(Empetrum)*, Silberwurz *(Dryas)*, Zwergbirken, Zwergweiden, Seggen *(Carex)* und Gräsern. Gerade Flechten, Moose und immergrüne Zwergsträucher leiden nicht unter der schweren Erreichbarkeit der Nährstoffe. In solchen Heiden leben Hasen, Nager, Raubtiere; weiden Rentiere; brüten Vögel. An der Südseite der Hänge und höher gelegenen Flußufer, wo der Schnee zuerst schmilzt, kommen oft blühende Matten vor. Wie im Hochgebirge leuchten die Blüten von *Trollius, Ranunculus, Geranium, Myosotis, Silene, Armeria*, die von Insekten besucht werden. Etwa 60–70 % aller Blütenpflanzen sind auf Bestäubung durch Insekten angewiesen. Napfförmige Blüten nehmen von der Sonne eingestrahlte Wärme so auf, daß sich die Insekten in ihnen zugleich erwärmen können (Abb. 12.2).

Abb. 12.2: Tundra in Norwegen nördlich des Polarkreises, rechts Zwergweide (Orig.).

Flachmoore und Wasserstellen. In nassen, tieferen Partien halten Moose das Wasser fest. Es bilden sich Niedermoore mit *Scirpus, Eriophorum, Carex*. Häufig entstehen offene Wasserflächen, die bevorzugt Plätze für Enten, Watvögel und Möwen sind. Deren Kot bewirkt Eutrophierung des Wassers. Dies begünstigt eine Massenentwicklung von Kleinkrebsen und Mückenlarven. Wie aus den Sümpfen der Waldtundra entsteigen Mückenschwärme von ungeheurem Ausmaß dem Wasser. Für viele Singvögel bilden sie eine wichtige Grundnahrung. So wird durch Tiere organische Substanz in das Wasser und über den Nahrungsweg wieder in den

Stoffkreislauf des Landes gebracht. Dort ist sie nach der relativ schnellen Mineralisierung des Kotes der Singvögel den Landpflanzen zugänglich. Singvögel nisten im Schutz der Weidengebüsche, die zwischen Mooren und Sümpfen und entlang der Flüsse weite Dickichte bilden können. Auch halten sich in solchem Gelände Moor-Schneehühner *(Lagopus)* auf. Ohne die Gewässer und deren enger Verzahnung mit dem Land wäre ein so reiches Leben, wie es zeitweise in der Tundra herrschen kann, nicht möglich.

Blockhalden und Eisregion. Im Bereich der Eismeerküsten und Bergtundren liegen Schneeböden und Blockhalden mit Flecken von Moos- und Flechtenwuchs, wo einige Zugvögel wie Rauhfußbussard *(Buteo lagopus)*, Schneeammer *(Plectrophenax nivalis)* oder Steinschmätzer *(Oenanthe)* nisten, Laufkäfer und Spinnen ihre Beutejagd nach angewehten Insekten bis auf die Schneeflächen ausdehen. Auch manche Dipteren und Collembolen vermögen sich dort noch zu entwickeln.
In der reinen Eislandschaft des Nordens lebt der Eisbär *(Thalassarctos maritimus)*, der im Sommer weite Wanderungen durchführt, sich von Ringelrobben *(Phoca hispida)*, Fischen und Kadavern ernährt und in selbstgegrabenen Schneehöhlen eine gelegentlich unterbrochene Winterruhe hält. Seine Beutereste werden gerne vom Eisfuchs *(Alopex lagopus)* gefressen, der als besonders gut an Kälte angepaßtes, arktisches Säugetier die verschiedensten Landschaftsformen der Tundra bewohnt. Ein Küstenbewohner der Polarmeere ist das Walroß *(Odobenus rosmarus)*.
Die Zahl der Eisbären wird auf 20000 bis 40000 geschätzt. Sie leben vor allem an Küsten und auf Inseln der Arktis, aber kaum nördlich des 82. Breitengrades. Zwischen $+25°$ C und $-50°$ C können sie aktiv sein. Ihre Begattung findet im Frühjahr statt. Doch werden die Weibchen wegen einer Embryonaldiapause erst im Herbst trächtig, wenn sich ein genügendes Fettpolster gebildet hat. Mitten im Winter gebären sie in einer Schneehöhle alle 4–5 Jahre ein bis zwei, selten drei Junge, die nach fünf Jahren ihre volle Größe erreicht haben. Das Alter der Eisbären im Freien beträgt 20–30 Jahre.
Im Nordpolarmeer sind nie weniger als 7 Mill., gegen Ende des Winters 14–15 Mill. km^2 von Eis bedeckt. Das meist mehrjährige Packeis aus gepreßten und übereinander geschobenen Schollen kann etwa drei Meter dick werden. Unter dem Eis von 20–30 cm lebt noch eine artenreiche Diatomeenflora, von der sich Protozoen, Rotatorien, Turbellarien und Kleinkrebse ernähren. Diese Kleinlebewelt wird von Fischen gefressen wie dem Polardorsch *(Boreogadus saida)*. Wenn die Temperatur nach dem Winter ansteigt, bilden sich auf der Eisoberfläche zahlreiche Schmelztümpel, in denen Süßwasser- und Meeresorganismen leben.

12.1.3 Besonderheiten der Lebewelt

Vom westlichen Taimyrgebiet Sibiriens wurden Artenzahlen über die dortige Tundra ermittelt: 239 Gefäßpflanzen, 117 Moose, 112 Flechten, 237 Flachwasser-Algen, 150 Boden-Algen und Cyanobakterien, 50 Großpilze, ca. 250 Micromyceten, 10 Säugetiere, 61 Vögel und über 1000 Wirbellose. Die wichtigsten Insekten nach

Arten- und Individuenzahl in arktischen Tundren sind Collembolen und Dipteren, gefolgt von Hymenopteren und Lepidopteren. Auch Milben und Spinnen kommen häufig vor.

Pflanzen. Allein an Tundrahängen in Alaska gedeihen 470 Arten Moose und 435 Gefäßpflanzen, auf extremeren Stellen sogar noch 95 Moose, 75 Flechten und 125 Gefäßpflanzen.
Therophyten fehlen fast völlig, weil sie in der kurzen warmen Jahreszeit nicht zur Bildung von Samen kommen. Da der Bodenfrost im Frühjahr das Wachstum unterirdischer Pflanzenorgane verzögert, sind auch Geophyten selten. Wind und Frost vernichten die über die Schneedecke ragenden Teile der Vegetation.
Das Pflanzenleben beschränkt sich in den Heiden und Blockhalden auf die niedrige Schicht ober- und unterhalb der Bodenoberfläche. Die meisten vorherrschenden Arten haben xeromorphen Habitus mit lederartigen, festen, nadel- oder schuppenförmigen Blättern. Diese ermöglichen dennoch eine lebhafte Transpiration und brauchen daher ständigen Stoffnachschub. Indessen wird die Aufnahme von Wasser durch die kühlen Temperaturen und den teilweise gefrorenen Untergrund erschwert. Daher tritt leicht Mangel an Stickstoff und Phosphor ein, wenn die Wurzeln mit dem wenigen Wasser nicht genügend Nährstoffe aufnehmen. Die Blätter der Zwergsträucher und vieler Kräuter haben eine lange Lebensdauer. Sie speichern auch Lipide und Proteine, die im Frühjahr schnell mobilisiert und dann in die jungen Blätter gebracht werden können.
Es gibt Pflanzen, deren Wurzeln bis in die vereiste Schicht dringen, wie bei Seggen *(Carex)*, Schachtelhalm *(Equisetum)* und Moltebeere *(Rubus chamaemorus)*. Andere erreichen im Mineralhorizont fast die gefrorene Schicht. Zu ihnen gehören Gräser und die auch in den Alpen wachsende Silberwurz *(Dryas octopetala)*. Eine dritte Gruppe wurzelt in der Rohhumusschicht. Dies ist bei den Zwergsträuchern der Fall *(Empetrum, Ledum, Vaccinium, Betula, Salix)*. Ihre höchstens bis 30 cm tief reichenden Wurzeln haben Symbiose mit Mykorrhiza-Pilzen. Im Herbst findet eine Frostabhärtung der Pflanzen statt, die aber geringer ist als bei den Coniferen in der Taiga, zumal Tundrapflanzen unter Schnee überwintern.
Die Cyanobakterien in den Flechten können Stickstoff aus der Luft fixieren. Unter Schnee befindliche Flechten sind in Anpassung an geringe Lichtintensität hell oder grünlich gefärbt.

Spezifische Tundratiere. Zu den Charakterarten gehört vor allem der Moschusochse *(Ovibos moschatus)*, von dem es nur noch je einige Tausend in Grönland, Nordamerika und der arktischen Inselwelt gibt. Moschusochsen leben in Herden. Sie haben eine besondere Verhaltensweise zur Verteidigung ihrer Jungen, indem sie bei Gefahr vor Feinden, vor allem Wölfen, mit ihren Körpern um die Kälber einen unangreifbaren Schutzwall bilden. Neuerdings werden sie wegen ihrer sahnigen Milch, wegen Wolle und Fleisch auch in Zucht genommen. Moschusochsen zeigen ebenso wie die früher in Tundren lebenden Mammute *(Mamuthus primigenius)* und Riesenbisons *(Bison priscus)*, daß Moose, Flechten, Gräser und Seggen in solchen Kältelandschaften durchaus genügend Nahrung bieten, um selbst große Pflan-

zenfresser das ganze Jahr über zu ernähren. Allerdings gab es in früheren Zeiten mehr Grastundra als heute. Daher haben sich auch Saiga-Antilope und Pferde in südlicher liegende Steppen zurückgezogen.
Pflanzenfresser sind ferner die Lemminge, von denen *Dicrostonyx* hauptsächlich Dikotyle, *Lemmus*-Arten Monokotyle verzehren. Dazu kommen Schneehase *(Lepus timidus)* in der Alten Welt, Polarhase *(L. arcticus)* in Nordamerika, außerdem Schneehühner (*Lagopus*-Arten) und Polarzeisig *(Carduelis bornemanni)*.
Charaktertiere der Tundra unter den Räubern sind außer dem bereits erwähnten Eisfuchs und Rauhfußbussard noch Raubmöwen *(Stercorarius)*, Schnee-Eule *(Nyctea scandiaca)* und Gerfalke *(Falco rusticolus)*, der auf Felsklippen nistet.
Auf die spezifischen Kleintiere der Tundra kann hier nur hingewiesen werden.

Organismen arktisch-alpiner Verbreitung. Als Folge der Nacheiszeit wurden die Areale etlicher Pflanzen und Tiere getrennt. Für Europa seien genannt die Pflanzen *Salix herbacea*, *Ranunculus glacialis*, *Silene acaulis*, *Veronica alpina*, *Dryas octopetala*, *Trisetum spicatum*. Tiere dieser ökologischen Gruppe sind Schneehase *(Lepus timidus)*, Alpenschneehuhn *(Lagopus mutus)*, Mornellregenpfeifer *(Eudromias morinellus)*, die Hummel *Bombus lapponicus*, die Käfer *Amara erratica* und *Otiorhynchus arcticus*, die Schmetterlinge *Larentia munitata* und *Erebia lapponica*, denen wir ebenso in den Alpen wie in der nordischen Tundra begegnen.

Bewohner der Tundra und Taiga. Beispiele für Pflanzen: Moltebeere *(Rubus chamaemorus)*, Zwergbirke *(Betula nana)*, Mehlschlüsselblume *(Primula farinosa)*.
Zu Tieren beider Landschaften gehört das Ren, sofern man seinen gesamten Formenkreis einbezieht; ferner die Hasen *Lepus timidus* und *L. americanus*, die sich von Flechten, Zwergsträuchern und Wurzeln ernähren. Wenn Schneehasen in Alaska sich nach übermäßiger Beweidung mehr an Stellen üppiger Vegetation konzentrieren müssen, werden sie dort erheblich von Luchs, Fuchs und Greifvögeln dezimiert. Dies zeigt wieder die Bedeutung des Verteilungsmusters für biotische Zusammenhänge.
Im Sommer kommen echte Waldtiere aus der Taiga in die südliche Tundra, wie Braunbär *(Ursus arctos)*, Vielfraß *(Gulo gulo)*, Luchs *(Lynx lynx)* und verschiedene Singvögel, z. B. *Luscinia svecica* und *Motacilla*-Arten. Das Wirkungsfeld der die Taiga bewohnenden Greifvögel wird in der Tundra zum Teil von Raubmöwen eingenommen.
Schließlich gibt es Tundrabewohner mit einem Verbreitungsareal, das sich über die Waldzone hinaus bis in die Steppen erstreckt. Dies betrifft besonders den Wolf *(Canis lupus)*, gilt aber auch für Rotfuchs *(Vulpes vulpes)*, Hermelin *(Mustela erminea)*, Wanderfalke *(Falco peregrinus)*, Sumpfohreule *(Asio flammeus)*, Wiesenpieper *(Anthus pratensis)*, Ohrenlerche *(Eremophila alpestris)*, Moorameise *(Formica picea)* oder die Schmetterlinge *Eriogaster lanestris* und *Ematurga atomaria*.

12.1.4 Tages- und Jahresrhythmik

Tagesrhythmik. Viele Organismen der Tundra behalten auch bei ständiger Helligkeit im Sommer ihre endogene Aktivitätsrhythmik bei. Äußere Zeitgeber dafür sind nicht Lufttemperatur oder Lichtintensität, sondern Änderungen der Farbtemperatur im Tageslauf. Morgens und abends überwiegt der Rotanteil im Spektrum, mittags der Blauanteil. Dieser photoperiodische Effekt wirkt sich auf Tiere und Pflanzen aus. Nachtfalter müssen bei Dauertag im Hellen fliegen.

Entwicklung. Wegen der kurzen Vegetationszeit erfolgen Bildung der Territorien, Nestbau, Brüten und Aufzucht der Jungen bei den Vögeln relativ schnell. Etwa 60% der Tundravögel sind Nestflüchter. Beim Temminckstrandläufer *(Calidris temminckii)* werden die ersten Eier vom Männchen, die späteren vom Weibchen bebrütet. Die kurze Entwicklungszeit der Nesthocker ist dadurch möglich, daß beide Eltern ihre Brut mit Futter versorgen. Schnee-Eulen und Schneehühner brüten meist nur einmal in zwei Jahren.
Die Größe der Territorien hängt vom Reichtum an Nahrung ab. Daher ist das Brutrevier des Alpenstrandläufers *(Calidris alpina)* in der nördlichen Tundra (71′ nördl. Breite) fünfmal größer als in der südlichen (61′ nördl. Breite).
Manche Insekten und Spinnen, die weiter südlich mehrere Generationen im Jahr entwickeln, durchlaufen in der Tundra nur eine. Andere benötigen sogar zwei Jahre dazu. Indessen gibt es auch Arten mit besonderen Rassen, wie den Laufkäfer *Pterostichus nigrita*, der durch Gonadenreifung bei geänderter Photoperiode und schnellere Entwicklung bei kühlen Temperaturen den Nachteil der kurzen Vegetationszeit überwindet. Hummeln und Dipteren sind die wichtigsten Blütenbesucher. Den großen Hummelarten fehlt die Kaste der Arbeiterinnen. Der kleine *Bombus lapponicus* entwickelt sich jedoch schnell genug, um selbst im kurzen, arktischen Sommer Arbeiterinnen aufziehen zu können.
Enchytraeiden erzeugen in der Regel nur eine Generation im Jahr, die als Ei im Kokon die lange Kälteperiode überdauert.

Emanzipation. Warmblüter können sich durch ihren besonderen Wärmehaushalt von den kalten Außentemperaturen emanzipieren. Das Fell des Eisbären hat eine rauhhaarige äußere Lage und darunter einen feineren Pelz. Die weiße Farbe der hohlen Borstenhaare entsteht durch Lichtbrechung. Ein hoher Anteil des sichtbaren und des infraroten Sonnenlichtes dringt bis zur schwarzen Haut durch. Dies bewirkt eine Erwärmung wie durch einen Treibhauseffekt. Die äußere Pelzschicht wird beim Tauchen nach Fischen zwar naß (im Gegensatz zum Gefieder der Enten), hält aber das Wasser so fest wie ein Taucheranzug und läßt sich an Land leicht abschütteln.
Auch Säugetiere bis zur Größe des Eisfuchses sind durch eine dicke Speckschicht gut gegen Kälte geschützt. Ihre Isolation ist etwa neunmal besser als diejenige tropischer Tiere. Die Fettschicht dient zugleich als Nährstoffreserve. Eine spezielle Anpassung des Grundumsatzes gegenüber Kälte gibt es jedoch nicht. Die Körpertemperaturen der Vögel und Säugetiere entsprechen denen der tropischen Arten. Allerdings ist im

Sommer der Stoffwechsel der Tundratiere durch schnelleres Wachstum, Fettansatz, frühe Geschlechtsreife und hohe Fruchtbarkeit intensiver. An Ohren, Schnauze, Beinen wird die Durchblutung der Haut so gedrosselt, daß kein Wärmeverlust auftritt (Abb. 12.3).

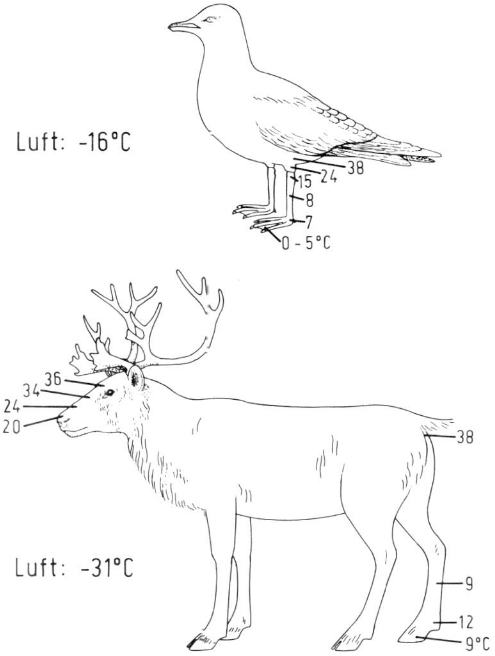

Abb. 12.3: Haut- und Körpertemperaturen von Möwe und Rentier der nordischen Tundra (nach Irving 1966).

Unter dem Schutz der Schneedecke bleiben viele Blätter grüner Pflanzen konserviert. Meist sterben sie erst ab, sobald sich im Frühjahr die jungen Blätter gebildet haben. Dies ermöglicht die Winteraktivität von Lemmingen, Wühlmäusen, vorübergehend sogar von Schneehühnern *unter* dem Schnee, von Hasen und von allen diesen Pflanzenfressern lebenden Eisfüchsen und Schnee-Eulen *auf* dem Schnee. Moschusochsen und Rentiere finden ihre Nahrung, wo der Schnee nicht zu hoch liegt.

Etliche Arten werden durch Haar- oder Federwechsel im Winter weiß: Eisfuchs, Hermelin, Schneehasen, Lemminge, Schneehuhn. Zeitgeber für Herbst- und Frühjahrsmauser ist die photoperiodisch bedingte Änderung des Hormonstoffwechsels. Unter einer bestimmten Temperaturschwelle kann das dunkle Pigment des Sommerkleides nicht gebildet werden. Der Farbwechsel muß daher nicht als besondere Anpassung von Tundratieren angesehen werden. Zudem bleibt der Kolkrabe *(Corvus corax)*, der ebenfalls in der Tundra vorkommt, schwarz. Andererseits haben Eisbär, Polarhase und Schnee-Eule ständige Weißfärbung. Sie erhöht allerdings den Wirkungsgrad der eingestrahlten Sonnenenergie, die in Wärme umgewandelt wird.

Migration. Wanderungen gehören zu einer anderen Strategie, den Winter zu überstehen. Rentiere *(Rangifer tarandus)*, gefolgt von Wolf und Vielfraß, wandern, wenn die Schneedecke ausreichende Ernährung verhindert, in Waldtundra und Taiga, wo sie Baumflechten, Rinde und Zweige finden. Im Frühjahr sammeln sie sich wieder zur Rückkehr in die Tundra. Auch Schneehühner können sich im Winter zur Waldtundra oder in den Rand der Taiga zurückziehen, wo sie sich Höhlungen in den Schnee graben. Schließlich führen manche Lemminge regelmäßige Wanderungen in bestimmten Winterarealen durch, in denen sie sich unter dem Schnee fortpflanzen.
Die meisten Vögel ziehen im Herbst in mildere Klimazonen, einige sogar bis südlich des Äquators. Die Mehrzahl kehrt erst im Mai zurück, wenige bereits im April. Den Hauptanteil der Tundravögel bilden Gänse, Enten, Möwen und Limikolen (Regenpfeifer, Wasserläufer, Uferschnepfen, Brachvogel). Etwa 20 % sind Singvögel. Den geringsten Anteil stellen Greifvögel.
Da viele Zugvögel in Sumpfgebieten Mittel- und Westeuropas überwintern, muß sich eine Trockenlegung oder sonstige Veränderung solcher Biotope bis auf die Lebewelt der Tundra äußerst schädlich auswirken. So besuchen z. B. Ringelgänse *(Branta bernicla)* und verschiedene Limikolen, die auf der Taimyr-Halbinsel Sibiriens brüten, von Herbst bis Frühjahr die Wattengebiete Westeuropas (einschließlich Schleswig-Holsteins), legen also eine Strecke von mehreren tausend Kilometern zurück.

Dormanz. Es gibt kaum echte Winterschläfer. Zu ihnen gehören jedoch Murmeltiere *(Marmota camtschatica)* und Ziesel *(Spermophilus undulatus)*. Sie fallen bei Temperaturen von $-10°$ bis $-20°$ C in Winterschlaf und erwachen an sonnigen Tagen im Frühjahr, bevor die Schneeschmelze einsetzt.
Wechselblüter überstehen die tiefen Temperaturen in Quieszenz oder Diapause. Viele adulte Insekten, unter ihnen Käfer, Tagfalter, Kleinschmetterlinge, Pilzmükken *(Mycetophila)*, Florfliegen *(Hemerobius)* und Zikaden *(Typhlocyba)* sind gefriertolerant, können also Eisbildung ihrer Hämolymphe überstehen. Andere wie die Larven von Gallinsekten (Cecidomyiidae, Tenthredinidae, Cynipidae) sind zwar gefrierempfindlich, haben aber Unterkühlungspunkte zwischen $-35°$ und $-55°$ C sowie entsprechend tiefe Letaltemperaturen. Daher ertragen auch sie gut die lange Kältezeit.

12.1.5 Dynamik, Stoffkreislauf, Produktion

Fluktuationen. Die im Laufe der Jahre wechselnden klimatischen Bedingungen haben für das Leben in der Tundra größte Bedeutung. Sie wirken direkt oder über die Nahrung indirekt auf die Pflanzenfresser und verändern deren Bevölkerungsdichte. Einem Massenauftreten von Lemmingen, Wühlmäusen und Hasen folgt eine starke Vermehrung ihrer Feinde. Wandert ein Teil der Pflanzenfresser wegen zu hoher Dichte aus, so folgen ihnen Eisfuchs, Schnee-Eule, Raubmöwen, Bussard und Habicht. Bei genügendem Angebot an Nagern und Hasen bleiben die Schneehühner ziemlich verschont. Sinkt die Bevölkerung der Kleinsäuger wieder, so fallen mehr Schneehühner ihren Feinden zur Beute. Daher liegen die Maxima der Kleinsäuger, ihrer Räuber und der Hühnervögel zeitlich getrennt. In lemmingarmen Jahren werden viele Weibchen des Eisfuchses nicht gedeckt, andere verlassen aus Hunger ihre Jungen.

Im ganzen gesehen sind pflanzenfressende Säugetiere (Huftiere, Nager, Hasen) und Vögel (Schneehühner, Gänse) für die Tundra sehr bedeutsam. Sie beschleunigen den Kreislauf der Stoffe in ähnlichem Maße wie die Großtiere in afrikanischen Savannen.

Dem Zusammenbruch der Pflanzenfresser durch Feinde, Krankheiten und Streß folgen Jahre der Erholung für die Pflanzen. Hier zeigt sich die günstige Wirkung von Fluktuationen der Lebewesen für das Funktionieren des gesamten Ökosystems. Phytotrophe Wirbellose spielen in der Tundra eine relativ geringe Rolle. Heuschrecken und Schnabelkerfe, die das Grasland der Steppen und Savannen so reich besiedeln, treten ganz zurück. Doch gibt es einige Blatt- und Rüsselkäfer, Raupen von Schmetterlingen und Blattwespen, die sich in manchen Jahren stärker vermehren (Abb. 12.4).

Biozönotische Konnexe. Hierfür ein Beispiel: Weibchen der Stechmückengattung *Aedes* legen im Herbst ihre Eier in flache Senken und Mulden. Die Schmelzwässer im Frühjahr können wegen des Permafrosts nicht tief in den Boden einsickern. Das

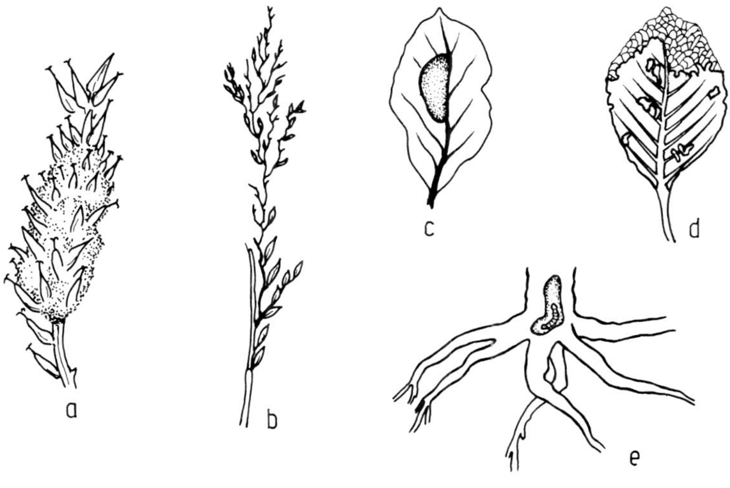

Abb. 12.4: Phytotrophe Insekten in der Tundra der Taimyr-Halbinsel (nach Chernov 1985).
a: Fraßschaden der Blattwespenlarve *Pontopristia* an Kätzchen von *Salix arctica;* b: Fraßbild des Laufkäfers *Amara alpina* an *Poa arctica;* c: Galle der Blattwespe *Pontania crassipes* auf Blatt von *Salix;* d: Skelettierfraß (Larve) und Lochfraß (Vollkerf) des Blattkäfers *Chrysomela taimyrensis* an *Salix arctica;* e: Wicklerraupe *Olethreutes* in der Wurzel von *Pedicularis dasyantha.*

flache Wasser in den Mulden erwärmt sich auf über 22° C und ermöglicht eine rasche Entwicklung der Mückenlarven. Die Weibchen der aus dem Wasser aufsteigenden Mücken saugen Blut bei Lemmingen und anderen Warmblütern. Lemminge wiederum bilden eine wichtige Grundnahrung für räuberische Vögel und Säuger. Raubtiere erbeuten außerdem schwache, kranke und gestorbene Rentiere oder deren Kälber. Außer durch Stechmücken wird das Ren von Bremsen (Tabanidae) und Dasselfliegen *(Oedemagena, Cephenemyia)* belästigt. Als Innenschmarotzer hat es Nematoden und Cestoden.

Stoffkreislauf. Primärkonsumenten sind in erster Linie die großen Pflanzenfresser wie Moschusochse, Rentier, Schneehasen, Lemminge, Wühlmäuse, Schneehühner, Wildgänse *(Anser, Branta)*. Nach der Schneeschmelze haben die oberirdischen Teile vieler Pflanzen den höchsten Gehalt an Stickstoff und Phosphor (wenn auch nicht in jedem Jahr, wie wir hörten). Auf jeden Fall ist die Beweidung im Frühjahr für Fortpflanzung und Entwicklung der Tiere besonders wichtig. Wo wenig Pflanzenfresser vorkommen, wie in Spitzbergen, wirkt es sich ungünstig auf das Ökosystem aus. Ebenso wie die Tiere von den Pflanzen abhängen, ist das Gedeihen der Pflanzen auf die Tiere angewiesen. Es besteht nämlich sonst die Gefahr des Zusammenbruchs des ganzen Systems durch Überproduktion an organischer Substanz.
Für den Abbau der letzteren spielen allerdings wie in der Taiga Pilze die wichtigste Rolle. Von saprotrophen Tieren seien Enchytraeiden hervorgehoben. Ihre Biomasse beträgt an manchen Stellen die Hälfte derjenigen aller Wirbellosen. In Wiesentundren kommen auch Regenwürmer vor, zum Beispiel *Eisenia nordenskiöldi*. Im übrigen haben noch Amöben, Collembolen und Larven von Dipteren für die Zersetzung größere Bedeutung. Hornmilben (Oribatidae) treten im Gegensatz zu den gemäßigten Zonen hinter den Collembolen mehr zurück.
Lediglich die Moosschicht und die darunter liegende, oberste Bodenschicht von wenigen cm Dicke gehören zum Wohnbereich der Bodenfauna. Auffallend ist der Übergang typischer Bodentiere wie der Enchytraeiden oder Larven des Scarabaeiden *Serica brunnea* in den Moosfilz (Abb. 12.5). Unter den räuberischen Arthropoden dominieren Staphyliniden, Carabiden und Spinnen. Doch geht der größte Teil der Primärproduktion durch die Nahrungsketten der Saprotrophen.

Produktivität. In den nördlichen Tundren ist wegen der geringer entwickelten Vegetation die Produktivität nur gering. In der südlichen Tundra und der Waldtundra kann sie Werte erreichen, die denen der Steppe entsprechen. Das gilt gleicherweise für die Biomasse der Pflanzen, pflanzenfressenden Warmblüter und Insekten. Die Netto-Primärproduktivität im Jahr wurde aus der hocharktischen Tundra mit 20–45 g/m^2, aus der südlichen mit 40–110 g/m^2 (Trockengewicht) angegeben.
Bestände von Wollgras *(Eriophorum)* der Tundramoore werden von Feuer nicht völlig zerstört, weil die Vegetationspunkte der Büschel von organischem Material umgeben sind. Es erfolgt ein Neuaustrieb. Die durch den Brand dunkel gefärbte Fläche des Grundes absorbiert das Sonnenlicht stärker und fördert dadurch das Pflanzenwachstum. Die Wirkung hält mehrere Jahre an. Schon nach zwei Jahren

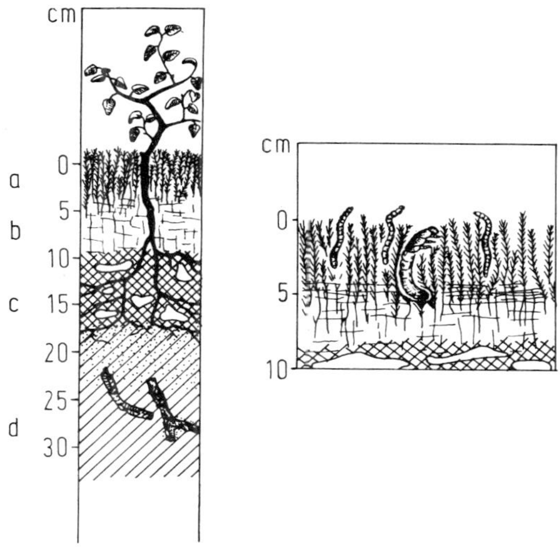

Abb. 12.5: Verlagerung von Bodentieren in die Moosschicht der Tundraböden (nach Stebaev 1962).
a: lebendes Moos, in dem sich Enchytraeen und Larven von *Serica brunnea* aufhalten; b: abgestorbenes Moos und Flechten; c: Mineralboden; d: Horizont mit alten Wurzelresten.

hat sich die organische Produktion fast ganz erholt. Feuer scheint also wie in Taiga, Savanne und Steppe eine Verjüngung herbeizuführen.

12.1.6 Menschen

In den Tundren Nordamerikas, Grönlands und Sibiriens leben Eskimos, deren Zahl auf weniger als 100 000 geschätzt wird. Sie gehören zum Rassenzweig der Mongolen und sind durch ihre Lebensweise als Jäger und Fischer gut an die klimatisch rauhe Gegend angepaßt. In Fennoskandien und der Kola-Halbinsel bewohnen etwa 40 000 Lappen die Tundra. Auch sie sind mehr als andere Menschengruppen das Ergebnis der Auslese einer extremen Umwelt, denn nur die Zähesten und Anspruchlosesten konnten bei dem mit der Haltung von Rentieren verknüpften Nomadentum in solchem Klima überleben. Der Typus der Lappen ist phäno- und genotypisch eine Einpassung in die Kältelandschaft. Er ist in vieler Hinsicht mongolenähnlich, aber nicht mongolenverwandt, sondern europid. Dunkle Augen und dunkle Haut bieten einen gewissen Schutz gegen die UV-reiche Strahlung im Frühjahr und Sommer.
Bei der Ernährung spielen wie schon für den Menschen in Tundren der Vorzeit noch immer Beeren, Pilze, Kräuter, Vogeleier und Fische eine wichtige Rolle. Rentiere sind vermutlich erst vor 2700 Jahren zu halbdomestizierten «Haustieren» geworden, indem der Mensch deren Wanderungen folgend zum Nomaden wurde.
Manche Wurmparasiten können auch den Menschen befallen. So zirkuliert der Fuchsbandwurm *(Echinococcus multilocularis)* zwischen Eisfuchs, Nagetieren und Mensch. Die besonders bei Eisbär, Eisfuchs und Walroß vorkommende Trichinose war nur früher für den Menschen eine Gefahr.

12.2 Hochgebirge

Die Region zwischen Baumgrenze (sofern eine bewaldete Höhenstufe vorhanden ist) und Schneegrenze, unabhängig von der Höhe über dem Meer, ist für die Lebewelt der eigentliche «alpine» Bereich. Mit zunehmender Höhe sinken Luft- und Bodentemperaturen, vermindern sich Sauerstoff, Kohlendioxid und Wasserdampf in der Atmosphäre, werden Ein- und Ausstrahlung intensiver, erhöht sich der Anteil an ultravioletten Strahlen, verkürzen sich Vegetationszeit und die Periode aktiven Tierlebens, gehen Produktivität und Artenzahlen zurück.
In den Alpen bildet die Fichte *(Picea abies)* an tieferen, günstigen Stellen alle 3–5 Jahre, in höheren Lagen alle 6–8 Jahre und an der Baumgrenze alle 9–11 Jahre Zapfen aus. Ähnlich groß sind die Unterschiede bei der Zirbelkiefer oder Arve *(Pinus cembra)*. Da deren Samen keine Flügel haben, sind sie auf Ausbreitung durch Tiere angewiesen, vor allem des Tannenhähers *(Nucifraga caryocatactes)*. Er sammelt sie im Herbst und versteckt sie nach oft weitem Flug über die Waldgrenze hinaus bis in die «Krummholzzone» als Wintervorrat. Der unentdeckt bleibende Rest kann in großer Entfernung von seinem Ursprungplatz auskeimen. Ähnlich werden in Gebirgen von Arizona durch *Nucifraga columbiana* die Samen von *Pinus edulis* verbreitet.
In Hochgebirgen Zentralasiens, den Westhängen der zentralen Anden und den im Regenschatten liegenden Seiten der zentral- und ostafrikanischen Vulkangebirge ist das Klima so trocken, daß eine bewaldete Höhenstufe unter der «Alpinen Grenze» fehlt oder nur sehr gering ausgebildet ist. Dort ziehen sich dann Halbwüsten, Gras- oder Strauchformationen als Übergänge in den alpinen Bereich. Hochgebirgstundren und Hochsteppen der Gebirge der nördlichen Erdhalbkugel sind ältere Ökosysteme als die arktischen Tundren und die Steppen der Ebene, mit denen ihre Pflanzen und Tiere manches gemeinsam haben.

12.2.1 Geographische Unterschiede

In der winterkalten Zone der Nordhemisphäre wird die Baumgrenze häufig von Nadelwäldern gebildet. Im Falle der Bergkiefernwälder kann sich ein «Krummholzgürtel» anschließen, bevor die **Alpine Tundra** mit ihren Zwergstrauch- und Grasheiden beginnt. Über der Stufe des Nadelwaldes skandinavischer Hochgebirge, deren Obergrenze durch die natürliche Vermehrung der Coniferensamen gegeben ist, befindet sich ein mehr oder weniger breiter Gürtel aus Birken. Am Südrand der Alpen und in manchen Gebirgen der mediterranen Zone reicht ebenfalls Laubwald bis an die alpine Tundra heran. Gleiches gilt für die *Nothofagus*-Wälder Südamerikas.
In den ständig feuchten Gebirgen der Tropen ziehen sich immergrüne Bergnebelwälder zur Höhe hinauf. Über der Wolkengrenze werden die Bäume kleiner. Es schließen sich oft Coniferen der Gattung *Podocarpus* an, denen eine Gebüschzone folgt. Sie grenzt an die **Páramos,** baumfreie Regionen mit Rosettenpflanzen, Stauden, Kräutern, Horstgräsern und einzelnen hohen Gewächsen (meist Compositen)

(Abb. 12.6). Diese alpine Stufe ist durch Kälte, reichlich über das Jahr verteilte Niederschläge, hohe Luftfeuchtigkeit, Nebel und Stürme einer rauhen Witterung ausgesetzt. Tagestemperaturen steigen selten über 10–15° C, besonders am Morgen bleiben sie meist unter 0° C.

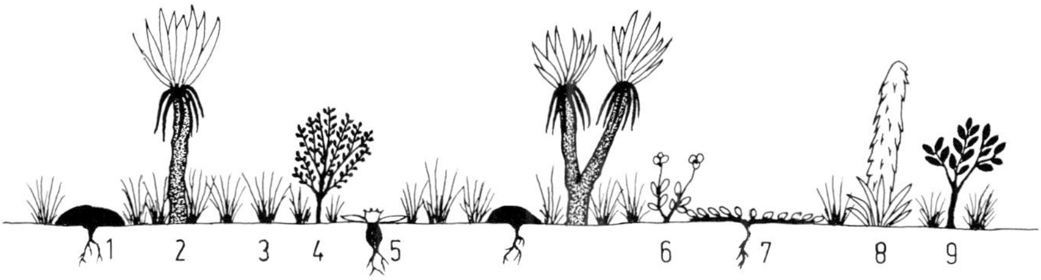

Abb. 12.6: Lebensformen der Páramo-Formation (nach Troll 1968).
1: Hartkissenpflanzen *(Azorellatyp)*; 2: Hohe Rosettenpflanzen mit dicken Stämmen und wolligen Blättern *(Espeletiatyp)*; 3: Horstgräser; 4: Immergrüne, kleinblättrige Büsche *(Loricariatyp)*; 5: Acaule Rosettenpflanzen mit dicken Wurzeln *(Werneriatyp)*; *6: Gebüsch mit wolligen Blättern (Helichrysumtyp)*; 7: Teppichartige Zwergstrauchpflanzen *(Acaenatyp)*; 8: Rosettenpflanzen mit kerzenartigen, wolligen Blütenständen *(Lobeliatyp)*; 9: Immergrüne, großblättrige Büsche *(Befariatyp)*.

In den trockeneren, nur periodisch feuchten, tropischen und subtropischen Hochgebirgen befindet sich über der Waldgrenze (wenn ein Gebirgswald überhaupt vorkommt) mit der **Puna** eine offene Vegetation aus Moosen, Flechten, horstartigen Gräsern und Cyperaceen. Es überwiegt der graminoide Habitus, obwohl sich in der Regenzeit auch noch verschiedene Kräuter dazugesellen. Außerdem sind oft Sukkulenten bezeichnend, welche die Trockenperioden gut überstehen können (Abb. 12.7).

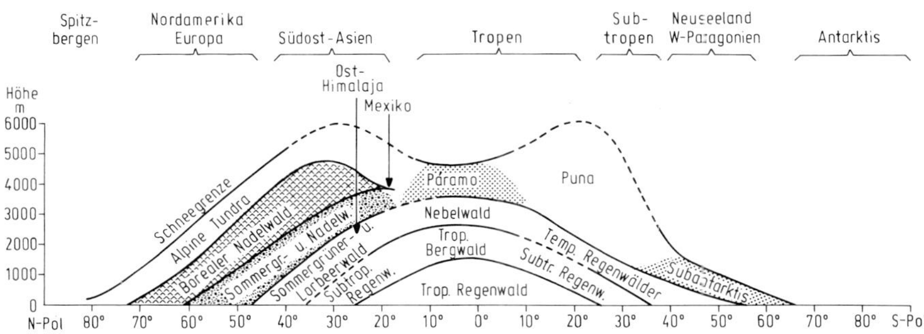

Abb. 12.7: Schema der Hochgebirgsregionen der Erde und ihrer Landschaftsformen (nach Troll 1966).

12.2.2 Klima und Boden

Temperatur. In den nördlichen und gemäßigten Breiten verlängert die Abnahme der Temperatur mit steigender Höhe im Gebirge den Winter und verkürzt damit die Zeit, in der Photosynthese möglich ist. Von einer bestimmten Höhe an reicht der Stoffgewinn daher für die Entwicklung von Bäumen nicht mehr aus.
Außerdem sind die Wärmeverhältnisse des Sommers entscheidend. Die Waldgrenze liegt nämlich bei gleicher geographischer Breite umso höher, je kontinentaler das Klima, je stärker also die Einstrahlung im Sommer ist. In den Gebirgen der Subtropen erwärmt sich der Boden im Sommer recht beträchtlich. Die Bäume können die günstigste Jahreszeit ausnutzen. Die Baumgrenze verläuft dort noch höher als in den Tropen, in denen sich die nächtliche Kälte schädlich auf das Wurzelsystem der Bäume auswirkt. So bestimmt in den Tropen letztlich das Temperaturminimum in der Nacht die Waldgrenze. Zudem ist die Aktivität der Mikroflora in kalten Nächten gering. Es entsteht leicht ein Mangel an Nährstoffen für die Pflanzen, obwohl die Reserven im Boden groß genug sind. Unter etwa 15 cm Bodentiefe bleibt die Temperatur auch in den Tropen ziemlich konstant.
Die Hochgebirge der kalten und gemäßigten Zonen zeichnen sich durch starke tages- *und* jahreszeitliche Temperaturunterschiede aus. Den tropischen Gebirgen fehlen die thermischen Jahreszeiten, dafür können das ganze Jahr über Nachtfröste vorkommen.

Licht. Nebel und Wolken umgeben häufig die Gipfel der Berge. So bildet sich im Zentral-Himalaja durch Kondensation in der warmen Jahreszeit eine ständig dichte Wolkenzone mit verringerter Lichtstärke von nur 25000–30000 Lux. Diese isoliert, um als ein Beispiel eine direkte biologische Folge zu nennen, zwei genetisch verschiedene Rassen des Schwalbenschwanz *(Papilio machaon)*. Die eine *(P. m. rinpoche)* besiedelt die höheren Lagen oberhalb des Wolkengürtels, die andere *(P. m. emihippocrates)* gerade die tieferen. Dadurch wird ein Gen-Austausch verhindert, weil die Falter unter 40000 Lux inaktiv sind.

Feuchtigkeit. Im allgemeinen ist die Luft in der alpinen Region feuchter als in tieferen Lagen. Beim Aufsteigen der Luft in kühlere Höhe kondensiert sich die Feuchtigkeit und fällt als Regen. Wo allerdings umgebende Gebirgszüge die Niederschläge abfangen, wie im Hochtibetgebiet, ist die Luft trocken. Auch in den Tropen können die Maxima der Feuchtigkeit unterhalb der Gipfel liegen. Zwar kommen im Hochgebirge mehr Strahlen auf die Flächeneinheit als in der Ebene, aber weil die Luft in der Höhe dünner ist, wird weniger von ihr erwärmt. Die Kälte gleicht den schädlichen Effekt zu großer Lufttrockenheit etwas aus, indem sie den Stoffwechsel der meisten Organismen auf ein niedrigeres Niveau drückt. Schnee macht das Leben von Pflanzen und Tieren in ariden Hochgebirgslagen erst möglich. Er erhält die Bodenfeuchtigkeit, erlaubt Wärmeeinstrahlung ohne Austrocknung des Bodens und bildet für viele Lebewesen eine Schutzdecke für die Überwinterung.

Wind. Tagesperiodische, lokale Luftströmungen (Talwind, Bergwind, Gletscherwind) beeinflussen vor allem das Klima der Täler, während die Gipfel und freien Hochflächen den großräumigen Luftströmungen voll ausgesetzt sind. Dies wirkt sich auf Bodenerosion, Verfrachtung von Schnee und auf die Lebewelt aus.

Boden. Je nach der klimatischen Situation können alpine Böden relativ trocken sein oder während einer Trockenzeit noch feucht bleiben oder schnell zwischen Trokkenheit und Feuchtigkeit wechseln. Wie in der arktischen Tundra kann es in naßkalten Perioden durch abwechselndes Gefrieren und Auftauen zu starker Solifluktion (Erdfließen) und zu Polygonböden kommen. Permafrostboden ist seltener, aber keineswegs ausgeschlossen. Man bezeichnet die Rohböden der höheren Lagen mit Dauerfrost im Untergrund als Gelic Regosole.

In den tieferen Gebirgslagen mit geschlossener Vegetation bildet sich eine Humusschicht. Besteht das Ausgangsmaterial für die Verwitterung aus Kalkgestein, entstehen Rendsinen (Kalkhumusböden). Ein Untergrund aus Silikaten ergibt Ranker. Das Artenbild an Pflanzen und Tieren zwischen beiden Bodentypen sowie zwischen flach- und tiefgründiger Bodendecke ist verschieden. Über kalkreichem Gestein können sich sogar schwarzerdeartige Böden bilden, die von Steppenbewohnern besiedelt werden, wie einige Kuppen des NW-Kaukasus erkennen lassen.

Im unteren Bereich der alpinen Grasheiden gehen Böden mit A-C-Profil in Cambisole, Luvisole oder Podsole mit A-B-C-Profilen über.

12.2.3 Zonierung

Wenn auch die klimatischen und edaphischen Bedingungen eine deutliche Zonierung der Vegetation zur Folge haben, bildet doch die alpine Region als ganze einen besonderen Landschaftstyp, der sich nicht immer auf einzelne orographische, klimatische oder biologische Elemente bestimmter Höhenbereiche festlegen läßt. Zudem sind eine Vielzahl verschiedener Standorttypen, deren Faktorenkomplexe sich schon in geringer Entfernung voneinander unterscheiden können, ein Charaktermerkmal der Gebirge.

Die Schneegrenze der außertropischen Hochgebirge ist weitgehend von der letzten Eiszeit geprägt. Die obere Waldgrenze drückt dagegen die gegenwärtigen Klimaverhältnisse aus. Sie kann unter 1000 m ü. M. liegen (Norwegen), andererseits 4600 m erreichen (Himalaja) und in den Tropen zwischen 3400 und 3900 verlaufen.

Wegen der geographischen Unterschiede sei die Zonierung einer Hochgebirgslandschaft nur in groben Zügen, unter Hervorheben der Verhältnisse in den Alpen, geschildert (Abb. 12.8).

Alpine Zwergstrauchheiden. Niederwüchsige Baumgruppen *(Pinus, Alnus viridis)* am Rand der Waldgrenze gehen in den Alpen in Flächen über, die mit *Rhododendron, Vaccinium, Empetrum, Loiseleuria, Calluna* und buschwüchsigen Weiden *(Salix)* bewachsen sind. Solche Pflanzen gedeihen in einer Zone mit ausreichender

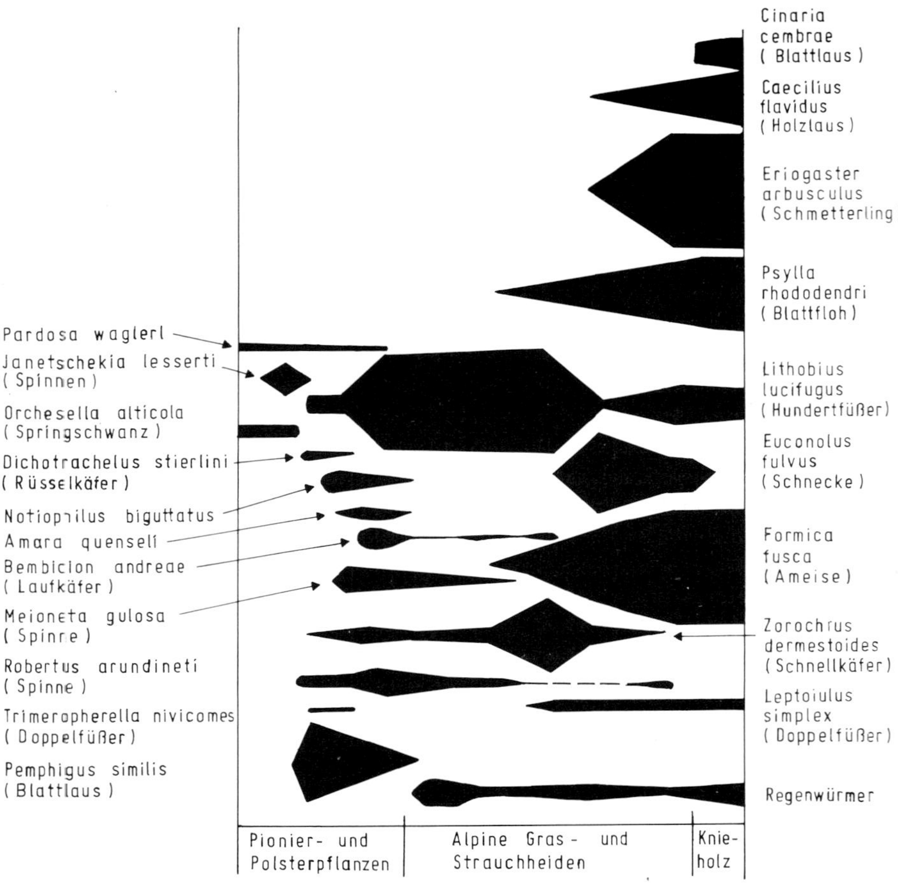

Abb. 12.8: Zonierung im Hochgebirge (Alpen) (nach Janetschek 1949).

Wasserversorgung. Starke Windexposition vermögen sie auf verschiedene Weise zu kompensieren. So ist die Transpiration bei der Alpenheide *(Loiseleuria procumbens)* sehr gering. Zudem besitzt ihre dichte, teppichartige Wuchsform hohen Windwiderstand. Das Heidekraut *(Calluna vulgaris)* hat einen offeneren Wuchs und verdunstet viel Wasser. Dies wird aber durch Regulation der Spaltöffnungen ausgeglichen. Viele Insekten sind durch ihre Ernährung an Pflanzen gebunden. Sie spielen auch für die Blütenbestäubung hier eine größere Rolle als der Wind. Die Bodenschicht ist reich an Tieren der Moosrasen und der Streu. In der alpinen Zwergstrauchheide begegnen sich Arten, die im Bestandesabfall der Sträucher genügend Nahrung und in deren Schatten Schutz vor Sonne finden, mit sonnenliebenden Bewohnern der höher gelegenen Grasheiden.

Grasheiden. Nach oben hin schließt sich eine zusammenhängende Decke mit einer Fülle von Blütenpflanzen an. Oft besteht eine Ähnlichkeit zur Steppe, weil Gräser und Seggen die Physiognomie prägen können und ihre Wurzelmasse die oberirdische um das vielfache übertrifft.
Hier ist allgemein in Gebirgen der Hauptlebensbereich pflanzenfressender Großsäuger mit guter Kletterfähigkeit, also der Bergschafe *(Ovis)*, Schneeziegen *(Oreamnos americanus)*, Gemsen und verwandter Bergantilopen (Rupicaprinae) in der Holarktischen Region; der Vicunjas und Guanakos in den Hochsteppen der Anden. Bis in die Grasheiden dringt im Himalajagebiet der Schneeleopard *(Felis unica)*, ein Hauptfeind der Halbziege oder Tahr *(Hemitragus jemlahicus)*, der aber auch Nagetiere und Vögel erbeutet. Ebenfalls kommen mit Murmeltieren, Wühlmäusen, Hasen, Spitzmäusen verschiedene Kleinsäuger vor. Auch leben dort die meisten Brutvögel der Hochgebirge, wie Schneehühner *(Lagopus)* und Singvögel. Mit den Pflanzen sind Schmetterlinge, Dipteren, Hymenopteren, Käfer, Heuschrecken und Schnecken vergesellschaftet, die an die täglichen Schwankungen der Temperatur angepaßt sind.
Wo der Boden gute Humusbildung aufweist, finden sich nicht nur Arthropoden, sondern auch Regenwürmer. Reptilien sind zwar in tropischen Gebieten häufiger, doch kommen Bergeidechse *(Lacerta vivipara)* und Kreuzotter *(Vipera berus)* auch in der alpinen Region der Alpen vor. Ebenfalls fehlen dort nicht Amphibien *(Salamandra atra, Triturus alpestris)*.
Manche Tiere sind durch ihre Fortpflanzungsbiologie für die Besiedlung des ziemlich extremen Lebensraums prädisponiert. Dies gilt z. B. wegen Viviparie für Bergeidechse, Alpensalamander und in Mittelasien für die Krötenköpfe *(Phrynocephalus)*, wegen ihrer Parthenogenese für Rüsselkäfer der Gattung *Otiorhynchus*.

Polsterpflanzenzone. Grasheiden gehen in Felsfluren, Block- und Schutthalden mit spärlichem Pflanzenwuchs über (Abb. 12.9). Gemeinsam ist ihnen der einschichtige, mehr oder weniger nur aus der Bodenoberfläche bestehende Lebensraum für die Kleintiere. Geringe Humusansammlung beschränkt sich auf die Nähe der Pflanzenpolster und Rosetten, die schildförmig die nackten, von Gesteinsbrocken durchsetzten Rohböden besiedeln. Durch Polsterwachstum können auch Moose ihre starke Transpiration drosseln. Die Unbilden der Witterung, lange Schneebedekkung und ungenügende Wärme lassen keine geschlossene Vegetationsdecke mehr zu. Die dort lebenden Kleinsäuger wie die Schneemaus *(Microtus nivalis)* der Alpen, Pfeifhasen *(Ochotona)* im Himalajagebiet und in den Rocky Mountains, Wollmäuse *(Chinchilla)* der Anden bewohnen die natürlichen Spalten und Höhlungen in solchem Untergrund. Viele Vögel holen sich aus diesem und dem tiefer liegenden Bereich ihre Nahrung. Greifvögel, Rabenvögel und Segler *(Apus)* finden in den schwer zugänglichen Felsfluren geeignete Möglicheiten zum Nisten.
Die Primärproduktivität der Pflanzen und die Aktivität der Mikroflora in ihrer Rolle als Destruenten stimmen mit den Verhältnissen der arktischen Tundren auffallend überein. Die Gliederung der Polsterpflanzenzone in ein Mosaik von Kleinstlebensräumen spiegelt sich in der Verteilung der Kleintiere wider. Sonnen- und Schattenseite, Hangneigung, Dauer der Schneebedeckung, Kaltluftseen, La-

Abb. 12.9: Vegetation in Gletschernähe (Alpen) (Orig.).

winenzüge, Schneeränder beeinflussen die Artenauswahl und Bevölkerungsdichten. In **Schneetälchen,** eingetieften Stellen unterhalb der Schneegrenze, an denen sich Schnee besonders lange hält, ist der Boden stark durchfeuchtet und beherbergt hygrophile Kleintiere. Sogar auf den **freien Schneeflächen** finden Collembolen, Laufkäfer, Spinnen und Weberknechte in dem dorthin verwehten Detritus neben einer Flugfauna von Zufallscharakter noch genügend Nahrung. Organismen, die Gefrieren vermeiden müssen, benötigen hohe Toleranz der Unterkühlung. Bei dem Springschwanz *Entomobrya nivalis*, der *auf* dem Schnee überwintert, liegen die Werte der ertragbaren Unterkühlung im Winter zwischen $-10°$ bis $-11°$ C. Die höhere Kälteresistenz wird im Herbst durch Kurztag und niedrige Temperatur ausgelöst.

Gletscher. Den durch diffuse Himmelsstrahlung in den polaren Eisgebieten entstehenden, bis 60 cm tiefen und wenigen cm breiten «Kryokonitlöchern» entsprechen die Einschmelzlöcher auf Gletschern alpiner Gebiete. Sie werden durch unmittelbare Sonnenstrahlung mit dem sich stärker erwärmenden Eisstaub gebildet. In ihnen lebt die Grünalge *Chlamydomonas nivalis*. Durch ihren Farbstoff Haematochrom, der schädliche UV-Strahlen ausfiltert, erzeugt sie den «roten Schnee». Sie gedeiht bei einigen Kältegraden, ohne daß ihr Zellsaft gefriert. Außerdem finden sich dort ein: Diatomeen, Heliozoen, Ciliaten, Tardigraden, Rotatorien, die alle ein Durchfrieren ihres Lebensraums ertragen. Mit der Schneeschmelze beginnt ihr aktives Leben.

Zonierung der Vulkangebirge in Ostafrika. In den tropischen Gebirgen Ostafrikas, die sich als Vulkankegel isoliert aus der Ebene erheben, hat sich eine andere Zonierung ausgebildet. Dort verdünnt sich der Montane Regenwald allmählich in eine parkartig aus Bäumen der Gattungen *Hagenia* und *Hypericum* bestehende Zone, die in einen Moorland-Ericaceen-Gürtel übergeht. Auf der Westseite des Mt. Kenya beschränkt sich dieser Gürtel allerdings auf die Schluchten und geschützt liegenden Flußläufe. In seiner tyischen Ausprägung besteht er aber auf weiten Strecken aus über vier Meter hohen Ericaceen, die oft mit *Usnea*-Flechten behangen sind. Andere Ericaceen, Ginster, Compositen und Proteaceen erreichen Buschhöhe. In der Krautschicht herrschen Gräser und Seggen vor, zwischen denen *Geranium*, *Alchemilla* und andere Blütenpflanzen wachsen.
Die sich nach oben anschließende echte «Alpine Zone» wird im Gegensatz zu den sonst meist niedrigwüchsigen Pflanzenformen dieser Gebirgsregion vor allem durch *Lobelia*, *Helichrysum*, *Senecio* von ungewöhnlicher Größe charakterisiert. Dort leben Klippschliefer *(Procavia)*, Nagetiere *(Otomys*, *Lophuromys*, *Tachyoryctes)* und Spitzmäuse *(Crocidura)*, die für Uhu *(Bubo)* und Greifvögel *(Buteo*, *Aquila*, *Grypaetus)* eine wichtige Nahrung bilden. Von größeren Säugetieren kommt der Steppenducker in einer Gebirgs-Unterart *(Sylvicapra grimmia alticollis)* vor. Seine Haare sind über 5 cm lang, während die der im Tiefland lebenden Unterart nur etwas über einen Zentimeter Länge erreichen.

12.2.4 Anpassungen der Pflanzen

Die geringe Produktion an Samen und große Sterblichkeit der Keimlinge werden durch ausgeprägte Fähigkeit der vegetativen Vermehrung ausgeglichen. Rosetten- und Polsterform hängen mit einer Hemmwirkung des Streckungswachstums durch die täglichen Änderungen der Temperaur zusammen. Auch ultraviolette Strahlen hemmen die Entwicklung vieler Pflanzen während einer sensiblen Phase im Frühjahr. Bei Horstgräsern sind die Erneuerungsknospen im Inneren des Horstes vor Temperaturwechsel gut geschützt. Reservestoffe werden frühzeitig in unterirdischen Organen, aber auch in Knospen und Blättern angesammelt. Blütenbildung und Samenerzeugung erfordern einen hohen Aufwand an Energie.
Die Photosynthese mancher Gebirgspflanzen ist bei tieferen Temperaturen möglich als bei Arten, die in der Ebene wachsen. Nach Nachtfrösten setzt sie schnell wieder ein. Kurzfristige Kälte während der Vegetationszeit erniedrigt zugleich die Grenztemperatur des Gefrierens der Sprosse. Immergrüne Zwergsträucher im Hochgebirge winterkalter Gebiete machen im Spätherbst eine Frostabhärtung, im Frühjahr wieder eine Enthärtung durch. Viele Gebirgspflanzen, die vorher eine zeitlang geringem Frost ausgesetzt waren, können im Winter bis zu $-70°$ C überleben, während sie in der Vegetationsperiode nur $-5°$ bis $-7°$ C ertragen. Ultraviolette Strahlen werden zum größten Teil durch eine verstärkte Kutikula in der äußeren Wand der Epidermis und durch angereicherte Flavonoide und Carotinoide absorbiert.
Die Wasserbilanz der Pflanzen ist in allen Hochgebirgsregionen auch im Sommer

wegen der häufigen Niederschläge oder des nassen Bodens ausgeglichen. Daher braucht die Konzentration des Zellsafts meist nicht über 8–12 atm zu steigen und liegt selbst bei xeromorphen Arten in der Regel unter 20 atm. Wie in der arktischen Tundra wird die Aufnahme von Stickstoff aus dem Boden durch die niedrigen Temperaturen erschwert.

Ein Teil der Nivalflora gehört zu den **«Winterstehern».** Während ihre Blätter im Herbst bereits vom Schnee begraben sind, ragen die Fruchtstände noch heraus. Dadurch ermöglichen sie den Samen, die später auf der Schneedecke ausgestreut und vom Wind verbreitet werden, eine längere Reifungsperiode. Es besteht eine deutliche Tendenz zur Langlebigkeit der Pflanzen. Kräuter und Gräser sind überwiegend mehrjährig und erreichen ein hohes Alter. Therophyten treten ganz zurück.

Mit zunehmend extremer werdenden Verhältnissen steigt der Anteil polyploider Pflanzen. An der obersten Grenze des Pflanzenlebens im Hochgebirge befinden sich wie in der Arktis nur noch poikilohydre, anabiotische, streßtolerante Bodenalgen und Flechten.

12.2.5 Tierwelt

Mit der Zonierung der Pflanzen in den Höhenstufen ändert sich auch die Fauna (s. Abb. 12.8). Außerdem zeigen sich innerhalb der Grasheiden und Polsterpflanzenzone Unterschiede in der Besiedlung der trockeneren Bereiche zu den längere Zeit schneebedeckten «Schneetälchen», in denen wie in der nordischen Tundra Collembolen und Milben, Dipteren, Käfer und Spinnen besonders reich vertreten sind.

Nahrungsspezialisten kommen bei vielen phytotrophen Insekten vor, so unter Wanzen, Blattläusen, Blattkäfern, Rüsselkäfern, Schmetterlingsraupen, Larven von Schwebfliegen *(z. B. Cheilosia)* und Minierfliegen *(Phytomyza)*. Weitere Tatsachen, die bei Insekten festgestellt wurden: (1) Überwinterung ist nur im Boden möglich, der durch eine genügende Schneedecke geschützt ist; (2) viele Arten zeichnen sich durch Flügelreduktion oder Melanismus aus; (3) Laufkäfer (Carabidae) werden mit der Entfernung von ihrem klimatischen Optimum kleiner; (4) die niedrigen Nachttemperaturen bedingen bei Dämmerungs- und Nachtfaltern Tagaktivität.

Der mit steigender Höhe abnehmende Luftdruck und O_2-Gehalt wirken sich auf die Wechselblüter nicht aus. Warmblüter müssen sich akklimatisieren. Bei ihnen erhöht sich die Zahl der Erythrozyten und damit der Hämoglobingehalt des Blutes. Dadurch können sie in Höhen bis 6000 m leben. Tylopoden (Lama-Familie) haben als einzige Säugetiere kleine elliptische Erythrozyten mit ungewöhnlich hoher osmotischer Resistenz und sehr hoher Konzentration an Hämoglobin (40–50 % im Vergleich zu anderen Säugern mit 30–34 %). Auch haben sie ein im Verhältnis zum Körpergewicht größeres Herz. In ihren Muskeln liegen die Kapillaren doppelt so dicht nebeneinander wie beim Menschen.

Säugetiere besitzen in Höhenlagen ein Fell mit dichterer Behaarung bei geringerer Hautdicke, wobei die Haut jedoch stärker durchblutet wird. Schneeziegen haben zum Schutz gegen Kälte in ihrem Fell eine Schicht rauher Deckhaare und kaschmirähnlicher Unterwolle. Im Hochgebirge mit kalten Wintern gibt es wie in der nordischen Tundra nur wenig echte Winterschläfer. Als Beispiel seien Murmeltiere *(Marmota)* genannt. Huftiere entziehen sich extremen Winterbedingungen durch jahreszeitliche Wanderung.

Entwicklung. Wechselwarme Tiere entwickeln sich der geringen Temperatursumme entsprechend oft langsamer als Populationen oder verwandte Arten der Ebene. Die Verlangsamung wird im allgemeinen auch nicht durch eine gewisse Stimulierung infolge ausgeprägter Wechseltemperaturen der Tagesperiodik ausgeglichen. So benötigt die an Kiefern *(Pinus)* lebende Blattwespe *Neodiprion sertifer* im Hochgebirge zwei Jahre zur Entwicklung (Überwinterungen als Ei und als Kokon). Im Flachland hat die Art nur eine Generation im Jahr mit Überwinterung als Ei und Sommerdiapause im Kokon. – Bei einigen Schnaken (Tipulidae) liegt die langsamere Entwickung in höheren Gebirgslagen an dem sehr von der Temperatur abhängigen Vorpuppen- und Puppenstadium, nicht am Larvalwachstum.
Die Larven einer stummelflügligen Zuckmücke *(Diamesa*, Chironomidae*)* im Himalaja-Gebiet von Nepal finden im Frühjahr in den Rinnen von Schmelzwasser der Gletscher in Cyanobakterien und Eubakterien reichliche Nahrung. Bis zum Herbst wachsen sie zu wärmeempfindlichen, doch kältetoleranten Adulten heran. Nur die Weibchen wandern auf dem Schnee und orientieren sich dort nach dem Stand der Sonne. Die Begattung findet unter dem Schnee auf dem Eis statt, wo die Männchen nach etwa einem Monat sterben. Die überwinterten Weibchen legen im Frühjahr ihre Eier in die Rinnen der Schmelzwässer. Diese Lebensperiodik ist eine sinnvolle Anpassung an die Wanderung der Gletscher, deren Schmelzwässer ihre Lage in jedem Jahr ändern.
Wolfspinnen (Lycosidae) brauchen als Jung- und Alttiere verschiedene Lebensbedingungen. Die Jungspinnen sind recht feuchtebedürftig, für die Adulten ist Wärme wichtiger. Dies ist der Anlaß zu entwicklungsbedingten, jahreszeitlichen Wanderungen selbst innerhalb der gleichen Höhenstufe, weil das Vegetationsmuster unterschiedliche Mikroklimate bietet. – Die Fortpflanzung des Pseudoskorpions *Neobisium muscorum* wird bei den hochalpinen Populationen auf die Monate Mai bis August zusammengedrängt. Die Weibchen in den tieferen Zonen werden dagegen von Februar bis Juni und ein zweites Mal im Jahr von August bis Oktober gravide.
In den Schweizer Alpen verzögert sich mit zunehmender Höhe von 1220 auf 2600 m ü. M. der Eintritt der Geschlechtsreife der Schnecke *Arianta arbustorum* von 1,9 bis auf 5 Jahre; doch ist die gesamte Lebensdauer in allen Höhenstufen gleich. Zahl und Größe der Eigelege nehmen mit steigender Höhe ab.
Bei allen Vogelarten verlieren die Eier im Laufe der Bebrütung etwa 15 % ihres Anfanggewichts durch Abgabe von Wasser. Dadurch vergrößert sich die Luftkammer am stumpfen Ende des Eies. Die sich darin einstellenden Partialdrücke von O_2 und CO_2 ermöglichen noch vor seinem Ausschlüpfen die Umstellung des Jungvogels auf Lungenatmung. Mit zunehmender Höhe im Gebirge würde der Wasserverlust durch die Schale des Vogeleies immer größer, weil die Diffusion sich mit abnehmendem Luftdruck verstärkt.

Dennoch brüten mindestens 15 Arten in Höhen über 4600 m; unter ihnen der Kondor *(Vultur gryphus)* in den Anden und die Alpendohle *(Phyrrhocorax graculus)* in den Alpen. Die Eier solcher Vögel müssen also an die Höhenlage angepaßt sein, damit sich der Embryo entwickeln kann. Dies wird morphologisch durch Verringerung der totalen Porenfläche der Eischale erreicht, physiologisch durch Änderung des Verhältnisses von Eiweiß zu Dotter, ökologisch durch Anlegen des Nests in Höhlungen mit feuchtem Mikroklima.

12.2.6 Menschen

Im Vergleich zum Tiefland haben Bewohner im Höhenbereich zwischen 3600 und 5300 m, in dem etwa zehn Millionen Menschen leben, ein größeres Atmungsvolumen pro Minute, gesteigerte Bildungsrate der roten Blutkörper, niedrigeren Blutdruck, geringeren Gehalt an Cholesterin. Ihre Mortalität durch Arteriosklerose und Herzinfarkt ist auffallend gering.
Während in den Hochgebirgen der gemäßigten Breiten der Hauptteil der Bevölkerung in den Ebenen lebt, waren die Gebirgszüge des Himalaja-Bogens, der Anden und des ostafrikanisch-äthiopischen Hochlands von je her stärker vom Menschen besiedelt. Zunehmende Bevölkerungsdichten brachten einen schnell wachsenden Bedarf an Weidegrund, Nahrung und Brennstoff. Es wurde Raubbau getrieben, so daß weite Flächen nicht mehr von Humus bedeckt sind, sondern nur noch aus kahlen Felsen bestehen. Nun sind jedoch gerade Hochgebirge gegen Eingriffe des Menschen besonders empfindlich. Wo die Humusschicht zerstört ist, kommt es leicht zu Erosionen, Erdrutschen und Lawinen. Dies wiederum beeinflußt die in den Vorgebirgen entspringenden Flußsysteme, so daß indirekt auch die Tiefländer immer mehr bedroht sind und durch katastrophale Überschwemmungen heimgesucht werden.

12.3 Subantarktische Inseln

Die am besten untersuchten Inseln: Südgeorgien, Kerguelen und Macquarie liegen zwischen dem 50° und 60° südl. Breite. Im ganzen herrscht ein kühles Jahresklima, ohne daß es im Winter zum Dauerfrostboden kommt. Die Sommer sind kälter, die Winter wärmer als in der subarktischen Tundra.
Aktives Leben kann in allen Monaten weitergehen. Durch ihre Grasheiden und Moorwiesen erinnert die Vegetation an die nordische Tundra. Doch betrifft dies nur die Physiognomie ähnlicher Lebensformen. Geographische, klimatische und historische Verhältnisse ergeben im einzelnen erhebliche Unterschiede etwa bei einem Vergleich mit Spitzbergen.
In Südgeorgien gibt es circa 40 Arten an Landpflanzen und außer Milben und Collembolen 55 sonstige Landwirbellose. Von Insekten überwiegen Käfer. Über 50 % ihrer Arten in der Subantarktis sind Rüsselkäfer. Zu ihnen gehören die

Ectemnorrhini, die sich von Kryptogamen und Samenpflanzen ernähren. Auf der Marion-Insel wurden im März/April bis zu 220 *Ectemnorrhinus similis* pro m^2 gezählt. Auf anderen subantarktischen Inseln erreichte ihre Dichte sogar 455 Adulte und 630 Larven/m^2. Sie können also ein wichtiges Element der Pflanzenfresser sein. Carabiden und Staphyliniden leben eurytroph. Der Moderkäfer *Aridius malouinensis* (Lathridiidae) frißt an verpilzten Blüten eines Tussockgrases *(Parodiochloa [Poa] flabellata)*. Als saprotrophe Käfer treten besonders Perimylopidae oft in großen Mengen auf. Zusammen mit Collembolen, Milben und Dipterenlarven erleichtern sie den Pilzen die Zersetzung des Bestandesabfalls.
Dipteren sind durch Ephydridae, Dryomyzidae, Trichoceridae, Chironomidae, Heleomyzidae und Pallopteridae vertreten. Einige Zwergspinnen erbeuten Dipterenlarven und Collembolen. Auch Parasitoide kommen vor. Einer schmarotzt in den Eiern der Perimylopiden. Schließlich fehlen auch nicht Opilioniden, Pseudoskorpione, Symphyle und Pauropoden.
Zwei der 22 Brutvögel hängen in ihrer Nahrung nicht vom Meer ab: der Piper *Anthus antarcticus* und die Ente *Anas georgiae*. Auf den Kerguelen und der Macquarie-Insel leben andere *Anas*-Arten. Von Neuseeland her wanderten Birkenzeisig *(Carduelis flammea)* und Star *(Sturnus vulgaris)* auf die Macquarie-Insel ein. Einige Rallen wurden dorthin eingeschleppt.
In der subantarktischen Region wurden (ohne Protozoen) etwa 400 Tierarten festgestellt, in der kontinentalen Antarktis nicht viel mehr als 100. Verschiedene Käfer, Dipteren und Schmetterlinge auf den Kerguelen sind flugunfähig.

12.4 Antarktis

Meer. Im Südpolarmeer, das den 14,2 Mill. km^2 großen antarktischen Kontinent umfaßt, herrscht ein mannigfaltiges Leben. Über 200 Arten an Diatomeen, mehrere tausend Wirbellose (darunter mehr als 20 Cephalopoden) und über 100 Spezies an Fischen gehören dazu. Im Gegensatz zu den Nacktschnecken warmer Meere haben diejenigen in der Antarktis keine freischwimmenden Larven. Sie entwickeln sich zwei Jahre im Ei, aus dem sie als fertige Schnecken schlüpfen. Auch nach dem Schlupf wachsen sie nur langsam heran. Wieviele Jahre bis zur Geschlechtsreife benötigt werden, ist unbekannt. Ebenso wie andere antarktische Meerestiere, z. B. Amphipoda, Isopoda und Pantopoda, zeichnen sich diese Nudibranchia-Nacktschnecken durch großen Wuchs aus. Die häufige Art *Austrodoris kergulenensis* wird über 15 cm, eine *Bathydoris* über 20 cm lang. Einige enthalten Nesselkapseln oder stechende Nadeln in der Haut, die von ihrer Nahrung stammen. So ernährt sich z. B. *A. kergulenensis* von Schwämmen.
Jahreszeitliche Unterschiede wirken sich am meisten auf die Phytoplankter aus. Die Eisbedeckung schwankt im Jahreslauf zwischen vier Mill. km^2 gegen Ende des Südsommers (Februar/März) bis zu 20 Millionen km^2 am Schluß des Südwinters (Sept./Okt.). Im Gegensatz zum Nordpolarmeer wird das Meer-Eis meist nur ein Meter dick. Die flachen, runden Schollen schließen sich erst 270 km vor der Küste zu einer geschlossenen Eisdecke zusammen.

Durch die senkrecht wachsenden Stengel der Eiskristalle wird Sonnenstrahlung wie in einem Lichtleiter durch das Eis gelenkt. Selbst auf der Unterseite einer 1,50 m dicken Eisschicht ist das Licht zwar auf 1/20 verringert, ermöglicht aber dennoch Photosynthese der Phytoplankter im und unter dem Eis. Vor allem sind es Kieselalgen (Diatomeen) und Dinoflagellaten, die außer Bakterien und Pilzen die Kanälchen und Höhlungen im Eis besiedeln. In diesen stark salzhaltigen Poren wurden bis zu mehreren 100 Millionen Zellen von Diatomeen und mehreren Millionen von Dinoflagellaten pro Liter geschmolzenen Eises gezählt. Neben den Phytoplanktern enthalten die Kavernen des «Salzlaugensystems» die verschiedensten Protozoen (namentlich Foraminiferen) und Metazoen (Rotatorien, Nematoden, Copepoden, Amphipoden) als Primärnutzer.
Unter dem Eis halten sich Euphausiden-Krebse auf, welche die Phytoplankter herausfiltern oder abkratzen. Die häufigste Art im Südpolarmeer, *Euphausia superba* (**Krill**) ist über 6 cm lang, hat Leuchtorgane und tritt in riesigen Schwärmen in den obersten Wasserschichten auf. Ihre Lebensdauer beträgt 6–7 Jahre. Für Fische, Meeressäuger und Meeresvögel (z. B. Kaiserpinguin) bildet Krill eine wichtige Nahrungsquelle. Robben und Pinguine tragen durch ihren Kot zur Weiterführung der «Nahrungskette» auf dem Festland bei.
Auch Sturmvögel, Albatrosse, Möwen und Sturmschwalben holen sich ihre Nahrung aus dem Meer. Robben (darunter der «See-Elefant» *Mirounga leonina*) und Seevögel halten sich auf der Küste nur zum Rasten oder in der Zeit ihrer Fortpflanzung auf. Die Raubmöwe *Catharacta maccormicki* ist ein Hauptfeind der jungen Pinguine, frißt aber ebenfalls an Kadavern von Robben.

Festland. Das Klima des antarktischen Festlands gehört zu dem kältesten der Erde mit kühlen Sommern und langen, strengen Wintern. Hier sind mit 27 Mill. km^3 neunzig Prozent der Eismassen der Erde gespeichert bei einer durchschnittlichen Dicke von über zwei Kilometern. Stellenweise ist das Eis 4 km dick. Über 70 % der Vorräte an Süßwasser auf der Erde sind an das Eis gebunden. Über dem salzhaltigen Eis liegt das meteorische aus gefrorenem Süßwasser, das durch frische Schneefälle ständig ersetzt wird. Es besteht aus zusammengepreßtem Schnee. Als Folge seines eigenen Gewichts «fließt» das etwa 2 km mächtige Eis in Tausenden von Eisströmen und Gletschern zu den Küsten des Kontinents. Dort beginnt es im Meerwasser zu schwimmen (Schelf-Eisdecke) und säumt die Küstenlinie des Kontinents.
Temperaturen von −70° C sind in der Ost-Antarktis normal. Der tiefste Wert betrug −89,2° C. Nur in einem Randgebiet am Westteil (68° südl. Breite) des Kontinents wachsen noch drei Arten Samenpflanzen. Es sind ein Nelkengewächs *(Colobanthus crassifolius)*, das Gras *Deschampsia antarctica* und die vom Menschen eingeschleppte Wiesenrispe *(Poa pratensis)*. Im Gegensatz dazu gedeihen in der arktischen Tundra Samenpflanzen bis zum 83° nördl. Breite.
Dafür gibt es in der Antarktis etwa 920 Arten Kryptogamen (darunter 70 Moose und über 400 Flechten) auf dem Festland, vor allem an der Westküste. Selbst in den kargeren östlichen Küstenbereichen erwärmt die Sonne das dunkle vulkanische Gestein so, daß wenigstens Flechten genügend Wärme und bei Sickerwasser auch Feuchtigkeit erhalten. Die frei stehenden, trockenen Felsflächen sind meist kahl.

Auf den besiedelbaren Stellen der Blockhalden (in Küstennähe des Westens) leben Cyanobakterien *(Gloeocapsa)*, Grünalgen *(Trebouxia, Stichococcus)*, Diatomeen, Pilze, Moose, Flechten *(Lecanora, Xanthoria)*.

Die Landtierwelt ist im wesentlichen durch Milben und Collembolen vertreten, die sich auch noch bei recht niedrigen Temperaturen entwickeln können. Auch kommen terrestrische Larven von Zuckmücken vor (Clunicninae), deren Vollkerfe flügellos sind. Die Mikrofauna hat durch Protozoen, bdelloide Rädertiere, Tardigraden und Nematoden kältetolerante Arten. Auf Meeresvögeln und Robben leben als Parasiten Läuse, Mallophagen und eine Flohart.

Im Süßwasser gibt es verschiedene Turbellarien und Kleinkrebse. Die meisten antarktischen Seen und Flüsse sind nur wenige Wochen im Jahr eisfrei. In manchen Seen entstehen Systeme von Luftblasen im Eis, indem vom Grund her Stücke von mit Sauerstoff und Stickstoff gefüllten Matten aus Cyanobakterien nach oben flottieren, sich unter dem Eis anhäufen und im Herbst in der sich verdickenden Eisschicht eingeschlossen werden. Dort absorbieren die Blaugrünbakterien Lichtstrahlen durch das Eis, das um sie herum etwas schmilzt. Es bilden sich mit Gasen und Wasser gefüllte Blasen, die allmählich zur Oberfläche des Eises gelangen und dann die Bakterien und Nährstoffe freisetzen.

Weiter im Inneren des Kontinents vermögen auf schneefreien Geröllflächen lediglich noch Bakterien, Pilze, Bodenalgen und seltener auch Flechten zu existieren.

Gründe für die Artenarmut der Lebewelt (mit Ausnahme der Kryptogamen) auf dem Kontinent liegen: (1) an der gewaltigen Eiskappe; (2) an der Kälte; (3) im extrem trockenen Klima, dessen Niederschläge stets als Schnee fallen; (4) in der großen Entfernung zu weniger lebensfeindlichen Gebieten.

Einst war die Antarktis ein tropisch-warmer Kontinent. Wo heute im Inland eine Eiskappe das Leben erstickt, breiteten sich vor 200 Millionen Jahren weite Sümpfe und Wälder aus, in denen meterlange Urmolche und gewaltige Saurier weideten oder auf Raub ausgingen. Dies haben Fossilfunde gezeigt.

Physiologische Anpassungen. Einige Diatomeen erhöhen in der kalten Jahreszeit den Gehalt der Aminosäure Prolin um das 50fache, bei anderen übernehmen anorganische Ionen oder Glycerin diese Funktion der Kältetoleranz, um Bildung von Eis im Zellinneren zu hemmen. Arktische Flechten *(Umbicilaria)* wurden im lufttrockenen Zustand bei $-20°$ C zehn Jahre lang eingefroren. Spätestens vier Tage nach dem Auftauen und Befeuchten hatten sie wieder ihren normalen Stoffwechsel. Ebenfalls zeichnen sich antarktische Flechten durch Anpassungen an Kälte aus. Bei ihnen überwiegen dunkel bis schwarz gefärbte, krustenförmige Arten. Die bis 4 cm hohe, strauchförmig verzweigte *Usnea sphacellata*, eine wichtige Art der Kryptogamen in Wilkes Land, kann durch ihre Algen noch bei $-10°$ C assimilieren, wenn die Stellen etwas von Schnee bedeckt sind und ihre Pilzhyphen den Schneekristallen Wasser entziehen. Die Temperatur in diesem Gebiet steigt selten über 0° C. Primärproduktion ist also auch bei Bedingungen von Permafrost möglich.

Wechselwarme Wasser- und Landtiere sind in entgegengesetzter Weise an die Temperaturen der Antarktis angepaßt. Bei Wassertieren ist der Grundstoffwechsel durch

Kälteadaptation an die zwischen −1,5° bis −2° C liegende Temperatur erniedrigt. Landtiere haben, wie an Milben festgestellt wurde, dagegen einen erhöhten Grundumsatz. Dies dürfte mit den großen Änderungen des Mikroklimas im Sommer zusammenhängen, durch die innerhalb eines Tages die Temperatur von −4° auf +15° C ansteigen kann. Die untere Kältegrenze einer Milbe der Gattung *Nanorchestes* lag zwischen −23° und −41° C. Die Art war von +31° bis −21° C aktiv. Für den Collembolen *Isotoma klovstadi* ergab sich eine Frosttoleranz bis −50° oder sogar −60° C.

Etwa 80% der Fische in der Antarktis gehören zu den Notothenioidea, die keine Schwimmblase haben und sich durch viele physiologische Anpassungen auszeichnen. So fehlen den Eis- oder Weißblutfischen (Chaenichthyidae) rote Blutkörper. Der Sauerstoff wird in der Blutflüssigkeit gelöst, zu Muskeln und Organen transportiert. Eine Anpassung, durch die antarktische Fische vor Erfrieren geschützt sind, geschieht durch Frostschutzmittel im Blut. Es sind Glykoproteide, die ein Gefrieren bis −2,1° C unterbinden. Sie wirken sogar an der Körperoberfläche und den Kiemen, so daß keine Kristallisation ausgelöst werden kann.

Die Weddelrobbe *(Leptonychotes weddelli)*, von der noch etwa eine Million Individuen existieren, taucht meist im Bereich von 50–150 Meter Tiefe, aber sogar bis 450 m herunter. Zum Auf- und Abtauchen in solche Tiefen benötigt sie acht Stunden. Nur etwa zwei Stunden bleiben ihr dort unten zur Nahrungssuche. Vor dem Tauchen atmet sie aus, behält also nur eine geringe Füllung der Lunge. Dadurch entgeht sie dem narkotischen Effekt, den reichlicher Stickstoff bei höherem Druck ausübt. Zudem kann die Robbe wegen ihrer großen Blutmenge mit hoher Zahl an Erythrozyten einen genügenden Vorrat von Sauerstoff in die Tiefe mitnehmen. Bei zunehmender Tauchtiefe klappen die Lungen zusammen und verdrängen etwa ein Viertel des Stickstoffs. Der in der Lunge verbleibende Rest wird durch den Überdruck komprimiert. Beim Auftauchen dehnt er sich wieder aus und öffnet Lungenbläschen und Atemwege. Während des Tauchens nimmt zudem die Menge der roten Blutkörper sehr zu. Sie binden den Stickstoff und sorgen bei der Rückkehr der Robbe zur Oberfläche für eine langsame Freisetzung des gelösten Gases.

Die Beute, die vor allem aus den fettreichen, in großen Schwärmen schwimmenden antarktischen Heringen besteht, wird durch Sonarpeilung verfolgt. Die Robbe stößt hohe Laute aus, die als Echo reflektiert werden.

13 Agrarlandschaft

Einerseits schuf der Mensch eine Agrarlandschaft mit Feldern, Wiesen, Weiden und Plantagen, die seiner Ernährung dient, zum anderen eine «Urbanlandschaft» als Wohnbereich. Beide zusammen bilden mit über 14 Mill. km^2, d. h. fast 11 % der Landfläche der Erde, die Kulturlandschaft im engeren Sinne (Anthropogaea). In Mitteleuropa liegt ihr Flächenanteil schon bei über 50 %.
Wirtschaftswälder (Forsten) und Gewässer (die für Fischerei, Transport, Auffang von Abwässern und sonstiger Nutzung dienen) werden als «Halbkulturlandschaft» bezeichnet, da ihre Pflanzen- und Tierwelt noch in vielen ihrer Besonderheiten und Funktionen mit ehemaligen Naturräumen übereinstimmen. Sie wurden im vorliegenden Buch daher bei diesen integriert.

13.1 Domestikation von Tieren und Pflanzen

Über 11000 Jahre reicht der Beginn von Tierhaltung und Ackerbau zurück. Vorher mußten die Menschen sich ihre Nahrung als Sammler, Jäger und Fischer beschaffen. Obwohl Domestikation an verschiedenen Stellen der Erde und in unterschiedlichen Klimaräumen entstand, bleibt der «Vordere Orient» ein Gebiet, in dem sehr früh viele Erfahrungen zusammenkamen, die bei der Nutzung von Pflanzen und Tieren gewonnen worden waren. Manches Wissen über die ursprüngliche Landwirtschaft hat sich von dort her zunächst über Europa und Nordafrika ausgebreitet.

Haustiere. Mit Ausnahme der Katze stammen Haustiere von sozial lebenden Arten ab. Unter den Bedingungen der Domestikation haben sie sich in strukturellen und physiologischen Eigenschaften sowie in ihrem Verhalten verändert. In vieler Hinsicht wurde der in Erscheinung tretende Variationsbereich der Wildart erweitert, denn es konnten Merkmale erhalten bleiben, die in der freien Natur durch Selektion ausgeschaltet würden. Andererseits fand eine Einengung der möglichen Variation durch züchterische Auslese statt, da kleine Populationen nur Teile aus dem gesamten «Genvorrat» der Art enthalten.
Auffallend sind bei unterschiedlichsten Arten ähnliche Veränderungen in Größe, Färbung, Haarbildung, Abwandlung des Skeletts, der Gewebe und Organe, aber auch in den Proportionen der einzelnen Körperteile (Allometrien). Eine derartige «Pluripotenz» kommt ebenfalls bei Wildtieren vor und läßt neben dem Wirken der Selektion auf ein funktionelles Ordnungsprinzip schließen. Stets bleiben jedoch die Abänderungen der Haustiere im Rahmen der Art. Züchtung und Tierhaltung führten übrigens zu einer Steigerung der Fruchtbarkeit.
Zu den ältesten Haustieren gehören Hunde. In manchen Gebieten dienten sie mindestens zunächst als Nahrung. Anderswo mögen sie von Anfang an Jagd-

gehilfen des Menschen gewesen sein, wenn man frühe Grabbeigaben so deuten darf. Die Haltung von Schafen und Ziegen dürfte seit 11000, die von Schweinen seit 9000 Jahren erfolgt sein. Nach den kleinen Haustieren wurden Rinder domestiziert. Vor etwa 6000 Jahren folgten Pferd und Hausgans, vor 5000 Jahren Esel und Haushuhn, vor 3500 Jahren Taube und Katze (Abb. 13.1). Letztere hat sich von selbst dem Menschen angeschlossen, indem sie wegen der Mäuse in die großen Kornspeicher eindrang und so zum Kulturfolger wurde.

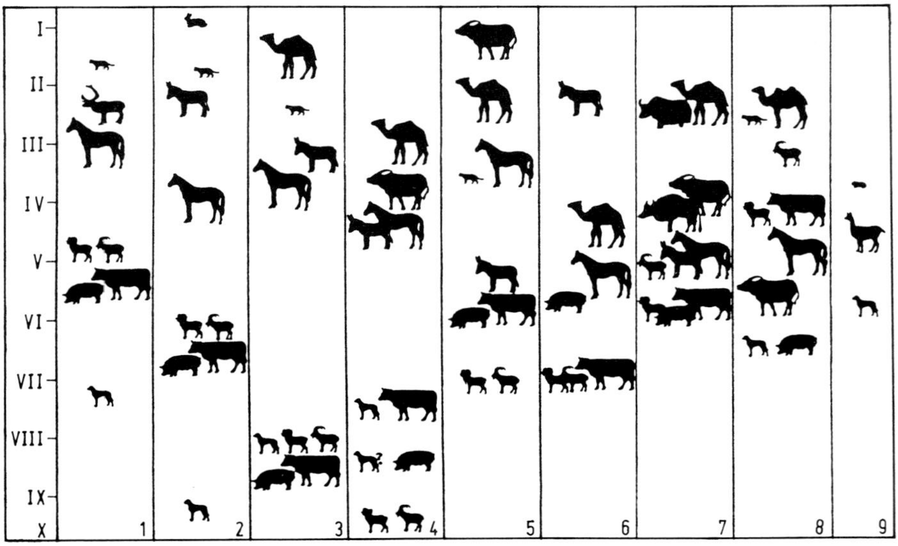

Abb. 13.1: Zeittafel der Haltung von Haustieren (nach Herre u. Röhrs 1990). I–X: vor 1000–10000 Jahren. 1: Nordeuropa; 2: West- u. Mitteleuropa; 3: Südosteuropa; 4: Südwestasien; 5: Nordafrika; 6: Ukraine; 7: Südostasien; 8: Ostasien; 9: Südamerika.

Die Stammformen der Haustiere lebten in unterschiedlichen Landschaften. Ziegen kamen vor allem in Gebirgswäldern vor, Schafe mehr in Gebirgssteppen, Pferde in Steppe und Waldsteppe. Wasserbüffel sind für Sumpfgebiete warmer Länder typisch, während der Auerochse, von dem die «echten» Hausrinder abstammen, Misch- und Auenwälder in einem milderen Klima bewohnte, doch auch noch auf Steppen vordrang. Das weiteste Verbreitungsgebiet hat der Wolf *(Canis lupus)*; es umfaßt Tundren, Wälder, Steppen und Halbwüsten. Er ist der Stammvater sämtlicher Hunderassen.

Vorfahre der Haushühner ist das Bankivahuhn *(Gallus gallus)*, das in Wäldern von Indien bis Indonesien lebt. Gerade bei Hühnern gibt die moderne Tierhaltung ein Beispiel, wohin rein ökonomisches, quantitatives Denken in der Biologie führen kann. In Käfigbatterien eingeengte Legehennen zeigen oft Verhaltensstörungen. Diese äußern sich in Federfressen als Handlung am Ersatzobjekt, Bewegungen des

Staubbadens als Leerlaufreaktion, stereotypem Picken, unmotiviertem Fluchtverhalten und häufigen Aggressionen.
Interessant sind die derzeitigen Mengenverhältnisse der wichtigsten Haustiere. Hausrinder *(Bos primigenius f. taurus)* und Hausschafe *(Ovis ammon f. aries)* stehen heute mit jeweils 1½ Milliarden an erster Stelle unter den größeren Arten. Beide sind genügsam und auch an extreme Klimate anpassungsfähig. Von den etwa 460 Millionen Ziegen *(Capra aegagrus f. hircus)* kommen über 80% in Afrika und Asien vor. Dies hängt nicht nur mit naturräumlichen, sondern mehr mit der sozialen Situation der Völker zusammen. Ziegen begnügen sich selbst noch mit der spärlichen Vegetation am Rande der Trockengebiete und in Hochgebirgen. Während Rinder und Schafe vor allem die Krautschicht beweiden, fressen Ziegen in erster Linie Blätter und Zweige der Sträucher und ergänzen damit die Weidenutzung durch Schaf und Rind. Der asiatische Wasserbüffel (Hausbüffel) *(Bubalis arnee f. bubalis)* eignet sich gut zum Pflügen der Schlammböden bewässerter Reisfelder; seine Zahl dürfte bei 130 Millionen liegen. Mit fast 800 Millionen nehmen Schweine *(Sus scrofa f. domestica)* die dritte Stelle unter den großen Haustieren ein. Schweinehaltung ist in Nordamerika besonders mit Maisbau, in Mitteleuropa mit dem Anbau von Kartoffeln verbunden. Katzen werden auf 400, Hunde auf 250 Millionen geschätzt. Natürlich ändern sich solche Angaben ständig und sollen nur vergleichbare Größenordnungen widerspiegeln.

Kulturpflanzen. Die Heimat der Kulturpflanzen liegt zum Teil in gebirgigen Gegenden der warmen Zonen. Handel, Ökonomie und Zufall haben für ihre Nutzung durch Anbau beigetragen.
Der Mensch bewirkte Selektion zum «Gigaswuchs» bei Blattgemüse, Wurzel- und Knollengewächsen; zu samenarmen und parthenokarpen Früchten; zu platzfesten Samenkapseln; Änderung der Lebensdauer und Abnahme oder Ausschaltung unerwünschter Inhaltstoffe. Im natürlichen Geschehen der Konkurrenz würden diese Pflanzensorten bald eliminiert werden.
Einige entstanden durch Kreuzung verschiedener Wildarten, deren Chromosomensätze zusammenblieben (Allopolyploidie), z. B. Baumwolle, Raps, Weizen (Abb. 13.2), Pflaume. Manche sind erst sekundär zu Kulturpflanzen geworden, nachdem sie als Unkräuter eingeschleppt worden waren. Zu ihnen gehören Roggen und Hafer, die in Kulturfelder von Weizen und Gerste eindrangen, aber auch Erbsen, Linsen und Lein. Andere Pflanzen begleiteten anfangs die Siedlungen des Menschen. Sie wuchsen auf Schuttplätzen, Abfall- und Dunghaufen, von wo sie dann in den Garten übernommen wurden, um größtenteils als Zukost zu dienen. Hier wären *Beta*-Rüben, Spinat, Kohl, Senf, Sellerie, Tomate, Kartoffel, Mohn und Hanf zu nennen. Der Anbau mancher solcher als nützlich erkannter Arten in Form von Handelsgewächsen und Feldgemüse fand erst in verhältnismäßig junger Zeit statt.
Viele Nutzpflanzen, z. B. aus den Familien der Chenopodiaceen und Cruciferen, wuchsen an Spülsäumen von Meeren, Seen und Flüssen. Von anderen Feucht- und Naßbiotopen kommen Klee, Zuckerrohr und Reis. Einige stammen aus humidem Klima, das Hochgebirgstäler auszeichnet. Hier wären Kartoffel, Tabak, Erbse,

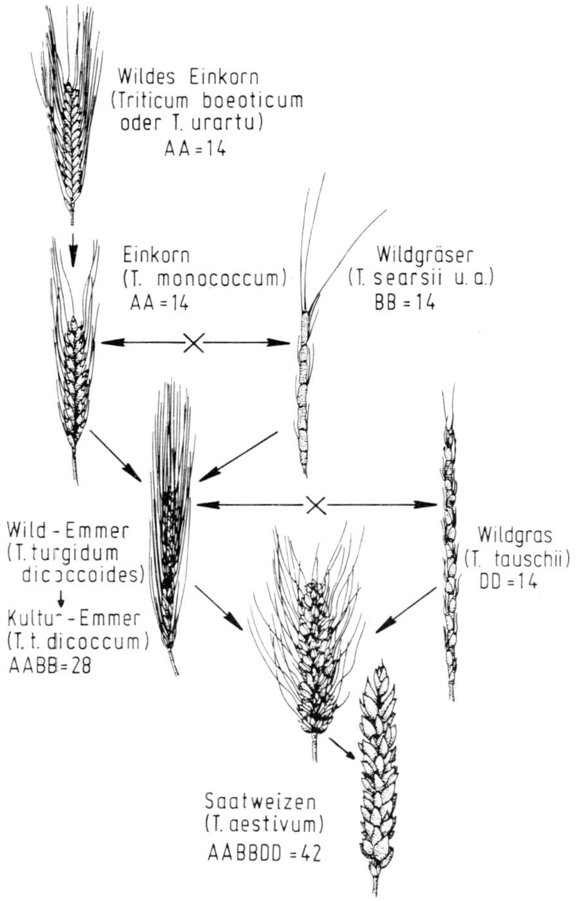

Abb. 13.2: Abstammung des hexaploiden Saat- oder Kulturweizens von tetra- und diploiden Gräsern (nach Mangelsdorf 1953 u. Zeller/Friebe 1991).

Ackerbohne zu nennen. Schließlich gibt es wichtige Kulturpflanzen, die in Steppenklimaten oder trockenem Bergland zuhause waren. Das gilt für Gerste, Weizen, Roggen, Buchweizen, Luzerne, Mais und Speisebohne.

13.2 Allgemeine Aspekte der Landwirtschaft

13.2.1 Veränderungen der Landschaft

Einigermaßen ursprüngliche Landschaften findet man noch an Meeresküsten, in Tundren, Hochgebirgen, Taiga, tropischen Regenwäldern und Wüsten. Dagegen wurden besonders die Areale der Silvaea verändert, die früheren Waldflächen zu kleinen Restwäldern innerhalb der neugeschaffenen Agrarlandschaft eingeengt oder Feldgehölze und Forsten neu gepflanzt (Abb. 13.3). Auch an die Stelle von Steppen traten Viehweiden und Getreidefelder. Ebenfalls ist von den Hartlaubwäldern (Skleraea) durch Siedlung oder Bewirtschaftung wenig erhalten geblieben. Dies gilt vor allem für die Mittelmeerländer, Kalifornien und Südafrika mit ihren vielseitigen Kulturen an Wein, Südfrüchten und Oliven. Endlich sind weite Gebiete der Savannen, Monsunwälder und Sumpflandschaften in Anbauflächen von Weizen, Hirse, Baumwolle, Zuckerrohr, Reis und anderen Kulturpflanzen umgewandelt worden.

Abb. 13.3: Abwechslungsreiche (ideale) Kulturlandschaft in Masuren (nach Tischler 1962).

Ackerbau und Viehhaltung, Handel und Verkehr veränderten nicht nur die Physiognomie der früheren Landschaften, sondern bewirkten auch bewußte Einführung und unbeabsichtigte Verschleppung von Pflanzen und Tieren aus anderen Zonen in neue Länder. Neben einer immer deutlicher werdenden Vereinheitlichung von Agrarlandschaften durch «Europäisierung» verschwanden durch eutrophierende Maßnahmen zugleich nährstoffarme Heiden und Moore.
Zwar wird das Bodenleben durch chemischen Pflanzenschutz und hohe Gaben von Mineraldünger verändert, doch sind die dadurch bedingten hohen Ernten (trotz Überproduktion in manchen Ländern) zur Ernährung der sich stark und schnell vermehrenden Menschheit erforderlich. Jedoch ließe sich durch Ausbau der Prognoseforschung sicher noch ein sparsamerer Einsatz aller solcher Mittel erreichen.

13.2.2 Probleme tropischer Landwirtschaft

Landwirtschaftliche Tropenbiologie hat andere Probleme und Schwerpunkte als diejenige in gemäßigten Breiten. Sie betreffen z. B. Bewässerung der Kulturen und mögliche Versalzung des Bodens, Trocken- und Regenfeldbau, Versteppung und Wüstenbildung infolge Überbeweidung, Brandrodung, Wanderfeldbau, Plantagen in Feucht- und Trockenstandorten.

Agrar-Ökosysteme in den Tropen wurden wegen Übertragung der Situation aus den gemäßigten Zonen und ihrer Nutzung für die in warmen Gebieten lebenden Völker oft falsch bewirtschaftet. Eine dauernde Ertragssicherheit, die allein im Interesse der Menschen tropischer Länder liegt, ist nur durch Wechsel von intensiver und extensiver Nutzung möglich. Sie muß den biologischen Verhältnissen der jeweiligen Gegend und den soziologischen Gegebenheiten der Bevölkerung entsprechen. Selbst unter gleichen Klimaten und bei gleichen Böden kann das Schwergewicht der Nutzung verschieden sein. Nicht Maximierung, sondern Optimierung der Erträge sollte angestrebt werden.

Von Besonderheiten tropischer Landwirtschaft seien hervorgehoben: (1) Es besteht zwar die Möglichkeit hoher Produktivität. Deren Nutzung setzt aber sehr gewissenhafte Pflege voraus. (2) Wo durch einen Vulkanausbruch Lava als Lockermaterial ausgeworfen wurde und sich in dicken Aschenlagen auf dem umgebenden Land abgelagert hat, geht die Verwitterung schnell vor sich und bedingt einen durch Kalium und Phosphor nährstoffreichen Boden, so daß zwei bis drei Ernten im Jahr eingebracht werden können. Dies wird z. B. auch beim Reisanbau ausgenutzt. (3) Während des ganzen Jahres herrschen günstige Wärmeverhältnisse. Doch hat es zugleich ungünstige Folgen der Degradation des Bodens und vermehrten Befalls durch Schaderreger. So folgt bei Blattläusen eine Generation nach der anderen ohne die lange Winterpause wie in gemäßigten Breiten. Dadurch können selbst Bäume absterben. (4) Im Gegensatz zur gemäßigten Zone ergibt Vereinfachung in tropischen Agrarsystemen meist einen höheren, Schaffung komplexer Verhältnisse (Heterogenität) einen geringeren Stabilitätsgrad. (5) Verminderung der natürlichen Abwehr der Kulturpflanzen gegen Schaderreger durch intensiven Pflanzenschutz. (6) Schnelle Bildung resistenter Rassen schädlicher Pilze und Insekten. (7) Versauerung des Bodens durch falsche Düngung, z. B. mit Ammoniumsulfat. (8) Verschiedene Situationen des Befalls durch Schadorganismen im tropischen Tiefland mit oder ohne ausgeprägtem Wechsel der Jahreszeiten, in höheren Berglagen, auf Inseln und in Gebieten sehr armer Böden. (9) Der Fehler, Anbau und Ernten nur auf Export auszurichten, weil dann die Gefahr schneller Änderung des Weltmarktes zu Katastrophen führt. (10) Kontakt mit weit mehr krankheitübertragenden Arthropoden als in gemäßigten Zonen (Abb. 5.8).

Besonders große Schwierigkeiten gibt es in den Tropen für den **Gemüsebau,** der für Proteine, Mineralstoffe und Vitamine (vor allem von A und C) wichtig ist. Einige Arten wie Tomate setzen bei hohen Temperaturen keine Früchte an. Im feuchtwarmen Klima der Regenzeit können Schaderreger, namentlich Bakterien große Kulturen vernichten. Wo daher der Anbau in die Trockenzeit verlegt werden muß, ist eine unrentable Bewässerung notwendig, selbst wenn genügend Wasser dafür zur

Verfügung stünde. Häufig fehlen den Böden hinreichend Nährstoffe. Organische Dünger werden zu rasch zersetzt und die frei werdenden Nährstoffe in der Regenperiode zu schnell nach unten gewaschen. Mineraldünger ist oft zu teuer und nicht immer zu erhalten. Zudem gibt es Transportprobleme.
Bei Bewässerung des Bodens in ariden Gebieten kann es leicht durch das verdunstende Wasser zur **Versalzung** kommen. In Indien wurden 1985 rund 35 %, in Pakistan 80 % des Ackerlandes bewässert. Doch bald war etwa ein Drittel davon durch Versalzung unbrauchbar geworden. Heute rechnet man mit Ernteausfällen durch Versalzung bei ungefähr der Hälfte aller bewässerten Agrarflächen. Der Assuan-Staudamm hat zwar die früheren Überflutungen des Niltals verhindert, damit aber auch die Auswaschung von Salz. Die Sahelzone in Nordafrika wird immer mehr zur Salzwüste.
Eine Besonderheit subtropischer und tropischer Gebiete ist der Anbau von **Zuckerrohr** und von **Reis.** In diesen Kulturen entstehen Konnexe von Arten, die ebensogut an Sumpflandschaften angeschlossen werden könnten. Typisch ist die Mischung von Wasser- und Landorganismen. Dazu gehören in der Fauna einerseits Fische, Wasserinsekten, Wasserschnecken und Oligochaeten, zum anderen Landbewohner wie Grasmilben (Tarsonemidae), Thripse, Schnabelkerfe (Rhynchota) der verschiedenen Gruppen, Blatt- und Rüsselkäfer, Fliegen *(Hydrellia, Ephydra)*, Zünsler (Pyralidae), Eulenraupen (Noctuidae) und die zahlreichen Feinde aller dieser Pflanzenfresser. Die Zikaden unter den Schnabelkerfen übertragen außerdem Viren, Mykoplasmen und Bakterien.

13.2.3 Intensität der Landwirtschaft

Artenbild. Eine große Zahl an Pflanzen ist in den letzten Jahren aus der Agrarlandschaft der hochtechnisierten Länder Europas und Nordamerikas mehr oder weniger verschwunden. Da von einer einzigen Pflanzenart fünf bis zehn oder mehr phytotrophe Insekten abhängen können, betrifft der Artenrückgang auch diese sowie die sich von ihnen ernährenden Feinde. In Mitteleuropa sind heute 30–40 % der Arten an Großschmetterlingen, Wildbienen, Heuschrecken und Netzflüglern durch Intensivierung der Landwirtschaft nach Schätzungen vom Aussterben zumindestens bedroht.
Dem Weißstorch fehlen in Deutschland genügend Feuchtbiotope in der Agrarlandschaft. Aber auch Bekassine *(Gallinago)*, Wiesenralle *(Crex)*, Wachtel *(Coturnix)*, Steinkauz *(Athene noctua)* und manche Singvögel sind schon bedeutend seltener geworden. Andererseits kann das Problem auch recht komplex sein. So hatte man festgestellt, daß der Feldmaikäfer *(Melolontha melolontha)* nur noch in extensiven Kuturen (Dauergrünland) zur Massenvermehrung kommen kann. Neuerdings tritt er aber im südlichen Mitteleuropa wieder allgemeiner als Schädling auf. Es könnten also außerdem sehr langfristige Fluktuationen wenigstens bei einigen Arten noch eine zusätzliche Bedeutung haben.
Etliche früher als Schaderreger unbedeutende Pilze und Blattläuse haben in Intensivkulturen von Getreide früher unbekannte, günstige Bedingungen zur Vermeh-

rung gefunden, seitdem hohe und zeitlich gestaffelte Stickstoffgaben, spätreifende Sorten mit längerer Vegetationsperiode, chemische Halmverkürzer, Aufhören von Klee-Untersaat und Flächenerweiterung der Landwirtschaft ein neues Bild geben.

Laufkäfer zeigen als Indikatoren für den Grad der Intensität im Feldbau gut die Veränderungen durch ihr Artenspektrum. So haben Maisfelder ohne Fruchtwechsel weniger Arten, doch diese in höheren Individuenzahlen als Maiskulturen, die im Wechsel mit anderen Feldfrüchten angebaut werden. Maisfelder tragen im Vergleich zum Wintergetreide an sich schon zur Verarmung der Bodenfauna bei. – Je nach dem Bodentyp wirkt sich Bodenumbruch verschieden auf Unkräuter und Tierwelt aus. Wird er ganz vermieden, nehmen Arthropoden und Regenwürmer zu, Nematoden und Enchytraeiden jedoch ab.

Produktionsbiologie. Die Intensivierung der Landwirtschaft zielt auf höhere Produktivität. Hiervon werden viele biologische Fragen berührt. Verwendet man z. B. Getreide zur Produktion von Fleisch, wie es heute in großem Umfang der Fall ist, so bedeutet dies Verschwendung von 75 % an Nahrungsprotein, das die Tiere zur Erhaltung ihres eigenen Stoffwechsels benötigen.

Um 1950 bearbeitete in Westeuropa ein einziger Landwirt eine Fläche von durchschnittlich 3 ha, die acht Menschen ernährte. Vierzig Jahre später schaffte er eine Fläche von über 12 ha, von der 60 Verbraucher leben konnten. Allein im Westen Deutschlands stieg in diesem Zeitraum die Produktivität an Getreide und Zuckerrüben um 80 %. Auch trat eine Spezialisierung ein. So erzeugen dort jetzt 3 % der Betriebe für Schweinemast 33 % der Schweine und 1,8 % der Halter von Legehennen 87 % von derem Gesamtbestand. Die Zahl der ohne Rinder wirtschaftenden Betriebe erhöhte sich in Westdeutschland bis 1990 von 20 % auf 50 %.

In natürlichen Ökosystemen besteht die Tendenz zum Ausgleich ihrer Komponenten. Den künstlichen entzieht der Mensch einen Teil der Produktion. Die dadurch entstehende Situation muß er ausgleichen. Es erfordert Bodenbearbeitung, Düngung, Pflanzenschutz, Zucht leistungsfähiger Pflanzen- und Tierrassen, hohen Aufwand an Maschinen und an Energie. Letzten Endes muß es aber zu einem Kompromiß zwischen Ökonomie und Ökologie kommen. Doch ist es nicht immer leicht, Vor- und Nachteile in allen Folgen abzuwägen, zum Beispiel Vorrang der Züchtung auf höheren Ertrag oder auf Resistenz; Futterbau mit Klee und Luzerne oder mit Silage-Mais.

Aufschlußreich ist ein Vergleich der Produktionsbiologie eines Waldes, einer Mähwiese, einer Viehweide und eines Getreidefeldes. Er zeigt die Unterschiede im Kreislauf der Stoffe, deren teilweise Verwertung durch den Menschen, die notwendige Ergänzung des biogenen Ausgangsmaterials durch ihn und die verschiedene Gesamtmenge der organischen Substanz im Boden, die mineralisiert werden muß. Im Forst gibt es also einen annähernd natürlichen Kreislauf des Geschehens, in der Agrarlandschaft einen durch den Menschen ganz zielgerichteten und regulierten (Abb. 13.4).

Indessen hat sich folgende unerwartete Tatsache herausgestellt. Die Größe der Netto-Primärproduktivität kann bei verschiedenen Typen von Ökosystemen, etwa

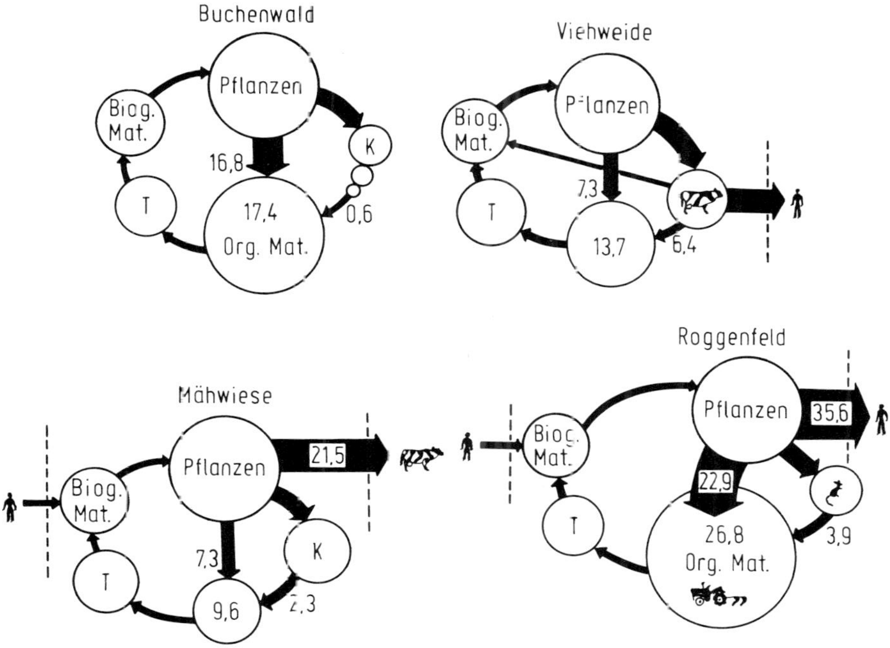

Abb. 13.4: Vergleich der Kreisläufe organischen Materials in Lebensräumen der Agrarlandschaft (in Mill. Kcal/ha/Jahr) (nach Petrusevič u. Grodzińskij 1973). Im Uhrzeigersinn: Pflanzen – Konsumenten (K) – organisches Material im Boden – Transformanten (T) (= Destruenten) – Biogenes Ausgangsmaterial.

eines Waldes und einer ihm benachbarten Wiese, also unter denselben Bedingungen von Klima und Boden annähernd übereinstimmen; das gilt sogar für die Wurzelproduktion. Gleiches zeigte sich durch Untersuchungen in Reservaten der Waldsteppe im südlichen Rußland. Die Primärproduktivität der Pflanzen und die Biomasse der Tiere stimmten zwischen den Flächen des Eichenwaldes und der dazwischen liegenden Steppe unter gleichem Klima und Boden (Schwarzerde) nahezu völlig überein.

Weltweit betrug 1990 die Jahresernte an Weizen 510 Mill., an Reis 485 Mill. und an Mais 405 Millionen Tonnen.

13.3 Herkunft der Agrar-Organismen in der gemäßigten Zone

13.3.1 Pflanzen

Der Einfluß des Menschen auf die Pflanzenwelt betrifft nicht nur die Nutzung von Heilkräutern und den Anbau von Kulturgewächsen. So alt wie der Ackerbau ist die Geschichte der Unkräuter, die in den neu geschaffenen Agrarlandschaften optimal gedeihen. Ihre diploiden Rassen haben oft ein geringeres Anpassungsvermögen und sind den extremen Bedingungen auf Feldern weniger gewachsen als Pflanzen, die durch Vervielfachung ihres Chromosomensatzes polyploid und erst dadurch zu Unkräutern wurden.

Einige Unkräuter wuchsen in der Heimat der Kulturpflanzen oder an deren Wanderwegen. So kamen auch Disteln *(Cirsium, Carduus)* und Kletten *(Arctium)* in den großen Stromtälern nach Norden. An die Bestände der uferbegleitenden Ackerdistel ist noch heute die Bohrfliege *Urophora cardui* optimal angepaßt. Etliche Unkräuter wurden erst in geschichtlicher Zeit eingeschleppt.

Eine große Zahl gehört zur Wildflora des jeweiligen Landes. So besiedelten viele für Mitteleuropa typische Acker- und Ruderalpflanzen schon immer Strandwälle, Spülsäume, abbrechende Steilufer, Täler periodisch trockenfallender Flüsse, oder fanden sich in der Nähe von Vogelkolonien und Tierbauen. Hierbei handelt es sich vorwiegend um Feuchtbiotope in der ehemaligen Waldlandschaft. Andere aber wuchsen früher auf Rohschuttböden am Fuße der Gletscher, als noch Tundren weit verbreitet waren, bevor sich das Eis zurückzog. Noch leichter konnten Pflanzen von Steppen und Savannen auf die neu entstandenen Feldkulturen und Plantagen überwechseln. Wo einst Wälder standen, besiedelte also zum Teil die Lebewelt aus Sumpf- und Küstenbiotopen das bearbeitete Land, zum anderen wurde für Arten aus Trockengebieten ein neues Areal eröffnet.

Bei Unkräutern ist «somatische Polymorphie» der Dormanz ihrer Samen häufig. Sie zeigt sich darin, daß Samen mit unterschiedlichem Dormanzverhalten an verschiedenen Teilen der Pflanze oder deren Blütenständen erzeugt werden. Diese Erscheinung dürfte vielen Opportunisten unter den Wildpflanzen die Besiedlung neuer Lebensräume erleichtern und die Gefahr ihrer Eliminierung herabsetzen. Besonders verbreitet ist sie bei einjährigen Chenopodiaceen, Cruciferen, Compositen und Gräsern.

Die heute vor allem durch hohe Stickstoffgaben und Herbizide selten gewordenen oder verschwundenen Wildpflanzen auf Feldern müssen allerdings nicht als Arten aussterben, sondern machen nur ihren früheren, anthropogen bedingten Vorstoß wieder rückgängig. In Mitteleuropa stammen viele aus dem Mediterrangebiet, Südosteuropa und Westasien, also aus wärmeren Regionen, von denen sie nach Norden und Westen eingewandert waren. Sie konnten sich bis Mitte des 20. Jahrhunderts nur deswegen außerhalb ihrer Heimat halten, weil es sich meist um «Hungerkünstler» handelt, die auf offen gehaltenen Böden genügend Licht und Wärme fanden und Trockenheit tolerieren. Heute sind die Agrarflächen hypertrophiert, und Kulturpflanzen wie Getreide stehen dichter. Daher haben lichtbedürftige und anspruchlose Arten nur geringe Möglichkeit zum Überleben.

13.3.2 Tiere

Woher kommt die Fauna, die außer den Weidetieren die landwirtschaftlichen Nutzflächen besiedelt? Dies ist in natürlichen Wald- und Steppenregionen verschieden.

Waldregionen. Aus **Wäldern** haben sich manche ihrer im Boden lebenden Arten auch auf Feldern und Grünland noch halten können. Oberirdische Waldtiere fanden zum Teil in Hecken, Obstgärten und Parks geeignete Bedingungen. Auch ist der Wald mit seinen Baumstämmen, gärenden Baumsäften, Tiernestern, Aas, Pilzen und Pflanzensamen der Ursprungsort typischer Holz- und Vorratsschädlinge in den Siedlungen des Menschen.
Eine ganze Anzahl von Tieren stammt aus **Sumpfland und Ufern** innerhalb der Waldregion. Dort gibt es ähnliche mikroklimatische Verhältnisse und die gleiche Instabilität des Lebensraums. Außer zahlreichen Arthropoden wären als Beispiele Kiebitz *(Vanellus)*, Bekassine *(Gallinago)*, Schermaus *(Arvicola terrestris)*, Wanderratte *(Rattus norvegicus)* und Zwergmaus *(Micromys minutus)* zu nennen. Ökologische Beziehungen zur Agrarlandschaft wurden z. B. bei Spinnen an überschwemmten Ufern des Oberrheins nachgewiesen. Mit zunehmender Zahl der Überflutungen sinkt der Anteil der Wolfspinnen (Lycosidae) im Frühjahr beträchtlich, während derjenige der Kleinspinnen (Linyphiidae s. l.) steigt. Dies entspricht den Verhältnissen beider Gruppen auf Feldern, je nachdem eine Bodenbearbeitung im Frühjahr erfolgt (Sommergetreide, Mais, Hackfrüchte) oder nicht (Wintergetreide, Winterraps).
Andererseits waren Bewohner heutiger Felder mit leichten Böden gerade in **trockenen Biotopen** des Waldbereichs (Dünen, Heiden, Trockenrasen) heimisch. Interessante Ergebnisse darüber brachten Funde aus England, die einer Zwischeneiszeit vor 40000 Jahren angehören. Damals kamen in Sumpfgebieten und Heiden die gleichen Assoziationen der Käfer vor, wie sie jetzt die Kulturflächen feuchter lehmiger Böden, zum anderen sandige Äcker charakterisieren.

Steppenregionen. Dort konnten Tiere das neu geschaffene Agrarland leicht besiedeln, sich sogar optimal entfalten und ihr Areal ausdehnen. Das gilt besonders für Nagetiere, Vögel und Insekten. Ursprünglich in Steppen beheimatete Vögel wie Schafstelze *(Motacilla flava)*, Grauammer *(Emberiza calandra)* und Feldlerche *(Alauda arvensis)* der offenen Feldmark halten noch heute Abstände zu Vertikalstrukturen der Feldgehölze und Siedlungen ein. Nahrungsspezialisten der Insekten konnten sich nur auf jährlich wechselnde Kulturen umstellen, wenn sie für ihre Entwicklung höchstens *eine* Vegetationsperiode benötigten. Mehrjährige mußten sich vielseitig ernähren können oder die Fähigkeit zu fakultativer Saprotrophie im Larvenstadium haben («Drahtwürmer» der Elateridae, Engerlinge der Scarabaeidae). Etliche Kleintiere (und Unkräuter), die in der Ursteppe mit Vorliebe die von Nagern aufgelockerten Stellen bewohnen, fanden ähnliche Bodenverhältnisse in den Äckern wieder.

Zusammenfassend läßt sich sagen, daß die durch landwirtschaftliche Nutzung bedingte Nivellierung der Feuchtebedingungen sich im Artenbild der Flora und Fauna widerspiegelt. Felder in der Steppenzone haben im allgemeinen ein feuchteres Ökoklima als die Steppe, solche in Waldregionen ein trockeneres als die früher dort befindlichen Wälder, Sümpfe und Ufer.

13.4 Umstellung auf neue Wirte

13.4.1 Übergang von Phytotrophen auf Kulturpflanzen

Beim Übergang mancher Organismen von Wild- auf Kulturpflanzen handelt es sich um eine komplexe Erscheinung, die angeborenes Verhalten, Nahrung und Klima umfassen kann. Welche Gründe verhindern die Umstellung auf Kulturpflanzen, welche erleichtern sie? Warum sind bestimmte Arten zu Schädlingen geworden, andere, nahe Verwandte mit gleichen Nahrungsansprüchen aber nicht? In einigen Fällen können wir nur das Phänomen der Nahrungsumstellung einer Art feststellen, in anderen kennen wir sogar den Zeitpunkt recht genau.

Kulturgramineen. Viele Insekten und parasitische Pilze an Getreide lebten früher an Wildgräsern. So drang die Langwanze *Blissus leucopterus*, welche die Amerikaner «chinch bug» nennen, erst in der Mitte des 19. Jahrhunderts in den USA auf Felder, wo ihre Frühjahrsgeneration heute vor allem Weizen, die Sommergeneration Mais befällt. Die verwandte *Ischnodemus sabuleti* in Europa, die ebenfalls an Strandgräsern von Küstendünen als auch an Sumpfgräsern im Binnenland lebt, konnte nicht auf Getreide übergehen. Durch die Abhängigkeit ihrer Entwicklung von der Tageslänge benötigt sie nämlich zwei Jahre für eine Generation. Trotz gelegentlicher Vorstöße auf Randzonen von Getreidefeldern, in denen sie von der Ernährung her durchaus gedeihen könnte, ist es für einen oberirdischen Nahrungsspezialisten, der zwei Jahre zur Entwicklung braucht, unmöglich, sich bei jährlichem Fruchtwechsel im Agrarland einzubürgern.
Ein weiteres Beispiel möge zeigen, daß ein erfolgreicher Übergang von Wild- auf Kulturpflanzen von der Ernährung her durchaus möglich wäre, aber nur wenn der Lebenszyklus zeitlich dem Anbau der Pflanze angepaßt ist. Raupen von zwei Eulenfaltern der Gattung *Mythimna* lebten ursprünglich an Wildgräsern feuchter Gebiete. *M. unipuncta*, wegen des bei großer Dichte der Raupen ausgelösten Wanderns auch «armyworm» genannt, stammt aus Nordamerika, ist aber heute fast kosmopolitisch in Getreidekulturen verbreitet. Wo jedoch wegen Gefahr von Bodenerosion ein strenger Fruchtwechsel durchgeführt wurde, verlor die Art an Bedeutung. Eine eurasiatische Verwandte, *M. pallens*, konnte durch den jährlichen Fruchtwechsel von vorneherein nicht zu einem Getreideschädling werden. Die Raupen ihrer zweiten Generation im Jahr überwintern im 4. Larvenstadium mit Vorliebe in den Stoppeln, die untergepflügt werden.

In anderen Fällen entscheidet das Großklima über die Entfaltung eines potentiellen Schädlings auf Kulturpflanzen. So beschränken sich die Schildwanzen *Eurygaster maura* und *Aelia acuminata* in Mitteleuropa nördlich von Ungarn im wesentlichen auf Wildgräser und treten nur in klimatisch für sie günstigen Jahren auf Ränder von Getreidefeldern über. Weiter südlich und südöstlich sind sie stets gefürchtete Getreideschädlinge. (Abb. 13.5).

Abb. 13.5: Von Wildgräsern auf Weizen übergegangene Schildwanze *Eurygaster maura* (nach Tischler 1937). Oben: Weißährigkeit durch frühen Befall [nat. Größe der Wanze: 9 mm lang]. Unten: In der Milchreife angestochene Körner; dadurch entsteht Leimkleber, der die Backfähigkeit des Mehls verhindert.

Der Maiszünsler *(Ostrinia nubilalis)* ist von Wildgräsern auf Hirse und Mais, der Zuckerrohrzünsler *(Diatraea saccharalis)* von Ufergräsern tropischer Flüsse auf Zuckerrohr, Mais und Sorghum erfolgreich übergegangen. Der Ausgangspunkt für Roggen-Steinbrand *(Tilletia secalis)* und Weizen-Zwergsteinbrand *(T. contraversa)* lag bei Wildgräsern der Gattung *Agropyron* und bei *Hordeum bulbosum*.
Das Zuckerrohr *(Saccharum officinarum)* stammt aus Südostasien. Wahrscheinlich ist Neu Guinea die engere, ursprüngliche Heimat. Heute wird es in vielen Regionen der Tropen und Subtropen, auch der Neuen Welt, angebaut. In einer Studie, welche mit 51 Regionen die wichtigsten Anbaugebiete umfaßte, wurden 1645 tierische Schädlinge am Zuckerrohr festgestellt. Von ihnen kommen 959 lediglich in einer, 156 in zwei Regionen vor. Nur 18 Arten leben in mehr als 10 Regionen. Dies zeigt, daß der Übergang phytrotropher Arten weniger durch Verschleppung (in diesem Fall mit Rhizomen) als vielmehr durch Umstellung von örtlichen Wildpflanzen auf die neue Kulturpflanze erfolgt. Entsprechendes dürfte nicht allein für Tiere, sondern auch für parasitische Bakterien, Pilze und Viren gelten.

Kartoffel. Wandernde Bisonherden haben die Verbreitung einiger Nachtschatten pflanzen *(Solanum rostratum, S. elaeagnifolium)* von Mexiko in die USA begünstigt, da die stachligen Früchte leicht im Fell der Tiere hängenbleiben. Im 16. Jahrhundert mag die Verschleppung durch den Menschen noch verstärkt worden sein. Jedenfalls gelangten mit diesen Pflanzen die Stammformen des Kartoffelkäfers *(Leptinotarsa decemlineata)* nach Norden. Mit der späteren Ausweitung des Kartoffelanbaus verbreitete sich der Käfer bis zur Ostküste der USA. Durch die Kulturkartoffel wurde sein Vermehrungspotential sehr erhöht. Seit seiner ersten Einschleppung in Frankreich ist er inzwischen durch fast ganz Europa verbreitet.
Daß der Kartoffelnematode *(Globodera rostochiensis)* mit Wildkartoffeln aus den Anden nach Europa kam, wird nicht zuletzt durch sein niedriges Temperaturoptimum von 10–15° C wahrscheinlich, das gut mit den Klimaverhältnissen im Hochland der Anden übereinstimmt. Dagegen war der Erreger des Kartoffelkrebs *(Synchytrium endobioticum)* an Solanaceen der Alten Welt heimisch, ehe er Kartoffeln befiel.

Beta-Rübe. Der Wechsel einiger Organismen von Melden (Chenopodiaceae) auf Zucker- und Futterrübe *(Beta vulgaris)* vollzog sich um die Wende zum 20. Jahrhundert, als der Anbau von Rüben intensiviert wurde. Für Europa seien nur Blattfleckenkrankheit *(Cercospora beticola)*, Rübennematode *(Heterodera schachtii)*, Rübenaaskäfer *(Blitophaga opaca)*, Rübenderbrüßler *(Bothynoderes punctiventris)* und vor allem Rübenwanze *(Piesma quadrata)* und Rübenfliege *(Pegomya betae)* genannt (Abb. 6.4).
An der westlichen Ostsee lebt die Rübenwanze an der Strandmelde *Atriplex hastata*. Weshalb geht sie von dort nicht auf Rübenfelder in Schleswig-Holstein über? Vielleicht handelt es sich um eine andere Rasse. Zum Artenkomplex der Meldenfliege *(Pegomya hyoscyami)* gehören vier Spezies, von denen nur eine, *P. betae*, Zucker- und Futterrüben befällt. Überwechseln auf neue Nährpflanzen kann durchaus mit Fragen der Rassen- oder Artbildung zusammenhängen.

Allgemeines. Bei manchen Arten wurde nachgewiesen, daß sich ihre Fruchtbarkeit beim Übergang auf Kulturpflanzen erhöht und dadurch vielleicht auch ihre Ausbreitung begünstigt. Beispiele dafür sind Zystennematoden *(Heterodera)*, die Getreidewanze *Blissus leucopterus* in den USA, Getreidehähnchen *(Oulema)* in der Ukraine, Blattläuse in weiten Teilen Europas. Im letzteren Fall ist starke N_2-Düngung, also der Weg über die Pflanze, einer der Gründe. Doch könnten bei einigen Arten auch geringerer Feinddruck oder verminderte interspezifische Konkurrenz eine Rolle spielen. Schließlich darf man nicht die Erweiterung oder Einschränkung bestimmter Kulturen außer acht lassen, welche Dynamik, Verhalten und Lebensweise ihrer Bewohner verändern kann.

13.4.2 Entstehung spezifischer Humanparasiten

Zu den Parasiten des Menschen gehören Bakterien, Viren, Pilze, Protozoen, Würmer, Milben und Insekten. Einige von ihnen kommen heute lediglich beim Menschen vor, doch müssen sie «Vorläufer» als Schmarotzer bei Tieren gehabt haben. Obwohl unsere Vorstellung über den Ursprung spezifischer Humanparasiten spekulativ bleiben muß, betrifft sie ein ökologisches Problem, das Beachtung verdient.
Im folgenden seien Beispiele angefüht, die mit der Seßhaftwerdung des Menschen verknüpft sind und daher in den Rahmen der Agrarökologie gehören.

Raubsäugetiere als mögliche Ursprungswirte. Vieles spricht dafür, daß der adulte Rinderbandwurm *(Taenia saginata)* und der Schweinebandwurm *(T. solium)* sowie eine dem Spulwurm des Menschen *(Ascaris lumbricoides)* verwandte Form ursprünglich in Raubsäugetieren gelebt haben müssen. – Die Evolution des Masern-Virus dürfte von Wolf und Mardern zu den neuen Wirten Rind und Mensch erfolgt sein. Er ist nahezu identisch mit Morbilliviren der Hundestaupe und der Rinderpest. – Der Hautpilz *Microsporum canis*, der vor allem Hund und Katze befällt, vermag zwar auch den Menschen zu infizieren, doch hat sich aus ihm noch eine humanspezifische Art, *M. audouinii*, herausgebildet. – Schließlich ist der Menschenfloh *(Pulex irritans)* von Raubsäugern auf Hausschwein und Mensch übergegangen.

Wiederkäuer als mögliche Ursprungswirte. Aus dem Kuhpocken-Virus der Urrinder ist wahrscheinlich das Variola-Virus des Menschen entstanden, das die Echten Pocken (Blattern) verursachte. In früheren Jahrhunderten hatte die Krankheit pandemischen Charakter mit hoher Todesfolge in allen Kontinenten. Seit 1978 ist es gelungen, das Virus vollständig auszurotten.
Tuberkulose war schon im alten Ägypten eine bekannte Erkrankung der Rinder. Ihr Erreger, *Mycobacterium tuberculosis bovis*, muß im Menschen zu *M. t. hominis* mutiert sein. Ein verwandtes Bakterium ruft Aussatz (Lepra) hervor. Diese Krankheit stammt vermutlich von Wasserbüffeln in Ostasien. Die Häute der Tiere wurden als Schlafmatten und zur Bekleidung genutzt. Sie dürften die ersten Quellen der Ansteckung mit lepra-ähnlichen Bakterien gewesen sein, aus denen sich das humanspezifische *Mycobacterium leprae* entwickelt hat.

Vielleicht waren Rinder auch die Primärwirte der Diphtherie. Der Erreger, das *Corynebacterium diphtheriae*, wurde mit der Milch auf den Menschen übertragen und mutierte in ihm zu einem humanspezifisch virulenten Stamm, der vor allem seit dem 16. Jahrhundert in verheerenden Seuchen auftrat.
Schließlich leitet sich der für den Menschen typische Erreger der Cholera, *Vibrio cholerae*, von *V. foetus* der Rinder und Schafe ab, welcher auch aus Antilopen isoliert wurde.

Nagetiere als mögliche Ursprungswirte. Zwei für den Menschen spezifische Typhus-Erreger, *Salmonella typhi* und *S. paratyphi*, könnten von Salmonellen der Nager stammen. Besonders eng ist die Verwandtschaft von *S. paratyphi* B mit *S. typhimurium* der Mäuse.

Affen als mögliche Ursprungswirte. In den Tropen sind wohl schon vor Einführung der Landwirtschaft verschiedene Parasiten von Affen auf den Menschen übergegangen. Dies gilt für Malaria, Amöbenruhr *(Entamoeba histolytica)*, Erreger der Ruhr *(Shigella dysenteriae)*, einige Fadenwürmer und für die Menschenläuse. In neuester Zeit ist wahrscheinlich die Entstehung der AIDS-Viren auf verwandte Formen in Affen zurückzuführen.

Vögel als mögliche Ursprungswirte. Influenza A-Viren (Erreger der Grippe) sind aus einem vogelspezifischen Virus entstanden und über Hausgeflügel auf Schwein und Mensch gekommen. Von Nestern der Schwalben und Tauben drang die Bettwanze *(Cimex lectularius)* einst in die Siedlungen des Menschen (Abb. 13.6).

13.4.3 Tiere als ständiges Reservoir von Humanparasiten

In den meisten Fällen haben sich die den Menschen befallenden Parasiten nicht zu neuen, für ihn spezifischen Arten verändert, so daß Tiere noch immer ein Reservoir und eine Ansteckungsquelle bilden. Aus der Fülle solcher Schmarotzer, auf die schon durch Abb. 5.8 hingewiesen wurde, sei je ein Beispiel aus der Agrarlandschaft der Tropen und der gemäßigten Breiten besprochen.
Der primäre Naturherd des **Gelbfiebers** lag im tropischen Regenwald Afrikas. Dort zirkuliert das Virus in der Kronenschicht der Bäume zwischen bestimmten Stechmücken und Affen. Einige Affen wie *Cercopithecus aethiops* kommen am Tage auch auf den Boden und dringen unter Umständen auf in Nähe befindliche Plantagen ein. Dort kann dann die Infektkette über andere Stechmücken bis zum Menschen weitergehen. Das Gelbfieber wurde nach Lateinamerika verschleppt und gehörte bis zur erfolgreichen Impfung zu den gefährlichsten Weltseuchen.
Die **Pest** ist eine bakterielle Erkrankung von Nagern und Hasentieren in Steppentieren. Über Tierflöhe als Überträger gelangt sie in die Agrarlandschaft und schließlich in die Siedlungen des Menschen (Abb. 11.12).
Mit Brucellosis, Milzbrand, Listeriosis und Erysipeloid seien «Berufskrankheiten» durch Bakterien erwähnt, die beim Umgang mit Haustieren hervorgerufen werden.

Abb. 13.6: Übergang der Bettwanze *(Cimex lectularius)* zu neuen Wirten im Siedlungsbereich des Menschen (nach Tischler 1982).

13.5 Grünland und Felder

13.5.1 Grundbestand der Lebewelt

In jedem Klimagebiet lebt ein gewisser Bestand an Organismen im Dauergrünland und den Äckern, der durch die jeweiligen Pflanzenkulturen und landwirtschaftliche Maßnahmen bereichert oder modifiziert wird. Auch in der Agrarlandschaft gibt es durchaus *Gesetzmäßigkeiten* in der Besiedlung, welche die Besonderheiten der Anpassungen ihrer Bewohner, deren Auswahl und Entfaltung, Wirk- und Abhän-

gigkeitsgefüge erkennen lassen. Dazu gehören u.a. Ausbreitungsweisen; Artenvielfalt im Grünland gegenüber Artenrückgang auf Feldern; schließlich auch eine relative Häufigkeit von Parthenogenese, so bei Regenwürmern, Nacktschnecken, dem Chilopoden *Lamyctes fulvicornis*, einigen Collembolen der Gattung *Folsomia*, den Sommergenerationen der Blattläuse, Rüsselkäfern der Gattung *Otiorhynchus*, manchen Mücken der Mycetophilidae und Sciaridae.
Bei großräumiger Betrachtung stellen die einzelnen Getreide- oder Hackfruchtfelder, mehrjährige Futterleguminosen, Spezialkulturen, Grasland oder Brache nur Subsysteme in einem größeren Rahmen dar, der ein im ganzen recht konstantes Ökosystem umfaßt. Trotz Bodenbearbeitung, Ernte, Fruchtwechsel, Beweidung und Mahd bestehen und entwickeln sich immer wieder Konnexe über den Grundbestand an Organismen hinaus, in denen die Kulturpflanzen nur ein einziges, wenn auch wichtiges Glied im Gesamtmuster bilden (Abb. 6.18).

13.5.1.1 Unkräuter

Verunkrautung kommt aus den betreffenden oder weiter entfernten Nutzflächen zustande. Von Hecken und Waldrändern breiten sich in der Regel keine Unkräuter aus. Saatgut als Quelle der Verunkrautung spielt im Gegensatz zu früher keine Rolle mehr. Durch die große Menge an Samen im Boden, ihre lange, mögliche Verzögerung zu keimen, und die unterschiedlichen Bedingungen der Keimung ist trotz chemischer Bekämpfung stets ein genügendes Potential vorhanden. Aus ihm werden je nach der Nutzung einer Fläche bestimmte Arten begünstigt, andere unterdrückt.

Dauergrünland. Dort handelt es sich meist um perennierende Unkräuter. Ihre vegetative Vermehrungskraft ist stark entwickelt, und Fragmente können daher leicht regenerieren. Die Bewurzelung reicht oft tief nach unten, so daß sich die Pflanzen schwer aus dem Boden ziehen lassen. Überlegene Konkurrenz kann durch die Wuchsform bestehen, vor allem diejenige der Blattrosette. Auf Viehweiden sandig-lehmiger Böden in England wurden in den oberen 15 cm über 120 Millionen Pflanzensamen/Hektar festgestellt.

Kulturfelder. Viele Pflanzen vertragen oder bevorzugen künstliche Lockerung, Offenhaltung und Düngung des Bodens. Über 90 % sind einjährig mit reicher Samenproduktion. Sie zeichnen sich aus durch: (1) schnelles Wachstum bis zur Blüte; (2) Fernbestäubung durch unspezialisierte Blütenbesucher oder Wind; (3) Vermehrung mancher Arten durch Selbstbefruchtung (Autogamie) oder ungeschlechtliche Entwicklung der Samen (Agamospermie); (4) endogen gesteuerte, diskontinuierliche oder ständige Samenproduktion, solange die Wachstumsbedingungen es erlauben; (5) hohe Abgabe von Samen in ungünstigen Situationen; (6) lange Lebensdauer der Samen (oft 2–7 Jahre); (7) Keimungsansprüche, die bei verschiedenen Bedingungen erfüllt werden; (8) Polymorphismus der Samen, indem dieselbe Pflanze Samen unterschiedlicher Toleranz hervorbringen kann; (9) Polyploidie (Vermehrung des Chromosomensatzes).

Bodenproben aus Äckern verschiedener Regionen ergaben Durchschnittswerte von 10 Mill. bis 200 Mill. keimfähiger Samen/ha. Sie sind durch Bodenbearbeitung und Fruchtwechsel ziemlich gleichmäßig in den obersten 30 cm des Erdbodens verteilt. Doch läuft jeweils nur derjenige Anteil auf, der in der richtigen Keimtiefe liegt. Obwohl ein einzelnes Feld 15–40 Arten an Wildkräutern und Gräsern haben kann, treten als Folge des modernen, intensiven Landbaus nur wenige in deutlicher Dominanz auf.
Unkräuter sind potentielle Konkurrenten der Kulturpflanzen und außerdem Wirte für parasitische Pilze und Insekten. Unter letzteren befinden sich vornehmlich bei Blattläusen und Zikaden Überträger phytopathogener Viren von wirtschaftlicher Bedeutung. Andererseits können Unkräuter, vor allem am Feldrand, manchen Feinden von landwirtschaftlichen Schädlingen Nahrung in Form von Nektar bieten. Das gilt für blütenbesuchende Schlupfwespen, Schlupffliegen und Schwebfliegen (Syrphidae).
Durch die moderne Landwirtschaft hat sich das Spektrum der Unkäuter in den letzten Jahrzehnten sehr verändert. Es verminderte sich die Artenzahl, dafür wurden einige wenige begünstigt. So treten seit verstärktem Einsatz von Herbiziden manche Wildgräser *(Apera spica-venti, Alopecurus myosuroides, Avena fatua)* mehr in den Vordergrund. Auch können bestimmte gegen Bodenbearbeitung widerstandsfähige Kletterer *(Galium aparine, Fallopia convolvulus)* leicht der Beschattung durch die Kulturpflanzen entgehen und größere Bedeutung erlangen. Infolge intensiverer Düngung nahmen bestimmte kurzlebige, nitrophile Arten zu *(Stellaria, Veronica)*. Wegen Eutrophierung der gesamten Agrarlandschaft können einige Unkräuter heute in Hecken gedeihen, in denen sie früher fehlten. Die Hecken- und Feldflora beginnt somit, sich ein wenig zu verwischen. Überhaupt kann sich die Bedeutung der Unkräuter als Indikatoren ändern. So wachsen heute frühere Anzeiger für Trockenheit oder Feuchtigkeit auf dem gleichen Feld, wenn der Grad der Empfindlichkeit gegenüber Herbiziden übergeordneten Einfluß hat und denjenigen der Feuchte-Ansprüche überdeckt.
Weit mehr Unkräuter haben sich von Europa her in Amerika eingebürgert als in umgekehrter Richtung.

13.5.1.2 Mikroflora

Zum normalen Bestandteil der Böden gehören vor allem Bakterien und Pilze mit ihren mannigfaltigen Leistungen. Der Abbau organischer Substanz im Boden wird außer von der Temperatur und dem Wassergehalt des Substrats durch die Art der Pflanzendecke bestimmt, wobei deren Nachwirkung sich noch einige Jahre lang bemerkbar machen kann. So werden Aktinomyzeten unter Kulturen von Gramineen begünstigt, die meisten sonstigen Bakterien und die Pilze dagegen unter Leguminosen. Bei «normaler» Fruchtfolge gleichen sich derartige Unterschiede der Mikroflora aus.

Bakterien ohne Zellfarbstoffe. Viele greifen einfache Kohlenhydrate an, andere zersetzen Zellulose, wieder andere bauen Eiweißstoffe ab. Zahlreiche Streptomy-

zeten können Chitin abbauen, das im Integument der Arthropoden und in der Zellwand der meisten Pilze vorkommt.
In den Agrarböden der gemäßigten Klimazone kann man mit einer jährlichen Bindung von Stickstoff aus der Luft durch frei im Boden lebende Bakterien in einer Menge von 5–10 kg/ha rechnen. Höchstens so viel führt der Regen dem Boden zu. Durch die Tätigkeit der Knöllchenbakterien in einem Leguminosenfeld entsteht darüber hinaus ein jährlicher Gewinn von 80–150 kg N_2/ha. Hoher Anteil von Klee und anderen Leguminosen erhöht daher auch auf Wiesen und Weiden den Gehalt an Stickstoff beträchtlich.
Bakterien sind maßgeblich an der Entstehung der Bodengare beteiligt. Ihre Schleimstoffe enthalten Polyuronide, die als Kolloide die kleinsten Tonpartikel verkleben.
Einige Bodenbakterien, die gewöhnlich saprotroph leben, befallen Kulturpflanzen, können aber nur durch Wunden in lebendes Gewebe eindringen. Beispiele dafür sind *Agrobacterium tumefaciens*, *Clavibacter michiganense*, *Erwinia carotovora*.

Pilze. Die Biomasse der Pilze im Acker oder Grünland kann derjenigen der Bakterien gleichkommen. Pilze sind in ihrem Stoffwechsel sparsam, weil sie verhältnismäßig viel Kohlenstoff und Stickstoff aus den angegriffenen Verbindungen in körpereigene Substanz umwandeln. Bis zu 60 % der abgebauten Stoffe wird in Pilzthallus überführt.
Nach ihrer Ökologie lassen sich boden- und wurzelbewohnende Pilze unterscheiden. Zu den ersteren gehören Arten, die obligatorisch im Boden von totem organischen Material leben, ferner räuberische und tierparasitische Pilze. Zur zweiten Gruppe zählen die spezialisierten Phytoparasiten und die Mykorrhiza-Pilze. Endotrophe Mykorrhiza kommt bei vielen Pflanzen vor. Sie modifiziert den Stoffkreislauf; ihre Bedeutung hängt vom Boden ab. Zwischen boden- und wurzelbewohnenden Pilzen gibt es Übergänge durch saprotrophe Arten, die als fakultative, unspezialisierte Parasiten auch Wurzeln verschiedener Kulturpflanzen und Wildkräuter befallen *(Pythium*, *Rhizoctonia*, bestimmte Fusarien*)*. Pilze in Agrarböden sind außerordentlich artenreich und weit verbreitet.
Manche Pilzparasiten an Kulturpflanzen wirken gegeneinander. So fördert der Erreger der Halmbruchkrankheit *(Pseudocercosporella herpotrichoides)* die Infektion der Spelzenbräune *(Septoria nodorum)* an Weizen; diese aber wiederum hemmt den Getreidemehltau in den Blättern. Wegen der phytopathogenen Pilze sollte man gerade bei Getreide Sorten mit unterschiedlicher Anfälligkeit anbauen und nicht das Risiko einer einzigen Sorte auf sich nehmen.

Cyanobakterien und Algen. In Böden der Agrarlandschaft haben sie im Vergleich zu anderen Bodenorganismen vielleicht keine allzu große Bedeutung, kommen aber dennoch viel reichlicher vor als in Wäldern der gleichen Region. So können im Grünland in 1 cm^3 Erde, die 1,5–2 g wiegt, durchaus 100000 bis 200000, in manchen Fällen sogar das Mehrfache von ihnen vorhanden sein. Unter den Algen sind es vor allem Diatomeen und Chlorophyceen. Diese und die Blaugrün-Bakterien wer-

den von Protozoen, Nematoden, Enchytraeiden, Collembolen, Milben und größeren Bodentieren gefressen. Die beiden mit Assimilationspigmenten versehenen, taxonomisch so unterschiedlichen Gruppen beeinflussen sich gegenseitig in ihrer Häufigkeit. Wesentlich sind Licht, Feuchtigkeit und Gehalt an Magnesium im Boden.
Für Cyanobakterien spielt außerdem der Säuregehalt (pH) eine wichtige Rolle; auf sauren Böden treten sie stark zurück.

13.5.1.3 Mikro- und Mesofauna

Auch in landwirtschaftlich genutzten Böden leben Protozoen, Nematoden, Milben und Collembolen nebst einigen andern Tiergruppen ähnlicher Größe in hoher Individuendichte.

Protozoen. Sie übertreffen an Zahl und Gewicht die übrigen Gruppen beträchtlich. In einem Gramm Erde können bis zu mehreren 100000 Flagellaten, Amöben und Ciliaten vorkommen. Diese ernähren sich von Algen, Pilzen, Bakterien, sind polytroph oder leben räuberisch. Mit dem Saatgut und anderem Pflanzenmaterial gelangen neue Zysten von Bodenprotozoen in die Wurzelzone (Rhizosphäre). Über ihre Bedeutung im Kulturland sind die Meinungen unterschiedlich.

Nematoden. Keine Zweifel gibt es über die ökologischen Rollen der Fadenwürmer in der Agrarlandschaft, einer nach Arten- und Individuenzahl besonders reich vertretenen Tiergruppe. Wie bei den Pilzen kommen verschiedene Ernährungstypen vor: räuberische Arten und Zooparasiten, Saprotrophe, Bakterien- und Pilzfresser, Halbparasiten, die nur gelegentlich und fakultativ an höhere Pflanzen gehen, schließlich ausschließliche Phytoparasiten. Letztere sind für die Landwirtschaft besonders durch die Gattungen *Globodera* (Kartoffelälchen), *Heterodera* (Rübenälchen, Haferälchen), *Meloidogyne* (Wurzelgallälchen), *Ditylenchus* (Stengelälchen), *Pratylenchus* (Getreidewurzelälchen) von größter Wichtigkeit.
Außer den genannten Pflanzenparasiten der Tylenchoidea stechen Arten der Gattungen *Trichodorus*, *Paratrichodorus* und *Xiphinema* der Dorylaimoidea Wurzelspitzen an und übertragen mit ihrem Speichel schädliche Viren in die Pflanze, so z. B. ein Tabakvirus.
Freilebende Bodennematoden greifen durch ihre Ernährung und ihren Stoffumsatz in die Bodenprozesse ein. Infolge ihrer Stickstoff enthaltenden Nahrung entstehen auch entsprechende Abbauprodukte, deren feine Verteilung sich für die Pflanzen günstig auswirken muß. Darüber hinaus bildet die körpereigene Substanz der Nematoden eine Stickstoffreserve, die durch den Tod bei der schnellen Generationsfolge der Fadenwürmer immer wieder frei wird und für die Bildung von Huminsäuren verwendet werden kann.

Collembolen und Milben. Während Protozoen und freilebende Nematoden als wesentlichste Gruppen der Kleintierwelt in den wassergefüllten Poren und in dem die Erdteilchen umgebenden Haftwasser aktiv sind, bewohnen die kleinen Arthropoden das lufterfüllte Lückensystem des obersten Bodens. Ihre Biomasse wird für Wiesenböden mit 2–5 g/m² (Frischgewicht) angegeben im Vergleich zu 5–15 g an Nematoden und 30–50 g/m² an Protozoen. Im Ackerland liegen die Werte in der Regel niedriger. Auch unter den Kleinarthropoden gibt es Räuber, Saprotrophe und Phytotrophe.

Größere biologische Bedeutung haben Collembolen und Hornmilben (Oribatei) durch Beteiligung am Abbau organischer Substanzen. Das qualitative und quantitative Auftreten gerade dieser Tiere kann in bestimmten Fällen gute Indikatordienste leisten.

13.5.1.4 Makrofauna

Regenwürmer. Ihre große bodenbiologische Bedeutung hatten bereits im 19. Jahrhundert Viktor Hensen und Charles Darwin erkannt. Im Dauergrünland kommen etwa 200–300 Individuen mehrerer Arten pro m² vor. Ihre Lebendmasse von 1000–4000 kg/ha entspricht dem Gewicht der auf gleicher Fläche weidenden Rinder, wenn man den Durchschnittsbesatz von drei Kühen auf dem Hektar mit einem Gesamtgewicht von 2000 kg zugrunde legt. Im Acker schwanken die Werte zwischen 50–500 kg/ha, doch wurden je nach der Situation auch höhere Zahlen festgestellt. Allein auf Regenwürmer entfällt fast ²/₃ des Trockengewichts der Bodenfauna einer Wiese in Mitteleuropa (Abb. 13.7).

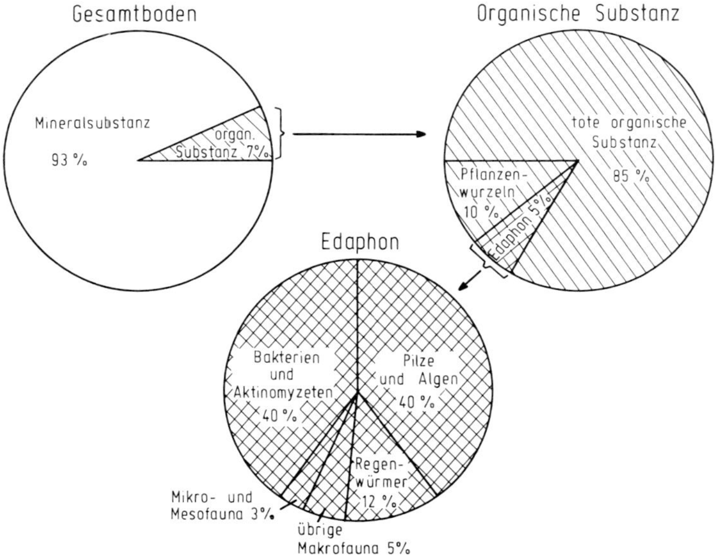

Abb. 13.7: Anteil der organischen Masse und der Bodenorganismen (Edaphon) in einem Wiesenboden Mitteleuropas (bezogen auf Trockengewicht) (nach Tischler 1955).

In Äckern mit optimalen Bedingungen (Bodenruhe, Gründüngung) wurden bis zu 1000 Regenwurmgänge/m^2 gezählt, wobei von einem einzigen Wurm viele Gänge stammen. In Feldern mit häufiger Bearbeitung waren es immer noch 100–300 Gänge. Ein solches Gangsystem verläuft in den obersten Schichten hauptsächlich horizontal, während die größeren Wurmarten bis über 1,5 m tiefe Röhren anlegen, die weit in den Unterboden eindringen. Die innere Wandung der Gänge wird mit Wurmlosung ausgekleidet und verfestigt. Ein dichter Wurzelfilz durchzieht diese koprogene Wandverkleidung, und die Wurzeln vieler Pflanzen folgen den Gängen nach unten. In der Wurmlosung findet sich eine erhöhte Konzentration aërober Mikroben, die Zellulose und Hemizellulosen abbauen, und nur wenige Denitrifikanten kommen darin vor. In den Wandungen der Wurmgänge können aërobe N_2-bindende Bakterien mit über 40 % der Mikroflora vorherrschen. Die Durchporung des Unterbodens ist für das Gedeihen der Kulturpflanzen von höchster Wichtigkeit. – Hier lassen sich noch die Enchytraeen anschließen.

Schnecken. In milden, regenreichen Jahren kann eine Massenvermehrung von Ackerschnecken *(Deroceras)* eintreten, vor allem auf Grünland und in Rapsfeldern. Diese kleinen Nacktschnecken vermögen auch die auflaufende Saat von Wintergetreide schwer zu schädigen.

Arthropoden. Nach Arten- und Individuenzahlen spielen die räuberischen Carabiden, Staphyliniden und Spinnen eine dominierende Rolle. Auf europäischen Getreidefeldern können einige 100000 jeder dieser drei Gruppen je Hektar vorkommen. Sie fressen Würmer, Collembolen und Milben, Insekteneier, Dipterenlarven, welche in den Boden zur Verpuppung eindringen, herabgefallene Blattläuse usw. Damit ist ihnen eine gewisse stabilisierende Wirkung auch gegenüber Schädlingen nicht abzusprechen.
An unterirdischen Teilen der Pflanzen nagen verschiedene Käferlarven, Raupen der Noctuidae und Maden einiger Dipteren. Bei der Findung ihrer Wirte reagieren sie ebenso wie Phytonematoden außer auf CO_2 auch auf spezifische sekundäre Pflanzenstoffe, wie für Drahtwürmer (Larven der Elateridae), Larven von Brachfliege *(Delia coarctata)*, Zwiebelfliege *(D. antiqua)* und Möhrenfliege *(Psila rosae)* nachgewiesen wurde.
Schließlich gibt es auf und im Boden die räuberischen Chilopoden und die saprotrophen Diplopoden und Asseln, um die wichtigsten Gruppen aufgeführt zu haben.

Artenreichtum, Individuendichte und Biomasse des Grundbestandes der Makrofauna nehmen zu, wenn die Landschaft reich strukturiert ist, eine gute Fruchtfolge besteht, ein gewisser Unkrautbesatz bleibt, möglichst wenig chemische Bekämpfung durchgeführt und nicht zu viel Mineraldünger verwendet wird. Dem widerspricht nicht, daß einzelne Arten durch intensivere Bewirtschaftung gerade begünstigt werden.

13.5.1.5 Wirbeltiere

Offenbar erleichtern außer Nahrung und Ökoklima bestimmte Biotopstrukturen den Übergang mancher Wirbeltiere in die neu entstandenen Lebensräume. In vielen Fällen gibt es in Europa und Nordamerika sich in ihrer Funktion entsprechende Arten gleicher oder verwandter Gattungen, die diese Umstellung vollziehen konnten. Wie in Steppen sind die Lebensformen körner- und insektenfressender Vögel, die am Boden nisten, sowie im Boden grabende Nagetiere dabei.
Nach ihrem Wohn- und Nahrungsraum lassen sich drei ökologische Gruppen unterscheiden:
Waldtiere, die bei der Nahrungssuche Grünland und Feldkulturen nutzen. Sie finden in Wirtschaftswäldern, Feldgehölzen, Hecken geeignete Brut- und Wohnbedingungen. Dies gilt für einige Greifvögel *(Buteo, Accipiter)*, Eulen, Tauben, Krähen und Singvögel, aber auch für Fledermäuse, Igel, Raubsäuger, Wildschwein und Hirschwild (Abb. 13.8).

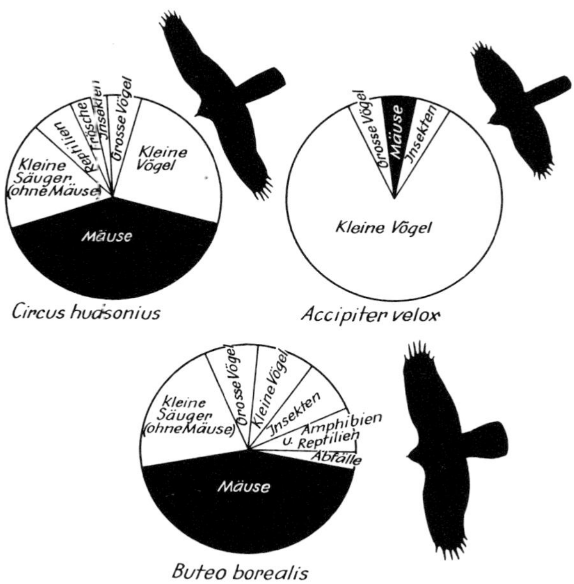

Abb. 13.8: Nahrung typischer Greifvögel der Agrarlandschaft (USA) (nach Hausman 1928). *Circus* = Weihe, *Accipiter* = Habicht, *Buteo* = Bussard.

Bewohner offener Flächen, die sich zum Brüten oder Setzen ihrer Jungen in die baumlose Feldmark eingepaßt haben und dort auch Nahrung finden. Hier wären Weihen *(Circus)* und Hühnervögel *(Perdix, Coturnix)*, Großtrappe *(Otis)*, Wiesenralle *(Crex)*, Kiebitz *(Vanellus)*, Sumpfohreule *(Asio flammeus)* und Feldlerche *(Alauda arvensis)* zu nennen, von Säugetieren Hase, Kaninchen und Nager (z.B. Feldmaus, *Microtus arvalis*). Der Feldhase *(Lepus europaeus)* ist selbst bei der intensiven Landwirtschaft Mitteleuropas in seinem Bestand noch nicht gefährdet.

Seine Dichte hängt in erster Linie von Klima und Boden ab. Innerhalb eines gleichen Klimagebietes haben allerdings die Mannigfaltigkeit der Vegetation und die landwirtschaftliche Nutzung größeren Einfluß als Wetter und Feinde. Von den letzteren ist der Fuchs am wichtigsten. Der Anteil der Jagd an der Mortalität blieb nach langjährigen Erhebungen auch 1990 in Deutschland noch unter 10 %.

Durchzügler und Gäste. Wildgänse, die im Norden brüten und sich zur Zugzeit Nahrung auf Feldern suchen, manche Singvögel, die sich als Wintergäste auf abgeernteten Feldern einfinden.

13.5.2 Wiesen und Weiden

Trotz verschiedener Ausgangsbiotope, aus denen Dauergrünland entstanden ist, hat sich von einem bestimmten Nutzungsgrad an eine einheitliche Lebensgemeinschaft ausgebildet. Nur die in Kap. 11.4 behandelten Trockenrasen behalten noch ihre besondere Eigenart bei. Doch mit ihrer Umwandlung in nährstoffreiches Grünland setzt ein Artenschwund an Pflanzen und Tieren ein, je intensiver die Bewirtschaftung erfolgt und je feuchter die Verhältnisse geworden sind. So entstanden die für die Landwirtschaft wertvollen, aber einseitigen Fettwiesen und Fettweiden.

In ursprünglichen Waldgebieten kann Grünland nur durch Mahd oder Beweidung bestehen bleiben, weil dadurch Strauch- und Baumwuchs unmöglich wird. Beide Eingriffe variieren allerdings das Artenbild. So zeigten sich 1959 nach Auswertung einiger tausend pflanzensoziologischer Aufnahmen aus verschiedenen Grünlandflächen in Mitteleuropa 27 Pflanzenarten auf Weiden und 46 mehr auf Wiesen begünstigt.

Hohe Anteile von Grasland in der Agrarlandschaft haben ozeanisch beeinflußte Gebiete und Gebirgslagen. Da der Ertrag von Weiden in der Regel höher ist als der von Wiesen, erhöht Weidefähigkeit den Wert. Die unterirdische Biomasse ist in beiden Fällen größer als die oberirdische. Zwar geht von der Produktion an Gras ziemlich gleich viel durch Mahd oder Beweidung verloren, doch kehrt auf der Weide ein Teil der Stoffe mit dem Dung der Tiere wieder zurück. Hinsichtlich des Stoffkreislaufs ist eine Weide daher ausgeglichener als eine Wiese, sofern diese nicht nachgedüngt wird.

Mähwiesen. Die Mahd trifft viele Pflanzen vor ihrer Blüte- und Reifezeit (Abb. 13.9). Ausgeschaltet oder benachteiligt werden dadurch manche Kleintiere, die in oder an Blüten und Samen leben oder sich in Stengeln entwickeln. Für Bewohner mit gutem Ausbreitungsvermögen ist es günstig, wenn nicht alle Wiesen in einem größeren Areal gleichzeitig gemäht werden. So können sie vorübergehend ausweichen.

Pflanzen und Tiere haben sich in vielfältiger Weise der Mahdrhythmik eingepaßt. Unter den Insekten gibt es Fälle von guter Synchronisierung zu den Mahdterminen sowohl bei Arten mit einer einzigen als auch bei solchen mit mehreren Generationen im Jahr. Dabei kann die Entfaltung der Imaginal- oder Larvalzeit vor, nach oder

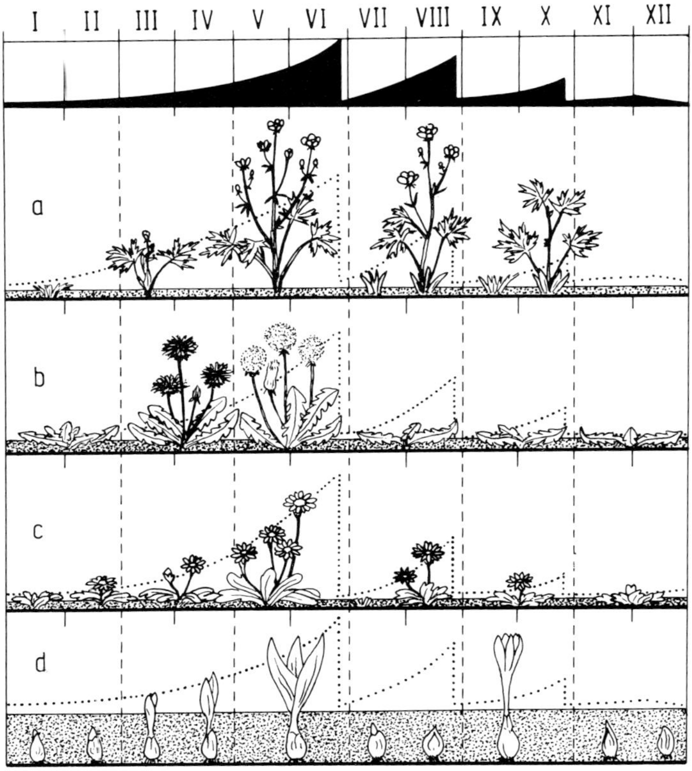

Abb. 13.9: Einpassung von Wiesenpflanzen in die Mahd (nach Stengel u. Weise 1958).
a: *Ranunculus acer;* b: *Taraxacum officinale;* c: *Bellis perennis;* d: *Colchicum autumnale.*

zwischen dem Abmähen der Pflanzen liegen. Seit Einsatz von Mähmaschinen ist der Verlust an Jungtieren bei Hasen und Vögeln *(Perdix, Crex, Saxicola, Anthus)* naturgemäß stark angestiegen.

Viehweiden. Durch Beweidung erhält die Vegetationsdecke einen andern Charakter. Dafür sind mehrere Gründe verantwortlich. (1) *Eigenart der Pflanzen:* manche werden vom Vieh verschmäht, andere haben eine gute Regenerationsfähigkeit oder besitzen viele Basalblätter, die auch bei tiefem Verbiß erhalten bleiben. (2) *Verhalten der Weidetiere:* die schärfste Auslese erfolgt durch Schafe; Rinderweide begünstigt Klee und verschiedene Gräser; Pferde fressen Teilflächen kahl und überdüngen andere, so daß mosaikartige Rosettenpflaster und Stellen mit nitrophilem Pflanzenwuchs abwecheln. (3) *Trittfestigkeit des Weidebodens:* sie hängt ab von Art, Stärke und Dauer der Belastung, vom Bodenzustand und Vorkommen bestimmter Gräser. (4) *Lenkung des Weidegangs:* es gibt ungeregelte, selektive Beweidung, ferner

extensiven, geregelten Weidebetrieb, schließlich intensiv genutzte Umtriebsweide auf gedüngten Flächen.
Das Weidevieh nimmt mit der Nahrung 10–25 g N/m^2 im Jahr auf. Davon finden sich 2–7 g N in der Milch und bei Schlachtung 0,5–2 g Stickstoff im Fleisch. Ein großer Teil des Stickstoffs kehrt mit dem Kot und Urin auf die Weide zurück.
Beweidung wirkt sich auf das Edaphon und auf oberirdisch lebende Tiere aus. Feldmäuse und Larven von Bodeninsekten werden beeinträchtigt. Kleinarthropoden nehmen ab, wahrscheinlich weil die Bodenporen durch den Tritt der Weidetiere zusammengepreßt werden. Begünstigt sind Insekten, die gern an frisch austreibenden Pflanzen saugen oder fressen, wie Zikaden, Fliegenlarven, Rüsselkäfer.
Eine besondere, durch mannigfache Beziehungen verknüpfte Lebewelt haben Kuhfladen. Besiedlung und Abbau derselben findet in einer bestimmten Reihenfolge statt. Wichtigste Gruppen sind, abgesehen von den von Beginn an vorhandenen Bakterien und Pilzen, die Käfer und Fliegen, welche noch Milben und Nematoden als typische Dungbewohner einschleppen.
Viehweiden bilden eine Infektionsquelle für die Parasitierung der Weidetiere. Einige Parasiten sind auf Zwischenwirte angewiesen, so die Leberegel auf Schnecken (der Lanzettegel *Dicrocoelium dendriticum* außerdem noch auf Ameisen), einige Bandwürmer auf Hornmilben. Parasitische Nematoden befallen das Vieh bei dessen Nahrungsaufnahme. Dies betrifft Magenfadenwürmer (Trichostrongylidae) und Lungenwürmer (Metastrongylidae) der Wiederkäuer sowie Palisadenwürmer (Strongylidae) und Spulwürmer (Ascaridae) der Pferde. Große Bedeutung für die Erkrankung der Weidetiere haben Dasselfliegen (*Hypoderma* der Rinder, *Gasterophilus* der Pferde), deren Larven endoparasitisch leben. – Bremsen (Tabanidae) und Fliegen der Familie Muscidae können das Weidevieh stark belästigen.

15.5.3 Felder

Mehrjährige Kulturen. Klee- und Luzernefelder nehmen eine ökologische Mittelstellung zwischen Dauergrünland und Feldern mit einjährigen Nutzpflanzen ein. Dies zeigt sich ebenso im Vorkommen von Unkräutern wie in der Tierwelt. Im Jahr der Aussaat überwiegt wegen des hohen Anteils an Therophyten noch sehr der «Feldcharakter». Allmählich wird die Tendenz einer Entwicklung zu Wiesengesellschaften immer deutlicher. Zum Grundbestand der Tiere vor allem des Bodens und der Bodenoberfläche kommen die von den Nutzpflanzen und Unkräutern abhängigen Arten hinzu, welche die Krautschicht besiedeln. Doch verknüpfen auch hier viele Beziehungen alles zu einem Gefüge (s. Abb. 6.18).
Von etwa 900 Arthropoden, die sich im edaphischen Bereich einiger in NW-Deutschland untersuchter Futterleguminosen entwickeln, wechseln 30 % als ausgewachsene Tiere in die Krautschicht über, weitere 20 % halten sich wenigstens vorübergehend in ihr auf. Umgekehrt suchen fast alle Arten der Krautschicht zum Schutz vor ungünstiger Witterung, zur Eiablage oder zur Winterruhe den Boden auf.
Manche Gemeinsamkeiten von Klee- und Luzernefeldern mit Dauergrünland sind

auf das Mikroklima und die verhältnismäßig lange Zeit ohne Bodenumbruch zurückzuführen, darüber hinaus auf die Leguminosen, weil Pflanzen dieser Familie auch im Grünland wachsen.
Ebenfalls stimmen mehrjährige Grassamenbestände in mancher Hinsicht schon mehr mit Wiesen als mit Getreidefeldern überein.

Isozönosen. Vergleicht man die Schaderreger etwa von Getreide aus Europa (Abb. 13.10) mit denen aus Nordamerika, so ergibt sich zwar ein abweichendes Artenbild. Jedoch gleichen sich die äquivalenten Lebensformen, ob es sich nun um Arten an Wurzeln, Bestockungsknoten und Keimpflanzen, im Inneren von Stengeln, Blüten und am Herzblatt lebende oder um außen die Pflanze schädigende Organismen handelt; oft stimmen sogar die Gattungen, nur in Fällen der Verschleppung auch die Arten überein.

Opportunismus. Viele Arten der Felder sind «Opportunisten», so etliche Pilze, sporenbildende Bakterien und die nichtsporenbildenden Pseudomonadeen, die leicht überallhin verbreitet werden. Auch verschiedene Feldunkräuter, deren Samen im Boden ruhen, folgen dieser Strategie rascher Ausbreitung.
Die Keimfähigkeit der Samen der meisten Pflanzen ist nach zehn Jahren erloschen. Doch gibt es Ausnahmen mit Höchstgrenzen von weit über 100 Jahren. Sie betreffen gerade Therophyten, die als Unkräuter ein Reservoir für eine potentiell leichte Fernausbreitung bilden.
Auch bei Tieren besteht das Prinzip schneller Ausbreitung nach Auslöschung örtlicher Populationen, wie es sich auf Feldern bei Laufkäfern, Spinnen, Blattläusen, Parasitoiden in gleicher Weise zeigte.

Phänologie. Organismen auf Feldern mit Fruchtwechsel müssen sich in den jahreszeitlich verschiedenen Anbau einpassen. Dafür nur zwei Beispiele: (1) Unkäuter mit niedriger Keimungstemperatur laufen im Herbst und Vorfrühling auf und finden sich vornehmlich auf Feldern mit Winterfrüchten, die im Herbst bestellt und im Frühjahr weniger gestört werden. Dagegen keimen Unkäuter mit Ansprüchen an höhere Temperatur im Frühsommer und fruchten im Herbst; sie charakterisieren Felder mit Sommerfrüchten. (2) Auf Äckern mit Winterkulturen leben vorwiegend Laufkäfer, die als Vollkerfe überwintern, sich im Frühjahr fortpflanzen und als Larve im Sommer entwickeln. Auf Flächen, die im Frühjahr bestellt werden, dominieren dagegen Laufkäfer, die als Larve überwintern, im Hochsommer und Frühherbst sich fortpflanzen.

Abb. 13.10: Typische Schaderreger an Weizen in Mitteleuropa (nach Tischler 1980). ▷
1–6 Pilze 1: Steinbrand *(Tilletia caries)*, 2: Flugbrand *(Ustilago tritici)*, 3: Schwarzrost *(Puccinia graminis tritici)*, 4: Gelbrost *(Puccinia striiformis tritici)*, 5: Schwarzbeinigkeit *(Gaeumannomyces graminis)*, 6: Halmbruchkrankheit *(Pseudocercosporella herpotrichoides)*. **7–12 Insektenlarven** 7: Getreidehalmwespe *(Cephus pygmaeus)*, 8: Drahtwürmer *(Agriotes* u. a.*)*, 9: Brachfliege *(Delia coarctata)*, 10.: Getreidehähnchen *(Oulema [Lema]-Arten)*, 11: Weizengallmücke *(Sitodiplosis mosellana)*, 12.: Getreidehalmfliege *(Chlorops pumilionis)*. **13 Blattläuse.**

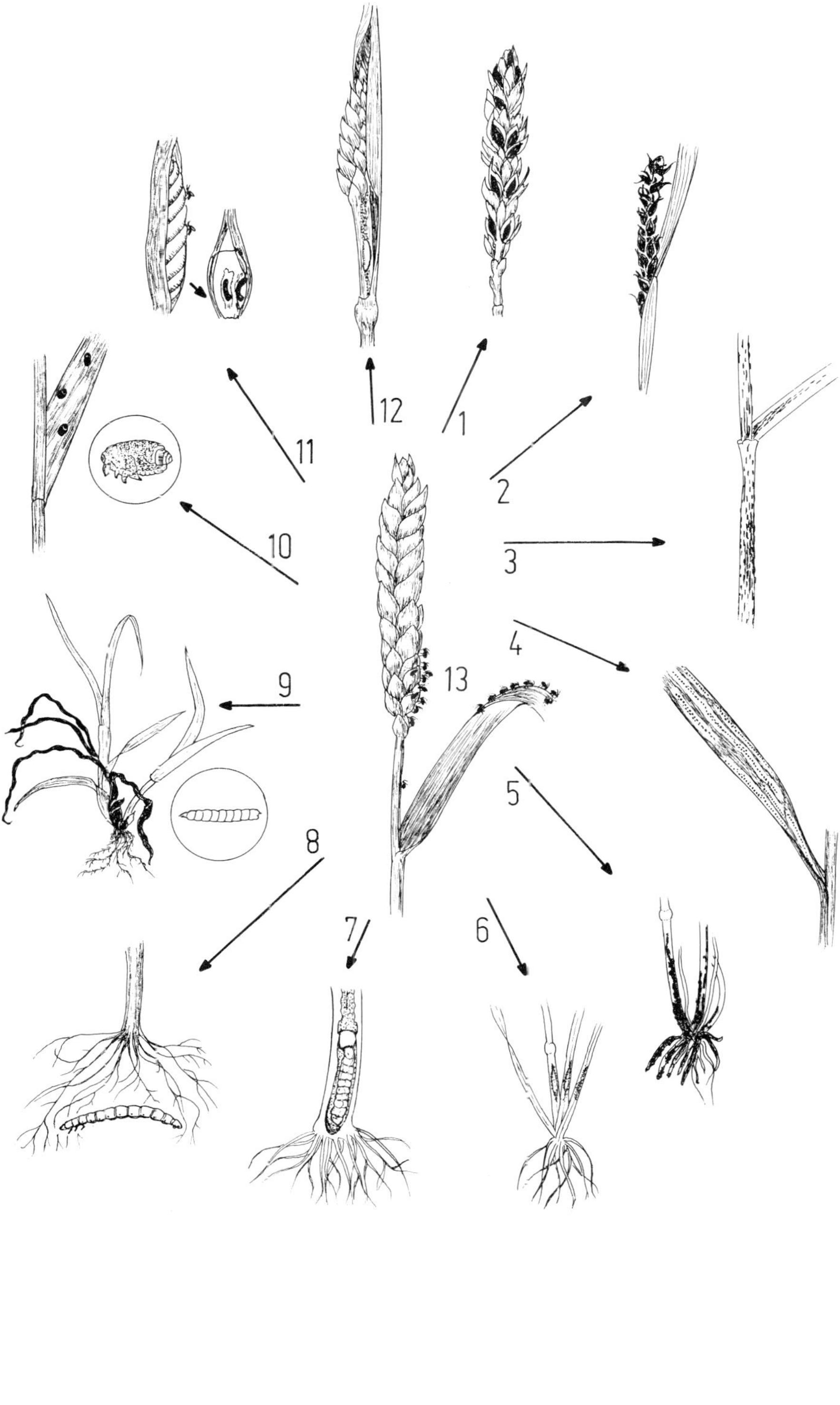
1
2
3
4
5
6
7
8
9
10
11
12
13

Ein Problem für Feldbewohner ist die Überbrückung ungünstiger Jahreszeiten und die durch Fruchtwechsel erforderliche Neubesiedlung ihnen gemäßer Kulturen. Dadurch behält die Vorfrucht für das Artenbild in der Vegetationsperiode noch immer ihre Bedeutung.

Von den phytopathogenen Bakterien und Pilzen überwintern einige im Boden oder an dort befindlichen Rückständen der Pflanzen. Für sie ist nur an mehrjährigen Gewächsen und auf winterharten Kulturen ein kontinuierlicher Befall gewährleistet. Andere Schadpilze werden mit den Samen ihres Wirtes oder durch den Wind verbreitet. Pflanzenviren überwintern im Überträger oder in der Pflanze, wobei auch Unkäuter eine Rolle spielen.

Bei Tieren gibt es Feldüberwinterer und von abgeernteten Feldern fortwandernde Arten. Erstere überwintern im Boden oder in Stoppeln und anderen Rückständen von Pflanzen. Über nur kurze Strecken abwandernde Arten begeben sich zu angrenzenden Feldrainen, Hecken und Waldrändern (Abb. 13.11). Die sog. Mittelstrecken-Wanderer stellen spezielle Ansprüche an Boden und Mikroklima des Winterlagers, wo sich dann Assoziationen mit ähnlichen Präferenzen zusammenfinden. Nur wenige Arten der Agrarlandschaft sind Fernwanderer, wie die asiatische Getreidewanze *(Eurygaster integriceps)* und einige Marienkäfer (Coccinellidae).

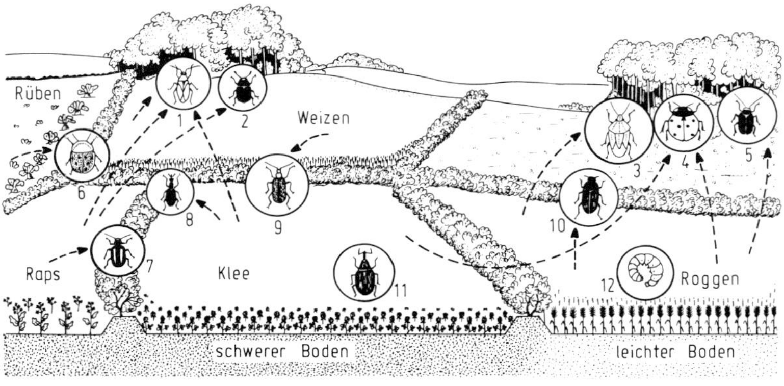

Abb. 13.11: Überwinterung von Insekten der Felder in Mitteleuropa (nach Tischler 1965).
Mittelstreckenwanderer 1: Wiesenwanze *(Lygus)*, 2: Glanzkäfer *(Meligethes)*, 3: Getreidewanze *(Aelia)*, 4: Marienkäfer *(Coccinella)*, 5: Knöterich-Erdfloh *(Haltica)*. **Kurzstrecken-Wanderer** 6: Schildkäfer *(Cassida)*, 7: Kohlerdfloh *(Phyllotreta)*, 8: Spitzrüßler *(Apion)*, 9: Getreidehähnchen *(Oulema)*, 10: Grassamen-Laufkäfer *(Amara)*. **Feldüberwinterer** 11: Kleerüßler *(Hypera)*, 12: Saateulenraupe *(Agrotis)*.

Wegen des Fruchtwechsels müssen in allen Fällen, also auch für viele Feldüberwinterer, neue Felder aufgesucht werden. Dies geschieht meistens von deren Rändern aus. Dabei ist die Kenntnis über Sinnesleistungen und Verhalten der betreffenden Tiere höchst wichtig. Für Arthropoden haben Lichtstimmung, Formensehen, Farbensinn, Geruchsvermögen große Bedeutung.

13.6 Heckennetz

Für die Besiedlung der vom Menschen veränderten Landschaft ist es nicht gleichgültig, ob es sich um weite, offene Flächen handelt, ob die Feldfluren mit einem Netz von Hecken durchzogen sind, ob Feldgehölze die Einförmigkeit auflockern, ob das Gelände flach, hügelig oder gebirgig ist. Wichtig ist darüber hinaus das Verteilungsmuster der angebauten Pflanzen.

Zur Veranschaulichung zunächst nur zwei Beispiele aus Mitteleuropa: In einer parkartigen Feldmark, bei der Gehölze, Baumreihen, Busch- und Baumgruppen in Abständen von weniger als 500 m auseinander liegen, finden sich in der Vegetationszeit selten zahlreiche Saatkrähen *(Corvus frugilegus)* zur Nahrungssuche zusammen. In einer hecken- und baumlosen Landschaft bilden sich dagegen größere Ansammlungen, weil einzelne Individuen beim Fraß bald weitere anziehen. Das durch die Agrarlandschaft bedingte Sichtfeld beeinflußt somit die mögliche Schadwirkung der Krähen auf Saatfeldern im Frühjahr und Herbst. – Die Massenvermehrung der Feldmaus *(Microtus arvalis)* wurde in Mitteleuropa erst realisiert, als Wälder weitgehend gerodet und Sümpfe trockengelegt waren. Wo dadurch Gebiete offener Weiträumigkeit entstanden, wie in Teilen Hollands und NW-Deutschlands, häuften sich Feldmausplagen. In einer durch Wallhecken gegliederten Landschaft, die das östliche Holstein charakterisiert, sind periodische Massenvermehrungen der Feldmaus unbekannt.

Werden Hecken dicht und breit genug angelegt, entsteht eine große Mannigfaltigkeit an Lebensbedingungen für Pflanzen und Tiere auf engstem Raum. Beträchtliche Unterschiede von Temperatur, Licht und Feuchtigkeit kennzeichnen ihre Ränder. Im Inneren der Hecke herrscht dagegen ein recht ausgeglichenes Mikroklima. Es können daher Arten aus dem Wald mit solchen der offenen Landschaft zusammentreffen, da gleichsam ein doppelter Waldsaum gebildet wird. Solche Hekken bieten genügend Licht für sonnenliebende Organismen, Schatten für Dämmerungstiere, gute Nistgelegenheit und Unterschlupf, Spähplätze für Lauerer, Überwinterungsquartiere, schließlich reichhaltige Nahrungsquellen für jegliche Ernährungsweise (Abb. 13.12).

Für die einzelnen Arten sind die Grenzen zu benachbarten Feldern und Grünland verschieden. Ebenso wie die Besiedlung der Hecken selbst, hängen sie von der ökologischen Gesamtsituation ab. Das gilt schon für die Aktivität der im Boden lebenden Bakterien und Pilze, die in einigen Fällen von Feldgehölzen oder Hecken zur Feldmitte hin zunimmt, in anderen Fällen in einem 10 m breiten Saum des angrenzenden Feldes am intensivsten ist.

Bereits Zäune mit alten Pfählen, die sich vor einer Feldhecke entlangziehen, können die Lebewelt bereichern. In Oldenburg wurden 44 Arten von Stechimmen (Grabwespen, Wegwespen, Faltenwespen, Goldwespen, Wildbienen) festgestellt, die im oder am Holz solcher Pfähle nisteten und 10 weitere Arten, die sich dort nur zum Sonnen aufhielten. Sie alle finden in den Hecken genügend Nahrung.

Der Einfluß der Hecken auf die Landschaft und ihre biologische Bedeutung muß in jeder Klimazone gesondert betrachtet werden. Zudem hängt er vom Boden und der Struktur der Hecke ab (Alter, Breite, Höhe, Pflegezustand, Reichhaltigkeit und

Abb. 13.12: Wallhecke zwischen Feldern in Ost-Holstein (Orig.).

Verteilung der Pflanzen in ihrer Wirkung auf die Tiere) sowie von den angrenzenden Flächen (Grünland, Felder; s. Abb. 6.17).

Windschutz. Er kann sich mindestens auf das zehnfache der Heckenhöhe, unter Umständen noch weiter erstrecken. Auf Insekten, die gegen den Wind fliegen oder passiv von ihm erfaßt werden, üben viele Hecken einen Aggregationseffekt aus. Samen und Früchte von Unkräutern oder Sporen von Pilzen werden nicht oder kaum von Hecken abgefiltert.

Temperatur. Im Vergleich zu heckenfreiem Gelände wird in Nähe von Hecken eine höhere Temperatursumme erreicht, weil die Erwärmung am Tage stärker ist als die Abkühlung nachts. Dies wirkt sich in einer dem Windschutz entsprechenden Zone auf höheren Ernteertrag aus, wenn man von dem unmittelbaren, wenige Meter breiten Streifen des Regenschatten und des Wurzelbereichs der Heckenpflanzen absieht. Die geringere Entwicklung der Randpflanzen in Feldkulturen ohne Hecken ist dagegen durch starke Einstrahlung von Seitenlicht und erhöhten Wärmeverlust durch Wind verursacht. Auf der Leeseite (Windschutz) gibt es mehr Tage mit Bodenfrost als auf der Luvseite.

Feuchtigkeit. Die Verdunstung wird im Vergleich zum Umland der Hecken herabgesetzt, diese Abnahme aber zum Teil wiederum durch die Erhöhung der Temperatur ausgeglichen. Höhere Feuchte und vermehrte Ablagerung von Schnee in Heckennähe, starker Taufall in doppeltem bis dreifachem Abstand der Heckenhöhe sind charakteristisch.

Biologie. Viele, wenn auch nicht alle Typen von Hecken und Windschutzstreifen verlängern gleichsam den Wald als Korridore in eine sonst waldarme Landschaft. Außerdem bestehen gewisse Wechselbeziehungen mit Arten angrenzender Lebensräume. Einige wirtswechselnde Rostpilze sowie Blattläuse und verschiedene ihrer Feinde (Aphidiidae, Coccinellidae, Syrphidae, Chrysopidae, Anthocoridae) gehen im Frühjahr oder Frühsommer von Hecken auf Kulturfelder über. Auch manche unspezifische Tiere als Räuber, wie Staphyliniden, Spinnen, Laufkäfer, Spitzmäuse, Igel suchen von den Hecken her je nach der Situation auf bis zu 30–60 m breiten Feldzonen nach Beute. Parasitoide mögen noch weiter fliegen. Heckenspinnen fangen in ihren Netzen kleine Dipteren, Blattläuse und Thripse der offenen Flächen. Schließlich holen sich Heckenvögel einen Teil ihrer Nahrung aus dem Umland. Andererseits finden selbst typische Feldbewohner während der kalten Jahreszeit in Hecken und Waldrändern ein günstiges Refugium.
Im ganzen gesehen sind aber die biologischen Austauschvorgänge mindestens bei dichten, waldartigen Wallhecken auf schwerem Boden, wie sie in NW-Deutschland und SO-England vorkommen, nicht sehr groß. Felder, Wiesen und Weiden haben andere Lebensgemeinschaften als Hecken. In Gebieten mit leichteren Böden sind die Unterschiede weniger scharf. Neuerdings erleichtert der intensivere Ackerbau mit enger Fruchtfolge und dichteren Pflanzenbeständen das Eindringen von Heckenarten auf Felder. Wie sich das Bild an der Grenzzone mit den Jahreszeiten ändert, zeigt Abb. 6.17.
Eine etwas abweichende Situation bedingen lichtere Hecken, wie sie in Süddeutschland vorhanden sind. In ihnen herrschen Rosengewächse vor *(Crataegus, Prunus spinosa, Rosa)*. Einige der von diesen lebenden Insekten samt ihren Parasitoiden stellen sich auch in Obstplantagen ein. So wurden z.B. von sechs Arten Kleinschmetterlingen an Weißdorn *(Crataegus)* 24 meist unspezialisierte Parasitoide gezogen, die Feinde von über 40 potentiellen Schadinsekten sein können.
Je intensiver Landwirtschaft betrieben wird, desto mehr verschwinden leider die Hecken. In Schleswig-Holstein gab es 1950 noch rund 75000 km Wallhecken. Davon war 1980 bereits ein Drittel verschwunden.
Im Steppenklima der Ukraine leben viele Arten der dortigen Schluchtwälder in den künstlichen Windschutzstreifen. Je weiter man nach Süden kommt, desto größer wird der Anteil der Steppentiere in diesen Aufforstungen und desto ungünstiger die Situation für Waldtiere.

13.7 Andere Biotope in der Agrarlandschaft

Feldraine. Wenn Sträucher fehlen, sind biologische Beziehungen von Acker- und Wiesenrainen zu den angrenzenden Agrarflächen naturgemäß enger als von den Hecken. Auch sie tragen zur Bereicherung der Lebewelt in der Agrarlandschaft bei.
Vor allem sind krautreiche Feldraine (in Abhängigkeit von ihrer Größe) von mehr Arten und Individuen besiedelt als die Feldkulturen. Das gilt für Käfer (besonders Carabidae, Staphylinidae, Chrysomelidae, Curculionidae), für viele Familien der Dipteren mit sapro-, zoo- und phytotrophen Larven, für Ameisen, Spinnen, Rhynchoten und Heuschrecken, um die wichtigsten zu nennen. Allerdings darf man sich von «verbreiterten Feldrandstreifen» für eine biologische Bekämpfung nicht zu viel versprechen. Getreideblattläuse werden u. U. auf den Feldern weniger befallen, wenn unbehandelte Randstreifen vorhanden sind, weil die Räuber dann dort genügend Nahrung finden.
Nahe verwandte Arten können sich in ihrer Bindung an Feldraine unterscheiden. So halten sich in Schleswig-Holstein einige Feldheuschrecken, die Trockenheit und Wärme lieben, auf breiten Grasrainen auf, ohne in die angrenzenden Getreidebestände mit ihrem feuchtkühleren Mikroklima einzudringen. Nach der Getreidemahd aber wandern sie auf die Stoppelfelder. Diese Tendenz war bei *Chortippus brunneus* stark, bei *Ch. biguttulus* weniger, bei *Ch. apricarius* nur schwach ausgeprägt, wie Farbmarkierungen zeigten. Entscheidend kann sich die Mahd des Feldrains auf das zeitliche Zusammentreffen von Insekten mit bestimmten Pflanzen auswirken.
Schließlich finden manche Arten dort Überwinterungsplätze. Dies ist z. B. für etliche kleinere Laufkäfer zwischen den Graswurzeln der Fall.

Wege- und Straßenränder. Die Dichte des Straßennetzes nimmt vor allem in den dicht bevölkerten Ländern Europas und in Japan immer mehr zu. Dadurch wird die Landschaft zerschnitten und «versiegelt».
Während natürliche Feldwege von Bodenarthropoden noch leicht überquert werden, bilden oft schon asphaltierte Wege zwischen den Feldern für manche Tiere Barrieren, wie am Beispiel der Spinnen und Laufkäfer nachgewiesen wurde. Strassenränder haben meist Pflanzen von großer ökologischer Toleranz, starker Ausbreitungsfähigkeit und Konkurrenzkraft. Viele stammen aus dem Grünland oder auf trockenwärmeren Stellen von Ruderalflächen. Auch die Tiere, die dort leben, sind im allgemeinen weit verbreitete Arten. Dies ergab eine Untersuchung am Beispiel von Wildbienen, Schwebfliegen und Tagfaltern, betrifft aber ebenso andere Gruppen, einschließlich der Regenwürmer.
Sobald Bäume die Straßen und Wege säumen, stellen sich weitere Pflanzen und Tiere ein. So kann der Befall von Misteln (Abb. 13.13) oder von Feuerwanzen (*Pyrrhocoris apterus*, Abb. 5.1) gerade an solchen Bäumen auffallen. Außerdem bieten diese zusammen mit Sträuchern Nahrungsquellen und Brutplätze für Vögel, von denen Goldammer (*Emberiza citronella*), Dorngrasmücke (*Sylvia communis*),

Abb. 13.13: Laubholz-Mistel *(Viscum album)* auf einer Pappel am Straßenrand (Winteraspekt) (Orig.).

Buchfink *(Fringilla coeleps)*, Sumpfrohrsänger *(Acrocephalus palustris)* und Meisen *(Parus)* genannt seien.

Feldgehölze. Die Besiedlung von Restgehölzen der Agrarlandschaft als Refugien für Waldtiere hängt sehr von der Flächengröße des Wäldchens ab. Je kleiner die Fläche, desto mehr Feldarten und Euryöke wandern ein und umso wenger Waldarten können sich auf die Dauer dort halten. Als Minimalareale wurden in Feldgehölzen

vom Eichen-Hainbuchentyp in Mitteleuropa für Waldlaufkäfer 2–3 ha, für Waldspinnen 10 ha als erforderlich angesehen. Kleine Fichtenbestände inmitten der Feldmark in der gleichen Region bilden kaum ein Refugium für Waldarten.
Für einige Kleinsäuger und Vögel haben «Waldinseln» in Agrarflächen durchaus noch Bedeutung als Waldersatz. Deren Alter ist für die Besiedlung wichtiger als Flächengröße oder Isolierung. Waldränder von Feldgehölzen entsprechen in ihrer Pflanzen- und Tierwelt weitgehend den dichten Hecken. Bei Feldgehölzen nimmt die Besiedlungsdichte der Vögel mit zunehmender Waldgröße ab, die absolute Artenzahl steigt jedoch an.

Obstanlagen. Es würde zu weit führen, schon allein auf die Fülle der Arthropoden auf Apfelbäumen einzugehen. Wo keine Bekämpfung stattfindet, können sich in Mitteleuropa etwa 1000 Arten auf den Bäumen einer Apfelplantage ansiedeln. Rund 300 von ihnen sind Pflanzenfresser, etwa 300 Parasitoide, 200 Räuber. Weitere 200 ernähren sich vom Honigtau der Blattläuse oder von den epiphytischen Algen, Flechten, Moosen der Bäume. Jeder Eingriff in das Beziehungsgefüge führt zu Kompensationen. Natürlich vernichten sich auch die Feinde phytotropher Arten gegenseitig, und schließlich fallen viele Arthropoden den Vögeln zum Opfer (sowohl «Schädlinge» wie «Nützlinge»).
Indviduendichten vieler Organismen in Streuobstwiesen und die Werte ihrer Biomassen liegen unter Umständen höher als im vergleichbaren Feldgehölz oder größerem Laubwald. Dies war besonders auffallend bei Käfern als guten Indikatoren und dürfte mit der Biotopstruktur zusammenhängen. Entsprechendes gilt für Spinnen.
Selbst für die Überwinterung von Arthropoden an Stamm und Basis der Obstbäume bieten sich geeignete Verstecke für Milben, Thripse, Wanzen, Käfer, Raupen und Puppen von Schmetterlingen. An den Zweigen befinden sich die Eier von Blattläusen, Blattflöhen und Spinnmilben. Der Tisch ist also auch im Winter für Vögel, namentlich Meisen, reich gedeckt.
Von größeren Tieren stellt sich in Obstanlagen aus der offenen Landschaft zuweilen der Steinkauz *(Athene noctua)* ein. Von Wäldern und Waldrändern kommen Spechte, Kleiber, Fliegenschnäpper, Fledermäuse, Spitzmäuse, Igel und Wiesel.

14 Urbanlandschaft

Mit den Siedlungen des Menschen, die in Mitteleuropa schon über 10 % der Gesamtfläche einnehmen, wurden neuartige Lebensräume geschaffen. Ihre Eigenarten treten von Gehöften und Dörfern über Stadtränder bis zum Stadtkern in immer extremerer Form in Erscheinung. Zahlreiche Pflanzen und Tiere verloren ihre Existenz. Andere aber konnten sich nun besser entfalten, ihr ursprüngliches Areal erweitern oder sich im Laufe der Zeit an neue Situationen anpassen.
Stadtlandschaften sind nur durch Zufuhr an Energie und Nahrung möglich, die von außen einerseits durch Kohle, Erdöl, Wasser-, Wind- und Kernkraft, andererseits durch die Produkte der Land-, Forst- und Wasserwirtschaft hineinkommen. Selbst der von Pflanzen erzeugte Sauerstoff würde aus den Grünflächen der Stadt nicht ausreichen, käme er nicht von der außerhalb liegenden Landschaft hinzu. Es handelt sich also um ein abhängiges Großökosystem ohne definierbare Grenzen.
Die urbane Ökologie hat besondere Fragestellungen für: (1) Grünflächen (Gärten, Parks, Friedhöfe), (2) Öd- und Brachland (Ruderalstellen), (3) Straßen- und Häuserbereich (Gebäude und Gebäudeteile), (4) Gewässer.

14.1 Kulturfolger und Synanthrope

Bei den durch das Wirken des Menschen vor allem in der Agrarlandschaft begünstigten Arten spricht man von Kulturfolgern. So gingen, wie schon berichtet, manche phytotrophe Organismen auf die Kulturpflanzen über. Etliche kamen im Gefolge der Weidetiere.
Weitere Arten wurden unbeabsichtigt in die Siedlungen des Menschen eingeschleppt oder drangen von selbst dort ein. Entstand eine besonders enge Bindung im Bereich der Dörfer und Städte, so spricht man von Synanthropie. Die Honigbiene ist weder ein Kulturfolger noch synanthrop, sondern wie die Haustiere domestiziert. Pflanzen werden auch nach dem Grad der Beeinflussung durch den Menschen einem «Hemerobiensystem» zugeordnet. Zur 4. Gruppe zählen im wesentlichen solche aus Agrarlandschaften und Gärten, zur 5. und 6. aus der Urbanlandschaft mit ihren Ruderalflächen.
Der Grad der Synanthropie läßt sich durch einen einfachen Index errechnen:

$$S = \frac{2a + b - 2c}{2}$$

a ist der Anteil der Individuen einer Art im Urbangebiet, b im Agrarbereich, c in den weniger vom Menschen beeinflußten Biotopen. Der Index reicht von höchster Synanthropie (+ 100) bis zu fehlender (− 100).
Die Bindung bestimmter Organismen an die strukturellen, trophischen oder klimatischen Verhältnisse im Siedlungsgebiet des Menschen hat lediglich regionale Gül-

tigkeit. Sie ist obligatorisch, wo die betreffende Art im wesentlichen nur unter anthropogenen Bedingungen existiert, wie Mehlschwalbe *(Delichon urbica)*, Stubenfliege *(Musca domestica)*, Haus-Trichterspinne *(Tegenaria domestica)*, Kompostwurm *(Eisenia fetida)* in Mitteleuropa. Fakultativ synanthrop nennt man Organismen, die zwar im Siedlungsbereich des Menschen ihr Optimum finden, aber auch außerhalb desselben vorkommen, so daß von dort Ersatz möglich ist. Beispiele dafür sind Turmfalke *(Falco tinnunculus)*, Schleiereule *(Tyto alba)* und Wanderratte *(Rattus norvegicus)*. Bei obligatorisch Synanthropen spricht man auch von Eusynanthropie, bei fakultativen von Hemisynanthropie.

Viele Pflanzen und Tiere lassen eine regional gerichtete zu- oder abnehmende Bindung an den Menschen erkennen. Manche, die im Süden noch in den verschiedensten Lebensräumen vorkommen, schließen sich nach Norden hin immer enger an den Menschen an. Das gilt z. B. für die Schafgarbe *(Achillea millefolium)*, die in Mitteleuropa Wiesen und Triften besiedelt, nördlich des Polarkreises aber zur Ruderalpflanze geworden ist. Solche Standorte sind in der Regel wärmer. Außerdem kann höherer Nährstoffgehalt den Nachteil geringerer Wärme für die Pflanze in gewisser Weise ausgleichen. Quecke *(Agropyron repens)*, die in Mitteleuropa auf jedem Öd- und Grünland wächst, besiedelt in Norwegen außer Spülsäumen an Küsten nur noch sehr nährstoffreiche Kulturflächen.

«*Nach Norden zunehmende Synanthropie*» zeigen auch bestimmte Schnecken, Spinnen, Pseudoskorpione, Opilioniden, Asseln, Diplopoden und viele Insekten, wenn man deren Biotopbindung in Europa oder in Nordamerika verfolgt (Abb. 14.1). Interessant ist die Verbreitung des Federflüglers *(Bambara fusca*, Ptiliidae*)* in Nordamerika. Die Gattung ist subtropisch und tropisch. Dieser winzige Käfer lebt in Florida in der Streuschicht von Wäldern. Nördlich von Florida gibt es zahlreiche Fundorte bis hinauf nach Illinois und Pennsylvania, die alle auf die mikroklimatisch warmen Haufen von Sägemehl der großen Sägewerke beschränkt sind.

Man muß die dargestellte Tendenz zum «*Prinzip der vom Optimalbereich zu den Randzonen ihres Areals zunehmenden Synanthropie*» erweitern. Dies zeigt sich gut bei Schmeißfliegen (Calliphoridae). *Lucilia sericata* lebt in Südeuropa und selbst noch im südlichen Mitteleuropa im Freien und in Siedlungen, ist dort also hemisynanthrop. In den kühleren Gebieten Europas wurde sie zu einer rein urbanen, eusynanthropen Art (S = 98 in Finnland, 89 in der Tschechoslowakei, 33 in Ungarn). *Calliphora vicina* wird nach Norden *und* Süden hin stärker synanthrop als sie es in Mitteleuropa ist (S = 95 in Finnland, 43 in Mitteleuropa, 87 in Südeuropa). Ähnlich wie *L. sericata* verhält sich *C. vomitoria*, ähnlich wie *C. vicina* reagiert *L. caesar*.

Synanthropie kann sich im Bereich der Häuser, Müllhalden, aber auch in Stadtgärten und in Stadtparks zeigen. Manche Grabwespen und Erdbienen siedeln in den Fugen zwischen Pflastersteinen oder in festgetretenen Fußwegen (Abb. 14.5) und lassen sich nicht einmal durch ständiges Betreten oder durch Harken der Wege vertreiben. Die aus dem Wald stammende Erdbiene *Andrena armata* ist erst um 1900 nach Norddeutschland vorgedrungen, wo sie heute Parks und Gärten in den Städten in großer Zahl besiedelt und im Frühjahr dort zu den häufigsten Wildbienen gehört. Die Seidenbiene *(Colletes daviesanus)* legt ihre Nester in Fugen alter

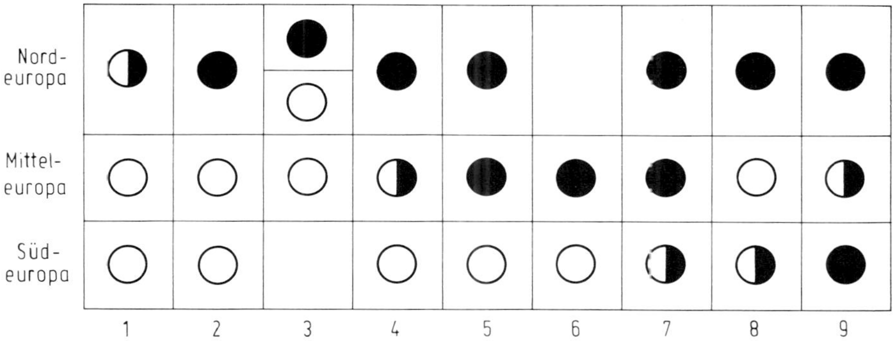

Abb. 14.1: Änderung der Synanthropie (Bindung an den Menschen) von Süden nach Norden in Europa (Orig.).
Weiße Kreise: Günstigste Existenz in natürlichen oder landwirtschaftlichen Biotopen; halbschwarze Kreise: urbane Bedingungen werden bevorzugt, aber Existenz anderswo noch möglich; schwarze Kreise: nur noch im Siedlungsbereich des Menschen (urban). 1: Spinne *Centromerita bicolor*, Assel *Porcellio scaber*, Collembole *Hypogastrura assimilis*, Laufkäfer *Carabus nemoralis;* 2: Tausendfuß *Polydesmus inconstans*, Collembole *Entomobrya multifasciata*, Fliege *Calliphora vomitoria;* 3: Fliege *Cynomya mortuorum;* 4: Pseudoskorpion *Lamprochernes nodosus*, Assel *Armadillidium vulgare*, Collembole *Isotomina thermophila*, Laufkäfer *Pristonychus terricola;* 5: Silberfischchen *Lepisma saccharina*, Grille *Acheta domesticus*, Schabe *Blatella germanica*, Ameise *Ponera punctatissima;* 6: Spinne *Ostearius melanopygius*, Ohrwurm *Anisolabis annulipes*, Fledermaus *Eptesicus serotinus;* 7: Fliegen *Lucilia sericata;* 8: *L. caesar;* 9: *Calliphora vicina*.

Häuser an. Zur gleichen Nistweise sind einige Grabwespen übergegangen. Viele dieser aculeaten Hymenopteren waren in Lebensstätten heimisch, die immer mehr eingeengt oder verändert wurden, wie Steilwände von Urstromtälern (s. Abb. 9.5) und Meeresküsten, Flugsandgebiete und lichte Wälder. Sie fanden im urbanen Bereich und in Kiesgruben innerhalb der Kulturlandschaft neue Niststätten (Abb. 14.2).

Zu einer gefährlichen synanthropen Stechmücke in den Tropen ist *Aedes aegypti* geworden, die ursprünglich als Baumhöhlenbrüter im Wald lebte und das Gelbfieber-Virus auf den Menschen übertragen kann.

Aus der Vogelwelt ergeben sich weitere Aspekte. Auch hier gibt es Arten von ausgesprochener Synanthropie, zu denen in Mitteleuropa Weißstorch *(Ciconia ciconia)*, Mauersegler *(Apus apus)* und Haussperling *(Passer domesticus)* gehören, andererseits solche, die gerade anthropogene Biotope meiden wie Haselhuhn *(Tetrastes bonasia)*, Wintergoldhähnchen *(Regulus regulus)* oder Haubenmeise *(Parus cristatus)*. Wieder andere zeichnen sich durch jahreszeitlich wechselnde Synanthropie aus. So sucht der Star *(Sturnus vulgaris)* mehr in den Sommermonaten Siedlungsbereiche des Menschen auf. Manche Körnerfresser wie Buchfink *(Fringilla coelebs)* und Goldammer *(Emberiza citrinella)* tun dies bevorzugt dagegen in den kalten Monaten.

Da Vögel zu den ökologisch besonders gut erforschten Tieren gehören, ist es nicht erstaunlich, daß sich bei ihnen sogar der allmähliche Übergang zur Synanthropie

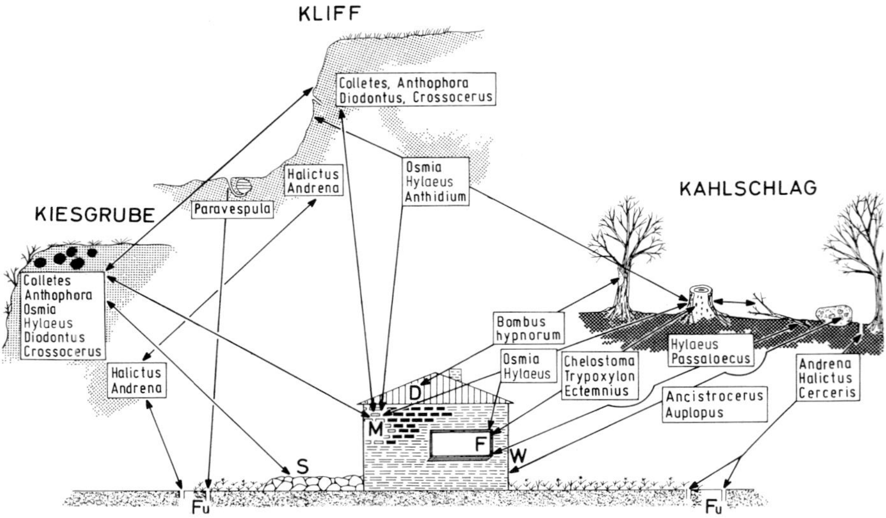

Abb. 14.2: Ökologische Beziehungen von Stechimmen (Hym. Aculeata) zwischen natürlichen Lebensräumen (Kliff), anthrogenen Biotopen außerhalb des Siedlungsbereiches des Menschen (Kiesgrube, Kahlschlag) und Siedlungen des Menschen (Gärten, Gebäude) (nach Tischler 1973). Fu = Fußwege, Rasen, Beete in Stadtgärten; S = Steinwall; M = Mörtel zwischen Mauersteinen; D = Dachboden; F = Fensterrahmen aus Holz; W = Wand der Außenseite des Gebäudes.

verfolgen läßt. So war die Amsel *(Turdus merula)* bis zur Jahrhundertwende in Europa noch allgemein ein scheuer Waldvogel. Allmählich hat sie sich von Westen nach Osten hin zu einem Stadtvogel gewandelt. Östlich der Weichsel begann diese Änderung im Verhalten, die durch Verringerung der Fluchtdistanz möglich wurde, erst seit etwa 1930. – Das mit der Kollektivierung der Viehwirtschaft in der Mongolei verbundene Seßhaftwerden größerer Menschengruppen führte zur Synanthropie verschiedener Greif- und Krähenvögel, Sperlinge und der Klippentaube *(Columba rupestris)* im Laufe von weniger als 50 Jahren.
Es sind im engeren Siedlungsbereich des Menschen günstige Öko- und Mikroklimate, gute Nahrungsbedingungen und Nistverhältnisse, die Vielfalt der Biotopstrukturen sowie die von vielen Organismen tolerierte Dynamik schneller und intensiver Veränderungen der Umwelt, die zur Synanthropie geführt haben. Ständig schafft der Mensch neue Möglichkeiten der Auslese.
Wir wissen nicht, warum einige Arten sich an die neue Situation anpassen konnten, andere, oft sogar verwandte dagegen nicht. Präadaptive Qualitäten in Struktur und Leistungen der Organismen oder flexibles Verhalten mögen entscheidend sein. In manchen Fällen mag schon eine weite ökologische Toleranz genügen. Die oftmals starke Vermehrung einiger synanthroper Arten könnte ebenso eine Folge geringerer Konkurrenz wie erhöhter Fruchtbarkeit oder besserer Fähigkeit der Ausbreitung sein. Gerade auf diesem Gebiet liegt noch ein reiches Betätigungsfeld für «Ver-

gleichende Naturgeschichte» als Voraussetzung zu einer synoptischen Urbanökologie.

14.2 Die Stadt, ein Mosaik von Lebensräumen

Infolge der vielen Unterschiede in Bebauung, Substrat und Kleinklima einer Stadt können dort Organismen von Wüsten, Steppen, Felsen, Küsten, Flußauen, Weihern, Wiesen, Feldern und Wäldern leben, die dennoch in mannigfacher Weise verknüpft sind.

Klima. Im Durchschnitt des Jahres liegt die Lufttemperatur um etwa 1° C, an klaren Tagen um mehrere Grade höher als im Umland der Stadt. Niederschläge fallen im Stadtgebiet meist reichlicher. Wegen deren schnellen Abfließens und Versickerns ist die relative Luftfeuchtigkeit jedoch geringer als außerhalb der Stadt. Die stärkere Verunreinigung der Luft führt mehr zu Wolken- und Nebelbildung, wodurch sich die Sonneneinstrahlung vermindert. Städte bilden jedoch nicht nur trockenere Wärmeinseln in der sie umgebenden Landschaft, sondern haben viele Stellen mit äußerst unterschiedlichen Mikroklimaten, die von der Flora und Fauna genutzt werden.

Boden. Der Kalkgehalt der Baureste bedingt oft eine alkalische Reaktion der sich entwickelnden Böden. Durch Straßenstaub kommen Nährstoffe (Stickstoff, Phosphor, Kalium) hinzu, die kolloidal gebunden, nur langsam löslich sind und den Pflanzen daher lange zur Verfügung stehen. Straßenkehrricht hat höheren Nährstoffgehalt als Gartenerde. Bei genügender Feuchtigkeit kann an geeigneten Stellen ein rascher Pflanzenbewuchs einsetzen. Auf kalkreichen Industriehalden finden sich sogar ausgesprochen kalkliebende Arten ein.

Lebewelt. Das Artenspektrum in einer Stadt ändert sich mit ihrer geographischen Lage, etwa vom atlantischen zum kontinentalen Klima oder von Süden nach Norden. So dominieren in Westeuropa mehr hygrophile Pflanzen und Tiere, in Osteuropa herrschen trockentolerante vor. Bei einem Vergleich der Vegetation in Großstädten Zentraleuropas von Amsterdam und Brüssel bis Warschau und Wien zeigte sich deutlich das Vorherrschen von Pflanzen aus feuchteren Biotopen im Westen, aus steppenartigen im Osten. Zwischen Elbe und Oder liegt eine Übergangszone. Typisch für Weststädte sind *Lotus uliginosus*, *Lysimachia nummularia*, *Rumex hydrolapathus*, für Oststädte *Descurainia sophia*, *Leonurus cardiaca*, *Artemisia campestris*.
Auch innerhalb einer Stadt ändert sich die Besiedlung. Ökoklima, Struktur und Nahrungsverhältnisse sind im Stadtkern wesentlich verschieden von den Randbereichen. Es entstanden neue Pflanzenassoziationen zwischen Pflastersteinen, an regelmäßig betretenen Stellen, auf weniger begangenem Rasen, auf Schutt und Schotter, an Weg-, Straßen- und Mauerrändern. Entsprechendes gilt für Tiere.

Waldarten werden zum Zentrum seltener, solche von offenen Feuchtgebieten sowie Steppenelemente nehmen dorthin zu. An Aas finden sich im Stadtkern mehr Fliegen ein, in den Randbezirken mehr Käfer.
In den Küstengebieten West- und Ostkanadas dringen von Carabiden in erster Linie aus Europa eingeschleppte Arten in die Städte, von heimischen Laufkäfern dagegen solche aus Uferbereichen und feuchtem Grasland, also Litoraea-Elemente.
Im Areal von London, das über 30 km weit bebaut ist, sind in den letzten hundert Jahren 78 heimische Pflanzen ausgestorben und viele weitere selten geworden. Andere, früher seltene wie *Epilobium angustifolium*, *Melilotus officinalis*, *Reseda lutea* wurden häufig. Seit vierzig Jahren sind dort 90 Arten von Schmetterlingen verschwunden, dafür treten 35 neue auf. Für die Veränderung erwies sich nicht das Alter der bebauten Flächen als entscheidend. Vielmehr kommt dem Mosaik und jeweiligen Anteil der unbebauten Stellen (Gärten, Parks, Flußufer, Bahnkörper, Ruderalgelände) größte Bedeutung für Auswahl und Reichtum der Arten zu.
In Bezirken geschlossener Bebauung spielt wegen genügender Hauskost eine Zusatzbeute für **Hauskatzen** kaum eine Rolle. Die Bedeutung der Katze als Nesträuber wird hier leicht überschätzt. In Flächen offener Bebauung werden Jungkaninchen und Vögel häufiger erbeutet. Am Stadtrand bilden Mäuse neben Kaninchen den Hauptteil der Nahrung, gefolgt von Jungvögeln und Insekten.
Ähnlich unterschiedlich sind die Lebensbedingungen der **Haustaube** zwischen Zentrum und Peripherie einer Stadt. Im Stadtinneren leben sie fast nur von der Nahrung, die ihnen von «Taubenfreunden» angeboten wird. Das reiche Futterangebot steht im Mißverhältnis zu geeigneten Brutplätzen. Direkte und indirekte Folgen von Streß regulieren dann die Bevölkerungsdichte. Es erhöht sich schon die Mortalität im Ei. Die Nestlinge werden mangelhaft betreut und daher leichter von Krankheiten und Parasiten befallen. Nesträuber fügen weitere Verluste zu. Schließlich gehen viele Jungtauben nach dem Ausfliegen durch Unerfahrenheit zugrunde (Verhungern, Unfälle). Dagegen vergrößern sich die Chancen zum Überleben zur Stadtperipherie beträchtlich. Je mehr die Schwärme zu den Außenbezirken hin siedeln, desto mehr müssen sie selbst für ihre Nahrung sorgen, und die Nachkommen bleiben gesunder. Das Fehlen einer Brutpause ist wie bei anderen Haustieren ein durch Domestikation bedingter Effekt. Brüten bei zu hoher Dichte und unhygienischen Bedingungen läßt den Nachwuchs im Stadtzentrum so stark absinken, daß er von den Außenbezirken ergänzt wird.

14.3 Grünflächen (Gärten, Parks)

Von den in weiterer oder näherer Entfernung vom Stadtrand liegenden Obstanlagen über die durch Bäume, Sträucher und Blumenbeete oft reich strukturierten Gärten der Dörfer und Stadtränder bis zu den Grünanlagen inmitten des Häusermeeres einer Stadt gibt es biologische Gemeinsamkeiten. Andererseits zeigen sich gerade für Tiere je nach der Vielfalt der Pflanzen, der Nahrung, Deckung und Ruheplätze im einzelnen auch recht unterschiedliche Bilder.

Gärten. Die Anlage von Gärten führt uns einige Jahrhunderte weit in die Antike zurück. Schon bei Sumerern, Ägyptern, Persern und später bei den Römern spielten Gärten eine große Rolle. Aus christlicher Zeit verdanken wir eine der ersten europäischen Urkunden über den Gartenbau Karl dem Großen, dessen Verzeichnis «Capitulare de villis» 72 Pflanzenarten nennt, zu denen Obstbäume und Kräuter gehören. Walahfried Strabo (809–849), der die letzten elf Jahre seines Lebens Abt von Reichenau war, beschreibt in seinem «Liber de cultura hortorum» Anlage und Kräuter des dortigen Klostergartens in lateinischen Hexametern.

Von den Klostergärten führt ein langer Weg bis zu den Bauerngärten, die sich heute noch in einigen Dörfern erhalten haben. In ihnen wachsen Gemüse, Gewürz- und Heilpflanzen, andererseits bunte Zierpflanzen. Heute wird beides oft getrennt, so daß die Fauna in den einzelnen Gärten sehr unterschiedlich sein kann.

Den Nutzpflanzen gesellen sich zahlreiche Unkräuter bei, die in mancher Hinsicht mit denen der Hackfruchtfelder übereinstimmen. So beträgt der Anteil an Therophyten hier wie dort 70–90 %. Indessen enthalten Kulturfelder in Mitteleuropa nur 3–6 % der seit Beginn des 16. Jahrhunderts neu eingewanderten Arten (Neophyten) im Vergleich zu 10–20 % in Gärten. Noch bemerkenswerter sind die mengenmäßigen Unterschiede. Danach sind weniger als 20 % der Unkrautindividuen auf Hackfruchtfeldern Neophyten, während ihr Anteil in Gärten 30–50 % beträgt.

Überwiegen Zierpflanzen, so stellen sich wegen der Fülle an Blumen zahlreiche Blütenbesucher ein. Unter ihnen fällt die große Artenzahl an Wildbienen auf. Im Vergleich zu ihnen spielt die Honigbiene *(Apis mellifera)* oft nur eine geringe Rolle für die Bestäubung. Dieser Reichtum an Tierarten ist natürlich nur bei einer Vielfalt von Gartenblumen möglich, zumal denjenigen Wildbienen, die noch eine zweite Generation im Jahr durchlaufen, keine Obstblüten mehr zur Verfügung stehen. Um einen Begriff von Insekten an Blütenpflanzen eines Vorgartens zu geben, sei ein Beispiel aus Leicester angeführt. Dort kamen auf 257 Arten Blütenpflanzen 83 der 250 in England heimischen Schwebfliegen (Syrphidae), 21 der 70 Tagfalter und 529 der 2000 Ichneumonidae (Schlupfwespen) Britanniens vor. Auffallend war der Wechsel der Häufigkeit im Laufe der Jahre.

Viele Pflanzenfresser befallen die Kräuter, Gräser, Sträucher und Bäume im Garten und werden ihrerseits von Parasitoiden, diese wiederum von Hyperparasitoiden dezimiert. Selbst kurz gehaltene Rasenflächen werden von verschiedenen Insektenlarven im Boden bewohnt. Es handelt sich um Engerlinge (Scarabaeidae), Drahtwürmer (Elateridae), Larven von Rüsselkäfern (Curculionidae), Raupen von Eulenfaltern (Noctuidae) und Graszünslern *(Crambus)*. Auch können Maulwurfsgrillen *(Gryllotalpa)* dort leben. Ebenfalls prägen nicht nur Vögel, sondern zuweilen Wühlmäuse, Maulwürfe und Igel das Bild der Gärten (Abb. 14.3).

Schließlich sind Nackt- und Gehäuseschnecken oft häufig. Ihre Ernährung kann recht mannigfaltig sein. Die Weinbergschnecke *(Helix pomatia)* zeichnet sich durch ausgesprochene Standorttreue aus. Durch ihr Heimfindevermögen sucht sie in jedem Herbst wieder den Platz auf, in dem sie erneut überwintert und schon als Jungschnecke gelebt hatte, obwohl sich ihr Aktionsradius vom dritten Lebensjahr an auf etwa 35 Meter Entfernung erweitert. Im Freien wird die Schnecke 7–8 Jahre alt. Selbst kleine Populationen können in ihrer Größe über Jahrzehnte in einem

Abb. 14.3: Maulwurf *(Talpa europaea)* und Schermaus *(Arvicola terrestris)* in einem Vorstadtgarten nach der Schneeschmelze eines langen Winters (nach Tischler 1980).
Oben: dunklere und höhere Erdhaufen des Maulwurfs im Hintergrund, unregelmäßig ausgeworfene Erde der Scher- oder Wühlmaus im Vordergrund; unten: unter der dicken Schneedecke offen gebliebener Laufgang der Schermaus.

Garten ziemlich konstant bleiben. – Die von West- nach Mitteleuropa verschleppte Nacktschnecke *Arion lusitanicus* ist besonders in Österreich zu einem verheerenden Schädling geworden.

Parks. Parkanlagen, Friedhöfe, kleine Stadtwälder, Botanische Gärten, die inmitten von Häuserkomplexen liegen, gleichen in ihrer Besiedlung Wald- und Wieseninseln.

Wichtig sind vor allem ihre Lage, Größe, Nahrungsbedingungen und strukturelle Vielseitigkeit. Im Vorkommen der Tierwelt spiegeln sich eigenes Ausbreitungsvermögen, leichte Verschleppbarkeit, geringe Körpergröße und Toleranzbreite deutlich wider.

Ein Beispiel mag der 3,5 ha große, ehemalige Botanische Garten im Zentrum von Kiel geben. Etlichen Waldtieren genügen bereits kleine Baumbestände. In den offenen Flächen der Rasen und Beete finden sich Bewohner des Dauergrünlands und der Felder aus der Agrarlandschaft ein. Am Randbereich eines kleinen Teiches kommen typische Ufertiere vor. Für die Auswahl der Arten spielt die Isolierung eines solchen Biotops eine Rolle. Ist diese gegeben, fehlen meistens die größeren Diplopoden, Spinnen und Carabiden, welche Wälder, Hecken, Wiesen und Felder im Umland der Stadt besiedeln. Von Spinnen dominieren kleine Arten, die sich aëronautisch verbreiten und gegen Störung durch Mahd, Bodenbearbeitung und Vertritt behaupten können. Unter den Carabiden sind die flugfähigen, ebenfalls vorwiegend kleineren Arten am reichlichsten vorhanden. Asseln und Diplopoden geringer Körpergröße überwiegen. Synanthrope Tiere kommen an begrenzten Stellen leicht zur Massenvermehrung

Für das Fehlen mancher Pflanzenbewohner scheint der Mangel an geeigneten Winterlagern mit genügender Streuschicht verantwortlich zu sein. Deshalb sind am Boden überwinternde Gallwespen (Cynipidae), Gallmücken (Cecidomyiidae) und Blattminierer (Lynetiidae, Curculionidae) in der Stadt seltener als in deren Umgebung oder fehlen ganz. Dagegen pflegen die in irgendeinem Stadium an Holzgewächsen überwinternden Gallmilben, Blattläuse, blattminierenden Psylliden und Zwergmotten (Nepticulidae) im Stadtbereich häufiger oder wenigstens ebenso häufig zu sein wie außerhalb. – Bei einem Vergleich von Wildrosen in der Stadt und ihrem Umland zeigte sich ein deutliches Überwiegen von Saftsaugern (Blattläuse, Zikaden) und deren Feinden, den Marienkäfern (Coccinellidae), im Stadtgebiet, dagegen von pflanzenfressenden Käfern, Gallerzeugern und Parasitoiden in der Umgebung der Stadt. Selbst an ausländischen Ziersträuchern gibt es nicht nur Blütenbesucher, sondern Blattfresser. Oft wurde ein Nahrungswechsel zur Voraussetzung ihrer Existenz im Stadtbereich.

In Parks, Friedhöfen und größeren Gärten kommen Vogeldichten vor, die denen in Wäldern nicht nachstehen oder diese sogar um das zwei- bis dreifache übertreffen können. In den Grünanlagen der Städte sind nämlich die Nahrungsverhältnisse oft besonders günstig, während der Ausfall durch Feinde gering ist. Vor allem spielen der gute Deckungsgrad und die Verschiedenartigkeit des Lebensraums eine Rolle. Dennoch bleiben manche Gartenvögel noch immer vom Wald als Reservoir für Nachschub abhängig. Ohne einen solchen könnte die Amsel wegen geringen Bruterfolges sich nicht auf die Dauer in der Stadt halten. Wenn die Jungvögel alt genug sind, bieten sich ihnen jedoch in Gärten optimale Bedingungen.

Nicht nur Individuendichte, sondern auch die Artenzahlen können erstaunlich hoch sein. In dem 40 ha großen, inmitten städtischer Bebauung gelegenen Friedhof «Eichhof» in Kiel wurden 1991 folgende Zahlen ermittelt: 450 Spezies an Bäumen und Sträuchern, 350 Wildkräuter, 114 Pilze, 200 Schmetterlinge, 80 Vögel.

14.4 Ruderalgelände, Brachflächen, Mülldeponien

Es gibt verschiedene, unter Einfluß des Menschen stehende, ursprünglich oder sekundär (z. B. durch Vertritt) zunächst pflanzenarme Standorte, denen in Siedlungsbereichen meist eine gare Bodenkrume fehlt. Solche Flächen sind starken Schwankungen der Temperatur und Feuchtigkeit ausgesetzt. Sich selbst überlassen, werden sie bald überwachsen und gehen nach Bodenbildung in eine für das Gebiet übliche Landschaftsform über.

Ihre Lebensgemeinschaften wurden an folgenden Typen untersucht: (1) Trümmergelände der Städte nach dem 2. Weltkrieg, (2) Brachland am Stadtrand, (3) Rekultivierungsflächen von Kohlenhalden, (4) Mülldeponien.

Hier handelt es sich in erster Linie um einen bodenbiologischen Vorgang. Die Besiedlung in den Anfangsstadien geschieht noch recht zufällig durch Opportunisten, die sich bei Pflanzen vornehmlich unter Therophyten, bei Tieren unter räuberisch lebenden Carabiden, Staphyliniden und Spinnen finden. Der allmählichen Bodenbildung geht die Zunahme der Saprotrophen parallel, zunächst vor allem der Collembolen, später der Regenwürmer, Diplopoden und Asseln. Doch gibt es Ausnahmen in der Reihenfolge. So waren gerade Asseln (Isopoda) im Trümmerschutt der Städte sehr früh durch ihren Kot an der Bildung von Humus beteiligt. Das Auftreten der Pflanzenfresser ändert sich der Vegetation entsprechend. Chenopodiaceen und Cruciferen erscheinen meist eher als Gramineen, Leguminosen und Compositen. Das wirkt sich natürlich auf die von diesen abhängige Tierkomplexe aus. Nahrungsangebot und Mikroklima sind für die weitere Besiedlung wesentlich.

Auf Flugplätzen finden sich gerne dort, wo das Gras 5–10 cm kurz gehalten wird, größere Scharen von Krähen *(Corvus)*, Kiebitz *(Vanellus)* und Staren *(Sturnus)* ein, um nach Regenwürmern und Insektenlarven zu suchen. Läßt man das Gras 15–20 cm hoch wachsen, bleibt die Zahl der Vögel weit geringer.

Mülldeponien. Von allen Ruderaltypen bieten Müllhalden die am meisten abweichenden Bedingungen. Wenn sie vor allem organische Abfälle enthalten, ist deren Verrottung im Inneren mit hoher Wärme verbunden. Messungen in nur 20 cm Tiefe ergaben 40–50° C, als die Außentemperatur 16–18° C betrug. Dadurch können dort ausgesprochen thermophile Tiere leben. Beispiele aus Mitteleuropa sind *Acheta domesticus* (Grille), *Anisolabis annulipes* (Ohrwurm), *Blatella germanica* und *Blatta orientalis* (Schaben), *Ophyra aenescens* (Fliege), die aus wärmeren Regionen stammen. – Manche Arten aus der heimischen Fauna bleiben in Müllhalden das ganze Jahr über aktiv, während sie in unmittelbarer Nachbarschaft der Deponien eine Winterruhe durchmachen.

Die rel. Luftfeuchtigkeit liegt in der Regel mit 70–100 % hoch. Licht dringt nur stellenweise etwas tiefer ein, weil die Oberfläche strukturiert ist. Beim Abbau entsteht reichlich CO_2 (mit einem Maximum zwei Monate nach der Müllablagerung) sowie Methan, dessen Höhepunkt drei bis vier Monate nach der Deponierung liegt. Der Gehalt an Sauerstoff sinkt auf Werte unter 5 %. So entstehen also extreme Lebensbedingungen. Außer den schon erwähnten Arten sind bestimmte

Fliegen und Käfer, aber auch Collembolen, Milben und Asseln häufig. Heimchen und Schaben verlassen bei Massenvermehrung zum Teil die Deponien und dringen dann sogar in Häuser ein. Eine solche Abwanderung führten bei *Blatella germanica* nur ältere Larven und die Imagines durch. Dabei richten sie sich nach dem Stand der Sonne, so daß ihre Emigration an sonnigen Tagen von Osten nach Westen wechselt.
Müllhalden werden auch von Ratten, Steinmarder, Krähen, Schleiereule *(Tyto alba)*, Lachmöwen *(Larus ridibundus)* und in den Städten um die Nord- und Ostsee von Silbermöwen *(L. argentatus)* aufgesucht (Abb. 14.4). Die Bachstelze *Motacilla alba* kann sich dort sogar als Brutvogel einfinden. Nach Bekämpfungsaktionen von Ratten in den Städten stellt sich deren frühere Bestandesdichte bald wieder ein. Nur wo man die Müllplätze saniert, kann man ihre Menge im Stadtgebiet dauerhaft vermindern. – Von Pflanzen siedeln sich auf Deponien Pflanzen an, deren Samen aus dem Hausmüll stammen, neben Unkräutern, die aus der Umgebung einwandern.

Abb. 14.4: Saatkrähen *(Corvus frugilegus)* und Silbermöwen *(Larus argentatus)* auf einer Mülldeponie im Winter (phot. E. Porath).

In Nordamerika können Müllablagerungen im ländlichen Bereich verschiedene «Allesfresser» anlocken, so die Weißfußmaus *(Peromyscus leucopus)* und Chipmunk *(Tamias striatus)*, die außer reichlicher Nahrung dort gute Brutgelegenheit finden und weniger Feinde haben. In den Subtropen und Tropen kann durch «Verstädterung» der Stechmücke *Aedes aegypti* die Verbreitung von Dengue- und Gelbfieber-Viren begünstigt werden, weil die Larven dieser Überträger-Mücke sich auch in kleinsten Wasserstellen, wie Dosen, Autoreifen und anderen Behältern entwickeln, die auf einer Müllhalde liegen.

14.5 Häuser- und Straßenbereich

Die sog. «Steinwüste» der Stadt wird von vielen Organismen bewohnt. Einzelbäume, Böden und Pflasterritzen, Gemäuer und Häuser wurden zu Konzentrationsstellen des Lebens.

Straßenbäume. Meistens haben sie nur wenig Platz für ihre Wurzeln, und der Boden ist zudem verdichtet. Sie leiden unter Abgasen, Schwermetallen, Mangel an Nährstoffen und Wasser, früher auch unter dem inzwischen verbotenen Streusalz im Winter. Zusätzlich wirken mechanische Verletzungen als Streß. Bei einigen Arten heilen Wunden schwerer (Birke, Esche, Pappel, Weiden, Roßkastanie), anderen gelingt die Heilung leichter (Ahorn, Buche, Eiche, Hainbuche, Linde).
Der Faunenvergleich einer isoliert in der Großstadt (Wien) stehenden Lärche *(Larix decidua)* mit ihrem natürlichen Vorkommen im Alpengebiet zeigte eine erstaunliche Übereinstimmung ihres Tierbesatzes. Schon ein einzelner Baum kann demnach in einer andersartigen Umgebung eine Oase bilden, in der viele verirrte und vom Wind verschlagene Tiere sich zu retten und dauernd zu halten vermögen. Das gilt nicht nur für Pflanzenfresser, sondern auch für deren Parasitoide und räuberischen Feinde. So konnte sich ein biozönotischer Komplex bilden, der nur an eine Lärche, nicht an die Lebensgemeinschaft des ganzen Waldes gebunden ist. Allerdings fehlten im vorliegenden Fall einige Nahrungsspezialisten wie Fichtengallenläuse (Adelgidae) und die sich von ihnen ernährenden Coccinelliden *Scymnus* und *Exochomus*, die sich in der Isolation nicht längere Zeit halten können.
An Eichen *(Quercus fusiformis, Q. virginiana)* in einer Stadt in Texas fiel auf, daß die Fluktuationen bestimmter Gallwespen *(Disholcaspis cinerosa)* wesentlich grösser waren als an natürlichen Standorten der Eichen im Walde. Der Grund ließ sich leicht entdecken. Die Cynipiden überwintern an der Baumrinde, ihre Parasitoide aber bleiben in den Gallen, die mit den Blättern abfallen und in der Stadt fortgefegt werden. Es weist zugleich auf die stabilisierende Wirkung der Parasitoide hin.
In etlichen Städten Europas und Nordamerikas sind durch den Pilz *Ceratocystis ulmi* die Ulmen als Straßenbäume abgestorben. Der Pilz wird von Ulmensplintkäfern *(Scolytus-*Arten*)* und anderen Borkenkäfern als Sporen auf den Baum übertragen. Durch das Wachstum seiner Hyphen verstopft er die Wasserleitung in den Gefäßen der jüngsten Jahresringe. Dagegen überleben Ulmen leichter in Wäldern, in denen sie zerstreut wachsen, oder im Auenwald, in dem sie größere Bestände bilden, sofern die Bäume nicht auch dort durch Alter oder äußere Schadeinflüsse in ihrer Vitalität geschwächt sind.
Gerade in Städten lassen sich gute Beispiele für unvorhersehbare ökologische Folgen finden, wenn eine Pflanze eingeführt wurde, die in dem betreffenden Gebiet von Natur aus nicht vorkommt. Krimlinde *(Tilia euchlora)* und Silberlinde *(T. tomentosa)*, die im westlichen Asien zuhause sind, werden in Mitteleuropa zuweilen als Park- und Straßenbäume angepflanzt. Im Gegensatz zu den heimischen Linden *(T. cordata, T. platyphyllos)* enthalten sie viel Mannose-Zucker im Nektar, der Hummeln lähmt und flugunfähig macht. Dies wirkt sich besonders in warmen, trockenen Sommern aus, in denen die Mannose konzentriert ist. Die auf dem Boden gelandeten Hummeln können nicht mehr auffliegen und vertrocknen bald.

Biologisch bedeutsamer als Staub ist in einer Großstadt die gasförmige Verunreinigung der Luft. Hier steht Schwefeldioxid an erster Stelle. Aufschlüsse über dessen Wirkungen ergaben Untersuchungen an Rinde von Eschen *(Fraxinus)* außerhalb einer Stadt, am Stadtrand und inmitten der Stadt. Mit zunehmendem Gehalt an SO_2 und anderen Schadstoffen zum Stadtkern hin werden Baumalgen *(Pleurococcus)* und Flechten allmählich eliminiert. Dadurch verlieren die von ihnen lebenden Rindenläuse (Psocoptera), Raupen und sonstige Phytotrophe ihre Nahrungsgrundlage und gehen ebenfalls zugrunde. Räuberische Wanzen, Laufkäfer der Gattung *Dromius*, Larven von Florfliegen (Chrysopidae), Spinnen und Weberknechte dagegen werden ebenso wenig wie polytrophe Arten (Ohrwurm *Forficula*, kleine Käfer, Milben) betroffen. Sie beschränken sich nicht auf die Stammregion, sondern finden auch in den Baumkronen genügend Beute. Hier haben wir ein Beispiel für die größere Elastizität, die gerade vielen Prädatoren eigen ist.

Straßenbaumscheiben. Darunter versteht man die meist nur wenige Quadratmeter großen Bodenbereiche um den Stammfuß. Auf manchen stellt sich eine spontane Vegetation an Kräutern ein. Andere sind mit Zwergsträuchern *(z. B. Cotoneaster)* oder Blumen bepflanzt, wieder andere mit Lava-Grus bedeckt oder mit einem Eisengitter versehen. Die Spontanvegetation kommt vom Grünland, von Schuttplätzen, Wegrändern, Äckern und Gärten.
Für solche Stellen haben Flächengröße, Art und Verdichtung des Bodens, Versieglungsgrad, Angebot der Bäume an Ressourcen (z. B. Honigtau von Blattläusen für Ameisen, Ritzen für Rindenbewohner) größte Bedeutung. Bei Untersuchungen im Rheinland kamen Schwarze Wegameise *(Lasius niger)*, Rollassel *(Armadillidium vulgare)*, Kellerassel *(Porcellio scaber)* sowie die Springschwänze *Entomobrya multifasciata* und rindenbewohnende *Willowsia nigromaculata* bei allen Baumscheibentypen vor. Tiefgründige Böden mit Spontanvegetation enthielten vor allem Regenwürmer und Collembolen, die auf bakterielle Streuzersetzung in Richtung Mull hinweisen. Typisch waren dort ferner Erstbesiedler von Feldern, namentlich bei den Spinnen. Unter *Cotoneaster* traten außer Regenwürmern und Collembolen auch Asseln und Diplopoden zahlreich auf. Dagegen war die Bodenfauna der mit Blumen bepflanzten und intensiv gärtnerisch bearbeiteten Baumscheiben mit Ausnahme der Regenwürmer recht artenarm, enthielt aber einige synanthrope Diplopoden. Naturgemäß sind die Baumfußbereiche mit Lava-Grus und unter Eisengitter am stärksten belastet und werden nur von wenigen Arten (diese aber in hohen Individuendichten) besiedelt. Dazu gehören außer *Lasius niger* im wesentlichen Enchytraeiden, Modermilben (Rhizoglyphidae), die Zwergspinne *Erigone dentipalpis*, die Collembolen *Hypogastrura socialis* und *Entomobrya multifasciata*.

Indikatoren. Flechten reagieren nicht nur auf SO_2, sondern auch auf H_2F_2. Baumrinde hat im feuchten Zustand Säurewerte (pH) weit unter 7. In diesem sauren Bereich liegt SO_2 als Clathrat vor ($SO_2 \times 6\,H_2O$). Wo die Konzentration des Gas-Hydrates über 170 $\mu g/m^3$ beträgt, wachsen keine Flechten mehr. Rindenbewohnende Flechten fehlen daher weitgehend in großen Städten und Ballungsgebieten. Epi- und endolithische Flechten auf kalkhaltigem Substrat der Steine haben eine

größere Toleranz gegen SO_2, weil es eine Abpufferung zum SO_3-Ion bewirkt, das weniger toxisch ist.
Außer Flechten können Algen, Pilze und Moose in ihrer Gesamtheit gute Anzeiger für Verunreinigung der Luft sein. Allerdings bedarf es großer Erfahrung, um aus ihrem Vorkommen oder Fehlen Rückschlüsse auf die Menge an Schadstoffen zu ziehen. Von solchen Kryptogamen müssen in jedem Untersuchungsgebiet zunächst Serien nach dem Grad ihrer Empfindlichkeit ermittelt werden. Außerdem ist zu beachten, daß einige Flechten und Algen nur wegen höherer Lufttrockenheit aus manchen Stadtteilen zurückgedrängt werden, also nicht unbedingt wegen Verschmutzung der Luft fehlen. Das Mikroklima hat für das Wachstum von Flechten große Bedeutung. Moose speichern in hohem Maß Schwermetalle in ihren Zellen.
Für die verschiedenen Bedingungen im Untergrund und das Vorkommen an Kryptogamen auf Steinen und Baumrinde haben sich Hornmilben (Oribatei) als geeignete Indikatoren erwiesen. Ihr Artenbild ändert sich deutlich von den Außenbezirken der Stadt über Parks und Ruderalstellen bis zum eng bebauten Stadtkern.

Pflaster und Mauerritzen. Das Mikroklima ist für die im Bereich der Häuser lebenden kleinen Tiere wichtiger als das Großklima der Stadt. Allein in Oldenburg wurden zwischen Pflastersteinen der Bürgersteige, Parkplätze und Straßen 22 Arten von aculeaten Hymenopteren (Ameisen, Grabwespen, Grabbienen u. a.) als Nistbewohner festgestellt. Sie erscheinen wegen der günstigen kleinklimatischen Bedingungen dort früher als außerhalb des Stadtgebietes und können daher zum Teil noch eine weitere Generation im Jahr hervorbringen (Abb. 14.5).
Ein besonderer Lebensraum bei Gebäuden am Stadtrand kann unter Steinen einer Hausterrasse entstehen, sofern deren Fugen nicht zu dicht aneinander liegen. Hier wurden in Kiel unter einer Fläche von 5,6 m^2 ohne Berücksichtigung der Mesofauna über 70 Arten registriert (Abb. 14.6). Es treffen Synanthrope, vor allem aus dem Keller, mit Bewohnern des Gartens zusammen. – Selbst eine alte Stadtmauer mit ausgeprägtem Lückensystem zwischen den Steinblöcken und je nach der Exposition verschiedenem Mikroklima besitzt eine eigene Biozönose, deren Arten durch Wohn- und Nahrungsbeziehungen verknüpft sind. Da sie sich zum Teil räumlich und zeitlich aus dem Wege gehen, ist die Lebewelt recht vielseitig. Lückenbewohner und Klettervermögen bestimmen die Auswahl der Pflanzen und Tiere. Unter den letzteren gibt es Fallensteller, Lauerer, Jäger, Stechsauger, doch wenige Weidegänger. Kennzeichnend sind Ortstreue, Thigmotaxis, Aggregationsbildung, Euryökie, hoher Anteil (etwa 50 %) an Synanthropen. Es leben dort Schnecken, Asseln, Spinnen, Weberknechte, Oribatiden, Collembolen, Ameisen, Grabwespen, Dipteren und Schnabelkerfe.

Gebäude. Ganz spezifisch ist die Besiedlung der Bauwerke. Dächer und Häuserwände bieten manchen Vögeln Nistplätze. Moospolster auf dem Dach haben eine spezielle Mikrofauna. Fledermäuse suchen Verstecke vor allem in Altbauten. In vielen Städten Europas ist *Eptesicus serotinus* noch recht häufig. Ihr Flugbeginn

Abb. 14.5: Lebensspuren von Stadtbewohnern (Orig.).
Oben: Nistlöcher der Seidenbiene *(Colletes daviesanus)* in den Mörtelfugen einer Hauswand; links unten: Öffnungen von Nistgängen der Erdbiene *Andrena barbilabris* auf Trittstellen im Bahnhofsgelände einer Kleinstadt; rechts unten: von der unter Steinen lebenden Ameise *Lasius niger* ausgeworfene Erde.

hängt von der Zeit des Sonnenuntergangs ab (s. Abb. 6.16). Auch *Plecotus auritus* und *Pipistrellus pipistrellus* sind schon fast synanthrope Fledermäuse geworden.
Recht unterschiedlich ist das Artenbild in Gewächshäusern, Mühlen, Bäckereien, aber auch auf Dachböden, in Zimmern und Kellern. Außerdem sei auf die Bewohner von verbautem Holz (Pilze, Insekten), auf Vorratsschädlinge und Hausungeziefer hingewiesen. Viele stammen aus anderen geographischen Zonen und mußten sich an die neuen Verhältnisse anpassen. Die Erforschung der Lebensweise und Umweltansprüche solcher Arten hat unser ökologisches Wissen sehr bereichert (Abb. 14.7). Nicht dargestellt auf der Abbildung sind die gleichfalls häufigen Korn- und Reiskäfer *(Sitophilus)*, Kornmotte *(Nemapogon)* und Milben. Mehlmotte und verwandte *Ephestia*-Arten werden sogar im Klima Mitteleuropas noch im Freien gefunden. Auch der Hausbock *(Hylotrupes bajulus)*, ein wichtiger Holzschädling

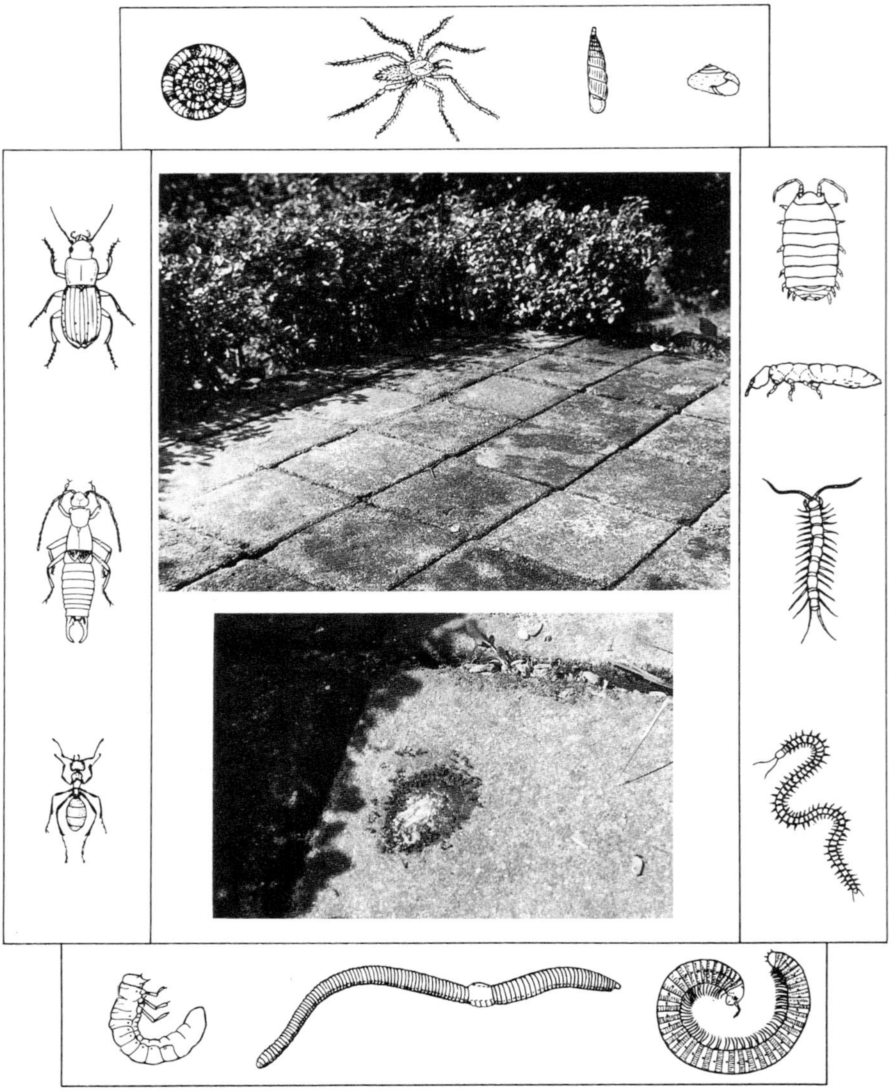

Abb. 14.6: Tierleben unter einer Steinterrasse (Oben: Teil der Terrasse; darunter: zum Fraß an Vogelkot hervorgekommene Ameisen *(Lasius niger)*) (nach Tischler 1966).
Umrahmung – Oben: Lithophile Arten auf der Unterseite der Steinplatten (Schnecken und Spinnen). **Links:** Tiere des Hohlraums zwischen Steinen und Boden (Laufkäfer, Ohrwürmer, Ameisen). **Unten:** Meist *im* Boden unter den Steinen lebende Arten (Käferlarven, Regenwürmer, Tausendfüßer). **Rechts:** In allen drei Strukturteilen vorkommende Arten (Asseln, Collembolen, Chilopoden).

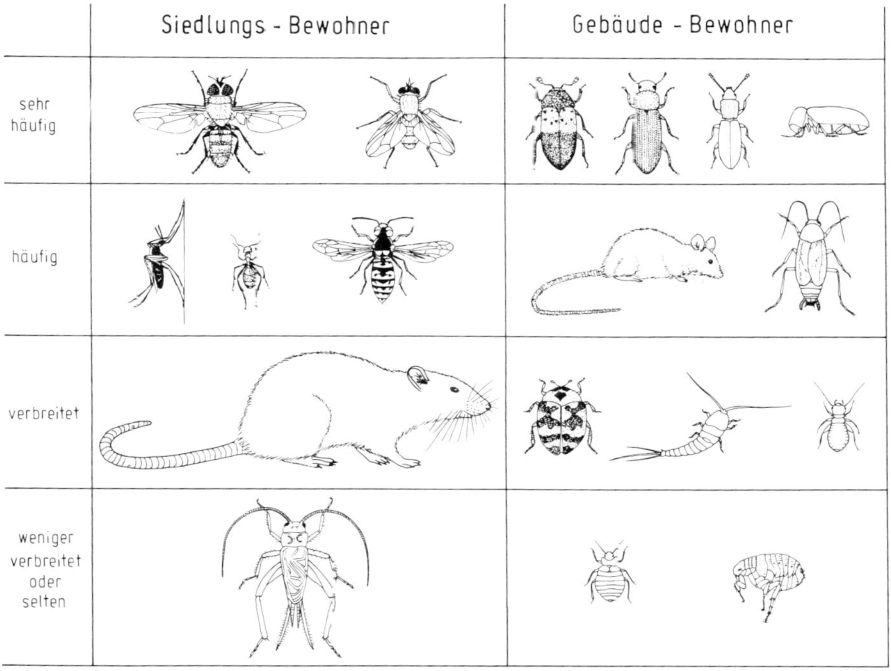

Abb. 14.7: Siedlungs- und Gebäude-Bewohner (nach Tischler 1980).
Links von oben nach unten: 1) Fliegen. 2) Stechmücken, Ameisen, Wespen. 3) Ratten. 4) Heimchen *(Acheta)*. Rechts von oben nach unten: 1) Vorrats- und Holzinsekten *(Dermestes, Tribolium, Oryzaephilus, Anobium)*. 2) Hausmaus, Schaben. 3) Textilschädlinge *(Anthrenus)* und Lästlinge *(Lepisma, Liposcelis)*. 4) Temporärparasiten (Bettwanze, Flöhe).

von Dachböden, kann sich in Deutschland und Schweden in Kiefernforsten und Telegraphenmasten entwickeln.

Starke Luftverschmutzung durch Ammoniak ermöglicht Nitrit- und Nitratbakterien, welche NH_3 verarbeiten, Bausteine zu besiedeln, namentlich solche aus Sandstein. Ihre Ausscheidungen zerstören daher auch Baudenkmäler.

Die Bedeutung zeitbedingter hygienischer Gegebenheiten geht aus folgender Beobachtung hervor. In einer Wohnung am Stadtrand von Kiel (mit Hühnerhaltung, Kartoffel- und sonstiger Vorratslagerung im Keller, Gemüsebau statt Rasen im Garten) wurden nach dem 2. Weltkrieg 181 Arten von Dipteren in Zimmern gefangen, darunter 32 Indigene aus Haus und Garten. Heute dringen in die gleiche Wohnung nur ganz vereinzelt wenige Fliegen- und Mückenarten ein.

14.6 Gewässer

Parkteiche, Löschwasserbecken, Flußarme, Kanäle, kleine Wasserstellen im Stadtbereich beherbergen viele Pflanzen und Tiere. Unter ihnen spielen Insekten wiederum eine große Rolle. Das gilt namentlich für Dipterenlarven (vor allem Mükken), Wasserwanzen und Wasserkäfer. Für die Wiederbesiedlung im Frühjahr oder die Erstbesiedlung neu angelegter Teiche ist die Lage des Gewässers in der Stadt von Bedeutung. Fliegende Wasserinsekten werden im Stadtgebiet leicht durch reflektierende Flächen oder Lichtquellen irregeführt. Dies betrifft z. B. die großen Schwimmkäfer *(Dytiscus)*, die einem inmitten der Stadt gelegenen Teich oft fehlen. Am schnellsten erscheinen meistens Wasserläufer (Gerridae), Ruderwanzen (Corixidae), Taumelkäfer (Gyrinidae) und einige Libellen. Sogar kleine Tümpel enthalten häufig Molche und Frösche. Wassergeflügel wie die Stockente *(Anas platyrhynchos)* folgte den Flüssen, Flußarmen und Kanälen bis in die Städte hinein.
Fütterung erhöhter Bestände an Wasservögeln aller Art und das Einsetzen von Fischen bestimmen weitgehend das Lebensgeschehen in den innerstädtischen Parkteichen. Durch Verbiß und Vertritt, vornehmlich der Enten, schwinden die typische Ufervegetation und mit ihr Wasserschnecken, Frösche, Libellen und andere Tiere. Fischschwärme eliminieren vor allem die großen Zooplankter. Dadurch kann das Phytoplankton zu anhaltender «Wasserblüte» kommen, die meist weniger durch ein Übermaß an Nährstoffen als vielmehr durch deren «kurzgeschlossenen Kreislauf» bedingt ist. Am Teichgrund lagert sich Faulschlamm ab, der nur von anaëroben Bakterien, von Ringelwürmern (Tubificidae) und Larven der Zuckmücken (Chironomidae) besiedelt wird.
Schon ein kleines Wasserbecken im Garten weist nach einem Jahr eine reiche Algen- und Pilzflora und eine mannigfaltige Kleintierwelt auf. Bei einer diesbezüglichen Untersuchung, die auf mehrjährigen Beobachtungen gründet, gelangte ein Viertel der Tierarten, zu denen Oligochaeten, Kleinkrebse und Wassermilben gehören, durch Wind oder durch Transport mit fliegenden Insekten und Vögeln hinein. Den weitaus größten Teil der Wasserbewohner stellten die Fluginsekten selbst. Sie leben entweder auch als Vollkerfe noch im Wasser (Käfer, Wanzen) oder legen wenigstens ihre Eier in das Becken und verbringen ihre Larvenzeit in demselben (Libellen, Dipteren, Trichopteren). Im geschilderten Beispiel stammten die meisten Organismen aus der Litoralzone von Seen.

14.7 Mensch und Stadt

Die Lebenshaltung des Menschen und seine von Technik, Handel und Verwaltung geprägte Arbeit in der Stadt wäre ohne Zufuhr von Wasser, Nahrung und Energie sowie dem Abtransport fester Abfälle und Abwässer nach draußen nicht möglich. Besonders eng bleibt die Verbindung mit der Agrarlandschaft, zu der es keine scharfen Grenzen gibt.
In Nordamerika lebten 1980 etwa 74 % in Städten, in Europa und Australien 70 %,

im Gebiet der ehemaligen Sowjetunion und in Lateinamerika je 60 %, in Asien und Afrika 27 %. Auf die Weltbevölkerung gesehen betrug 1920 der Anteil der Stadtbewohner 14 %, 1980 schon 40 %, im Jahre 2000 rechnet man mit 50 %.
Durch die zunehmende Verstädterung ergibt sich eine neuartige Situation: (1) Die Vergrößerung der Städte führt zu höherem Raumbedarf und den dafür notwendigen Transportstraßen. Dies geschieht auf Kosten landwirtschaftlicher Nutzflächen. In den USA gehen in jedem Jahrzehnt etwa 2,5 Millionen Hektar Land durch Bebauung und Straßen der Natur verloren. Vor 1900 gab es noch keine Stadt mit 5 Mill. Einwohnern, 1950 waren es schon sechs, 1980 bereits 28 Städte. (2) Der Bedarf an Wasser, Energie und Rohstoffen wächst mit der Zusammenballung der Städte und bedingt zugleich die Verletzbarkeit des «Ökosystem Stadt». (3) Konzentration von Luftverschmutzung und Wärmeenergie. (4) Täglich muß Nahrung in die Stadt gebracht werden; der Mensch bildet das Ende vieler Nahrungsketten. (5) Das Abfallproblem wird größer. (6) Der Anstieg der Bevölkerung in der Stadt beruht nur zu 60 % aus eigener Vermehrung, zu 40 % aus Einwanderung. (7) Es ergeben sich neue Fragen für das Gesundheitswesen und die Überalterung des Menschen. (8) Psychologische und physiologische Umstellung vom Land- zum Stadtleben. (9) Dies bedingt zugleich die steigende Reiselust; daher die heutige Bedeutung des Tourismus. (10) Die Stadt ist der Mittelpunkt von Ideenaustausch und Konzentration für neue Erfindungen.

14.8 Ökologische Gesetzmäßigkeiten

Wichtige Tatsachen der Urbanökologie seien im folgenden präzisiert:

Lebensräume: In Obstgärten, Parks, verbautes Holz der Gebäude gelangten Bewohner des Waldes hinein; in Gärten und Grasflächen solche der Agrarlandschaft; in manche Ruderalstellen Arten von Trockenrasen und Halbwüsten. Häuser bilden einen Ersatz für Felsen und Steinwüsten. Kanäle, Teiche, Kleinstgewässer bringen limnische Lebensräume in den Stadtbereich.

Inseleffekte. Durch die Strukturierung einer Stadt entstehen inselartig verteilte Biotope, wie isolierte Parks, Stadtgärten, Garten- und Parkteiche, spezielle Gebäudetypen. Für deren Besiedlung sind Größe und Entfernung wesentlich. In derartigen «Inseln» können Feind-Beute-Systeme stärker fluktuieren als in großflächigen Lebensräumen. Vielgestaltigkeit muß nicht unbedingt stabilisieren. Zur Besiedlung solcher «Inseln» eignen sich Arten mit gutem Ausbreitungsvermögen.

Artenbild. Verarmung der heimischen Pflanzen- und Tierwelt, vor allem zum Stadtkern hin. Andererseits Bereicherung durch neugeschaffene Bedingungen (geringerer Feinddruck, leichter Erwerb von Nahrung, Siedlungsmöglichkeiten, Verstecke). Einwanderer und eingeschleppte Arten können sich in anderen geographischen Breiten einbürgern. Mehrere Hundert Pflanzenarten/km^2 sind in einer

Großstadt mit aufgelockerter Bebauung keine Seltenheit. Trotz Unterschieden im Großklima geographisch entfernter Städte gibt es einen Grundstock gemeinsamer Arten, Gattungen und Lebensformen.
In das dynamische Bild gehört der Häufigkeitswechsel mancher Arten im Verlauf längerer oder kürzerer Zeiträume. So ist neuerdings durch vermehrte und nicht immer hygienisch einwandfreie Haltung von Hauskatzen der Katzenfloh *(Ctenocephalides felis)* in den Städten vieler Länder häufiger geworden, der auch den Menschen sticht. Der früher vorherrschende Menschenfloh *(Pulex irritans)*, der auch Schweine befällt, wurde dagegen selten. Als ein weiterer Lästling kann der Hühnerfloh *(Ceratophyllus gallinae)* von Vogelnestern her den Menschen heimsuchen. Dies geschieht vor allem im Frühjahr, während Katzenfloh und Hundefloh *(Ct. canis)* mehr zu einer Belästigung in den Sommermonaten führen.

Massenauftreten. Manche Arten vermehren sich unter den neuen Verhältnissen besonders stark. Es betrifft namentlich Vorratsschädlinge (vor allem Milben) und Haus-Ungeziefer (Schaben, Staubmilben). Doch kommt es auch im Freien zur Massenvermehrung, wie Graszünsler *(Crambus)*, Tipuliden und Scarabaeiden auf Rasenplätzen zeigen. Die Grasmilbe *(Bryobia haustor)* dringt sogar in die Häuser ein.
Zugenommen haben in letzter Zeit die 0,2–0,5 mm kleinen Staubmilben, die bis zu 200, gelegentlich sogar bis zu 10000 Individuen in 1 g Staub vorkommen können. Am häufigsten sind die Pyroglyphidae *Dermatophagoides farinae* und *D. pteronyssinus*, die in der Natur an Vogelfedern und in Vogelnestern leben. Sie halten sich in Wohnungen mit Vorliebe unter Matratzen, in Teppichen und Polstermöbeln auf, wo sie sich von Hautschuppen, Feder- und Haarresten, Bakterien, Sporen und Hyphen von Schimmelpilzen sowie von Pollen ernähren. In ihren Kotpartikeln befindliche Stoffe rufen bei vielen Menschen starke Allergien hervor. Die Milben sind heute fast weltweit verbreitet.

Verhalten. Einige Tiere der Stadt ändern sich in ihrem nichterblichen Verhalten: Gewöhnung nachtaktiver Schmetterlinge an ständige Straßenbeleuchtung; Übergang vieler Insekten an fremdländische Zierpflanzen in den Grünanlagen der Städte; Änderungen der Nistgewohnheiten und der Fluchtdistanz bei Vögeln, Erhöhung des Anteils von Stand- gegenüber Zugvögeln bei Teilziehern. In diesem Zusammenhang ist interessant, daß die ausgeprägte Bindung der West-Hausmaus *(Mus musculus domesticus)* an den Menschen auf Inseln im Nordatlantik und vor der englischen Küste wieder aufgegeben wurde.
Wildlebende Säugetiere können ihre Scheu vor dem Menschen verlieren. So gewöhnen sich neuerdings in zunehmendem Maße Steinmarder *(Martes foina)*, die in Wäldern und Agrarräumen große Streifgebiete haben, an ländliche Ortschaften und Städte, wo sie mit Vorliebe Dachböden bewohnen. Die Jungtiere nagen gerne an Zündkabeln, Kühlschläuchen und Isoliermaterial von Autos. Der Steinmarder ist sehr anpassungs- und lernfähig. – Vor allem in Großstädten Englands sind Füchse *(Vulpes vulpes)* von Wald- zu Stadtbewohnern geworden. In einigen Bezirken von London und Bristol erreichen sie Populationsdichten von fünf Familien-

gruppen/km², deren Sexualindex, Natalitäts- und Mortalitätsraten konstant bleiben. – Präriewölfe *(Canis latrans)* dringen von Kanada bis Panama in Städte ein, wo sie von Abfällen aller Art, von Eidechsen, Schlangen, Heuschrecken, Nagetieren, Geflügel leben und sogar Katzen jagen.

Genetische Änderungen. Verlust endogener Dormanz bei Samen mancher Kulturpflanzen. Polyploidie vieler Ruderalpflanzen. Entstehung neuer Unterarten bei Pflanzen *(Oenothera, Corispermum, Bromus)*. Resistenz von Ratten, Insekten und Milben gegen Biozide. Industriemelanismus bei Insekten, vor allem Schmetterlingen.

Konnexe. Die verschiedenen Organismen in der Stadt sind in mannigfacher Weise durch Nahrungsbeziehungen verknüpft. Das beginnt schon mit Subsystemen in Strukturteilen. So leben auf Dachböden verschiedene Räuber (Milben, Cleridae) und Parasitoide (Braconidae, Chalcidoidea) von holzzerstörenden Insektenlarven. Die Parasitoide ihrerseits fallen Spinnen zum Opfer.
Bereits durch Staubreste im Haus kann eine Nahrungskette entstehen, die mit Bakterien und Schimmelpilzen ihren Anfang nimmt und über saprotrophe Kleintiere (z. B. Staubmilben) zu räuberischen Milben *(Cheyletus)* und von ihnen zu Spinnen führt.

Stoff- und Energiehaushalt. In Städten gibt es ein Übergewicht der Konsumenten (in erster Linie durch den Menschen, seine Hunde und Katzen). Demgegenüber haben Produzenten und Destruenten geringere Bedeutung. Durch reichen Import (Stoff- und Energiezufuhr) und Export (Beseitigung der Abfälle, Warentransport) ist ein von außen abhängiges Ökosystem entstanden, das zudem noch von Emissionen fester, flüssiger und gasförmiger Substanzen belastet wird. Emissionen beschleunigen die Verwitterung der Bausteine, die dann vor allem von Cyanobakterien und Pilzen besiedelt werden.

Ausblick: Kritische Betrachtungen zur Ökologie

Bei der Suche nach fundamentalen Gesetzen in der Ökologie, ähnlich solchen der Genetik, Molekularbiologie oder Physiologie, liegt eine Verkennung der Gegebenheiten vor. Den gleichen Fehler begeht man, wenn man Ökologie nur nach der Fähigkeit zu Voraussagen bewerten will. Zu je größeren Lebenseinheiten man kommt, je mehr man die Manifestierung des Lebens in seiner Vielfalt und Verknüpfung erfassen möchte, desto geringer wird die Möglichkeit allgemeingültiger und prognostischer Aussagen. Die theoretische Basis der Ökologie kann daher nie mehr als bestimmte Tendenzen und Prinzipien aufzeigen. Damit sollte sie sich begnügen.

Die Individuen innerhalb einer **Population** sind genetisch verschieden. Trotzdem wird eine Population bei mathematischen Berechnungen oder Modellen als einheitlich vorausgesetzt. In der Natur kann aber das aus der Norm fallende Verhalten oder die Durchsetzungskraft von «Einzelgängern» für das Überleben einer Population entscheidend sein. Die gleichen Räuber und Parasiten, die an einem Ort ein wirksames Regulativ zur Begrenzung der Massenvermehrung einer Art bilden, sind in anderen Situationen bedeutungslos. Ob es dichteabhängige Vorgänge in Bevölkerungen gibt oder nicht, darf keine Streitfrage werden, weil je nach der Situation beide möglich sind.

Ebenfalls müssen viele Begriffe für das Geschehen im **Ökosystem** mit Vorsicht angewendet werden. In einigen Fällen kann Artenreichtum zu größerer Stabilität führen, in anderen gerade nicht. Außerdem ist der Begriff Stabilität relativ, weil er von der herangezogenen Arealgröße und Zeitspanne abhängt. – Sukzessionen können als einfache Folgeserien von Arten ablaufen, entsprechend den sich ändernden Außenbedingungen, aber auch echte «Metabiosen» enthalten, bei denen einige Organismen anderen erst die Lebensmöglichkeit schaffen. Einen gesetzmäßigen Ablauf wie bei der Entwicklung eines Individuums gibt es dabei jedoch nicht. – Nahrungsketten und Nahrungsnetze sind notwendige, aber subjektive Vereinfachungen. Schon die Zugehörigkeit einer Art zu einer «trophischen Ebene» kann sich mit dem Lebensalter, der Jahreszeit und der ökologischen Situation ändern. Zudem ist bei Tieren mindestens potentielle Eurytrophie häufig. Außerdem werden die Lebewesen nicht nur durch ein sich ständig änderndes, sondern auch durch ein sich selbst wiederherstellendes, neues Web- oder Stickmuster (pattern) verknüpft. Die Vorstellung einer einfachen Vernetzung der Arten genügt also nicht, um die Zusammenhänge der Natur zu begreifen, zumal wenn die hierarchische Ordnung mit ihren Subsystemen und den Organismen höchst unterschiedlicher Größenordnung, Funktionen, Dynamik außeracht gelassen oder ungenügend berücksichtigt wird. – Arten mit gleichen oder ähnlichen Ansprüchen an die Umwelt gehen sich keineswegs immer «aus dem Wege». Wo geringe Populationsdichte in einem Ökosystem zum Lebensprinzip geworden ist, wie im tropischen Regenwald einschließlich seiner aquatischen Subsysteme, können durchaus verwandte Arten mit gleicher

Biologie zusammen leben. Überhaupt müssen die für die gemäßigten Zonen erkannten «Gesetzmäßigkeiten» nicht unbedingt für andere Regionen, etwa für die Tropen, gelten, weil das Leben dort andere Strategien der Anpassung und Selbstbeherrschung entwickelt haben kann.

Auch Begriffe wie r- und K-Selektionsstrategien, Biologisches Gleichgewicht, Ökologische Nische, Biozönotische Affinität, Fassungsvermögen des Lebensraumes, Modelle von Interaktionen zweier Arten dürfen nur mit Zurückhaltung verwendet werden. Mindestens führt ihre mathematische Behandlung nur zu einer Scheinexaktheit. Die Natur läßt sich in der höchsten Ebene der Lebensentfaltung nicht in wenige Regeln pressen. Wäre dies anders, ließen sich Erfolg oder Nichterfolg bei Eingriffen in die Landschaft, etwa beim Pflanzenschutz oder beim Naturschutz voraussagen. Das einzig durchgängige Prinzip in der Ökologie von Allgemeingültigkeit betrifft den «großen Rahmen» von Stoffkreisläufen und Energietransfer in Ökosystemen. Aber selbst in der darauf aufbauenden Produktionsbiologie zeigt sich, wie durch für Modellvorstellungen nötige Vereinfachung die Eigenarten der verschiedenen Landschaften eliminiert oder Subsysteme als «black boxes» ausgeklammert werden, deren Erforschung eine wichtige Aufgabe der Ökologie sein sollte.

Heute steht der **Schutz der Natur** vor dem Menschen und für ihn im Vordergrund vielfältiger Bemühungen. Dazu gehören Maßnahmen zur Erhaltung wildlebender Pflanzen und Tiere (Artenschutz), zum Bestand natürlicher und naturnaher Lebensräume (Reservatschutz), zur Pflege, Gestaltung und Überwachung einer eingeschränkten Nutzung größerer Landschaftsteile (Landschaftsschutz).

Bei den sog. «Roten Listen» der in ihrem Bestand gefährdeten Pflanzen und Tiere handelt es sich meist nur um aufgelistete seltene Arten. Hier sollte man an größere Regionen denken. Oft sind Organismen, die in einem kleinen Land als schützenswerte Arten gelten, nur wieder zurückweichende Vorposten eines weit größeren Areals, in dem sie noch durchaus häufig sind. Auch «Auswilderung» von Vögeln und Säugetieren nach Aufzucht in Gefangenschaft muß mit Vorsicht betrieben werden. Haltung und Zucht unterliegen bereits einer Auslese bei Bedingungen der Gefangenschaft, die für ein Wildleben ungünstige Eigenschaften fördern kann.

Geschützte Biotope müssen groß genug sein, damit die für sie charakteristischen Arten sich dort auf die Dauer halten können. Daher hat man Reservat- und Landschaftsschutz in den sog. «Biosphären-Reservaten» kombiniert. Dort gehen, wie zum Beispiel in der Rhön, größere streng geschützte Kerngebiete (Urwald, Moore, Gewässer) erst über einen Gürtel von naturnahen, nur extensiv genutzten Pufferzonen (Magerrasen, Streuwiesen, naturnahe Wälder) in die traditionell bewirtschaftete Landwirtschaft über. Gewisse Konflikte zwischen Landwirtschaft und Umweltschutz wird es noch lange geben. Doch ließe sich quantitatives Wachstum mehr als bisher durch qualitatives ersetzen.

Auf einen Nenner gebracht, ist die wichtigste Ursache der anthropogenen Umweltveränderungen das rasche Wachstum der Menschheit. Mit dieser «Bevölkerungsexplosion» mußte die technische Entwicklung Schritt halten, um möglichst viele Menschen mit den Notwendigkeiten des Lebens zu versorgen. Andererseits verursachten Wissenschaft und Technik gerade den steilen Anstieg der Populationskurve. Maßvollen Belangen der Wissenschaft gegenüber aufgeschlossen zu sein, sich die ökologischen Erkenntnisse bei der Pflege und Gestaltung der Landschaft nutzbar zu machen und die Schönheit der Natur nicht aus dem Auge zu verlieren, setzen den Willen zum Abwägen, Bereitschaft zum Kompromiß und die Fähigkeit des Denkens in großen Zusammenhängen voraus.

Literatur

Zu A. Allgemeine Ökologie

Gesamtdarstellungen

Begon, M., Harper, J., Townsend, C.: Ecology. Individuals, populations and communities. – Blackwell Sci. Publ. Oxford/London/Edinburgh 1986, 876 S.

Bick, H.: Ökologie. – G. Fischer, Stuttgart/New York 1989, 327 S.

Bick, H., Hansmeyer, K., Olschowy, G., Schmoock, P. (Ed.): Angewandte Ökologie – Mensch und Umwelt. – G. Fischer, Stuttgart/New York 1984, Bd. 1, 531 S., Bd. 2, 552 S.

Kloft, W., Gruschwitz, M.: Ökologie der Tiere. – Ulmer, Stuttgart, 2. Aufl. 1989, 333 S.

Müller, H. J. (Ed.): Ökologie. – G. Fischer, Jena, 2. Aufl. 1991, 415 S.

Odum, E. P. (Übers. von J. und E. Overbeck): Grundlagen der Ökologie. – Thieme, Stuttgart 1980, 2 Bände 836 S.

Osche, G.: Ökologie. – Herder Verl., Freiburg/Basel/Wien, 3. Aufl. 1975, 143 S.

Remmert, H.: Ökologie. – Springer, Berlin/Heidelberg/New York, 4. Aufl. 1989, 374 S.

Schaefer, M.: Ökologie. Wörterbücher der Biologie. – G. Fischer, Jena/Stuttgart, UTB **430,** 3. Aufl. 1992, 433 S.

Steubing, L., Schwantes, H.: Ökologische Botanik. – Quelle & Meyer, Heidelberg, UTB **888,** 1981, 408 S.

Streit, B.: Ökologie. – Thieme, Stuttgart/New York 1980, 235 S.

Stugren, B.: Grundlagen der allgemeinen Ökologie. – G. Fischer, Jena, 4. Aufl. 1986, 356 S.

Winkler, S.: Einführung in die Pflanzenökologie. – G. Fischer, Stuttgart, UTB **169,** 2. Aufl. 1980, 256 S.

Zu 1: Einleitung

Breckling, B., Ekschmitt, K., Mathes, K., Weidemann, G.: Realität und Abstraktion. Konzepte der Modellierung ökologischer Fragestellungen. – Verh. Ges. Ökol. **20,** 787–814 (1991).

Briggs, J., Peat, F.: Die Entdeckung des Chaos. – C. Hanser Verl., München/Wien 1990, 330 S.

Futuyma, D.: Evolutionsbiologie. – Birkhäuser, Basel/Boston/Berlin 1990, 679 S.

Günther, K.: Oekologische und funktionelle Anmerkungen zur Frage des Nahrungserwerbs bei Tiefseefischen mit einem Exkurs über die ökologischen Zonen und Nischen. – In: Moderne Biologie, Festschr. Nachtsheim; F. W. Peters, Berlin 1950, 55–93.

Janetschek, H. (Ed.): Ökologische Feldmethoden. – Ulmer, Stuttgart 1982, 175 S.

Koepcke, H. W.: Die Lebensformen (Grundlagen zu einer universell gültigen Theorie). – Goecke & Evers, Krefeld 1973/74, 2 Bände, 1684 S.

Mayr, E.: Die Entwicklung der biologischen Gedankenwelt. Vielfalt, Evolution und Vererbung. – Springer, Berlin/Heidelberg/New York 1984, 766 S.

Mühlenberg, M.: Freilandökologie. – Quelle & Meyer, Heidelberg/Wiesbaden, UTB **595**, 2. Aufl. 1988, 214 S.

Remane, A.: Die Bedeutung der Lebensformtypen für die Ökologie. – Biol. Generalis **17**, 164–182 (1943).

Remane, A.: Ordnungsformen der lebenden Natur. – Studium Generale **3**, 404–410 (1950).

Sperlich, D.: Populationsgenetik. – G. Fischer, Stuttgart/New York, 2. Aufl. 1988, 240 S.

Tischler, W.: Naturgeschichte und Ökologie. – Zool. Anz. (Jena) **219**, 297–304 (1987).

Trepl, L.: Geschichte der Ökologie vom 17. Jahrhundert bis zur Gegenwart. – Athenäum, Frankfurt/M 1987, 280 S.

Zu 2: Umweltbeziehungen und Lebensvorgänge

Black, C.: Ecological implications of dividing plants into groups with distinct photosynthetic production capacities. – Adv. Ecol. Res. **7**, 87–114 (1971).

Burckhardt, D.: Birds, berries and UV. A note on some consequences of UV vision in birds. – Naturwiss. **69**, 153–157 (1982).

Dechamp, P., Cooke, T.: Leaf dimorphism in aquatic Angiosperms: Significance of turgor pressure and cell expansions. – Science **219**, 505–507 (1983).

Edney, E.: Water balance in land arthropods. – Zoophysiol. and Ecol. **9**. Springer, Berlin-/Heidelberg/New York 1977, 282 S.

Feeny, P.: Seasonal changes in oak leaf tannins and nutrients as a cause of spring feeding by winter moth caterpillars. – Ecology **51**, 565–518 (1970).

Heydemann, B., Müller-Karch, J.: Strategien der Säuberung bei Tieren. Zur Frage der Organisation der Hygiene bei tierischen Organismen. – Zbl. Bakt. Hyg. I Abt. Orig. B **163**, 311–382 (1976).

Hillmann, W.: The physiology of phytochrome. – Ann. Rev. Plant Physiol. **18**, 301–324 (1967).

Kreeb, K.: Ökophysiologie der Pflanzen. Eine Einführung. – G. Fischer, Jena 1974, 211 S.

Larcher, W.: Ökologie der Pflanzen. – Ulmer, Stuttgart, UTB **232**, 4. Aufl. 1984, 403 S.

Merkel, F.: Orientierung im Tierreich. – G. Fischer, Stuttgart/New York 1980, 279 S.

Müller, H. J.: Über die ökologische Bedeutung des Polymorphismus. – Mitt. dtsch. Ges. allg. angew. Ent. **4**, 258–263 (1985).

Precht, H., Christophersen, J., Hensel, H., Larcher, W.: Temperature and Life. – Springer, Berlin/Heidelberg/New York, 2. Aufl. 1973, 779 S.

Prokopy, R., Owens, E.: Visual detection of plants by herbivorous insects. – Ann. Rev. Ent. **28**, 337–364 (1983).

Rahn, H., Ar, A.: How bird eggs breathe. – Sci. Americ. **241**, 46–55 (1979).

Schmidt-Nielsen, K.: Animal physiology. Adaptation and environment. – Cambridge Univ. Press, Cambridge/London, 2. Aufl. 1980, 560 S.

Semm, P., Demaine, C.: Neurophysiological properties of magnetic cells in the pigeon visual system. – J. Comp. Physiol. A **159**, 619–625 (1986).

Storey, K., Storey, J.: Biochemical adaptation for freezing tolerance in the wood frog, *Rana sylvatica*. – J. Comp. Physiol. B **155**, 29–36 (1984).

Tischler, W.: Zur Ökologie der wichtigsten in Deutschland an Getreide schädlichen Pentatomiden I u. II. – Z. Morph. Ökol. Tiere **34,** 317–366 (1938), **35,** 251–287 (1939).

Visser, J.: Host odor perception in phytophagous insects. – Ann. Rev. Ent. **31,** 121–144 (1986).

Vries, A. de: Biological antifreeze agent in cold water fishes. – Comp. Biochem. Phsiol. **73** A, 627–640 (1982).

Weis, A., Walton, R., Crego, C.: Reactive plant tissue sites and the population biology of gall makers. – Ann. Rev. Ent. **33,** 467–486 (1988).

Zwölfer, H.: Das Treffpunkt-Prinzip als Kommunikationsstrategie und Isolationsmechanismus bei Bohrfliegen (Diptera: Trypetidae). – Entomol. Germanica (Stuttgart) **1,** 11–20 (1974).

Zu 3: Überlebensstrategien

Beck, St.: Insect photoperiodism. – Acad. Press, New York/London, 2. Aufl. 1980, 385 S.

Beck, St.: Insect thermoperiodism. – Ann. Rev. Ent. **28,** 91–108 (1983).

Berthold, P., Terril, S.: Recent advances in studies of bird migration. – Ann. Rev. Ecol. Syst. **22,** 357–378 (1991).

Cloudsley-Thompson, J.: Animal behaviour. – Mac Millan Comp. New York 1961, 162 S.

Dingle, H. (Ed.): Evolution of insect migration and diapause. – Proc. Life Sciences, Springer, New York/Heidelberg/Berlin 1978, 284 S.

Gerlach, S.: Tierwanderungen. – In: Gessner (Ed.), Handb. Biol. **5,** 413–472. Akad. Verlagsges. Athenaion, Wiesbaden 1977.

Howe, H., Smallwood, J.: Ecology of seed dispersal. – Ann. Rev. Ecol. Syst. **13,** 201–228 (1982).

Larcher, W.: Streß bei Pflanzen. – Naturwiss. **74,** 158–167 (1987).

Müller, H. J.: Dormanz bei Arthropoden. – G. Fischer, Jena/Stuttgart/New York 1992, 289 S.

Pijl, L. v. d: Principles of dispersal in higher plants. – Springer, Berlin/Heidelberg/New York, 2. Aufl. 1972, 162 S.

Raths, P., Kulzer, E.: Physiology of hibernation and relative lethargic states in mammals and birds. – Bonn. Zool. Monogr. **9,** 1–93 (1976).

Remmert, H.: Die Überwindung der Salinitätsschranke zwischen Meer und Land. – Verh. Dtsch. Zool. Ges. (Heidelberg) 310–316 (1968).

Remmert, H.: Der Wasserhaushalt der Tiere im Spiegel ihrer ökologischen Geschichte. – Naturwiss. **56,** 120–124 (1969).

Schaefer, M.: Experimentelle Untersuchungen zum Jahrescyclus und zur Überwinterung von Spinnen (Araneida). – Zool. Jb. Syst. **103,** 127–289 (1976).

Schmidt-Koenig, K.: Das Rätsel des Vogelzugs. – Hoffmann u. Campe, Hamburg 1980, 252 S.

Tischler, W.: Zur Biologie und Ökologie des Opilioniden *Mitopus morio* F. – Biol. Zbl. **86,** 473–488 (1967).

Topp, W.: Vergleichende Dormanzuntersuchungen an Staphyliniden (Coleoptera). – Zool. Jb. Syst. **106,** 1–49 (1979).

Villiers, T.: Dormancy and the survival of plants. – Stud. in Biol. **57.** Camelot Press, Southampton 1978, 68 S.

Zu 4: Antibiosen und Symbiosen

Boucher, D., James, S., Keeler, K.: The ecology of mutualism. – Ann. Rev. Ecol. Syst. **13,** 315–347 (1982).

Buckley, R.: Interactions involving plants, homoptera, and ants. – Ann. Rev. Ecol. Syst. **18,** 111–135 (1987).

Brundrett, M.: Mycorrhizas in natural ecosystems. – Adv. Ecol. Res. **21,** 171–313 (1991).

Dönges, J.: Parasitologie. – Thieme, Stuttgart, 2. Aufl. 1988, 358 S.

Dunn, D.: Biochemical aspects of insect immunology. – Ann. Rev. Ent. **31,** 321–339 (1986).

Faegri, K., Pijl, L. v. d: The principles of pollination ecology. – Pergamon Press, Oxford-/New York/Toronto, 3. Aufl. 1979, 237 S.

Fox, L.: Cannibalism in natural populations. – Ann. Rev. Ecol. Syst. **6,** 87–106 (1975).

Habermehl, G.: Gift-Tiere und ihre Waffen. – Springer, Berlin/Heidelberg/New York, 2. Aufl. 1977, 150 S.

Hänsch, G.: Einführung in die Immunbiologie. – G. Fischer, Stuttgart, UTB **1409,** 1986, 280 S.

Heslop-Harrison, Y.: Fleischfressende Pflanzen. – Spektr. Wissensch., Erst-Ed. Sonderheft, 72–81 (1979).

Henry, S. (Ed.): Symbiosis. – Acad. Press, New York/London, Bd. 1 (1966) 478 S., Bd. 2 (1967) 443 S.

Kuno, E.: Principles of predator-prey interaction in theoretical, experimental and natural population systems. – Adv. Ecol. Res. **16,** 249–337 (1987).

Matthes, D.: Tiersymbiosen und ähnliche Formen der Vergesellschaftung. – G. Fischer, Stuttgart/New York 1978, 241 S.

Pasteels, J., Gregoire, J.-C., Rowell-Rahier, M.: The chemical ecology of defense in arthropods. – Ann. Rev. Ent. **28,** 263–289 (1983).

Polis, G.: The evolution and dynamic of intraspecific predation. – Ann. Rev. Ecol. Syst. **12,** 225–251 (1981).

Price, P. W.: Evolutionary biology of parasites. – Princeton Univ. Press, Princeton, New Jersey 1980, 237 S.

Richards, A. (Ed.): The pollination of flowers by insects. – Acad. Press, London 1978, 213 S.

Spangler, H.: Moth hearing, defense, and communication. – Ann. Rev. Ent. **33,** 59–81 (1988).

Thorn, R., Barron, G.: Carnivorous mushrooms. – Science **224,** 76–78 (1984).

Tischler, W.: Kontinuität des Biosystems Erle *(Alnus)* – Erlenblattkäfer *(Agelastica alni).* – Z. angew. Zool. **64,** 69–92 (1977).

Werner, D.: Pflanzliche und mikrobielle Symbiosen. – Thieme, Stuttgart/New York 1987, 241 S.

Wickler, W.: Mimikry. Nachahmung und Täuschung in der Natur. – Kindler, München 1968, 256 S.

Zwölfer, H.: Mechanismen und Ergebnisse der Co-Evolution von phytophagen und entomophagen Insekten und höheren Pflanzen. – Sonderbd. Naturwiss. Ver. Hamburg **2,** 7–50 (1978).

Zu 5: Populationen

Andrewartha, H.: Introduction to the study of animal populations. – Methuen & Co, London 1961, 281 S.

Andersson, R. M.: The population dynamics of infectious diseases: theory and applications. – Chapman and Hall, London/New York 1982, 368 S.

Antonovics, J., Levin, D. A.: The ecological and genetic consequences of densitiy-dependent regulations in plants. – Ann. Rev. Ecol. Syst. **11,** 411–452 (1980).

Begon, M., Mortimer, M.: Population ecology: a unified study of animals and plants. – Sinauer, Sunderland, Massachusetts, 2. Aufl. 1986, 220 S.

Christiansen, F., Fenchel, T.: Theories of populations in biological communities. – Springer, Berlin/Heidelberg/New York, Ecol. Studies **20,** 1977, 144 S.

Harper, J.: Population biology of plants. – Acad. Press, London/New York/San Francisco 1977, 892 S.

Jerling, L.: Are plants and animals alike? A note on evolutionary plant population ecology. – Oikos **45,** 150–153 (1985).

Kreeb, K.: Ökologie und menschliche Umwelt. – G. Fischer, Stuttgart, UTB **808,** 1979, 204 S.

Pschorn-Walcher, H.: Konkurrenz und Mannigfaltigkeit bei Parasitoiden. – Z. zool. Syst. Evolutionsforschg. **23,** 286–298 (1985).

Rosenthal, G., Janzen, D.: Herbivores. Their interactions with secondary plant metabolites. – Acad. Press, New York/London/Toronto 1979, 718 S.

Tischler, W.: Grundriß der Humanparasitologie. – G. Fischer, Jena, 3. Aufl. 1982, 199 S.

Varley, G., Gradwell, G., Hassell, M. – Populationsökologie der Insekten. Analyse und Theorie. – Thieme, Stuttgart/New York 1980. 211 S.

Zu 6: Ökosysteme

Askew, R.: The diversity of insect communities in leafmines and plant galls. – J. Anim. Ecol. **49,** 817–829 (1980).

Blum, M.: Chemical defenses of arthropods. – Acad. Press, New York/London 1981, 562 S.

Cox, C. B., Moore, P. D.: Einführung in die Biogeographie. – G. Fischer, Stuttgart, UTB **1408,** 1985, 311 S.

Dunger, W.: Tiere im Boden. – Neue Brehmbücherei **327,** Ziemsen, Wittenberg, 3. Aufl. 1983, 280 S.

Ehrendorfer, F.: Geobotanik. – In: Strasburger, Lehrbuch der Botanik, 831–932, G. Fischer, Stuttgart/New York, 33. Aufl. 1991.

Elton, Ch.: The pattern of animal communities. – Methuen & Co, London 1970, 432 S.

Fitter, A. (Ed.): Ecological interactions in soil. – Blackwell Sci. Publ. Oxford 1985, 451 S.

Geiger, R.: Das Klima der bodennahen Luftschicht. – Vieweg & Sohn, Braunschweig, 4. Aufl. 1961, 646 S.

Gisi, U.: Bodenökologie. – Thieme, Stuttgart/New York 1990, 304 S.

Holling, C.: Resilience and stability of ecological systems. – Ann. Rev. Ecol. Syst. **4**, 1–23 (1973).

Horn, H.: The ecology of secondary successions. – Ann. Rev. Ecol. Syst. **5**, 25–37 (1974).

Klötzli, F.: Ökosysteme. – G. Fischer, Stuttgart, UTB **1479**, 2. Aufl. 1989, 464 S.

Kozlowski, T., Ahlgren, C.: Fire and ecosystems. – Acad. Press, New York/San Francisco/London 1974, 542 S.

Lawton, J. H.: Plant architecture and the diversity of phytophagous insects. – Ann. Rev. Ent. **28**, 23–39 (1983).

Lieth, H. (Ed.): Phenology and seasonal modeling. – Springer, Berlin, Heidelberg/New York, Ecol. Studies **8**, 1974, 444 S.

Lieth, H., Whittaker, R.: Primary productivity of the biosphere. – Springer, Berlin/Heidelberg/New York, Ecol. Studies **14**, 1975, 339 S.

O'Neill, R., DeAngells, D., Waide, J., Allen, T.: A hierachical concept of ecosystems. – Monogr. Popul. Biol. **23**. Princeton, Univ. Press, Princeton, New Jersey 1986, 254 S.

Paine, R. T.: Food webs: linkage, interactions, strength and community infrastructure. – J. Anim. Ecol. **49**, 667–685 (1980).

Palmer, J., Brown, F., Edmunds, L.: An introduction to biological rhythms. – Acad. Press, New York/San Francisco/London 1976, 375 S.

Petrusewicz, K., Macfadyen, A.: Productivity of terrestrial animals. Principles and methods. – Blackwell, Oxford/Edinburgh, IBP Handbook **13**, 1970, 190 S.

Rensing, L.: Biologische Rhythmen und Regulation. – Grundbegriffe d. modernen Biol. **10**; G. Fischer, Stuttgart 1973, 263 S.

Schaefer, M.: Einfluß der Raumstruktur in Landschaften der Meeresküste auf das Verteilungsmuster der Tierwelt. – Zool. Jb. System **97**, 55–124 (1970).

Schlee, D.: Ökologische Biochemie. – Springer, Berlin/Heidelberg/New York 1986, 355 S.

Schlesinger, W.: Carbon balance in terrestrial detritus. – Ann. Rev. Ecol. Syst. **8**, 51–81 (1977).

Schönborn, W.: Vergleichende zoozönotische Untersuchungen an Exkrementen, Kadavern, Hutpilzen und Vogelnestern. – Biol. Zbl. **82**, 165–184 (1963).

Sousa, W.: The role of disturbance in natural communities. – Ann. Rev. Ecol. Syst. **15**, 353–391 (1984).

Strong, D., Simberloff, D., Abele, L., Thistle, A. (Ed.): Ecological communities. Conceptual issues and the evidence. – Princeton Univ. Press, Princeton, New Jersey 1984, 613 S.

Swift, M., Heal, O., Anderson, J. M.: Decomposition in terrestrial ecosystems. – Studies in Ecol. **5**, Blackwell Sci. Publ., Oxford/London/Edinburgh 1979, 372 S.

Topp, W.: Biologie der Bodenorganismen. – Quelle & Meyer, Heidelberg, UTB **1101**, 1981, 224 S.

Zwölfer, H.: Evolutionary and ecological relationships of the insect fauna of thistles. – Ann. Rev. Ent. **33**, 103–122 (1988).

Zu B. Spezielle Ökologie

Gesamtdarstellungen

Braun-Blanquet, J.: Pflanzensoziologische Grundzüge der Vegetationskunde. – Springer, Wien/New York, 3. Aufl. 1964, 865 S.

Ellenberg, H. (Ed.): Ökosystemforschung. – Springer, Berlin/Heidelberg/New York 1973, 280 S.

Ellenberg, H. (Ed.): Ökosystemforschung. – Springer, Berlin/Heidelberg/New York 1973, 280 S.

Ellenberg, H.: Vegetation Mitteleuropas mit den Alpen. – Ulmer, Stuttgart, 3. Aufl. 1982, 989 S.

Eyre, S.: Vegetation and soils. A world picture. – Edward Arnold Publ., London, 3. Aufl. 1975, 344 S.

Goodall, D. W. (Ed.): Ecosystems of the world. – Elsevier, Amsterdam/London/New York/Tokyo 1977/92ff., 29 Bände.

Leser, H.: Landschaftsökologie. – Ulmer, Stuttgart, UTB **521**,3. Aufl. 1991, 647 S.

Müller, P.: Arealsysteme und Biogeographie. – Ulmer, Stuttgart 1981, 704 S.

Plachter, H.: Naturschutz. – G. Fischer, Stuttgart, UTB **1563**, 1992, 463 S.

Rheinheimer, G.: Mikrobiologie der Gewässer. – G. Fischer, Jena, 5. Aufl. 1991, 294 S.

Schultz, J.: Die Ökozonen der Erde. – Ulmer, Stuttgart, UTB **1514**, 1988, 488.

Vareschi, V.: Vegetationsökologie der Tropen. – Ulmer, Stuttgart 1980, 294 S.

Walter, H.: Vegetationszonen und Klima. – Ulmer, Stuttgart, UTB **14**, 6. Aufl. 1990, 382 S.

Walter, H., Breckle, S.-W.: Ökologie der Erde. – G. Fischer, Stuttgart (Bd. 1, 238 S.) 1983, (Bd. 2, 461 S.) 1984, (Bd. 3, 587 S.) 1986, (Bd. 4, 586 S.) 1991.

Zu 7: Meer und Brackgewässer

Fenchel, T.: Marine plankton food chains. – Ann. Rev. Ecol. Syst. **19**, 19–38 (1988).

Friedrich, H.: Meeresbiologie. – Borntraeger, Berlin 1965, 436 S.

Gage, J., Tyler, P.: Deep-Sea biology: a natural history of organisms at the Deep-Sea floor. – Cambridge Univ. Press, Cambridge/London/New York 1991, 504 S.

Gerlach, S.: Über das tropische Korallenriff als Lebensraum. – Zool. Anz. (Jena) Suppl. **23**, 356–363 (1960).

Grassle, J.: The ecology of deep-sea hydrothermal vent communities. – Adv. Marine Biol. **23**, 301–362 (1986).

Lüning, K.: Meeresbotanik, Verbreitung, Ökophysiologie und Nutzung der marinen Makroalgen. – Thieme, Stuttgart/New York 1985, 375 S.

Ott, J.: Meereskunde. – Ulmer, Stuttgart. UTB **1450**, 1988, 386 S.

Remane, A.: Einführung in die zoologische Ökologie der Nord- und Ostsee. – In: Grimpe & Wagler (Ed.), Tierwelt der Nord- und Ostsee. Akad. Verlagsges. Leipzig 1940, Lief. **34**, 238 S.

Remane, A., Schlieper, C.: Biology of brackish water. – Schweizerbart, Stuttgart 1971, 372 S.

Reise, K.: Ökologische Erforschung des Wattenmeeres. – Spektr. d. Wissensch. H.5, 52–63 (1991).

Schlichter, D.: Meerwasser als Nahrungsquelle: Aufnahme gelöster organischer Verbindungen. – Verh. Ges. Ökol. **2,** 25–38 (1974).

Schuhmacher, H.: Korallenriffe. Ihre Verbreitung, Tierwelt und Ökologie. – BLV, München/Bern/Wien 1976, 275 S.

Sieburth, J.: Bacterial substrates and productivity in marine ecosystems. – Ann. Rev. Ecol. Syst. **7,** 259–285 (1976).

Tait, R.: Meeresökologie. Eine Einführung. – Thieme, Stuttgart/New York, 2. Aufl. 1981, 305 S.

Tardent, P.: Meeresbiologie. Eine Einführung. – Thieme, Stuttgart 1979, 381 S.

Tischler, W.: Untersuchungen am Statozystenapparat bei *Sergestes Edwardsii*. – Zool. Anz. (Jena) **110,** 14–16 (1935).

Vernberg, W., Vernberg, F.: Environmental physiology of marine animals. – Springer, Berlin/Heidelberg/New York 1972, 346 S.

Wohlenberg, E.: Die Wattenmeer-Lebensgemeinschaften im Königshafen von Sylt. – Helgol. Wiss. Meeresunters. **1,** 1–92 (1937).

Zu 8: Meeresküsten

Albert, R.: Salt regulation in halophytes. – Oecologia (Berl.) **21,** 57–71 (1975).

Ardö, P.: Studies in the marine shore dune ecosystem with special reference to the dipterous fauna. – Opuscula Entomol. (Lund), Suppl. **15,** 1–255 (1957).

Backlund, H.: Wrackfauna. – Opuscula Entomol. (Lund), Suppl. **5,** 1–236 (1945).

Connell, J.: Community interactions on marine rocky intertidal shores. – Ann. Rev. Ecol. Syst. **3,** 169–192 (1973).

Eltringham, S.: Life in mud and sand. – Engl. Univ. Press, London 1971, 218 S.

Gerlach, S.: Die Mangroveregion tropischer Küsten als Lebensraum. – Z. Morph. Ökol. Tiere **46,** 626–730 (1958).

Heydemann, B.: Die biologische Grenze Land-Meer im Bereich der Salzwiesen. – F. Steiner, Wiesbaden 1967, 200 S.

Krogerus, R.: Ökologie und Verbreitung der Arthropoden der Triebsandgebiete an den Küsten Finnlands. – Acta Zool. Fenn. **12,** 1–308 (1932).

Lewis, J. R.: The ecology of rocky shores. – Engl. Univ. Press, London 1972, 323 S.

Lugo, A., Snedaker, S.: The ecology of mangroves. – Ann. Rev. Ecol. Syst. **5,** 39–64 (1975).

Menge, B., Lubchenco, J.: Community organization in temperate and tropical rocky intertidal habitats: Prey refuges in relation to consumer pressure gradients. – Ecol. Monogr. **51,** 429–450 (1981).

Newell, R.: The biology of intertidal animals. – Americ. Elsevier Publ., New York 1970, 555 S.

Pomeroy, L., Wiegert, R. (Ed.): The ecology of a salt marsh. – Ecol. Studies **38,** Springer, New York/Heidelberg/Berlin 1981, 271 S.

Ranwell, D.: Ecology of salt marshes and sand dunes. – Chapmann & Hall, London 1972, 258 S.

Remmert, H.: Der Strandanwurf als Lebensraum. – Z. Morph. Ökol. Tiere **48,** 461–516 (1960).

Remmert, H.: Die Überwindung der Salinitätsschranke zwischen Meer und Land. – Verh. Dtsch. Zool. Ges. (Heidelberg) 310–316 (1968).

Rodriguez, G.: Some aspects of the ecology of tropical estuaries. – Ecol. Studies **11,** 313–333. Springer, Berlin/Heidelberg/New York 1975.

Zu 9: Limnische Lebensräume

Coulson, J., Whittaker, J. B.: Ecology of moorland animals. – In: Heal & Perkins (Ed.): Production ecology of British moors and montane grasslands. Ecol. Studies **27,** 52–93. Springer, Berlin/Heidelberg/New York 1978.

Dierschke, F.: Die Vogelbestände einiger Erlenbruchwälder Ostpreußens und Niedersachsens. – Ornith. Abhandl. **10,** 1–32 (1951).

Dunger, W.: Über die Zersetzung der Laubstreu durch die Boden-Makrofauna im Auenwald. – Zool. Jb. Syst. **86,** 129–180 (1958).

Harnisch, O.: Die Biologie der Moore. – Schweizerbart, Stuttgart 1929, 146 S.

Hasler, A. (Ed.): Coupling of land and water systems. – Ecol. Studies **10,** Springer, Berlin/Heidelberg/New York 1975, 309 S.

Illies, J. (Ed.): Limnofauna europaea. – G. Fischer, Stuttgart/New York, 2. Aufl. 1978, 532 S.

Kalff, J., Knoechel, R.: Phytoplankton and their dynamics in oligotrophic and eutrophic lakes. – Ann. Rev. Ecol. Syst. **9,** 475–495 (1978).

Kühnelt, W.: Die litorale Landtierwelt ostalpiner Gewässer. – Int. Rev. Hydrobiol. **43,** 430–457 (1944).

Mann, K.: The dynamics of aquatic ecosystems. – Adv. Ecol. Res. **6,** 1–81 (1969).

Müller, K.: Stream drift as a chronobiological phenomenon in running water ecosystems. – Ann. Rev. Ecol. Syst. **5,** 309–323 (1974).

Odum, E. P.: Trophic structure and productivity of silver springs, Florida. – Ecol. Monogr. **27,** 55–112 (1957).

Ohle, W.: Chemische und mikrobiologische Aspekte des biogenen Stoffhaushaltes der Binnengewässer. – Mitt. Int. Ver. Limnol. **14,** 122–133 (1968).

Overbeck, F.: Botanisch-geologische Moorkunde unter besonderer Berücksichtigung der Moore Nordwestdeutschlands als Quellen der Vegetations-, Klima- und Siedlungsgeschichte. – Wachholtz, Neumünster 1975, 719 S.

Peus, F.: Die Tierwelt der Hochmoore, unter besonderer Berücksichtigung der europäischen Hochmoore. – Borntraeger, Berlin 1932, 277 S.

Poulson, Th., White, W. B.: The cave environment. – Science **165,** 971–979 (1969).

Schmidt, E.: Ökosystem See. – Biol. Arbeitsbücher **12.** Quelle & Meyer, Heidelberg, 4. Aufl. 1983, 175 S.

Schönborn, W.: Fließgewässerbiologie. – G. Fischer, Jena/Stuttgart 1992, 504 S.

Schwoerbel, J.: Einführung in die Limnologie. – G. Fischer, Stuttgart, UTB **31,** 6. Aufl. 1987, 269 S.

Thienemann, A.: Verbreitungsgeschichte der Süßwassertierwelt Europas. – Schweizerbart, Stuttgart (Die Binnengewässer **18**) 1950, 809 S.

Tischler, W.: Ein biozönotischer Beitrag zur Besiedlung von Steilwänden. – Verh. Dtsch. Zool. Ges. (Marburg) 214–228 (1951).

Tscharntke, T.: Coexistence, tritrophic interactions and density dependence in a species-rich parasitoid community. – J. Anim. Ecol. **61**, 59–67 (1992).

Tuxen, S.: The hot springs, their animal communities and their zoogeographical significance. – Zool. of Iceland **1**. Munksgaard, Copenhagen/Reykjavik 1944, 206 S.

Uhlmann, D.: Hydrobiologie. Ein Grundriß für Ingenieure und Naturwissenschaftler. – G. Fischer, Stuttgart, 3. Aufl. 1988, 298 S.

Vandel, A.: Biospéologie. La biologie des animaux cavernicoles. – Gauthier-Villars, Paris 1964, 619 S.

Wesenberg-Lund, C.: Biologie der Süßwassertiere. Wirbellose Tiere. – Springer, Wien 1939, 817 S.

Wesenberg-Lund, C.: Biologie der Süßwasserinsekten. – Springer, Berlin 1943, 682 S.

Zu 10: Wälder

Beck, L.: Lebensraum Buchenwaldboden. 1. Bodenfauna und Streuabbau – eine Übersicht. – Verh. Ges. Ökol. (Göttingen 1987), **17**, 47–54 (1989).

Bonan, G., Shugart, H.: Environmental factors and ecological processes in boreal forests. – Ann. Rev. Ecol. Syst. **20**, 1–28 (1989)..

Ellenberg, H., Mayer, R., Schauermann, J. (Ed.): Ökosystemforschung. Ergebnisse des Sollingprojektes 1966–1986. – Ulmer, Stuttgart 1986, 507 S.

Funke, W.: Struktur und Funktion von Tiergesellschaften in Waldökosystemen – Bodentiere als Indikatoren von Umwelteinflüssen. – Verh. Zool.-Bot. Ges. Österreich **127**, 1–49 (1990).

Golley, F. (Ed.): Tropical rain forest ecosystems. – Elsevier, Amsterdam/London/New York/Tokyo (Ecosystems of the world **14**), 1983, 381 S.

Gray, B.: Economic tropical forest entomology. – Ann. Rev. Ent. **17**, 313–354 (1972).

Jordan, C. (Ed.): Amazonian rain forests. Ecosystem disturbance and recovery. – Springer, Berlin/Heidelberg/New York, Ecol. Studies **60**, 1987, 133 S.

Jordan, C., Kline, J.: Mineral cycling: some basic concepts and their application in a tropical rain forest. – Ann. Rev. Ecol. Syst. **3**, 33–50 (1972).

Kruger, F., Mitchell, D., Jarvis, I. (Ed.): Mediterranean type ecosystems. – Springer, Berlin/Heidelberg/New York, Ecol. Studies **43**, 1983, 552 S.

Martin, C.: Die Regenwälder Westafrikas. Ökologie, Bedrohung und Schutz. – Birkhäuser, Basel/Boston/Berlin 1989, 235 S.

Mertens, R.: Die Tierwelt des tropischen Regenwaldes. – Verl. Kramer, Frankfurt/M. 1948, 144 S.

Morris, R. F. (Ed.): The dynamics of epidemic spruce budworm populations. – Mem. Ent. Soc. Canada **31**, 1–332 (1963).

Ovington, J.: Quantitative ecology and the woodland ecosystem concepts. – Adv. Ecol. Res. **1**, 103–192 (1962).

Ovington, J. (Ed.): Temperate broad-leaved evergreen forests. – Elsevier, Amsterdam/Oxford/New York/Tokyo (Ecosystems of the world **10**), 1983, 241 S.

Reichle, D. (Ed.): Analysis of temperate forest ecosystems. – Springer, Berlin/Heidelberg/New York, Ecol. Studies **1**, 1970, 304 S.

Richards, M.: The tropical rain forest. – Cambridge Univ. Press, New York 1966, 450 S.

Röhrig, E., Ulrich, B. (Ed.): Temperate deciduous forests. – Elsevier, Amsterdam/London/New York/Tokyo (Ecosystems of the world 7) 1991, 636 S.

Schaefer, M.: The soil fauna of a beach forest on limestone: trophic structure and energy budget. – Oecologia (Berl.) **82**, 128–136 (1990).

Veblen, T., Schlegel, F., Escobar, B.: Structure and dynamics of old growth Nothofagus forest in Valdivian Andes, Chile. – J. Ecol. **68**, 1–31 (1980).

Zu 11: Offene Trockenlandschaften

Bourlière, F. (Ed.): Tropical savannas. – Elsevier, Amsterdam/London/New York/Tokyo (Ecosystems of the world **13**), 1983, 730 S.

Brown, G. W. (Ed.): Desert biology. – Acad. Press, New York/London Bd. 1, 635 S. (1968), Bd. 2, 601 S. (1974).

Cole, M.: The savannas. – Acad. Press, Orlando 1986, 456 S.

Crawford, C.: Biology of desert invertebrates. – Springer, Berlin/Heidelberg/New York 1981, 314 S.

Friedländer, C.: Heathland ecology. – Heinemann, London/Melbourne/Toronto 1960, 94 S.

Hobbs, R., Gimmingham, C.: Vegetation, fire and herbivore interaction in heathland. Adv. Ecol. Res. **16**, 87–173 (1987).

Huntley, B., Walker, B. (Ed.): Ecology of tropical savannas. – Springer, Berlin/Heidelberg/New York 1982, 669 S.

Koepcke, H.-W., Koepcke, M.: Die warmen Feuchtluftwüsten Perus (Eine Einteilung in Lebensstätten unter besonderer Berücksichtigung der Vögel). – Bonn. zool. Beitr. **4**, 79–146 (1953).

Kratochwil, A.: Pflanzengesellschaften und Blütenbesucher-Gemeinschaften: biozönologische Untersuchungen in einem nicht mehr bewirtschafteten Halbtrockenrasen (Mesobrometum) am Kaiserstuhl (Südwestdeutschland). – Phytocoenologia **11**, 455–669 (1984).

Kühnelt, W.: Nahrungsbeziehungen innerhalb der Tierwelt der Namibwüste (Südwestafrika). – Sitz. ber. öster. Akad. Wiss., math.-naturw. Kl. Abt 1, **174**, 185–190 (1965).

Leetham, J., Milchunas, D.: The composition and distribution of soil microarthropods in the shortgrass steppe in relation to soil water, root biomass, and grazing by cattle. – Pedobiol. **28**, 311–325 (1985).

Maloiy, G.: Comparative physiology of desert animals. – Acad. Press, London 1972, 413 S.

Noy-Meir, L.: Desert ecosystems: environment and producers. – Ann. Rev. Ecol. Syst. **4**, 25–51 (1974).

Noy-Meir, L.: Desert ecosystems: higher trophic levels. – Ann. Rev. Ecol. Syst. **5**, 195–214 (1975).

Polis, G.: Complex trophic interactions in deserts: an empirical critique of food-web theory. – Americ. Naturalist **138**, 123–155 (1991).

Schmidt-Nielsem, K.: Desert animals. Physiological problems of heat and water. – Clarendon Press, Oxford 1964, 277 S.

Sinclair, A.: The resource limitation of trophic levels in tropical grassland ecosystems. – J. Anim. Ecol. **44,** 497–520 (1975).

Ward, L., Lakhani, K.: The conservation of Juniper: the fauna of foodplant stand sites in southern England. – J. Appl. Ecol. **14,** 121–135 (1977).

Weaver, J., Fitzpatrick, F.: The prairie. – Ecol. Monogr. **4,** 113–293 (1934).

Zumpt, F.: Die Koleopterenfauna des Steppenheidebiotops von Bellinchen und Oderberg (Fauna marchica). – Beitr. Naturdenkmalpflege **14,** 363–449 (1931).

Zu 12: Offene Kältelandschaften

Bliss, L., Courlin, G., Pattie, D., Riewe, R., Whitfield, D., Widden, P.: Arctic tundra ecosystems. – Ann. Rev. Ecol. Syst. **4,** 359–399 (1974).

Chernov, Yu.: The living tundra. – Cambridge Univ. Press, Cambridge/London/New York 1985, 213 S.

Coe, M.: The ecology of the alpine zone of Mount Kenya. – Monogr. Biol. **17,** Den Haag 1967, 136 S.

Downes, J.: Adaptations of insects in the arctic. – Ann. Rev. Ent. **10,** 257–274 (1965).

Franz, H.: Ökologie der Hochgebirge. – Ulmer, Stuttgart 1979, 495 S.

Holdgate, M. (Ed.): Antarctic ecology. – Scient. Com. Antarct. Res. Acad. Press, London/New York 1970, Bd. 1 u. 2, 998 S.

Irving, L.: Arctic life of birds and mammals. – Springer, Berlin/Heidelberg/New York 1972, 192 S.

Janetschek, H.: Tierische Sukzessionen auf hochalpinem Neuland. – Ber. Naturwiss. Med. Ver. Innbruck **48/49,** 1–215 (1949).

Laws, R. (Ed.): Antarctic ecology. – Acad. Press, London/Orlando/San Diego 1984, 850 S.

Mani, M.: Ecology and biogeography of high altitude insects. – Ser. Enomol. **4,** Junk, Den Haag 1968, 527 S.

Remmert, H.: Arctic animal ecology. – Springer, Berlin/Heidelberg/New York 1980, 250 S.

Spindler, M., Dieckmann, G.: Das Meereis als Lebensraum. – Spektr. Wissensch. H.**2,** 48–57 (1991).

Tieszen, L. (Ed.): Vegetation and production ecology of an Alascan arctic tundra. – Springer, Berlin/Heidelberg/New York, Ecol. Studies **29,** 1978, 686 S.

Tranquillini, W.: Physiological ecology of the alpine timberline. – Springer, Berlin/Heidelberg/New York (Ecol. Studies **31**) 1979, 137 S.

Troll, C.: Ökologische Landschaftsforschung und vergleichende Hochgebirgsforschung. – Erdkundl. Wiss. **11;** Steiner, Wiesbaden 1966, 366 S.

Wiegolaski, F. (Ed.): Fennoscandian Tundra ecosystems. – Springer, Berlin/Heidelberg/New York, Ecol. Studies **16** u. **17,** 1975, 366 u. 337 S.

Zu 13: Agrarlandschaft

Bezzel, E.: Vögel in der Kulturlandschaft. – Ulmer, Stuttgart 1982, 350 S.

Boneß, M.: Die Fauna der Wiesen, unter besonderer Berücksichtigung der Mahd. – Z. Morph. Ökol. Tiere **42,** 255–277 (1953).

Brauns, A.: Agrarökologie im Spannungsfeld des Umweltschutzes. – Westermann (Agent Pedersen), Braunschweig 1985, 395 S.

Cox, G., Atkins, M.: Acricultural ecology. An analysis of world food production systems. – Freeman, San Francisco 1979, 727 S.

Franz, J., Krieg, A.: Biologische Schädlingsbekämpfung. – Parey, Berlin/Hamburg, 3. Aufl. 1982, 252 S.

Friederichs, K.: Die Grundfragen und Gesetzmäßigkeiten der land- und forstwirtschaftlichen Zoologie. – Parey, Berlin 1930, 2 Bd. 417 u. 463 S.

Herre, W., Röhrs, M.: Haustiere – zoologisch gesehen. – G. Fischer, Stuttgart/New York, 2. Aufl. 1990, 412 S.

Janzen, D.: Tropical agroecosystems. – Science 182, 1212–1219 (1973).

Pollard, E., Hooper, M., Moore, N.: Hedges. – Collins, London 1977, 256 S.

Schwanitz, F.: Die Entstehung der Kulturpflanzen als Modell für die Evolution der gesamten Pflanzenwelt. – In: Heberer (Ed.):, Die Evolution der Organismen, Bd. **II/2**, 175–300. G. Fischer, Stuttgart, 3. Aufl. 1971.

Spedding, C.: Grassland ecology. – Clarendon Press, Oxford 1971, 221 S.

Spedding, C.: The biology of agricultural systems. – Acad. Press, London/New York/San Francisco 1975, 261 S.

Tischler, W.: Biocönotische Untersuchungen an Wallhecken. – Zool. Jb. Syst. **77**, 283–400 (1948).

Tischler, W.: Studien zur Bionomie und Ökologie der Schmalwanze *Ischnodemus sabuleti* Fall. (Hem., Lygaeidae). – Z. wiss. Zool. **163**, 168–209 (1960).

Tischler, W.: Agrarökologie. – G. Fischer, Jena 1965, 499 S.

Tischler, W.: Getreidestoppeln als Winterlager für Kleintiere. – Zool. Jb. Syst. **95**, 523–541 (1969).

Tischler, W.: Biologie der Kulturlandschaft. – G. Fischer, Stuttgart/New York 1980, 253 S.

Zu 14: Urbanlandschaft

Bornkamm, R., Lee, J., Seaward, M. (Ed.): Urban ecology. – 2. Europ. Ecol. Symp., Blackwell Sci. Publ., Oxford/London/Edinburgh 1982, 370 S.

Davis, B. N.: Urbanisation and diversity of insects. – In: Mound & Waloff (Ed.), Diversity of insect faunas. Roy. Ent. Soc. London, Symp. **9**, 126–138 (1978).

Erz, W.: Populationsökologische Untersuchungen an der Avifauna zweier nordwestdeutscher Großstädte. – Z. wiss. Zool. **170**, 1–111 (1964).

Frankie, G., Ehler, L.: Ecology of insects in urban environments. – Ann. Rev. Ent. **23**, 367–387 (1978).

Frankie, G., Koehler, C. (Ed.): Perspectives in urban entomology. – Acad. Press, New York/San Francisco/London 1978, 417 S.

Gilbert, O.: The ecology of urban habitats. – Chapman & Hall, London 1989, 369 S.

Klausnitzer, B.: Verstädterung von Tieren. – Verl. Ziemsen, Wittenberg (Neue Brehmbücherei **579**), 1988, 315 S.

Klausnitzer, B.: Ökologie der Großstadtfauna. – G. Fischer, Jena/Stuttgart, 2. Aufl. 1993, 454 S.

Stein, W.: Vorratsschädlinge und Hausungeziefer. – Ulmer, Stuttgart 1986, 287 S.

Sukopp, H.: Stadtökologische Forschung und deren Anwendung in Europa. – Düsseldorfer Geobot. Kolleg **4,** 3–28 (1987).

Sukopp, H. (Ed.): Stadtökologie: das Beispiel Berlin. – Dietr. Reimer, Berlin 1990, 455 S.

Tischler, W.: Biozönotische Untersuchungen an Ruderalstellen. – Zool. Jb. Syst. **81,** 122–174 (1952).

Tischler, W.: Zur Biologie der Weinbergschnecke *(Helix pomatia).* – Faun.-ökol. Mittlg. (Kiel) **4,** 283–298 (1973).

Topp, W.: Zur Ökologie der Müllhalden. – Ann. Zool. Fenn. **8,** 194–222 (1971).

Weidner, H.: Die Großstadt als Lebensraum der Insekten. – Verh. 7. Int. Kongr. Entomol. (Berlin), Bd. **2,** 1348–1361 (1939).

Weidner, H.: Die Entstehung der Hausinsekten. – Z. angew. Ent. **42,** 429–447 (1958).

Wittig, R.: Ökologie der Großstadtflora. – G. Fischer, Stuttgart (UTB **1587**) 1991, 261 S.

Register der wissenschaftlichen Gattungsnamen

(Auch die Namen auf den Abbildungen sind aufgeführt. • = Pflanzen, einschl. Pilze und Bakterien)

Sachregister (mit Fachworterklärungen)